U0299966

Design and Application
of Modern Synchronous
Generator Excitation
Systems

李基成　编著

现代同步发电机励磁系统设计及应用

（第三版）

中国电力出版社

CHINA ELECTRIC POWER PRESS

内 容 提 要

《现代同步发电机励磁系统设计及应用》出版于2002年，《现代同步发电机励磁系统设计及应用》（第二版）出版于2009年，本书为《现代同步发电机励磁系统设计及应用》（第三版）。本书内容与时俱进，新颖全面地阐述了向家坝水电机组、马来西亚 Manjung4 1000MW 火电机组、福清和三门核电机组世界一流设计水平的励磁系统。

全书共十八章，主要内容有：励磁控制方式的演绎与发展、同步发电机的基本特征、励磁调节对电力系统稳定性的影响、励磁系统的静态及暂态特性、励磁系统的控制规律及数学模型、三相桥式整流电路的基本特性、他励静止二极管整流器励磁系统、无刷励磁系统、他励晶闸管整流器励磁系统、静态自励励磁系统、自动励磁调节器、励磁变压器、功率整流柜、同步发电机灭磁及转子过电压保护、水轮发电机组励磁系统的性能特征、可逆式抽水蓄能机组励磁控制及启动系统的功能特征、1000MW 容量级汽轮发电机组励磁系统的性能特征和 1000MW 容量级核电汽轮发电机组励磁系统的性能特征。

本书可供电力试验研究所和电机制造厂励磁相关专业人员参考，也可供电站设计、调试和运行维护人员学习参考，同时还可作为高校电力系统专业学生的学习教材和参考资料。

图书在版编目（CIP）数据

现代同步发电机励磁系统设计及应用 / 李基成编著． —3 版． —北京：中国电力出版社，2017.3
ISBN 978-7-5123-9686-9（2017.9 重印）

Ⅰ．①现… Ⅱ．①李… Ⅲ．①同步发电机－励磁系统－研究 Ⅳ．① TM341.033

中国版本图书馆 CIP 数据核字（2016）第 200932 号

出版发行：中国电力出版社
地　　址：北京市东城区北京站西街 19 号（邮政编码 100005）
网　　址：http://www.cepp.sgcc.com.cn
责任编辑：薛　红（010-63412346）　周秋慧
责任校对：郝军燕
装帧设计：王英磊　赵姗姗
责任印制：邹树群

印　　刷：三河市万龙印装有限公司
版　　次：2002 年 7 月第一版　2017 年 3 月第三版
印　　次：2017 年 9 月北京第六次印刷
开　　本：787 毫米 ×1092 毫米　16 开本
印　　张：35
字　　数：863 千字　2 彩页
印　　数：13501—15000 册
定　　价：158.00 元

李基成

教授级高级工程师。
清华大学电力系统国家重点实验室兼职正研究员。
三峡水电站励磁系统高级技术顾问。
中国水力发电学会电力系统自动化专委会技术顾问。
享受国务院颁发的有特殊贡献专家津贴。

- 1953 年 9 月毕业于东北工学院电机系，先后在哈尔滨电机厂、机械部大电机研究所从事同步发电机励磁系统研究及开发工作，设计了中国第一台励磁调节器及第一套他励二极管整流器励磁系统。
- 1979 年调入机械工业部哈尔滨电站设备成套设计研究所。
- 1982 年 9 月赴美国西屋公司奥兰多及匹兹堡分厂学习 600MW 汽轮发电机组无刷励磁系统设计。
- 1987 年 6 月作为华能国际电力开发总公司的代表，赴美国 G.E 通用电气公司监造和验收华能上安电厂和华能南通电厂 4 套 350MW 汽轮发电机组成套设备。
- 1990 年 9 月参加由能源部中电联组团的中国电气专家代表团，对前苏联各地区电力试验研究所进行学术交流访问。
- 1991 年 7 月赴菲律宾马拉尼安盖特水电站，负责主持一项水电工程成套励磁设备的设计、安装及调试投运工作。
- 1999 年任清华大学电力系统国家重点实验室兼职正研究员。
- 2000 年先后承担大亚湾核电站 1000MW、扬州第二发电厂 600MW 以及珠海发电厂 740MW 大型汽轮发电机组励磁系统培训、现场调试及投运技术支持及顾问工作。
- 2002 年受聘为三峡水电站励磁系统高级技术顾问，参加左岸 700MW 水轮发电机组励磁系统启动投运及调试工作。
- 2004 年受聘江苏核电有限公司田湾核电站 1000MW 汽轮发电机组无刷励磁系统人员培训、启动调试技术支持及顾问工作。
- 2005 年以来先后多次参加三峡、龙滩、景洪和拉西瓦水电站诸多水电机组励磁系统的标书审定及评标工作。
- 2014 年 9 月访问瑞士巴登 ABB 公司励磁及同期产品技术部和法国 Basler 电气分公司技术部进行技术交流。
- 2015 年 5 月访问英国曼彻斯特 M&I Materials，对 Sic Metrosil Varistor 和 Midel 合成酯绝缘液专题进行学术交流。

第一版序

在励磁和励磁控制系统技术领域的开拓和发展中，世界各国的科技工作者在近半个世纪的时间里作出了不懈的努力和重要的贡献。如前苏联开发了强励式励磁调节器，其作用原理是利用多个参量的偏差和导数进行综合控制，以达到阻尼低频功率振荡和提高电力系统小扰动稳定性的目的。

众所周知，西方国家在解决电力系统低频振荡问题时，采用了"电力系统稳定器（PSS）"，此方法与前苏联强励式励磁调节器比较，其物理概念清晰，参数易于整定，在工程中得到了广泛的应用。

自 20 世纪 60 年代，随着现代控制论及计算机技术的飞速发展，国内、外一些知名学者相继提出了利用现代控制理论研究电力系统控制的课题，具有代表性的是在 70 年代初，加拿大的余耀南教授率先提出了利用现代控制理论对电力系统进行多参量线性最优控制的研究。其后，清华大学一些学者开拓性地将现代线性控制理论用于励磁控制系统的研究，并在 80 年代初完成了工业试验，得取了良好的效果。

正如 50 年代将拉氏变换、复变函数理论和传递函数描述方法应用于单参量输入和输出系统以及 60 年代将状态空间现代控制理论与线性代数分析方法相结合并应用于线性多变量最优控制系统一样，在近 10 年来，将微分几何理论引入非线性多变量控制系统的研究也取得了很大的进展。由清华大学研制的非线性多变量励磁控制器在设计中采用了精确的（非近似线性化）非线性电力系统模型，并基于微分几何原理，将电力系统描述为一个标准的仿射非线性系统，这种非线性励磁控制器对提高电力系统稳态和暂态稳定均有良好的效果，当系统参数变化时，亦具有良好的鲁棒性，在工业中也获得了应用。

近年来，随着我国电力系统建设和大型水、火电机组制造事业的飞跃发展，以及国外发电设备的引进与技术交流，在励磁控制领域中已培育出一批在基础理论方面训练有素、在实践方面经验丰富和勇于进取的专业队伍。

在未来，随着诸如三峡电站的建设以及机组容量达 1000MW 的田湾核电站的兴建和西部电力系统大开发的带动，我国的科技工作者将担负着重大的历史使命。《现代同步发电机励磁系统的设计及应用》一书是作者继《自动调整励磁装置》、《现代同步发电机整流器励磁系统》两书出版之后的第三本励磁专著。本书作者以明确的思路，精练的语言和新颖的取材，系统地总结了作者近50年来在励磁专业实践中的研究心得，论述了在大型水、火电机组励磁系统发展中具有重大影响的基础理论和特有的关键技术，本书是近年难得的励磁方面的专著，相信本书的问世必将会对我国励磁控制技术的发展和这一领域的人才培养起到有力的推动作用。

清华大学电力系统

国家重点实验室

卢　强

2002 年 2 月

第一版前言

在现代电力系统中，同步发电机运行的稳定性一直是世界各国所普遍关注的课题，在诸多改善发电机稳定性的措施中，提高励磁系统的控制性能，被公认为是最有效和经济的措施之一。

尽管励磁控制技术的重要性得到了普遍的认同，但是，涉及系统的论述励磁系统的性能特征、参数选择原则等具体工程应用方面的励磁专著仍属少见。

有鉴于此，作者结合近50年来从事励磁系统设计及研究开拓方面的心得，撰写了这本突出实用性，兼顾励磁系统设计和应用，以论述励磁系统具体工程技术问题为中心的励磁专著，以应当前之所需。

此外，本书在取材方面也力求能反映国内、外励磁技术的一些新的进展，对诸如励磁变压器的特征、静止自励励磁的轴电压、功率整流柜的阻容保护电力系统电压调节器PSVR以及综合励磁与调速技术于一体的线性多变量控制器等专题作了介绍和论述，以期国内在开展这方面研究工作时引以为借鉴和参考。

在本书定稿时，蒙中国电力科学研究院刘增煌高工对书稿进行了审阅，并提出了宝贵的改进意见，对此致以谢意。

作者衷心地感谢中科院院士、清华大学电力系统国家重点实验室主任卢强教授为本书所作的序言。

多年来，卢强教授在诸多方面给予了作者大力的支持与帮助，于此一并致以谢忱。

在本书出版之际，使作者更加缅怀早逝的清华大学原校长高景德教授，先生一生治学严谨，诲人不倦，为人高风亮节，大器无华，恩师的关怀与教诲使我终生铭记难忘！

李基成

2002 年 3 月 20 日

前　　言

　　《现代同步发电机励磁系统设计及应用》（第三版）终于问世了，这是在我逾60年的励磁专业生涯中出版的第五本励磁专著。

　　第一本励磁专著《自动调节励磁装置》创作于1958年，由水利电力出版社出版发行，当时我正在北京外国语学院留苏预备部攻读俄文，最初的愿望是利用课余之时总结一下五年来在哈尔滨电机厂从事励磁专业工作方面的收获，后来在清华大学电机系留德博士程式教授的支持、鼓励和推荐下才有了出书念头，此书得以出版，从我技术生涯成长角度来说，程式教授是我的启蒙恩师。

　　《自动调节励磁装置》是我国出版的第一本论述直流励磁机励磁系统和磁放大器励磁调节器的励磁专著，出版后取得了未曾料到的效果，当时几乎成为水电励磁行业最有影响的一本专著，风光了十几年，无论到哪里，即使在偏远的山野小水电站，也会有人热情的款待你，作者两字冠在一个二十几岁年轻人的身上是金光闪闪的桂冠！这种例子，还有许多！

　　第二本励磁专著《现代同步发电机整流器励磁系统》的出版就坎坷得多了，由于众所周知的时代的影响，书稿起写于1968年，出版于1988年，历时二十载，其间曾四次易稿，重新写起，手稿盈尺，其艰辛非笔墨所能及，书稿有的素材写作于公出旅途中，有的构思在那人潮如水般的火车站中、在那穿梭而过的候机室里，有的章节则写在辞旧迎新的欢庆节日中。

　　特别记得有些章节是我在20世纪70年代初哈尔滨近郊阿城立新公社柳蒿沟插队时撰写的，腊月寒冬的北方农村，夜深人静，北风凛冽，寒气袭人。在我住的农村茅草屋中，取暖常常是烧土火炕或者将一堆玉米棒填进室内的一个小火炉中，熊熊的火焰点燃起一阵希望之火，但这温暖只是瞬时的，正如安徒生"卖火柴的小姑娘"手中划过的火柴一样，温暖一闪而过了！窗外射来的一缕月光如水，与墙角凝结的冰霜相映闪烁，此景此情，真是"满窗明月满帘霜"。独怆然而涕下，彻夜笔耕写作常常是这样进行的。

　　春去秋来，几度夕阳，笔耕如春蚕般在桑叶上无声无息地缓缓蠕动着，就这样我付出了几十年的青春年华，无悔地去探索追求一个实现人生自我价值的笔耕之梦！

在笔耕的人生旅途中，也有许多欢欣的时刻，社会的认同给予我极大的鼓舞与激励。记得1995年去新疆独山子电厂访问时，原想当天返回乌鲁木齐，当厂领导知道我是《现代同步发电机整流器励磁系统》一书作者时，连说："李老师来了！李老师来了……"，立即热情挽留我过夜，有五位厂领导陪同，在豪华的巴赫曼宾馆设新疆风味特色盛席款待。一本书有如此广泛的影响，甚至在漫漫的西北大漠，使我感到震惊！应当提及，一代宗师清华大学校长高景德教授为我第二本励磁专著写了序言，恩师的关怀和鼓励，使我终生铭记。

我的第三本励磁专著是《现代同步发电机励磁系统设计及应用》，这本书构思于1995年底，出版于2002年7月，历时约7年有余，书稿撰写于全国各地，有些部分是在新疆乌鲁木齐乌石化总厂图书馆完成的，还有些部分分别写于山东济南、广东潮州和东北的富拉尔基热电厂、大亚湾核电站、田湾核电站、扬州第二发电厂和珠海发电厂等地。

第三本专著出版时，正值我国经济与科技飞速发展的良好时期。由于时代的需求，第三本励磁专著的出版在业界受到了普遍的好评。

特别值得说明的是，第三本专著的出版也得到业界许多同仁的支持与帮助，特别是我多年的挚友中科院院士、清华大学卢强教授为专著写了序言，对此我致以衷心的谢意！

第四本励磁专著《现代同步发电机励磁系统设计及应用》（第二版）于2009年出版，构思于2003年，创作及定稿历时6年。

第四本专著的写作背景是，在2003年我担任三峡水电站700MW水电机组励磁系统的首席技术顾问，参加了左岸机组励磁系统的启动调试及投运工作，在工地我亲身感受到水电建设者热爱祖国、无私奉献的伟大胸怀，这种朝气蓬勃、勇于进取的大时代精神，给予我极大的与时俱进的动力！通过两年来在三峡水电站励磁系统的现场工作，使我对大机组励磁系统的性能特征有了更进一步的了解与掌握。

其后，我又应聘在田湾核电站担任俄罗斯1000MW核电机组励磁系统技术支持顾问工作，参加现场调试、专题研究及人员培训工作，翻译了相关俄文技术文件，组织人员培训。

这些业务实践，以及以前曾担任珠海电厂740MW、扬州第二发电厂

600MW 西屋公司火电机组励磁系统的培训工作、大亚湾核电站 1000MW 俄罗斯核电机组励磁系统的培训工作，并对抽水蓄能机组励磁系统进行过调研及专题研究，使我萌生了创作一部跨越学科界限论述励磁系统的专著的思路，例如在水电抽水蓄能机组励磁方面，在论述励磁系统的同时，又补充了运行方式的切换以及变频起动专题内容，使读者对此专题内容有一个完整的和系统的了解，与此同时在对有关基础章节的论述方面，比如对同步电机基本特性的讨论以及整流线路特性的描述上更注重在励磁系统应用方面的需求，于是《现代同步发电机励磁系统设计及应用》（第二版）应运而生。

《现代同步发电机励磁系统设计及应用》（第三版）（以下简称第三版）是我的第五本励磁专著，其写作构思始于 2013 年，从写作到定稿历时 4 年有余。第三版书稿内容与第二版最大的不同之处在于：第二版书稿内容论述的是三峡水电站、田湾核电站的励磁系统，均属于 2000 年左右的设计水平，而第三版论述的内容，水电机组励磁系统则是以论述向家坝水电站，单机容量世界最大的 850MW 水电机组励磁为主，火电机组励磁系统介绍的是马来西亚 Manjung4 火电站 1000MW 汽轮发电机励磁系统，核电机组励磁系统论述的是福清核电站 1278MVA 半速汽轮发电机组励磁系统和三门核电站 1407MVA 半速汽轮发电机组励磁系统，这些均属于 2015 年世界一流设计水平的励磁系统。

第三版论述内容在取材方面除了注重与当代励磁控制前沿技术的发展相结合之外，更注重内容新颖和全面性的要求，在论述中注重工程应用与基础理论的密切结合，例如对同步电机基本理论的论述以有助于对励磁系统特性的分析为前提，对三相桥式整流线路的论述密切与功率整流器运行特性的分析相结合等。

第三版在以励磁系统论述为中心的基础上，注重与其他相关学科的交融，例如在水电励磁系统章节中除列入了抽水蓄能机组的励磁方式外，还进而拓展到变频起动；在发电机低励磁限制论述中，跨学科的交叉到失磁继电保护领域，有机地将两者纳入一体。使读者拓宽了视野，并在更深层次上了解到专题内容的精华。

在第三版写作过程中，诸多的国内外励磁行业同仁对本书的写作给予了很大的支持和帮助。在本书出版之际，特别对溪洛渡水电站、向家坝水电站、三峡水电站、广州中国电器科学研究院、上海 ABB 工程有限公司、南京 Seimens 电站自动化有限公司以及中国区 Alstom 公司致以衷心的谢意！

在第三版出版发行之际，还应说明的是根据中国电力出版社与美国有 210 年出版历史的 John Wiley & Sons,Inc 公司签订的版权输出协议，Wiley 出版社将以《现代同步发电机励磁系统设计及应用》（第三版）中文版为蓝本，将于2017年下半年在全世界范围内发行本书的英文版，此项英译工作同样得到了国内外励磁界同仁的支持与帮助，在此一并致以谢忱！

李基成

2016 年 11 月 23 日

哈尔滨小雪之冬

目 录

励磁控制方式的演绎与发展

第一节　概　　述

在现代化的电力系统中，提高和维持同步发电机运行的稳定性，是保证电力系统安全、经济运行的基本条件之一。在众多改善同步发电机稳定运行的措施中，运用现代控制理论、提高励磁系统的控制性能是公认的经济而有效的手段之一。

自 20 世纪 50 年代以来，随着时代的发展，不论是在控制理论还是在电子器件的研制和实际应用方面，均取得了长足的进展，这些成果进一步促进了励磁控制技术的发展。

在本章中将对半个世纪以来不同历史时期励磁控制技术的演绎作一简要的阐述。但是在论述上，将不会过多的引用数学逻辑上的推导，而是以国内学术界认同的主要论断为依据，从中拓展出有益的结论。

第二节　励磁控制方式的演绎

在 20 世纪 50 年代初期，自动电压调节器的主要功能是维持发电机电压为给定值。当时应用的电压调节器多为机械型的，其后又发展为电子型或者电磁型。

在 20 世纪 50 年代后期，随着电力系统的大型化和发电机单机容量的增长，出于提高电力系统稳定性的考虑，自动电压调节器的功能已不再局限于维持发电机电压恒定这一要求上，而更多地体现在提高发电机的静态及动态稳定性方面。这标志着对励磁调节器的功能要求已有了根本的转变。

在 20 世纪 50 年代，有一点需说明的是，关于强行励磁的作用问题。当时有一种观点认为，在系统事故时，应当限制强励的作用，以防止发电机定子电流过载。但是，苏联学者经过试验及实践表明：采用强行励磁可加速切除系统事故后电压的恢复，并可缩短定子电流过负载的时间，这对于缩短事故后系统电压的恢复时间及系统稳定性均是极为有利的。

自 20 世纪 50 年代至今，励磁控制技术取得了极大的进展。概括地说，励磁控制方式的演绎大致经历了单变量输入及输出的比例控制方式、线性多变量输入及输出的多变量反馈控制方式以及伴随控制理论发展起来的非线性多变量控制方式等几种主要的演绎阶段，现分述如下。

一、基于古典控制理论的单变量控制方式[1]

在 20 世纪 50 年代初期，随着电力及电子技术的发展，电力系统对发电机励磁系统的控制功能也不断地提出新的要求，主要体现在对自动励磁调节器的功能要求上，已由维持发电机端电压恒定的目标扩展到提高发电机运行静态稳定极限的要求上。在这一历史时期中，发电机多采用直流励磁机励磁方式，励磁的调节多作用在直流励磁机励磁绕组侧，需经过具有相当惯性的励磁机功率环节实现对发电机励磁的调节。为此，它属于慢速励磁调节系统。这一时期，在励磁控制方面，主要采用了下列几种励磁调节方式：

（1）按发电机端电压偏差进行比例调节励磁的比例式励磁调节方式。

（2）按发电机定子电流作为扰动量进行补偿的复式励磁补偿调节方式。

（3）按发电机端电压和定子电流及功率因数角等信号进行综合相位补偿控制的相补偿式励磁调节方式。由于当时以直流励磁机励磁方式为主，为此，励磁调节器多由磁性元件组成并基本上满足了运行方式的要求。

在这一时期，苏联学者在电力系统稳定性研究方面取得了许多重要的成果。例如，在 20 世纪 50 年代，苏联学者 C. A. 列别节也夫、M. M. 波特维尼克等在进行电力系统稳定研究工作中首次提出了同步发电机运行在人工稳定区的概念，指出只要在自动励磁调节器具有无失灵区的作用性能条件下，即使是在简单地按发电机电压偏差负反馈调节控制规律作用下，亦可使发电机稳定运行区扩展到转子功率角 $\delta > 90°$ 的区域中。由于在无励磁调节时，发电机运行的功角极限值 $\delta = 90°$，为区别于此，称功角 $\delta > 90°$ 的扩展运行区为"人工稳定区"。

在励磁控制规律方面，这一时期的励磁调节器多属于按发电机电压偏差负反馈控制的比例式调节，或者按发电机电压偏差的比例—积分—微分控制的 PID 调节方式。

1. 比例控制方式

按比例控制方式的传递函数表达式为：

$$\frac{U}{\Delta U_i} = K_P \tag{1-1}$$

其中
$$\Delta U_i = U_{ref} - U_t(t)$$

式中　U——输出量；

　　ΔU_i——输入量；

　　K_P——比例调节系数；

　　U_{ref}——参考电压；

　　$U_t(t)$——发电机端电压实时三相有效值的平均值。

按发电机电压偏差的比例—积分—微分调节，即按 PID 调节的传递函数表达式为：

$$\frac{U}{\Delta U_i} = (K_P + K_D s) \frac{1}{1 + K_I s} \tag{1-2}$$

式中　K_P、K_I、K_D——分别为比例、积分、微分调节系数。

对应于式（1-1）和式（1-2）的闭环系统传递函数方框图分别如图 1-1 和图 1-2 所示。

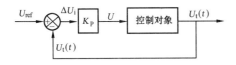

图 1-1 单变量比例调节控制方式传递函数方框图

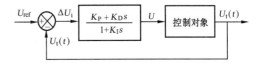

图 1-2 PID 调节控制方式传递函数方框图

现对图 1-2 所示的 PID 控制方式的物理概念作进一步的阐述，由式（1-2）可知，PID 控制方式的传递函数由比例环节 K_P 与微分环节 $K_D s$ 之和再与惯性环节 $\dfrac{1}{1+K_I s}$ 串联所组成。如果惯性环节的时间常数足够大，亦即 $K_I s \gg 1$，数值 1 可忽略，此时的惯性环节近似于一个积分环节 $\dfrac{1}{K_I s}$。由此，可将这种控制方式称为按发电机电压偏差调节的比例—积分—微分调节，即 PID 控制系统。

下面将讨论如图 1-3 所示的单变量输入和输出的 PID 控制系统的性能特征。

在图 1-3 中，$X_R(s)$、$Y(s)$ 和 $E(s)$ 分别表示输入量 $X_R(t)$、输出量 $y(t)$ 和调节误差 $e(t)$ 的拉氏变换函数，K_P、$G(s)$ 表示前向通道的传递函数，$H(s)$ 为反馈通道的传递函数。

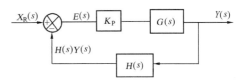

图 1-3 单变量输入和输出的闭环调节系统

根据古典调节原理可知：对于图 1-3 所示的闭环控制系统，随着增益 K_P 的增加，闭环系统特征方程式的主导根将向复平面的右方移动，当增益 K_P 超过其临界值 K_c 时，在复平面的右半部将出现一对闭环系统的特征根，此时闭环系统将是不稳定的系统，系统的动态响应将呈现增幅的振荡。因此，必须将比例调节系统的增益 K_P 限制在 $K_P < K_c$ 的范围内，以保证系统的稳定性。此时，如只采用按发电机电压偏差控制方式，对于远距离输电系统，发电机与系统的电联系愈弱，临界增益 K_c 允许值也愈小，一般为 5～20。

但是，对励磁系统性能的要求不仅表现在维持调节系统的稳定性方面，还有对调节精度的要求。对于如图 1-3 所示的闭环系统，其静态误差为：

$$\varepsilon(\infty) = \lim_{t \to \infty} e(t)$$

根据我国有关标准规定，发电机端电压调节的静态误差 $\varepsilon(\infty)$ 不应大于 0.5%。

对于图 1-3 所示的系统，其闭环传递函数为：

$$\frac{Y(s)}{X_R(s)} = \frac{K_P G(s)}{1 + K_P H(s) G(s)} \tag{1-3}$$

静态误差 $\varepsilon(t)$ 与输入量 $X_R(t)$ 之间的传递函为：

$$\frac{E(s)}{X_R(s)} = \frac{X_R(s) - H(s) Y(s)}{X_R(s)} = \frac{1}{1 + K_P H(s) G(s)} \tag{1-4}$$

由式（1-4）可求得：

$$E(s) = \frac{1}{1 + K_P H(s) G(s)} X_R(s) \tag{1-5}$$

设输入量 $X_R(t)$ 为单位阶跃函数，其拉氏变换函数为 $X_R(s) = \dfrac{1}{s}$。此时，对图 1-3 所示的闭环调节系统，在单位阶跃函数作用下的静态误差拉氏变换表达式为：

$$E(s) = \frac{1}{1 + K_P H(s)G(s)} \times \frac{1}{s} \tag{1-6}$$

依据调节原理中的终值定理可知，静态误差的稳态值为：

$$e(\infty) = \lim_{t \to \infty} e(t) = \lim_{s \to 0} sE(s)$$

将式（1-6）代入上式，并将 $H(s)G(s)$ 写为关于 s 的多项式形式：

$$e(\infty) \lim_{s \to 0} \frac{1}{1 + K_P \dfrac{b_m s^m + \cdots + b_1 s + 1}{a_n s^n + \cdots + a_1 s + 1}} = \frac{1}{1 + K_P} \tag{1-7}$$

由式（1-7）可知，对于一个单变量输入和输出的闭环调节系统，在单位阶跃函数作用下，其静态误差 $e(\infty)$ 约等于闭环增益 K_P 的倒数，因在一般情况下 $K_P \gg 1$，依此可得：

$$e(\infty) \approx \frac{1}{K_P}$$

由上式可得出结论，为在单位阶跃函数作用下保持发电机电压的静态误差小于 0.5%，励磁系统的开环增益 K_P 应不小于 200。但是在比例式励磁控制方式中，过大的开环增益会导致励磁系统工作不稳定，为此，在选择增益 K_P 时应兼顾两者的要求。

2. PID 控制方式

为了兼顾协调静态误差与保证系统暂态稳定性两方面的要求，可改变励磁调节器传递函数的结构，将励磁调节器的增益分为两部分，一部分为无时滞的暂态增益 K_D，另一部分为有时滞的稳态增益 K_S，相应的励磁调节器传递函数方框图如图 1-4（a）所示，图 1-4（b）为等效简化方框图。

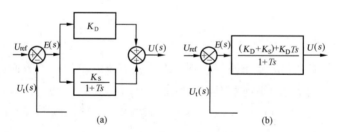

图 1-4 励磁调节器的静态及暂态增益传递函数方框图

（a）传递函数方框图；（b）等效传递函数

假如 $t = 0^+$ 瞬间在系统输入端加入一单位阶跃函数 $E(s) = \dfrac{1}{s}$，此时，由初值定理可知控制端的暂态输出量为：

$$u(0^+) = \lim_{t \to 0^+} u(t) = \lim_{s \to \infty} sU(s) = \lim_{s \to \infty} \left[s \frac{(K_D + K_P) + K_D Ts}{1 + Ts} \times \frac{1}{s} \right]$$

$$= \lim_{s \to \infty} \frac{(K_D + K_P) + K_D Ts}{1 + Ts} = K_D \tag{1-8}$$

同时，由终值定理可知，单位阶跃输出 $E(s) = \dfrac{1}{s}$ 在稳态时的控制输出量为：

$$u(\infty) = \lim_{t \to \infty} u(t) = \lim_{s \to 0} sU(s) = \lim_{s \to 0}\left[s\frac{(K_D + K_S) + K_D Ts}{1 + Ts} \times \frac{1}{s} \right] = K_D + K_P \quad (1\text{-}9)$$

由式（1-9）可知，如将励磁调节器的增益分为稳态及暂态两个部分，则在过渡过程开始瞬间，其暂态增益相当于增益为 K_D 的比例调节；而对于稳态而言，其稳态增益相当于 $K_D + K_S$ 的比例调节。

利用暂态增益降低的作用，可兼顾到调节精度与稳定性之间的协调。按比例—积分—微分控制规律进行调节的 PID 式励磁调节器，其基本作用即在于此。

应强调指出的是，自 20 世纪 50 年代至今，大部分单变量励磁调节器的控制规律仍是按古典调节原理在 s 频率域对励磁系统的性能进行分析的。在线性化小偏差条件下，励磁控制规律可按发电机电压偏差或比例—积分—微分规律进行调节，根据励磁系统传递函数的频率特性，给出波特（Bode）图，依此求出励磁系统的幅频及相频裕度，并选择相应的校正措施。

由励磁系统的开环特性确定发电机励磁系统的空载稳定性和由励磁系统的闭环特性确定电力系统稳定器的参数是应用至今的古典调节原理基本分析方法。

应重点说明的是，在 20 世纪 50 年代，随着高起始快速离子励磁系统的应用，发生了所谓动态稳定问题，即在大事故扰动后系统恢复到原运行方式时，应用快速励磁系统在转子第一摆期间有助于转子摇摆的制动，但是在以后的动态稳定过程中，在特定情况下采用快速励磁系统会引起转子摇摆时间延长、功角振荡增大，甚至引起振荡失步。

对此，苏联学者认识到，为抑制这种功率振荡失步，应在励磁调节器的控制规律中附加与发电机功率有关的附加量，以提高发电机在运行中的暂态稳定性。

在 20 世纪 50 年代，苏联研制的所谓"强力式励磁调节"，即是基于上述基本思路而研制的多参量调节器。但是，由于测量发电机转子功率角较为困难，因而采用与功角 δ 作用近似量取代功角 δ 信号。在强励式励磁调节器中的信号包括发电机电压偏差、电压导数、频率偏差、频率导数以及发电机转子电流等参量。在小偏差扰动条件下，采用强力式调节器可使系统稳定功率极限比采用比例式励磁调节器时高 $10\% \sim 12\%$。由此可以看出，苏联研制的强力式励磁调节器，虽然仍应用古典调节理论进行励磁调节器的参数整定，但是应用了所谓 D 域划分的方法，可在一个 s 频率平面上研究两个参量之间的关系，这样可分别求出 ΔU、Δf、f' 等各个参量的共同稳定域，实现了多参量参数的整定，但是这种方法过于复杂，当系统结构参数变化时，修改整定参数比较复杂，为此，未在国际上获得应用。由于苏联的强力式励磁调节器主要采用了电压偏差量及微分量 ΔU 和 U' 作为调节信号，并引入了转子电压软负反馈量 $\Delta U'_f$ 用以降低暂态增益，并保持较高的稳态增益。此外，还应用了频率偏差量及微分量 Δf 和 f' 作为功率阻尼信号。为此，就本质而言，苏联的强力式励磁调节器相当于一个附有稳定功率信号 Δf 的 PID 励磁调节器。

其后，在 20 世纪 60 年代中期，由于快速励磁系统的普遍应用，在一些大型输电系统中频繁地出现了低频功率振荡以及在大扰动事故后动态稳定恢复过程中振荡失步的情况。对此，美国学者 F. D. 迪米洛（Demello）和 C. 康柯迪亚（Concordia）首先从分析低频振荡发生的机理入手，探讨了在采用快速励磁系统以及特定电力系统参数条件下造成动态稳定性恶化的原因。他们利用 R. A. 菲利浦斯和 W. G. 埃弗伦提出的建立在线性化小偏差理论基础上的数学模型，经分析得出结论，认为单机—无限大系统的正阻尼转矩恶化主要是由于励磁系统和发电机励磁绕组的滞后特性所致。

在正常运行条件下，以发电机端电压 ΔU_t 为负反馈量的发电机闭环励磁调节系统是稳定的。由图 1-5 可看出，ΔU_t 与 $\Delta E_q'$（横轴暂态电动势偏差）两相量之间存在一定的相位滞后，滞后的相位与频率有关。因此，当转子功率角发生振荡时，$\Delta E_q'$ 滞后于 ΔU_t，即励磁系统提供的励磁电流的相位滞后于转子功率角。在某一频率下，当滞后角度达到 180°时，原来的负反馈变为正反馈，励磁电流的变化进一步导致转子功率角的振荡，即产生了所谓的"负阻尼"。

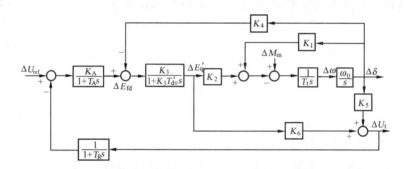

图 1-5　在小偏差条件下同步发电机励磁控制系统方框图

如果励磁系统采用 PID 控制方式，以发电机电压偏差信号进行调节励磁，有助于改善发电机电压的动态和静态稳定性。同时，向励磁系统提供的超前相位输出会在一定程度上补偿励磁电流的滞后相位和负的阻尼转矩。但是 PID 调节主要是针对电压偏差信号而设计的，它所产生的超前相位频率未必与低频振荡频率同相，亦即未必能满足补偿负阻尼所需的相位。此外，在 PID 调节系统中为了控制电压，必须连续地对电压偏差进行调节，因此无法区别阻尼转矩在正、负之间变化的两种截然不同的情况，亦即难以兼顾发电机电压调节及保证阻尼转矩为正值的要求。为此，PID 调节方式对于抑制系统低频振荡的作用是有限的。

依据 F. D. 迪米洛和 C. 康柯迪亚理论设计的电力系统稳定器（Power system stabilizer），简称 PSS，即为抑制系统低频振荡和提高电力系统动态稳定性而设置的。当前，在励磁系统中获得广泛应用。

在上述 PSS 励磁控制方式中，励磁控制规律除了仍保留按发电机电压偏差的比例—积分—微分控制外，还附加一个与功率有关的信号，诸如发电机功率、频率、转速、转子功率角等。

由于 PPS 参数的选择多依据特定运行条件来确定，当系统参数改变时，PSS 设定的有效抑制频率段将偏离系统振荡实际频率段，控制效果会显著减弱。为此，近年来出现了多参量和自适应式电力系统稳定器，以适应于当电力系统参数变化时更广泛的应用范围。

正如任何一项新技术的推广，均须在实践中予以完善与改进一样，PSS 的应用亦曾产生过一些负面的作用。例如，在美国西屋及 GE 公司开发的 PSS 装置中均采用发电机转速 ω 作为输入信号，在机组发生扭振的情况下，发电机轴系中某一阶固有扭振频率，会被以转速 ω 作为信号的 PSS 增益环节放大，进一步激发了扭振的谐振，最终对发电机轴系造成危害。在 1970 年 12 月与 1971 年 10 月，美国内华达州 MOHAVE 电厂两次发生扭振谐振事故，引起与发电机轴相连的励磁机联轴器处断裂，另一台西屋公司制造的大型汽轮发电机组因轴系扭振信号被 PSS 放大导致扭振谐振，使汽轮机的低压缸叶片发生断裂。1987 年，由 GE 公司制造的安装在台湾马鞍山电厂的一台 800MW 汽轮发电机也发生了由于扭振谐振导致汽轮发电机低压缸叶片断裂的情况。为此，美国西屋公司及 GE 公司均在以转速 ω 为信号的 PPS 中附加了陷波器环节，根据发电机轴系的固有扭振频率阶数的不同，当出现设定的扭振频率阶数时，陷波器将阻止此转速信号通过，避免了扭振激化。

对于采用转速 $\Delta\omega$ 以外的其他物理量，诸如发电机端功率 P、转子功率角 δ 等信号作为输入信号的其他 PSS 线路中，不需加设陷波器。

二、基于现代控制理论的线性多变量控制方式

1. 线性最优控制原理

自 1960 年 P. E. 卡尔曼（Kalman）建立现代控制理论基础以来，国外一些知名的学者相继提出了现代控制理论在电力系统研究中的应用问题。

由于电力系统是一个多变量、复杂的非线性系统，因此，应用古典的线性单变量控制理论分析上述系统时受到了诸多的限制，而应用建立在状态空间描述方法基础上的线性多变量现代控制理论则较易解决这些问题。

早在 1970 年，加拿大的余耀南博士便率先进行应用现代控制理论对电力系统进行多变量线性最优控制规律的研究。

在国内，以清华大学卢强教授为代表的研究电力系统稳定的一批学者，在将线性多变量最优控制理论应用在同步发电机励磁系统控制方面取得了丰硕的成果。

最优控制理论是现代控制理论中一个发展比较完善、应用较为广泛的重要分支，其研究目标是选择最优控制规律，使得控制系统在特定指标条件下的性能为最优。

对于定常系统的状态方程，一般表达式可写为：

$$\dot{X} = AX + BU \tag{1-10}$$

式中　X——n 维状态相量；

　　　U——r 维状态控制相量；

　　　A——状态系数矩阵；

　　　B——控制系数矩阵。

此系统状态方程的特征值由矩阵 A 所决定。如改变其特性，可引入状态相量的反馈构成闭环系统，如图 1-6 所示。

反馈系统的状态相量为：

$$U = V - KX \tag{1-11}$$

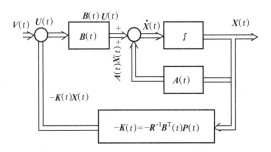

图 1-6　线性正常系统的反馈闭环系统方框图

7

式中　K——状态反馈增益矩阵。

将式（1-11）代入式（1-10）并整理可得：

$$\dot{X} = AX + B(V - KX)$$
$$= (A - BK)X + BV \tag{1-12}$$

此时闭环系统特征值将由矩阵 $A - BK$ 所决定。为此，最优控制规律实质上是选择 K 值，并在给定控制规律下使受控系统的性能达到特定条件下的最优。

2. 二次型性能指标

通常根据工程实际的要求确定系统的性能指标，不同的性能指标会导致不同的控制规律。

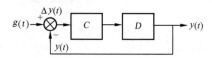

图 1-7　单变量输入和输出的控制系统

现以图 1-7 所示的单变量输入和输出的控制系统作为说明实例。

当在如图 1-7 所示的系统输入单位阶跃函数时，其输出量如图 1-8（b）所示。

假定 $y(t)$ 为系统的实际响应，$\xi(t)$ 为预期动态响应。最优控制性能指标应使 $y(t) - \xi(t)$ 的偏差最小。以数学表达式表示的性能指标有如下三种较为常见的形式：

$$J = \xi(t) - y(t) = J_{\min} \tag{1-13}$$

$$J = \int_0^\infty \left[\xi(t) - y(t) \right] \mathrm{d}t = J_{\min} \tag{1-14}$$

$$J = \int_0^\infty \left[\xi(t) - y(t) \right]^2 \mathrm{d}t = J_{\min} \tag{1-15}$$

在图 1-8（c）、图 1-8（d）和图 1-8（e）中分别表示出了偏差值 $\xi(t) - y(t)$、偏差积分值以及偏差平方积分值的图形。

式（1-14）表示实际响应 $y(t)$ 对预期响应 $\xi(t)$ 偏差的绝对值的定积分为最小，J 为一个随函数 $y(t)$ 而改变的泛函数。而式（1-15）则表示期望对 $\left[\xi(t) - y(t) \right]^2$ 平方定积分值为最小。此外，式（1-15）还表明等同地对待正、负偏差，并对大偏差给予更大的重视。

由于式（1-15）是在 $0 \sim \infty$ 时间区间中求取偏差平方的定积分，故称之为二次型性能指标。

对于多变量系统亦可利用上述概念确定其性能指标。

如果以 $X(t)$ 表示实际状态相量，以 $\hat{X}(t)$ 表示预期的状态相量，则要求状态相量偏差为最小的二次型性能指标为：

$$J = \int_0^\infty \left[\hat{X}(t) - X(t) \right]^\mathrm{T} \left[\hat{X}(t) - X(t) \right] \mathrm{d}t = J_{\min} \tag{1-16}$$

但是，在满足上述最优控制性能指标时，有可能因要求过大的控制量而难以实现，为此，还应对控制相量 $U(t)$ 加以限制，其表达式为：

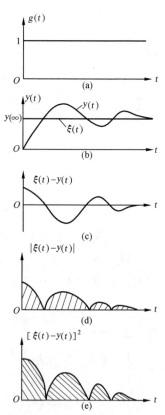

图 1-8　在单位阶跃函数作用下的误差响应

(a)单位阶跃输入；(b)理想动态响应与实际动态响应；(c)误差响应；(d)误差响应绝对值；(e)误差响应的平方

$$J = \int_0^\infty \left\{ \left[\hat{\boldsymbol{X}}(t) - \boldsymbol{X}(t) \right]^{\mathrm{T}} \boldsymbol{Q} \left[\hat{\boldsymbol{X}}(t) - \boldsymbol{X}(t) \right] + \boldsymbol{U}^{\mathrm{T}}(t) \boldsymbol{R} \boldsymbol{U}(t) \right\} \mathrm{d}t = J_{\min} \tag{1-17}$$

式中　$\boldsymbol{Q}$、$\boldsymbol{R}$——对应于状态相量和控制相量的权矩阵。

式（1-17）表达了对状态相量偏差与控制相量幅值的重视程度。表示在整个控制过程中累积状态相量的偏差和消耗的广义控制能量加权之和应为最小。

在工程上为便于分析，常将控制系统的平衡点置于状态空间的原点上。当系统受到扰动时，状态相量将偏离原点。如果系统是渐近稳定的，则状态相量最终将趋向于原点，在这种条件下预期的状态相量即为原点，即 $\hat{\boldsymbol{X}}(t) = 0$，此时式（1-17）可改写为：

$$J = \frac{1}{2} \int_0^\infty \left[\boldsymbol{X}^{\mathrm{T}}(t) \boldsymbol{Q} \boldsymbol{X}(t) + \boldsymbol{U}^{\mathrm{T}}(t) \boldsymbol{R} \boldsymbol{U}(t) \right] \mathrm{d}t = J_{\min} \tag{1-18}$$

式（1-18）即为线性定常系统最优控制的二次型性能指标。

3. 线性最优控制器

为了改善在小干扰条件下发电机的静态及动态稳定品质，我国的科学工作者曾将多变量的线性最优控制理论应用到励磁系统的控制中。由清华大学研制的线性最优励磁控制调节器曾在一些大型水电厂中获得了应用。

设计线性最优控制系统的目的是在所有可能的控制相量中确定出最优的控制相量。

假定一个能控的线性非时变定常系统的表达式为：

$$\dot{\boldsymbol{X}} = \boldsymbol{A}\boldsymbol{X} + \boldsymbol{B}\boldsymbol{U} \tag{1-19}$$

式中　$\boldsymbol{X}$——n 维状态相量；

　　　$\boldsymbol{U}$——r 维状态控制相量；

　$\boldsymbol{A}$，$\boldsymbol{B}$——分别表示 $n \times n$ 和 $n \times r$ 常矩阵。

如果按式（1-18）所示的二次型性能指标设计此最优控制系统，可以证明这个最佳控制规律是存在的，而且是唯一的。其表达式为：

$$\boldsymbol{U} = -\boldsymbol{R}^{-1} \boldsymbol{B}^{\mathrm{T}} \boldsymbol{P} \boldsymbol{X} = -\boldsymbol{K}\boldsymbol{X} \tag{1-20}$$

式中　$\boldsymbol{P}$——$n \times n$ 维对称常矩阵，为黎卡特（Riccati）代数矩阵的正定解。

为使式（1-18）的泛函数 J 为最小，必要条件应满足黎卡特代数矩阵方程表达式，如下：

$$-\boldsymbol{P}\boldsymbol{A} - \boldsymbol{A}^{\mathrm{T}}\boldsymbol{P} + \boldsymbol{P}\boldsymbol{B}\boldsymbol{R}^{-1}\boldsymbol{B}^{\mathrm{T}}\boldsymbol{P} - \boldsymbol{Q} = 0 \tag{1-21}$$

在图 1-9 中示出了最优控制相量 $\boldsymbol{U}$ 为状态相量 $\boldsymbol{X}$ 的线性负反馈。

由上述各点可看出：最优控制的含义是在一定具体条件下，使控制过程的偏差达到最小，达到终值的预期值时间为最快，终值为最优，而控制能量为最小。

最优控制理论和古典控制理论相比较具有下列特点：

（1）古典控制理论主要在复频域内进行综合；而现代最优控制理论主要是在时间域内直接完成综合，同时使动态品质和稳定性之间得到较好的统一。

（2）古典控制理论在复频域内采用传递函数的概念，一般应用于单变量输入—输出系

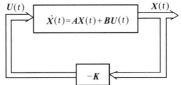

图 1-9　线性最优控制系统方框图

9

统；而最优控制理论系在时间域内采用状态空间的分析方法，适用于多状态变量输入—输出系统，并可利用数字计算机进行仿真计算。

（3）古典控制理论只适用于非时变系统；而最优控制理论可推广应用到时变系统。

第三节　线性多变量综合控制器

近年来，国外基于现代控制理论在多变量线性最优控制器的开拓方面，取得了迅速的发展。例如早在 20 世纪 80 年代末，日本富士电气公司就开发了发电机多变量综合控制器，简称为 TAGEC（Total Automatic Generation Controller）。

一、TAGEC 概述[2]

日本富士电气公司开发此综合控制器的目的是使发电机的励磁与调速控制系统集于一体。传统上的控制方式是发电机的无功功率由励磁调节器控制，而有功功率则由调速器予以控制。考虑到过去机械式调速器自身的惯性时间常数较大，为此在有功功率发生振荡时，多利用发电机的励磁控制，如利用 PSS 的附加功率信号予以抑制，而调速系统未能进行适时调节。

近年来由于调速系统的数字化，其惯性时间常数已经大大减小，为通过调速系统直接抑制有功功率的振荡提供了可能。

TAGEC 依据现代控制理论中的线性平方积分 LQI（Liner quadratic Integral）偏差为最小作为性能指标，用以设计综合控制器。在常规的单变量励磁调节器中，多以发电机电压偏差 ΔU 作为反馈控制量，而调速器则以转速偏差 $\Delta \omega$ 作为控制量，这两种反馈偏差量 ΔU 和 $\Delta \omega$ 是单独作用的。

在 TAGEC 中，其反馈量包括发电机的状态变量 U、功率 P_e、电流 I、磁场磁通 Φ_{fi}、转速 ω、功率角 δ 以及原动机状态变量接力器开度 P_m、机械转矩 T_m 等。此外，以电力系统相关的状态变量作为反馈量。

TAGEC 控制系统原理方框图如图 1-10 所示。

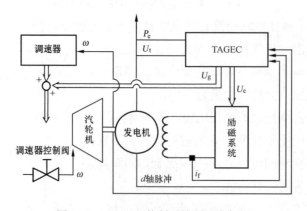

图 1-10　TAGEC 控制系统原理方框图

此系统的主要功能特点为：

（1）是基于现代控制理论构成的多变量控制系统。

（2）可对励磁和调速器进行综合控制。

（3）当运行状态发生大幅度变化时，控制器预先推算出发电机的内部状态及与运行相适应的增益值。

（4）对水电厂具有可考虑水力系统的动态特性的调节功能。

（5）具有判断和处理启动、停机和甩负载程序控制功能。

（6）具有装置故障时的失效保护功能。

（7）在发生系统事故等暂态过程中记录发电机状态量的变化。

由于具有上述功能，为此，可自动补偿负阻尼，具有提高系统动态稳定性和抑制长时间功率摇摆的能力。

此外，当与发电机连接的系统状态发生大扰动变化时，如双回路输电线中一回路线路故障时，控制系统可求出最优增益，具有良好的鲁棒性。

对于多机系统亦有良好的控制性能。同时具有自检测功能，在硬件故障时可进行自动切换。

二、TAGEC 的控制方式

1. TAGEC-Ⅰ方式

如图 1-11 所示，对励磁部分，在移相触发回路之前和调速器部分在接力器之前的全部调节功能均由 TAGEC 自适应式多变量综合控制器所代替。

这种控制方式适用于对调速器控制无特殊要求的新投运的水轮发电机组。

2. TAGEC-Ⅱ方式

如图 1-12 所示，发电机励磁控制与 TAGEC-Ⅰ方式相同，调速器控制部分则是在保留传统的调速器控制系统功能外，由 TAGEC 多变量综合控制系统附加一补偿信号，并对其幅值予以限制。此作用与 PSS 的附加信号作用于励磁控制的给定点并加以综合的功能相类似。

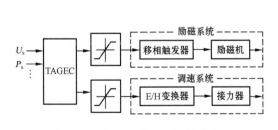

图 1-11 TAGEC-Ⅰ控制系统方框图

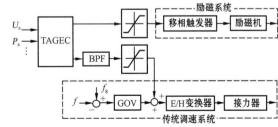

图 1-12 TAGEC-Ⅱ控制系统方框图

3. TAGEC-Ⅲ方式

如图 1-13 所示，此控制方式是在不变动原有的励磁及调速器装置的基础上，由 TAGEC 提供一附加信号并相应作用于励磁调节和调速器的给定点，以求得综合补偿功能。这种方式适用于已运行的机组改造中。

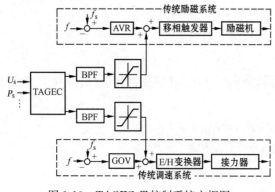

图 1-13　TAGEC-Ⅲ控制系统方框图

三、TAGEC 多变量控制系统的数学模型

在发电机与系统并联运行状态条件下，列出相关的派克方程式作为建立 TAGEC 多变量控制系统数学模型的基础。

一般 TAGEC 的采样运行时间约为 20ms，在忽略定子电阻和阻尼回路特性条件下，根据与 TAGEC-Ⅰ 和 TAGEC-Ⅱ 控制系统对应的基本数学模型，可列出下列发电机基本方程式：

$$\dot{\Phi}_{fd} = \left[(r_f/X_{ad})U_e - r_f(\Phi_{fd} - \Phi_{ad})/X_{Ifd} \right]\omega_0 \tag{1-22}$$

与系统并联运行的方程式为：

$$\dot{\omega} = \left[(T_m - T_e) - D(\omega - \omega_0) \right]/M \tag{1-23}$$

$$\dot{\delta} = \omega - \omega_0 \tag{1-24}$$

发电机输出方程式为：

$$U_t = K_6\Delta\Phi_{fd} + K_5\Delta\delta + U_{tb} \tag{1-25}$$

$$P_e = K_2\Delta\Phi_{fd} + K_1\Delta\delta + P_{eb} \tag{1-26}$$

水轮机及调速器系统方程式为：

$$\dot{P}_m = (1/T_g)(U_g - P_m) \tag{1-27}$$

$$\dot{q} = (2/T_\omega)(P_m - q) \tag{1-28}$$

$$T_m = 3q - 2P_m \tag{1-29}$$

式（1-27）～式（1-29）表达了考虑水力系统模型时调速器开度 P_m 和流量 q 与机械转矩 T_m 的关系。

在理想条件下，水力系统模型的传递函数可写为：

$$\omega(s) = \frac{1 - T_\omega s}{1 + 0.5T_\omega s}$$

对于汽轮发电机组调速器有如下关系式：

$$\dot{X}_g = \frac{-K_g\left[K_f(\omega - \omega_0) + P_e - P_s\right]}{T_g} \tag{1-30}$$

$$\dot{T}_{mh} = \frac{X_g - K_g\left[K_f(\omega - \omega_0) + P_e - P_s + U_g - T_{mh}\right]}{T_h} \tag{1-31}$$

$$\dot{T}_{ml} = (T_{mh} - T_{ml})/T_{rh} \tag{1-32}$$

$$\dot{T}_m = T_h T_{mh} + K_1 T_{ml} \tag{1-33}$$

以上式中　　Φ_{fd}——励磁磁通；

ω——旋转角速度；

r_f——励磁绕组电阻；

U_e——励磁电压控制量；

Φ_{ad}——d 轴互链磁通；

X_{lfd}——励磁绕组漏抗；

T_m——机械转矩；

T_e——电气转矩；

D——阻尼系数；

M——惯性系数；

δ——功率角；

U_t——端电压；

U_{tb}——电压线性化基值；

P_e——输出功率；

P_{eb}——输出功率线性化基值；

K_1，K_2，K_5，K_6——W. G. 埃弗伦数学模型系数；

U_g——调速器开度指令；

P_m——调速器开度；

T_g——调速器一次惯性时间常数；

T_ω——水力系统时间常数；

q——水流量；

X_g——调速器 PI 调节器的积分器输出；

K_g，T_g——积分器的增益和时间常数；

K_f——频率偏差量测回路增益；

P_s——输出设定值；

T_{mh}——高压缸输出转矩；

T_{ml}——中、低压缸输出转矩；

T_h——含调速器时滞的高压缸时间常数；

T_{rh}——含中、低压缸时滞的再热器时间常数。

依据上述数学模型方程式，对状态方程式进行线性化和离散化，按下列二次型性能指标函数进行运算，求得各变量最优增益值为：

$$J = \sum_{j=0}^{\infty} \left[Q_V (\Delta U_{tj})^2 + Q_P (\Delta P_{ej})^2 + R_e (\Delta U_{ej})^2 + R_P (\Delta U_{gj})^2 \right] \qquad (1\text{-}34)$$

式中　Q_V，Q_P，R_e，R_P——权系数；

ΔU_{tj}，ΔP_{ej}——在 j 点时实时值对设定值的偏差；

ΔU_{ej}，ΔU_{gj}——在 j 点时实时值对励磁和调速器控制量的偏差。

四、TAGEC 系统的构成

基于高速微型计算机构成的 TAGEC 系统方框图，如图 1-14 所示。

1. 采样运算

如图 1-15 所示，对励磁和调速器系统输入的控制输入量进行运算，并根据程序条件进行

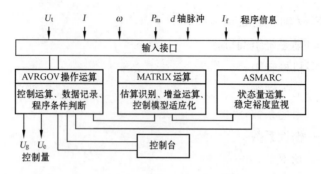

图 1-14　TAGEC 系统方框图

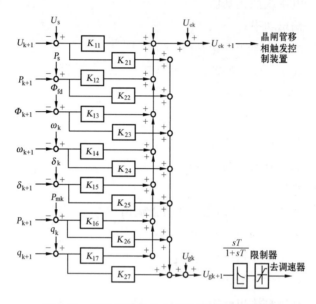

图 1-15　励磁调速综合多变量控制系统方框图

判断及执行数据记录功能。

2. 矩阵运算

依据等效系统电抗，运算出最优化的控制模型，并确定出当发电机和系统运行状态改变时最优化的增益。

3. 稳定裕度监测控制

对发电机的纵轴和横轴同步电抗以及发电机端电压的纵轴分量进行运算，依此对稳定裕度进行监测，以保证稳定裕度对发电机进行增加励磁或降低输出功率的控制。

在传统上对发电机稳定裕度的监测，多利用进相无功功率监测继电器予以实现。其作用原理为：当单一发电机与无限大系统并联运行时，如果发电机的励磁保持恒定并逐渐增加发电机的输出，当发电机端电压 U_t 的纵轴分量 U_d 增加到最大值 U_{dmax} 时，超过此点后发电机将处于加速状态直至失步。U_{dmax} 为励磁保持不变时的数值，如图 1-16（a）所示。

U_{dmax} 的表达式可写为：

$$U_{dmax} = \frac{X_q}{X_q + X_{ex}} U_b \tag{1-35}$$

式中 X_q——运行状态下的发电机横轴电抗;

$\qquad$ X_{ex}——外部电抗;

$\qquad$ U_b——无限大系统线电压。

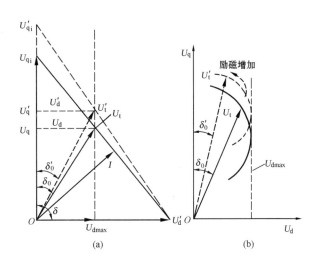

图 1-16 U_{dmax} 的原理说明

(a) 基本相量;(b) 发电机的 U_d、U_q 相量特性

U_{qi}—X_q 后电压;U_t—发电机端电压;I—发电机电流;U_d—U_t 纵轴分量;U_q—U_t 横轴分量;δ—功率角

由图 1-16(b)可见,当增加发电机的励磁时,端电压由 $U_t(U_d,U_q)$ 变化到 $U_t'(U_d',U_q')$,转子功率角由 δ_0 变化到 δ_0'。

对稳定裕度监测,假定外部电抗最大变化值为 ΔX_{ex},依式(1-35)可知,此时的 $U_{dmax}'=\dfrac{X_q}{X_q+X_{ex}+\Delta X_{ex}}U_b$。在发电机增磁后的稳定裕度由适时值 $U_d<U_{dmax}'$ 所决定。由上述讨论可知,在 TAGEC 控制系统中,稳定裕度的运算取决于与运行输出状态相对应的 X_q 和 X_{ex} 的数值,特别是 X_q 的数值。由实测得知,X_q 的数值随负载的增加将大幅度减少。以 700MW 汽轮发电机为例,X_q 设计值为 1.65p.u.,在额定负载状态下其值将下降到 1.40p.u.。

4. TAGEC 的输入和输出量

TAGEC 的输入和输出物理量如表 1-1 所示。

表 1-1 $\qquad\qquad\qquad\qquad$ **TAGEC 的输入和输出量**

测量值	TAGEC 内部运算处理量	状态量	备注
d 轴脉冲	δ	U_t	
U_t 三相	Φ_{ad}	P_e	
I_t 三相	$U_{t(rms)}$	Φ_{fd}	TAGEC-Ⅰ,Ⅱ通用
I_f	$P_{L(rms)}$	ω	
ω	U_e(励磁输出)	δ	
P_m	U_s,P_s,U_g(调速输出)	P_m,q	TAGEC-Ⅰ水电厂用
P_s	U_g(调速输出) 带通滤波器,幅值限制±a%	X_g,P_m,T_h,T_1	TAGEC-Ⅱ火电厂用

由外部直接输入到 TAGEC 控制系统中的监测值有下列各物理量：

（1）d 轴脉冲。由汽轮发电机轴端测得的励磁磁极位置信号或与此相当的信号。

（2）发电机端电压信号（TV 二次三相电压）U_t。

（3）发电机输出电流（TA 二次三相电流）I_t。

（4）发电机励磁电流 I_f。

（5）转速 ω。

（6）由汽轮机或发电机轴端测量传感器测得的转速输出。

（7）调速器开度 P_m。

（8）输出设定值（仅限于 TAGEC-Ⅱ 型）P_s。

五、输电系统的数字模拟试验

日本富士电气公司利用火电 200kVA 及水电 30kVA 模拟输电线路设备进行了两机对无限大系统的稳定试验。

1. 电力系统的构成

模型输电系统 500kV、300km（或为 600km）双回线路。

2. 发电机

2 台模拟发电机的单机容量为 100kVA/90kW，4 极隐极发电机，电压 220V，转速 1500r/min（或为 1800r/min），$X_d=167\%$，$X'_d=43\%$，$X''_d=37\%$，$T_a=0.3s$，$T'_{do}=3.0s$。

3. 励磁调速控制系统

为对比 TAGEC 控制系统的性能，在励磁控制上采用仅有 AVR、AVR-PSS 以及 TAGEC-Ⅱ 的 3 种控制方式。

汽轮机调速控制系统采用电调式，但是对于 TAGEC-Ⅱ 控制方式，调速系统的开度受控于 TAGEC 的补偿校正信号。

4. 电力系统稳定效果试验

2 台发电机 G1、G2 分别采用不同的励磁控制方式，可为 AVR-AVR、AVR-PSS、PSS-PSS 及 PSS-TAGEC（或为 TAGEC-AVR、TAGEC-PSS）控制方式。

稳定极限试验是在保持 G2 机组输出功率一定，逐步增加 G1 机组的输出功率条件下进行的。稳定极限的基值以 AVR-PSS 励磁控制方式相应值作为对比基础。G1 机组增加的稳定极限功率以标幺值表示。

5. 电力系统稳定试验结果

在两机对无限大系统条件下，对其静态、动态、暂态以及长周期的动态稳定状态进行试验。在图 1-17 中示出了 AVR-PSS 控制方式时的静态稳定试验结果，并以此作为对比的基值，试验时 G2 负载不变。

在图 1-18 中示出了两机系统的动态稳定试验结果，试验条件为切除一回路输电线路。

图 1-19 示出了当一回路输电线三相短路，经 4 个周期后切除故障时的暂态稳定性试验。

图 1-20 为两机对无限大系统中，当两回路输电线路中一支路的 300km 输电线切除时的长周期稳定性评价。此时按发电机电压的平方值作为评价稳定的指标。

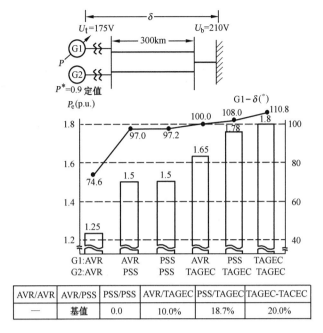

图 1-17　两机对无限大系统的静态稳定极限

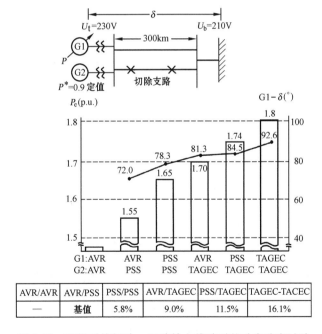

图 1-18　两机系统切除一回路输电线路时的动态稳定试验

须强调指出的是：由图 1-20 可看出，采用多变量的 TAGEC 控制方式维持发电机端电压的能力低于常规励磁方式 AVR-AVR 或 AVR-PSS 的相应值。

除进行上述模拟试验外，日本富士公司于 1990 年在一台容量为 32MW 的水轮发电机组上进行了样机工业运行试验，取得了良好效果。

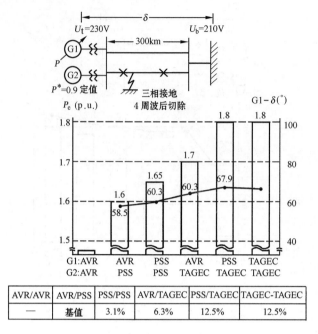

图 1-19　两机系统三相短路试验

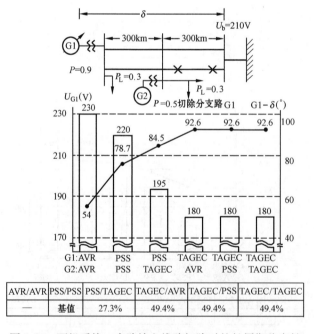

图 1-20　两机系统一支路输电线路切除时的长周期稳定性

第四节　非线性多变量励磁控制器[3]

近 20 年来，随着对近代微分几何的研究不断地取得了开拓性的进展，将微分几何引入非线性控制系统的研究同样也取得了丰硕的成果，并在此基础上形成了一门新的学科体系，即非线性控制系统几何结构理论体系。对此罗马大学 A. Isdori 教授曾指出："正如 50 年代以前引入拉氏变换和传递函数以及 60 年代引入线性代数方法分别给控制理论在单输入单输出及多变量线性系统方面所带来的重大成就那样，微分几何方法引入非线性控制系统，也将会给控制理论带来突破性的进展"。而在近代微分几何新的理论体系中，有一分支即非线性系统状态反馈精确线性化理论得到了最为迅速的发展，并在工程中得到了应用。

清华大学卢强教授将基于微分几何方法的非线性系统控制理论用于复杂电力系统，并在国际上首次给出了关于这种非线性控制解最优性质的严格数学证明，进一步成功研制出电力系统分散非线性最优励磁控制器（NOEC）。大量的仿真研究结果和现场试验表明，非线性励磁控制规律可以显著提高电力系统的暂态稳定性，改善输电通道的功率传输极限，从而最大限度地利用发电机组装机容量。

然而，一个实际的工程控制系统，总是或多或少地受到各种不确定性因素或者外部扰动的影响，电力系统正是这样一类典型的非线性系统，在研究它的控制器时，必须考虑这一问题。现阶段应用在电力系统中的一些控制器，包括 PID（比例—积分—微分控制器）、PSS（电力系统稳定器）、LOEC（线性最优励磁控制器）及 NOEC（非线性最优励磁控制器）等，其控制方法在建模时无一例外地采用具有固定结构和参数的模型，即未考虑系统所受到的不确定性（如外界干扰和未建模动态）的影响。

非线性微分几何控制方法也是建立在被控对象精确数学模型的基础上的，它虽然为非线性控制设计提供了解析的设计手段，然而由于在模型建立时忽略了模型的不确定性，从而使控制器的设计存在着固有的不足，在不确定性扰动的情况下，难以达到预期的性能指标。为改进这一情况，现代控制理论产生了鲁棒控制这一分支，在系统模型建立和控制器设计中，考虑不确定性对于系统性能的影响，将实际控制系统视为一个系统族，在此基础上利用解析方法设计控制器，尽可能使得受控对象在模型变动的情况下也能够满足期望的性能指标。

对于一个受外部不确定性扰动的非线性系统来说，它的非线性 H_∞ 控制规律可以通过求解一个 HJI 不等式来获得，然而 HJI 不等式是一个一阶偏微分不等式，数学上还不能得到它的一般解析解。但是，对于线性的情况，该不等式可以简化为一个 Ricatti 不等式，而求解这一代数不等式在数学上并不困难。

基于上述思路，在总结非线性最优励磁控制器的基础上，卢强教授基于非线性鲁棒控制理论、开拓性的将微分几何控制理论、耗散系统理论，微分对策与 H_∞ 方法有机地加以集成，并由此导出了发电机非线性鲁棒励磁控制器 NR-PSS 控制策略的精确解析表达式，完成了电力系统非线性鲁棒控制理论体系的创建。

同时，由于控制策略表达式中只含有本机参数以及本地和机组的状态变量，不包含电力网络参数，为此鲁棒励磁控制器对网络结构和参数变化具有更高的适应能力，可更有效地抑制各种外界干扰，使控制规律呈现强鲁棒性。

这一科学理论体系的建立，在学术上具有重要的意义。

自 20 世纪 60 年代美国学者提出古典电力系统稳定器励磁控制理论以来，当今由我国学者自行创建的非线性鲁棒电力系统稳定器励磁控制策略和完整的理论体系，无疑在励磁系统控制领域中树立了又一新的里程碑。

非线性鲁棒电力系统稳定器（NR-PSS）的基本设计理念是建立考虑干扰的多机励磁系统的非线性模型后，采用反馈线性化方法将原来的非线性系统精确线性化，然后对线性化的模型设计其线性 H_∞ 控制规律，并将这一控制规律回代到精确线性化过程中设定的非线性反

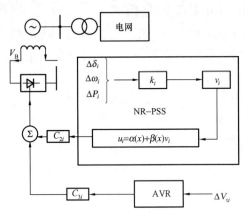

图 1-21　NR-PSS 与 AVR 的配合

馈规律中，从而得到原系统的 NR-PSS 控制规律。这使得所设计的控制器从理论上具有了较强的鲁棒性，保证了对外部干扰以及内部未建模动态等不确定性因素的抑制能力，在工程应用中，更具有实用性。

与传统的电力系统稳定器应用相似，在工程中应用非线性鲁棒电力系统稳定器同样以附加信号的形式将其输出叠加在励磁电压调节器 AVR 的输出点，两系统的输出是相互独立的，其接线如图 1-21 所示。

根据非线性鲁棒控制设计原理得出的 NR-PSS 非线性鲁棒励磁控制规律为：

$$V_{\text{fiPSS}} = E_{qi} - \frac{T'_{d0i}}{i_{qi}} \left[E'_{qi} + (X_{qi} - X'_{di})(i_{qi}\dot{i}_{di} + i_{di}\dot{i}_{qi}) \right]$$
$$+ C_{1i} \frac{T_{ji} T'_{d0i}}{\omega_0 i_{qi}} \left(k_{1i}\Delta\delta + k_{2i}\Delta\omega - k_{3i}\frac{\omega_0}{T_j}\Delta P_e \right) \tag{1-36}$$

式中　　　　　i——第 i 台发电机的参数和状态量（下标 i）；

E'_{qi}、E_{qi}——同步机暂态（瞬变）电势和空载电势（p. u.）；

T'_{d0i}——定子开路时励磁绕组时间常数，s；

i_{di}、i_{qi}——电枢电流的 d 轴和 q 轴分量；

$\dot{i}_{di}$、$\dot{i}_{qi}$——i_d 和 i_q 的微分量；

X_{qi}、X'_{di}——q 轴同步电抗和 d 轴暂态（瞬变）电抗（p. u.）；

T_{ji}——转动惯量，s；

ω_0——同步角速度，rad/s；

$\Delta\delta$——转子运行角偏差，rad；

$\Delta\omega$——角速度偏差，rad/s；

ΔP_e——电磁功率偏差（p. u.）；

k_{1i}、k_{2i}、k_{3i}、C_{1i}——调节系数。

由式（1-36）可知，NR-PSS 控制规律具有以下特征：

（1）由于系统设计时充分考虑了对于干扰的抑制，因此所设计出的控制规律对于外部干扰具有显著的抑制作用。由于该控制规律中只含有局部可测量（本台发电机的参数），故独

立于网络参数，因此对网络结构的变化具有适应性，保证了控制规律的鲁棒性。

（2）控制规律中的参数均为本地量测量，与其他机组的状态量或输出量无直接关系，因而适用于多机系统分散协调控制。

（3）控制规律基于发电机的双轴模型考虑了发电机的瞬变凸极效应，去除了原来非线性最优励磁控制器 $X_d' = X_q$ 的假设，使得设计得到的控制规律更为精确，从理论上扩展了该控制器的适用范围。

当 NR-PSS 及 AVR 配合使用时，其综合控制规律为：

$$V_{fi} = C_{3i}V_{iAVR} + C_{2i}V_{iNR\text{-}PSS}(C_{1i}) \tag{1-37}$$

其中：

$$V_{fipss} = E_{qi} - \frac{T_{d0i}'}{i_{qi}}\left[E_{qi}' + (X_{qi} - X_{di}')(i_{qi}\,i_{di} + i_{di}\,i_{qi})\right]$$

$$+ C_{1i}\frac{T_{ji}T_{d0i}'}{\omega_0\,i_{qi}}\left(k_{1i}\Delta\delta + k_{2i}\Delta\omega - k_{3i}\frac{\omega_0}{T_j}\Delta P_e\right)$$

$$V_{iAVR} = (k_P + k_D s)\frac{1}{1+k_1 s}\Delta V_{ti}$$

对于非线性鲁棒励磁控制的工程算法，其程序如图 1-22 所示。

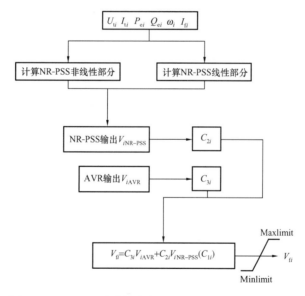

图 1-22　NR-PSS 非线性鲁棒励磁控制的工程算法程序图

第五节　电力系统电压调节器 PSVR[4]

一、概述

传统上的励磁电压调节器 AVR 是以维持发电机电压恒定作为目标予以控制的。如果输电线路故障引起系统电压下降时，将引起全系统的无功功率损失的增加，进而降低了系统电压的稳定性。

此外，近年来在国外，例如在日本的一些大都会中，由于冷冻设备的增加，使得负载具有接近恒定功率的电压特性。同时，由于城市供电系统的电缆化，由远距离 275kV 高压输电系统向城市中心供电时主干线系统电压有明显下降的倾向，为此寻求保持主干线系统电压稳定已成为重要的课题。20 世纪 90 年代日本已在与 500kV 系统以及 275kV 系统连接的发电机组上设置了可提高并维持高压输电系统电压为一定值的新型电力系统电压调节器（Power system voltage regulator），简称 PSVR。

二、PSVR 改善系统电压特性的效果

在图 1-23（a）中示出了传统的 AVR 励磁调节方式。在此系统中，以发电机的电压偏差作为反馈量进行调节，并维持发电机的电压为给定值。

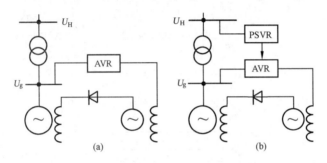

图 1-23　发电机励磁控制方式

（a）AVR 方式；（b）PSVR 方式

在这种条件下，如果电力系统输电线路发生故障将引起系统电压 U_s 的下降，当 U_s 降到与 $P\text{-}U$ 曲线的前沿相交时的电压，发电机能否提供无功功率将由 AVR 控制特性与 $P\text{-}U$ 前沿线的交点所决定，如图 1-24（b）所示。

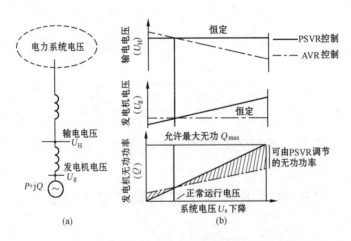

图 1-24　当系统电压下降时 PSVR 和 AVR 控制特性

（a）模拟系统；（b）PSVR 和 AVR 控制特性

如果采用图 1-23（b）所示的 PSVR 控制方式，将发电厂高压侧电压维持在较高水平，

这不仅可提高发电机输出的无功功率极限值，而且提高了系统电压的稳定性。

应说明的是，采用 PSVR 控制方式只是使发电机潜在的极限无功容量得到应用，而不是使发电机处于超出允许值的无功容量过载状态。在图 1-24（a）中示出了 PSVR 的模拟系统，PSVR 可调节的无功功率范围如图 1-24（b）中阴影部分所示。

为了说明 PSVR 改善系统电压特性的效果，现分别讨论电力系统在装设电力电容器、同步调相机以及 PSVR 时的补偿效果。

假定单一发电机对单一负载系统的模型如图 1-25 所示。

电力系统的参数为：$X_t=15\%$，$X_e=35\%$，$P+jQ=1000+j329$（Q 为定值），$\cos\varphi=0.95$。

1. 装设电力电容器 SC 时的补偿特性

设所装设电容器的导纳为 Y_{SC}，此时，发电机功率表达式为：

$$P^2+\left[\left(\frac{1}{X_e+X_t}-Y_c-Y_{SC}\right)U_L^2+Q\right]^2=\frac{U_g^2U_L^2}{(X_e+X_t)^2} \tag{1-38}$$

式中　P，Q——负载的有功和无功功率；

U_g——发电机端电压；

U_L——负载端电压；

X_e——输电线路电抗；

X_t——升压变压器电抗；

Y_c——事故前的负载端电力电容器导纳。

2. 装设同步调相机时（补偿容量 Q_{RC}）的补偿特性

装设同步调相机时的补偿特性表达式为：

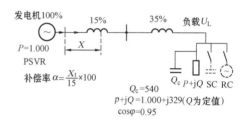

图 1-25　单一发电机对单一负载系统的模型

$$P^2+\left[\left(\frac{1}{X_e+X_t}-Y_c\right)U_L^2+(Q-Q_{RC})\right]^2=\frac{U_g^2U_L^2}{(X_e+X_t)^2} \tag{1-39}$$

3. 装设 PSVR 时的补偿特性

此时由 PSVR 将升压变压器的电抗补偿到 $X_t'=\alpha X_t$，α 为补偿系数，则：

$$P^2+\left[\left(\frac{1}{X_e+\alpha X_t}-Y_c\right)U_L^2+Q\right]^2=\frac{U_g^2U_L^2}{(X_e+\alpha X_t)^2} \tag{1-40}$$

如将图 1-25 中的电力系统参数值代入式（1-38）～式（1-40），可得出相应的 P-U 曲线，如图 1-26 所示。

由图 1-26 可知，当装设电力电容器 SC 和同步调相机 RC 时，随装设容量的增加，P-U 曲线的前沿电压有显著上升的趋势，采用电力电容器 SC 时电压上升尤为明显。电压稳定的界限为前沿电压小于负载端电压的额定值。

在设置 PSVR 时，可部分补偿升压变压器的电抗使前沿电压有所下降，其效果等同于新增加了输电系统和变压器的容量，改善了系统电压的稳定性。

对于多机系统亦可获得相同效果。图 1-27 为 500kV 系统当发电机采用 PSVR 时的模拟试验结果。

在表 1-2 中列出了当 500kV 系统一回路输电路切除时，无功负载平衡情况。

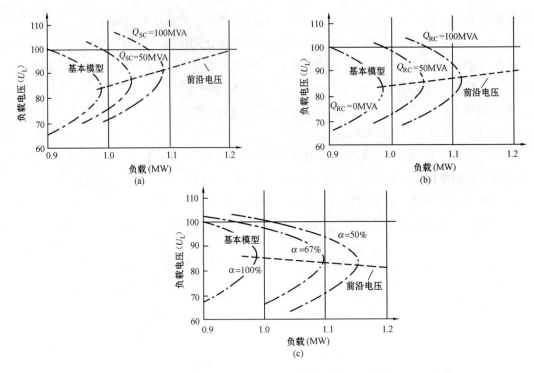

图 1-26　单机对单一负载系统模型的 P-U 曲线

（a）装设电力电容器 SC 时的 P-U 曲线；（b）装设同步调相机 SR 时的 P-U 曲线；（c）装设 PSVR 时的 P-U 曲线

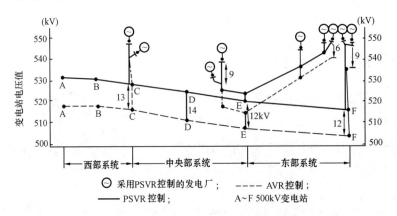

图 1-27　500kV 输电系统切除一回路时系统的电压分布

表 1-2　　　　　　　　500kV 系统一回路输电线路切除时全系统的无功功率平衡值

平衡结果	控制方式	PSVR 控制 （Mvar）	传统 AVR 控制 （Mvar）	差值 （Mvar）
电源侧	发电机	14.080	16.540	−2.460
	调相设备	13.730	13.010	+0.720
负载侧	负载	12.140	12.140	0
	输电损耗	15.670	17.410	−1.740
总　计		27.810	29.550	−1.740

由图 1-27 可看出，当 500kV 系统输电线路切除一回路后，采用 PSVR 控制方式可使中央部分的系统电压降减少 12~14kV，在一定程度上改善了系统的电压维持水平。

此外，还可使系统无功损耗减少 1.7Mvar 左右。

三、PSVR 的线路组成

1. PSVR 的基本控制方式

PSVR 的控制方式有多种方案，图 1-28（a）所示的为一种控制简单、系统经济性优越的方案。控制方式为由输电高压侧供给附加信号，对发电机电压基准值 U_g 进行补偿。补偿的程度，即发电机电压对无功功率的外特性曲线的斜率取为（0.5~5）% U_H/Q_{gmax}，Q_{gmax} 为最大允许无功功率，如图 1-28（b）所示。

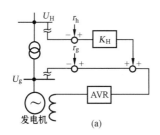 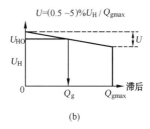

图 1-28　PSVR 控制方式

（a）控制系统图；（b）发电机电压控制特性

2. PSVR 控制时的基本方程式

PSVR 控制时的系统方框图如图 1-29 所示。

对图 1-29 所示的 PSVR 控制系统，设 AVR 正常增益为无限大，补偿后下降到 $\beta=1$。此时可列出下列方程式：

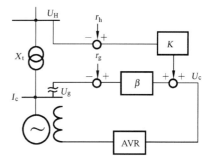

$$n(U_g - X_t I_q) = U_H \tag{1-41}$$

$$(r_h - U_H)K_H = U_c \tag{1-42}$$

$$U_g = r_g + U_c \tag{1-43}$$

将式（1-42）中的 U_c 代入式（1-43），再将 U_g 代入式（1-41），求得 U_H 代的基本方程式为：

图 1-29　PSVR 控制系统方框图

$$n[r_g + (r_h - U_H)K_H - X_t I_q] = U_H \tag{1-44}$$

整理得：

$$U_H = \frac{n(r_g + r_h K_H)}{1 + nK_H} - \frac{nX_t}{1 + nK_H}I_q = \frac{n(r_g + r_h K_H)}{1 + nK_H} - \alpha_v I_q \tag{1-45}$$

$$\alpha_v = \frac{nX_t}{1 + nK_H}$$

式中　α_v——电压斜率系数；

　　　K_H——电压增益系数。

如将式（1-45）中的 U_H 代入式（1-41），求出 U_g 表达式为：

$$U_g = \frac{r_g + r_h K_H}{1 + n K_H} + \frac{K_H n X_t}{1 + n K_H} I_q = \frac{r_g + r_h K_H}{1 + n K_H} + K_H \alpha_v I_q \tag{1-46}$$

由式（1-44）可看出，当系统电压下降时将引起发电机无功电流 I_q 的增加，下降的程度取决于 α_v。

另由式（1-45）可知，当 I_q 增加时，发电机的端电压将上升，增加的程度依 K_H 和 α_v 而定。如果考虑发电机 AVR 量测回路设有增益降低，即增益降低系数 β 不等于 1，此时式（1-43）可改写为：

$$U_g = r_g + U_c/\beta \tag{1-47}$$

联立式（1-41）、式（1-42）和式（1-47），可分别求得 U_H 及 U_g 为：

$$U_H = \frac{n(\beta r_g + r_h K_H)}{\beta + n K_H} - \frac{\beta n X_t}{\beta + n K_H} I_q = \frac{n(\beta r_g + r_h K_H)}{\beta + n K_H} - \alpha_{v\beta} I_q \tag{1-48}$$

$$\alpha_{v\beta} = \frac{\beta n X_t}{\beta + n K_H}$$

$$U_g = \frac{\beta r_g + r_h K_H}{\beta + n K_H} + K_H \alpha_{v\beta} I_q \tag{1-49}$$

式中　$\alpha_{v\beta}$——计及增益降低系数 β 的电压斜率系数。

四、PSVR 与 AVR 控制特性的比较

对于 AVR 控制方式，可令高压侧反馈系数 $K_H = 0$。此时，式（1-45）、式（1-46）可改写为：

$$U_{HA} = n r_g - n X_t I_q = n r_g - \alpha_v (1 + n K_H) I_q \tag{1-50}$$

$$U_{gA} = r_g \tag{1-51}$$

对于 PSVR 方式，$K_H \neq 0$ 时，式（1-45）及式（1-46）可改写为：

$$U_{HP} = n r_g \frac{1 + r_h K_H/r_g}{1 + n K_H} - \alpha_v I_q \tag{1-52}$$

$$U_{gP} = r_g \frac{1 + r_h K_H/r_g}{1 + n K_H} + K_H \alpha_v I_q \tag{1-53}$$

如果设 $n = r_h/r_g$，则式（1-52）和式（1-53）可写为：

$$U_{HP} = n r_g - \alpha_v I_q \tag{1-54}$$

$$U_{gP} = r_g + K_H \alpha_v I_q \tag{1-55}$$

由上两式可看出，与 AVR 控制方式相比，PSVR 控制方式可使高压侧的电压下降减少到 $1/(1 + n K_H)$，而发电机侧电压上升仅为 $K_H \alpha_v$。

五、PSVR 的基本功能

图 1-30 示出了 PSVR 控制回路的基本组成。为了实现按高压侧线路电压对 AVR 进行控制，可按时间程序自动确定输出电压的目标值，并可对异常状态进行检测。有关功能分述如下：

1. 基本控制功能

可快速精确地进行采样，采样频率在 600Hz 以上，精度在 ±0.2% 以下，可对发电机三相电压有效值及平均值进行测量。为保证发电机励磁系统调节的稳定性，设有相位补偿及增

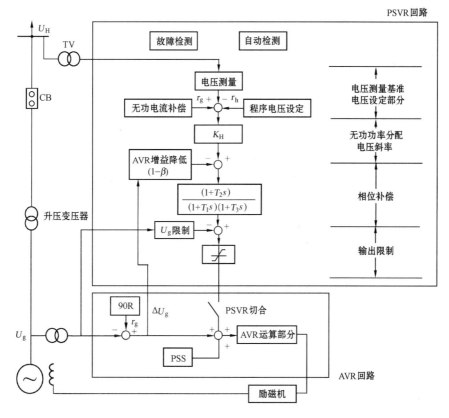

图 1-30 PSVR 控制回路的基本组成

益降低回路，发电机电压稳定性和无功功率的平衡设定，可由调整增益 K_H 予以实现。

2. 程序电压设定

可按工作日及休息日不同模型实现多达 16 个阶梯基准值的控制。

3. 输出限制

在 PSVR 输出端设有电压限幅回路。

4. 异常自检测功能

当运行出现异常时，实现自检测功能。

5. 控制稳定性

传统上的 AVR 控制方式是在其偏差信号上加以与系统电压有关的偏差量，并经增幅后进行运算控制的。其结果是 AVR 选用的增益过大，使得在系统输电线路发生故障时，阻尼系统功率振荡的能力下降。为提高阻尼能力，可采用的措施有：

（1）在 AVR 控制回路设置增益降低（$1-\beta$）回路；

（2）设相位补偿（超前一阶，滞后二阶）；

（3）加大对 PSS 的限幅。

图 1-31 示出了在 PSVR 控制系统中，信号的运算及相位补偿的配合。

发电机电压由 AVR 的基准电压值 r_g 和 PSVR 的输出电压之和所决定，当发电机的输出电压超出允许值时，PSVR 的输出电压将被限幅。如果仅单一地降低 AVR 的增益并接在 PSVR 限幅后的输出端，则在输电线路发生大扰动事故时将使 AVR 的暂态增益降低。为此，如将 AVR 的增益降低 $\beta(\beta \leqslant 1)$ 接在如图 1-31 所示的滞后时间较大的相位补偿回路的输入端，此时，在暂态大扰动作用下，AVR 增益降低可发挥同以前相同的响应能力。

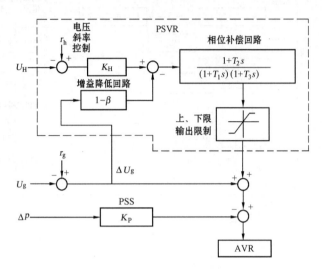

图 1-31　PSVR 信号的运算及相位补偿的配合

六、PSVR 的模拟试验

PSVR 模拟试验的线路如图 1-32 所示，按单机对无限大系统进行数字模拟试验。

试验内容包括稳态和暂态试验，试验结果如图 1-33 所示。图 1-33（a）是在无相位补偿条件下进行的，试验中发电机电压和系统有功功率均有微小振荡。图 1-33（b）为有相位补偿，消除了发电机电压和有功功率振荡。图 1-33（c）表示增大增益，使 $\beta=1$，电压闭路系统呈现不稳定振荡。图 1-33（d）表示发电机反时限电压限制下限值动作的情况，其保持了电压闭环系统的稳定性。

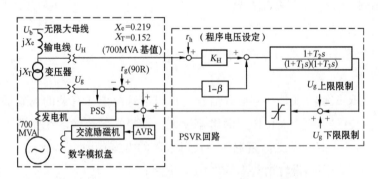

图 1-32　PSVR 模拟试验回路的构成

PSVR 可全面的提高输电系统主干线的电压稳定性，日本自 20 世纪 90 年代初就已着手在水电、火电和核电发电机组 500kV 输电系统中应用 PSVR，现已在实际运行中取得成效并确认了提高系统稳定性的效果。

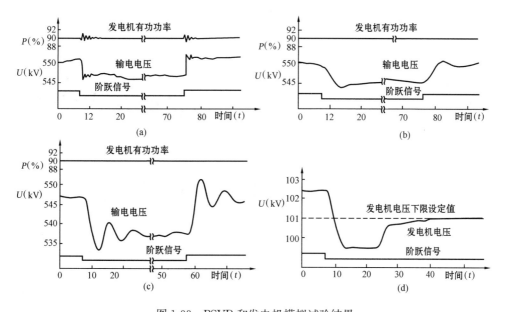

图 1-33 PSVR 和发电机模拟试验结果

（a）无相位补偿；（b）有相位补偿；（c）增益增大，$\beta=1$；（d）反时限电压限制

同步发电机的基本特性[5]

第一节　同步发电机电动势相量图

一、隐极发电机

1. 隐极发电机电动势相量图

隐极同步发电机带对称感性负载运行时，不计及铁芯饱和影响的电动势相量图，如图 2-1 所示。

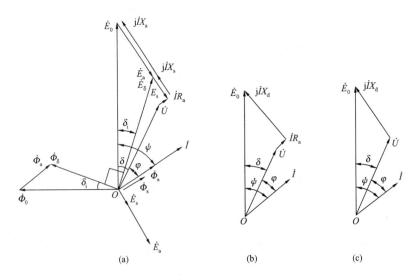

图 2-1　隐极同步发电机电动势相量图（$\varphi > 0$）

（a）电动势相量图；（b）简化相量图；（c）不计定子绕组电压降简化相量图

在图 2-1（a）中，励磁磁通 $\dot{\Phi}_0$ 和电枢反应磁通 $\dot{\Phi}_a$ 的相量和，即为带负载运行时实际存在的气隙磁通 $\dot{\Phi}_\delta$（即 $\dot{\Phi}_\delta = \dot{\Phi}_0 + \dot{\Phi}_a$）。显然，$\dot{\Phi}_\delta$ 的幅值大小和分布与空载时的主磁通 $\dot{\Phi}_0$ 比较均发生了变化，$\dot{E}_\delta$ 即为此气隙磁通感应的电动势。如再考虑定子绕组的电阻和漏抗，则气隙电动势 $\dot{E}_\delta$ 与漏电动势 $\dot{E}_s$ 的相量和，即可视为定子绕组内实际存在的相电动势，再减去定子电流在一相绕组上的电阻压降，即为发电机定子的相电压 $\dot{U}$。显然，它比空载电动势 $\dot{E}_0$ 不仅数值上降低，相位也发生了变化。

图 2-1 （b）和图 2-1 （c）分别表示计及和不计定子绕组电压降的简化相量图。

2. 隐极发电机的电动势方程式

隐极发电机的转子为圆柱体，其气隙大致均匀，随着转子位置的不同，磁路磁阻发生的变化较小，为此不必将电枢反应分解为两个分量，故其电动势方程式为：

$$\dot{E}_0 + \dot{E}_a + \dot{E}_s = \dot{U} + \dot{I}R_a \tag{2-1}$$

在纵轴和横轴方向上，$X_{ad} \approx X_{aq} = X_a$ 称为电枢反应电抗。电枢反应电动势 $\dot{E}_a = -j\dot{I}X_a$，因此，式（2-1）可写为：

$$\dot{E}_0 = \dot{U} + \dot{I}R_a + j\dot{I}X_a + j\dot{I}X_s \tag{2-2}$$

或写为：

$$\dot{E}_0 = \dot{U} + \dot{I}R_a + j\dot{I}X_d \tag{2-3}$$

式中，$X_d = X_a + X_s \approx X_q$，称为隐极发电机的同步电抗，通常只用 X_d 表示。其值大小反映了三相对称定子电流建立的电枢磁场对定子相电动势影响的大小。

式（2-3）即为隐极发电机对称稳定运行中，定子绕组一相的电动势平衡方程式。

在大型发电机中，定子绕组的电阻值较同步电抗值小到可以忽略不计，其定子绕组电阻压降小于定子端电压的 1%；因此，在实用中可将上述方程式简化。

对于隐极发电机，式（2-3）可简化为：

$$\dot{E}_0 = \dot{U} + j\dot{I}X_d \tag{2-4}$$

二、凸极发电机

1. 凸极发电机电动势相量图

凸极同步发电机带对称感性负载稳定运行时，不计铁芯饱和影响的电动势相量图，如图 2-2 所示。

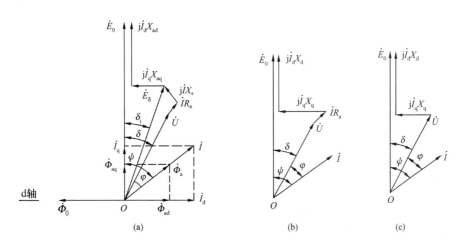

图 2-2 凸极同步发电机电动势相量图（$\varphi > 0$）

（a）电动势相量图；（b）简化相量图；（c）不计定子绕组电压降简化相量图

在图 2-2 中，φ 为功率因数角，它决定于负载阻抗，反映了负载的性质；ψ 为内功率因数角，由发电机所带负载的大小和性质决定，同时还与发电机定子绕组的阻抗有关，图中 $0° <$ $\psi < 90°$；δ 为转子功率角；δ_i 为 $\dot{E}_0$ 与 $\dot{E}_\delta$ 间的夹角，$\dot{E}_\delta$ 为气隙电动势；$\dot{\Phi}_a$ 为电枢反应磁通。

对于凸极发电机在滞相运行条件下的任一瞬间，各部分磁通与感应电动势之间有下列关系：

（1）由转子励磁电流 I_f 建立的励磁磁通势 F_0 产生主磁通 $\dot{\Phi}_0$，感应出空载电动势与 $\dot{E}_0$。

（2）定子三相电流的纵轴分量 $\dot{I}_d$（即 $\dot{I}_{dA}$、$\dot{I}_{dB}$、$\dot{I}_{dC}$ 的合成量）建立的纵轴电枢磁通势 F_{ad}，产生纵轴电枢反应磁通 $\dot{\Phi}_{ad}$ 及其感应的纵轴电枢反应电动势 $\dot{E}_{ad}$。

（3）定子三相电流的横轴分量 $\dot{I}_q$（即 $\dot{I}_{qA}$、$\dot{I}_{qB}$、$\dot{I}_{qC}$ 的合成量）建立的横轴电枢磁通势 F_{aq}，产生横轴电枢反应磁通 $\dot{\Phi}_{ad}$ 及其感应的横轴电枢反应电动势 $\dot{E}_{aq}$。

（4）定子漏磁通 $\dot{\Phi}_s$ 在定子一相绕组感应的漏电动势 $\dot{E}_s$。

2. 凸极发电机的电动势方程式

按规定电动势的正方向与相电流的正方向一致，依此各电动势的总和减去定子绕组的电阻电压降 $\dot{I}R_a$，即为发电机定子相电压 $\dot{U}_0$，其表达式为：

$$(\dot{E}_0 + \dot{E}_{ad} + \dot{E}_{aq} + \dot{E}_s) - \dot{I}R_a = \dot{U}$$

或者改写为：

$$\dot{E}_0 + \dot{E}_{ad} + \dot{E}_{aq} + \dot{E}_s = \dot{U} + \dot{I}\dot{R}_a \tag{2-5}$$

式（2-5）为凸极发电机滞相对称稳定运行时，定子绕组一相的电动势方程式。

发电机的各部分磁通，由于各自的磁路与磁阻不同，对应的电抗值也不同。对应纵轴和横轴电枢反应磁通的是纵轴电枢反应电抗 X_{ad} 和横轴电枢反应电抗 X_{aq}，对应漏磁通的是漏电抗 X_s。电流在电抗上的压降与同一部分磁通在绕组感应电动势的关系为：

$$\dot{E}_{ad} = -j\dot{I}_dX_{ad} \tag{2-6}$$

$$\dot{E}_{aq} = -j\dot{I}_qX_{aq} \tag{2-7}$$

$$\dot{E}_s = -j\dot{I}X_s \tag{2-8}$$

由此，式（2-5）也可写为：

$$\dot{E}_0 = \dot{U} + \dot{I}R_a + j\dot{I}_dX_{ad} + j\dot{I}_qX_{aq} + j\dot{I}X_s \tag{2-9}$$

如果把漏抗压降也分为纵轴和横轴两个分量，则上式可写为：

$$\dot{E}_0 = \dot{U} + \dot{I}R_a + j\dot{I}_d(X_{ad} + X_s) + j\dot{I}_q(X_{aq} + X_s) \tag{2-10}$$

或写为：

$$\dot{E}_0 = \dot{U} + \dot{I}R_a + j\dot{I}_dX_d + j\dot{I}_qX_q \tag{2-11}$$

式中　X_d——凸极发电机的纵轴同步电抗，$X_d = X_{ad} + X_s$；

X_q——凸极发电机的横轴同步电抗，$X_q = X_{aq} + X_s$。

因 $X_{ad} > X_{aq}$，所以 $X_d > X_q$。X_d 与 X_q 之比反映了凸极同步发电机气隙不均匀的特征。其值大小反映了电枢磁场分别在纵轴和横轴方向上对定子相电动势影响的大小。

第二节　同步发电机的电磁功率与功角特性

一、功率、转矩平衡方程式

对于同步发电机，由原动机供给的机械功率 P_1 从转子侧经气隙合成磁场传递到定子侧，将机械能量转换为电能量，此部分功率称为电磁功率 P_e，电磁功率在扣除定子绕组中的铜损 P_c 及空载机械损耗 P_0 后，剩余功率即为发电机输出的有功功率 P，在稳定运行情况下各功率之间的平衡方程式为：

$$P = P_e - (P_c + P_o) \tag{2-12}$$

对于大型发电机组，额定负载时的定子绕组铜损 P_c 占额定功率的比例极小，为此可以近似地忽略不计，此时可认为发电机电磁功率近似等于发电机的有功功率，即：

$$P_e \approx P = 3UI\cos\varphi \tag{2-13}$$

发电机的各功率与转矩之间的关系表达式为：

$$P = \omega T \tag{2-14}$$

式中　ω——发电机转子的机械角速度，$\omega = n_c/60$；

　　　n_c——同步转速。

发电机的拖动转矩 T_1 与机械损耗制动转矩 T_0 和电磁制动转矩 T_e 之间存在下列转矩平衡方程式：

$$T_1 = T_0 + T_e \tag{2-15}$$

二、电磁功率及功角特性表达式

如前所述，当忽略发电机的定子损耗时，机组输出的有功功率将等于其电磁功率。

根据式（2-13）和图 2-2（a）、图 2-2（c）可求得凸极发电机的功率表达式为：

$$P_e = 3UI\cos\varphi = 3UI\cos(\psi - \delta) = 3UI(\cos\psi\cos\delta + \sin\psi\sin\delta) \tag{2-16}$$

由于　　　　　　　　$I_d = I\sin\psi,\ U_d = U\cos\delta = E_0 - I_d X_d$

$$I_q = I\cos\psi,\ U_q = U\sin\delta = I_q X_q$$

故　　　　　　　　$P_e = 3(U\cos\delta I_q + U\sin\delta I_d)$

$$= 3\left(U\cos\delta\frac{U\sin\delta}{X_q} + U\sin\delta\frac{E_0 - U\cos\delta}{X_d}\right)$$

$$= 3\left[\frac{E_0 U}{X_d}\sin\delta + \frac{U^2}{2}\left(\frac{1}{X_q} - \frac{1}{X_d}\right)\sin2\delta\right]$$

以标幺值表示，则上式可写为：

$$P_e = \frac{E_0 U}{X_d}\sin\delta + \frac{U^2}{2}\left(\frac{1}{X_q} - \frac{1}{X_d}\right)\sin2\delta = P_{e1} + P_{e2} \tag{2-17}$$

式中　P_{e1}——与励磁有关的电磁功率；

　　　P_{e2}——附加电磁功率。

附加电磁功率与励磁无关，而与电网电压和纵、横轴同步电抗有关，即当转子励磁绕组无励磁电流时，只要 $U \neq 0$、$\delta \neq 0$，将会产生 P_{e2}，它完全是由于 d、q 轴方向磁阻不等所引起的，因此也称为磁阻功率或凸极功率，其幅值随 X_d 与 X_q 值之差增大而增加，与 P_{e2} 对应的转矩称为磁阻转矩或凸极转矩。

对于隐极发电机，因 $X_d \approx X_q$，此时 $P_{e2} \approx 0$，故有：

$$P_e = \frac{E_0 U}{X_d} \sin\delta \qquad (2\text{-}18)$$

由式（2-18）可见，对于隐极发电机，其电磁功率随 δ 角成正弦函数而变化。电磁功率随 δ 角而变化的关系称为功角特性或功率特性。此特性说明，在电网电压恒定并保持并网运行发电机的励磁电流恒定（即 E_0、U 为常数）时，电磁功率的大小只取决于功角 δ 值。同步电机的功角特性曲线如图 2-3 所示。

1. 隐极发电机的功角特性曲线

隐极发电机的功角特性曲线如图 2-3（a）所示。

（1）当 $0° < \delta < 90°$ 时，电磁功率 P_e 随 δ 角增大而增加；当 $90° < \delta < 180°$ 时，随着 δ 角增大，P_e 反而减小；当 $\delta = 90°$ 时，电磁功率达到极限值 P_{em}，其值为：

$$P_{em} = \frac{E_0 U}{X_d} \qquad (2\text{-}19)$$

（2）当 δ 角为正时，P_e 为正，表明同步电机供给电网有功功率而作发电机运行。反之，当 δ 角为负时，P_e 为负，则表明从电网吸收有功功率，此时电机作电动机运行。

2. 凸极发电机的功角特性曲线

凸极发电机的功角特性曲线如图 2-3（b）所示。功角特性曲线除具有正弦基波外，还有两倍于正弦波频率的二次谐波，此功率分量使凸极发电机在 $\delta < 90°$ 之前，已达到功率极限值。

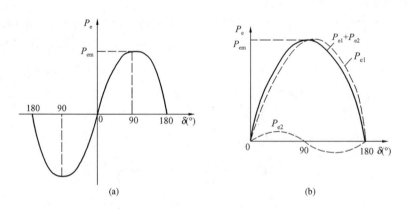

图 2-3　同步电机的功角特性曲线

（a）隐极发电机；（b）凸极发电机

在时间相位上，δ 角表示感应电动势 $\dot{E}_0$ 超前端电压 $\dot{U}$ 的角度，并且 δ 角随机组负载的改变而不同（见图 2-1、图 2-2）。

当发电机的定子漏电抗和电阻很小，近似地可认为 $\delta=\delta_\mathrm{i}$［见图 2-1（a）、图 2-2（a）］此外在空间位置上，δ 角既表示转子主磁通 $\dot\Phi_0$ 沿转子旋转方向超前于气隙合成磁通 $\dot\Phi_\delta$ 的空间夹角，也表示作为原动机的转子磁极轴线沿转子旋转方向超前于气隙合成磁场磁极轴线的空间角度，如图 2-4 所示。

3. 无功功率功角特性表达式

如上所述，功角是反映发电机内部能量转换的一个重要参数。功角的改变将引起有功功率以及无功功率的变化。用类似有功功率的推导方法，可获得发电机无功功率的功角特性。

（1）凸极发电机。因无功功率 $Q=3UI\sin\varphi$，由图 2-2（c）可得：

$$Q = \frac{3E_0U}{X_\mathrm{d}}\cos\delta - \frac{3U^2}{2}\cdot\frac{X_\mathrm{d}+X_\mathrm{q}}{X_\mathrm{d}X_\mathrm{q}}$$
$$+ \frac{3U^2}{2}\cdot\frac{X_\mathrm{d}-X_\mathrm{q}}{X_\mathrm{d}X_\mathrm{q}}\cos2\delta \tag{2-20}$$

（2）隐极发电机。由于 $X_\mathrm{d}\approx X_\mathrm{q}$，无功功率可写为：

$$Q = \frac{3E_0U}{X_\mathrm{d}}\cos\delta - \frac{3U^2}{X_\mathrm{d}}$$

采用标幺值，则得隐极发电机输出无功功率与功角的关系式为：

$$Q = \frac{E_0U}{X_\mathrm{d}}\cos\delta - \frac{U^2}{X_\mathrm{d}} \tag{2-21}$$

式（2-21）表明，对于运行中的隐极发电机，因 X_d 已确定，当电网电压恒定，保持并网运行的隐极发电机励磁电流不变时，$Q=f(\delta)$ 为余弦函数。其曲线形状如图 2-5 所示。

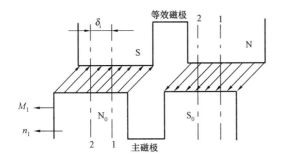

图 2-4　功角为空间角示意图（发电机状态）

1—气隙合成磁场的等效磁极轴线；2—转子磁极轴线；

S、N—定子等效磁极的极性；S_0、N_0—转子磁极的极性；

M_1、n_1—转子转矩与转速

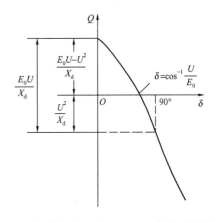

图 2-5　隐极发电机 $Q=f(\delta)$ 的关系曲线

第三节　同步发电机运行容量特性曲线

发电机运行容量图表达了发电机在端电压和冷却介质温度为额定值的条件下，其有功功率和无功功率的关系。此图可表明发电机在不同的功率因数运行工况下，保证发电机长期安全运行的范围。下面介绍运行容量曲线的确定原则。

一、隐极发电机的运行容量图

1. 隐极发电机的功率图

在额定工况运行时隐极发电机的电动势相量图如图 2-1（c）所示。如将图 2-1（c）中电动势三角形的各边均乘以 $3U/X_d$，即可得到隐极发电机的功率图，如图 2-6 所示。由图 2-6 可知：

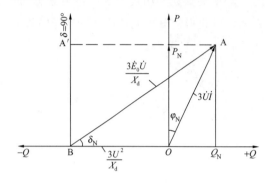

图 2-6 隐极发电机功率图

（1）发电机的额定容量为 $S_N = \overline{OA} = 3UI$。

（2）$\overline{OA}$ 在纵轴和横轴上的投影分别代表额定有功功率和无功功率，即：

$$P_N = 3UI\cos\varphi_N$$

$$Q_N = 3UI\sin\varphi_N$$

（3）A 点对应于发电机的额定运行工况（即定子额定电压 U_N，定子额定电流 I_N，额定功率因数 $\cos\varphi_N$，冷却介质额定参数时的运行点），此时的额定功角为 δ_N。

（4）纵轴（$+P$ 轴）与 $\cos\varphi = 1$ 对应，横轴（$+Q$）与 $\cos\varphi = 0$（滞后）对应，$-Q$ 轴与 $\cos\varphi = 0$（超前）相对应。

（5）随着功角增大，当 $\delta = 90°$ 时，容量线移到 OA'，极限功率为 BA'。OB 代表发电机与无限大电网并联运行，$P = 0$ 时可吸收的最大无功功率。

2. 隐极发电机运行容量曲线

如将图 2-6 所示的功率三角形用额定容量为基准的标幺值表示，可得到 $\overline{OA} = 1$，并令 $\overline{OA}$ 代表定子电流额定值。在发电机未饱和时励磁电流与电势成正比，故 $\overline{AB}$ 也代表励磁电流的额定值。通过 φ 角的变化可反映 $\cos\varphi$ 值的大小和发电机容量的变化情况，由此便获得该机运行容量图。

（1）滞相运行容量曲线。隐极发电机滞相运行并保持冷却介质温度不变时，为了保证发电机定子、转子绕组的温升不超过允许值而造成过热，其定子、转子电流不得超过额定值。如图 2-7 所示，以 B 点为圆心，$\overline{AB}$ 为半径作转子额定电流圆弧 $\overset{\frown}{AC}$，以 O 点为圆心，$\overline{OA}$ 为半径作定子额定电流圆弧 $\overset{\frown}{ADGP}$，这两个圆弧的交点 A，所对应的发电机定子、转子电流同时达到额定值。当 $\cos\varphi$ 降低（φ 角增大）时，由于受转子电流限制，发电机运行点不能超过弧线 $\overset{\frown}{AC}$，C 点为 $\cos\varphi = 0$ 时发电机输出的无功功率最大值。当 $\cos\varphi$ 增大（φ 角减小）时，发电机电枢反应减小，所需的励磁电流减小，故励磁电流不作为限制因素，但此时要受到定子电流的限制，发电机的运行点不能超过弧线 $\overset{\frown}{ADGP}$，对于发电机的有功功率，则不能超过汽轮机的额定功率，因此，过 D 点后继续提高 $\cos\varphi$ 时，受到原动机出力限制线 $\overset{\frown}{DF}$ 的限制，即限制了发电机的容量。

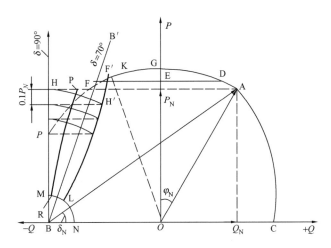

图 2-7 隐极同步发电机运行容量图

由此，发电机的滞相运行范围为 OEDACO 各点组成的闭合区域。

（2）进相运行容量曲线。有功功率恒定发电机转入进相运行时，此时发电机处于低励磁状态，内电动势降低，电磁转矩减小，功角增大，发电机静稳定裕度减小，易失去静稳定。同时，发电机定子端部漏磁也趋于严重，损耗增加。其进相运行容量（即 P 和 Q 值）由定子铁芯端部过热、静态稳定极限或动态稳定极限三者中的最小限值确定。

由发电机定子端部温升确定容量时，因其端部结构及材料性能和冷却条件不同，准确计算获知端部各部位的温升是很困难的，因而不能确定局部高温不超过限值时允许的进相容量实际值。一般估算端部发热限制的容量值。

发电机进相运行静稳定限制的容量，是以发电机不带自动励磁调节器，输出各有功功率值进相运行，且运行功角 $\delta \leqslant 90°(X_e=0)$ 时确定的功率极限值为基础，再考虑适当的静稳定储备系数来确定的。通常以 $10\% P_N$ 作为静稳定储备。其做法是：以图 2-7 中 B 点为圆心，$\overline{BH}$ 为半径画圆弧，再于 $0.9P_N$ 处作与横轴平行的直线与圆弧相交于 H′ 点，按此方法，每隔 $0.1P_N$ 可得一个交点，其连线 $\overline{F'L}$ 即为静稳定容量限制线。

也可以用功角 $\delta=70°$ 的直线作为静稳定容量限制线，如图 2-7 中 BB′直线。此时发电机的静过载能力 $K=1/\sin70°=1.06$，具有 6% 的静稳定储备。

若发电机经联系电抗 X_e 并入电网，则其静稳定极限容量有所降低。由于 $X_e \neq 0$，在 P、Q 功率平面图上的静稳定限制线不再是一条直线而是一段圆弧，如图 2-7 中的弧线 $\overset{\frown}{RP}$。此圆的方程式为：

$$P^2 + \left[Q - \frac{U^2}{2}\left(\frac{1}{X_e} - \frac{1}{X_d}\right)\right]^2 = \left[\frac{U^2}{2}\left(\frac{1}{X_e} + \frac{1}{X_d}\right)\right]^2 \tag{2-22}$$

其圆心坐标在无功功率 Q 轴上，坐标点为 $\left[0, \frac{U^2}{2}\left(\frac{1}{X_e} - \frac{1}{X_d}\right)\right]$，圆的半径为 $\frac{U^2}{2}\left(\frac{1}{X_e} + \frac{1}{X_d}\right)$。由此，在有功功率 P 和电压 U 为某一恒定值的条件下，可计算出此时发电机能吸收的无功功率值。当电压变化时，则静稳定限制线将为不同圆心和不同半径的圆弧。图中曲线 $\overset{\frown}{RP}$ 为 $X_e \neq 0$、$U=1$ 时静稳定限制的容量曲线，它表明由于 X_e 的影响，在同一有功功率值时，发电机吸收无功功率的能力将有所降低。至此可确定隐极发电机的进相运行范围为 OEF'LN。

曲线$\overgroup{MN}$为允许最小的励磁电流限制线，通常以 10% 的额定电流考虑。

二、凸极发电机的运行容量曲线

凸极发电机电磁功率的表达式见式（2-17），当忽略定子绕组电阻铜损耗时，可认为发电机电磁功率等于输出有功功率 P，即：

$$P = \frac{3UE_0}{X_d}\sin\delta + \frac{3U^2}{2}\left(\frac{1}{X_q} - \frac{1}{X_d}\right)\sin2\delta = P_1 + P_2$$

图 2-8 为凸极发电机额定工况时的功率图。在 P、Q 功率平面图的 $-Q$ 轴上，取 $3U^2\left(\frac{1}{X_q} - \frac{1}{X_d}\right)$ 为直径画圆，故其半径为 $\frac{3U^2}{2}\left(\frac{1}{X_q} - \frac{1}{X_d}\right)$。再由点 B 作一条与横轴夹角为额定功角 δ_n 的直线 $\overline{BD}$，并延长至额定运行点 A。因为圆心角 $\angle DO_1C = 2\angle DBC = 2\delta_N$，故得：

$$P_2 = \frac{3U^2}{2}\left(\frac{1}{X_q} - \frac{1}{X_d}\right)\sin2\delta_N$$

又因：

$$\overline{AD} = \frac{3UE_0}{X_d}$$

所以：

$$P_1 = \frac{3UE_0}{X_d}\sin\delta_N$$

于是直线 $\overline{AB}$ 在有功功率轴上的投影为：

$$P = P_1 + P_2 = \frac{3UE_0}{X_d}\sin\delta_N + \frac{3U^2}{2}\left(\frac{1}{X_q} - \frac{1}{X_d}\right)\sin2\delta_N = 3UI\cos\varphi_N$$

同样，直线 $\overline{AD}$ 代表励磁电流额定值，直线 $\overline{OA}$ 代表定子电流额定值。由此可以做出定子或转子电流限制的发电机运行容量曲线。

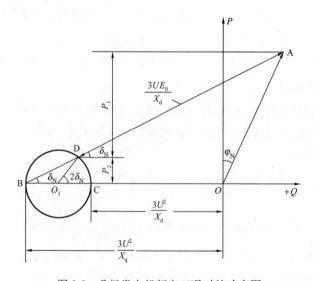

图 2-8 凸极发电机额定工况时的功率图

第四节 外接电抗对运行容量特性曲线的影响[6]

发电机与系统连接的接线及相量图如图 2-9 所示。首先根据图 2-9（b）相量图确定发电机的有功功率 P 及无功功率 Q。

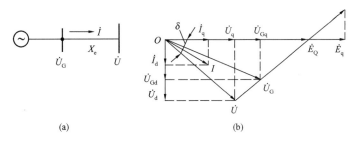

图 2-9 水轮发电机与系统连接的接线及相量图

(a) 接线图；(b) 相量图

发电机电压 U_G 在 d 及 q 轴分量分别为：

$$U_{Gd} = I_q X_q \tag{2-23}$$

$$U_{Gd} = E_q - I_d X_d \tag{2-24}$$

系统电压 U 与发电机端电压 U_G 之间有如下关系：

$$U_{Gd} - U_d = -X_e I_q \tag{2-25}$$

$$U_{Gq} - U_q = X_e I_d \tag{2-26}$$

发电机内电动势 E_q 与无穷大系统电压 U 之间的夹角为转子角 δ，依此得：

$$U_d = U\sin\delta \tag{2-27}$$

$$U_q = U\cos\delta \tag{2-28}$$

由式（2-23）～式（2-28），消去 U_{Gd}、U_{Gq}，可求得：

$$U\sin\delta = (X_q + X_e)I_q \tag{2-29}$$

$$U\cos\delta = E_q - (X_d + X_e)I_d \tag{2-30}$$

设受端系统电压 U 处的有功及无功功率分别为 P'、Q'，即：

$$\begin{aligned}P' + jQ' &= \dot{U}\hat{I} = U(\cos\delta - j\sin\delta)(I_q + jI_d) \\ &= (UI_q\cos\delta + UI_d\sin\delta) + j(UI_d\cos\delta - UI_q\sin\delta)\end{aligned} \tag{2-31}$$

发电机输出功率 $P+jQ$ 应等于：

$$P + jQ = P' + j(Q' + X_e I^2) \tag{2-32}$$

由此：

$$\begin{aligned}P &= P' = UI_q\cos\delta + UI_d\sin\delta \\ &= U\frac{U\sin\delta}{X_q + X_e}\cos\delta + U\frac{E_q - U\cos\delta}{X_d + X_e}\sin\delta \\ &= \frac{U^2\sin\delta\cos\delta}{X_q + X_e} + \frac{E_qU\sin\delta - U^2\sin\delta\cos\delta}{X_d + X_e}\end{aligned}$$

$$= \frac{E_q U \sin\delta}{X_d + X_e} + \left(\frac{1}{X_q + X_e} - \frac{1}{X_d + X_e}\right)U^2 \sin\delta\cos\delta$$

$$= \frac{E_q U}{X_d + X_e}\sin\delta + \frac{U^2(X_d - X_q)}{2(X_d + X_e)(X_q + X_e)}\sin2\delta \tag{2-33}$$

无功功率 Q 为：

$$Q = Q' + X_e I^2$$

$$= U I_d \cos\delta - U I_q \sin\delta + X_e(I_d^2 + I_q^2)$$

$$= U\frac{E_q - U\cos\delta}{X_d + X_e}\cos\delta - U\frac{U\sin\delta}{X_q + X_e}\sin\delta + X_e\left(\frac{E_q - U\cos\delta}{X_d + X_e}\right)^2 + X_e\left(\frac{U\sin\delta}{X_q + X_e}\right)^2$$

$$= \frac{E_q U\cos\delta}{X_d + X_e} - \frac{U^2\cos^2\delta}{X_d + X_e} - \frac{U^2\sin^2\delta}{X_q + X_e} + \frac{E_q^2 X_e}{(X_d + X_e)^2} - \frac{2E_q U X_e\cos\delta}{(X_d + X_e)^2}$$

$$\qquad + \frac{U^2 X_e\cos^2\delta}{(X_d + X_e)^2} + \frac{U^2 X_e\sin^2\delta}{(X_q + X_e)^2}$$

$$= \frac{E_q U X_d\cos\delta + E_q U X_e\cos\delta - U^2 X_d\cos^2\delta - U^2 X_e\cos^2\delta}{(X_d + X_e)^2}$$

$$\qquad + \frac{E_q^2 X_e - 2E_q U X_e\cos\delta + U^2 X_e\cos^2\delta}{(X_d + X_e)^2} + \frac{U^2 X_e\sin^2\delta - U^2 X_q\sin^2\delta - U^2 X_e\sin2\delta}{(X_q + X_e)^2}$$

$$= \frac{(X_d - X_e)E_q U\cos\delta - U^2 X_d\cos^2\delta + E_q^2 X_e}{(X_d + X_e)^2} - \frac{U^2 X_q\sin^2\delta}{(X_q + X_e)^2} \tag{2-34}$$

对于汽轮发电机，式（2-33）和式（2-34）中令 $X_d = X_q$，将具有下列形式：

$$P = \frac{E_q U}{X_d + X_e}\sin\delta \tag{2-35}$$

$$Q = \frac{(X_d - X_e)E_q U\cos\delta - U^2 X_d + E_q^2 X_e}{(X_d + X_e)^2} \tag{2-36}$$

下面确定在静态稳定极限条件下，P 和 Q 之间的关系式，当功率达到静态稳定极限时，$\frac{dP}{d\delta} = 0$，由：

$$P = \frac{E_q U}{X_d + X_e}\sin\delta$$

求得：

$$\frac{dP}{d\delta} = \frac{E_q U}{X_d + X_e}\cos\delta$$

另由式（2-36）求得 $\cos\delta$ 为：

$$\cos\delta = \frac{\dfrac{E_q^2 X_e}{(X_d + X_e)^2} - \dfrac{U^2 X_d}{(X_d + X_e)^2} - Q}{\dfrac{(X_e - X_d)}{(X_d + X_e)^2}E_q U} = \frac{E_q^2 X_e - U^2 X_d - Q(X_d + X_e)^2}{(X_e - X_d)E_q U} \tag{2-37}$$

$$\frac{dP}{d\delta} = \frac{E_q U}{X_d + X_e}\left[\frac{E_q^2 X_e - U^2 X_d - Q(X_d + X_e)^2}{(X_e - X_d)E_q U}\right]$$

$$= \frac{X_d}{X_d^2 - X_e^2}U^2 - \frac{X_e}{X_d^2 - X_e^2}E_q^2 + \frac{X_d + X_e}{X_d - X_e}Q \tag{2-38}$$

当 $\dfrac{\mathrm{d}P}{\mathrm{d}\delta}=0$，得：

$$Q = \frac{X_\mathrm{d} - X_\mathrm{e}}{X_\mathrm{d} + X_\mathrm{e}}\left(\frac{X_\mathrm{e}}{X_\mathrm{d}^2 - X_\mathrm{e}^2}E_\mathrm{q}^2 - \frac{X_\mathrm{d}}{X_\mathrm{d}^2 + X_\mathrm{e}^2}U^2\right)$$

$$= \frac{X_\mathrm{e}}{(X_\mathrm{d} + X_\mathrm{e})^2}E_\mathrm{q}^2 - \frac{X_\mathrm{d}}{(X_\mathrm{d} + X_\mathrm{e})^2}U^2 \tag{2-39}$$

对于有功功率 P，当 $\delta=\dfrac{\pi}{2}$，$\dfrac{\mathrm{d}P}{\mathrm{d}\delta}=0$，则：

$$P = \frac{E_\mathrm{q}U}{X_\mathrm{d} + X_\mathrm{e}}$$

相应相量图如图 2-10 所示。

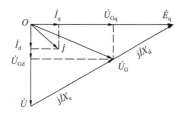

由图 2-10 可求得：

$$U_\mathrm{G}^2 = (X_\mathrm{e}I_\mathrm{d})^2 + (X_\mathrm{d}I_\mathrm{q})^2$$

$$= \frac{X_\mathrm{e}^2}{(X_\mathrm{d} + X_\mathrm{e})^2}E_\mathrm{q}^2 + \frac{X_\mathrm{d}^2}{(X_\mathrm{d} + X_\mathrm{e})^2}U^2 \tag{2-40}$$

图 2-10　隐极发电机静态
稳定极限相量图

将 $P=\dfrac{E_\mathrm{q}U}{X_\mathrm{d} + X_\mathrm{e}}$ 代入式（2-40），消去 E_q，得：

$$U_\mathrm{G}^2 = \frac{X_\mathrm{e}^2}{(X_\mathrm{d} + X_\mathrm{e})^2} \times \frac{P^2}{U^2}(X_\mathrm{d} + X_\mathrm{e})^2 + \frac{X_\mathrm{d}^2}{(X_\mathrm{d} + X_\mathrm{e})^2}U^2$$

$$= \frac{X_\mathrm{e}^2}{U^2}P^2 + \left(\frac{X_\mathrm{d}}{X_\mathrm{d} + X_\mathrm{e}}\right)^2 U^2 \tag{2-41}$$

另由式（2-39）的无功功率表达式，消去 E_q，可得：

$$Q = \frac{X_\mathrm{e}}{(X_\mathrm{d} + X_\mathrm{e})^2} \times \frac{P^2}{U^2}(X_\mathrm{d} + X_\mathrm{e})2 - \frac{X_\mathrm{d}}{(X_\mathrm{d} + X_\mathrm{e})^2}U^2$$

$$= \frac{X_\mathrm{e}}{U^2}P^2 - \frac{X_\mathrm{d}}{(X_\mathrm{d} + X_\mathrm{e})^2}U^2 \tag{2-42}$$

整理得：

$$\frac{P^2}{U^2}X_\mathrm{e}^2 = X_\mathrm{e}Q + \frac{X_\mathrm{e}X_\mathrm{d}}{(X_\mathrm{d} + X_\mathrm{e})^2}U^2 \tag{2-43}$$

将式（2-43）代入式（2-41），消去 $\dfrac{X_\mathrm{e}^2}{U^2}P^2$ 项，得：

$$U_\mathrm{G}^2 = X_\mathrm{e}Q + \frac{X_\mathrm{e}X_\mathrm{d}}{(X_\mathrm{d} + X_\mathrm{e})^2}U^2 + \left(\frac{X_\mathrm{d}}{X_\mathrm{d} + X_\mathrm{e}}\right)^2 U^2$$

$$= X_\mathrm{e}Q + \frac{X_\mathrm{e}X_\mathrm{d} + X_\mathrm{d}^2}{(X_\mathrm{d} + X_\mathrm{d})^2}U^2 \tag{2-44}$$

整理得：

$$U^2 = \frac{(X_\mathrm{d} + X_\mathrm{e})^2}{X_\mathrm{e}X_\mathrm{d} + X_\mathrm{d}^2}(U_\mathrm{G}^2 - X_\mathrm{e}Q) \tag{2-45}$$

将式（2-45）代入式（2-42），消去 U^2，求得：

$$Q = \frac{X_e X_d P^2}{(U_G^2 - X_e Q)(X_d + X_e)} - \frac{U_G^2 - X_e Q}{X_e + X_d} \tag{2-46}$$

整理求得：

$$(U_G^2 - X_e Q)(X_d + X_e)Q = X_e X_d P^2 - (U_G^2 - X_e Q)^2 + X_d X_e P^2 +$$
$$[X_e(X_d + X_e) - X_e^2]Q^2 + [2U_G^2 X_e - U_G^2(X_d + X_e)]Q = U_G^4 \tag{2-47}$$

或者：

$$P^2 + Q^2 + \frac{X_e - X_d}{X_d X_e}Q U_G^2 = \frac{U_G^4}{X_e X_d}$$

$$P^2 + \left(Q + \frac{X_e - X_d}{2X_d X_e}U_G^2\right)^2 = \frac{U_G^4}{X_e X_d} + \frac{(X_e - X_d)^2}{4X_d^2 X_e^2}U_G^4 \tag{2-48}$$

改写为：

$$P^2 + \left[Q + \frac{1}{2}\left(\frac{1}{X_d} - \frac{1}{X_e}\right)U_G^2\right]^2 = \frac{1}{4}\left(\frac{1}{X_e} + \frac{1}{X_d}\right)^2 U_G^4$$

上式两边同时乘以 $\left(\dfrac{X_d}{U_G^2}\right)^2$ 得：

$$\left(\frac{P X_d}{U_G^2}\right)^2 + \left[\frac{Q X_d}{U_G^2} + \frac{1}{2}\left(1 - \frac{X_d}{X_e}\right)\right]^2 = \frac{1}{4}\left(1 + \frac{X_d}{X_e}\right)^2 \tag{2-49}$$

当 $U_G = 1.0$ 时：

$$P^2 + \left[Q + \frac{1}{2}\left(\frac{1}{X_d} - \frac{1}{X_e}\right)\right]^2 = \left[\frac{1}{2}\left(\frac{1}{X_d} + \frac{1}{X_e}\right)\right]^2 \tag{2-50}$$

相应静态稳定极限曲线如图 2-11 所示。

凸极发电机在接有外部电抗条件下的功率表达式为：

$$P = \frac{E_q U}{(X_d + X_e)}\sin\delta + \frac{U^2(X_d - X_q)}{2(X_d + X_e)(X_q + X_e)}\sin 2\delta \tag{2-51}$$

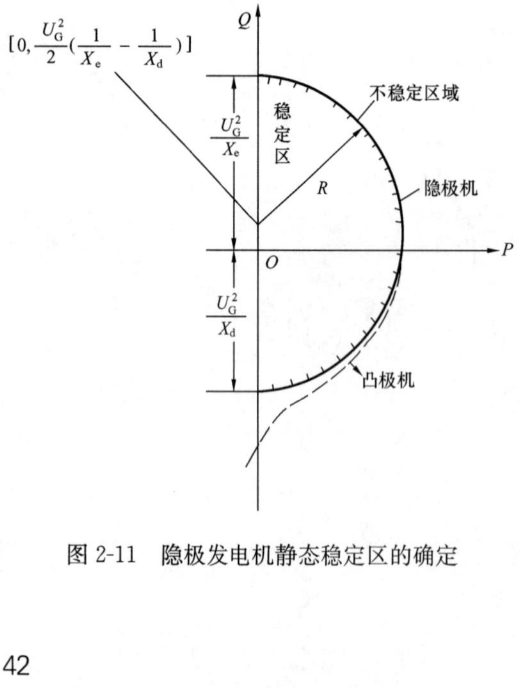

静态稳定极限为：

$$\frac{dP}{d\delta} = \frac{E_q U}{(X_d + X_e)}\cos\delta$$
$$+ \frac{U^2(X_d - X_q)}{(X_d + X_e)(X_q + X_e)}\cos 2\delta = 0 \tag{2-52}$$

或者：

$$E_q\cos\delta + \frac{U(X_d - X_q)}{(X_q + X_e)}(2\cos^2\delta - 1) = 0 \tag{2-53}$$

消去式（2-53）中的 E_q、$\cos\delta$、U，并以 P、Q、X_d、X_q、X_e 等参数表示之，经过整理运算可求得决定凸极机静态稳定区的方程式为：

图 2-11　隐极发电机静态稳定区的确定

$$\left(\frac{PX_{\mathrm{q}}}{U^2}\right)^2 + \left[\frac{QX_{\mathrm{q}}}{U^2} - \frac{1 - \dfrac{X_{\mathrm{e}}}{X_{\mathrm{q}}}}{2\dfrac{X_{\mathrm{e}}}{X_{\mathrm{q}}}}\right]^2 + \frac{\left(\dfrac{X_{\mathrm{d}}}{X_{\mathrm{q}}} - 1\right)\left(1 + \dfrac{X_{\mathrm{e}}}{X_{\mathrm{q}}}\right)^2}{\dfrac{X_{\mathrm{e}}}{X_{\mathrm{q}}}\left(\dfrac{X_{\mathrm{e}}}{X_{\mathrm{q}}} + \dfrac{X_{\mathrm{d}}}{X_{\mathrm{q}}}\right)}$$

$$\times \frac{\left(\dfrac{PX_{\mathrm{q}}}{U^2}\right)^2}{\left[\left(1 + \dfrac{QX_{\mathrm{q}}}{U^2}\right)^2 + \left(\dfrac{PX_{\mathrm{q}}}{U^2}\right)^2\right]} = \left[\frac{1 + \dfrac{X_{\mathrm{e}}}{X_{\mathrm{q}}}}{2\dfrac{X_{\mathrm{e}}}{X_{\mathrm{q}}}}\right]^2 \tag{2-54}$$

给定不同的 $X_{\mathrm{e}}/X_{\mathrm{q}}$ 值，可求得隐极和凸极机的静态稳定极限如图 2-12 所示。

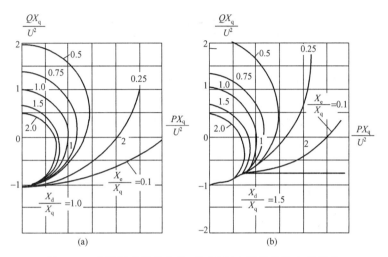

图 2-12　变压器及线路电抗对同步发电机静态稳定的影响

(a) 隐极机；(b) 凸极机

由式（2-49）可看出，在以 $\dfrac{PX_{\mathrm{d}}}{U^2}$ 为有功标幺值、$\dfrac{QX_{\mathrm{d}}}{U^2}$ 为无功标幺值的坐标平面上，对于隐极机的静态稳定极限曲线为一个圆，其圆心在 $\dfrac{QX_{\mathrm{d}}}{U^2}$ 轴上，坐标点在 $\dfrac{1}{2}\left(1 - \dfrac{X_{\mathrm{d}}}{X_{\mathrm{e}}}\right)$ 处，而圆的半径为 $\dfrac{1}{2}\left(1 + \dfrac{X_{\mathrm{d}}}{X_{\mathrm{e}}}\right)$。对于凸极机圆心及半径坐标可由式（2-54）求出。

第五节　发电机运行特性曲线

为了充分了解发电机在不同运行方式下的特征，运行人员必须熟知由制造厂提供的在各种运行方式下发电机特性曲线表达的内容。现以三峡水电厂 777.8MVA 水轮发电机组为例，对相关运行特性曲线的内容作一简要的说明。

一、水轮发电机运行特性曲线

1. 空载饱和特性曲线（见图 2-13 曲线 1）

空载饱和特性曲线表示发电机电压 U_{G} 与励磁电流 I_{f} 之间的关系曲线 $U_{\mathrm{G}} = f(I_{\mathrm{f}})$，如图 2-13 中曲线 1 所示。

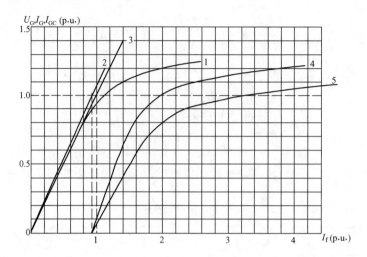

图 2-13　三峡水电厂 777.8MVA 水轮发电机组特性曲线（20000V、50Hz、75r/min，$\cos\varphi=0.9$）

1—发电机空载特性曲线；2—发电机短路特性曲线；3—发电机气隙线；

4—发电机负载特性曲线（$\cos\varphi=0.9$）；5—发电机负载特性曲线（$\cos\varphi=0$）

通常发电机空载特性曲线以标幺值表示，其表达式为：

$$U_G = U_{GN}U_{G(p.u.)} \tag{2-55}$$

式中　U_G——发电机电压有名值；

　　　U_{GN}——发电机额定电压有名值；

　$U_{G(p.u.)}$——发电机电压标幺值。

图 2-13 中，对应的：

（1）发电机空载额定励磁电流 $I_{f0}=2351A$；

（2）发电机短路额定励磁电流 $I_{fc}=1964A$；

（3）发电机额定电压对应气隙线的励磁电流 $I_{fA}=2092A$；

（4）定子额定电压 20000V；

（5）定子额定电流 22453A；

（6）励磁电流 2092A。

2. 短路特性曲线（见图 2-13 曲线 2）

此曲线表示发电机定子绕组三相短路时，定子稳态短路电流 I_{GC} 与励磁电流 I_f 之间的关系曲线 $I_{GC}=f(I_f)$。

3. 发电机气隙线（见图 2-13 曲线 3）

当在发电机气隙线上查得发电机定子电流为额定值时的对应励磁电流 I_{fA}，此电流定义为发电机气隙线额定励磁电流，此曲线表示 $I_G=f(I_{fA})$ 之间的关系。

4. 发电机负载特性曲线（$\cos\varphi=0.9$）（见图 2-13 曲线 4）

发电机负载特性曲线表示当发电机定子电流和功率因数恒定不变时，发电机定子电压与励磁电流之间的关系曲线 $U_G=f(I_f)$，$\cos\varphi$ 和 I_G 均为常数。

5. 发电机负载特性曲线（$\cos\varphi=0$）（见图 2-13 曲线 5）

当发电机定子电流不变，功率因数为零时，发电机定子电压与励磁电流之间的关系曲线

$U_{\mathrm{G}}=f(I_{\mathrm{f}})$，$\cos\varphi=0$，$I_{\mathrm{G}}$ 为常数。

二、水轮发电机容量特性曲线

水轮发电机容量特性曲线（见图 2-14）表示在给定运行工况下，保证发电机在滞相及进相区域安全运行的范围，以及有功与无功功率之间的关系。其限制运行参数包括发电机定子电压、转子励磁电流等因素。

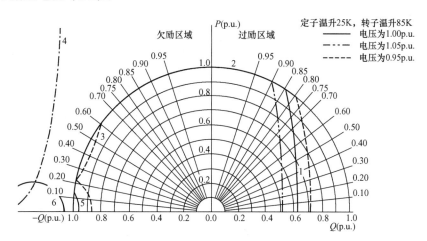

图 2-14　三峡水电厂 777.8MVA 水轮发电机组运行容量特性曲线

（20000V，50Hz，75r/min，$\cos\varphi=0.9$）

1—最大励磁电流限制；2—发电机定子电流限制；3—实际静态稳定极限；

4—理论静态稳定极限；5—最小励磁电流限制；6—磁阻功率或凸极功率

三、水轮发电机 V 形曲线

当水轮发电机的有功功率一定且保持不变时，发电机定子电流与励磁电流之间的关系曲线的形状与字母 V 相似，故称之为 V 形曲线。

图 2-15 中示出了 V 形曲线图，当有功功率一定时，随着励磁电流的降低和电动势 E_0 值的减少，δ 角是不断增加的，而 I_{G}、$\cos\varphi$、Q 值的变化均以 $\cos\varphi=1$ 为边界。当滞相运行时，随着 E_0 和定子电流 I_{G} 的增大，发电机送入电网的无功功率也随之增加。当进相运行时，随着 E_0 降低，定子电流 I_{G} 也增大，取自电网的无功功率也增多。图中示出定子电流 I_{G} 随励磁电流（电动势 E_0）呈 V 形变化关系。对应于一个恒定有功功率值，即可获得一条 V 形曲

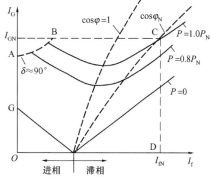

图 2-15　同步发电机的 V 形曲线

线。有功负载增加，曲线往上移，由此可得到如图 2-15 所示的一簇 V 形曲线。

图 2-15 示出了发电机具有不同有功负载时的各部分运行区。

1. 正常运行区

图 2-15 中 OABCD 连线以内是发电机的正常运行区。曲线簇中，各条曲线的最低点为发电机运行于 $\cos\varphi=1$ 时的状态，连接各最低点可得到一条向右倾斜的虚曲线。当有功负载增

大时，如要保持cosφ=1，必须增大励磁电流 I_f。以此连线划分，其右侧为滞相运行区，此时励磁电流较大，励磁电势较机端电压高，称为过励磁状态；其左侧为进相运行区，此时励磁电流较小，励磁电势也较低，称为欠励磁状态。cosφ=1 时称为发电机正常励磁状态。C点为发电机额定运行点。

2. 不稳定运行区

图 2-15 中虚线 AB 表示发电机带不同的有功负载达到临界稳定状态时的运行点连线，此时转子功率角 $\delta = 90°$，由此曲线边界确定了发电机的不稳定运行区。

3. 调相运行的能力

在图 2-15 中，当 $P=0$ 时获得发电机作调相运行时的 V 形曲线。此时的无功容量由转子额定电流 I_{fN} 值确定，曲线的最低点为调相机空载运行时的励磁电流值，G 点是调相运行励磁电流为零时对应的定子电流值。

在图 2-16 中示出了三峡水电厂 777.8MVA 水轮发电机组 V 形曲线图。图中 A 点为发电机额定运行点。

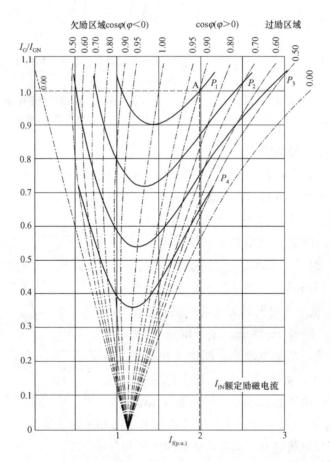

图 2-16 三峡水电厂 777.8MVA 水轮发电机组 V 形曲线

[20000V，50Hz，75rad/min，cosφ=0.9，额定定子电流 22453A(1p.u.)，

额定定子电压气隙线励磁电流 2092A(1p.u.)，$P_1=100\%P_N$，$P_2=80\%P_N$，$P_3=60\%P_N$，$P_4=40\%P_N$]

第六节　同步发电机的暂态特性[7]

一、暂态电抗 X_d'

在本节中将讨论同步发电机的运行情况受到扰动时的暂态过程和由此引起的参数变化。对于正常负载的同步发电机，在其磁路中存在四个主要磁通分量：有效主磁通 Φ_d，电枢反应磁通 Φ_{ad}，定子绕组漏磁通 Φ_s 和励磁绕组漏磁通 Φ_{fs}，如图 2-17 所示。

当同步发电机的运行情况受到扰动，例如发生短路事故时，上述各磁通的分配将发生暂态变化。电机绕组中的磁链变化以及转子的机械摇摆决定了暂态过程的特征。

对于磁通变化，可根据磁链守恒定理予以确定。即在发生突然扰动 $t=0$ 瞬间，根据与励磁绕组相链的磁链将保持不变的原理分析其变化过程，其后将逐渐过渡到新的稳定值。

应说明的是，当几个磁通分量与一个绕组相链时，此时磁链守恒定理不是对单一磁通分量，而是对总合成磁通而言的。

此外，在研究发电机短路的暂态过程中，定子电流非周期分量较之周期分量来说，衰减比较迅速，故在讨论暂态过程时，可一次近似地忽略定子电流的非周期分量。同样，对于衰减较快的阻尼绕组回路中的电流变化，亦予以忽略不计。

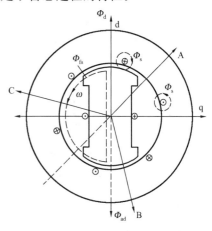

图 2-17　同步发电机的磁通分量

首先讨论发电机空载运行时所引起的暂态过程。如果转子绕组中无漏磁通，则磁路中主磁通 Φ_d 与穿链励磁绕组的总磁通 Φ_f 相等。

当发电机突然出现扰动时（如突然短路，突然加、减负载等），此时将出现纵轴电枢反应磁通 Φ_{ad}，根据磁链守恒定理，在突加扰动瞬间，励磁绕组总磁通 Φ_f 将保持不变，所以在出现电枢反应磁通 Φ_{ad} 时，励磁绕组中的磁通 Φ_d 将跃变地增加 $\Delta\Phi_d=\Phi_{ad}$ 以抵消 Φ_{ad}，并维持 $t=0$ 瞬间的合成磁链不变，如图 2-18 所示。

由于在短路瞬间，空气隙磁通并未减少，电枢反应效应并未表现出来。在稳态时同步发电机的纵轴电抗等于定子绕组漏抗与电枢反应电抗之和，即：

$$X_d = X_s + X_{ad} \tag{2-56}$$

在短路瞬间，因为电枢反应并未表现出来，即 $X_{ad}=0$，与此暂态相对应的纵轴同步电抗 X_d' 将等于 X_s，即：

$$X_d' = X_s \tag{2-57}$$

式中　X_d'——纵轴暂态同步电抗。

其后，随电枢反应电势逐渐增大，X_d' 亦逐渐增大到 $X_d'=X_d$。在上述讨论中，系假定转子绕组漏磁为零的情况下得出的，如果存在漏磁情况将较为复杂。如图 2-19 所示，当转子励磁绕组具有漏磁 Φ_{fs} 时，虽然空气隙中磁通仍为 Φ_d，但是在励磁绕组中总磁通 Φ_f 将不等于 Φ_d，而是有效磁通 Φ_d 和转子绕组漏磁通 Φ_{fs} 之和，即：

$$\Phi_f = \Phi_d + \Phi_{fs} \tag{2-58}$$

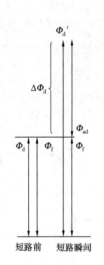

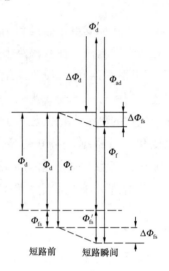

图 2-18　同步发电机短
路时的转子磁通变化

图 2-19　考虑转子漏磁
通时的转子磁通变化

在短路瞬间，呈现电枢反应磁通 Φ_{ad}，为了保持励磁绕组总磁通 Φ_f 恒定不变，磁通 Φ_d 和 Φ_{fs} 须增加到新的 Φ_d' 和 Φ_{fs}'，以补偿电枢反应磁通 Φ_{ad}，即：

$$\Phi_f = \Phi_d' + \Phi_{fs}' - \Phi_{ad} = \Phi_d + \Phi_{fs} \tag{2-59}$$

短路后瞬间，磁通分量的增量为：

$$\Delta\Phi_d = \Phi_d' - \Phi_d$$
$$\Delta\Phi_{fs} = \Phi_{fs}' - \Phi_{fs} \tag{2-60}$$

显然：

$$\Delta\Phi_d + \Delta\Phi_{fs} = (\Phi_d' + \Phi_{fs}') - (\Phi_d + \Phi_{fs}) = \Phi_{ad}$$

但是，在上式中只有 $\Delta\Phi_d$ 穿过空气隙，$\Delta\Phi_{fs}$ 系转子漏磁通，并不进入空气隙，即电枢反应磁通 $\Delta\Phi_{ad}$ 有一部分未被补偿，其数值与转子绕组漏磁通增量 $\Delta\Phi_{fs}$ 相等。此时的暂态电抗除定子绕组漏抗 X_s 外，还应包括一部分电枢反应电抗，即：

$$X_a' = X_s + K_a X_{ad} \tag{2-61}$$

系数 K_a 可由下式求得：

$$K_a = \frac{X_{fs}}{X_{fs} + X_{ad}} \tag{2-62}$$

式中　X_{fs}——励磁绕组漏抗。

在短路瞬间，为保持气隙中的磁链平衡，发电机定子和转子绕组中的电流将同时发生突变，其后，随着励磁绕组回路中自由分量电流增量 ΔI_f 的衰减，电枢反应效果逐渐加强，当转子电流自由分量电流全部消失后，电枢反应磁通 Φ_{ad} 将完全表现出来。此时同步发电机的纵轴电抗将等于 X_{d}。

如果在发电机短路过程中，励磁系统供给强励电流 I_{f1}，此时励磁绕组中自由分量电流 I_{f2} 虽然是衰减的，但衰减部分为增加的强行励磁电流部分所补偿，如果强行励磁电流的增加可完全补偿转子绕组自由分量励磁电流 I_{f2} 的下降，这样在任一时间，总励磁电流 I_{f}，定子电流 I 将和短路瞬间一样，仍可由暂态电抗 X_{d}' 所决定。在非完全补偿情况下，相应定子、转子电流的变化如图 2-20 所示。

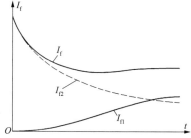

图 2-20　强行励磁时，同步发电机定子、转子电流的突变

二、暂态电势 E_{q}'

如前所述，与同步发电机转子励磁绕组相链的三个磁通分量为 Φ_{d}、Φ_{fs} 和 Φ_{ad}，见图 2-21 （a）。其中，励磁绕组漏磁通 Φ_{fs} 可写为：

$$\Phi_{\mathrm{fs}} = \sigma_{\mathrm{f}}\Phi_{\mathrm{d}} \tag{2-63}$$

式中　σ_{f}——转子励磁绕组的漏磁系数。

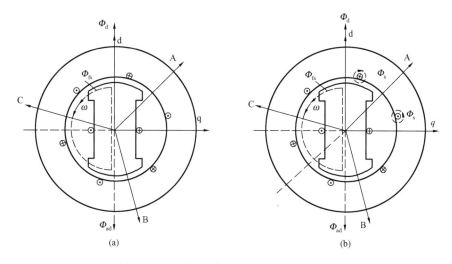

图 2-21　与励磁和定子绕组相链的磁通分量

与转子绕组相链的总磁通为：

$$(1+\sigma_{\mathrm{f}})\Phi_{\mathrm{d}} - \Phi_{\mathrm{ad}} = I_{\mathrm{f}}X_{\mathrm{f}} \tag{2-64}$$

由于任一磁通的磁链 ψ 可以用绕组的匝数 W 与磁通 Φ 之积表示，即 $\psi=W\Phi$。此外，磁链还可用产生磁通的电流 I 和绕组的自感 L（或者互感 X）的乘积表示，即 $\psi=LI$。如采用后一种表达方式，采用标幺值并假定 $\omega=1$，此时 $L=X$。相应的磁链可写为 $\psi=IX$。在这种情况下，式（2-64）由转子电流所产生的并和转子励磁绕组相链的磁链 $(1+\sigma_{\mathrm{f}})\Phi_{\mathrm{d}}$ 项，可用 $I_{\mathrm{f}}X_{\mathrm{f}}$ 表示之。

同样地，由定子电流纵轴分量 I_{d} 所产生的电枢反应磁通 Φ_{ad} 与励磁绕组相链，此磁链亦可写为 $I_{\mathrm{d}}X_{\mathrm{ad}}$。为此励磁绕组的总磁链为：

$$\psi_{fd} = I_f X_f - I_d X_{ad} \tag{2-65}$$

对于定子绕组，其磁链亦包括三个组成部分，如图 2-21（b）所示，即定子电流纵轴分量 I_d 所产生的漏磁通 Φ_s，电枢反应磁通 Φ_{ad} 以及励磁绕组有效磁通 Φ_d。定子纵轴的总磁链相应表达式为：

$$\psi_d = I_f X_{ad} - I_d X_d \tag{2-66}$$

式中　X_{ad}、X_d——定子和转子绕组间的互感电抗和定子绕组的自感电抗。

如果将定子绕组的磁链 ψ_d 除以其匝数，将得到不包括定子漏磁通的定子合成磁通。当电机转动时，这个磁通将在定子绕组中感应出对应的电势，由于磁通 Φ_d 中不包括定子漏磁通，所以感应的不是内电势，而是直接与发电机端电压相对应的 U_q 即：

$$\psi_d = U_q \tag{2-67}$$

此外，当电机运行情况发生突变时，为了维持磁链 ψ_{fd} 不变，定子纵轴电流和转子励磁电流将同时发生突变，由式（2-65）可求得：

$$I_f = \frac{\psi_{fd} + I_d X_{ad}}{X_f} \tag{2-68}$$

将式（2-68）代入式（2-66），可求得 I_f 与 I_d 间的关系式为：

$$\psi_d = U_q = \frac{X_{ad}}{X_f}(\psi_{fd} + I_d X_{ad}) - I_d X_d$$

或者：

$$U_q = \psi_{fd}\frac{X_{ad}}{X_f} - I_d \left(X_d + \frac{X_{ad}^2}{X_f} \right) \tag{2-69}$$

式（2-69）亦可写为：

$$U_q = E_q' - I_d X_d' \tag{2-70}$$

式中　E_q'——暂态电抗 X_d' 后的电动势，$E_q' = \psi_{fd}\dfrac{X_{ad}}{X_f}$；

　　　X_d'——发电机的暂态电抗，$X_d'^{[●]} = X_d + \dfrac{X_{ad}^2}{X_f}$。

电动势 E_q' 并不是同步发电机的真实电势，它只是代表与励磁绕组的磁链 ψ_{fd} 成比例的一个虚构量。由于发电机的运行情况受到扰动瞬间，转子磁链 ψ_{fd} 是不变的，因此与 ψ_{fd} 成比例的电动势 E_q' 亦将是不变的，这是一个极为重要的特性。在短路前后同步发电机暂态电动势的变化，如图 2-22 所示。

其后随着转子自由分量电流的衰减，励磁绕组的磁链 ψ_{fd} 亦随之衰减，与之对应的暂态电动势 E_q' 的衰减规律相同于 ψ_{fd}。

三、转子励磁回路的暂态方程式

如前所述，在发电机运行情况受到扰动后，转子励磁电流将发生突然变化，最终趋向于初始稳定值 $I_{f0} = \dfrac{U_{f0}}{R_f}$。

● 推导：$X_d' = X_s + \dfrac{X_{fs}X_{ad}}{X_{fs} + X_{ad}} = X_s + \dfrac{X_{fs}X_{ad} + X_{ad}^2 - X_{ad}^2}{X_{fs} + X_{ad}} = X_s + \dfrac{X_{ad}(X_{sf} + X_{ad}) - X_{ad}^2}{X_f} = X_s + X_{ad} - \dfrac{X_{ad}^2}{X_f} - X_d - \dfrac{X_{ad}^2}{X_f}$

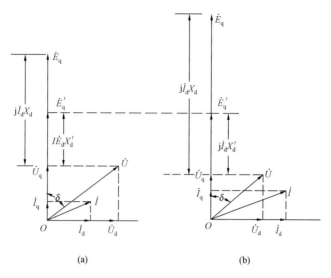

图 2-22 同步发电机短路时暂态电势的变化

（a）短路前；（b）短路后

由发电机励磁回路可以列出下列方程式：

$$U_f = I_f R_f + \frac{d\psi_{fd}}{dt} \tag{2-71}$$

两边同时除以 R_f，可得：

$$I_{fe} = I_f + \frac{1}{R_f} \times \frac{d\psi_{fd}}{dt} \tag{2-72}$$

式中 I_{fe}——与励磁电压 U_f 对应的稳态励磁电流值，$I_{fs} = \frac{U_f}{R_f}$。

如在式（2-72）两边同时乘以 X_{ad}，可得：

$$I_{fe} X_{ad} = I_f X_{ad} + \frac{X_{ad}}{R_f} \times \frac{d\psi_{fd}}{dt} \tag{2-73}$$

式（2-73）左侧 $I_{fe} X_{ad}$ 表示空载电动势稳定值，以符号 E_{qe} 表示。右侧第一项 $I_f X_{ad}$ 表示由励磁电流 I_f 所产生的定子绕组磁链所感应的空载电动势 E_q。如以标幺值表示式（2-73），则有：

$$E_{qe} = E_q + \frac{X_{ad}}{R_f} \times \frac{d\psi_{fd}}{dt} \tag{2-74}$$

因：

$$E_q' = \psi_{fd} \frac{X_{ad}}{X_f}$$

$$\frac{X_f}{R_f} = \frac{L_f}{R_f} = T_{d0}'$$

代入上式整理得：

$$E_{qe} = E_q + T_{d0}' \frac{dE_q'}{dt} \tag{2-75}$$

上述方程式表达了无阻尼绕组的同步发电机的暂态过程。

四、三相短路时的暂态电势变化

当发电机发生三相短路量，暂态电势 E_q' 的变化可按下列程序求得。由式（2-75）可知，其中有两个未知量 E_q 及 E_q'。为求得其解，还应附加另一方程式。由图 2-22 可求得：

$$U_q = E_q' - I_d X_d' = E_q - I_d X_d \tag{2-76}$$

消去式（2-76）中的 I_d，可得：

$$E_q' = \frac{X_d'}{X_d} E_q + \frac{X_d - X_d'}{X_d} U_q \tag{2-77}$$

当在发电机端发生三相短路时，电压 $U_q = 0$，由此得：

$$E_q' = \frac{X_d'}{X_d} E_q \tag{2-78}$$

将式（2-78）代入式（2-75），消去 E_q' 可得只有 E_q 变量的方程式为：

$$E_{qe} = E_q + T_d' \frac{dE_q}{dt} \tag{2-79}$$

式中　T_d'——发电机定子绕组短路时的转子绕组时间常数，$T_d' = \frac{X_d'}{X_d} T_{d0}'$。

解式（2-79），可求得：

$$E_q = E_{q0} + (E_{q(0)} - E_{q0}) e^{-\frac{t}{T_d'}} \tag{2-80}$$

式中　E_{q0}——短路前的横轴电动势分量值，当励磁电压恒定时，E_{q0} 等于短路前的内电动势值；

　　　$E_{q(0)}$——短路瞬间的横轴电动势分量值。

由式（2-78）可求得 $E_{q(0)}$ 之值为：

$$E_{q(0)} = \frac{X_d}{X_d'} E_{q0}' \tag{ }$$

式中　E_{q0}'——短路瞬间横轴不变暂态电动势值。

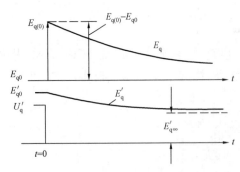

图 2-23　横轴电动势 E_q 和 E_q' 随时间的变化

在三相短路过程中，电动势 E_q 和 E_q' 随时间变化的曲线如图 2-23 所示。

由图 2-23 可看出，发电机空载电动势 E_q 在短路后发生突然变化，由 E_{q0} 变化到 $E_{q(0)}$，然后按时间常数 T_d' 衰减到初始值。

由 $U_q = E_q - I_q X_d$，当短路时 $U_q = 0$，可求得定子短路电流：

$$I_d = \frac{E_q}{X_d}$$

下面讨论在三相短路过程中暂态电动势 E_q' 的变化，将式（2-80）代入式（2-78），整理求得：

$$E_q' = \frac{X_d'}{X_d} E_{q0} + \left(E_{q(0)} \frac{X_d'}{X_d} - E_{q0} \frac{X_d'}{X_d} \right) e^{-\frac{t}{T_d'}} \tag{2-81}$$

式（2-81）中第一项 $\frac{E_{q0}}{X_d}$ 为短路电流的稳定值，它与 X_d' 的乘积等于在稳态短路情况下的暂态电动势值：

$$\frac{E_{q0}}{X_d}X_d' = E_{d\infty}'$$

$\frac{E_{q(0)}}{X_d}X_d'$ 为在短路瞬间的 E_q' 值，其值等于 E_{q0}'。为此，式（2-81）可写为：

$$E_q' = E_{q\infty}' + (E_{q0}' - E_{q\infty}')e^{-\frac{t}{T_d'}} \tag{2-82}$$

由式（2-80）和式（2-82）可看出，E_q 和 E_q' 均按时间常数 T_d' 随时间而衰减，但是两者的突变值是不同的。在短路瞬间暂态电动势 E_{q0}' 维持不变，而空载电动势 E_{q0}' 则具有跃变值。

五、励磁电压变化对暂态电势的影响

上节讨论了励磁电压恒定时的电动势变化。如果励磁电压变化时，暂态电动势的变化规律将有所不同。如果励磁电压按下述规律变化：

$$U_f = U_{f\infty} - \Delta U_f e^{-\frac{t}{T_e}}$$

式中　$U_{f\infty}$——励磁顶值电压稳定值；

　　　ΔU_f——励磁电压变化值；

　　　T_e——励磁机时间常数。

同步发电机空载电动势的稳态值 E_{qe}，将按与励磁电压 U_f 相同的规律而变化：

$$E_{qe} = E_{q\infty} - \Delta E_q e^{-\frac{t}{T_e}} \tag{2-83}$$

式中　$E_{q\infty}$——与励磁电压稳态顶值对应的发电机空载电动势。

励磁电压变化时的发电机内电动势的变化，如图 2-24 所示。

将式（2-83）中的 E_{qe} 代入式（2-79），即：

$$E_{q\infty} - \Delta E_q e^{-\frac{t}{T_e}} = E_q + T_d'\frac{dE_q}{dt} \tag{2-84}$$

求得解为：

$$E_q = E_{q\infty} + (E_{q(0)} - E_{q\infty})e^{-\frac{t}{T_d'}} + \Delta E_q \frac{T_e}{T_d' - T_e}(e^{-\frac{t}{T_e}} - e^{-\frac{t}{T_d'}}) \tag{2-85}$$

如上节所述，可求得暂态电动势 E_q' 的表达式：

$$E_q' = E_{q\infty}' + (E_{q(0)} - E_{q\infty}')e^{-\frac{t}{T_d'}} + \Delta E_q \frac{X_d'}{X_d} \times \frac{T_e}{T_d' - T_d}(e^{-\frac{t}{T_e}} - e^{-\frac{t}{T_d'}}) \tag{2-86}$$

在图 2-25 中示出了根据式（2-85）和式（2-86）绘出的 E_q 和 E_q' 的变化曲线。

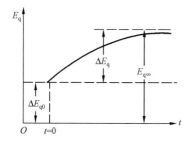

图 2-24　励磁电压变化时的发电机内电动势的变化

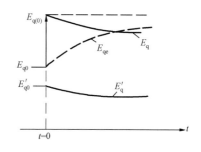

图 2-25　三相短路时电动势 E_q 和 E_q' 的变化

由图 2-25 可看出，在具有励磁调节时，电动势 E_q 在趋近于稳定值的过程中，衰减的程度要比励磁恒定时小得多。如果励磁电压具有足够的顶值电压倍数，电动势 E_q 或者 E'_q 甚至可能不衰减而是增大的。电动势 E_q 和 E'_q 具有相同的变化规律。

【例 2-1】 水轮发电机在空载额定情况下发生三相短路，试确定电动势 E_q 和暂态电动势 E'_q 的变化，当励磁电压为恒定值以及励磁电压 $U_f = 1.0 + 2.5t$，有关发电机的参数如下：

$$X_d = 1.05, X_q = X'_q = 0.69$$
$$X'_d = 0.29, T'_{d0} = 5s$$

由式（2-75）有：
$$E_{qe} = E_q + T'_{d0}\frac{dE'_q}{dt}$$

求得：
$$\frac{dE'_q}{dt} = \frac{E_{qe} - E_q}{T'_{d0}}$$

在上式右侧分子、分母同时乘以 $\dfrac{E'_q}{E_q}$，整理得：

$$\frac{dE'_q}{dt} = \frac{\left(\dfrac{E'_q}{E_q}\right)E_{qe} - E'_q}{\left(\dfrac{E'_q}{E_q}\right)T'_{d0}} \tag{2-87}$$

式（2-87）表明暂态电动势 E'_q 的变化与时间常数乘积 $\left(\dfrac{E'_q}{E_q}\right)T'_{d0}$ 成反比。

此外，由式（2-78）可知：

$$\frac{E'_q}{E_q} = \frac{X'_d}{X_d} = 常数$$

为提高计算准确性，在利用分段时间法计算暂态电势 E'_q 变化时，应选取适宜的 Δt 区间，并选用与 $t + \dfrac{\Delta t}{2}$ 相对应的 E_{qe} 值，即：

$$\frac{\Delta E'_q}{\Delta t} = \frac{\left(\dfrac{E'_q}{E_q}\right)E_{qe\,(t+\frac{\Delta t}{2})} - E'_q}{\left(\dfrac{E'_q}{E_q}\right)T'_{d0} + \dfrac{\Delta t}{2}} \tag{2-88}$$

如果直接利用式（2-75），相应暂态增量表达式为：

$$\frac{\Delta E'_q}{\Delta t} = \frac{E_{qe\,(t+\frac{\Delta t}{2})} - E'_q}{T'_{d0} + \left(\dfrac{E_q}{E'_q}\right)\dfrac{\Delta t}{2}} \tag{2-89}$$

在空载短路前：

$$E'_q = E_q = U = E_{qe} = 1.0$$
$$I_d = I_q = 0$$

在短路后瞬间，由磁链守恒定理：

$$E'_q = E_{qe} = 1.0, U = 0$$

$$I_d = \frac{E'_q}{X'_d} = \frac{1.0}{0.29} = 3.45, I_q = 0$$

$$\begin{aligned}
E_q = E_{q(0)} &= E'_q + (X_d - X'_d) I_d \\
&= I_d X'_d + (X_d - X'_d) I_d \\
&= I_d X_d = 1.05 \times 3.45 = 3.62
\end{aligned}$$

$$\frac{E_q}{E'_q} = \frac{3.62}{1.0} = 3.62$$

在整个短路过程中，$\dfrac{E_q}{E'_q}$ 的比值不变。计算区域取 $\Delta t = 0.2\text{s}$，依式（2-89）得：

$$\frac{\Delta E'_q}{\Delta t} = \frac{E_{qe\left(t+\frac{\Delta t}{2}\right)} - E_q}{T'_{d0} + \left(\dfrac{E_q}{E'_q}\right) - \dfrac{\Delta t}{2}} = \frac{1.0 - 3.62}{5.0 + 3.62 \times 0.1} = -0.489$$

当励磁电压恒定，$E_{qe} = 1.0$ 不变。由上式可求得在第一时间间隔的 $\Delta E'_q$ 值：

$$\Delta E'_q = \frac{\Delta E'_q}{\Delta t} \Delta t_1 = -0.489 \times 0.2 = -0.098$$

第一时间间隔 Δt_1 终了时的 E'_q 值为：

$$E'_q = 1.0 - 0.098 = 0.902$$

在第二时间间隔 Δt_2，有：

$$\frac{\Delta E'_q}{\Delta t_2} = \frac{1.0 - E_q}{5.36}$$

此时：

$$I_d = \frac{E'_q}{X'_d} = \frac{0.902}{0.29} = 3.11$$

$$E_q = 3.11 \times 1.05 = 3.26$$

$$\frac{\Delta E'_q}{\Delta t_2} = \frac{1.0 - 3.26}{5.36} = -0.422$$

由此 $\Delta E'_q = -0.422 \times 0.2 = -0.0844$

第二时间间隔 Δt_2 终了时的 E'_q 为：

$$E'_q = 0.902 - 0.0844 = 0.818$$

依此逐点进行计算求得 $E_q = f(t)$ 及 $E'_q = f(t)$ 曲线，如图 2-26 中标有 a 的各曲线所示。

当励磁电压按 $U_f = 1.0 + 2.5t$ 规律变化，亦即 $E_{qe} = 1 + 2.5t$ 时，同前讨论，可求得在第一时间区间的 E_{qe} 平均值为：

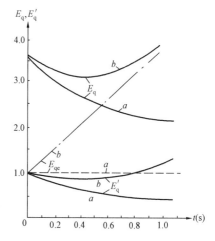

图 2-26　当励磁电压变化规律不同时，电势 $E_q = f(t)$ 及 $E'_q = f(t)$ 的变化曲线　曲线 a—U_f=常数；曲线 b—U_f=1.0+2.5t

$$E_{qe}\left(t + \frac{\Delta t}{2}\right) = 1.0 + 2.5 \times 0.1 = 1.25$$

$$\frac{\Delta E'_q}{\Delta t_2} = \frac{1.25 - 3.62}{5.36} = \frac{-2.37}{5.36} = -0.441$$

$$\Delta E_q' = -0.441 \times 0.2 = -0.0882$$

在第一时间区间终了时，相应 E_q' 为：

$$E_q' = 1.0 - 0.0882 = 0.9118$$

其他点计算步骤同前，计算结果见图 2-26 曲线 b。

励磁调节对电力系统
稳定性的影响

第一节　稳定性的定义和分类

在 20 世纪 60 年代，英、美、西欧和日本等国家曾将电力系统的稳定性划分为静态、动态及暂态稳定性三种方式，其含义如下。

1. 静态稳定性（Steady state stability）

此定义是指当电力系统的负载（或电压）发生微小扰动时，系统本身保持稳定传输的能力。这一稳定性定义主要涉及发电机转子功角过大而使发电机同步能力减少的情况。

2. 动态稳定性（Dynamic stability）

主要指系统遭受大扰动之后，同步发电机保持和恢复到稳定运行状态的能力。失去动态稳定的主要形式为发电机之间的功角及其他量产生随时间而增长的振荡，或者由于系统非线性的影响而保持等幅振荡。这一振荡也可能是自发性的，其过程较长。

应说明的是，在大扰动事故后，采用快速和高增益的励磁系统所引起的振荡频率在 0.2～3Hz 的自发振荡稳定性，属于动态稳定范畴。

3. 暂态稳定性（Transient stability）

当系统受到大扰动时，例如各种短路、接地、断线故障以及切断故障线路后系统保持稳定的能力，发生暂态不稳定的过程时间较短，主要发生在事故后发电机转子第一摇摆周期内。经过长期的探索与论证，世界各国电力工作者对稳定性的定义已趋向于按小干扰和大扰动两种定义来划分。第一种小干扰的稳定性，涉及在无限小的干扰作用下，系统中发电机保持同步运行的能力，在分析时可以用线性化微分方程式来表述。当发生小干扰不稳定时，如果发电机的励磁保持不变，此时失步的过程表现为单调的增长，当发电机在有励磁调节的情况下，失去稳定的表现形式将为爬行或振荡失步，这一定义与传统的静态稳定性定义相对应。

第二种属于大扰动稳定性，涉及在诸如系统短路、接地、断相等事故作用下所发生的与同步发电机的同步能力相关的稳定性问题，对此，传统上称之为暂态稳定性。

大干扰动稳定性的暂态过程较短，多发生在转子第一摇摆周期内。对其行为的描述已涉及系统的非线性问题。

由于大扰动稳定性的研究范围包括大扰动后的暂态及其后续行为，为此这一定义包括了传统上的暂态及动态稳定性问题，而且研究的方法涉及系统的非线性特征。

第二节　稳　定　性　的　判　据

在小干扰下发电机静态稳定性的判据准则：当发电机运行时其电磁功率 P 如超过极限功率 $P_{\max}$，转子功率角 δ 如超过 $\delta_{\max}$ 时，静态稳定性将被破坏，如图 3-1 所示。

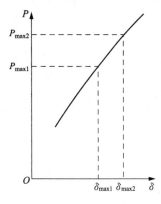

对于大扰动作用下的暂态稳定可用暂态稳定的功率极限来表示。暂态稳定极限功率 $P_{\max}$ 的定义为：设与系统并联运行的发电机组在正常运行方式下输出有功功率为 $P_e=P_{e1}$，如在系统 K 点发生某种类型短路故障，系统仍能保持稳定，但是在 $P_e=P_{e1}+\Delta P_e$（ΔP_e 为无限小增量）的正常运行条件下，当在 K 点发生同一类型故障时，系统将失去稳定，则称 P_{e1} 为该系统在 K 点发生该种类型故障下的暂态稳定极限功率，以 $P_{e1}=P_{\max1}$ 表示。在正常运行方式下，与 P_{e1} 所对应的转子功率角则称为暂态稳定极限角 $\delta_{\max}$。

图 3-1　发电机的静态稳定性

暂态稳定水平的另一表示方法是，在一定输送功率条件下，在同一故障点及同一故障形式下比较短路最大故障允许切除时间。即当输电线路在某一输送功率下，在 K 点发生某种形式的短路，其故障切除时间 $t=t_1$ 时系统稳定，而当 $t=t_1+\Delta t_1$（Δt_1 为无限小增量）时，系统不能保持稳定，则称该系统在 K 点发生该种类型故障时的最大允许故障切除时间 $t_1=t_{\max}$（一般为零点几秒），显然 t_1 之值越大，标志系统的暂态稳定水平越高。

第三节　励磁调节对电力系统稳定的影响[8]

一、励磁调节对静态稳定的影响

在正常运行情况下，同步发电机的机械输入功率与电磁输出功率之间保持平衡，同步发电机以同步转速运转。其特征通常可用功—角特性予以表示，对于汽轮发电机，其功—角特性为：

$$P=\frac{E_q U_s}{X_\Sigma}\sin\delta \tag{3-1}$$

式中　E_q——发电机纵轴内电动势；

　　　U_s——受端电网电压；

　　　X_Σ——发电机与电网间的连接总电抗。

相应功—角特性如图 3-2 所示。此曲线亦称内功率特性曲线。当无励磁调节时，E_q 为常数，最大输出功率 $P_M\left(\left.\dfrac{\mathrm{d}P}{\mathrm{d}\delta}\right|_{\delta=\delta_m}=0\right)$ 称为静态稳定功率极限，其值等于 $P_M=\dfrac{E_q U_s}{X_\Sigma}$。在正常

运行时，平衡点在 a 点处。如果机械输入功率由 P_0 增加到 P_0'，过剩功率将使发电机转子加速，使内电动势 E_q 相对于受端系统电压 U_s 的功率角由 δ_a 增加到 δ_b，工作点由 a 移到 b，达到新的平衡。当励磁恒定，即 E_q 为常数时，静态稳定功率极限为 $P_M = \dfrac{E_q U_s}{X_\Sigma}$，静态稳定的判别式为 $\dfrac{\mathrm{d}P}{\mathrm{d}\delta} \geq 0$ 或 $\delta \leq 90°$。

如果发电机运行在自动调节励磁状态，此时 E_q 为变值，相应的传输功率可得到显著提高。假定自动励磁调节是无惯性的，并假定在负载变化时可保持发电机的暂态电动势 E_q' 近似为常数，由于随负载变化时，内电动势 E_q 亦随励磁调节而变化，此时的功率特性已不是一条正弦曲线，而是由一组 E_q 等于不同恒定值的正弦曲线族上相应工作点所组成，如图 3-3（a）中曲线 1～4 所示。为区别 E_q 等于恒定值时的内功率特性曲线，当 E_q 随负载而变化，由 1～4 功率特性曲线上 a、b、c、d 等各点组成的功

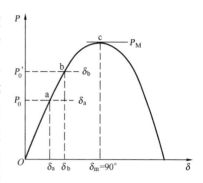

图 3-2　汽轮发电机功率特性曲线

率特性曲线称之为外功率特性曲线。同时，由于外功率特性曲线是借助于励磁调节而得到的功率特性曲线，故相应工作段亦称人工稳定区。第 I 组外功率特性曲线 a～e 与第 II 组外功率特性曲线 1～5 不同的是，励磁调节器具有更高的电压增益 K_{OU}，故可维持发电机端电压具有更高的电压水平。

另由图 3-3（b）可看出，如维持 E_q' 近似不变，则随着负载增加，发电机内电动势 E_q 是上升的。同时，对外功率特性而言，最大功率值不是出现在 $\delta = 90°$，而是 $\delta > 90°$ 处。其具体数值取决于静态稳定的条件。

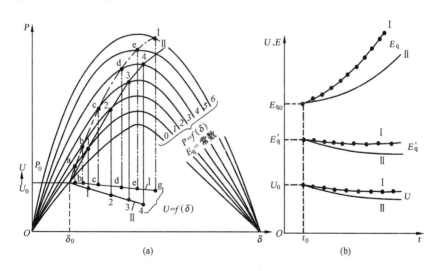

图 3-3　当励磁调节维持暂态内电动势 E_q' 等于恒定值时的发电机功率特性曲线

（a）功率特性曲线；（b）发电机电压 U 及内电势 E_q 及 E_q' 的变化

I —励磁调节器电压增益为 K_{OU1}；II —励磁调节器电压增益为 K_{OU2} $K_{OU1} > K_{OU2}$

　　如果励磁调节器具有更良好的快速调节性能和更高的电压增益 K_{OU}，在负载变化过程中可维持发电机的端电压 U 为恒定值，此时的外功率特性曲线将具有更高的斜率，如图 3-4（e）中所示的外功率特性曲线。在图 3-4 的（a）处值为 $C_1 \dfrac{dP}{d\delta}$，C_1 为内电动势 E_q 为恒定值时的同步系数，当 $C_1=0$、$\delta=90°$ 时，C_2、C_3 分别表示当 E'_q 或 U 恒定时的同步系数，但是 C_2 或 $C_3=0$ 对应的转子功率角 δ 将大于 $90°$。在图 3-4 的（c）和（e）处，示出了在某一给定参数条件下，外功率特性曲线达到的最大稳定运行功率时，对应的转子功角为 $\delta_{\max}$，其后随功率的增加将出现发电机端电压及功率振荡的情况，如图 3-4 的（c）～（f）处所示，此结果系由励磁系统参数选择不当所致。

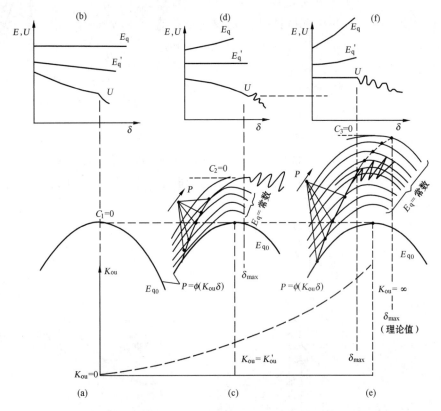

图 3-4　发电机内、外功率特性曲线及端电压和内电势变化图

（a）—E_q 恒定；（b）—当 E_q 恒定，E'_q 及 U 的变化；（c）—E'_q 恒定；（d）—当 E'_q 恒定，E_q 及 U 的变化；

（e）—U 恒定；（f）—当 U 恒定，E_q 及 E'_q 的变化

二、励磁调节对暂态稳定的影响

　　上述讨论涉及在小干扰作用下的静态稳定问题。下面讨论有关在大扰动条件下励磁调节对暂态稳定的影响。现以图 3-5（a）所示的线路为例，讨论在短路故障下功率特性的变化。

　　在图 3-5（b）中，曲线 1 表示由双回路线路供电时的功率特性，其幅值等于：

$$P_M = \frac{E_q U_s}{X_\Sigma}$$

其中：

$$X_{\Sigma} = X_{\mathrm{d}} + X_{\mathrm{T}} + \frac{X_{\mathrm{e}}}{2}$$

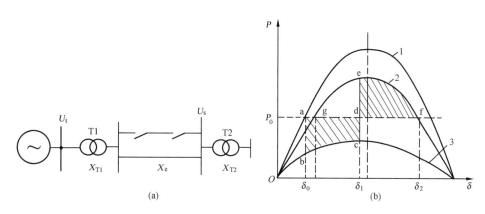

图 3-5 在短路故障下，功率特性曲线的变化

（a）单机无限大母线系统；（b）短路故障下，功率特性曲线的变化

曲线 2 表示切除短路故障线路后的功率特性曲线。由于线路阻抗由 $\dfrac{X_{\mathrm{e}}}{2}$ 增加到 X_{e}，使功率特性曲线的幅值减小到 $\dfrac{E_{\mathrm{q}}U_{\mathrm{s}}}{X_{\Sigma}}$，其中 $X_{\Sigma} = X_{\mathrm{d}} + X_{\mathrm{T}} + X_{\mathrm{e}}$。曲线 3 表示故障中的功率特性。

如果发电机初始工作点在功率特性曲线 1 的 a 点，短路后工作点将由功率特性曲线 3 所决定。在故障瞬间，由于惯性的影响，转速维持不变，功率角 δ 仍为 δ_0，工作点由 a 移至 b，其后因输出电磁功率减小，转子开始加速，功率角开始增加。当达到 δ_1 时故障切除，功率特性为曲线 2，工作点由 c 移到 e 点。由于惯性的影响，转子沿功率特性曲线 2 继续加速到 f 点，对应的转子功率角为 δ_2。经过反复的振荡，最后稳定在工作点 g 处。同前所述，暂态稳定性决定于加速面积 abcd 是否小于或等于减速面积 dfed。显然，当故障切除较慢时，δ_1 将增大，加速面积 abcd 将增大。如果减速面积小于加速面积，将进一步加速，失去暂态稳定性。

提高暂态稳定性有两种方法，减小加速面积或增大减速面积。减小加速面积的有效措施之一是加快故障切除时间，而增加减速面积的有效措施是在提高励磁系统励磁电压响应比的同时，提高强行励磁电压倍数，使故障切除后的发电机内电势 E_{q} 迅速上升，增加功率输出，以达到增加减速面积的目的。相应变化如图 3-6 所示。

由图 3-6 可看出，正常时，发电机的工作点在功率特性曲线 1 的 a 处；当发生短路事故时，相应功率特性曲线为曲线 3。如在此时提供强行励磁以迅速提

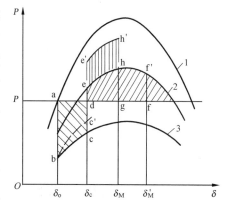

图 3-6 励磁调节对暂态稳定的影响

高发电机内电动势 E_q，使功率特性曲线由 bc 段增加到 bc′段，由此在故障切除前减少了加速面积（由 abcd 减少到 abc′d）。在 $\delta=\delta_c$ 时故障切除后亦能增加减速面积（由曲线 2 的 dehg 增加到 de′h′g）。如面积 de′h′g 等于面积 def′f，则可使转子功角最大值由 δ_M' 降到 δ_M，明显地提高了暂态稳定性。显然，励磁顶值电压越高，电压响应比越快，励磁调节对改善暂态稳定的效果越明显。但是，考虑发电机绝缘的强度，故强励顶值电压以 2 倍额定励磁电压为宜。

下面以实例说明励磁调节对电力系统稳定的影响[9]：

1. 提高电力系统运行的静态稳定性

如前节所述，不论在小干扰或大干扰的作用下，励磁控制对系统的静态（微动态）及暂态稳定的改善均起到显著的作用。

现仅就励磁控制对发电机静态（微动态）稳定的作用做一简要的阐述。

假定如图 3-5（a）所示的单机对单回路线路及无限大系统的情况，发电机及线路的参数如下，参数均以标幺值表示：

$$X_d=X_q=1.5, X_{T1}=X_{T2}=0.1, X_d'=0.3, X_e=0.8$$

根据发电机功率特性曲线表达式，可写为如下几种形式：

（1）当无励磁调节时，E_q＝常数，发电机传输功率表达式为：

$$P_e=\frac{E_q U_s}{X_{d\Sigma}}\sin\delta_{Eq} \tag{3-2}$$

$$X_{d\Sigma}=X_d+X_{T1}+X_{T1}+X_e$$

式中　$X_{d\Sigma}$——总电抗；

　　　δ_{Eq}——发电机的电动势 E_q 与受端系统电压 U_s 之间的功率角。

（2）当 δ_{Eq}＝90°时，传输功率最大，其静态稳定功率极限为：

$$P_{emax(Eq)}=\frac{E_q U_s}{X_{d\Sigma}} \tag{3-3}$$

（3）当有励磁调节时，励磁调节器的电压增益 K_{OU} 只能维持内电动势 E_q' 为恒定值，此时的传输功率表达式为：

$$P_e=\frac{E_q' U_s}{X_{d\Sigma}'}\sin\delta_{E'q} \tag{3-4}$$

$$X_{d\Sigma}'=X_d'+X_{T1}+X_{T2}+X_e$$

式中　$X_{d\Sigma}'$——总电抗；

　　　$\delta_{E'q}$——发电机暂态内电势 E_q' 与受端系统电压 U_s 之间的功率角。

（4）当 $\delta_{E'q}$＝90°时，其静态稳定功率极限为：

$$P_{emax(E'q)}=\frac{E_q' U_s}{X_{d\Sigma}'} \tag{3-5}$$

（5）由于自动励磁调节器的作用较强，如在暂态负载变化时，仍可维持发电机端电压为恒定值。此时的传输功率表达式为：

$$P_e=\frac{U_1 U_s}{X_\Sigma}\sin\delta_{Ut} \tag{3-6}$$

$$X_{\Sigma} = X_{T1} + X_e + X_{T2}$$

式中　　X_{Σ}——总电抗；

　　　δ_{Ut}——发电机端电压与受端系统电压 U_s 之间的功率角。

（6）当 $\delta_{Ut} = 90°$ 时，其静态稳定功率极限为：

$$P_{emax(Ut)} = \frac{U_1 U_s}{X_{\Sigma}} \tag{3-7}$$

根据给定的参数，分别代入式（3-3）、式（3-5）及式（3-7），可求得三种状态的静态稳定功率极限分别为：

$$P_{emax(Eq)} = \frac{1}{1.5 + 0.1 + 0.8 + 0.1} = 0.4 \text{（p. u.）}$$

$$P_{emax(E'q)} = \frac{1}{0.3 + 0.1 + 0.8 + 0.1} = 0.77 \text{（p. u.）}$$

$$P_{emax(Ut)} = \frac{1}{0.1 + 0.8 + 0.1} = 1.0 \text{（p. u.）}$$

由以上计算结果可以看出，由于自动励磁调节作用的影响，能维持发电机电压为额定值时线路输送的极限功率比无励磁调节 E_P 为常数时的传输功率高 60%，比 E'_P 为常数时的传输功率高 23%。

由此可见，自动励磁控制系统对维持发电机电压水平与提高电力系统静态稳定性方面具有十分重要的作用。

当励磁控制系统能够维持发电机电压为恒定值时，不论是快速励磁系统，还是常规励磁系统，其静态稳定极限都可以达到传输功率极限值。

2. 改善暂态稳定性

暂态稳定是指当电力系统受大扰动后的稳定性，特别是指事故后在转子第一个振荡周期内的稳定性。在改善暂态稳定性方面，励磁控制系统的作用主要由以下各因素决定：

（1）励磁系统强励顶值倍数。提高励磁系统强励倍数可以提高电力系统暂态稳定性。但是提高强励倍数将使励磁系统的造价增加及对发电机的绝缘要求提高。因此，在故障切除时间极短的情况下，过分强调提高强励倍数是没有必要的。

（2）励磁系统顶值电压响应比。励磁系统顶值电压响应比又称励磁电压上升速度。响应比越高励磁系统输出电压达到顶值的时间越短，对提高暂态稳定越有利。励磁系统顶值电压响应比，是励磁系统的性能主要指标之一。

（3）励磁系统强励倍数的利用程度。充分利用励磁系统强励倍数，也是励磁系统改善暂态稳定的一个重要因素。如果电力系统在发电厂附近发生故障，励磁系统的输出电压达不到顶值，或者达到顶值的时间很短，在发电机电压还没有恢复到故障前的水平时已停止强励，使励磁系统的强励作用未充分发挥，降低了改善暂态稳定的效果。充分利用励磁系统顶值电压的措施之一是提高励磁控制系统的开环增益，开环增益越大，调压精度越高，强励倍数利用越充分，也就越有利于改善电力系统暂态稳定。

3. 改善动态稳定性

动态稳定是研究电力系统受到大扰动后，恢复到原始平衡点或过渡到新的平衡点过程的稳定性。探讨的前提是：原始平衡点（或新的平衡点）具有静态稳定性，以及大扰动过程中可保持暂态稳定性。

电力系统的动态稳定性，其实质涉及电力系统机电振荡的阻尼问题。当阻尼为正时，动态是稳定的；阻尼为负时，动态是不稳定的；阻尼为零时，是临界状态。对于零阻尼或很小的正阻尼，均为电力系统运行中的不安全因素，应采取措施提高正阻尼。

分析表明，励磁控制系统中的自动电压调节作用，是造成电力系统机电振荡阻尼变弱（甚至变负）的最重要的原因之一。在一定的运行方式及励磁系统参数下，电压调节作用，在维持发电机电压恒定的同时，亦会产生负阻尼作用。

诸多研究结果表明，在正常应用的范围内，励磁电压调节器的负阻尼作用会随着开环增益的增大而加强。由于提高电压调节精度和提高动态稳定两者之间是矛盾的。兼顾解决此问题的措施有：

（1）降低调压精度要求，减少励磁控制系统的开环增益。由上面的分析可知，此措施对静态稳定性和暂态稳定性均有不利的影响，因此是不可取的。

（2）电压调节通道中，增加一个动态增益衰减环节。此方法既可保持电压调节精度，又可减少电压通道引起的负阻尼作用。但是，动态增益衰减环节，实际上是一个大的惯性环节，会使励磁电压的响应比减少，影响强励倍数的利用，而不利于暂态稳定，为此在实际应用中应全面衡量其利弊的所在。

（3）在励磁控制系统中，增加附加励磁控制通道，采用电力系统稳定器是有效措施之一。这种附加信号可以通过相位调节使整个励磁系统在低频振荡范围内具有正阻尼作用。

（4）采用线性和非线性励磁控制理论改善励磁系统的动态品质。

励磁系统的静态及暂态特性

第一节 励磁系统的静态特性

一、励磁系统的静态特性

所谓励磁系统静态特性，系指励磁系统中各传递函数拉氏变换 s 因子项为零，即 $s{\to}0$、$t{\to}\infty$ 为静态状态。现以图 4-1 所示的励磁控制系统静态方框图作为讨论的基础。

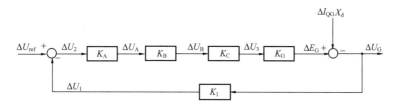

图 4-1 励磁控制系统静态方框图

在图 4-1 中，前向传递函数 $G(s)$ 为：

$$G(s) = \frac{\Delta U_G}{\Delta U_2} = K_A K_B K_C K_G$$

后向传递函数 $H(s)$ 为：

$$H(s) = \frac{\Delta U_1}{\Delta U_G} = K_1$$

开环传递函数 $H_{0(s)}$ 为：

$$\begin{aligned}
H_{0(s)} &= \frac{\Delta U_1}{\Delta U_2} = K_1 K_A K_B K_C K_G \\
&= K_{AVR} K_G \\
&= K_\Sigma
\end{aligned} \tag{4-1}$$

式中　K_Σ——励磁控制系统开环放大系数，$K_\Sigma = K_{AVR} K_G$；

　K_{AVR}——励磁调节器放大系数，$K_{AVR} = K_1 K_A K_B K_C$。

二、发电机自然电压调差特性

发电机自然电压调差特性系指自动电压调节器中调差单元退出，电压给定值不变的条件下，发电机端电压 U_G 与无功负载电流 I_Q 之间 $U_G = f_{(IQ)}$ 关系曲线。

1. 发电机端电压与无功电流之间关系式

由图 4-1 可知：

$$\Delta U_1 = K_1 \Delta U_G \tag{4-2}$$

$$\Delta U_A = K_A \Delta U_2 \tag{4-3}$$

$$\Delta U_B = K_B \Delta U_A \tag{4-4}$$

$$\Delta U_3 = K_C \Delta U_B \tag{4-5}$$

$$\Delta E_G = \Delta U_3 \tag{4-6}$$

在讨论条件下当电压给定值不变，由此可求得：

$$\Delta U_2 = -\Delta U_1 \tag{4-7}$$

依此求得：

$$\Delta U_A = -K_A \Delta U_1 \tag{4-8}$$

由式（4-2）～式（4-7）可求得发电机电动势增量为：

$$\Delta E_G = -K_1 K_A K_B K_C K_G \Delta U_G$$
$$= -K_\Sigma \Delta U_G \tag{4-9}$$

考虑扰动量：

$$\Delta U_G = \Delta E_G - \Delta I_Q X_d$$

将式（4-9）代入上式得：

$$\Delta U_G = -K_\Sigma \Delta U_G - \Delta I_Q X_d$$

化简求得：

$$\Delta U_G = -\frac{\Delta I_Q X_d}{1 + K_\Sigma} \tag{4-10}$$

式（4-10）表明在采用自动励磁调节器的情况下，发电机端电压降落 ΔU_G 值降低到 $\dfrac{1}{1+K_\Sigma}$ 倍。如果不采用自动励磁调节器，当发电机无功电流增加时，因无励磁调节 $\Delta E_G = 0$，此时发电机端电压降落，由式（4-9）可得：

$$\Delta U_G = -\Delta I_Q X_d \tag{4-11}$$

2. 发电机电压自然调差率

发电机电压自然调差率系指在调差单元退出及电压给定值不变条件下，发电机端电压变化量与无功负载电流变化量绝对值的比值，显然，此比值表示发电机自然电压调节特性曲线 $\Delta U_G = f\Delta(I_Q)$ 的斜率，如图 4-2 所示。

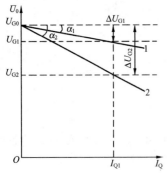

以数学表达式表征自然调差率，对于图 4-2 曲线 1 所示的具有 AVR 状态，式（4-10）可写为：

$$\delta_{N1} = \left| \frac{\Delta U_{G1}}{\Delta I_{Q1}} \right| = \tan\alpha_1 = \frac{X_d}{1 + K_\Sigma} \tag{4-12}$$

对于无 AVR 状态如图 4-2 中曲线 2，由式（4-11）可写为：

$$\delta_{N2} = \left| \frac{\Delta U_{G2}}{\Delta I_{Q1}} \right| = \tan\alpha_2 = X_d \tag{4-13}$$

图 4-2　发电机自然电压
调节特性曲线

以标幺值表示式（4-12）可写为：

$$\delta_{N1} = \frac{X_d}{1 + K_\Sigma} \times \frac{U_{GN}}{I_{GN}} \tag{4-14}$$

$$\delta_{N2} = X_d \times \frac{U_{GN}}{I_{GN}} \tag{4-15}$$

应予以说明的是：在上述发电机电压自然调差率定义的讨论中是以发电机电压变化量与无功负载电流变化量的比值确定的，此外，调差率亦可用在无功电流变化的范围内引起的发电机端电压变化率表示之，例如当发电机的无功电流 I_Q 从零增加到额定值 I_{QN} 时，发电机的端电压从空载变化到 U_{Gt}，此时的自然调差率可写为：

$$\delta_N = \frac{U_{G0} - U_{Gt}}{U_{GN}} \tag{4-16}$$

式中　U_{GN}——发电机额定电压值。

在同样条件下，如以发电机机端电压变化量与相应无功电流变化量的比值表示调差率，可写为：

$$\delta_{N1} = \frac{\Delta U_G}{\Delta I_Q} = \frac{U_{G0} - U_{Gt}}{I_{QN}} \tag{4-17}$$

如果以 I_{QN} 为电流标幺基值，为发电机电压标幺基值代入式（4-17）可求得：

$$\delta_{N1} = \frac{\Delta U_G^*}{\Delta I_Q^*} = \frac{\dfrac{U_{G0} - U_{Gt}}{U_{GN}}}{\dfrac{I_{QN}}{I_{QN}}} = \frac{U_{G0} - U_{Gt}}{U_{GN}} = \delta_N \tag{4-18}$$

可见，对于自然调差率按式（4-16）和式（4-17）定义进行计算，所得结果是一致的。

三、发电机电压静差率

在自动控制理论中，曾提及"静差"，即静态误差或稳态误差的概念，对按发电机电压偏差进行负反馈控制的有差励磁控制系统而言，闭环控制系统的作用是"量测偏差和校正偏差"，不论励磁控制系统的开环放大系数数值如何，从原理上而言按上述控制方式工作的系统总是存在静差或者偏差的。

对于电压静差，通常可分为两种形式：由电压给定输入信号引起的静差和由励磁系统扰动信号引起的静差，前者对应于励磁系统调节精度，称之为静态电压调节精度，后者诸如发电机的无功电流负载，可视为扰动信号，由此引起的发电机端电压的变化可称之为扰动信号误差。

1. 电压给定静态误差

现以图 4-3 励磁控制系统简化方框图为例说明电压静态误差的计算，相关的励磁系统参数如下：

$X_d' = 0.346$，$X_d = 1.693$，$T_{d0}' = 6.85s$，$T_e = 0.015s$，$T_A = 0.02S$，$K_A = 200$

由电压给定信号引起的静态误差，对于稳态，$s \to 0$，$t \to \infty$，如果从 U_{ref} 到 U_G 之间的各传递函数中不存在积分环节，为零阶系统，则静态误差为：

$$e_{ss} = \frac{1}{1 + K_A} = \frac{1}{201} = 0.005 = 0.5\%$$

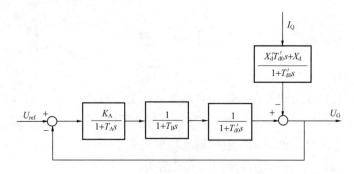

图 4-3　励磁控制系统简化方框图

2. 由负载扰动 I_Q 引起的静态误差

根据图 4-3，首先求出由扰动信号 I_Q 至输出端 U_G 的传递函数 $G_N(s)$，再求取静态误差：

$$e_{ssN} = \lim_{s \to 0} s G_N(s) \frac{1}{s}$$

$$e_{ssN} = \lim_{s \to 0} \frac{-\dfrac{X_d' T_{d0}' s + X_d}{T_{d0}' s + 1}}{1 + \dfrac{K_A}{(1 + T_A s)(1 + T_E s)(1 + T_{d0}' s)}}$$

$$= -\frac{X_d}{1 + K_A} = -\frac{1.693}{201} \times 100\% = -0.742\% \tag{4-19}$$

由以上讨论得知，励磁系统由于负载电流 I_Q 扰动引起的静态误差为 -0.742%。

对于扰动静态误差亦可由下列程序求得：

对应于稳态 $s \to 0$，$t \to \infty$，在此条件下，对应图 4-3 中，含有 s 项的因子为零，当电压给定值不变 $U_{ref} = 0$，由负载电流引起的扰动静态误差为：

$$\Delta U_G = -K_A \Delta U_G - X_d \Delta I_Q$$

$$\frac{\Delta U_G}{\Delta I_Q} = \frac{-X_d}{1 + K_A} = -0.742\%$$

显然两种计算方法的结果是一致的，由于后一种计算方法与式（4-12）相同，为此可以认为自然调差即为由负载电流引起的静态扰动误差。

第二节　发电机的电压调差及电压调差系数

一、发电机电压调差率

有关发电机电压调压率的定义，由式（4-16）～式（4-18）的推导结果可知，其数值可由发电机电压变化量与对应的无功电流变化量之比值所确定。亦可由发电机的无功电流 I_Q 从零增加到额定值 I_{QN} 时引起的发电机端的电压变化率表示之，两者的计算结果是一致的。

由于发电机有功电流变化对其机端电压变化的影响很小，而无功电流的变化影响较大，为此对发电机电压调差率的定义，以功率因数为零时的无功电流为基准是适宜的。

二、不同运行接线方式时电压调差系数的确定

图 4-4 示出了发电机不同运行方式的接线。

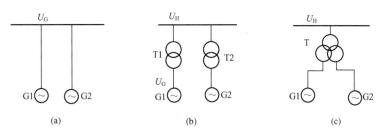

图 4-4　发电机不同运行方式的接线

（a）发电机端并联；（b）高压侧并联；（c）发电机扩大单元接线

图 4-4（a）中在低压侧母线直接并联的发电机组运行特性如下：

对于两相同容量的发电机，如果励磁装置设定值 $U_{ref1}=U_{ref2}$，则两台发电机具有一致的端电压值 $U_1=U_2$。两机组间的无功功率 $\Delta Q=0$。但实际上，由于机组特性的差异，负载的不同以及温度等因数，使 $U_1\neq U_2$，存在 $U_1-U_2=\Delta U$ 的电压差。在此电压差作用下，两机组间将产生无功功率 ΔQ_r，其值为：

$$\Delta Q_r=\frac{U_1(U_1-U_2)}{X_1+X_2} \tag{4-20}$$

由于两机组间的电抗 X_1+X_2 其值很小，对式（4-20）而言，在有限的电压差作用下，X_1+X_2 之值近于零，其商 ΔQ_r 近于无限大。环流过大将影响到机组的安全运行。为避免上述情况，可利用励磁调节器的无功电流补偿调差装置等效地加大机组间的电抗，使机组具有更加下垂的外特性，提高机组间并联运行的稳定性。

图 4-5 所示为低压侧并联运行的发电机组，设母线电压为 U，由图 4-6 可看出，并联机组间的无功电流分配为：

$$\sum I_Q=I_{Q1}+I_{Q2}$$

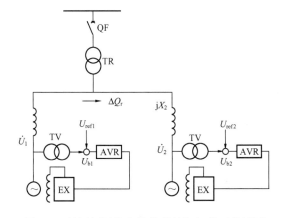

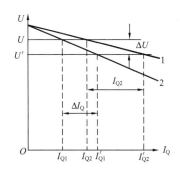

图 4-5　低压侧母线直接并联的机组单元接线图　　图 4-6　两台有差机组的并联运行

当母线电压由 U 下降到 U' 时，两机组将各按其外特性重新分配无功功率。此时，无功

功率的总增量为：

$$\Delta I_Q = \Delta I_{Q1} + \Delta I_{Q2}$$

相应母线电压的变化可按式（4-17）求得：

$$-\Delta U = \delta_1 \Delta I_{Q1} = \delta_2 \Delta I_{Q2}$$

由上式可知，机组负担的无功电流与电压差 ΔU 成正比，与调差系数 δ 成反比。上述结论同样可推广到多台运行机组中。为了稳定分配各机组之间的无功功率，调差系数 δ 应为 $3\% \sim 4\%$。

对在低压侧并联的发电机组，为使发电机机组之间并联运行无功分配具有稳定性，须采用正调差接线。

三、自然调差率与附加调差系数

1. 自然调差率

自然电压调差率是指调差单元退出在电压给定值不变条件下，发电机电压变化量与无功功负载电流变化量的比值，此比值等同于发电机外特性曲线的斜率 $U_G = f(I_Q)$。

对于有差调节励磁系统，发电机负载从空载变化到额定时，须保持一定的机端电压偏差以便由励磁调节器提供所需的励磁增量，发电机端电压偏差的百分值即为自然调差率，此值近似等于励磁系统增益的倒数。

对于无差调节系统，自然调差率为零。

2. 附加调差系数

当励磁调节器的自然调差率不满足并联机组间无功功率分配稳定性要求时，须采用附加调差措施，附加调差系数的作用是在 AVR 量测回路中引入一与无功电流成比例的电压，以使机端电压随无功负载变化而改变。

运行经验表明，对于模拟式 AVR，要保证并联运行发电机组之间的无功分配的稳定性，最小的调差率值为 $3\% \sim 4\%$；对于数字式 AVR，因其调差精度与分辨率已有较大的提高，因此发电机运行时允许采用较小的调差率，例如 $2\% \sim 3\%$。须进一步降低调差率，为保证运行稳定性：当采用附加调差时，应注意到发电机电压调差率是以发电机额定无功功率 Q_N 为标幺值定义的，而附加调差主要用于补偿升压变压器的电压降，附加调差系数的整定则是以额定视在功率 S_N 为标幺值计算的。如变压器和发电机的视在功率 S_N 不同则需要进行标幺值的换算，以使单位统一。

下面将结合实例对附加调差系数的整定予以说明。

（1）发电机低压侧并联运行［见图 4-4（a）］。如果发电机的 AVR 为无差调节，为保证并联机组间无功功率分配的稳定性，需采用附加的正调差系数，如前所述发电机电压调差率的计算是以 Q_N 额定标幺值进行计算的，而附加调差系数以 S_N 额定标幺值进行计算的，为此，两者的计算结果须加以换算。

例如，当要求发电机的合成电压调差率 $\delta_C = 3\%$，额定功率因数 $\cos\varphi = 0.85$，为满足此要求，对应的附加调差系数应为：

$$\delta = \delta_C \frac{S_N}{Q_N} = \delta_C \frac{U_N I_N}{U_N I_N \sin\varphi}$$

$$= \frac{\delta_C}{Q_N} = \frac{3\%}{0.526} = 5.7\% \tag{4-21}$$

（2）发电机变压器组高压侧并联［见图 4-4（b）］。对于发电机升压变压器在高压侧并联的机组，由于升压变压器的短路阻抗值比较大，当发电机无功负载增大时，须采用负调差以部分补偿升压变压器的电抗压降，但是在高压侧并联运行点，其合成调差仍应为正调差，即当发电机无功负载电流增大时，高压侧并联运行的电压仍有所下降，以保证并联机组间的无功功率分配的稳定性。

对升压变压器组，须采用负调差以部分补偿升压变压器的电抗，如变压器的短路阻抗为 X_T，合成调差率为 δ_C，则附加调差系数为：

$$\delta = \frac{\delta_C}{\sqrt{1 - \cos^2\varphi}} - X_T \tag{4-22}$$

因为 X_T 以 S_N 为标幺基值，所以 δ 亦应以 S_N 为标幺基值。

现以实例说明附加调差系数的设定：

假定 $X_T = 11\%$，$\delta_C = 3\%$，$\cos\varphi = 0.85$，由式（4-22）可求得：

$$\delta = 3\% / \sqrt{1 - 0.85^2} - 11\%$$
$$= -5.3\%$$

如果发电机的 S_N 与升压变压器的 S_N 值不同时，则需进行基值换算，本例中附加负调差系数为 -5.3%，则变压器阻抗的补偿率为 $(5.3/11) \times 100\% = 48\%$

当发电机无功功率从零变化到额定值时，依要求变压器高压侧的电压调差率 $\delta_C = 3\%$，此值是以额定无功功率为标幺基值，如换算到以 S_N 为标幺基值，则相应的电压调差率 $\delta'_C = \frac{S_N}{Q_N}\delta_C$

$$\delta'_C = \frac{\delta_C}{\sin\varphi} = \frac{3\%}{0.526} = 5.7\%$$

依此，当发电机的负载为 S_N 时，变压器高压侧下降 3%。发电机为负调差整定，对应上升的发电机电压为：

$$\Delta U_G = \delta \frac{Q_N}{S_N} = 5.3\% \times \sin\varphi$$
$$= 5.3\% \times 0.526$$
$$= 2.6\%$$

各调差系数的合成如图 4-7 所示。

（3）对于发电机变压器组经一段输电线路并联时，除要补偿变压器电抗压降外，还要补偿输电线路的压降，输电线路的电阻与电抗为同一数量级，不可忽略。为此，需要同时补偿输电线路的电抗和电阻压降。有功电流在电阻上的压降与端电压同方向，可采用有功电流或有功功率作为电阻压降补偿。

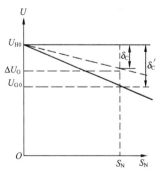

图 4-7 调差系数的合成

（4）扩大单元机组［见图 4-4（c）］，发电机组 G1 与 G2 之间的电抗为变压器两低压绕组之间的电抗，与变压器高低绕组之间的电抗比较数值较小。如果 G1 与 G2 发电机组的励磁为独立调节，则 G1、G2 机组间需有一定的正调差，变压器高压侧的调差率将很大；如果 G1 和 G2 机组作为一台机组进行励磁调节，或 G1 与 G2 机组采用成组励磁调节方式，可以采用负调差，使高压侧的调差率保持在要求的水平。

四、附加调差系数的构成

1. 模拟式 AVR

模拟式 AVR 通常在 AVR 量测单元的测量 TV 一次侧串接可分档调节的固定电阻，各相电阻分别接入与该相电压成 90°的发电机电流分量，如 B 相电阻接入 AC 相电流，使无功电流在电阻上的压降与电压同向。正调差时，无功电流增大，电阻的电压与发电机电压同向，反映出机端电压人工的升高，从而调节励磁电流，降低发电机端电压。负调差接线时，无功增大，使发电机端电压升高。

2. 数字式 AVR

数字式电压调节器（D-AVR）通常由软件计算出发电机有功功率 P 及无功功率 Q 值，由软件构成调差功能，如图 4-8 所示。

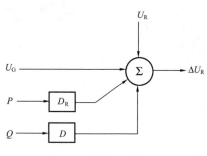

图 4-8 D-AVR 调差构成

图 4-8 中 D 为无功调差，所需补偿的电抗除升压变压器电抗外还有线路电抗，补偿后的调差率按电力系统要求确定。D_R 为线路电阻补偿，可略小于线路电阻值，不考虑线路补偿时 D_R 为零。

五、小结

（1）大型发电机组大部分采用发电机变压器组单元接线，AVR 投入负调差时可适当补偿升压变压器的电抗压降，以提高电力系统运行稳定性，电力系统对系统中各发电机的调差应作出相应的规定。

（2）发电机电压调差率以发电机 Q_N 为标幺基值，概念比较清楚。附加调差主要作用是补偿变压器相应电抗压降，调差系数 S_N 为标幺基值使用比较方便。如变压器和发电机 S_N 值不同，则需进行标幺值换算。

（3）发电机并列运行点的无功调差率 δ_C 一般可为 3% 左右，对发电机变压器组 AVR 的附加调差系数为 $\delta = \delta_C / \sin\varphi - X_T$。

（4）并联运行在同一母线的各发电机组间的调差率应相同，各发电机的稳态增益及暂态增益亦应一致。在新机投入时需了解原有发电机的励磁参数，进行统一的调整。

（5）为提高发电机组高压侧母线电压调节精度以及改善电力系统静态稳定和电压稳定水平，要求发电机组具有较小的调差率，例如美国西部电力系统一地区几个电厂中的发电机，提高了高压母线支持电压的能力，在一次系统事故中避免了电压崩溃，其效果等同于增加安装 500kV 电容器 400MVA。

（6）当采用负调差部分的补偿了升压变压器的电抗压降，等效的减少了机组与系统间的联系电抗，相应地增大了系统阻尼，有利于抑制系统低频功率振荡，提高了电力系统的动态稳定性。

第三节　励磁系统的暂态特性

励磁控制系统动态特性是指受到外界（如无功负载突变）扰动或者给定值 U_{set} 改变时，此时系统从一个稳定状态过渡到另一个状态的暂态过程。

励磁控制系统是由发电机、励磁机以及其他惯性环节组成。这些惯性环节均存在时间常数，亦即当输入量（外界扰动或给定值）变化时，输出量不能立即反映这个变化，而需经过一段时间。输出量 U_G 在此时间内随时间 t 的变化过程，称为暂态过渡过程。

在评价励磁系统的暂态响应特性时，首先应考虑要作用于励磁系统的干扰信号方式。一般将干扰信号分为大扰动信号及小偏差信号两种方式，前者涉及电力系统暂态稳定性，而后者影响到系统的静态及动态稳定性。

一、大扰动信号暂态响应

所谓大扰动信号暂态响应特性是指在此信号作用下，励磁系统各环节中呈现出非线性饱和状态。

大扰动信号准则用以评价涉及影响电力系统暂态稳定性时的励磁系统的暂态特性。

评价上述性能的标准各国不尽相同。目前应用较为广泛的是由美国 IEEE 学会提出的 421A-1978 及 421.1-1986 标准。我国制定的相关标准均以此为依据。

评价励磁系统大扰动信号暂态性能，涉及的励磁参数有：顶值电压倍数、励磁电压响应比以及励磁系统电压响应时间等参数，现分述如下。

1. 励磁系统顶值电压倍数

由于系统会受到诸如短路、接地等严重故障的干扰，因此从提高电力系统暂态稳定性的角度出发，要求励磁系统提供足够的强励顶值电压倍数。这对抑制发电机转子的机械飞逸是十分有利的。

2. 励磁系统电压响应比

基于上述同样理由，为了提高继电保护动作的准确性，加强短路故障期间对发电机转子的电气制动以及加快切除故障后的系统电压恢复，采用高参数励磁电压响应比的快速励磁系统对改善系统暂态稳定性是非常必要的。

应予以说明的是，当励磁系统达到顶值励磁电压与额定励磁电压差值的 95% 所需的时间小于或等于 0.1s 时，定义这种快速励磁系统为高起始响应励磁系统，简称 HIR 励磁系统。采用这一定义的目的是充分考虑励磁电压在 0.1s 起始段的增长速度，这对阻尼转子第一摆的振荡是极为重要的。现行励磁电压响应比是按励磁电压在 0.5s 平均时间内确定的，这有可能使平均响应比很高，但起始部分上升速度却不高。显然，其作用是不能与高起始响应励磁系统等效的。

对于他励和自励晶闸管整流器励磁系统，由于励磁电压变化是瞬时的，本身具有高起始响应性能的特性，故称这类励磁系统为固有高起始响应励磁系统。当励磁电压变化规律不同时，其励磁电压响应比是不同的，例如：

（1）励磁电压曲线按指数规律变化。励磁电压响应曲线如图 4-9 所示，在 0.5s 区域内励磁电压所包的面积为：

$$
\begin{aligned}
S_{eac} &= \int_0^{0.5} \left[(U_{fc} - U_{fl})(1 - e^{-\frac{t}{T_e}}) \right] dt \\
&= \left[0.5 + T_e (e^{-\frac{0.5}{T_e}} - 1) \right] (U_{fc} - U_{fl})
\end{aligned} \tag{4-23}
$$

等效三角形 eab 的面积为：

$$
\Delta S_{eac} = \frac{1}{2} \times 0.5 (U_{f2} - U_{fl}) \tag{4-24}
$$

由上两式相等条件，可求得在 0.5s 内的励磁电压响应比为：

$$
\begin{aligned}
R &= \frac{(U_{f2} - U_{fl})}{0.5 U_{fl}} \\
&= \left(\frac{U_{fc}}{U_{fl}} - 1 \right) \left[8 T_e (e^{-\frac{0.5}{T_e}} - 1) + 4 \right]
\end{aligned} \tag{4-25}
$$

（2）励磁电压曲线按直线规律变化。如前讨论，由图4-10可求得：

$$
\begin{aligned}
S_{eabd} &= \frac{1}{2} t_c (U_{fc} - U_{fl}) + (0.5 - t_c)(U_{fc} - U_{fl}) \\
&= \frac{1}{2} (U_{fc} - U_{fl})(1 - t_c)
\end{aligned} \tag{4-26}
$$

$$
\Delta S_{eac} = \frac{1}{2} \times 0.5 (U_{f2} - U_{fl}) \tag{4-27}
$$

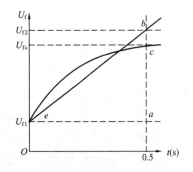

图 4-9　按指数规律变化的励磁电压曲线

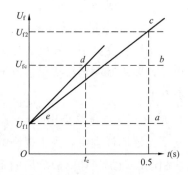

图 4-10　励磁电压曲线按直线规律变化

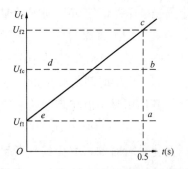

图 4-11　励磁电压曲线按阶跃变化

由 $S_{eabd} = \Delta S_{eac}$ 求得：

$$
R = \frac{(U_{f2} - U_{fl})}{0.5 U_{fl}} = 4 \left(\frac{U_{fc}}{U_{fl}} - 1 \right)(1 - t_c) \tag{4-28}
$$

（3）励磁电压曲线按阶跃变化。如图 4-11 所示，依据面积相等条件有：

$$
S_{eabd} = \Delta S_{eac}
$$

$$
\frac{1}{2} \times 0.5 (U_{f2} - U_{fl}) = 0.5 (U_{fc} - U_{fl})
$$

求得：

$$R = \frac{(U_{f2} - U_{f1})}{0.5 U_{f1}} = 4\left(\frac{U_{fc}}{U_{f1}} - 1\right) \tag{4-29}$$

（4）高起始响应励磁系统。

1）按指数规律变化。如果最终顶值励磁电压不是限制电压而是饱和励磁电压时，如图 4-12 所示，由定义可求得高起响应励磁系统的时间常数 T_e 为：

$$0.95(U_{fc} - U_{f1}) = (U_{fc} - U_{f1})(1 - e^{-\frac{0.1}{T_e}})$$

解得 $T_e = 0.0333\text{s}$。

由式（4-25）求得励磁系统响应比为：

$$R = \left(\frac{U_{fc}}{U_{f1}} - 1\right)[8 \times 0.0333 \times (-1) + 4]$$

$$= 3.73\left(\frac{U_{fc}}{U_{f1}} - 1\right) \tag{4-30}$$

2）按直线规律变化。假如顶值励磁电压 $U_{fc} = U_f$ 时被限制，如图 4-13 所示，依定义 $0.95 t_c = 0.1\text{s}$，则可求得 $t_c = \frac{0.1}{0.95} = 0.1053\text{s}$，由式（4-28）可求得：

$$R = 3.58\left(\frac{U_{fc}}{U_{f1}} - 1\right) \tag{4-31}$$

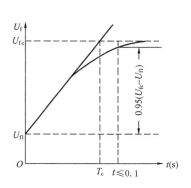

图 4-12　高起始响应励磁系统变化曲线　　图 4-13　高起始响应励磁系统励磁电压按直线变化

（5）实际高起始响应励磁系统。所谓实际高起始响应励磁系统是指在具有交流主励磁机的有刷或无刷励磁系统中，交流主励磁机的自然时间常数 $T_e' \gg T_e = 0.0333\text{s}$ 的励磁系统。在此系统中，即在 0.1s 时间内，为满足高起始响应的要求，使励磁电压上升到 $0.95(U_{fc} - U_{f1})$，则须提高加在交流励磁机励磁绕组机端的强励电压倍数，以补偿时间常数的影响。此时如假设加在励磁机励磁绕组端的电压可使励磁机电压达到稳定值 U_{fc}'，但根据强励电压倍数的要求应将励磁电压限制在 U_{fc}，依此条件，由图 4-14 可求得下列等式：

$$0.95(U_{fc} - U_{f1}) = (U_{fc}' - U_{f1})(1 - e^{-\frac{0.1}{T_e'}}) \tag{4-32}$$

解得所需的励磁机假想顶值电压为：

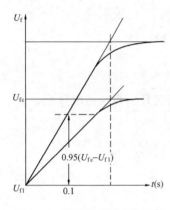

图 4-14 实际高起始响应励磁
系统励磁电压的变化

$$U'_{\text{fc}} = U_{\text{fl}} \left[1 + \frac{0.95\left(\dfrac{U_{\text{fc}}}{U_{\text{fl}}} - 1\right)}{1 - e^{-\frac{0.1}{T'_e}}} \right] \qquad (4\text{-}33)$$

实际上，在高起始响应励磁系统中，提高加在励磁机励磁电压的强励倍数，只是为了补偿励磁机时间常数 T'_e，并利用 $U'_{\text{fc}} = f(t)$ 励磁电压时间响应曲线的起始段，以期得到高起始响应特性，并不要求励磁机电压达到 U'_{fc} 值，当励磁电压达到限制值时将予以限制。

二、小偏差信号暂态响应

所谓小偏差信号，是指励磁系统在此信号作用下，励磁系统各环节仍处于线性工作范围内。小偏差信号特性标准提供了在静态微量负载、电压变化以及在动态稳定初始阶段等情况下评价励磁系统暂态特性的依据。小偏差信号特性也提供了制定或验证励磁系统模型性能的方法。对于在小偏差信号作用下的励磁系统暂态响应分析，最常用的方法有单位阶跃响应法（时域）和频率响应法（频域）。

1. 单位阶跃响应

在单位阶跃函数作用下的励磁系统暂态响应特性如图 4-15 所示。其中描述励磁系统暂态响应的性能指标主要有：

（1）延迟时间 t_d。从励磁系统输入阶跃信号到系统开始呈现响应的时间。

（2）上升时间 t_r。响应值从稳态值的 10% 上升到 90% 所需的时间。

（3）峰值时间 t_p。响应值超过稳态值达到第一峰值所需的时间。

（4）调节时间 t_s。响应值达到稳态值 ±5% 误差范围内所需的最小时间。

（5）超调量 $\sigma_\%$。在响应过程中，系统超调量的定义为与峰值时间 t_p 对应的系统峰值响应输出量和稳定输出量之差。如以标幺值表示则除以基值稳态输出量。

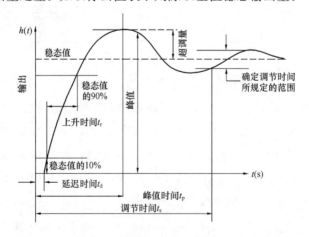

图 4-15 单位阶跃函数作用下的励磁系统暂态响应特性

单位阶跃响应的暂态特性是在时间域内进行的。

2. 频率响应

用频率响应法评价励磁系统得暂态性能，是在励磁系统输入端加入不同频率的正弦信号，测出对应的输出量幅值及相应相角位移，依次绘出幅相或对数幅相频率特性（即波特图），用以评价励磁系统的暂态响应特性。这种方法在工程设计中获得了广泛的应用。

小偏差信号频率响应特性，包括同步发电机励磁系统开环及闭环两种评价方式。

（1）当同步发电机空载，励磁系统开环时，典型的开环频率响应特性如图 4-16 所示。图中表示的性能特性有：低频增益 G、截止频率 ω_C、相位裕量 ϕ_m 和增益裕量 G_m。由于开环频率特性所确定的相位裕量 ϕ_m 及增益裕量 G_m 是判别发电机空载时励磁系统的工作稳定性的必要参数。一般情况下，对大多数励磁控制系统来说，相位裕量为 40°或以上，增益裕量为 6dB 或以上可认为是优良的设计。

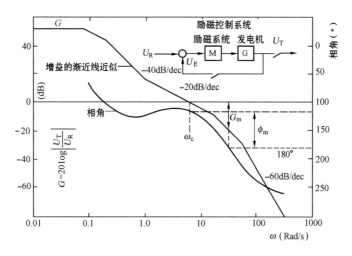

图 4-16　同步发电机空载、励磁系统开环时的频率响应特性

（2）当同步发电机空载时，励磁系统的闭环特性如图 4-17 所示。在闭环励磁系统频率响应特性的特征值中，幅值响应的峰值 M_P 是相对稳定性的一种量度。数值高的 M_P（＞1.6）

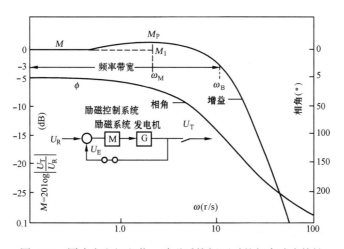

图 4-17　同步发电机空载、励磁系统闭环时的频率响应特性

表示一个振荡系统，在其暂态响应中具有较大的超调量。对大部分励磁控制系统，$1.1 \leqslant M_P \leqslant 1.6$ 可认为是优良的设计。

频带宽度 ω_B 是闭环系统频率响应特性一项重要指标。此参数表征了上升时间 t_r 或系统的暂态响应速度频带宽度的定义为：以纵坐标表示的闭环频率特性响应增益下降到零频率值以下 3dB 时，对应频率范围 $0 \leqslant \omega \leqslant \omega_B$ 称为系统的带宽。

在阶跃输入，超调量小于 10% 的反馈控制系统中，上升时间 t_r 和带宽截止频率 ω_c 之积具有下列关系：

$$t_r \omega_c = 0.30 \sim 0.45$$

当 $t_r \omega_c$ 之积增加，暂态响应的超调量增加。当 $t_r \omega_c = 0.30 \sim 0.35$，超调量可以忽略不计。如励磁系统中接有电力系统稳定器，带宽越宽，则励磁系统在更宽的频率范围内，可为电力系统提供抑制振荡的正阻尼。为确保安全，励磁系统的频率响应特性还必须在较高的频率范围内（例如 $f > 5\text{Hz}$）进行校验，如果在包括发电机机械扭振系统谐振频率在内的某一频率下，励磁系统有可能提供负阻尼，亦有可能使主轴应力达到破坏应力的程度。

在表 4-1 和表 4-2 中示出了有关参数指标，作为设计、调整时参考。

表 4-1 励磁系统开环频率响应特性指标

性能指标	参考值
增益裕量 G_m	$\geqslant 6\text{dB}$
相位裕量 ϕ_m	$\geqslant 40°$
超调量	$5\% \sim 15\%$
幅值响应峰值 M_P	$1.1 \sim 1.6$ $0.8 \sim 4\text{dB}$

表 4-2 励磁系统闭环频率响应特性指标

性能指标	参考值
励磁系统增益 G	$50 \sim 800$（标幺值）
增益裕量 G_m	$2 \sim 20\text{dB}$
相位裕量 ϕ_m	$20° \sim 80°$
幅值响应峰值 M_P	$1.0 \sim 4.0$ $0 \sim 12\text{dB}$
频率带宽	$0.3 \sim 12\text{Hz}$
超调量	$0\% \sim 80\%$
上升时间	$0.1 \sim 2.5\text{s}$
调整时间	$0.2 \sim 10\text{s}$

应予以说明的是，在小信号偏差作用下，系统各项指标不可能均为最佳值。例如对于低值响应峰值 M_P、高值增益裕量 G_m 和相位裕量 ϕ_m 与最大带宽各参数的选择，应取决于反馈控制系统的综合要求。

一般从励磁系统的开环频率特性校验励磁系统的空载稳定性，而励磁系统的闭环频率响应特性用以整定电力系统稳定器的参数。

第四节　励磁系统的稳定性分析

发电机励磁控制系统的性能特征可用微分方程来描述，为此励磁系统的稳定性实质上就是分析其微分方程解的稳定性。稳定性的分析方法可以分成两类，一类是求出微分方程的解，不论是解析解还是数值解，也可以求出微分方程解的替代量——特征方程的根，这种方法称为间接法。但是，间接法对于以手算解高阶系统是困难的，特别是解复杂电力系统的稳定性只能利用计算机求解。另一类方法则不求解微分方程而直接判别稳定性，因此又称为直接法，例如劳斯判据或奈奎斯特判据方法，李雅普诺夫函数法，以及经典控制理论的作图法（根轨迹法和频率特性法）等。

励磁控制系统一般是三阶以上的系统，但是从工程近似角度而言可以将其简化为二阶系统，如图 4-18 所示。此系统的稳定性，可利用该系统阻尼比 ξ 和无阻尼时自然频率 ω_n 来加以描述，即分析这个系统的闭

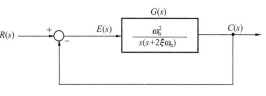

图 4-18　二阶控制系统方框图

环传递函数特征方程的根轨迹，以确定系统稳定性。由图 4-18 所示的系统其闭环传递函数为 $\dfrac{C(s)}{R(s)}$，因为：

$$G(s) = \frac{\omega_n^2}{s(s+2\xi\omega_n)}$$

$$H(s) = 1$$

所以：

$$\frac{C(s)}{R(s)} = \frac{G(s)}{1+G(s)H(s)}$$

$$= \frac{\omega_n^2}{s^2+2\xi\omega_n s+\omega_n^2} \tag{4-34}$$

式（4-34）的分母是 s 的多项式，此式就是闭环传递函数的特征方程，求得特征方程式的根即决定了该二阶系统的动态过程稳定性，由特征方程式求得：

$$s^2+2\xi\omega_n s+\omega_n^2 = 0 \tag{4-35}$$

式（4-35）的根 s_1 和 s_2 为：

$$s_{1,2} = \frac{-2\xi\omega_n \pm \sqrt{(2\xi\omega_n)^2 - 4\omega_n^2}}{2} \tag{4-36}$$

当阻尼比 ξ 为不同值时，这两个根（s_1 和 s_2）在 S 平面的位置将有所不同，如表 4-3 所示。可见：

$\xi < 0$ 时，系统不稳定，不采用。

$\xi = 0$ 时，无阻尼情况，不采用。

$\xi \geqslant 1$ 时，虽然是按指数规律单调衰减，但响应较慢，不宜采用。

为了使励磁控制系统既稳定又能迅速的响应（即过渡过程要短）。通常须在 $0 < \xi < 1$ 的范围内，取一个理想的阻尼比。一般 ξ 等于 $0.5 \sim 0.8$ 时，响应曲线能快速达到稳定值。如 $\xi = 0.7$ 时，超调量约为 5%。二阶系统不同阻尼比 ξ 时的响应特性如表 4-3 所示。

表 4-3　　　　　　　　　　二阶系统不同阻尼比 ξ 时的响应特性

序号	阻尼比		系统的闭环极点	系统的响应特性	说　明
1	阻尼比	$\xi=0$	$s_{1,2}=\pm j\omega_n$		等幅振荡（不稳定）
2	欠阻尼	$0<\xi<1$	$s_{1,2}=-\xi\omega_n\pm j\omega_n\sqrt{1-\xi^2}$		减幅振荡（稳定）
3	临界阻尼	$\xi=1$	$s_{1,2}=-\omega_n$		单调按指数衰减（稳定）
4	过阻尼	$\xi>1$	$s_{1,2}=-\xi\omega_n\pm\omega_n\sqrt{\xi^2-1}$		单调按指数衰减（稳定）
5	$\xi<0$	$\xi>-1$	$s_{1,2}=\xi\omega_n\pm j\omega_n\sqrt{1-\xi^2}$		增幅振荡（不稳定）
6		$\xi<-1$	$s_{1,2}=\xi\omega_n\pm\omega_n\sqrt{\xi^2-1}$		单调按指数增长（不稳定）

励磁系统的控制规律及数学模型

第一节　励磁系统的基本控制规律

一、励磁控制系统的基本术语

为进一步了解与掌握励磁控制系统的组成、作用及功能，对用于励磁控制系统的基本术语作一简要的说明：

（1）手动控制。被控量在运行中总要经常受到许多因素的影响而偏离所要求的值，因此运行人员就要根据观察随时加以控制，称为手动控制也称为人工控制。

（2）自动控制。采用机械或电气等装置来代替人工控制，称为自动控制。自动控制过程中无人工的参与。

（3）控制对象。被控制的设备称为控制对象。在励磁系统中，发电机装置为控制对象。

（4）被控制量。被控制量也称为被调量，为控制对象的输出量。

（5）给定值。预期被控制量应该具有的量值称为给定值或目标值。给定值可以是常量也可以是随时间任意变化的量。

（6）控制量。由控制作用加以改变，使被控制量跟踪给定值的物理量称为控制量。

（7）扰动。扰动是一种对系统的输出量产生相反作用的信号。如果扰动产生在系统的内部，称为内扰；扰动产生在系统外部，则称为外扰。外扰可看作是系统的输入量。

（8）控制器（调节器）。能按预期要求产生控制信号以改变控制量的装置称为控制器。

（9）系统。系统这个术语已经在各个领域用得非常广泛，以致难以明确其定义，一方面要使这个定义足以概括它的各种应用，另一方面又要能简明地把这个定义应用于实际。所谓系统是指相互联系又相互作用着的对象的有机组合。自动励磁控制系统由发电机及励磁系统所组成，即控制系统包括了控制器和控制对象。

（10）反馈。系统的输出量若全部或部分回馈到输入端，与输入量共同影响系统的输出。

（11）反馈控制。反馈控制是这样一种控制过程，它能在存在扰动的情况下，力图减小系统输出量与参考给定量之间的偏差，而且其控制工作原理也正是基于这一偏差基础之上实现的。于此，应说明的是，反馈控制仅仅是对无法预计的扰动而设计的，因为对于可以预计的或者是已知的扰动来说，总是可以在系统中加以校正的，因而对于它们的测量是安全不必要的。

（12）远距操作。远距操作亦称远方操作，系指远离控制设备进行操作的过程。

（13）现地操作。现地操作亦称就地操作，是由人工直接操作的过程。

二、控制系统的传递函数

在确定自动控制系统暂态性能特征时首先应确定表征控制系统暂态性能的数学模型；在以时域描述的控制系统中，通常根据外作用及初始条件，求解系统的微分方程式以求得系统的输出响应，但如系统参数变化时，须重新求解微分方程。

用拉氏变换求解线性系统的微分方程时，可以得到控制系统在复数频域的数学模型——传递函数，传递函数不仅可以表征系统的暂态特征，而且可以用以研究系统结构或参数变化时对系统性能的影响。

传递函数是利用拉氏变换求解线性常微分方程时引申出的复数频域的数学模型。

对于线性常微分系统，其传递函数定义为在零初始条件下，系统输出量的拉氏变换与输入量拉氏变换之比。

传递函数与微分方程之间有相通性，传递函数分子多项式系数及分母多项式系数，分别与相应的微分方程式右端及左端微分算符多项式系数相对应，为此可将微分方程式的算符 $\mathrm{d}/\mathrm{d}t$ 用复数 s 置换可得到传递函数；反之，将传递函数中的变量 s 用符号 $\mathrm{d}/\mathrm{d}t$ 置换后可得到微分方程，例如由传递函数：

$$G(s)=\frac{C(s)}{R(s)}=\frac{b_1 s+b_2}{a_0 s^2+a_1 s+a_2}$$

可求得 s 的代数方程：

$$(a_0 s^2+a_1 s+a_2)C(s)=(b_1 s+b_2)R(s)$$

用微分符号 $\mathrm{d}/\mathrm{d}t$ 置换 s，可求得相应的系统微分方程式：

$$a_0\,\frac{\mathrm{d}^2}{\mathrm{d}t^2}C(t)+a_1\,\frac{\mathrm{d}}{\mathrm{d}t}C(t)+a_2 C(t)=b_1\,\frac{\mathrm{d}}{\mathrm{d}t}R(t)+b_2 R(t) \tag{5-1}$$

应予以说明的是，传递函数是在零初始条件下，由系统输出量的拉氏变换与输入量的拉氏变换之比定义的，控制系统的零初始条件有两方面的含义，其一是输入量在 $t\geqslant 0$ 时才作用于系统，因此在 $t=0$ 时，输入量及其各阶系数均为零；另一方面是指在系统加入输入量之前处于稳定状态。

三、励磁控制器的基本控制规律

励磁控制器的基本控制规律有比例（P）、积分（I）和微分（D）三种基本控制作用及其组合。

1. 比例控制规律（P）

具有比例控制规律的控制器，其输出信号 $u(t)$ 与输入信号 $e(t)$ 之间的关系，可用下述数学表达式表示：

$$u(t)=K_\mathrm{p}e(t) \tag{5-2}$$

式中 K_p——调节器的比例增益或比例放大倍数。

比例控制器传递函数为：

$$G_c(s) = \frac{U(s)}{E(s)} = K_p \qquad (5\text{-}3)$$

式中　$U(s)$——输出的拉氏变换;

$\quad\ E(s)$——输入的拉氏变换;

$\quad\ K_p$——控制器的放大倍数。

比例调节器实质上是一个增益(放大倍数)可调的放大器。K_p 是调节器输出变量 $u(t)$ 与输入变量 $e(t)$ 之比。$e(t)$ 是控制系统中设定值和测量值的偏差,亦称为输入偏差信号。由于控制器的输入与输出可以是不同的物理量,因而 K_p 可能是有量纲的。比例控制器的输出变化量与偏差输入成正比例,在时间上没有延迟。

2. 积分控制规律(I)

积分控制器的控制规律可用数学表达式表示为:

$$u(t) = K_I \int_0^t e(t)\,\mathrm{d}t \qquad (5\text{-}4)$$

式中　K_I——积分控制器的积分速度常数。

积分控制器的传递函数为:

$$G_c(s) = \frac{U(s)}{E(s)} = \frac{K_I}{s} \qquad (5\text{-}5)$$

显然,式(5-5)所描述的是一条斜率为定值的直线。该输出直线的斜率正比于控制器的积分速度常数 K_I。

积分控制器的作用是可消除系统余差,其输出信号的大小不仅与输入偏差信号的大小有关,而且还将取决于偏差存在时间的长短。只要有偏差,控制器的输出就不断变化,而且偏差存在的时间越长,输出信号的变化量也越大,直到控制器输出达到极限为止。只有在偏差信号 e 等于零的情况下,积分控制器的输出信号才能相对稳定,这是积分控制的显著特点。

纯积分控制器的缺点在于,它不像比例控制那样输出 u 与输入 e 保持同步、响应快速,而输出变化总要滞后于偏差的变化。这样就难以及时有效地克服扰动的影响,使系统稳定。因此,在励磁控制过程中,通常是将比例控制和积分控制组合成比例积分(PI)控制予以应用的。

3. 比例—积分控制规律(PI)

比例—积分(PI)控制器控制规律的数学表达式为:

$$u(t) = K_p \left[e(t) + \frac{1}{T_I} \int_0^t e(t)\,\mathrm{d}t \right] \qquad (5\text{-}6)$$

式中　$K_p e(t)$——比例项;

$\quad \dfrac{K_p}{T_I} \displaystyle\int_0^t e(t)\,\mathrm{d}t$——积分项;

$\quad\ T_I$——积分时间常数。

在数值上,积分时间常数 T_I 与积分速度常数 K_I 互为倒数关系,即 $T_I = 1/K_I$。显然,比例—积分控制规律是比例与积分控制作用之组合。它将比例控制响应快和积分控制能消除余差的优点结合在一起，因而在实践中得到了广泛应用。PI 控制器的传递函数为：

$$G_c(s) = \frac{U(s)}{E(s)} = K_p \left[1 + \frac{1}{T_I s} \right] \tag{5-7}$$

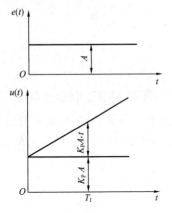

图 5-1 比例—积分控制器在阶跃偏差输入下的输出特性

在阶跃偏差信号输入作用下，比例—积分控制器的输出特性如图 5-1 所示。当阶跃偏差输入的幅值为 A 时，比例作用输出立即跃变至 $K_p A$，随后积分作用输出随时间线性增长，因而该控制器的输出特性是一条截距为 $K_p A$ 而斜率为 $K_p A / T_I$ 的直线。在 K_p 和 A 确定的情况下，直线的斜率将取决于积分时间 T_I 的大小。T_I 越小，积分速度 K_I 越大，直线越陡，说明积分作用越强；T_I 越大，积分速度 K_I 越小，直线越平缓，说明积分作用越弱。当 T_I 趋于无穷大时，控制器实际上已成为一个纯比例控制器。因而，T_I 是描述积分作用强弱的一个重要参数。当输入 $e(t) = A$ 时，由式（5-6）可求得：

$$u(t) = K_p A + \frac{K_p}{T_I} A t \tag{5-8}$$

显然，在 $t = T_I$ 时刻，输出为 $u = 2K_p A$。因而可将 T_I 定义为：在阶跃偏差输入作用下，控制器的输出达到比例输出两倍时所经历的时间，即为积分时间 T_I。根据这一定义，可通过实验来测量 T_I。

PI 控制器的适用性很强，在多数场合下均可适用。只是当被控过程的滞后很大时，可能 PI 调节的时间较长，或者当负载变化特别剧烈时，PI 调节的作用响应较慢，在这种情况下，须再增加微分控制作用。

4. 微分控制规律（D）

对于惯性较大的被控对象，通常期望能够根据被控变量的变化趋势而采取超前性的调节措施，以避免调节过程产生更大的偏差，由此引出微分控制规律。

理想微分控制规律的数学表达式为：

$$u(t) = T_D \frac{de(t)}{dt} \tag{5-9}$$

由此可知，此时控制器的输出 $u(t)$ 与输入偏差的变化速度 $de(t)/dt$ 成正比，比例系数 T_D 称为微分时间常数。

由式（5-9）可知，若在 $t = t_0$ 时输入一个阶跃变化的偏差信号 $e(t) = A$，则在该时刻控制器的输出为无穷大，其余时间输出为零。亦即理想微分器在阶跃偏差输入信号作用下的特性是一个幅度无穷大，脉宽趋于零的尖脉冲。微分控制器的输出只与偏差的变化速度有关，而与偏差的存在与否无关。当偏差固定不变时，不论其数值有多大，微分作用均无输出。这一特征表明，微分控制作用对恒定不变的偏差是无调节能力的。因此，微分器不能作为一个单独的控制器使用。实际上，微分控制作用总是与比例作用或比例积分控制作用组合使用的。微分控制器的传递函数为：

$$G_c(s) = T_D s \tag{5-10}$$

5. 比例—微分控制规律（PD）

理想的比例—微分（PD）控制规律的数学表达式为：

$$u(t)=K_{\mathrm{p}}\Big[e(t)+T_{\mathrm{D}}\frac{\mathrm{d}e(t)}{\mathrm{d}t}\Big] \tag{5-11}$$

式中　K_{p}——比例增益，可视情况取正值或负值；

　　　　T_{D}——微分时间常数。

PD 控制器的传递函数为：

$$G_{\mathrm{c}}(s)=K_{\mathrm{P}}(1+sT_{\mathrm{D}}) \tag{5-12}$$

PD 控制器的输出是比例输出和理想微分输出之和。比例项为 $K_{\mathrm{P}}e(t)$，理想微分项为 $K_{\mathrm{p}}T_{\mathrm{D}}\dfrac{\mathrm{d}e(t)}{\mathrm{d}t}$。在阶跃偏差输入下，其输出响应如图 5-2 所示。图中 t_0 时刻出现的幅度无穷大、脉宽趋于零的尖脉冲意味着物理上难以实现的无穷大功率。显然，理想的比例—微分控制在应用上是难以实现的。

在励磁控制系统中多采用实际 PD 控制器，其传递函数为：

$$G_{\mathrm{c}}(s)=K_{\mathrm{p}}\frac{T_{\mathrm{D}}s+1}{\dfrac{T_{\mathrm{D}}}{K_{\mathrm{D}}}s+1} \tag{5-13}$$

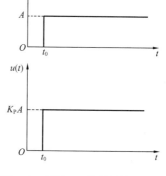

图 5-2　理想 PD 控制的输出特性

在上述实际 PD 控制器中微分增益 K_{D} 一般在 5～10 范围内。实际的比例—微分控制作用是比例作用和近似微分作用的组合。当输入偏差 $e(t)$ 的幅值为 A 的阶跃信号时，输出信号可写为：

$$u(t)=K_{\mathrm{p}}A+K_{\mathrm{p}}A(K_{\mathrm{D}}-1)\mathrm{e}^{-\frac{K_{\mathrm{D}}}{T_{\mathrm{D}}}t} \tag{5-14}$$

比例—微分控制器的输出特性曲线如图 5-3 所示。

由式（5-14）可知，当 $t=T_{\mathrm{D}}/K_{\mathrm{D}}$ 时，可写为：

$$u(t)=K_{\mathrm{p}}A+0.368K_{\mathrm{p}}A(K_{\mathrm{D}}-1) \tag{5-15}$$

可见，在时间间隔 $t=T_{\mathrm{D}}/K_{\mathrm{D}}$ 内，PD 控制器的输出从其跃变脉冲的顶点下降了微分作用部分最

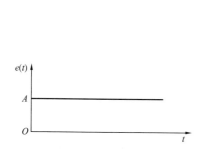

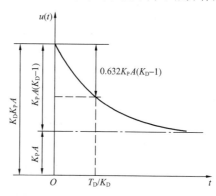

图 5-3　实际 PD 控制的输出特性曲线

大输出的 63.2%（或者说下降到微分作用部分最大输出的 36.8%）。令 $T=T_D/K_D$，并称之为时间常数。利用这个关系，可通过实验测量时间常数 T，并由此求得微分时间常数 T_D。

由于微分作用总是力图阻止被控变量的任何变化（无论是增大或减小），所以适当的微分控制作用有抑制振荡的效果。若微分时间常数选择适当，将有利于提高系统的稳定性。若微分时间常数 T_D 太大，则微分控制作用过强，反而不利于系统的稳定。励磁系统中的 PD 控制器的微分时间常数可在一定范围内进行调整。

6. 比例—积分—微分（PID）控制规律

理想的比例—积分—微分（PID）控制规律的数学表达式为：

$$u(t) = K_p\left[e(t) + \frac{1}{T_I}\int_0^t e(t)\mathrm{d}t + T_D\frac{\mathrm{d}e(t)}{\mathrm{d}t}\right] \tag{5-16}$$

式中　K_p，T_I 和 T_D——参数定义与 PI、PD 控制器相同。

PID 控制器的传递函数为：

$$G_c(s) = K_p\left(1 + \frac{1}{T_I s} + T_D s\right) \tag{5-17}$$

不难看出，由式（5-16）表示的控制器的理想控制规律在物理上是难以实现的。

考虑到从物理实现的可能与控制功能的要求，在应用中多采用实际的 PID 控制器设计。描述其输出、输入关系的微分方程相当复杂，此处不予以叙述。但其基本原理与理想的 PID 控制规律是一致的。在幅度为 A 的阶跃偏差作用下，实际 PID 控制器的输出信号可看作是比例输出，积分输出和微分输出的叠加，即：

$$u(t) = K_p A + \frac{K_p A}{T_I}t + K_p A(K_D - 1)\mathrm{e}^{\frac{t}{T_D}} \tag{5-18}$$

由图 5-4 可见，PID 控制器在阶跃输入下，开始时微分作用的输出变化最大，使控制器的总输出大幅度地变化。然后，微分作用逐渐消失，积分输出逐渐占主导地位。只要偏差存在，积分作用就不断增加，直至偏差完全消失。在 PID 控制中，比例作用始终是与偏差相对应的，它一直是一种最基本的控制作用。

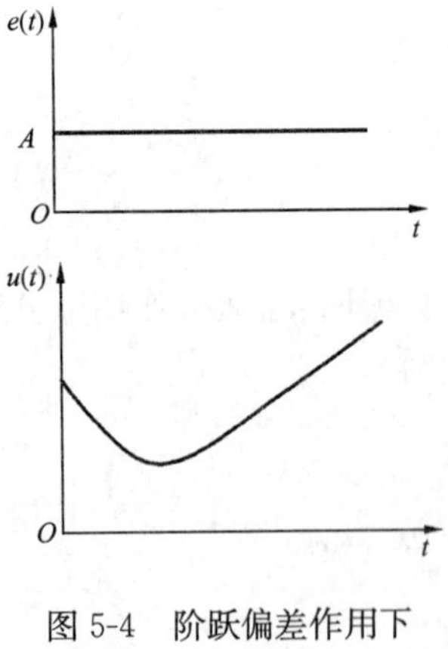

在 PID 控制器中，比例、积分和微分作用取长补短、互相配合，如果增益（K_p）、积分时间常数（T_I）和微分时间常数（T_D）这三个参数整定适当，可以获得较高的控制质量。因此，PID 控制器的适应性较强，应用也较为普遍。

在 PID 控制器中，比例、积分和微分作用间存在一定程度的相互干扰。一般用相互干扰系数 F 来修正。干扰系数 F 的大小，随控制器的结构不同而异。

图 5-4　阶跃偏差作用下 PID 调节器输出特性

在上面叙述了 PID 控制器的控制性能及功能，为便于了解相关参数对 PID 控制器总体特性的影响，现以式（5-19）所示的数字实例说明 PID 控制器的总体性能。公式为：

$$G(s) = K_p\frac{1+T_1 s}{1+T_2 s}\times\frac{1+T_3 s}{1+T_4 s} = 200\times\frac{1+2s}{1+10s}\times\frac{1+0.3s}{1+0.01s} \tag{5-19}$$

式中 K_p——比例放大倍数;

$\dfrac{1+T_1s}{1+T_2s}$——(第二项)因 T_1，T_2 为滞相，即积分部分;

$\dfrac{1+T_3s}{1+T_4s}$——(第3项)因 $T_3>T_4$ 为进相，即微分部分。

PID 控制器中的 P 比例部分:

当 $t_1\to\infty$，$s\to0$，对应的静态放大倍数 $K_1=G(0)=K_P=200$;

当 $t\to0$，$s\to\infty$，对应的暂态放大倍数 $K_2=G(\infty)=K_P\dfrac{T_1}{T_2}\times\dfrac{T_3}{T_4}=120$;

当 $0<t<\infty$，对应的动态放大倍数 $K_3=G(s)=K_P\dfrac{T_1}{T_2}=40$。

相应的对数幅频特性如图 5-5 所示。

通常控制系统开环频率特性的低频段表征了闭环系统的稳定性能，中频段则表征了闭环系统的动态性能，而高频段则表征了抑制噪声的性能，因此用频率法设计控制系统的实质是在控制系统中加入频率特性适合的校正装置，以期望系统具有要求的频率特性形状;在低频段增益充分大，满足稳态误差的要求;中频段的对数幅频特性斜率一般为 -20dB/dec，并覆盖充分的频带宽度，以保证系统具有相当的相角裕度;对高频段的增益应尽快减少以加强对噪声的抑制。

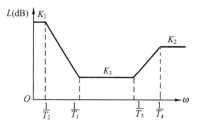

图 5-5 PID 控制器对数幅频特性
$T_1=2$，$T_2=10$，$T_3=0.3$，$T_4=0.01$

通过上述实例分析可以看出，在 PID 励磁控制规律中:

（1）比例 P 部分为负反馈调节的基础，增大比例放大倍数 P 可以减小励磁控制系统的稳态误差，并加速响应速度，但比例部分过大将不利于系统的稳定。

（2）积分 I 部分，用以提高励磁系统的静态放大倍数，减小稳态误差，并降低动态放大倍数，有利于控制系统的稳定。

（3）微分 D 部分，用以提高励磁控制系统的响应速度，减小超调量以及补偿系统中较大的惯性时间常数环节，例如补偿励磁机的时间常数 T_e，有助于控制系统的动态稳定，此作用可由图 5-6 所示的 PID 控制系统传递函数表达式予以说明。

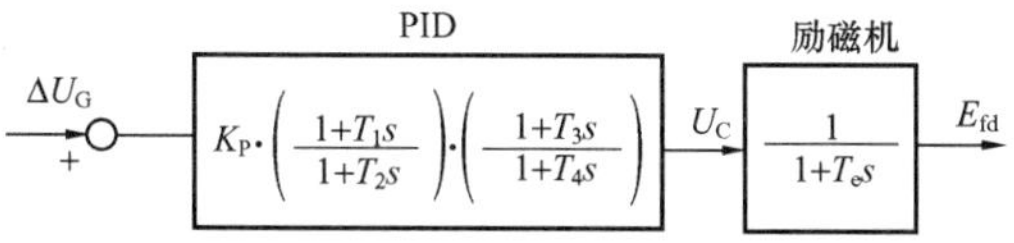

图 5-6 PID 控制系统传递函数表达式

图 5-6 中，K_P 为比例部分，$\left(\dfrac{1+T_1s}{1+T_2s}\right)$ 项，$T_1<T_2$ 为滞相积分调节部分，$\left(\dfrac{1+T_3s}{1+T_4s}\right)$ 项 $T_3>T_4$ 为进相微分调节部分，在参数整定时，令 $T_3=T_e$，则励磁控制系统的传递函数将简化为:

$$G(s)=K_P\times\frac{1+T_1s}{1+T_2s}\times\frac{1}{1+T_4s}$$

等效地减小了励磁机的时间常数 T_e。

四、PID 控制规律的数字描述

将模拟的 PID 控制算式加以变换就可以得到数字计算机控制所使用的离散控制算式。理想的模拟 PID 算式可表示为：

$$u = K_{K_p}\left[e + \frac{1}{T_I}\int e\mathrm{d}t + T_D\frac{\mathrm{d}t}{\mathrm{d}t}\right] \tag{5-20}$$

式中　　　　u——调节器的输出信号；

e——给定值 r 与测量值 y 之差值，$e = r - y$；

K_{K_p}、T_I、T_D——控制器的比例常数、积分时间常数、微分时间常数。

根据控制器输出形式的不同，有下述几种不同的算式。

1. 位置算法

分别用求和及增量比代替式（5-20）中的积分项和微分项，可得到第 n 次采样时计算机的输出值 u_n 为：

$$u_n = K_{K_p}\left[e_n + \frac{T_S}{T_I}\sum_{i=0}^{n}e_i + \frac{T_D}{T_S}(e_n - e_{n-1})\right] \tag{5-21}$$

式中　T_S——采样周期；

e_n——第 n 次采样时的偏差值，$e_n = r_n - y_n$。

显然，计算机的输出值 u_n 与采样值是相互对应的，因此式（5-21）通常称为 PID 的位置算法。

由式（5-21）可见，对应于 n 次的输出与以前的所有数值 e_i 有关，为此要求计算机具有较大的信息存储量。

2. 增量算法

由式（5-21）可写出（$n-1$）次采样的控制算式：

$$u_{n-1} = K_{K_p}\left[e_{n-1} + \frac{T_S}{T_I}\sum_{i=0}^{n-1}e_i + \frac{T_D}{T_S}(e_{n-1} - e_{n-2})\right] \tag{5-22}$$

则两次采样时间间隔内计算机输出的增量为：

$$\begin{aligned}
\Delta u_n &= u_n - u_{n-1}\\
&= K_{K_p}(e_n - e_{n-1}) + \frac{T_S}{T_I}e_n + \frac{T_D}{T_S}(e_n - 2e_{n-1} + e_{n-2})\\
&= K_{K_p}(e_n - e_{n-1}) + K_I e_n + K_D(e_n - 2e_{n-1} + e_{n-2})
\end{aligned} \tag{5-23}$$

式中　K_I——积分系数，$K_I = K_{K_p}T_S/T_I$；

K_D——微分系数，$K_D = K_{K_p}T_D/T_S$。

式（5-23）表示了偏差与采样值改变的关系，即运算的结果表示采样值在原有位置上应该增大或减少的数量，因此通常称式（5-23）为 PID 的增量等式。

3. 实用算法

在计算机上要具体实现 PID 算式时，为便于编制程序，可以导出许多实用算式，以下是其中的一种。

将式（5-23）写成下述形式：

$$\Delta u_n = K_{K_p}\left(1 + \frac{T_S}{T_I} + \frac{T_D}{T_S}\right)e_n - K_{K_p}\left(1 + \frac{2T_D}{T_S}\right)e_{n-1} + \frac{K_{K_p}T_D}{T_S}e_{n-2} \tag{5-24}$$

令 $A=K_{K_P}\left(1+\dfrac{T_S}{T_I}+\dfrac{T_D}{T_S}\right)$，$B=K_{K_P}\left(1+\dfrac{2T_D}{T_S}\right)$，$C=\dfrac{K_{K_P}T_D}{T_S}$，则式（5-24）可写成：

$$\Delta u_n=Ae_n-Be_{n-1}+Ce_{n-2} \tag{5-25}$$

式（5-25）为一种无传统的 PID 概念的算式，据此式采用的实用算法为：

$$u_n=Ae_n+q_{n-1}$$
$$q_n=u_n-Be_n+Ce_{n-1} \tag{5-26}$$

一般取初值 $q_{n-1}=0$，$e_{n-1}=0$。

由式（5-26）可知，如果已知 e_n，在上述初始条件下可计算出 u_n、q_n，然后由 q_n 与 e_{n-1} 可以计算得 u_{n+1}，反复迭代，可以分别计算出 u_n，u_{n+1}，u_{n+2}，…，由此可得到计算机的增量输出 Δu_n。

五、励磁控制系统的并联反馈校正

为了改善控制系统的性能，除采用串联校正方式外，反馈并联校正亦是一种得到广泛应用的校正方式。

并联反馈校正的基本原理是：用反馈校正装置包围未校正系统中对改善动态性能有重大影响的环节，形成一个局部反馈回路，使经校正后的系统综合频率特性满足给定指标的要求。

现以图 5-7 所示的传递函数方框图为例，讨论并联反馈校正作用的特征。

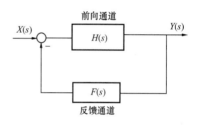

图 5-7　并联反馈校正传递函数方框图

图 5-7 中所示 $H(s)$ 为前向通道传递函数，待校正环节；$F(s)$ 为反馈通道传递函数，经反馈校正后，综合的传递函数可由下列方程式求得：

$$Y(s)=H(s)\big[X(s)-Y(s)F(s)\big]$$
$$\big[1+H(s)F(s)\big]Y(s)=H(s)X(s)$$
$$G(s)=\frac{Y(s)}{X(s)}=\frac{H(s)}{1+H(s)F(s)} \tag{5-27}$$

1. 并联校正的作用——硬反馈

采用硬反馈并联校正环节，控制系统的传递函数方框图如图 5-8 所示。

由图 5-8 所示及式（5-27）可列出控制系统的传递函数方程式为：

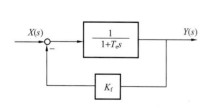

图 5-8　采用硬反馈并联校正
作用的传递函数方框图

$$G(s)=\frac{Y(s)}{X(s)}=\frac{H(s)}{1+H(s)F(s)}$$

$$G(s)=\frac{\dfrac{1}{1+T_es}}{1+\dfrac{K_f}{1+T_es}}=\frac{1}{1+K_f+T_es}$$

$$G(s)=\frac{\dfrac{1}{1+K_f}}{1+s\dfrac{T_e}{1+K_f}} \tag{5-28}$$

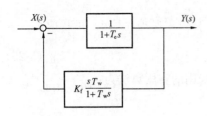

图 5-9 采用软反馈并联校正
作用的传递函数方框图

由式（5-28）可看出，当控制系统采用硬反馈并联校正环节后，可使原系统的时间常数 T_e 减小到 $\dfrac{1}{1+K_f}$，同样的亦使原系统的稳态增益降低到 $\dfrac{1}{1+K_f}$。

2. 并联校正的作用——软反馈

采用软反馈并联校正环节，控制系统的传递函数方框图如图 5-9 所示。

由图 5-9 可列出控制系统的传递函数方程式为：

$$G(s) = \frac{\dfrac{1}{1+T_e s}}{1 + \dfrac{1}{1+T_e s} \times K_f \times \dfrac{T_w s}{1+T_w s}}$$

$$G(s) = \frac{1+T_w s}{(1+T_e s)(1+T_w s) + K_f T_w s}$$

$$G(s) = \frac{1+T_w s}{1 + [T_e + (1+K_f)T_w]s + T_e T_w s^2}$$

$$G(s) \approx \frac{1+T_w s}{1 + \left[\dfrac{T_e}{1+K_f} + (1+K_f)T_w\right]s + T_e T_w s^2}$$

$$G(s) = \frac{1}{1 + \dfrac{T_e s}{1+K_f}} \times \frac{1+T_w s}{1 + (1+K_f)T_w s} \tag{5-29}$$

由式（5-29）可看出，当控制系统采用软反馈并联校正环节后，可使原系统的时间常数 T_e 降低到 $\dfrac{1}{1+K_f}$，动态增益降低到 $\dfrac{1}{1+K_f}$，对于静态增益不变。

第二节　励磁系统的数学模型[10]

在电力系统稳定性的研究中，要精确地描述同步发电机的运行特性，首先应建立能精确地表达励磁系统在不同工作状态下的数学模型。

自 1968 年以来，世界各国一些著名的公司和制造厂曾不断地推出各自开发的励磁系统数学模型，并在实践中加以完善。这些模型为电力部门在进行电力系统稳定性研究方面提供了极大的方便。其中，应用较多的励磁系统数学模型由美国电机、电子工程师协会（IEEE）及国际电工委员会（IEC）提出。

与此同时，世界上一些著名的电气公司结合本公司所开发的励磁系统特征，也向用户推荐了专用的励磁系统数学模型。例如美国西屋公司为无刷励磁系统建立了Ⅰ型、AC-1 型和 AC-2 型数学模型。瑞典 ASEA 公司为 FREA 系列励磁系统亦建立了相应的数学模型，作为用户使用时的参考。日本一些电机制造厂也推出了各自的励磁系统模型。在本节中，将重点介绍由日本电气学会 1995 年提出的励磁系统数学模型。由于这些数学模型取材新颖、种类齐全，并附有限制功能，并以数字实例形式给出了代表性的参数值，在实用中具有较大的参考价值。

通常，励磁系统数学模型适用的范围是系统振荡频率最高不超过 3Hz，系统频率偏差不超过 ±5% 额定值。对于频率变化范围较大的次同步振荡等情况是不适用的。

最后应予以说明的是，有关作为电力系统稳定性研究用规格化的励磁系统数学模型，在相应的国际、国家和行业标准中已作了详尽的规定，例如 IEEE std 421.5—1992，因此在本书中不再予以赘述，本节所介绍的励磁系统数学模型仅是从工程应用角度对励磁系统的基本功能作进一步的阐述，以助于读者在应用时，对励磁系统模型的理解。

需强调指出的是：只要能实现对发电机励磁控制作用的励磁装置均是可以应用的，但是其数学模型未必符合标准模型的要求，为此在使用具体励磁系统模型时有三种情况，原始励磁系统模型符合标准中或电力系统稳定计算应用程序中固定的励磁系统模型、由原始励磁系统模型转换为标准或电力系统计算程序中励磁系统固定模型以及使用电力系统计算程序中自定义功能编制与实际励磁系统一致的模型。

一、静态自励励磁系统

对于由发电机端取得励磁电源的静态自励晶闸管励磁方式，有关的传递函数模型方框图如图 5-10～图 5-12 所示。

1. 串联补偿式自励系统

所谓串联补偿式系指励磁系统的校正环节串联在励磁调节回路的前向通道中，如图 5-10 所示。

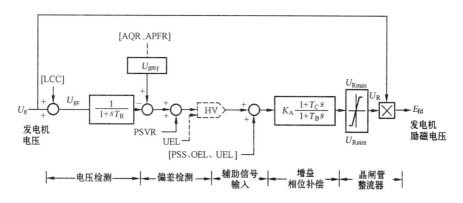

图 5-10　串联补偿式自励系统传递函数模型实例

U_{gref}—基准电压；HV—高通值选择，在加法器各输入信号相加点，高通值优先通过；U_{Rmax}—发电机额定电压时，晶闸管整流器最高输出电压；U_{Rmin}—发电机额定电压时，晶闸管整流器最低输出电压，对全控桥整流线路可为负值，对半控线路为零值；E_{fd}—实际运行状态的励磁电压值，其值与发电机电压 U_g 及励磁调节器输出电压 U_R 成比例，故为 $U_g \times U_R$

在表 5-1 中示出了串联补偿式自励系统的传递函数数学模型参数实例值，在具体应用中可作为参考。

表 5-1　　　　　串联补偿式自励系统传递函数模型参数实例（全控整流线路）

符号（单位）	参数值	意　义	符号（单位）	参数值	意　义
$T_R(s)$	0.01	电压检测器时间常数	$T_C(s)$	0.22	超前相位补偿时间常数
K_A	150	AVR 增益	U_{Rmax}^*（p. u.）	4	晶闸管整流器最高输出电压
$T_B(s)$	0.5	滞后相位补偿时间常数	U_{Rmin}^*（p. u.）	−3.2	晶闸管整流器最低输出电压

2. 反馈补偿式自励系统

在此系统中，校正作用按并联负反馈方式予以补偿，如图 5-11 所示。在对放大器 K_A 以后各级进行运算时应考虑到 PSVR、PSS 等各环节的增益和限制值。相应参数见表 5-2。

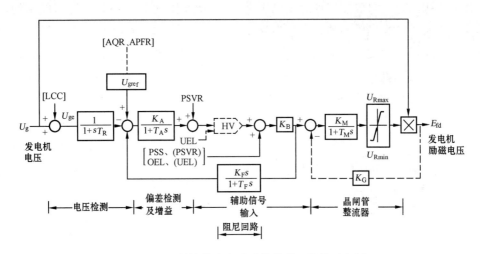

图 5-11　反馈补偿式自励系统传递函数模型实例

表 5-2　　　　　反馈补偿式自励系统传递函数模型参数实例（全控整流线路）

符号（单位）	参数值	意　义	符号（单位）	参数值	意　义
$T_R(s)$	0.01	电压检测器时间常数（2 级放大情况）	T_F	0.5	阻尼回路时间常数
			K_M	25	晶闸管整流器增益
K_A	24.0	AVR 增益	$T_M(s)$	0.02	晶闸管整流器控制器的时间常数
$T_A(s)$	0.02	AVR 放大器时间常数	U_{Rmax}^*（p. u.）	5.0	晶闸管整流器最高输出电压
K_B	5.0	辅助输入信号增益	U_{Rmin}^*（p. u.）	−2.5	晶闸管整流器最低输出电压
K_F	0.0075	阻尼回路增益	K_G	0.8	励磁电压反馈增益

3. 比例—积分（PI）式自励系统

比例—积分式自励系统为无差调节，可在励磁调节系统开环增益值较低的情况下实现一阶无静差。

比例—积分式自励系统传递函数模型见图 5-12，有关参数实例见表 5-3。

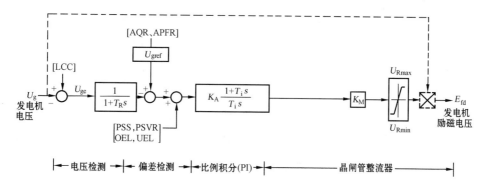

图 5-12　比例—积分式自励系统传递函数模型实例

表 5-3　　　　　　　　比例积分式自励系统传递函数模型参数实例（全控整流线路）

符号（单位）	参数值	意　义	符号（单位）	参数值	意　义
$T_R(s)$	0.02	电压检测器时间常数（2级放大情况）	K_M	4.2	晶闸管整流器增益
K_A	7.5	AVR 增益	U_{Rmax}^* (p. u.)	4.2	晶闸管整流器最高输出电压
$T_i(s)$	0.5	积分时间常数	U_{Rmin}^* (p. u.)	—4.2	晶闸管整流器最低输出电压

二、交流励磁机系统

对于以交流励磁机作为励磁电源的系统，相应的传递函数模型如下所述。

1. 分励交流励磁机式自励系统

在此系统中，分励交流励磁机由接于发电机端的励磁变压器供给励磁，如图 5-13 所示，故称作自励系统。

分励交流励磁机式自励系统传递函数模型的参数实例见表 5-4。

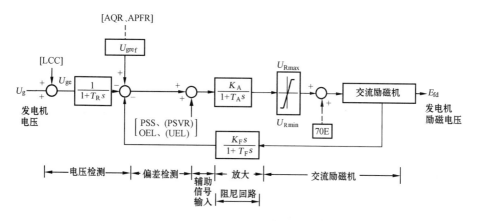

图 5-13　分励交流励磁机式自励系统传递函数模型实例

70E—手动设定值

表 5-4 分励交流励磁机式自励系统传递函数模型参数实例

符号（单位）	参数值	意　义	符号（单位）	参数值	意　义
$T_R(s)$	0.02	电压检测器时间常数（2级放大情况）	$T_A(s)$	0.044	AVR 放大器时间常数
K_A	122	AVR 增益	U^*_{Rmax}(p. u.)	5.1	AVR 输出最高电压
K_F	0.09	阻尼回路增益	U^*_{Rmin}(p. u.)	−5.1	AVR 输出最低电压
$T_F(s)$	1.5	阻尼回路时间常数			

2. 他励交流励磁机式励磁系统

他励交流励磁机式励磁系统，励磁功率取自发电机轴端，典型传递函数模型方框图见图 5-14，参数实例见表 5-5。

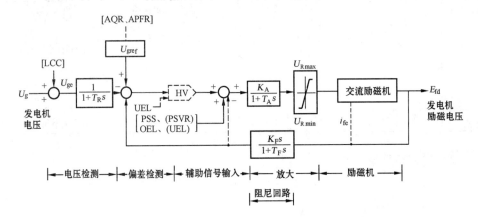

图 5-14　他励交流励磁机式励磁系统（含无刷励磁系统）传递函数模型实例

表 5-5 他励交流励磁机式励磁系统传递函数模型参数实例*

符号（单位）	参数值	意　义	符号（单位）	参数值	意　义
$T_R(s)$	0.013	电压检测器时间常数（2级放大情况）	$T_F(s)$	1.0	阻尼回路时间常数
K_A	200	AVR 增益	U^*_{Rmax}(p. u.)	5.92	AVR 输出最高电压
$T_A(s)$	0.01	AVR 放大器时间常数	U^*_{Rmin}(p. u.)	−2.63	AVR 输出最低电压
K_F	0.061	阻尼回路增益			

* 阻尼回路的输入信号可为发电机励磁电压或励磁机的励磁电流。对无刷励磁系统，阻尼回路的输入信号只能是励磁机励磁电流 i_{fe}。

3. 反馈补偿式无刷励磁系统

为降低无刷励磁系统中交流励磁机的惯性时间常数，多采用反馈补偿措施。随着采用反馈补偿作用方式的不同，相应的励磁系统传递函数模型也不相同。例如，在图 5-15 中示出了日本电气学会所推荐的无刷励磁系统模型。表 5-6 中列出了参数实例。

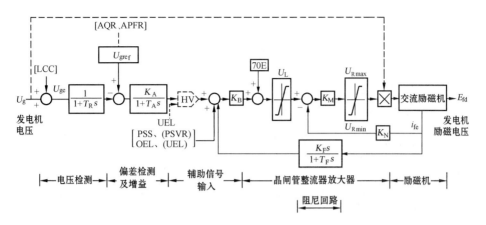

图 5-15　反馈补偿式无刷励磁系统传递函数模型实例*

　*　适用于无副励磁机的由发电机端取得电源的水轮发电机分励、自励方式。

在计算 K_A 后各级增益时，应考虑各限制值的增益，并应对 K_A 进行修正。

表 5-6　　　　　　　　　　反馈补偿式无刷励磁系统传递函数模型参数实例

符号（单位）	参数值	意　义	符号（单位）	参数值	意　义
$T_R(s)$	0.01	电压检测器时间常数（2 级放大情况）	U_{Rmax}^*(p. u.)	86.0	AVR 输出最高电压
K_A	25.0	AVR 增益	U_{Rmin}^*(p. u.)	−40.0	AVR 输出最低电压
$T_A(s)$	0.02	AVR 放大器时间常数	U_L^*(p. u.)	8.6	输出限制
K_B	5.0	辅助输入信号增益	K_F	0.32	阻尼回路增益
K_M	37.0	晶闸管整流器增益	$T_F(s)$	1.0	阻尼回路时间常数
K_N	0.8	励磁机励磁电流反馈增益			

4. 比例—积分式无刷励磁系统

比例—积分式无刷励磁系统，可按偏差值进行积分，使系统的一阶静差为零值，而与系统的开环增益值无关。

图 5-16 示出了上述系统的典型传递函数方框图，表 5-7 列出了典型参数实例。

表 5-7　　　　　　　　　比例—积分式无刷励磁系统传递函数模型参数实例*

符号（单位）	参数值	意　义	符号（单位）	参数值	意　义
$T_R(s)$	0.02	电压检测器时间常数（2 级放大情况）	K_H	0.2	电流检测器增益
K_A	1.2	AVR 增益	$T_H(s)$	0.006	电流检测器时间常数
$T_i(s)$	0.8	AVR 积分时间常数	K_M	4.6	晶闸管整流器增益
$T_B(s)$	1.8	ACR 积分时间常数	U_{Rmax}^*(p. u.)	4.6	AVR 输出上限
K_B	1.5	ACR 增益	U_{Rmin}^*(p. u.)	−4.6	AVR 输出下限

　*　适用于无副励磁机的水轮发电机由机端取得电源的自励系统。有时不采用 ACR 积分回路。

此外，对于交流励磁机系统，较通用的励磁系统传递函数模型还有标准Ⅰ型、标准Ⅱ型及标准Ⅲ型 3 种方式，分别如图 5-17～图 5-19 所示。有关符号意义及参数值见表 5-8～表 5-10。

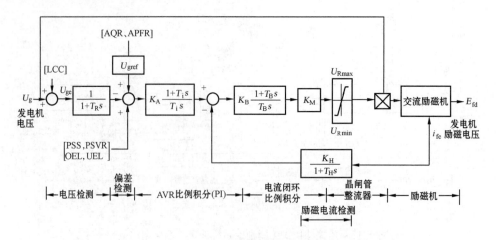

图 5-16 比例—积分式无刷励磁系统传递函数模型实例

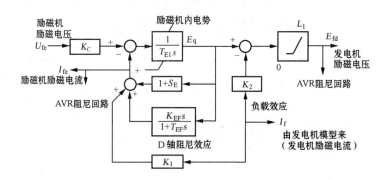

图 5-17 标准Ⅰ型传递函数模型

S_E—饱和系数

表 5-8 标准Ⅰ型模型符号意义及参数

符号（单位）	意义	符号（单位）	意义
K_e	$1/R_{fe}$，R_{fe} 为励磁机励磁绕组电阻	S_E	励磁机饱和系数
K_2	负载效应系数，在整流器外特性第Ⅰ种换相状态数值	K_{EF}	D轴阻尼效应 $K_{EF} \approx T_{EF} \dfrac{(X_{de}-X'_{de})(X'_{de}-X''_{de})}{(X_{de}-X_{fe})^2}$
$T_{E1}(s)$	励磁机时间常数，等于 T_{doe}	$T_{EF}(s)$，K_1	$T_{EF} \approx T_{doc}$，$K_1=(X_{de}-X'_{de})$

图 5-18（b）中，U_{e0}、U'_{e0} 分别表示与励磁机空载额定励磁电流 I_{fe0} 对应的励磁机空载及负载电压值。T_{dze} 表示励磁机负载时间常数，与励磁机参数及负载功率因数有关，例如当负载功率因数为 0.9 时，T_{dze} 之值为：

$$T_{dze} = T_{doe} \times \frac{0.81 + (X'_{de} + 0.436)(X'_{qe} + 0.436)}{0.81 + (X_{de} + 0.436)(X_{qe} + 0.436)}$$

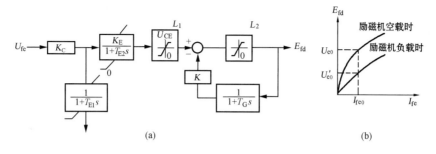

图 5-18 标准 II 型传递函数模型

（a）函数模型；（b）函数曲线

表 5-9 标准 II 型模型符号意义及参数

符号（单位）	参数值	意　义	符号（单位）	参数值	意　义
K_e	1.0	$1/R_{fe}$，R_{fe} 为励磁机励磁绕组电阻	U'_{CE}(p. u.)	5.0	励磁系统顶值电压
K_E	1.5	U_{e0}/I_{fe0}	K	0.5	$\dfrac{U_{e0}-U'_{e0}}{U'_{e0}}$
T_{E2}(s)	0.8	$\dfrac{(T_{doe}+T_{dze})}{2}$	T_G(s)	4.0	发电机电压变化在 $\pm 5\%$ 范围内，发电机开路时间常数 T'_{do} 的修正值
T_{E1}(s)	0.5	$\dfrac{T_{doe}}{2}$			

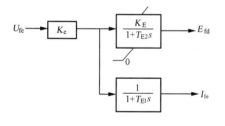

图 5-19 标准 III 型传递函数模型

表 5-10 标准 III 型模型符号意义及参数

符号（单位）	意　义
K_e	$1/R_{fe}$，R_{fe} 为励磁机励磁绕组电阻
K_E	U_{e0}/I_{fe0}
T_{E2}(s)	$\dfrac{T_{doe}+T_{dze}}{2}$
T_{E1}(s)	$\dfrac{T'_{doe}}{2}$

三、整流器

在晶闸管整流器励磁系统中，对整流器部分的模型应考虑如下特征：

对于半控整流器及全控整流器，两者的模型相同，只是对全控整流器其输出电压可为负值，而半控线路只能为零值。

此外，在模型中对整流器还采用下列假定：

（1）忽略换相电抗和元件正向电压降。

（2）换相工作状态不变。

（3）负载为高电感性。

当以 U_{AC} 表示晶闸管整流器电源电压，U_{DC} 表示直流输出电压时，全控线路的表达式为：

$$U_{DC}=1.35U_{AC}\cos\alpha \tag{5-30}$$

对半控线路：

$$U_{DC} = \frac{1.35 U_{AC}(1 + \cos\alpha)}{2} \tag{5-31}$$

式 (5-30)、式 (5-31) 可近似地以式 (5-24)、式 (5-25) 表示：

$$U_{DC} \approx 1.35 U_{AC} U_{AVR} \tag{5-32}$$

$$U_{DC} \approx \frac{1.35 U_{AC}(1 + U_{AVR})}{2} \tag{5-33}$$

经上式简化，U_{DC} 与 U_{AC} 之间呈线性关系。为防止换相失败，控制角应有一定范围的余量，一般取 $10° \sim 20°$，由此控制角 α 的变化范围为 $20° \sim 160°$。

第三节 励磁控制单元的数学模型

在励磁系统的控制装置中，包括各种限制单元功能，其作用应在励磁系统的数学模型中予以表征。在本节中将对控制装置中的各单元的模型特征作一介绍。

一、负载电流阻抗补偿（LCC）

发电机负载电流阻抗补偿（Load Current Compensator，LCC）回路用作励磁调节器调差系数的设定。

(1) 如果 LCC 仅对发电机无功功率部分进行补偿，则称为横流补偿（Cross Current compensator，CCC）。

(2) 有功电流电阻电压降 $R_C I_C$。

(3) 无功电流电抗电压降 $jX_C I_C$。

为实现调差补偿作用，以上述补偿量及发电机端电压 U_g 的合成相量作为 AVR 电压检测的反馈量 U_{ga}：

$$U_{ga} = | U_g + (R_C + jX_C)\dot{I}_C | \tag{5-34}$$

式中　$\dot{I}_C$——补偿电流；

R_C——电阻部分补偿率，LCC 时为负值，CCC 时为正值；

X_C——电抗部分补偿率，LCC 时为负值，CCC 时为正值。

一般发电机—变压器接线组方式，为补偿变压器阻抗压降，采用 LCC 负调差接线。

对于在机端并联运行的发电机组，为保持无功分配的稳定性，应采用 CCC 正调差接线。

补偿时使用的电流有下列两种方式：

(1) 独立的发电机组间的无功电流（横流）补偿，此时 $\dot{I}_C$ 取各个发电机的定子电流 I_g。

(2) 两机一变单元接线，此时 $\dot{I}_C$ 可取本机定子电流与两机总电流平均值之差较为理想。

如第 1 号机组的定子电流为 $\dot{I}_1$，第 2 号机组的定子电流为 $\dot{I}_2$，各个发电机的补偿电流分别为：

$$\dot{I}_{C1} = \dot{I}_1 - \dot{I}$$

$$\dot{I}_{C2} = \dot{I}_2 - \dot{I}$$

其中：

$$\dot{I} = \frac{\dot{I}_1 + \dot{I}_2}{2}$$

二、自动无功功率调节器（AQR）

随运行方式的不同，AQR 可具有各种接线方式，在此仅对其通用表达式的传递函数模型作一叙述。表达式为：

$$Q = a + bP + cP^2 \tag{5-35}$$

式中　a，b，c——系数，随运行要求而定；

　　　P，Q——有功及无功功率。

相应的传递函数模型线路见图 5-20，参数实例见表 5-11。

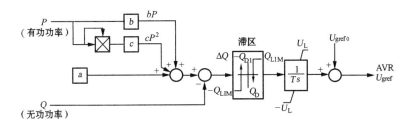

图 5-20　AQR 传递函数模型

U_{gref0}—设定电压的初始值

表 5-11　　　　　　　　　　　　AQR 传递函数模型参数实例

符号（单位）	参数值	意　义	符号（单位）	参数值	意　义
T（s）	30～200	电压设定器变化速度	Q_{LIM}（p.u.）	1	AQR 的输出
Q_D	0.01	滞区	$\pm U_L^*$（p.u.）	± 0.1	积分限制

三、自动功率因数调节器（APFR）

APFR 的作用为控制发电机的功率因数为设定值或限定在设定范围内，其传递函数模型如图 5-21 所示，参数实例见表 5-12。

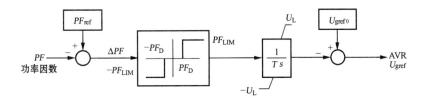

图 5-21　APFR 传递函数模型

PF_{ref}—功率因数设定值

表 5-12　　　　　　　　　　　　APFR 传递函数模型参数实例

符号（单位）	参数值	意　义	符号（单位）	参数值	意　义
$T(s)$	30～200	电压设定器变化速度	PF^*_{LIM}(p.u.)	1	APFR 的输出
PF_D	0.005	滞区	$\pm U^*_L$(p.u.)	±0.1	积分限制

当 APFR 限定发电机的功率因数在设定范围内时，须设置调节滞区，以防止 APFR 调节器一直处于交替工作状态。

此外，当式（5-35）表示的 AQR 控制方式中，$a=c=0$ 时，可得 $Q=bP$，即为 APFR 控制方式。

同时，与 AQR 方式相同，APFR 的控制点亦作用在 AVR 的电压设定器处。

四、低励磁限制（UEL）

低励磁限制的作用为防止发电机因励磁电流过低而失去静态稳定。低励磁限制的检出信号一般多采用发电机的定子电压及定子电流。限制作用可为直线函数限制方式或者与静态稳定特性曲线相似的圆弧特性限制曲线。

（1）与 AQR 类似，低励磁限制直线表达式为 $Q=a+bP$。a、b 为由限制特性决定的参数。

（2）静态稳定极限限制曲线按功率圆方程式求出。

（3）如以直线表达式限制静态稳定极限，则应将直线方程式改写为：

$$\frac{Q}{U_g^2}=\frac{a}{U_g^2}+b\times\frac{P}{U_g^2}$$

对于直线限制特性，传递函数模型见图 5-22，参数实例见表 5-13。

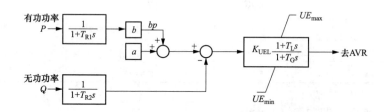

图 5-22　UEL 传递函数模型（$Q=a+bP$ 直线特性）

表 5-13　　　　　　　　　UEL 传递函数模型参数实例（$Q=a+bP$ 直线特性）

符号（单位）	参数值	意　义	符号（单位）	参数值	意　义
$T_{R1}(s)$	0.06	P 变换器时间常数	K_{UEL}	2	UEL 增益
$T_{R2}(s)$	0.06	Q 变换器时间常数	$T_L(s)$	0.87	超前相位补偿时间常数
UE^*_{max}(p.u.)	0.3	输出限制上限	$T_G(s)$	8.5	滞后相位补偿时间常数
UE^*_{min}(p.u.)	0	输出限制下限			

对于圆弧限制特性，传递函数模型见图 5-23，参数实例见表 5-14。

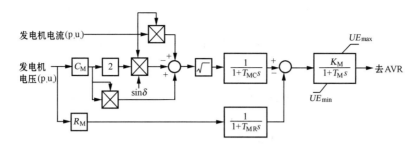

图 5-23　UEL 传递函数模型（圆弧限制特性）

δ—功率角；C_M—位于 Q 轴上的限制圆中心点；R_M—限制圆的半径

表 5-14　　　　　　　　UEL 传递函数模型参数实例（圆弧限制特性）

符号（单位）	参数值	意　义	符号（单位）	参数值	意　义
$T_{MC}(s)$	0.02	滤波器时间常数	$T_{MR}(s)$	0.02	滤波器时间常数
UE^*_{max}	0.3	输出限制上限	$T_M(s)$	0.01	放大器时间常数
UE^*_{min}	−0.3	输出限制下限（HV 回路情况）	K_M	0.2	UEL 增益

五、过励磁限制（OEL）

过励磁限制的作用为保护发电机转子励磁绕组不超过热容量，但其检测信号随励磁方式的不同而有所差异。这些励磁方式包括：

（1）发电机励磁电流（静止式励磁方式，交流励磁机方式）。

（2）发电机励磁电压（交流励磁机方式）。

（3）励磁机励磁电流（交流励磁机无刷励磁方式）。

图 5-24、图 5-25 分别示出了两种 OEL 模型，相应的参数实例分别见表 5-15 及表 5-16。

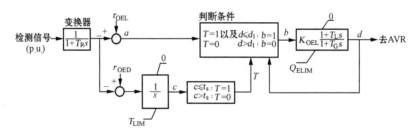

图 5-24　OEL 传递函数模型（模型 1）

表 5-15　　　　　　　　OEL 传递函数模型参数实例（模型 1）

符号（单位）	参数值	意　义	符号（单位）	参数值	意　义
$T_R(s)$	0.04	变换器时间常数	a_1^*(p. u.)	—	动作复归回差值
r^*_{OEL}(p. u.)	1.02	限制目标值	T^*_{LIM}(p. u.)	−3	积分限制值
r^*_{OED}(p. u.)	1.05	OEL 动作起始值	Q^*_{ELIM}(p. u.)	−0.6	最大限制值
t_s	−0.75	OEL 动作定时值	$T_G(s)$	5	滞后相位补偿时间常数
K_{OEL}	16	OEL 增益	T_{OEL}	—	积分时间常数
$T_L(s)$	0.4	超前相位补偿时间常数	d_1	—	保证动作的最小检测值

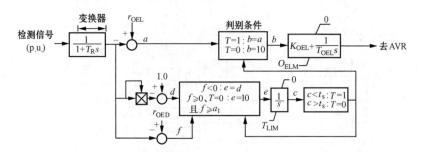

图 5-25　OEL 传递函数模型（模型 2）

鉴于 OEL 的线路多种多样，在进行具体模型计算时，如有必要应由制造厂取得实际模型。

表 5-16　　　　　　　　　　　OEL 传递函数模型参数实例（模型 2）

符号（单位）	参数值	意　义	符号（单位）	参数值	意　义
$T_R(s)$	0.02	变换器时间常数	a_1^*	0.08	动作复归回差值
r_{OEL}^*	1.0	限制目标值	T_{LIM}^*	-10	积分限制值
r_{OED}^*	1.05	OEL 动作起始值	Q_{ELM}^*	-0.6	最大限制值
t_s	-5	OEL 动作定时值	$T_G(s)$	—	滞后相位补偿时间常数
K_{OEL}	4	OEL 增益	T_{OEL}	0.25	积分时间常数
$T_L(s)$	—	超前相位补偿时间常数	d_1	—	保证动作的最小检测值

六、电力系统稳定器（PSS）

目前，各国开发的电力系统稳定器 PSS 的输入信号有以下几种方式：

1. ΔP 型 PSS

以有功功率作为输入信号的 PSS，当有功功率降低时，附加信号将使发电机的励磁向增加方向调整。ΔP 型 PSS 的线路传递函数模型见图 5-26，传递函数模型参数实例见表 5-17。

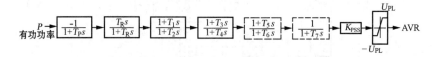

图 5-26　ΔP 型传递函数模型

对于以轴转速 $\Delta \omega$ 或者频率 Δf 为信号的 PSS，为避免轴系扭振引起谐振，采用扭振频率阻断滤波器，其阶数由主机机械计算给出。

表 5-17　　　　　　　　　　　PSS 传递函数模型参数实例*

符号（单位）	参数值	意　义	符号（单位）	参数值	意　义
$T_P(s)$	0.01	有功功率 P 检测器时间常数	$T_3(s)$	$0.02 \sim 1$	超前相位补偿时间常数
$T_R(s)$	$1 \sim 10$	隔置滤波器时间常数	$T_4(s)$	$0.02 \sim 1$	滞后相位补偿时间常数
$T_1(s)$	$0.1 \sim 2$	超前相位补偿时间常数	K_{PSS}	$0.1 \sim 1$	PSS 增益
$T_2(s)$	$0.1 \sim 2$	滞后相位补偿时间常数	U_{PL}^*（p. u.）	$0.05 \sim 0.1$	PSS 输出限制

* 适用于采用 3 级相位补偿的情况和在高频段采用噪声阻断滤波器的情况。

2. $\Delta \omega$ 型 PSS

以发电机转子转速 $\Delta \omega$ 作为输入信号的 PSS 在我国引进美国西屋公司技术生产的 300MW、600MW 汽轮发电机组中获得了应用。美国 GE 公司所开发的 PSS 也采用了 $\Delta \omega$ 作为输入信号。当发电机转速降低时，PSS 将使励磁向减小方向调整。

3. Δf 型 PSS

以发电机的端电压或者发电机内部电动势的频率 Δf 作为 PSS 的输入信号。此时，当频率下降时将使励磁减小。

第四节　励磁系统参数的设定

一、比例式 AVR 参数的设定

现以图 5-10 所示采用串联补偿的自励励磁系统为例，介绍其参数整定方法。

1. AVR 的稳态开环增益 K_A

当发电机的总电压变化率值给定时，相应的稳态增益 K_A 值为：

$$K_A \geqslant \frac{U_{fN} - U_{f0}}{U_{f0}} \times \frac{100}{\xi} \tag{5-36}$$

式中　U_{f0}——发电机空载额定励磁电压；

　　　U_{fN}——发电机额定励磁电压；

　　　ξ——总电压变化率，通常为 1%。

对于汽轮发电机组，假定 $U_{fN}/U_{f0} = 2.5$，$\xi = 1\%$，由式（5-36）可求 K_A 值：

$$K_A \geqslant 150$$

2. AVR 相位补偿及阻尼回路参数的设定

对于图 5-27 所示的励磁控制系统，首先应根据频率响应特性确定其参数值。

（1）频率响应特性。当以包括发电机在内的励磁控制系统开环传递函数表示的频率响应特性评价励磁系统稳定性时，相应的指标范围值如下所示，此时发电机处于空载运行状态。

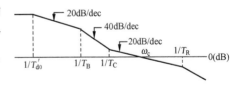

图 5-27　串联补偿式自励系统的波特图

增益裕度：10～20dB；

相位裕度：20°～80°。

此外，有关励磁系统的快速性指标，评价的方法为：当系统开环频率响应的增益为 0dB 时，截止频率为 ω_c，当 ω_c 之值增加时系统调节快速性增加，对保证系统稳定性来说是不利的。

（2）暂态增益 K_T。以发电机电压突变后引起的励磁电压变化量表示的暂态增益与正常的稳态增益是有所区别的。

因晶闸管励磁方式是快速的，励磁系统的电压响应时间与暂态增益是密切相关的。对于交流励磁机方式，励磁系统的电压响应比，受 AVR 的顶值电压 U_{Rmax} 以及交流励磁机的特性所支配。

对于图 5-10 所示的串联补偿式自励磁系统，如果忽略电压检测回路的时间常数，此时的暂态增益 K_T 可用下式表示：

$$K_T = K_A \times \frac{T_C}{T_B} \tag{5-37}$$

另外，K_T 之值可由当发电机电压下降 ΔU（通常为 $5\% \sim 10\%$）时，AVR 输出的顶值电压 U_{Rmax} 之比所决定，其设定值：

$$K_T \geqslant U_{Rmax} / \Delta U \tag{5-38}$$

由式（5-38）确定 K_T 值代入式（5-37），即可求得 T_C/T_B 值。

（3）相位补偿时间常数。图 5-27 示出了包括发电机在内的励磁系统波特图（Bode Plot），图中的截止频率 ω_c 与暂态增益 K_T 的关系为：

$$\frac{K_T}{T'_{d0}} \approx \omega_c \tag{5-39}$$

在式（5-39）中，ω_c 及 T'_{d0} 已知，由此求得 K_T 值，再与式（5-37）、式（5-38）求得的 K_T 值进行比较选取合适值。

对于无 PSS 及 ω_c 较大的系统，如存在不稳定情况时，亦可用相反的程序确定 K_T，即首先由式（5-39）求出 K_T 值。

对于稳定的系统，在 ω_c 附近幅频曲线以斜度 20dB/dec 穿过 0dB 点是必需的，此时才能保证必要的相位和增益裕度，T_C 值按下式求得：

$$\frac{1}{T_C} \leqslant \frac{\omega_c}{n} \quad (n \geqslant 2) \tag{5-40}$$

由式（5-40）及式（5-39）即可求得 T_C 与 T_B 的比值。在上述参数选择计算中，涉及顶值电压、ω_c 和暂态增益三个重要因素，在总体上影响到系统的静态和暂态稳定性。

实际上，决定主回路后，首先要确定励磁系统的顶值电压（依据电力系统稳定性的要求），再考虑励磁系统的稳定性，由此决定暂态增益及相位的配合。

对于图 5-11 所示的反馈补偿式自励励磁系统，AVR 放大部分的时间常数 T_A 很小，为此，可等效变换为图 5-10 所示的形式。有关阻尼回路常数的确定亦可参考本节所述的方法。

对于交流励磁机方式，由励磁系统的稳定性确定其相位补偿，不必考虑其他因素的影响。

但是，对于高起始响应交流励磁机系统要考虑到 ω_c 的配置。在确定适用的传递函数形式后，设定开环传递函数 ω_c 的目标值。当在 ω_c 处相位补偿的斜率为 20dB/dec 时可满足稳定的要求。

二、频率响应及阶跃响应计算

对晶闸管自励励磁方式、交流励磁机方式的计算实例见表 5-18，相关图见图 5-28～图 5-35。

表 5-18　　　　　　　　　　　　　频率响应和阶跃响应计算实例

序号	励磁方式	频率响应			阶跃响应	控制常数整定实例
		增益裕度	相位裕度	波特图		
1	晶闸管自励励磁方式	23dB	60°	图 5-30	图 5-31（±2％阶跃响应） 图 5-32（±10％阶跃响应）	图 5-28
2	交流励磁机方式	16dB	44°	图 5-33	图 5-34（±2％阶跃响应） 图 5-35（±10％阶跃响应）	图 5-29

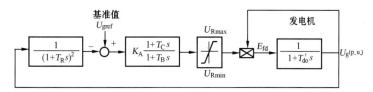

图 5-28　晶闸管自励励磁系统控制参数的整定实例

$T_R=0.013s$，$K_A=150$，$T_B=0.5s$，$T_C=0.22s$，

$U_{Rmax}^*=+5.5(p.u)$，$U_{Rmin}^*=-4.8(p.u)$，$T_{do}'=6.0s$

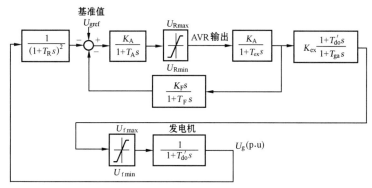

图 5-29　交流励磁机励磁系统控制参数的整定实例

$T_R=0.013s$，$K_A=37.5$，$T_A=0.01s$，$U_{Rmin}^*=1.0(p.u)$，$U_{Rmin}^*=-0.8(p.u)$，$T_{ex}=1.0s$，

$K_{ex}=4$，$T_{do}'=6.0s$，$T_{ga}=3.0s$，$U_{fRmin}^*=5(p.u)$，$U_{fRmin}^*=0$，$T_F=0.5s$，$K_F=0.12$

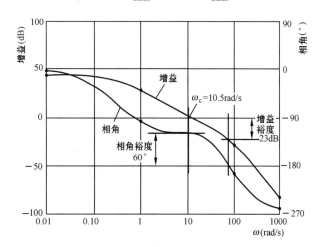

图 5-30　发电机空载晶闸管自励励磁系统频率响应特性（波特图）

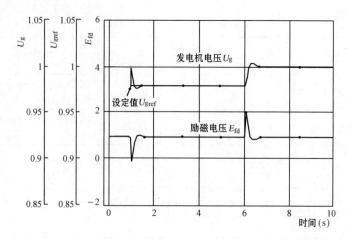

图 5-31　发电机空载晶闸管自励励磁系统±2％阶跃响应特性

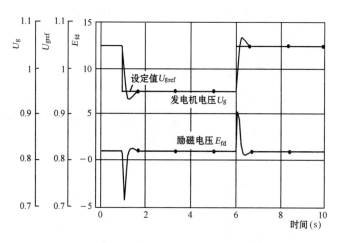

图 5-32　发电机空载晶闸管自励励磁系统±10％阶跃响应特性

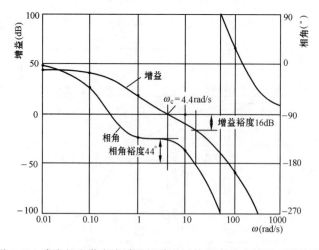

图 5-33　发电机空载交流励磁机励磁系统频率响应特性（波特图）

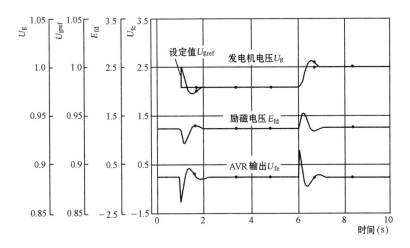

图 5-34　发电机空载交流励磁机励磁系统±2％阶跃响应特性

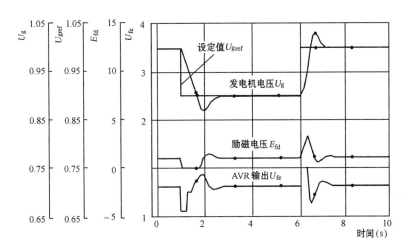

图 5-35　发电机空载交流励磁机励磁系统±10％阶跃响应特性

三、比例—积分式 AVR 参数的设定

比例—积分式自励系统典型传递函数方框图见图 5-36。

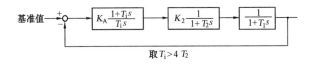

图 5-36　比例—积分式自励系统典型传递函数方框图

系统中具有较大时间常数 T_1（发电机的时间常数 T'_{d0}）和较小时间常数 T_2（电压检测部分的时间参数），串联的一次惯性环节作为控制对象，现确定比例—积分控制系统的参数。

在图 5-36 中设定积分时间 $T_i = 4T_2$，稳态增益 $K_A = T_1 / (2K_2T_2)$。

按此设定结果求得的波特图见图 5-37。修正 T_i 值可求得适合的增益裕度和相位裕度。

当采用 PSS 时，ω_c 之值一般设定在 10rad/s 以下。

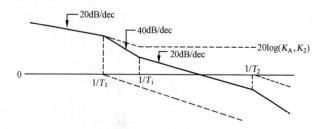

图 5-37　比例—积分式 AVR 系统的波特图

对于图 5-36 所示的晶闸管自励励磁系统，图中的 T_1、T_2 和 K_2 分别对应于 T'_{do}，电压检测回路的时间常数 T_R（0.02s）和晶闸管整流器的增益 K_M（4.2）。

假定图 5-36 中，$T_1 = T'_{do} = 5.2s$ 时，AVR 的积分时间常数 T_i 和增益 K_A 分别为：

$$T_i = 4 \times T_2 = 0.08(s)$$

$$K_A = \frac{T_1}{2 K_2 T_2} = \frac{5.2}{2 \times 0.02 \times 4.2} = 30.95 \tag{5-41}$$

此时，ω_c 为 22rad/s，如不采用 PSS，则有可能产生负阻尼力矩。因此，须调整 ω_c 的数值。比例—积分式 AVR 系统方框图如图 5-38 所示。有关参数确定程序如下所述。

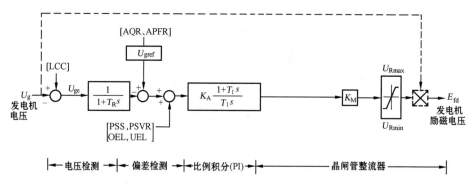

图 5-38　比例—积分式 AVR 系统方框图

1. AVR 增益 K_A

在 ω_c 附近的增益特性，大体上由发电机和其他增益依式（5-42）所决定：

$$K_A \approx \omega_c \times \frac{T'_{do}}{K_2} \tag{5-42}$$

设定 $\omega_c = 6 \text{rad/s}$，代入式（5-42）求得：

$$K_A = 6 \times \frac{5.2}{4.2} = 7.43$$

2. 积分时间常数

在小于 ω_c 的频率段，为保证 20dB/dec 的斜率取为 10dB，依此：

$$20 \log(T_I \omega_c) = 10$$

解得 $T_I = 0.527s$。

对于图 5-39 所示的无刷励磁系统，可按下列程序设定 AVR 的比例—积分时间常数和交流励磁机相关常数。

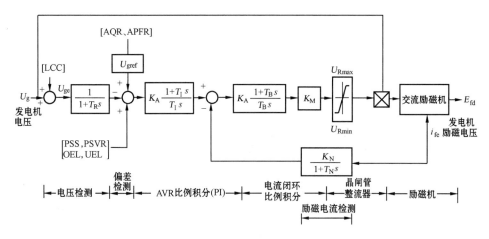

图 5-39　比例—积分式无刷励磁系统方框图

（1）交流励磁机电流回路常数 K_B、T_B 的设定。交流励磁机电流回路中的常数设定仍可用本节所述的方法。但是由电流回路求得的闭路传递函数中，其等效一次惯性时间常数和 AVR 部分的一次惯性时间常数 T_R 之和（相当于图 5-36 中的 T_2），应在发电机时间常数 T'_{do} 的 1/4 以下（目标值为 1/10）。

（2）AVR 部分时间常数 T_I 及增益 K_A。对于交流励磁机电流回路，其传递函数可近似地视为一次惯性环节，其增益和时间常数相当于图 5-36 中的 T_2 和 K_2，为此，可用与晶闸管自励励磁系统相同的方法确定 AVR 部分的增益 K_A 和积分时间常数 T_I。

四、PSS 参数的设定

在发电机功率发生摇摆时，PSS 具有抑制功率振荡的功能。PSS 的输入信号是多样化的，在日本，普遍采用发电机的有功功率 ΔP 作为输入量，美国则多采用转速 $\Delta \omega$ 作为输入量。

现以 ΔP 作为输入量的 PSS 为例，叙述 PSS 的参数整定方法。

为方便讨论，现以图 5-40（a）所示的单机对无限大系统为例。

在图 5-40 中，图 5-40（a）表示 1 台同步发电机与比其容量大得多的无限大电力系统相连接的系统模型。图 5-40（b）表示当图 5-40（a）模型中发生微小变化时同步发电机线性化方框图。图 5-40（c）表示当频率变化时引起励磁系统产生同步转矩和阻尼转矩的变化。图 5-40（d）表示同步发电机和励磁系统经等效变换后的同步发电机方框图。

从本质上说，以图 5-40（b）的加速转矩 ΔT_a 作为 PSS 的输入信号最为理想，但是 ΔT_a 在测量上是十分困难的，为此，在机械输入 ΔT_m 不变的条件下，多以电气输出转矩 $\Delta T_e \approx \Delta P$ 作为 PSS 的输入信号。调整 PSS 的增益和相位，其输出作为 AVR 的附加信号，可使阻尼系数 $K_d(\omega)$ 增加，以抑制功率的振荡。

PSS 传递函数的设定叙述如下：

将图 5-40 中虚线所示的 PSS 部分以实际传递函数表示，如图 5-41 所示。

图 5-41 中 T_p 为检测器时间常数，信号隔置器滤去直流分量，交变分量可通过隔置滤波器。

有功功率 ΔP 的交变分量经超前—滞后相位调整回路对相位进行补偿，经增益及 PSS 输出限制回路加到 AVR 综合点处。

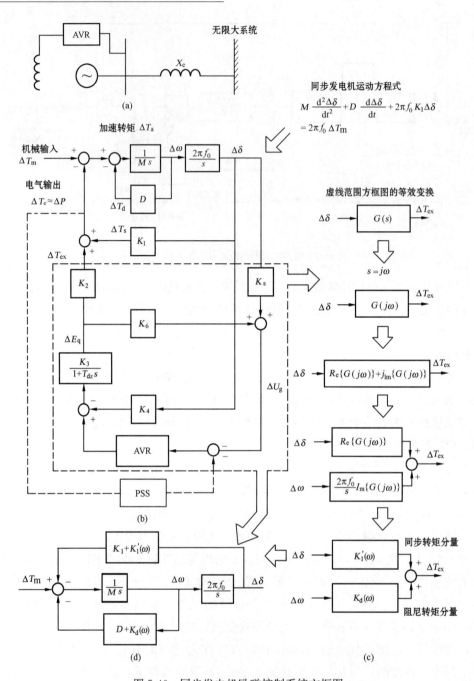

图 5-40 同步发电机励磁控制系统方框图

（a）单机无限大电力系统接线图；（b）同步发电机线性化方框图；

（c）励磁系统提供的同步和阻尼转矩；（d）等效变换后的同步发电机方框图

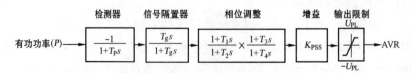

图 5-41 PSS 传递函数

1. 信号隔置回路时间常数 T_g 和增益 K_{PSS} 的设定

PSS 的输出与发电机输出功率随时间的变化率、隔置时间常数 T_g、增益 K_{PSS} 各参数之积成正比，发电机的输出受原动机出力变化的影响，但在正常运行时，原动机出力不变，可依此确定 T_g 与 K_{PSS}。

隔置回路的时间常数 T_g 设定的较短，对电力系统振荡频率而言，因对应的增益较小，相位变化较大，对形成制动的阻尼转矩是十分有利的，一般 T_g 设定为 $1\sim5s$。

K_{PSS} 过大会产生不稳定状态，通常其值选定在 1.0 以下。

2. 相位补偿

由图 5-40 可看出：接入励磁系统的 PSS 输出量中的电气转矩 ΔT_{ex} 与 $\Delta\omega$ 同相时，对相位补偿最为有利。

当电力系统振荡频率为 ω_n，PSS 输入信号为 $-\Delta P$ 时，励磁系统引入的电气转矩为 ΔT_{ex}，各相量图的关系见图 5-42。

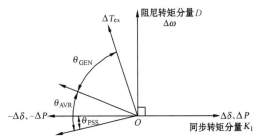

图 5-42　$\omega=\omega_n$ 时励磁系统相量图

在图 5-42 中，PSS 信号调整相位为进相，励磁系统信号 θ_{AVR} 为滞相，发电机励磁系统回路的信号亦为滞后相角。

3. 增益和输出限制

PSS 的最大输出限制，其值归算到发电机电压端为 $\pm5\%\sim\pm10\%$。显然对 PSS 输出的限制会减弱其对抑制功率振荡的作用，对此应综合予以考虑。

4. PSS 的增益及相位补偿的设定

一般使用计算机对单机对无限大系统进行计算，求得按负载频率响应的阻尼转矩。有时也在时间域计算各模拟量，必要时还要对多机系统进行计算。

在图 5-43 中示出了单机对无限大系统的模拟参数及接线，在图 5-44 中给出了 PSS 回路的常数设定计算实例，计算结果见表 5-19。

图 5-43　系统模拟参数及接线

发电机常数

$X_d=1.6$p. u.，$X'_d=0.24$p. u.

$X''_d=0.2$p. u.，$X_q=1.6$p. u.

$X''_q=0.2$p. u.，$X_t=0.16$p. u.

$P_g=0.9$p.u.
$Q_g=0.0$p.u.
$U_g=1.0$p.u.
短路时间70ms

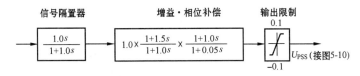

图 5-44　PSS 传递函数常数设定

表 5-19　　　　　　　　　　　　　PSS 计算结果

序号	计算内容	结果	晶闸管自励磁系统的常数	PSS 常数	模型及发电机常数
1	负载时频率响应	图 5-45	图 5-28	图 5-44	图 5-43
2	时间响应	图 5-46	图 5-28		

在图 5-45 （a）中示出了无 PSS 时的负载频率响应特性计算结果，图 5-45 （b）为附有 PSS 时的负载频率响应特性计算结果。由计算结果可看出，在电力系统振荡频率为 7rad/s 附近，阻尼系数 K_d 可得到大幅度的改善。

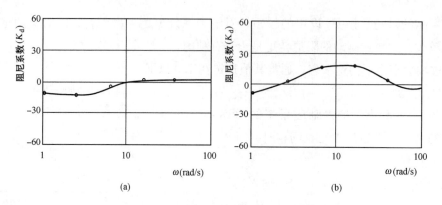

图 5-45　模拟系统的频率响应（阻尼系数的确定）

（a）晶闸管自励励磁方式（无 PSS）；（b）晶闸管自励励磁方式（有 PSS）

在图 5-46 （a）中为无 PSS 时的时域响应特性模拟结果，图 5-46 （b）为有 PSS 时的时域响应特性模拟结果。由此图可看出，当无 PSS 时，电力系统的振荡是发散的，有 PSS 时振荡可迅速收敛。

应着重说明的是，在大型水电机组中如 PSS 采用单一信号（如有功功率），通常在发电机有功功率发生变化时在此过程中经常伴随引进无功功率的反调现象，即有功功率增加时，无功功率随之下降，相反有功功率下降时却引起无功功率的增加。为防止这种无功反调现

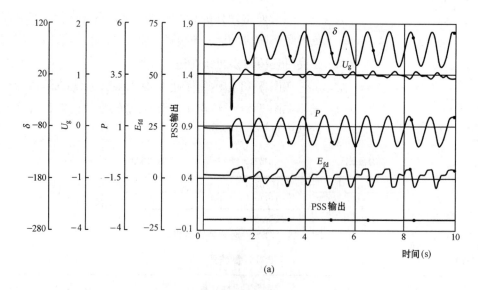

图 5-46　模拟系统的时域响应（一）

（a）晶闸管自励励磁方式（无 PSS）

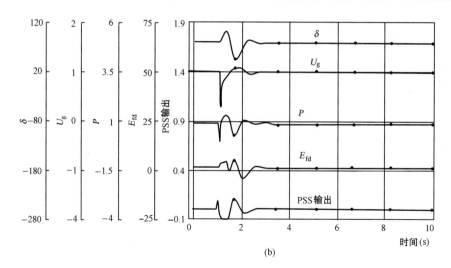

(b)

图 5-46　模拟系统的时域响应（二）

（b）晶闸管自励励磁方式（有 PSS）

象，应用在大型水电机组中的电力系统稳定器多采用双通道控制信号如除有功功率外，还附以转速 ω 或频率 f 信号，在典型的 PSS-2A 和 PSS-3B 模型中即为双通道信号控制系统。

三相桥式整流电路的基本特性[11]

第一节　概　　述

在同步发电机励磁系统中，通常须采用将交流转换为直流，或将直流转换为交流的功率变换装置。

当功率变换装置由二极管整流元件组成时，只能将交流转换为直流，相应的功率变换装置称为整流器。

如果功率变换装置采用晶闸管整流元件，则装置的功率变换是双向的，即可将交流转换为直流，也可将直流转换为交流，前者称为整流状态，后者称为逆变状态，此时功率变换装置因兼有整流及逆变功能，故称之为换流器。

在诸多的换流器接线方式中，以三相桥式接线方式应用的最为广泛。在现代同步发电机励磁系统中，三相桥式接线当前已成为唯一的选择方式，和其他接线方式相比，三相桥式接线具有下列优点：

（1）在相同直流电压条件下，整流元件在断态所承受的反向峰值电压为直流电压的 1.05 倍，此值仅为其他接线方式的一半。

（2）当换流功率一定时，换流变压器一次绕组容量小于或等于其他接线方式相应容量，而二次绕组侧容量则均小于其他接线方式容量。

（3）换流变压器接线简单，有利于变压器的绝缘处理。

（4）在保证相同直流功率条件下，三相桥式接线所需的元件伏安容量为最小。

（5）具有较小的直流电压纹波值。

第二节　三相桥式整流器工作原理

对于三相桥式整流器，其等值电路如图 6-1 所示，图中 e_a、e_b 和 e_c 分别为交流供电系统的等值电动势，L_γ 为交流系统的每相从电源计及整流桥交流输入端的等值换相电感，为便于分析，交流系统的等值电阻可以忽略不计。

如果以系统交流等值线电势相量 e_{ca} 作为基准，见图 6-2（a），则电源相电势的瞬时值为：

$$e_a = e_{0a} = \sqrt{\frac{2}{3}}E\sin(\omega t + 30°)$$
$$e_b = e_{0b} = \sqrt{\frac{2}{3}}E\sin(\omega t - 90°) \quad \text{(6-1)}$$
$$e_c = e_{0c} = \sqrt{\frac{2}{3}}E\sin(\omega t + 150°)$$

式中 E——电源线电势的有效值。

在图 6-2（a）中示出了上式中各相电势

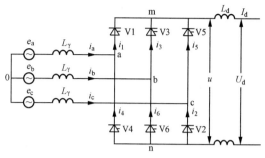

图 6-1 三相桥式整流器等值电路图

的相量图。相应相电势波形变化如图 6-2（b）
所示，其中横坐标轴代表交流系统中性点的电位。当 6 个整流元件均处于断态时，图 6-2（b）
所示的波形即表示整流桥交流端相电动势 $a\sim c$ 相对于中性点的电位变化。

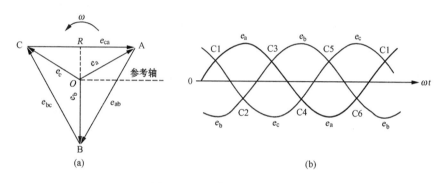

图 6-2 三相等值电势的变化

（a）相量图；（b）波形图

与式（6-1）相电势相对应的线电势表达式为：

$$e_{ca} = e_{c0} + e_{0a} = e_a - e_c = \sqrt{2}E\sin\omega t$$
$$e_{ab} = e_{a0} + e_{0b} = e_b - e_a = \sqrt{2}E\sin(\omega t - 120°) \quad \text{(6-2)}$$
$$e_{bc} = e_{b0} = e_{0c} = e_c - e_b = \sqrt{2}E\sin(\omega t + 120°)$$

在图 6-2（a）中也示出了线电势的相量图。各线电势的过零点由相邻两相电势的交点所
决定。例如对于线电势 e_{ca} 由负值变为正值的过零点为相电势 e_a 和 e_c 在正半波的交点 C1 处。
同此，其他线电势 e_{ab} 和 e_{bc} 的过零点分别为 C2 和 C3。在系统电势对称的情况下，各线电势
过零点之间的相位间隔为 60°。

第三节 第 I 种换相状态

在正常工作状态下，整流器阴极组处于最高电位的整流元件和阳极组处于最低电位的整
流元件构成通路。当流过电流的工作相和将进入工作的相邻相电势相等时，开始换相过程，

整流电流由工作相换相到相邻相，直至换相结束。视换相电流转换的时间间隔不同，可将表达整流电压与整流电流关系的外特性，划分为三种工作状态，即第Ⅰ、Ⅱ和Ⅲ种换相状态。在第Ⅰ种换相工作状态下，整流器在每一周期中的工作过程可划分为两个区间：非换相区和换相区。

在非换相期间，阴极和阳极组均有一元件工作并流过整流电流。在换相状态，阴极或阳极组有两个相邻相元件进行换相，使整流电流由原工作相换相到相邻相，而位于非换相状态的另一元件仍流过整流电流。如此轮流，总有两个或三个元件交替工作，这种状态称为整流器第Ⅰ种换相状态，或称之为2～3换相状态。第Ⅰ种换相状态的工作过程如图6-3所示。

在起始条件下，位于c相阴极组的整流元件V5和位于b相阴极组的整流元件V6处于导通状态，如图6-3（a）所示。其等值电路见图6-4（a）。

在非换相条件下，整流电路输出稳定的直流电流 I_d，不会在等值换相电抗 I_γ 上产生电压降。为此整流电压 u_d 与加到整流桥的交流线电势波形相同，如图6-5所示。

在图6-5（a）中示出了晶闸管整流器控制角为 α、换相角为 γ 时的整流电压正、负端m、n对中性点的电压波形，如图6-5（a）中实线阴影部分所示。

曲线 u_m 和 u_n 之间的纵向长度代表整流电压 u_d 的瞬时值，如图6-5（b）中阴影部分，其中面积 ΔA 表示由于整流元件换相所损失的整流面积。

图6-5（c）和图6-5（d）分别表示元件整流电流及交流侧电流波形图。

现以三相桥式整流线路为例，讨论在 $0<\gamma<60°$ 时的第Ⅰ种换相过程。

对于图6-3（a）所示的三相桥式线路，当整流器工作在非换相区时，阴极及阳极组各有一元件导通，例如V5及V6两元件导通，其等值电路如图6-4（a）所示。

当 $\omega t = \alpha$（α 为触发控制角）时，整流元件V1和V5之间开始换相，直到流过V5元件的电流为零，而流过V1元件的电流为总电流。

V5与V1元件换相时的等值电路如图6-4（b）所示。

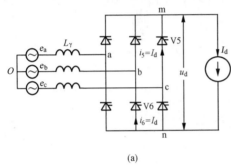
(a)

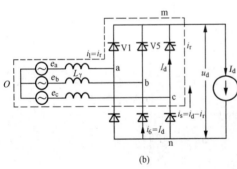
(b)

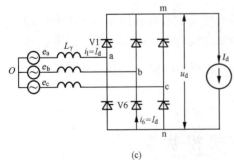
(c)

图6-3　第Ⅰ种换相状态等值电路

(a) 整流元件V5，V6导通；(b) V5和V1元件换相；

(c) V6和V1导通

由此，等值电路可列出下列方程：

$$L_\gamma \frac{di_1}{dt} - L_\gamma \frac{di_5}{dt} = e_a - e_c \qquad (6-3)$$

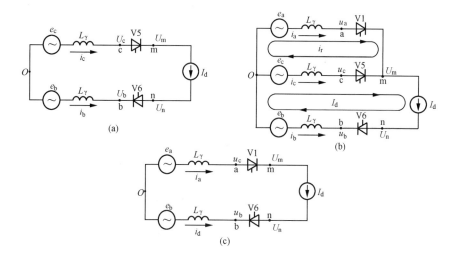

图 6-4 与图 6-3 对应的换相等值电路图

(a) V5，V6 导通；(b) V5，V1 换相；(c) V6，V1 导通

在上述回路中，由于 $e_a > e_c$，故电流 i_γ 的方向是由 a 点流向 c 点，为此：

$$i_1 = i_\gamma, \quad i_5 = I_d - i_\gamma \tag{6-4}$$

式中 I_d——整流回路总电流。

将式（6-4）代入式（6-3），可得：

$$L_\gamma \frac{di_\gamma}{dt} - L_\gamma \frac{d(I_d - i_\gamma)}{dt} = e_a - e_c \tag{6-5}$$

整理得：

$$2L_\gamma \times \frac{di_\gamma}{dt} = \sqrt{2}E\sin\omega t \tag{6-6}$$

对式（6-6）进行积分，并解得：

$$i_\gamma = -\frac{\sqrt{2}E}{2\omega L_\gamma}\cos\omega t + A = -\frac{\sqrt{2}E}{2X_\gamma}\cos\omega t + A = -I_{S2}\cos\omega t + A \tag{6-7}$$

$$I_{S2} = \frac{\sqrt{2}E}{2\omega L_\gamma} \quad X_\gamma = \omega L_\gamma$$

式中 X_γ——由交流电源至整流桥交流输入端之间的每相换相电抗；

ω——交流系统基波的角频率；

I_{S2}——交流系统在换流器交流侧两相短路时，短路电流的强制分量幅值；

A——积分常数；

E——交流电源线电压有效值。

因为在 $\omega t = \alpha$ 时，整流回路由 V5 与 V6 元件导通过渡到另一组元件 V5、V6 和 V1 导通。V6 和 V1 元件换相的瞬间，电流不会突变。即 $i_1 = i_\gamma = 0$，依此由式（6-7）求得：

$$A = \frac{\sqrt{2}E}{2X_\gamma}\cos\alpha = I_{S2}\cos\alpha \tag{6-8}$$

将式（6-8）代入式（6-7），并整理得：

$$i_1 = i_\gamma = \frac{\sqrt{2}E}{2X_\gamma}(\cos\alpha - \cos\omega t) = I_{S2}(\cos\alpha - \cos\omega t) \tag{6-9}$$

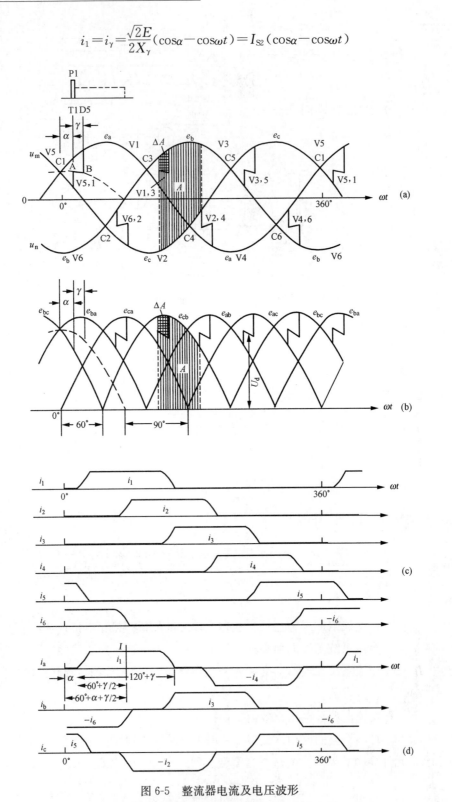

图 6-5 整流器电流及电压波形

（a）整流电压正、负端 m、n 对中性点的电压波形；（b）整流电压 U_d 的波形；

（c）整流元件电流波形；（d）交流电流波形

由式（6-9）可知，i_γ 实际上表示当整流元件 V1 导通后，交流系统在 c、a 两点发生两相短路时的短路电流值。

式（6-9）中第 1 项表示短路电流的自由分量（直流分量），第 2 项表示为强制分量（工频交流分量）。

另有：

$$i_5 = I_d - i_\gamma \tag{6-10}$$

在换相过程中，换流相电流 i_5 和 i_1 的变化如图 6-6 所示。

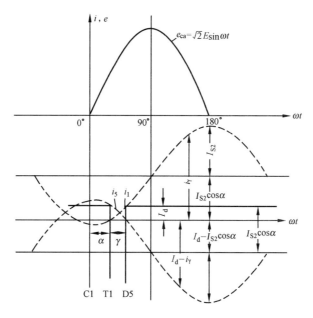

图 6-6 整流器换相过程电流的变化

应予以说明的是，在上述分析中规定换相电流 i_γ 的方向仅是简化分析的一个假设，实际上整流元件 V5 并不能流过反向电流，在换相中流过 V5 元件的电流为总电流 $I_d - i_\gamma$。同时，当 $I_d > i_\gamma$ 时，总电流的方向仍符合整流元件单向导电的特性。

由式（6-9）和图 6-6 可看出，随着 ωt 的增加，流过 V1 元件的电流是逐渐增加的，而 V5 元件的电流是逐渐下降的。在经过与换相角 γ 相对应的时间间隔后，电流 i_1 增大到 I_d。依此，当 $\omega t = \alpha + \gamma$ 时，将 $i_1 = I_d$ 代入式（6-9），求得：

$$i_1 = i_\gamma = \frac{\sqrt{2}E}{2X_\gamma}[\cos\alpha - \cos(\alpha + \gamma)]$$
$$= I_{S2}[\cos\alpha - \cos(\alpha + \gamma)] = I_d \tag{6-11}$$

同时：

$$i_5 = I_d - i_\gamma = 0 \tag{6-12}$$

由于整流元件的单向导电特性，流过 i_5 元件的电流只能降到零值。当 $\omega t = \alpha + \gamma$ 时，V5 元件关断。

当整流元件 V5 关断后，换流器又从三个元件 V5、V6 和 V1 导通状态改变为 V6 和 V1

导通状态，如图 6-3（c）和图 6-4（c）所示。其阴极通过导通的 V1 元件连接到 a 点，为此，V5 元件的阴极电位为 e_a，阳极电位为 e_c，在 $e_a > e_c$ 时使 V5 元件承受反向电压，在 D5 点使 V5 可靠地关断。

从 V1 元件在 T1 点瞬时导通到 V5 元件在 D5 点关断，直流电流 I_d 从 c 相流过 V5 元件转移到 a 相和流过 V1 元件的期间称为换相过程。与此同时整流器由原来的 V5 和 V6 两个导通元件与线电势 e_{bc} 相连接转换到通过 V6 和 V1 两个导通元件与线电势 e_{ba} 相连接。

同理在图 6-5 的 C2 点，$\omega t = 60°$ 整流器的上半桥阴极组 V1 元件仍导通，而下半桥阳极组元件 V2 的阴极电位 e_c 将低于阳极电位 e_b，在相同相位间隔触发脉冲作用下，V2 元件将在 $\omega t = 60° + \alpha$ 时触发导通，开始与 V6 元件进行换相，其他各元件换相也将依次进行。

就本质而言可控整流器的作用相当于一组 6 个可控电子开关，依据触发信号的不同，将三相交流侧电源的两相（换相时则为三相）依次接到整流器中，并将交流整流为直流。

第四节　换　相　角

在整流器换相过程中，换相角 γ 是一个重要的参数，由式（6-11）可知：

$$\gamma = -\alpha + \cos^{-1}\left(\cos\alpha - \frac{2X_\gamma I_d}{\sqrt{2}E}\right) \tag{6-13}$$

当参数 E、X_γ、α 不变时，换相角 γ 将随整流电流 I_d 的增大而增加，当换相电压 E 下降，控制角 α 减小或换相电抗 X_γ 以及整流电流 I_d 增加时，均会使换相角 γ 随之增加。

当换相角 γ 的大小不同时，换流器在工作时同时导通的元件数亦随之变化。

在图 6-7 中示出了三相桥式整流器当换相角 γ 不同时，同时导通的元件数的变化。

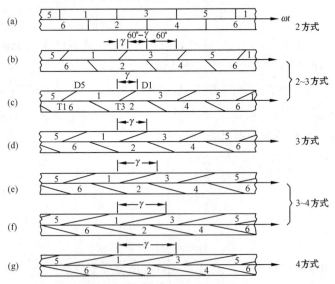

图 6-7　当换相角 γ 不同时，同时导通的元件数

(a) $\gamma = 0$；(b) $\gamma = 20°$；(c) $\gamma = 40°$；(d) $\gamma = 60°$；(e) $\gamma = 80°$；(f) $\gamma = 100°$；(g) $\gamma = 120°$

由图 6-7 可看出：

（1）当 $0 < \gamma < 60°$ 时，整流器工作在第 Ⅰ 种换相状态，即在非换相期间只有 2 个元件同时导通，在换相期间有 3 个元件同时工作，故称之为 2～3 方式。作为边界状态，当 $\gamma = 0$ 时，有 2 个元件同时导通，而当 $\gamma = 60°$ 时，有 3 个元件同时导通，没有非换相状态。

（2）当 $\gamma = 60°$ 不变时，整流器工作在第 Ⅱ 种换相状态，在任何时刻均有 3 个元件同时导通，即工作在 3 方式。

（3）当 $60° < \gamma < 120°$ 时，整流器工作在第 Ⅲ 种换相状态，即整流器以 3 个元件和 4 个元件交替同时导通的方式工作，即工作在 3～4 方式。作为边界状态，$\gamma = 60°$ 时，有 3 个元件同时导通，即 3 工作方式，而当 $\gamma = 120°$ 时，有 4 个元件同时导通，即 4 工作方式。

应说明的是，2～3 方式属正常工作状态，而 3～4 工作方式是非正常工作状态。

第五节　整流电压平均值

对于三相桥式整流线路，整流器输出的直流电压平均值依据触发控制角 α 以及换相角 γ 的不同而有所变化，现分以下几种情况予以讨论。

一、整流器的控制角 α、换相角 γ 均为零的情况

相应的整流电压波形见图 6-8。

当控制角 $\alpha = 0$ 时，整流器在自然换相点 C1 处开始导通，而且由于换相角 $\gamma = 0$，故换相是瞬时发生和完成的，在 C1 换相点之前，元件 V5 和 V6 导通，为此：

$$U_m = U_c = e_c$$
$$U_n = U_b = e_b$$

整流器直流侧的端电压：

$$U_d = U_m - U_n = e_c - e_b = e_{bc}$$

其后类推，各元件依次在自然换相点，即线电压过零点换相。

由于整流器直流端 m、n 对中性点电压之和等于整流电压 U_d，相应的波形如图 6-8（a）、图 6-8（b）中实线阴影部分所示，整流电源电压频率在一个周期中共有六个脉动，故三相桥式整流线路输出整流电压的脉动频率为 $6f$，f 为电源电压频率。

由于在一个周期中，整流电压是由六段相同的部分正弦曲线段所组成，因此，在确定其平均值时，取其中一段进行计算即可。

假定纵坐标基准轴 Y-Y 取在线电压 e_{ba} 曲线的零点处，则线电压 e_{ba} 可以方程 $e_{ba} = \sqrt{2}E\cos\theta$ 表示。此段整流电压面积由下列积分式求得，积分范围为 $-\frac{\pi}{6} \sim \frac{\pi}{6}$。

$$A_0 = \int_{-\frac{\pi}{6}}^{\frac{\pi}{6}} \sqrt{2}E\cos\omega t \, \mathrm{d}(\omega t) = \sqrt{2}E\left[\sin\omega t\right]_{-\frac{\pi}{6}}^{\frac{\pi}{6}} = \sqrt{2}E$$

如将 A_0 除以 $\frac{\pi}{3}$，即可求得 $\alpha = 0$ 和 $\gamma = 0$ 的整流电压平均值，即：

$$U_{d0}=\frac{A_0}{\frac{\pi}{3}}=\frac{3\sqrt{2}}{\pi}E=1.35E \tag{6-14}$$

式中　E——电源线电压有效值。

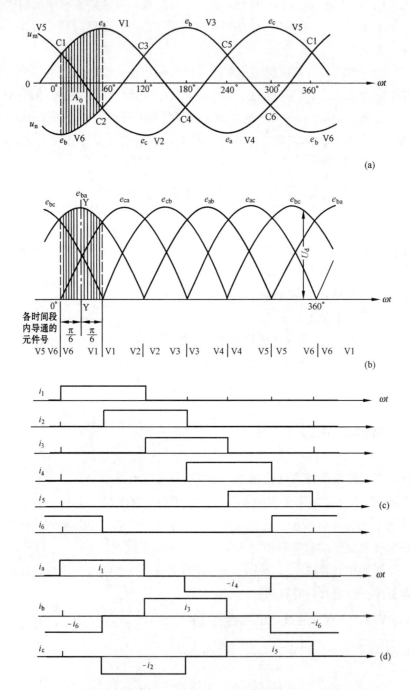

图 6-8　当整流器控制角 α、换相角 γ 均为零时的电压、电流波形图

（a）直流输出正、负端 m、n 对中性点 O 的电压波形图；（b）直流电压 U_d 的波形图；

（c）元件电流波形图；（d）整流器交流侧电流波形图

当负载电流 I_d 为零时，换相角 γ 为零，因此，式（6-14）所示电压亦可理解为整流器空载直流电压输出值。负载时流过各元件的电流以及交流侧电流波形如图 6-8（c）、图 6-8（d）所示，各电流的导电宽度均为 120°电角度。

二、当整流器在空载情况下，控制角 $\alpha > 0$，$\gamma = 0$

此时，u_m、u_n 及 U_d 的电压波形如图 6-9 所示。和图 6-8 相比，在控制角 α（C1～T1）间隔内，元件 V5 并未立即换相到 V1 元件，直流电压仍由线电压 e_{bc} 所决定。在控制角 α 区间内，直流电压波形出现缺口，为此，这种状态下的整流电压平均值低于前述 U_{d0}。

同理，取一个周期中的 1/6 波形计算整流电压平均值，但此时积分上、下限与前述有所不同，积分范围在 T1 与 T2 之间，其面积为：

$$A = \int_{-\left(\frac{\pi}{6} - \alpha\right)}^{\frac{\pi}{6} + \alpha} \sqrt{2}E\cos\omega t\, \mathrm{d}(\omega t) = 2\sqrt{2}E\sin\frac{\pi}{6}\cos\alpha = \sqrt{2}E\cos\alpha$$

整流电压的平均值为：

$$U_d = \frac{A}{\frac{\pi}{3}} = \frac{3\sqrt{2}}{\pi}E\cos\alpha = U_{d0}\cos\alpha \tag{6-15}$$

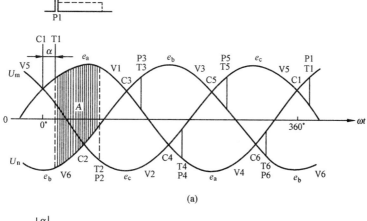

(a)

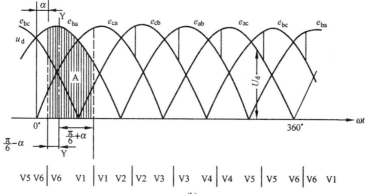

(b)

图 6-9　整流器工作在 $\alpha > 0$、$\gamma = 0$ 时的整流电压波形图

（a）直流输出正、负端 m、n 对中性点 O 的电压波形图；（b）直流电压波形图

三、在负载可控状态下，$\alpha > 0$，$\gamma = 0$

此时，整流电压波形与前述不同的是在换相角 γ 区间，即图 6-5（a）中 T1～D5 期间内，由于 V5 和 V1 元件进行换相，使整流器交流端 c、a 两相短路，线电压 e_{ca} 全部降在两相的换相电抗 $2X_\gamma$ 上，每相 X_γ 的电压降为 $e_{ca}/2$，为此整流器正极电位 m 点位于 e_c 和 e_a 两曲线之和一半的中点上。见图 6-5（a）中的实线段 AB。

此时，整流电压平均值可写为：

$$U_d = \frac{1}{\frac{\pi}{3}}(A - \Delta A) = U_{d0}\cos\alpha - \Delta U \tag{6-16}$$

式中　A——图 6-5（b）中 e_{cb} 曲线下的全部阴影面积；

ΔA——因换相引起的电压降面积，如图 6-5（b）所示的网状阴影面积；

ΔU——由于换相引起的直流电压平均值的电压降。

现分别求取各部分电压平均值。

由图 6-5（a）、图 6-5（b）可知，ΔA 部分的纵坐标长度等于换相两相（图中的 a、b 相）之间线电压瞬时值的一半，为 $\frac{1}{2}\sqrt{2}E\sin\omega t$，由此，可求得：

$$\Delta A = \int_{\alpha}^{\alpha + \gamma} \frac{1}{2}\sqrt{2}E\sin\omega t\, d(\omega t) = \frac{\sqrt{2}}{2}E[\cos\alpha - \cos(\alpha + \gamma)] \tag{6-17}$$

换相压降平均值：

$$\Delta U = \frac{\Delta A}{\frac{\pi}{3}} = \frac{3\sqrt{2}}{2\pi}[\cos\alpha - \cos(\alpha + \gamma)]$$

$$= \frac{U_{d0}}{2}[\cos\alpha - \cos(\alpha + \gamma)]$$

$$= U_{d0}\sin(\alpha + \frac{\gamma}{2})\sin\frac{\gamma}{2} \tag{6-18}$$

由式（6-11）求出 $[\cos\alpha - \cos(\alpha + \gamma)]$ 的值，并代入上式化简求得：

$$\Delta U = \frac{3\omega L_\gamma}{\pi} \times I_d = \frac{3}{\pi}X_\gamma I_d = 6fL_\gamma I_d = d_\gamma I_d \tag{6-19}$$

$$d_\gamma = \frac{3\omega L_\gamma}{\pi}$$

式中　f——电源频率，Hz；

d_γ——在换相过程中单位电流所产生的电压降。

d_γ 有时以 R_γ 表示，并称之为等值换相电阻，其物理意义是，在换相过程中与换相电流在换相电抗上产生的等值交流电压降相对应的等值直流电压降。此电阻不消耗有功功率。

如将式（6-18）和式（6-19）分别代入式（6-16）可求得在负载和可控条件下的整流电压平均值的不同表达形式：

$$U_\mathrm{d} = \frac{U_\mathrm{d0}}{2}\left[\cos\alpha + \cos(\alpha+\gamma)\right]$$

$$= U_\mathrm{d0}\cos\left(\alpha+\frac{\gamma}{2}\right)\cos\frac{\gamma}{2}$$

$$= U_\mathrm{d0}\cos\alpha - \frac{3X_\gamma}{\pi}I_\mathrm{d}$$

$$= U_\mathrm{d0}\cos\alpha - d_\gamma I_\mathrm{d} \tag{6-20}$$

将式（6-14）代入式（6-20），可求得整流电压平均值与控制角 α 及换相角 γ 之间的表达式：

$$U_\mathrm{d} = \frac{U_\mathrm{d0}}{2}\left[\cos\alpha + \cos(\alpha+\gamma)\right]$$

$$= \frac{3\sqrt{2}}{2\pi}E\left[\cos\alpha + \cos(\alpha+\gamma)\right] \tag{6-21}$$

第六节　整流电压瞬时值

整流元件所承受的电压由作用于元件阳极和阴极的电压相对于中性点的电位所决定。

现以图 6-10（a）中所示的 V1 元件为例，其阳极电压 u_n、阴极电压 u_m 相对于中性点 O 的电压曲线即为整流元件 V1 所承受的电压波形，在图 6-10（a）中分别以虚线表示 V1 元件的阳极电压，实线表示 V1 元件的阴极电压，两者纵坐标之差即为 V1 元件阳极和阴极之间的电压。

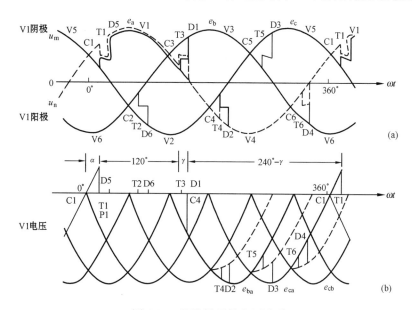

图 6-10　整流桥元件电压波形

（a）V1 元件的阳极及阴极对中性点的电压；（b）元件 V1 的电压

在 V1 元件导通前的 C1～T1 区间，V1 处于承受正向电压作用下的阻断期内，其阳极电压等于 e_a 而阴极电压等于 e_c（因元件 V5 导通，故 m 点电位与 c 点电位相同，见图 6-1），V1

所承受的正向阻断电压跃变值为 $U_{ca} = \sqrt{2}E_{ca}\sin\alpha$，如图 6-10（b）D5 段所示。元件 V1 在 D5 点导通后，导通期间导通角为 120°直到 T3 点，元件 V1 与 V3 进行换相至 D1 点，换相结束。此后，元件 V1 阳极电压等于 e_b，因 $e_b > e_a$，故 V1 元件承受反向阻断电压，在 D1 的反向关断电压跃变值为 $U_{ab} = \sqrt{2}\sin(\alpha+\gamma)$。其后，由 D1→C1 的 240°期间内所承受的反电压波形如图 6-10（b）中实线所示。

第七节　元件电流有效值

在图 6-5（c）中示出了各整流元件的电流波形图，在换相期间参与换相的两元件电流的上升和下降部分波形如图 6-6 所示。在非换相导通期间，流过各元件的电流等于 I_d。各元件流过电流的导通时间为 120°+γ。

首先确定 $\gamma=0$ 时整流元件电流的有效值。此时，流过各元件的电流波形均为宽度为 120°的矩形波，与控制角 α 的大小无关。由图 6-8（c）可确定元件电流有效值为：

$$I_{V0} = \sqrt{\frac{1}{2\pi}\int_0^{\frac{2}{3}\pi}I_d^2 \mathrm{d}\omega t} = \sqrt{\frac{1}{2\pi}\left(\frac{2\pi}{3}I_d^2\right)}$$

$$= \frac{1}{\sqrt{3}}I_d = 0.577I_d \tag{6-22}$$

整流桥交流侧电流的有效值由流过同一相两个元件的电流所组成。以 a 相为例，流过 a 相二次绕组的电流由元件 V1 及 V4 的电流所组成，如图 6-8（d）所示，应说明的是通过阴极组元件 V1 的电流方向是由电源流向元件的，而通过阳极组元件 V4 的电流方向是由元件 V4 流向电源的，为此交流电流有效值等于：

$$I = \sqrt{2\frac{1}{2\pi}\times\frac{3\pi}{3}I_d^2} = \sqrt{\frac{2}{3}}I_d = 0.816I_d \tag{6-23}$$

对比式（6-22）和式（6-23）可看出：整流桥交流侧的电流有效值为元件电流有效值的 $\sqrt{2}$ 倍。

当换相角 $\gamma>0$ 时，确定元件电流有效值应考虑到换相时的电流上升段及下降段的波形变化。

在换相电流上升期间（$\alpha\leqslant\omega t\leqslant\alpha+\gamma$），由式（6-9）可求得：

$$i_s = \frac{E}{\sqrt{2}X_\gamma}(\cos\alpha-\cos\omega t) \tag{6-24}$$

在换相期间，当 $\omega t=\alpha+\gamma$ 时，元件电流等于直流电流 I_d，即：

$$I_d = \frac{E}{\sqrt{2}X_\gamma}[\cos\alpha-\cos(\alpha+\gamma)] \tag{6-25}$$

由上述 i_s 及 I_d 的表达式可求得在换相期间换相电流上升段的表达式为：

$$i_s = I_d \times \frac{\cos\alpha - \cos\omega t}{\cos\alpha - \cos(\alpha+\gamma)} \qquad (6\text{-}26)$$

同理，在换相电流下降期间（$120°+\alpha \leqslant \omega t \leqslant 120°+\alpha+\gamma$）内的元件电流为：

$$i_j = I_d - I_d \times \frac{\cos\alpha - \cos\left(\omega t - \dfrac{5}{6}\pi\right)}{\cos\alpha - \cos(\alpha+\gamma)} \qquad (6\text{-}27)$$

依此，可按各时间段进行积分，确定元件的电流有效值为：

$$\begin{aligned}
I_V &= \left\{ \frac{1}{2\pi}\left[\int_\alpha^{\alpha+\gamma} i_s^2 \mathrm{d}(\omega t) + \int_{\frac{2}{3}\pi+\alpha}^{\frac{2}{3}\pi+\alpha+\gamma} i_j^2 \mathrm{d}(\omega t) + \right.\right.\\
&\quad \left.\left. I_d^2 \left(\frac{2\pi}{3} - \gamma\right) \right]\right\}^{\frac{1}{2}}\\
&= I_d \frac{1}{\sqrt{3}}\sqrt{1 - 3\psi(\alpha,\gamma)}\\
&= 0.577 I_d \sqrt{1 - 3\psi(\alpha,\gamma)} \qquad (6\text{-}28)
\end{aligned}$$

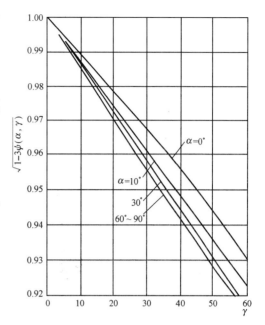

图 6-11　电流有效值系数

$\sqrt{1-3\psi(\alpha,\gamma)}$ 与 α、γ 的关系曲线

式中

$$\psi(\alpha,\ \gamma) = \frac{1}{2\pi}\frac{\sin\gamma[2+\cos(2\alpha+\gamma)] - \gamma[1+2\cos\alpha\cos(\alpha+\gamma)]}{[\cos\alpha - \cos(\alpha+\gamma)]^2}$$

在图 6-11 中示出了有效值系数 $\sqrt{1-3\psi(\alpha,\ \gamma)}$ 与 α、γ 的关系曲线。

同前讨论，由于交流侧电流是由通过两个同相整流元件的电流所组成，为此，交流侧电流有效值 I 为元件电流有效值的 $\sqrt{2}$ 倍，即：

$$I = \sqrt{2} I_V = 0.816 I_d \sqrt{1 - 3\psi(\alpha,\ \gamma)} \qquad (6\text{-}29)$$

在正常运行方式下，系数 $\sqrt{1-3\psi(\alpha,\ \gamma)}$ 约为 0.955，由此可认为：

$$I \approx 0.78 I_d = \frac{\sqrt{6}}{\pi} I_d$$

第八节　交流电流基波及谐波值

一、交流电流基波值

交流电流的基波分量 $I_{(1)}$ 可由傅里叶级数的分析求得，如果将 $I_{(1)}$ 换相电压分解为有功及无功分量，则基波电流 $I_{(1)}$ 的有功分量为：

$$\begin{aligned}
I_{(1)p} &= I_{(1)}\cos\varphi_{(1)}\\
&= \frac{\sqrt{2}}{\pi}\left[\int_\alpha^{\alpha+\gamma} i_s \sin\left(\omega t + \frac{\pi}{6}\right)\mathrm{d}(\omega t) + \int_{\alpha+\gamma}^{\frac{2}{3}\pi+\alpha} I_d \sin\left(\omega t + \frac{\pi}{6}\right)\mathrm{d}(\omega t) \right.
\end{aligned}$$

$$+ \int_{\frac{2}{3}\pi+\alpha}^{\frac{2}{3}\pi+\alpha+\gamma} i_{\mathrm{j}} \sin\left(\omega t + \frac{\pi}{6}\right) \mathrm{d}(\omega t)\Bigg]$$

$$= \frac{\sqrt{6}}{\pi} I_{\mathrm{d}} \frac{\left[\cos\alpha + \cos(\alpha+\gamma)\right]}{2} \tag{6-30}$$

式中　$\varphi_{(1)}$——交流侧基波功率因数角。

同理，可求得基波电流有效值 $I_{(1)}$ 的无功分量表达式为：

$$I_{(1)\mathrm{Q}} = I_{(1)} \sin\varphi_{(1)}$$

$$= \frac{\sqrt{2}}{\pi}\Bigg[\int_{\alpha}^{\alpha+\gamma} i_{\mathrm{s}} \cos\left(\omega t + \frac{\pi}{6}\right) \mathrm{d}(\omega t) + \int_{\alpha+\gamma}^{\frac{2\pi}{3}+\alpha} I_{\mathrm{d}} \cos\left(\omega t + \frac{\pi}{6}\right) \mathrm{d}(\omega t)$$

$$+ \int_{\frac{2}{3}\pi+\alpha}^{\frac{2}{3}\pi+\alpha+\gamma} i_{\mathrm{j}} \cos\left(\omega t + \frac{\pi}{6}\right) \mathrm{d}(\omega t)\Bigg]$$

$$= \frac{\sqrt{6}}{\pi} I_{\mathrm{d}} \frac{\sin2\alpha - \sin2(\alpha+\gamma) + 2\gamma}{4\left[\cos\alpha - \cos(\alpha+\gamma)\right]} \tag{6-31}$$

式中　γ——换相角，rad。

基波电流的有效值可由式（6-30）及式（6-31）求得：

$$I_{(1)} = \sqrt{I_{(1)\mathrm{P}}^2 + I_{(1)\mathrm{Q}}^2} = \frac{\sqrt{6}}{\pi} I_{\mathrm{d}} K_{(1)} \tag{6-32}$$

其中：

$$K_{(1)} = \frac{\pi}{4} \frac{\sqrt{4\left[\cos^2\alpha - \cos^2(\alpha+\gamma)\right]^2 + \left[\sin2\alpha - \sin2(\alpha+\gamma)2\gamma\right]^2}}{\left[\cos\alpha - \cos(\alpha+\gamma)\right]}$$

二、交流电流谐波值[12,13]

在采用整流器的励磁系统中，不论是由交流励磁机供电还是由励磁变压器供电，整流器的交流相电流均发生畸变，具有非正弦波形，并存在高次谐波电流分量。对此应对非正弦电流进行谐波分析，以确定由此谐波分量引起的附加损耗。对于三相桥式整流线路而言，由傅里叶级数展开原理可知，对于周期为 2π、对称于横轴〔即 $i_{(\omega t)} = -i_{(\pi+\omega t)}$〕的交流电流波形，不存在直流分量及偶次谐波，除基波外，只存在奇次谐波。因三相桥式整流线路无中性点接线，故奇次谐波分量中还不存在三的倍数的谐波，即其含有的奇次谐波的次数为 $n=1$，5，7，11，13，17，19，…，等。非正弦电流波形 $i_{(\omega t)}$ 的傅里叶级数展开式可写为：

$$i(\omega t) = \sum_{n=1}^{\infty} \left[a_{\mathrm{n}} \cos(n\omega t) + b_{\mathrm{n}} \sin(n\omega t)\right] \tag{6-33}$$

其中：

$$a_{\mathrm{n}} = \frac{1}{\pi} \int_{0}^{2x} i_{(\omega t)} \cos(n\omega t) \mathrm{d}(\omega t)$$

$$b_{\mathrm{n}} = \frac{1}{\pi} \int_{0}^{2\pi} i_{(\omega t)} \sin(n\omega t)(\omega t)$$

$$c_{\mathrm{n}} = \sqrt{a_{\mathrm{n}}^2 + b_{\mathrm{n}}^2}$$

$$\tan\varphi_{\mathrm{n}} = \frac{b_{\mathrm{n}}}{a_{\mathrm{n}}}$$

谐波电流系数的计算与所选定的坐标系统的原点有关，例如参考文献 [8] 推导谐波电流系数时，取电源相电压的原点作为参考点，即图 6-12 中 e_2 电压波形的原点。

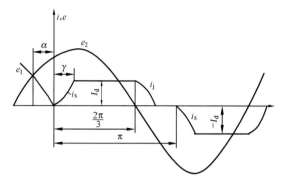

图 6-12 交流电压及电流波形图

在选定坐标原点条件下，交流换相电流上升段的表达式为：

$$i_s = \frac{\cos\alpha - \cos\left(\omega t - \frac{\pi}{6}\right)}{\cos\alpha - \cos(\alpha + \gamma)} \quad (6\text{-}34)$$

下降段电流表达式：

$$i_j = \frac{\cos\left(\omega t - \frac{5\pi}{6}\right) - \cos(\alpha + \gamma)}{\cos\alpha - \cos(\alpha + \gamma)} \quad (6\text{-}35)$$

依此：

$$
\begin{aligned}
a_n = \ & \frac{1}{\pi}\int_{\frac{\pi}{6}+\alpha}^{\frac{\pi}{6}+\alpha+\gamma} \frac{\cos\alpha - \cos\left(\omega t - \frac{\pi}{6}\right)}{\cos\alpha - \cos(\alpha + \gamma)} \times \cos(n\omega t)\mathrm{d}(\omega t) \\
& - \int_{\frac{5}{6}\pi+\alpha}^{\frac{5}{6}\pi+\alpha+\gamma} \frac{\cos(\alpha + \gamma) - \cos\left(\omega t - \frac{5\pi}{6}\right)}{\cos\alpha - \cos(\alpha + \gamma)} \times \cos(n\omega t)\mathrm{d}(\omega t) \\
& + \int_{\frac{\pi}{6}+\alpha+\gamma}^{\frac{5}{6}\pi+\alpha} \cos(n\omega t)\mathrm{d}(\omega t) \quad (6\text{-}36)
\end{aligned}
$$

求得：

$$
\begin{aligned}
a_n = \ & \frac{2\sin\left(n\frac{\pi}{3}\right)}{\pi n(n^2-1)\left[\cos\alpha - \cos\left(\alpha + \gamma\right)\right]} \\
& \times \left\{ n\sin\alpha\sin\left[n\left(\alpha + \frac{\pi}{2}\right)\right] - n\sin(\alpha + \gamma)\times\sin\left[n\left(\alpha + \gamma + \frac{\pi}{2}\right)\right]\right. \\
& \left. + \cos\alpha\cos\left[n\left(\alpha + \frac{\pi}{2}\right)\right] - \cos(\alpha + \gamma)\cos\left[n\left(\alpha + \gamma + \frac{\pi}{2}\right)\right]\right\} \quad (6\text{-}37)
\end{aligned}
$$

同理求得：

$$
\begin{aligned}
b_n = \ & \frac{2\sin\left(n\frac{\pi}{3}\right)}{\pi n(n^2-1)\left[\cos\alpha - \cos\left(\alpha + \gamma\right)\right]} \\
& \times \left\{ n\sin\alpha\cos\left[n\left(\alpha + \frac{\pi}{2}\right)\right] - n\sin(\alpha + \gamma)\times\cos\left[n\left(\alpha + \gamma + \frac{\pi}{2}\right)\right]\right. \\
& \left. + \cos(\alpha + \gamma)\sin\left[n\left(\alpha + \gamma + \frac{\pi}{2}\right)\right] - \cos\alpha\sin\left[n\left(\alpha + \frac{\pi}{2}\right)\right]\right\} \quad (6\text{-}38)
\end{aligned}
$$

谐波的幅值及相位角的正切值分别为：

$$c_n = \sqrt{a_n^2 + b_n^2}, \quad \tan\varphi_n = \frac{b_n}{a_n} \quad (6\text{-}39)$$

谐波分量有效值：

$$I_n = \frac{c_n}{\sqrt{2}} \lambda I_d \tag{6-40}$$

式中　λ——接线系数，对于三相桥式接线 λ＝2。

基波系数为：

$$\left. \begin{array}{l} a_1 = \dfrac{\sqrt{3}}{4\pi \left[\cos\alpha - \cos(\alpha+\gamma)\right]} \times \left[2\gamma + \sin2\alpha - \sin2(\alpha+\gamma)\right] \\[4mm] b_1 = \dfrac{\sqrt{3}}{2\pi}\left[\cos\alpha + \cos(\alpha+\gamma)\right] \\[4mm] c_1 = \sqrt{a_1^2 + b_1^2},\ \tan\varphi_1 = \dfrac{b_1}{a_1} \end{array} \right\} \tag{6-41}$$

基波电流有效值：

$$I_1 = \frac{c_1}{\sqrt{2}} \lambda I_d \tag{6-42}$$

在参考文献［14］中给出另一种谐波电流分量的表达式，计算时以交流电流的起始点为坐标原点，为此交流电流上升段的表达式为：

$$i_s = \frac{\cos\alpha - \cos(\omega t + \alpha)}{\cos\alpha - \cos(\alpha+\gamma)} \tag{6-43}$$

交流电流下降段的表达式为：

$$i_j = \frac{\cos\left(\omega t + \alpha - \dfrac{2\pi}{3}\right) - \cos(\alpha+\gamma)}{\cos\alpha - \cos(\alpha+\gamma)} \tag{6-44}$$

依此：

$$\begin{aligned} a_n = &\frac{1}{\pi}\int_0^\gamma \frac{\cos\alpha - \cos(\omega t + \alpha)}{\cos\alpha - \cos(\alpha+\gamma)}\cos(n\omega t)\mathrm{d}(\omega t) \\[2mm] &+ \int_{\frac{2}{3}\pi}^{\frac{2}{3}\pi+\gamma} \frac{\cos\left(\omega t + \alpha - \dfrac{2\pi}{3}\right) - \cos(\alpha+\gamma)}{\cos\alpha - \cos(\alpha+\gamma)}\cos(n\omega t)\mathrm{d}(\omega t) \\[2mm] &+ \int_\gamma^{\frac{2}{3}\pi}\cos(n\omega t)\mathrm{d}(\omega t) \end{aligned} \tag{6-45}$$

$$\begin{aligned} a_n = &\frac{2\sin\left(n\dfrac{\pi}{3}\right)\sin\left(n\dfrac{\pi}{2}\right)}{\pi n(n^2-1)\left[\cos\alpha - \cos(\alpha+\gamma)\right]} \\[2mm] &\times \{n\sin(\alpha+\gamma)\sin[n(\alpha+\gamma)] - n\sin\alpha\sin(n\alpha) \\[2mm] &+ \cos(\alpha+\gamma)\cos[n(\alpha+\gamma)] - \cos\alpha\cos(n\alpha)\} \end{aligned} \tag{6-46}$$

$$\begin{aligned} b_n = &\frac{2\sin n\dfrac{\pi}{3}\sin\left(n\dfrac{\pi}{2}\right)}{\pi n(n^2-1)\left[\cos\alpha - \cos(\alpha+\gamma)\right]} \\[2mm] &\times \{n\sin\alpha\cos(n\alpha) - n\sin(\alpha+\gamma)\cos[n(\alpha+\gamma)] + \sin[n(\alpha+\gamma)] \\[2mm] &\times \cos(\alpha+\gamma) - \sin(n\alpha)\cos\alpha\} \end{aligned} \tag{6-47}$$

谐波的幅值及相角的正切值：

$$c_n = \sqrt{a_n^2 + b_n^2}, \quad \tan\varphi_n = \frac{b_n}{a_n} \tag{6-48}$$

谐波分量的有效值：

$$I_n = \frac{c_n}{\sqrt{2}} \times I_d \quad (n = 1、5、7、11、13、\cdots) \tag{6-49}$$

基波分量系数：

$$\left.\begin{array}{l} a_1 = \dfrac{\sqrt{3}}{2\pi\left[\cos\alpha - \cos(\alpha+\gamma)\right]}\left[2\gamma + \sin2\alpha - \sin2(\alpha+\gamma)\right] \\[3mm] b_1 = \dfrac{\sqrt{3}}{\pi}\left[\cos\alpha + \cos(\alpha+\gamma)\right] \\[3mm] c_1 = \sqrt{a_1^2 + b_1^2}; \quad \tan\varphi_1 = \dfrac{b_1}{a_1} \end{array}\right\} \tag{6-50}$$

基波分量电流的有效值：

$$I_1 = \frac{c_1}{\sqrt{2}} \times I_d \tag{6-51}$$

第九节　整流装置的功率因数

依据图 6-13 所示的交流电压和电流的波形图，如以 V-V 及 I-I 纵轴线分别表示电压及电流波形正半波的中线，同时，将电流波形近似地认为是梯形波，则中线 I-I 与电流波形导通及关断点的间距均为 $60° + \dfrac{\gamma}{2}$。由此，电压和电流两中线间的夹角即为功率因数角 φ，由图6-13可求得：

$$\varphi = \alpha + \frac{\gamma}{2} \tag{6-52}$$

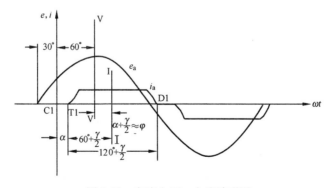

图 6-13　交流电压、电流波形图

为此，整流装置运行时的控制角 α 和 γ 越大，整流电源交流侧的功率因数越低，在输出相同直流功率条件下，所需的整流变压器功率也越大。式（6-52）为功率因数的近似表达式，精确的计算可由下列程序求出。

由式（6-20）可求得：

$$U_d = \frac{3\sqrt{2}}{\pi} E \cos\left(\alpha + \frac{\gamma}{2}\right)\cos\frac{\gamma}{2}$$

或者：

$$E = \frac{\pi U_d}{3\sqrt{2}} \times \frac{1}{\cos\left(\alpha + \frac{\gamma}{2}\right)\cos\frac{\gamma}{2}}$$

另由式（6-29）可求得：

$$I = \sqrt{\frac{2}{3}} I_d \sqrt{1 - 3\psi(\alpha, \gamma)}$$

整流装置交流输入视在功率：

$$
\begin{aligned}
S &= \sqrt{3}EI \\
&= \sqrt{3} \times \frac{\pi}{3\sqrt{2}} \times \frac{U_d}{\cos(\alpha + \frac{\gamma}{2})\cos\frac{\gamma}{2}} \times \sqrt{\frac{2}{3}} I_d \sqrt{1 - 3\psi(\alpha, \gamma)} \\
&= \frac{\pi}{3} U_d I_d \frac{\sqrt{1 - 3\psi(\alpha, \gamma)}}{\cos(\alpha + \frac{\gamma}{2})\cos\frac{\gamma}{2}} \\
&= \frac{\pi}{3} P_d \frac{\sqrt{1 - 3\psi(\alpha, \gamma)}}{\cos(\alpha + \frac{\gamma}{2})\cos\frac{\gamma}{2}}
\end{aligned}
\tag{6-53}
$$

通常，整流装置的有功功率损耗较小，为此可以认为交流侧输入的有功功率 P 等于整流侧直流功率 P_d，依此得：

$$P = P_d$$

交流侧有功功率等于：

$$P = \sqrt{3}EI\cos\varphi$$

由此求得功率因数：

$$\cos\varphi = \frac{P}{\sqrt{3}EI} = \frac{P}{S} = \frac{3}{\pi} \times \frac{\cos\left(\alpha + \frac{\gamma}{2}\right)\cos\frac{\gamma}{2}}{\sqrt{1 - 3\psi(\alpha, \gamma)}} \tag{6-54}$$

在正常工作情况下，整流装置的系数 $\sqrt{1 - 3\psi(\alpha + \gamma)}$ 约为 0.955，由此可近似地认为：

$$\cos\varphi \approx \cos\left(\alpha + \frac{\gamma}{2}\right)\cos\frac{\gamma}{2} = \frac{1}{2}\left[\cos\alpha + \cos(\alpha + \gamma)\right] \tag{6-55}$$

整流装置基波的功率因数，由式（6-30）和式（6-32）可求得：

$$
\begin{aligned}
\cos\varphi_{(1)} &= \frac{I_{(1)p}}{I_{(1)}} = \frac{\sqrt{6}}{\pi} I_d \frac{\cos\alpha + \cos(\alpha + \gamma)}{2} \times \frac{\pi}{\sqrt{6} I_d K_{(1)}} \\
&= \frac{1}{K_{(1)}} \times \frac{\cos\alpha + \cos(\alpha + \gamma)}{2}
\end{aligned}
\tag{6-56}
$$

将式（6-32）中的 $K_{(1)}$ 代入式（6-56），整理得：

$$\cos\varphi_{(1)}=\frac{2\left[\cos^2\alpha-\cos^2(\alpha+\gamma)\right]}{\sqrt{4\left[\cos^2\alpha-\cos^2(\alpha+\gamma)\right]^2+\left[\sin2\alpha-\sin2(\alpha+\gamma)+2\gamma\right]^2}} \tag{6-57}$$

比较式（6-54）及式（6-57）可看出，整流装置总功率因数与基波功率因数值有所差异，这是由于交流电流具有非正弦波形所引起的。

根据三相交流电路中有功功率的定义，其值等于相电压的瞬时值和电流瞬时值乘积之和在一个周期中的平均值。依此，交流侧的有功功率为：

$$P=\frac{3}{T}\int_0^T ei\,\mathrm{d}t=\frac{3}{T}\int_0^T ei_{(1)}\,\mathrm{d}t+\frac{3}{T}\sum_{n>1}\int_0^T ei_{(\mathrm{n})}\,\mathrm{d}t$$

式中　T——电源电压的周期；

　　　e——加到整流器交流侧的正弦相电压瞬时值，其幅值等于$\sqrt{\dfrac{2}{3}}E$。

根据交流电路原理，可知由基波电流产生的有功功率：

$$P=\frac{3}{T}\int_0^T ei_{(1)}\,\mathrm{d}t=\sqrt{3}EI_{(1)}\cos\varphi_{(1)} \tag{6-58}$$

如将式（6-21）中的 E 写为：

$$E=\frac{2\pi U_\mathrm{d}}{3\sqrt{2}}\times\frac{1}{\cos\alpha+\cos(\alpha+\gamma)}$$

式（6-33）中 $I_{(1)}\cos\varphi_{(1)}$ 写为：

$$I_{(1)}\cos\varphi_{(1)}=\frac{\sqrt{6}}{\pi}I_\mathrm{d}\frac{\cos\alpha+\cos(\alpha+\gamma)}{2}$$

将上两式代入式（6-58）中，求得基波电流产生的有功功率值为：

$$P=U_\mathrm{d}I_\mathrm{d}$$

而由谐波电流和基波电压乘积在一个周期内的平均值必等于零，即

$$\frac{3}{T}\int_0^T ei_{(\mathrm{n})}\,\mathrm{d}t=0$$

这说明只有基波电流能供给换流装置以有功功率。

由交流电源供给整流装置的视在功率表达式可写为：

$$S=\sqrt{3}EI=\sqrt{3}E\sqrt{I_{(1)}^2+\sum_{n>1}I_{(\mathrm{n})}^2}$$

整流装置中的功率包括有功功率、无功功率及由谐波电流引起的畸变功率三部分，其关系式可写为：

$$S^2=P^2+Q^2+N^2 \tag{6-59}$$

式中　P——有功功率；

　　　Q——无功功率；

　　　N——畸变功率。

由式（6-31）可得基波电流无功功率 Q：

$$Q=\sqrt{3}EI_{(1)}\sin\varphi_{(1)}=U_\mathrm{d}I_\mathrm{d}\frac{\sin2\alpha-\sin2(\alpha+\gamma)+2\gamma}{2\left[\cos^2\alpha-\cos^2(\alpha+\gamma)\right]} \tag{6-60}$$

式（6-60）中的 Q 即为在整流过程中所消耗的无功功率值。

由谐波电流产生的畸变功率为：

$$N=\sqrt{3}E\sqrt{\sum_{n>1}I_{(n)}^2}=\sqrt{3}E\sqrt{I^2-I_{(1)}^2} \tag{6-61}$$

由于畸变功率的存在，使整流装置的总功率因数略小于基波功率因数。

表 6-1 示出了 $0<\gamma<60°$ 时，第 Ⅰ 种换相状态的整流线路计算公式。

表 6-1　　　　第 Ⅰ 种换相状态下（$0<\gamma<60°$）三相桥式整流线路的理论计算公式

序号	项　　目	计　　算　　式
1	$\alpha=0$ 时的空载直流电压	$U_{d0}=\dfrac{3\sqrt{2}}{\pi}E=1.35E$（式中，$E$ 为电源线电压有效值）
2	$\alpha\neq0$ 时的空载直流电压	$U_{d0}=\dfrac{3\sqrt{2}}{\pi}E\cos\alpha=1.35E\cos\alpha$
3	直流电流	$I_d=\dfrac{\sqrt{2}E}{2\omega L_\gamma}\times[\cos\alpha-\cos(\alpha+\gamma)]=\dfrac{\sqrt{2}E}{\omega L_\gamma}\times\sin(\alpha+\dfrac{\gamma}{2})\sin\dfrac{\gamma}{2}$ $=2I_{S2}\sin(\alpha+\dfrac{\gamma}{2})\sin\dfrac{\gamma}{2}$
4	换相电抗压降	$\Delta U=d_\gamma I_d=\dfrac{3\omega L_\gamma}{\pi}\times I_d=\dfrac{3X_\gamma}{\pi}\times I_d=6fL_\gamma I_d=\dfrac{U_{d0}}{2}[\cos\alpha-\cos(\alpha+\gamma)]$ $=U_{d0}\sin\times(\alpha+\dfrac{\gamma}{2})\sin\dfrac{\gamma}{2}$
5	换相角	$\gamma=-\alpha+\cos^{-1}\left(\cos\alpha-\dfrac{6\omega L_\gamma I_d}{\pi U_{d0}}\right)$
6	直流电压（忽略换相电流在回路中引起的电阻压降）	$U_d=U_{d0}\cos\alpha-\dfrac{3\omega L_\gamma}{\pi}\times I_d=\dfrac{U_{d0}}{2}[\cos\alpha+\cos(\alpha+\gamma)]$ $=U_{d0}\cos(\alpha+\dfrac{\gamma}{2})\cos\dfrac{\gamma}{2}=\dfrac{3\sqrt{2}}{\pi}E\cos(\alpha+\dfrac{\gamma}{2})\cos\dfrac{\gamma}{2}$ $=1.35E\cos(\alpha+\dfrac{\gamma}{2})\cos\dfrac{\gamma}{2}\approx U_{d0}\cos\varphi$
7	阻断期内元件电压的最大值（理想波形）	$U_P=\dfrac{\pi}{3}U_{d0}=1.047U_{d0}=\sqrt{2}E$
8	换相期内元件电流的瞬时值　上升前沿	$i_s=I_d\times\dfrac{\cos\alpha-\cos\omega t}{\cos\alpha-\cos(\alpha+\gamma)}$
	换相期内元件电流的瞬时值　下降后沿	$i_j=I_d\times\dfrac{\cos\left(\omega t-\dfrac{5}{6}\pi\right)-\cos(\alpha+\gamma)}{\cos\alpha-\cos(\alpha+\gamma)}$
9	元件电流有效值	$I_V=\dfrac{I_d}{\sqrt{3}}\sqrt{1-3\psi(\alpha,\gamma)}=0.577I_d\sqrt{1-3\psi(\alpha,\gamma)}$ 式中，$\psi(\alpha,\gamma)=\dfrac{1}{2\pi}\times\dfrac{\sin\gamma[2+\cos(2\alpha+\gamma)]-\gamma[1+2\cos\alpha\cos(\alpha+\gamma)]}{[\cos\alpha-\cos(\alpha+\gamma)]^2}$ 正常运行时，$\sqrt{1-3\psi(\alpha,\gamma)}\approx0.955$
10	整流装置交流电流	$I=\sqrt{2}I_V=\sqrt{\dfrac{2}{3}}I_d\sqrt{1-3\psi(\alpha,\gamma)}=0.816I_d\sqrt{1-3\psi(\alpha,\gamma)}\approx0.78I_d=\dfrac{\sqrt{6}}{\pi}I_d$
11	整流装置交流电流的基波分量	$I_{(1)}=\dfrac{\sqrt{6}}{\pi}I_dK_{(1)}$ 式中，$K_{(1)}=\dfrac{\sqrt{4[\cos^2\alpha-\cos^2(\alpha+\gamma)]^2+[\sin2\alpha-\sin2(\alpha+\gamma)+2\gamma]^2}}{4[\cos\alpha-\cos(\alpha+\gamma)]}$
12	整流装置的视在功率或整流变压器的容量	$S=\dfrac{\pi}{3}U_dI_d\times\dfrac{\sqrt{1-3\psi(\alpha,\gamma)}}{\cos(\alpha+\dfrac{\gamma}{2})\cos\dfrac{\gamma}{2}}=2.094P\times\dfrac{\sqrt{1-3\psi(\alpha,\gamma)}}{\cos\alpha+\cos(\alpha+\gamma)}=\sqrt{3}EI$

续表

序号	项　目	计　算　式
13	整流装置变换的有功功率（不计装置的损耗）	$P=P_d=U_d I_d=\sqrt{3}EI\cos\varphi=\sqrt{3}EI_{(1)}\cos\varphi_{(1)}$
14	交流基波无功功率	$Q=\sqrt{3}EI_{(1)}\sin\varphi_{(1)}=\dfrac{U_d I_d}{2}\times\dfrac{\sin2\alpha-\sin2(\alpha+\gamma)+2\gamma}{\cos^2\alpha-\cos^2(\alpha+\gamma)}$
15	整流装置总功率因数	$\cos\varphi=\dfrac{3}{\pi}\times\dfrac{\cos\left(\alpha+\dfrac{\gamma}{2}\right)\cos\dfrac{\gamma}{2}}{\sqrt{1-3\psi\ (\alpha,\ \gamma)}}\approx\cos\left(\alpha+\dfrac{\gamma}{2}\right)\cos\dfrac{\gamma}{2}=\dfrac{1}{2}\left[\cos\alpha+\cos(\alpha+\gamma)\right]$
16	整流装置基波功率因数	$\cos\varphi_{(1)}=\dfrac{2\left[\cos^2\alpha-\cos^2(\alpha+\gamma)\right]}{\sqrt{4\left[\cos^2\alpha-\cos^2(\alpha+\gamma)\right]^2+\left[\sin2\alpha-\sin2(\alpha+\gamma)+2\gamma\right]^2}}$

在图 6-14 中示出了当 $0<\gamma<60°$ 和电源交流电压 E 为恒定值时，整流电压 U_d、整流电流 I_d 与控制角 α 之间第 Ⅰ 种换相状态的关系特性曲线。

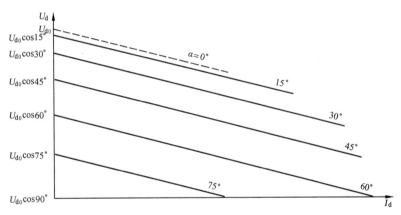

图 6-14　第 Ⅰ 种换相状态 $0<\gamma<60°$ 时的整流器外特性曲线

其表达式为：

$$U_d=\frac{3\sqrt{2}E}{\pi}\cos\alpha-\frac{3}{\pi}X_\gamma I_d\quad(\gamma<60°)$$

第十节　第 Ⅲ 种 换 相 状 态

在上节中讨论了当 $0<\gamma<60°$ 时的第 Ⅰ 种换相状态，即 2～3 工作状态。在本节中将重点讨论当 $\gamma=60°$ 时第 Ⅱ 种工作状态和 $60°<\gamma<120°$ 的第 Ⅲ 种工作状态，为叙述方便计，首先讨论第 Ⅲ 种换相状态。

如前所述，当 $60°<\gamma<120°$ 时，整流器将工作在第 Ⅲ 种换相状态，此时整流元件将以 3～4 方式工作，即以 3 个元件和 4 个元件交替同时导通的方式工作。

应当说明的是，这种运行方式是非正常的，只有在整流器严重过负载、交流侧供电电压大幅下降以及直流侧短路时才会过渡到这种工作状态。

第 Ⅲ 种换相状态一个明显的工作特征是整流线路存在固有的强制最小控制角 α'，且 $\alpha'=$

30°。当线路设定的工作控制角 $\alpha_P \leqslant 30°$ 时，设定控制角不起作用，整流线路的工作状态由线路固有的强制最小控制角 α' 所决定，只有当工作控制角 $\alpha_P > \alpha' = 30°$ 时，整流线路的工作状态才由设定控制角所决定。

现讨论 $60° \leqslant \gamma < 120°$ 的工作状态，整流电压的波形如图 6-15 所示。图中的数字代表相应整流元件的编号。

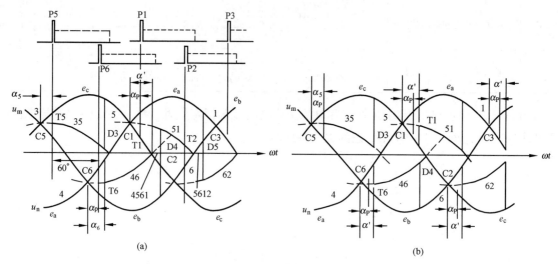

图 6-15　当 $60° \leqslant \gamma < 120°$ 时的换相过程
（a）$60° < \gamma < 120°$；（b）$\gamma = 60°$

首先假定工作控制角 $\alpha_P < 30°$，起始状态为整流元件 V3 及 V4 导通，自然换相点为 C5。在 T5 点供给 P5 触发脉冲时整流元件 V5 导通，元件 V3 向 V5 进行换相。同时，假定换相开始后由于负载电流的增加，换相角 γ 过渡到大于 60°，并在稳态后仍大于 60°，为此，在 P5 之后的 60°处当 P6 发出触发脉冲时，由于元件 V3 和 V5 换相尚未结束，虽然元件 V6 已有触发脉冲，但由于其阴极电位随 T5→D3 之间的曲线变化，而其阳极 n 点电位取决于电压 e_a（因元件 V4 在导通故 a 点电位等于 n 点电位）。同时，由于 e_a 小于换相元件 V3、V5 之间的换相电压，故虽将触发脉冲加到 V5 元件，但由于其阳极电压低于阴极电压，因而不能导通，这种状态一直延续到 V3、V5 元件换相过程结束的 D3 点。此后，b、c 相间的短路消失，元件 V6 的阴极电位由 b 相电压 e_b 所决定，并低于阴极电压 e_a，如果触发脉冲具有一定的宽度，V6 元件将导通。由上述过程可以看出，元件 V6 的导通时间将比其工作控制角 α_P 滞后一个角度，其值为 $\Delta\alpha = \alpha' - \alpha_P$。

在 T6 点元件 V6 导通之后，V4 和 V6 间开始进行换相。此时，由于换相角 γ 仍大于 60°，故在 P6 之后的 60°处 P1 点向 V1 元件发出脉冲时，因元件 V4 和 V6 间的换相尚未结束，为此，V1 的阳极电位将沿 T1～T6 电压曲线段而变化，低于其阴极电位 e_c（因元件 V5 在导通，故 m 点电位等于 e_c），因而不能立即导通。但是在 T1 点之后（滞后于 C1 点 30°），V1 的阳极电位有沿着 T6～T1 的虚线部分电压曲线上升的趋势，高于其阴极电位 e_c 时瞬时导通。其后，将分别有阴极组 V1 和 V5 及阳极组 V4 和 V64 个元件同时换相和导通，形成交流侧、三相短路和直流侧短路，整流电压为零，其等值线路如图 6-16（a）所示。

其后，在 D4 点元件 4、6 换相结束，V4 元件关断。随后的工作状态是 V5 和 V1 元件继续换相以及 V5、V1 和 V6 同时导通，等值电路如图 6-16（b）所示。

然后，在 P2 点发出触发脉冲，元件 V2 并不立即导通，而是在滞后 C2 点 30° 的 T2 点开始导通，在元件 V2 和 V6 换相的同时，V5 和 V1 继续换相，又形成 V5、V1 和 V2、V6 4 个元件同时导通的状态，直到元件 V5 在 D5 点关断为止。此时的等值电路如图 6-16（c）所示。此后，整流器将继续以 3 个元件导通和 4 个元件导通交替地以 3～4 方式工作。

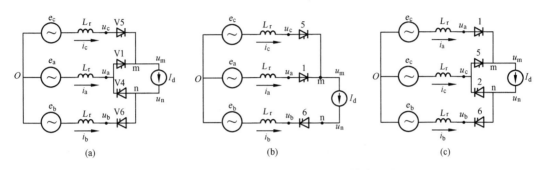

图 6-16　当 $60° < \gamma < 120°$ 时整流线路的等值电路

（a）整流元件 V1、V5 和 V4、V6 同时换相；（b）元件 V1、V5 换相和 V1、V5、V6 同时导通；

（c）元件 V1、V5 和 V2、V6 同时换相

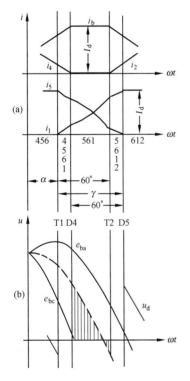

图 6-17　当 $60° < \gamma < 120°$ 时整流器的换相电流及整流电压波形图

（a）换相电流波形图；（b）整流电压波形图

由上述讨论可知，整流器运行在 $60° < \gamma < 120°$ 的稳定状态下，如工作控制角 $\alpha_P < 30°$，则导通时的控制角将强制地增大到 $\alpha' = 30°$；如果 $\alpha_P > 30°$，则导通控制角 $\alpha = \alpha_P \geq 30°$。显然，线路中的控制角的最小值为 30°。引起这一现象的原因是由于前一个换相过程形成两相短路，使随后进入换相区的相邻相元件在反向电压作用下虽被触发却不能导通，直到元件的阴、阳极之间的电压呈正向值时始能导通。

应着重说明的是，当处于反向电压作用下的元件被施以触发脉冲时，将使相应元件的反向漏电流增加，使各元件之间的电压分配更加不均匀，这对均压安全而言是极为不利的。

下面对第Ⅲ种换相过程作一定量分析，相应换相波形图见图 6-17（a）。应着重说明的是在以下讨论中假定，并以 C1 点作为 $\omega t = 0$ 起始点，其后的换相过程可分为 3 个时间区域段，如图 6-17 所示。

在第一时间段 T1～D4 区域内，V4、V6 和 V1、V5 这 4 个元件同时导通，在交流侧形成三相短路。由图 6-16（a）可看出元件 V1 的电流 i_1 为 C 相的短路电

137

流，但相位反 180°，与前述整流器工作在 2～3 方式下计算式相同可求得：

$$i_1 = -\sqrt{\frac{2}{3}} \times \frac{E}{X_\gamma} \cos(\omega t + 150°) + A_1 = -I_{S3} \cos(\omega t - 30°) + A_1 \tag{6-62}$$

其中：

$$I_{S3} = \sqrt{\frac{2}{3}} \times \frac{E}{X_\gamma}$$

式中 I_{S3}——整流器交流电源三相短路时，短路电流强制分量的幅值。

A_1——代表短路电流自由分量的待定系数。

在 T1 点，将 $\omega t = \alpha$、$i_1 = 0$ 代入式（6-62）可得：

$$A_1 = I_{S3} \cos(\alpha - 30°) \tag{6-63}$$

将 A_1 值代入式（6-62），求得在 T1～D4 期间的 i_1 值为：

$$i_1 = I_{S3} \left[\cos(\alpha - 30°) - \cos(\omega t - 30°) \right] \tag{6-64}$$

在 D4 点，$\omega t = \alpha + \gamma - 60°$，则：

$$i_1 = I_{S3} \left[\cos(\alpha - 30°) - \cos(\alpha + \gamma - 90°) \right] \tag{6-65}$$

在第二时间段 D4～T2 区域内，V1、V5 和 V6 3 个元件同时导通，元件 V1、V5 之间进行换相，交流侧 c、a 两相发生短路，其等值电路如图 6-16（b）所示。

i_1 的表达式为：

$$i_1 = -\frac{\sqrt{2}E}{2X_\gamma} \cos\omega t + A_2 = -\frac{\sqrt{3}}{2} I_{S3} \cos\omega t + A_2 \tag{6-66}$$

在 D4 点，i_1 之值由式（6-65）确定，其值不会发生突变，依此求得：

$$A_2 = I_{S3} \left[\cos(\alpha - 30°) - \cos(\alpha + \gamma - 90°) + \frac{\sqrt{3}}{2} \cos(\alpha + \gamma - 60°) \right]$$

$$= I_{S3} \left[\cos(\alpha - 30°) + \frac{1}{2} \cos(\alpha + \gamma + 30°) \right] \tag{6-67}$$

在 D4～T2 区间，i_1 的表达式：

$$i_1 = I_{S3} \left[\cos(\alpha - 30°) + \frac{1}{2} \cos(\alpha + \gamma + 30°) - \frac{\sqrt{3}}{2} \cos\omega t \right] \tag{6-68}$$

在 T2 点，$\omega t = \alpha + 60°$，则：

$$i_1 = I_{S3} \left[\cos(\alpha - 30°) + \frac{1}{2} \cos(\alpha + \gamma + 30°) - \frac{\sqrt{3}}{2} \cos(\alpha + 60°) \right] \tag{6-69}$$

在第三时间段 T2～D5 区域内，V1、V5、V2、V6 4 个元件同时导通，交流侧又发生三相短路，相应的 i_1 值由图 6-16（c）可知，此时 a 相电流流过元件 V1，为此：

$$i_1 = -\sqrt{\frac{2}{3}} \times \frac{E}{X_\gamma} \cos(\omega t + 30°) + A_3 = -I_{S3} \cos(\omega t + 30°) + A_3 \tag{6-70}$$

在 T2 点，$\omega t = \alpha + 60°$ 时的 i_1 值可由式（6-69）求得，相应的 A_3 值为：

$$A_3 = I_{S3} \left[\cos(\alpha - 30°) + \frac{1}{2} \cos(\alpha + \gamma + 30°) - \frac{\sqrt{3}}{2} \cos(\alpha + 60°) + \cos(\alpha + 90°) \right]$$

$$= I_{S3} \left[\frac{1}{2} \cos(\alpha - 30°) + \frac{1}{2} \cos(\alpha + \gamma + 30°) \right] \tag{6-71}$$

由此，在 T2～D4 区域内 i_1 的表达式可写为：

$$i_1 = I_{S3} \left[\frac{1}{2} \cos(\alpha - 30°) + \frac{1}{2} \cos(\alpha + \gamma + 30°) - \cos(\omega t + 30°) \right] \tag{6-72}$$

在 $\omega t = \alpha + \gamma$ 的 D5 点换相结束时：

$$i_1 = I_{S3} \left[\frac{1}{2} \cos(\alpha - 30°) + \frac{1}{2} \cos(\alpha + \gamma + 30°) - \cos(\alpha + \gamma + 30°) \right]$$

$$= \frac{1}{2} I_{S3} [\cos(\alpha - 30°) - \cos(\alpha + \gamma + 30°)]$$

$$= \frac{1}{\sqrt{3}} I_{S2} [\cos(\alpha - 30°) - \cos(\alpha + \gamma + 30°)]$$

$$= I_d \tag{6-73}$$

由式（6-73）可看出，当 $\gamma > 60°$ 时 I_d 与 α 及 γ 之间的关系式与 $\gamma < 60°$ 时对应的式（6-11）是不相同的。

下面讨论当 $60° < \gamma < 120°$ 时整流电压 U_d 的波形变化，如图 6-17（a）所示，在 T1～D4 区域内，由于元件 V1、V5 和 V4、V6 同时导通，形成交流侧三相短路，因此，$U_d = 0$。

在 D4～T2 时间段内，由于元件 V1、V5 和 V6 同时导通形成 c、a 两相短路，整流电压 m 端由换相两相电压 e_a 和 e_c 的平均值所决定，而 n 端则由 e_c 相电压曲线所决定。在图 6-17（b）中阴影部分示出了在 1/6 周期中整流电压的波形，其余波形与此相同。由 D4 到 T2 区间，整流电压面积的代数和可由下式求得：

$$A = \int_{\alpha + \gamma - 60°}^{\alpha + 60°} \frac{3}{2} \sqrt{\frac{2}{3}} E \cos\omega t \, \mathrm{d}\omega t$$

$$= \sqrt{\frac{3}{2}} E [\cos(\alpha - 30°) + \cos(\alpha + \gamma + 30°)] \tag{6-74}$$

整流电压的平均值：

$$U_d = \frac{A}{\pi} = \frac{3\sqrt{6}}{2\pi} E [\cos(\alpha - 30°) + \cos(\alpha + \gamma + 30°)]$$

$$= \frac{\sqrt{3}}{2} U_{d0} [\cos(\alpha - 30°) + \cos(\alpha + \gamma + 30°)]$$

$$= \sqrt{3} U_{d0} \cos\left(\alpha + \frac{\gamma}{2}\right) \cos\left(\frac{\gamma}{2} + 30°\right) \tag{6-75}$$

由式（6-73）得：

$$I_d = \frac{1}{2} \sqrt{\frac{2}{3}} \times \frac{E}{X_\gamma} [\cos(\alpha - 30°) - \cos(\alpha + \gamma + 30°)] \tag{6-76}$$

由式（6-75）得：

$$U_d = \sqrt{3} U_{d0} \cos(\alpha - 30°) - 3 \frac{3 X_\gamma}{\pi} \times I_d$$

$$= \sqrt{3} U_{d0} \cos(\alpha - 30°) - 3 d_\gamma I_d \tag{6-77}$$

在这种运行情况下，以 a 相为例，交流侧电流与元件电流的关系为：

$$i_a = i_1 - i_4$$

但是，在 T1～D4 和 T2～D5 两区间，将有别于 2-3 方式的表达式。

例如在 T1～D4 区域内：

$$i_4 = I_d - i_6, \quad i_a = i_1 - i_4 = i_1 + i_6 - I_d \tag{6-78}$$

另在 T1～D4 区域内，i_6 的波形与 T2～D5 区间内 i_1 的波形相同，但在相位上提前 $60°$，依此，将式（6-72）移相可得：

$$i_6 = I_{S3} \left[\frac{1}{2} \cos(\alpha - 30°) + \frac{1}{2} \cos(\alpha + \gamma + 30°) - \cos(\omega t + 90°) \right] \tag{6-79}$$

将式（6-64）、式（6-73）、式（6-79）代入式（6-78），可得：

$$i_a = I_{S3} \left[\cos(\alpha - 30°) + \cos(\alpha + \gamma + 30°) - \cos(\omega t + 30°) \right] \tag{6-80}$$

在其他时间区域，i_a 等于 i_1 或 $-i_4$。

第十一节　第 Ⅱ 种换相状态

在上节中讨论了当 $60° < \gamma < 120°$ 时的第 Ⅲ 种换相状态，即 3～4 工作方式。

当 $\gamma = 60°$ 不变时，此运行方式中的任一时刻均有 3 个元件同时工作，称为第 Ⅱ 种换相状态或 3 工作方式。对此工况的计算 2～3 工作方式中的各项公式仍然适用。但应注意到在第 Ⅱ 种换相状态，亦有可能出现存在强制控制角 α 的现象。如果给定控制角 $\alpha_P < 30°$，可能会出现实际控制角 $\alpha > \alpha_P$ 的现象。

现以图 6-15（b）说明其工作过程，在对元件 V6 触发之前，元件 V3 和 V5 换相，另有元件 V4 导通。在对元件 V6 进行触发时，如果 V6 的控制角 α_P 小于实际强制控制角 $\alpha = 30°$ 时，V6 元件将要在元件 V3 在 D3 点关断后才能导通，从而出现实际控制角为 α 并大于设定 α_P 的情况。

如果在元件 V3 和 V5 换相以及直流电流增大并保持不变时，α 角增加，将使 γ 角有所减少，如果此时换相角也达到 $\gamma = 60°$ 的稳态值，则此时各元件的实际导通角将相等，但都大于 α_P，如图 6-15（b）T6 之后的曲线所示。

如果其后 I_d 再增加，α_P 仍保持不变，则实际控制角 α 将增大。当 α 角随 I_d 增大到 $\alpha = 30°$，即达到强制控制角时，$\alpha = 30°$、$\gamma = 60°$ 处于第 Ⅱ 种和第 Ⅲ 种工作状态的临界过渡点，相应的直流电流表达式为：

$$I_d = \frac{\sqrt{2}E}{2X_\gamma} \times \left[\cos\alpha - \cos(\alpha + 60°) \right] = \frac{\sqrt{2}E}{2X_\gamma} \times \sin(\alpha + 30°)$$

$$= \frac{1}{2} \times \sqrt{\frac{3}{2}} \times \frac{E}{X_\gamma} \tag{6-81}$$

此后，如果再增大 I_d，整流器将从第 Ⅱ 种工作状态过渡到第 Ⅲ 种工作状态，$\alpha = 30°$，$\gamma > 60°$ 的状态。

相反，如果减小 I_d，α_P 保持不变，α 角将减小。当 α 随 I_d 一直减小到 $\alpha=\alpha_P$，且 $\gamma=60°$ 时，相应临界直流电流值为：

$$I_d=\frac{E}{\sqrt{2}X_\gamma}\times\sin\ (\alpha_P+30°)\tag{6-82}$$

如果 I_d 继续减小，整流器将从第 II 种工作方式过渡到第 I 种工作方式，此时，$\alpha=\alpha_P$。

由上述可知：当 $\alpha_P<30°$ 和直流电流变化在 $\dfrac{E}{\sqrt{2}X_\gamma}\times\sin(\alpha_P+30°)\sim\dfrac{1}{2}\times\sqrt{\dfrac{3}{2}}\times\dfrac{E}{X_\gamma}$ 范围内，亦即变化在第 II 种工作状态两临界点之间时，相应的控制角 α 将自行随 I_d 的大小而增减，其值为：

$$\alpha=\sin^{-1}\frac{I_dX_\gamma}{\sqrt{2}E}-30°$$

如果 $\alpha_P\geqslant30°$ 还会发生上述情况，即 α 将等于 α_P，与 $\gamma=60°$ 对应的直流电流只有 $E\sin(\alpha_P+30°)/\sqrt{2}X_\gamma$ 一个数值，如果 I_d 小于此值，整流器将转入第 I 种工作状态，如果 I_d 大于此值，将转入第 II 种工作状态。

对于 $\gamma=60°$ 时的第 II 种换相状态，整流电压的平均值亦可由图 6-15（b）的曲线用面积积分法求得，积分的区间为由 α 到 $\alpha+60°$，其平均值为：

$$U_d=\frac{3\sqrt{2}}{\pi}E\ \left[\cos\alpha+\cos(\alpha+60°)\right]$$

或写为：

$$\frac{2\pi U_d}{3\sqrt{2}E}=2\cos(\alpha+30°)\cos30°$$

$$\frac{2\pi U_d}{3\sqrt{6}E}=\cos(\alpha+30°)\tag{6-83}$$

当 $\gamma=60°$ 时，直流电流 I_d 的表达式由式（6-81）可得：

$$\frac{2I_dX_\gamma}{\sqrt{2}E}=\left[\cos\alpha-\cos(\alpha+60°)\right]$$

$$=2\sin(\alpha+30°)\sin30°$$

$$=\sin(\alpha+30°)\tag{6-84}$$

将式（6-83）和式（6-84）两边平方后相加得：

$$\frac{2\pi^2}{27}\times\frac{U_d^2}{E^2}+\frac{2I_d^2X_\gamma^2}{E^2}=1\tag{6-85}$$

上述表征第 II 种换相状态的方程式为一椭圆方程。

第十二节　整流外特性曲线

在以上各节中讨论了三相桥式整流线路在第 I、第 II 和第 III 种工作状态下的特性，这些特性表征了在供电交流电源线电压 E 为恒定值的条件下整流电压 U_d、整流电流 I_d 以及控制

角 α 之间的关系，通常称之为整流器的外特性曲线。在以 U_d—I_d 为坐标的平面中可得出整流器的外特性曲线族，在应用上极为方便。下面讨论整流器外特性曲线的绘制。

由整流器外特性表达式可得出对于第Ⅰ种换相状态：

$$U_d = \frac{3\sqrt{2}}{\pi}E\cos\alpha - \frac{3X_\gamma}{\pi}I_d$$

对于第Ⅱ种换相状态：

$$\frac{2\pi^2}{27} \times \frac{U_d^2}{E^2} + \frac{2I_d^2 X_\gamma^2}{E^2} = 1$$

对于第Ⅲ种换相状态：

$$U_d = \frac{3\sqrt{6}}{\pi}E\cos(\alpha - 30°) - \frac{9}{\pi}X_\gamma I_d$$

为应用方便计，通常将整流器外特性以标幺值表示。

对于整流电压 U_d，标幺基准值取为 U_{d0}，即：

$$U_d^* = U_{d0} = \frac{3\sqrt{2}}{\pi}E$$

对于整流电流 I_d，标幺基准值取整流桥交流侧两相短路电流的幅值，即：

$$I_d^* = \frac{E}{\sqrt{2}X_\gamma}$$

依此，可将第Ⅰ、Ⅱ、Ⅲ种换相状态方程式转化为标幺值表达式。

当控制角 $\alpha = 0$ 时，第Ⅰ、第Ⅱ和第Ⅲ种换相状态的标幺值表达式分别为：

$$U_d^* = 1 - \frac{I_d^*}{2} \quad \left(0 < I_d^* \leqslant \frac{1}{2}\right) \tag{6-86}$$

$$\frac{4}{3}U_d^{*2} + I_d^{*2} = 1 \quad \left(\frac{1}{2} < I_d^* \leqslant \frac{\sqrt{3}}{2}\right) \tag{6-87}$$

$$\frac{2}{3}U_d^* + \sqrt{3}I_d^* = 2 \quad \left(\frac{\sqrt{3}}{2} < I_d^*\right) \tag{6-88}$$

以标幺值表示的三相桥式整流器外特性曲线如图 6-18 所示。

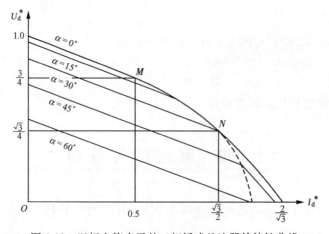

图 6-18　以标幺值表示的三相桥式整流器外特性曲线

第十三节 三相桥式逆变电路的工作原理

在三相全控桥式整流电路中，励磁功率是由交流电源经整流后供给的。在电感负载下，当电路的控制角在 $60°<\alpha<90°$ 之间时，整流器输出端的整流电压瞬时值 U_d 将交替地呈现正值及负值，如图 6-19 所示，为讨论简便计，假设换相角 $\gamma=0$。

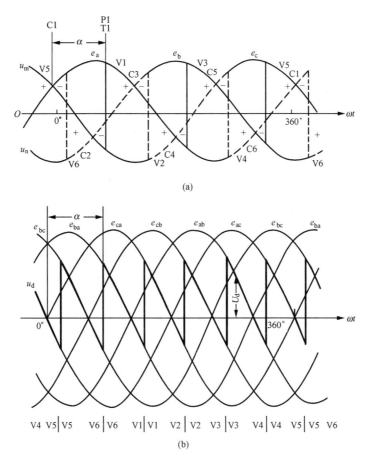

(a)

(b)

图 6-19 当 $60°<\alpha<120°$ 和 $\gamma=0$ 时的整流电压波形

（a）直流输出正、负端 m、n 对中性点 O 的电压波形图；（b）直流电压 U_d 的波形图

由图 6-19 可看出，当 $\alpha>60°$，整流电压瞬时值将呈现负值部分；当 $\alpha=90°$，则整流电压瞬时值的正、负部分将相等，整流电压的平均值将为零。即 $U_d=U_{d0}\cos90°=0$。当负载为纯电阻时，只有电压瞬时值为正值时区间中才有断续的电流流过负载。如果负载具有较大的电感值（诸如发电机的励磁绕组），此时直流电流将是连续的，其平均值亦为正值。

如果控制角继续增加到 $60°<\alpha<120°$，由整流电压 U_d 瞬时值所决定的负面积将大于正面积，使合成电压为负值，其结果使整流电压的极性发生反向变化。

当 $120°<\alpha<180°$ 时，如图 6-20 所示，此时整流电压的面积全部为负值，直到 $\alpha=180°$ 负

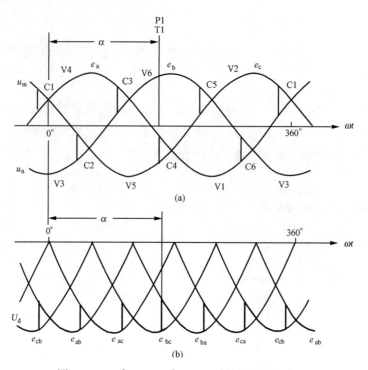

图 6-20　$120° < \alpha < 180°$，$\gamma = 0$ 时的整流电压波形

（a）直流输出正、负端 m、n 对中性点 O 的电压波形图；（b）直流电压 U_d 的波形图

电压达最大值，$U_d = U_{d0} \cos\alpha = U_{d0} \cos 180° = -U_{d0}$。

由上述讨论可知，$\alpha > 90°$ 将使整流电压的极性发生反向，与仍沿正向流动的直流电流方向相反，导致不能再继续向负载供给能量，而是将储存在负载电感中的能量反馈到交流电源侧，使整流器处于逆变工作状态。

在发电机励磁回路中，逆变状态主要用于发电机励磁回路的灭磁，同时由于直流负载侧是无源的，随发电机励磁电流的衰减直至到零，逆变过程结束。此逆变过程的持续是短暂的，不同于在直流输电线路中逆变器工作在持续稳定的状态。

为便于和整流器进行对比，将逆变器的相位控制角以 β 表示之，β 与 α 角之间有如下关系式：

$$\beta = 180° - \alpha \tag{6-89}$$

式中　β——逆变角。

现以图 6-21 为例说明逆变器的工作过程。在 P1 时刻即在逆变角 β_1 处对元件 V1 进行触发，β 为超前线电压过零点 C4 的角度，C1 与 C4 点之间的间隔为 $180°$。

元件 V1 和 V5 进行换相，经换相角 γ_{51} 至 D5 点换相结束，在与超前线电压过零点 C4 对应的 δ_5 角度处元件 V5 关断，元件 V1 完全导通，上述各角度之间的关系式为：

$$\beta_1 = \delta_5 + \gamma_{51} \tag{6-90}$$

当各元件的运行角度相等时，可简化为一般表达式：

$$\beta = \delta + \gamma \tag{6-91}$$

式中　δ——超前关断角。

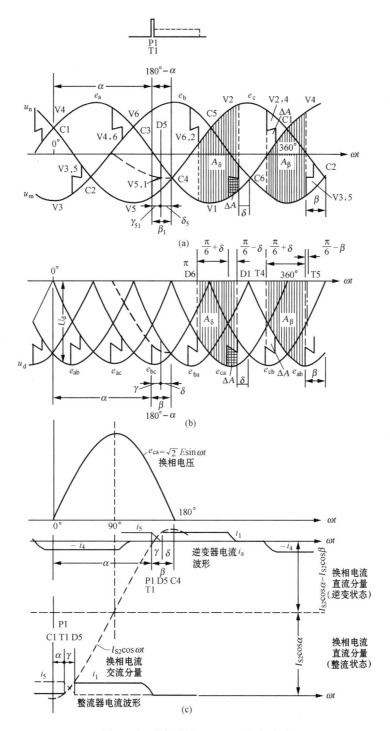

图 6-21　逆变器的电压和电流波形图

（a）相电压波形图；（b）逆变电压波形图；（c）电流波形图

此外，在逆变工作状态下，逆变器的直流端 m、n 点相对于中性点的电压 U_m 和 U_n 与直流电压 U_d 的波形分别示于图 6-21（a）及图 6-21（b）中。由此图可看出，如果逆变器的运

行角度 δ 和 γ 与整流工作状态的运行角度 α 和 γ 分别相等时，则两者的 U_m、U_n 和 U_d 波形是完全对应的，只需将图 6-5 整流电压波形在横轴 ωt 平面上旋转 $180°$ 即可得到逆变电压的波形。由此可知，只要将整流电压计算公式中的 α 代以逆变器的 δ 角，即可得到逆变器的电压计算表达式。

如将图 6-21（a）所示的 m、n 两端之间的电压波形，绘成图 6-21（b）所示的以 ωt 轴为零点的电压波形，此图形即表示各元件阳极及阴极之间的逆变负电压波形。

参考整流器直流电压的计算表达式，对逆变器而言，可以 δ 相位角为界限将一个周期中的直流电压瞬时值 U_d 的波形分为六个相同和相等部分，并取其中 1/6 部分（例如 D6～D1 之间）计算逆变器反电压的平均值，略去其负号可求得：

$$U_d = \frac{1}{\pi/3}(A_\delta - \Delta A) \tag{6-92}$$

式中　A_δ——表示图 6-21（b）中 e_{ca} 电压曲线的全部阴影面积；

　　　ΔA——由于换相引起的损失面积，以网状阴影面积表示之。

与整流电压计算式（6-16）相同，式（6-92）中 A_δ 部分可写为：

$$\frac{3}{\pi}A_\delta = U_{d0}\cos\delta \tag{6-93}$$

而：

$$\frac{3}{\pi}\Delta A = \frac{1}{2}U_{d0}\left[\cos\delta - \cos(\delta+\gamma)\right] = \frac{3X_\gamma}{\pi}I_d = d_\gamma I_d \tag{6-94}$$

由此得：

$$U_d = U_{d0}\cos\delta - d_\gamma I_d = \frac{1}{2}U_{d0}\left[\cos\delta + \cos(\delta+\gamma)\right] \tag{6-95}$$

如以 β 相位角为界限计算逆变反电压平均值，可取 T4～T5 的面积进行计算：

$$U_d = \frac{1}{\frac{\pi}{3}}(A_\beta + \Delta A) \tag{6-96}$$

式中　A_β——表示图 6-21（b）中 e_{ab} 电压曲线的全部阴影面积；

　　　ΔA——由于换相引起的电压波形上增加的面积，其值与式（6-92）中的 ΔA 面积相等。

由此可求得：

$$U_d = U_{d0}\cos\beta + d_\gamma I_d \tag{6-97}$$

由式（6-94）可求得：

$$d_\gamma I_d = \frac{1}{2}U_{d0}\left[\cos\delta - \cos(\delta+\gamma)\right]$$

代入式（6-95）或式（6-97）均可得到：

$$U_d = \frac{1}{2}U_{d0}\left[\cos\delta + \cos(\delta+\gamma)\right] \tag{6-98}$$

式（6-95）和式（6-97）分别为以相角 δ 和 β 为运行参数的表达式，其结果是完全相同的。

如式（6-98）所示，分别以 δ 和 β 表示运行参数，式（6-98）经整理可得：

$$U_\mathrm{d}=U_\mathrm{d0}\cos\left(\delta+\frac{\gamma}{2}\right)\cos\frac{\gamma}{2}=U_\mathrm{d0}\cos\left(\beta-\frac{\gamma}{2}\right)\cos\frac{\gamma}{2} \tag{6-99}$$

由前述讨论可知，当 $\alpha>90°$ 或者 $\beta<90°$ 时，整流器将过渡到逆变器运行。

他励静止二极管整流器励磁系统

第一节　交流电流的谐波分析

在采用二极管整流器的他励静止励磁系统中，由于励磁机供电给整流负载，使得定子相电流发生畸变，具有非正弦波形。为此，在确定励磁系统有关参数时，通常需对此非正弦电流进行谐波分析。对此，在第六章中已叙述，相关公式亦可应用于本章由交流励磁机供电的静止二极管励磁系统中。

依此，如果只考虑交流电流的基波分量，其表达式可写为：

$$i_1 = A_1 \cos\theta + B_1 \sin\theta \tag{7-1}$$

基波电流的幅值为：

$$I_{m1} = \sqrt{A_1^2 + B_1^2} \tag{7-2}$$

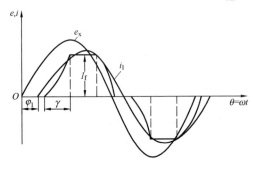

图 7-1　基波电流分量的分解

如选择 A 相电动势 $e_A = \sqrt{2}E_x\sin\theta = e_x$ 曲线的起始点作为坐标原点，如图 7-1 所示，则 A 相电流的基波电流分量可写为：

$$i_A = I_{m1}\sin(\theta - \varphi_1)$$

式中　φ_1——基波电流滞后电源电动势的相位角。

φ_1 的正切值为：

$$\tan\varphi_1 = \frac{B_1}{A_1} \tag{7-3}$$

在表示交流电流基波分量的式（7-1）中，余弦项系数 A_1 和正弦项 B_1 分别表示基波电流相对于电源电动势有功及无功电流分量。即：

$$I_{am1} = |A_1|, \quad I_{rm1} = |B_1| \tag{7-4}$$

如令：

$$A_1^* = \frac{A_1}{I_f} \tag{7-5}$$

$$B_1^* = \frac{B_1}{I_f}$$

则有：

$$I_{m1} = \sqrt{A_1^2 + B_1^2} = \sqrt{A_1^{*2} + B_1^{*2}}\, I_f = C_1^* I_f$$

$$C_1^* = \sqrt{A_1^{*2} + B_1^{*2}} \tag{7-6}$$

式中　C_1^*——基波电流幅值对整流电流之比。

由式（7-5）、式（7-6）可得：

$$I_{rm1} = A_1^* I_f$$
$$I_{am1} = B_1^* I_f \tag{7-7}$$

在表 7-1 中列出了以标幺值和非标幺值表示的随整流电流 I_f 而变化的基波傅里叶系数值。有关标幺基值 $I_{fb}=\dfrac{\sqrt{6}E_x}{2X_\gamma}$，$U_{fb}=\sqrt{6}E_x$。

在图 7-2 中示出了基波系数随整流电流而变化的关系曲线。

表 7-1　　　　　三相桥式整流线路中计算基波电流傅里叶系数的表达式

工作状态	A_1	A_1^*	B_1	B_1^*
I	$\dfrac{3\sqrt{2}E_x}{2\pi X_\gamma}\sin^2\gamma$	$\dfrac{\sqrt{3}}{\pi}(1+\cos\gamma)$	$\dfrac{3\sqrt{2}E_x}{2\pi X_\gamma}[2\gamma-\sin2\gamma]$	$\dfrac{\sqrt{3}}{2\pi}\times\dfrac{(2\gamma-\sin2\gamma)}{(1-\cos\gamma)}$
II	$\dfrac{3\sqrt{2}E_x}{2\pi X_\gamma}\sin\left(\gamma+\dfrac{\pi}{3}\right)$ $\times\sin2\left(a+\dfrac{\gamma}{2}\right)$	$\dfrac{3}{\pi}\cos\left(\alpha+\dfrac{\pi}{6}\right)$	$\dfrac{3\sqrt{2}E_x}{2\pi X_\gamma}\left[\gamma-\sin\left(\gamma+\dfrac{\pi}{3}\right)\right.$ $\left.\times\cos2\left(a+\dfrac{\gamma}{2}\right)\right]$	$\dfrac{\sqrt{3}}{2\pi}\times\dfrac{\left[2\gamma-\sqrt{3}\cos\left(2a+\dfrac{\pi}{3}\right)\right]}{\sin\left(a+\dfrac{\pi}{6}\right)}$
III	$\dfrac{3\sqrt{2}E_x}{2\pi X_\gamma}\sin\left(\gamma+\dfrac{\pi}{3}\right)$ $\times\sin2\left(\alpha+\dfrac{\gamma}{2}\right)$	$\dfrac{3}{\pi}\left[1+\cos\left(\gamma+\dfrac{\pi}{3}\right)\right]$	$\dfrac{3\sqrt{2}E_x}{2\pi X_\gamma}\left[\gamma-\sin\left(\gamma+\dfrac{\pi}{3}\right)\right.$ $\left.\times\cos2\left(\alpha+\dfrac{\gamma}{2}\right)\right]$	$\dfrac{3}{2\pi}\times\dfrac{\left[2\gamma-\sin\left(2\gamma+\dfrac{2}{3}\pi\right)\right]}{1-\cos\left(\gamma+\dfrac{\pi}{3}\right)}$

为了简化计算，可将图 7-2 中的有关系数曲线进行线性化，这样可近似地认为 $C_1^*=1.07$。当整流电流 I_f^* 变化在 $0\sim1.15$ 之间时，其误差不会超过 3%。系数 B_1^* 可予以分段线性化：

当 $0.15\leqslant I_f^*\leqslant0.95$ 时，$B_1^*=0.35+0.66I_f^*$

当 $0.95\leqslant I_f^*\leqslant1.15$ 时，$B_1^*=1$ （7-8）

另外，基波电流与电动势 E_x 间的相角 φ_1 近似地可写为：

$$\varphi_1 = 0.69(\alpha+\gamma) \tag{7-9}$$

基波电流有效值为：

$$I_1 = \dfrac{C_1^* I_f}{\sqrt{2}} \tag{7-10}$$

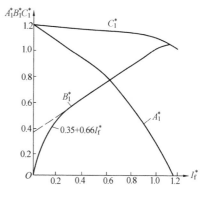

图 7-2　谐波电流系数 A_1^*、B_1^*、C_1^* 与整流电流 I_f^* 的关系曲线

第二节　非畸变正弦电动势及等效换相电抗

一、非畸变正弦电动势及等效换相电抗

如前所述，由于励磁机供电给整流负载，其相电流具有非正弦特性，使得励磁机的相电

149

压波形存在严重的畸变。为此，不能取此电压作为计算整流工作状态的供电内电动势。为了改善励磁机合成磁通的波形，可加装阻尼绕组，使磁通中的高次谐波大部分为阻尼回路所吸收。这样，转子回路的合成磁链以及与其成比例的次暂态电动势 E'' 实际上是按正弦规律变化的，可近似用作计算整流器外特性时的内电动势。对于无阻尼绕组励磁机，合成磁通中的高次谐波相对增加，但是增加得并不显著，因为部分谐波分量被强有力的励磁绕组回路所补偿。作为无阻尼绕组回路的交流励磁机，可取次暂态电动势 E'' 作为整流电源非畸变电动势。

如同发电机功率特性可以用稳态、暂态和次暂态参数表达一样，整流器的外特性亦可用上述不同状态参数表示。以次暂态参数表示的第 I 种整流状态外特性方程式为：

$$U_f = \frac{3\sqrt{3}}{\pi} E''_m \cos(\theta_0 - \theta) - \frac{3}{\pi} I_f \left[\frac{X''_d + X''_q}{2} - (X''_q - X''_d)\sin\left(2\theta_0 + \frac{\pi}{6}\right) \right] \quad (7\text{-}11)$$

与次暂态电动势相对应的相量图如图 7-3 所示。

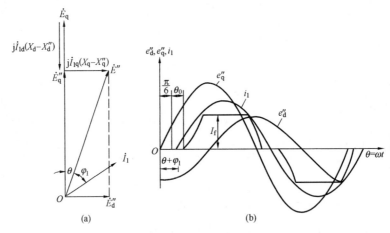

图 7-3 以次暂态电动势表示的基波电流相量图

(a) 相量图；(b) 波形图

此时，有关换相过程的分析将非常复杂。因为在换相过程中，励磁机处于两相突然短路状态。换相电抗的参数不仅决定于次暂态参数，而且随着转子位置变化而变化，并且为时间的函数。因此，用数学方程式表达这一过程是很复杂的。

通常，在换相前一段时间间隔中，励磁机相电流等于整流电流 I_f，为常数。换相过程中，换相相流过附加短路电流。在退出换相相中，换相电流可分解为两个分量：恒定的整流电流 I_f 及两相短路电流 i_2，见图 7-4。对于具有不对称转子磁极（$X''_d \neq X''_q$）的交流励磁机，流过励磁机定子绕组的直流分量电流 I_f 将在转子中引起两倍频率的电动势；而两相短路电流的变化则因为励磁机电枢阻抗与转子角度位置有关，而使得分析更加复杂。换相电流的表达式为：

$$i = \left\{ \sqrt{3} E''_m \left[\cos(\theta_0 - \theta) - \cos(\omega t + \theta_0 - \theta) \right] - I_f(X''_q - X''_d)\left[\sin\left(2\omega t + 2\theta_0 + \frac{\pi}{6}\right) \right.\right.$$

$$\left.\left. - \sin\left(2\omega t + \frac{\pi}{6}\right) \right] \right\} \div \left[(X''_d - X''_q) - (X''_q - X'_d)\cos(2\theta + 2\theta_0) \right] \quad (7\text{-}12)$$

二、用简化法确定非畸变正弦电动势

如上所述，换相电流为时间及空间的函数，为简化分析，如将非正弦谐波电流进行分解，并取基波电流代替换相时电枢电流，则可使分析大为简化。为使这种代换结果仍保持励磁电流不变，应同时采用一等效电动势代替次暂态电动势 E''。分析表明，换相电抗后的电动势 E_x 与 E'' 很接近，故可应用 E_x 作为非畸变整流电动势。相应的相量图如图 7-5 所示。此方法由 М. Г. 谢赫特曼提出。

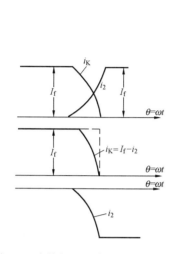

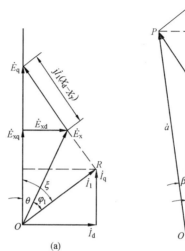
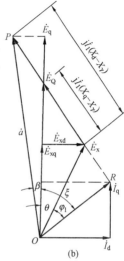

图 7-4　在换相过程中换相电流分解为
直流分量 I_f 和两相短路电流 i_2

图 7-5　以基波电流和非畸变电动势
表示的交流励磁机相量图
（a）隐极式；（b）凸极式

此时交流励磁机相当于工作在稳定状态，励磁机参数分别以纵轴及横轴坐标系表示。

绘制图 7-5 所示相量图时，首先令基波电流 $\dot{I}_1$ 滞后于非畸变整流电动势 $\dot{E}_x$ 后 φ_1 相位角，然后在 $\dot{E}_x$ 端分别作纵轴及横轴电枢反应压降 $j\dot{I}_{1q}(X_q-X_\gamma)$，$j\dot{I}_{1d}(X_d-X_\gamma)$ 即可求得内电动势 $\dot{E}_q$。

三、等效换相电抗的计算[14]

对于第 I 种换相状态，整流器元件按 2～3 方式工作，在换相过程中两换相电压（例如 B、C 相）相当于线电压之间发生短路，其短路电流表达式为：

$$i = -\frac{\sqrt{2}\times\sqrt{3}E_x(\sin\theta-\sin\theta_0)}{(X_d''+X_q'')-(X_d''-X_q'')\cos2\theta} \tag{7-13}$$

式中　E_x——非畸变正弦相电动势；

X_d''、X_q''——交流励磁机的纵轴和横轴次暂态电抗值；

θ_0——换相开始瞬间，d 轴磁场磁势与未参与换相相量（例如 A 相）之间的夹角。换相电流及磁势相量图如图 7-6 所示。δ 为换相磁势 F 与 d 轴磁场磁势之间的夹角。

由于 B 相向 C 相换相是从自然换相点开始的，两者合成磁势 $\dot{F}$ 与 A 相相量之间的夹角始终为 $\theta_0=\dfrac{\pi}{2}$，在换相过程中保持不变，但换相磁势 F 的大小则随换相电流的大小而变化，其方向始终与未换相绕组轴正交。依此可得：

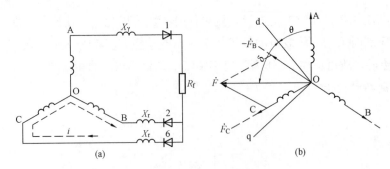

图 7-6　换相电流及磁势相量图

（a）换相电流等效电路；（b）换相磁势 $\dot{F}_1$ 空间相量图

$$\theta = \frac{\pi}{2} - \delta$$

将上式 θ 值代入式（7-13），化简得：

$$i = \frac{\sqrt{2} \times \sqrt{3}(1 - \cos\delta)E_x}{(X_d'' + X_q'') + (X_d'' - X_q'')\cos2\delta} \tag{7-14}$$

由于换相过程很短，且未计入绕组电阻，故认为换相电流 i 不衰减。令 $\omega t = \delta$，$\alpha = 0$，代入式（6-9），可得换相电流的另一表达式为：

$$i = I_f = \frac{\sqrt{2} \times \sqrt{3}(1 - \cos\delta)E_x}{2X_\gamma} \tag{7-15}$$

比较式（7-14）与式（7-15）可得：

$$X_\gamma = \frac{1}{2}\left[(X_d'' + X_q'') + (X_d'' - X_q'')\cos2\delta\right] \tag{7-16}$$

将 $X_\gamma = f(\delta)$ 函数绘制成曲线，如图 7-7 所示。

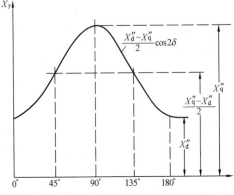

图 7-7　第 Ⅰ 种换相状态下，当 $\alpha = 0$ 时换相电抗 X_γ 随 δ 角的变化

当 $\alpha \neq 0$ 时，在换相期间磁极的空间位置 δ 变化在 α 到 $\alpha + \gamma$ 之间，将这一关系式代入式（7-16），对换相区间 $\cos2\delta$ 的变化进行积分，求得在换相期间内的换相电抗平均值为：

$$
\begin{aligned}
X_\gamma &= \frac{1}{\gamma}\int_\alpha^{\alpha+\gamma} f(\delta)\mathrm{d}\delta \\
&= \frac{X_d'' + X_q''}{2} + \frac{X_d'' - X_q''}{2} \times \frac{1}{2} \times \frac{1}{\gamma} \times \int_\alpha^{\alpha+\gamma}\cos2\delta\mathrm{d}(2\delta) \\
&= \frac{X_d'' + X_q''}{2} + \frac{X_d'' - X_q''}{2} \times \frac{\sin2(\alpha+\gamma) - \sin2\alpha}{2\gamma} \\
&= \frac{X_d'' + X_q''}{2} + \frac{X_d'' - X_q''}{2} \times K
\end{aligned}
$$

$$K = \frac{\sin2(\alpha+\gamma) - \sin2\alpha}{2\gamma} = f(\alpha, \gamma) \tag{7-17}$$

式中　K——换相系数。

由式（7-17）可看出，换相电抗的计算是一个复杂的问题。在实际应用上可根据具体条件对式（7-17）进行简化，例如：

（1）对第Ⅰ种工作状态，当 γ 角较小时，对 K 值取极限值，可得 $K \approx 1$，此时，$X_\gamma \approx X_d''$。

（2）对第Ⅱ种工作状态，换相电抗 X_γ 较大，$K \approx 0$。此时，$X_\gamma = \dfrac{X_d'' + X_q''}{2} = X_2$ 等于负序电抗。

对于阻尼绕组和凸极效应表现较弱的交流励磁机，由于 X_d'' 与 X_q'' 差值不大，换相电抗 X_γ 可取为：

$$X_\gamma = \frac{X_d'' + X_2}{2} \tag{7-18}$$

如果凸极效应较强，即 $X_d'' \neq X_q''$ 或 $X_d' \neq X_q'$，用上述近似法求得的 X_γ 值误差较大。此时，换相电抗值在 $\dfrac{1}{2}(X_d'' + X_q'')$ 和 $\sqrt{X_d'' + X_q''}$ 之间，换相电抗可用下式计算：

$$X_\gamma = \frac{\frac{1}{2}(X_d'' + X_q'') + \sqrt{X_d'' + X_q''}}{2} \tag{7-19}$$

或

$$X_\gamma = \sqrt{X_d'' X_q''} \tag{7-20}$$

第三节 换相角 γ 与负载电阻 r_f 及换相电抗 X_γ 的关系式[15]

通常，设计整流线路时多选用在第Ⅰ种工作状态，因为此时的换相压降斜率为最小。现确定影响换相压降斜率的有关参数与各种工作状态的关系式。在稳定工作状态下，整流电压 U_f、整流电流 I_f 之间有如下关系：

$$U_f = I_f r_f \tag{7-21}$$

式中 r_f——发电机励磁绕组电阻。

当控制角 $\alpha = 0$ 时，第Ⅰ种工作状态的整流电压、电流表达式为：

$$\left.\begin{aligned}
U_f &= \frac{3\sqrt{6}}{\pi} \times E_x - \frac{3}{\pi} I_f X_\gamma \\
I_f &= \sqrt{\frac{3}{2}} \times \frac{E_x}{X_\gamma}(1 - \cos\gamma)
\end{aligned}\right\} \tag{7-22}$$

将式（7-22）代入式（7-21），整理求得：

$$\cos\gamma = \frac{1 - \frac{3}{\pi} \times \frac{X_\gamma}{r_f}}{1 + \frac{3}{\pi} \times \frac{X_\gamma}{r_f}} \tag{7-23}$$

在第Ⅰ种换相状态下，换相角为 $0 \leqslant \gamma \leqslant \dfrac{\pi}{3}$，或者为 $\dfrac{1}{2} \leqslant \cos\gamma \leqslant 1$，依此，可求得工作在第Ⅰ种工作状态时 $\dfrac{X_\gamma}{r_f}$ 的范围为：

$$0 \leqslant \frac{X_\gamma}{r_f} \leqslant \frac{\pi}{9} \qquad (7\text{-}24)$$

在第Ⅱ种换相状态下，换相角 $\gamma = \frac{\pi}{3}$ 不变，而强制滞后控制角变化在 $0 \leqslant \alpha' \leqslant \frac{\pi}{6}$ 之间，分别令

α' 等于 0、$\frac{\pi}{6}$ 代入第Ⅱ种工作状态，整流电压和电流表达式分别为：

$$U_f = \frac{9\sqrt{2}E_x}{2\pi}\cos\left(\alpha' + \frac{\pi}{6}\right)$$

$$I_f = \frac{\sqrt{6}E_x}{2X_\gamma}\sin\left(\alpha' + \frac{\pi}{6}\right)$$

结合式（7-21），求得在第Ⅱ种工作状态，$\frac{X_\gamma}{r_f}$ 的变化范围为：

$$\frac{\pi}{9} \leqslant \frac{X_\gamma}{r_f} \leqslant \frac{\pi}{3} \qquad (7\text{-}25)$$

在第Ⅲ种工作状态下，整流电压及电流表达式分别为：

$$U_f = \frac{9\sqrt{2}E_x}{\pi}\cos\left(\alpha' - \frac{\pi}{6}\right) - \frac{9}{\pi}I_f X_\gamma$$

$$I_f = \frac{E_x}{\sqrt{2}X_\gamma}\left[\cos\left(\alpha' - \frac{\pi}{6}\right) - \cos\left(\alpha' + \gamma + \frac{\pi}{6}\right)\right]$$

在第Ⅲ种工作状态下，滞后控制角 $\alpha' = \frac{\pi}{6}$ 不变，依此条件代入上述整流电压及电流表达式，再将有关 U_f 及 I_f 值代入式（7-21），求得 r_f，整理可得第Ⅲ种工作状态下换相角 γ 与 $\frac{X_\gamma}{r_f}$ 的关系式：

$$\cos(\gamma + 2\alpha') = \frac{1 - \dfrac{9}{\pi} \times \dfrac{X_\gamma}{r_f}}{1 + \dfrac{9}{\pi} \times \dfrac{X_\gamma}{r_f}} \qquad (7\text{-}26)$$

或者：

$$\gamma = \cos^{-1}\frac{1 - \dfrac{9}{\pi} \times \dfrac{X_\gamma}{r_f}}{1 + \dfrac{9}{\pi} \times \dfrac{X_\gamma}{r_f}} - 60°$$

此时 $\frac{X_\gamma}{r_f}$ 的比值变化范围为：

$$\frac{\pi}{3} \leqslant \frac{X_\gamma}{r_f} \leqslant \infty$$

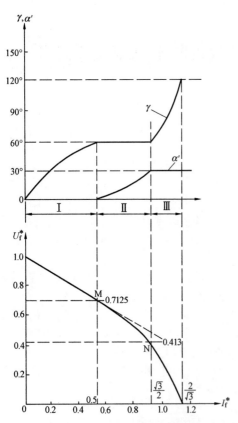

图 7-8　不同工作状态下，三相桥式整流线路

换相角 $\gamma = f\left(\dfrac{X_\gamma}{r_f}\right)$ 的关系曲线

不同工作状态下换相角的变化范围如表 7-2 所示，相应曲线变化见图 7-8。

表 7-2　　　　三相桥式整流线路换相角 $\gamma=f\left(\dfrac{X_\gamma}{r_f}\right)$ 的关系式

工作状态	计算关系式	γ、α'
I	$U_f=\dfrac{3\sqrt{6}}{\pi}E_x-\dfrac{3}{\pi}I_fX_\gamma$ $I_f=\sqrt{\dfrac{3}{2}}\times\dfrac{E_x}{X_\gamma}(1-\cos\gamma)$	$\cos\gamma=\dfrac{1-\dfrac{3}{\pi}\times\dfrac{X_\gamma}{r_f}}{1+\dfrac{3}{\pi}\times\dfrac{X_\gamma}{r_f}}$
II	$U_f=\dfrac{9}{2\pi}\sqrt{2E_x^2-\dfrac{4}{3}(I_fX_\gamma)^2}$ $I_f=\sqrt{\dfrac{3}{2}}\times\dfrac{E_x}{X_\gamma}\sin\left(\alpha'+\dfrac{\pi}{6}\right)$	$\gamma=\dfrac{\pi}{3}$ 不变 $\sin\left(\alpha'+\dfrac{\pi}{6}\right)=\dfrac{1}{\sqrt{1+\dfrac{\pi^2}{81}\times\left(\dfrac{X_\gamma}{r_f}\right)^2}}$
III	$U_f=\dfrac{9\sqrt{2}E_x}{\pi}\cos\left(\alpha'-\dfrac{\pi}{6}\right)-\dfrac{9}{\pi}I_fX_\gamma$ $I_f=\dfrac{E_x}{\sqrt{2}X_\gamma}\left[\cos\left(\alpha'-\dfrac{\pi}{6}\right)-\cos\left(\alpha'+\gamma+\dfrac{\pi}{6}\right)\right]$	$\alpha'=\dfrac{\pi}{3}$ 不变 $\cos(\gamma+2\alpha')=\dfrac{1-\dfrac{9}{\pi}\times\dfrac{X_\gamma}{r_f}}{1+\dfrac{9}{\pi}\times\dfrac{X_\gamma}{r_f}}$

第四节　整流电压比 β_u 和整流电流比 β_i

一、整流电压比 β_u

整流电压比的公式定义为：

$$\beta_u=\frac{\dfrac{1}{T}\displaystyle\int_0^T u_f\,\mathrm{d}\theta}{\sqrt{\dfrac{1}{T}\displaystyle\int_0^T e^2\,\mathrm{d}\theta}}=\frac{U_f}{E_x} \tag{7-27}$$

式中　U_f、u_f——整流电压的平均值及瞬时值；

　　　　E_x、e——供电交流电压的有效值及瞬时值。

对于第 I 种工作状态，整流电压比 β_u 可由表 7-2 中所示的相应 U_f、u_f 方程式及式（7-23）联立求得：

$$\beta_u=\frac{U_f}{E_x}=\frac{3\sqrt{6}}{\pi\left(1+\dfrac{3}{\pi}\times\dfrac{X_\gamma}{r_f}\right)} \tag{7-28}$$

在表 7-3 中示出了不同工作状态时的整流电压比 β_u 与 $\dfrac{X_\gamma}{r_f}$ 的关系式。在图 7-9 中示出了不同工作状态时三相桥式整流线路整流电压比 $\beta_u=f\left(\dfrac{X_\gamma}{r_f}\right)$ 的关系曲线。

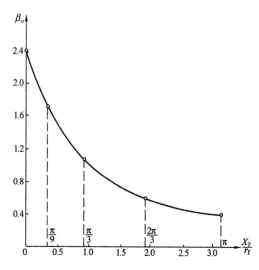

图 7-9　整流电压比 $\beta_u=f\left(\dfrac{X_\gamma}{r_f}\right)$ 的关系曲线

表 7-3 不同工作状态时三相桥式整流线路整流电压比 $\beta_u = f\left(\dfrac{X_\gamma}{\gamma_f}\right)$ 的关系式

工作状态	$\dfrac{X_\gamma}{r_f}$	计算关系式	β_u
I	$0 \sim \dfrac{\pi}{9}$	$U_f = \dfrac{3\sqrt{6}}{\pi}E_x - \dfrac{3}{\pi}I_f X_\gamma$ $I_f = \sqrt{\dfrac{3}{2}} \times \dfrac{E_x}{X_\gamma}(1-\cos\gamma)$	$\dfrac{3\sqrt{6}}{\pi\left(1 + \dfrac{3}{\pi} \times \dfrac{X_\gamma}{r_f}\right)}$
II	$\dfrac{\pi}{9} \sim \dfrac{\pi}{3}$	$U_f = \dfrac{9}{2\pi}\sqrt{2E_x^2 - \dfrac{4}{3}(I_f X_\gamma)^2}$ $I_f = \sqrt{\dfrac{3}{2}} \times \dfrac{E_x}{X_\gamma}\sin\left(\alpha' + \dfrac{\pi}{6}\right)$	$\dfrac{9}{\sqrt{2\pi^2 + 54\left(\dfrac{X_\gamma}{r_f}\right)^2}}$
III	$\dfrac{\pi}{3} \sim \infty$	$U_f = \dfrac{9\sqrt{2}}{\pi}E_x\cos\left(\alpha' - \dfrac{\pi}{6}\right) - \dfrac{9}{\pi}I_f X_\gamma$ $I_f = \dfrac{E_x}{\sqrt{2}X_\gamma}\left[\cos\left(\alpha' - \dfrac{\pi}{6}\right) - \cos\left(\alpha' + \gamma + \dfrac{\pi}{6}\right)\right]$	$\dfrac{9\sqrt{2}}{\pi\left(1 + \dfrac{9}{\pi} \times \dfrac{X_\gamma}{r_f}\right)}$

二、整流电流比 β_i

整流变流比的公式定义为：

$$\beta_i = \frac{\dfrac{1}{T}\displaystyle\int_0^T i_f \, d\theta}{\sqrt{\dfrac{1}{T}\displaystyle\int_0^T i^2 \, d\theta}} = \frac{I_f}{I} \tag{7-29}$$

式中 I_f、i_f——整流电流的平均值及瞬时值；

I、i——交流电流的有效值及瞬时值。

对于第 I 种换相状态，整流电流比可近似地假定在换相过程中换相电流按直线规律变化。

在 $0 \leqslant \theta \leqslant \gamma$ 区间：$\qquad\qquad\qquad i = \dfrac{I_f}{\gamma} = \theta$

在 $\gamma \leqslant \theta \leqslant \dfrac{2\pi}{3}$ 区间：$\qquad\qquad i = I_f$

在 $\dfrac{2\pi}{3} \leqslant \theta \leqslant \dfrac{2\pi}{3} + \gamma$ 区间：$\qquad i = \dfrac{I_f}{\gamma}\left(\dfrac{2\pi}{3} + \gamma - \theta\right)$

在负半周的相电流波形与正半周相同，依此可求得一周内的电流有效值为：

$$I = \sqrt{2\frac{1}{2\pi}\left[\int_0^\gamma \left(\frac{I_f}{\gamma}\theta\right)^2 d\theta + \int_\gamma^{\frac{2}{3}\pi} I_f^2 \, d\theta + \int_{\frac{2}{3}\pi}^{\frac{2}{3}\pi+\gamma}\left(\frac{2\pi}{3} + \gamma - \theta\right) \times \left(\frac{I_f}{\gamma}\right)^2 d\theta\right]}$$

对上式进行积分，并化简求得：

$$I = I_f \times \frac{\sqrt{2 - \dfrac{\gamma}{\pi}}}{\sqrt{3}}$$

或者：

$$\beta_i = \frac{I_f}{I} = \frac{\sqrt{3}}{\sqrt{2 - \dfrac{\gamma}{\pi}}} \tag{7-30}$$

对于第 II 种、第 III 种换相状态，由于存在不同的强制滞后控制角 α' 以及不同的换相角 γ，

整流电流比 β_i 的数值将有所差异，此时，元件的交流电流有效值 I 与整流电流 I_f 的关系式由表 6-1 可查得：

$$I = \frac{I_f}{\sqrt{3}} \sqrt{1 - 3\psi(\alpha', \gamma)} \tag{7-31}$$

$$\psi(\alpha', \gamma) = \frac{1}{2\pi} \frac{\sin\gamma[2 + \cos(2\alpha' + \gamma)] - \gamma[1 + 2\cos\alpha' + \cos(\alpha' + \gamma)]}{[\cos\alpha' - \cos(\alpha' + \gamma)]^2}$$

在负半周内流过交流励磁机的电流波形与正半周相同。故在一个周期中交流电流的有效值 I 与整流电流平均值 I_f 的关系式为：

$$I = \sqrt{\frac{2}{3}} I_f \sqrt{1 - 3\psi(\alpha', \gamma)} \tag{7-32}$$

依此，可求得相应整流电流比 β_i 为

$$\beta_i = \frac{I_f}{I} = \sqrt{\frac{3}{2}} \times \frac{1}{\sqrt{1 - 3\psi(\alpha', \gamma)}} \tag{7-33}$$

第五节　具有整流负载的交流励磁机稳态计算

具有整流负载的交流励磁机稳态计算主要是为了确定内电动势 E_q。

当利用交流励磁机基波电流 I_1、换相电抗 X_γ 和非畸变电动势 E_x 计算整流器外特性以及有关励磁机稳态参数时，可按下列程序进行。

基波电流的有效值可由式（7-10）确定：

$$I_1 = \frac{C_1^*}{\sqrt{2}} \times I_f$$

由图 7-5 可看出，基波电流 $\dot{I}$ 与电动势 $\dot{E}_x$ 间的相角 φ_1 由式（7-9）确定。换相角由负载参数 γ_f 和 X_γ 确定，具有不变值。对于不同稳定工作状态，励磁机电动势和基波电流之间的夹角 φ_1 亦具有不变值，但相量值将是不同的。电动势 $\dot{E}_q$ 和基波电流 $\dot{I}_1$ 之间的夹角 ξ 可按式（7-34）求得：

$$\xi = \arctan \frac{E_x \sin\varphi_1 + I_1(X_q - X_\gamma)}{E_x \cos\varphi_1} \tag{7-34}$$

横轴电动势 $\dot{E}_q$ 和 $\dot{E}_x$ 之间的夹角 θ 为：

$$\theta = \xi - \varphi_1 \tag{7-35}$$

基波电流的纵轴和横轴分量为：

$$\left.\begin{array}{l} I_d = I_1 \sin\xi \\ I_q = I_1 \cos\xi \end{array}\right\} \tag{7-36}$$

励磁机的内电动势为：

$$E_q = E_{xq} + I_d(X_d - X_\gamma) \tag{7-37}$$

次暂态电动势的横轴及纵轴分量为：

$$\left.\begin{array}{l} E''_q = E_{xq} - I_d(X''_d - X_\gamma) \\ E''_d = E_{xq} + I_q(X''_q - X_\gamma) \end{array}\right\} \tag{7-38}$$

横轴及纵轴气隙电动势为：

$$\left.\begin{array}{l} E_{iq} = E_{xq} - I_d(X_\gamma - X_\sigma) \\ E_{id} = E_{xq} - I_q(X_\gamma - X_\sigma) \end{array}\right\} \tag{7-39}$$

图 7-5（b）所示的凸极励磁机内电动势相量 $\dot{E}_q$ 非常接近相量 $\dot{a}$，即：

$$\dot{a} = \dot{E}_x + \mathrm{j}\dot{I}_1(X_d - X_\gamma)$$

因相量 $\dot{a}$ 与 $\dot{E}_q$ 之间的夹角 β 较小，故以相量 $\dot{a}$ 代替 $\dot{E}_q$ 不会引起显著的误差。这样，即可利用电动势 $\dot{E}_q$ 和电抗 $\dot{X}_d$ 计算凸极励磁机的工作过程。相量 $\dot{a}$ 的绝对值由三角形 OPR 的 OP 边确定，由此可得：

$$a = \sqrt{(E_x\cos\varphi_1)^2 + [E_x\sin\varphi_1 + I_1(X_d - X_\gamma)]^2} \approx E_q \tag{7-40}$$

依据上列各式，可计算供电给二极管整流器的交流励磁机稳态过程。计算分两个步骤：第一步根据已知的负载电阻 r_f、励磁机换相电抗 X_γ 和整流电流 I_f 确定整流器的工作状态；第二步确定内电动势 E_q。

【例 7-1】 计算 TBB-320-2 型汽轮发电机的励磁机工作状态。

发电机参数：$P = 300\mathrm{MW}$，$\cos\varphi = 0.85$，$U_{GN} = 20\mathrm{kV}$，$I_{fN} = 2900\mathrm{A}$，$U_{fN} = 447\mathrm{V}$，$r_f = 0.154\Omega$。

励磁机参数：$P_N = 1320\mathrm{kW}$，$\cos\varphi_N = 0.95$，$U_{eN} = 350\mathrm{V}$，$I_{eN} = 2300\mathrm{A}$，$f = 150\mathrm{Hz}$，$X_d^* = 1.68$，$X_q^* = 1.12$，$X_\sigma^* = 0.139$，$X''_d{}^* = 0.288$，$X''_q{}^* = 0.252$。

整流器按三相桥式接线，电抗均为标幺值。

解 换相电抗由式（7-18）求得：

$$X_2^* = 0.5(X''_d{}^* + X''_q{}^*) = 0.5(0.228 + 0.252) = 0.24$$

$$X_\gamma^* = 0.5(X''_d{}^* + X''_2{}^*) = 0.5(0.228 + 0.24) = 0.234$$

$$X_b = \frac{U_{eN}}{I_{eN}} = \frac{350}{\sqrt{3} \times 2300} = 0.0885(\Omega)$$

将换相电抗折算到有名值：

$$X_\gamma = X_\gamma^* X_b = 0.234 \times 0.0885 = 0.0206(\Omega)$$

式中 X_b——电抗基值。

励磁机的换相电抗对励磁绕组电阻之比 $\dfrac{X_\gamma}{r_f} = \dfrac{0.0206}{0.154} = 0.127 < \dfrac{\pi}{9} = 0.348$，所以由表 7-3 可知，整流器工作在第 I 种换相状态，由表 7-2 确定换相角余弦值：

$$\cos\gamma = \frac{1 - \dfrac{3}{\pi} \times \dfrac{0.0206}{0.154}}{1 + \dfrac{3}{\pi} \times \dfrac{0.0206}{0.154}} = 0.774$$

所以：
$$\gamma = 39°$$

由第Ⅰ种工作状态下整流外特性确定整流电动势 E_x 值为：

$$E_x = \frac{\pi}{3\sqrt{6}}\left(447 + \frac{3}{\pi} \times 0.026 \times 2900\right) = 216(\text{V})$$

以标幺值表示为：

$$E_x^* = \frac{216\sqrt{3}}{350} = 1.065$$

基波电流幅值为：

$$I_{m1} = C_1^* I_f = 1.07 \times 2900 = 3100(\text{A})\text{（其中 } C_1^* \text{ 可由图 7-2 查得）}$$

以标幺值表示的基波电流有效值为：

$$I_1^* = \frac{3100}{\sqrt{2} \times 2300} = 0.955$$

基波电流 $\dot{I}_1$ 和电动势 $\dot{E}_x$ 间的夹角为：

$$\varphi_1 = 0.69\gamma = 0.69 \times 39.29° = 27.11°$$

$$\tan\xi = \frac{E_x^* \sin\varphi_1 + I_1(X_q - X_\gamma)}{E_x \cos\varphi_1}$$

$$= \frac{1.065 \times 0.4557 + 0.955 \times (1.12 - 0.234)}{1.065 \times 0.8917}$$

$$= 1.402$$

$$\xi = 54.5°$$

$$\theta = 54.5° - 27.11° = 27.39°$$

电动势 E_x 和电枢电流的纵轴和横轴分量为：

$$E_{xd}^* = E_x^* \sin\theta = 1.065 \times 0.460 = 0.490$$

$$E_{xq}^* = E_x^* \cos\theta = 1.065 \times 0.888 = 0.946$$

$$I_d^* = I_1^* \sin\xi = 0.955\sin54.5° = 0.777$$

$$I_q^* = I_1^* \cos\xi = 0.955\cos54.5° = 0.555$$

由式（7-37）确定内电动势 E_q^*：

$$E_q^* = E_{xq}^* + I_d^*(X_d^* - X_\gamma^*)$$

$$= 0.946 + 0.777 \times (1.68 - 0.23)$$

$$= 2.07$$

如果由三角形 OPR 的 OP 边求 E_q，可得：

$$a^* = \sqrt{(E_x^* \cos\varphi_1)^2 + [E_x^* \sin\varphi_1 + I_1^*(X_d^* - X_\gamma^*)]^2}$$

$$= \sqrt{(1.065 \times 0.888)^2 + [1.065 \times 0.46 + 0.955 \times (1.68 - 0.23)]^2}$$

$$= 2.09$$

可见 $E_q^* \approx a^*$。

第六节　励磁机通用外特性[16]

如上所述，利用非畸变整流电动势 E_x 为定值的整流器外特性，可计算交流励磁机稳态工作过程。此方法虽然有效，但需首先计算随工作状态而变化的非畸变电动势 E_x，使计算过程复杂化。

当计算时仅考虑基波电流 I_1 和系数 C_1 为常数时，励磁机可以用下列任一电动势和与此电势相对应的电抗来表示 $U_f^* = f（I_f^*）$ 的外特性。这些对应的电动势和电抗分别为非畸变电动势 E_x 和换相电抗 $X_γ$、气隙电动势 E_i 和漏抗 $X_σ$、隐极发电机内电动势 E_q 和同步电抗 X_d，以及凸极发电机内电动势 E_Q 和同步电抗 X_q。由此可引出励磁机通用外特性这一概念。励磁机通用外特性是指当选用的励磁机电动势不变时，整流电压 U_f 与整流电流 I_f 的关系式。而外特性 $U_f^* = f（I_f^*）$ 的标幺基值应与选用的电动势及电抗相对应。当选用励磁机内电动势不变时，对于隐极励磁机，相应的标幺基值为：

$$\left. \begin{array}{l} U_f^* = \dfrac{U_f}{\sqrt{6}E_q} \\[3mm] I_f^* = \dfrac{2X_d}{\sqrt{6}E_q}I_f \end{array} \right\} \qquad (7\text{-}41)$$

对于凸极励磁机，相应的标幺基值为：

$$\left. \begin{array}{l} U_f^* = \dfrac{U_f}{\sqrt{6}E_Q} \\[3mm] I_f^* = \dfrac{2X_d}{\sqrt{6}E_Q}I_f \end{array} \right\} \qquad (7\text{-}42)$$

在稳态时 $U_f = I_f r_f$，分别代入式（7-41）和式（7-42），对于隐极励磁机整理可得：

$$\frac{U_f^*}{I_f^*} = \frac{r_f}{2X_d} \qquad (7\text{-}43)$$

对于凸极励磁机整理可得：

$$\frac{U_f^*}{I_f^*} = \frac{r_f}{2X_q} \qquad (7\text{-}44)$$

式（7-43）和式（7-44）说明：在励磁机内电动势不变时，求得的 $U_f = f（I_f^*）$ 励磁机外特性曲线中，励磁机的稳态工作点可由整流电压与整流电流标幺值之比所决定的直流电阻线与外特性曲线的交点求得。使得计算过程大大简化。

【例 7-2】　按［例 7-1］所给定的发电机及励磁机参数确定励磁机稳定工作点及内电动势 E_q。

解　已知：$X_q = 1.12 \times 0.0885 = 0.098\Omega$

直流电阻线 $\tan\varphi = \dfrac{0.154}{0.098 \times 2} = 0.78$，$\varphi = \arctan 0.78 = 37.95°$

由坐标原点引直线 OM 与横轴夹角为 φ，与励磁机外特性相交于稳定工作点 M，求得 $U_\mathrm{f}^* = 0.55$，$I_\mathrm{f}^* = 0.71$，如图 7-10 所示。

由式（7-7）及式（7-8）可求得励磁机纵轴无功分量标幺值：

$$I_\mathrm{d}^* = \frac{B_1 I_\mathrm{f}}{\sqrt{2} I_\mathrm{eN}} = \frac{2900}{\sqrt{2} \times 2300} \times (0.35 + 0.66 \times 0.17) = 0.74$$

$$E_\mathrm{Q}^* = \frac{U_\mathrm{f}}{\sqrt{2} U_\mathrm{f}^* U_\mathrm{eN}} = \frac{447}{\sqrt{2} \times 0.55 \times 350} = 1.63$$

$$E_\mathrm{q}^* = E_\mathrm{Q}^* + I_\mathrm{d}^* (X_\mathrm{d}^* - X_\mathrm{q}^*) = 1.63 + 0.74 \times 0.56 = 2.06$$

由此可见，利用直流电阻线与励磁机外特性可显著简化计算过程。

如果为了估计暂态过程，开始时励磁机整流电压的变化情况亦可利用图 7-10 所示的励磁机通用外特性曲线 $U_\mathrm{f}^* = f(I_\mathrm{f}^*)$，但此时标幺基值取：

$$U_\mathrm{fb}^* = \sqrt{6} E_\mathrm{x}^*, \quad I_\mathrm{fb}^* = \frac{\sqrt{6} E_\mathrm{x}^*}{2 X_\gamma}$$

励磁机的原始工作点由外特性曲线与相应直流电阻线的交点 N 确定，ON 的斜率为：

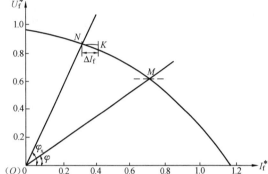

图 7-10　三相桥式整流线路通用外特性 $U_\mathrm{f} = f(I_\mathrm{f}^*)$

$$\tan\varphi_\mathrm{x} = \frac{r_\mathrm{f}^*}{2 X_\gamma^*} = \frac{0.154}{2 \times 0.0206} = 3.47, \quad \varphi_\mathrm{x} = 75°$$

由交点 N 查得 $U_\mathrm{f}^* = 0.85$，此时：

$$E_\mathrm{x} = \frac{447}{\sqrt{6} \times 0.85} = 216\mathrm{V}, \quad E_\mathrm{x}^* = 1.065$$

由于在暂态过程开始瞬间，电动势 E_x 是不变的，如已知发电机励磁电流增长 ΔI_f，则可以容易地求出励磁机电压的跌落。对于［例 7-1］所示的 300MW 汽轮发电机，当发生突然三相短路时，求得发电机的励磁电流增长 $\Delta I_\mathrm{f} = 1070\mathrm{A}$，化为标幺值为：

$$\Delta I_\mathrm{f}^* = \frac{\Delta I_\mathrm{f} \times 2 X_\gamma^*}{\sqrt{6} E_\mathrm{x}} = \frac{1070 \times 2 \times 0.0206}{\sqrt{6} \times 216} = 0.083$$

由图 7-10 中的 K 点可求得 $\Delta I_\mathrm{f}^* \approx 0.06$。

第七节　具有整流负载的交流励磁机暂态过程

在研究与励磁系统、发电机以及励磁调节器密切相关的交流励磁机暂态过程时，如详细描述系统的每一环节，将增加系统方程的阶数，为此研究应力求简化。

对于研究交流励磁机的暂态过程，通常采用下列一些假定：

（1）不考虑交流励磁机的滑差电动势、变压器电动势以及电枢电阻；

（2）整流器元件的正向电阻为零，反向电阻为无穷大。

当采用上述假定时，交流励磁机的暂态方程可写为：

$$\left.\begin{aligned}
E_{iq}(s) &= \psi_{id}(s) \\
E_{id}(s) &= -\psi_{iq}(s) \\
U_{p}(s) &= I_{fe}(s)r_{fe} + s\psi_{fe}(s) \\
0 &= I_{1d}(s)r_{1d} + s\psi_{1d}(s) \\
0 &= I_{1d}(s)r_{1q} + s\psi_{1q}(s)
\end{aligned}\right\}
\tag{7-45}$$

式中 　　　　E_{id}、E_{iq}——气隙电动势的纵轴和横轴分量；

　　　　　　ψ_{id}、ψ_{iq}——气隙磁链的纵轴和横轴分量；

r_{1d}、r_{1q}、I_{1d}、I_{1q}、ψ_{1d}、ψ_{1q}——阻尼回路的有效电阻、电流和磁链的纵轴及横轴分量；

　　　　r_{fe}、I_{fe}、ψ_{fe}——励磁机励磁绕组的有效电阻、电流和磁链；

　　　　　　　　U_{p}——副励磁机电压。

相应等效线路如图 7-11 所示。

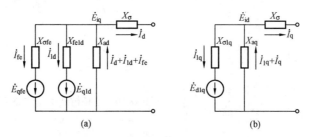

图 7-11　交流励磁机暂态等效电路

（a）纵轴等效电路；（b）横轴等效电路

根据励磁机纵轴和横轴等效线路，可求得下列磁链方程式：

$$\left.\begin{aligned}
\psi_{id}(s) &= X_{ad}\big[I_{d}(s) + I_{1d}(s) + I_{fe}(s)\big] \\
\psi_{iq}(s) &= X_{aq}\big[I_{q}(s) + I_{1q}(s)\big] \\
\psi_{fe}(s) &= I_{fe}(s)X_{fe} + X_{ad}\big[I_{1d}(s) + I_{d}(s)\big] \\
\psi_{1d}(s) &= I_{1d}(s)X_{1d} + X_{ad}\big[I_{fe}(s) + I_{d}(s)\big] \\
\psi_{1q}(s) &= I_{1q}(s)X_{1q} + X_{aq}I_{q}(s)
\end{aligned}\right\}
\tag{7-46}$$

式中　X_{fe}、X_{1d}、X_{1q}——励磁绕组及阻尼绕组回路中的纵轴和横轴电抗。

$$\left.\begin{aligned}
X_{fe} &= X_{\sigma fe} + X_{ad} \\
X_{1d} &= X_{\sigma 1d} + X_{ad} \\
X_{1q} &= X_{\sigma 1q} + X_{aq}
\end{aligned}\right\}
\tag{7-47}$$

上述各方程式与随时间变化的 d、q 坐标系统相关。如归算到具有变量的 A、B、C 坐标系统，对于气隙电动势 e_i，有如下方程式：

$$\left.\begin{aligned}
e_{iA} &= e_{id}\cos\omega t + e_{iq}\sin\omega t \\
e_{iB} &= e_{id}\cos\left(\omega t - \frac{2\pi}{3}\right) + e_{iq}\sin\left(\omega t - \frac{2\pi}{3}\right) \\
e_{iC} &= e_{id}\cos\left(\omega t + \frac{2\pi}{3}\right) + e_{iq}\sin\left(\omega t + \frac{2\pi}{3}\right)
\end{aligned}\right\}
\tag{7-48}$$

对于电枢电流：

$$\left.\begin{array}{l} i_{\mathrm{A}} = i_{\mathrm{d}}\cos\omega t + i_{\mathrm{q}}\sin\omega t \\[2mm] i_{\mathrm{B}} = i_{\mathrm{d}}\cos\left(\omega t - \dfrac{2\pi}{3}\right) + i_{\mathrm{q}}\sin\left(\omega t - \dfrac{2\pi}{3}\right) \\[2mm] i_{\mathrm{C}} = i_{\mathrm{d}}\cos\left(\omega t + \dfrac{2\pi}{3}\right) + i_{\mathrm{q}}\sin\left(\omega t + \dfrac{2\pi}{3}\right) \end{array}\right\} \qquad (7\text{-}49)$$

对于整流器供电回路，则有：

$$\left.\begin{array}{l} e_{\mathrm{iA}} - \dfrac{\mathrm{d}i_{\mathrm{A}}}{\mathrm{d}t}L_{\sigma} - i_{\mathrm{Ar}} = u_{\mathrm{A}}\left(\begin{array}{l}\text{当 } i_{\mathrm{A}} > 0 \text{ 时，} u_{\mathrm{A}} = u_{\mathrm{k}} \\ \text{当 } i_{\mathrm{A}} < 0 \text{ 时，} u_{\mathrm{A}} = u_{\mathrm{i}} - u_{\mathrm{a}}\end{array}\right) \\[4mm] e_{\mathrm{iB}} - \dfrac{\mathrm{d}i_{\mathrm{B}}}{\mathrm{d}t}L_{\sigma} - i_{\mathrm{Br}} = u_{\mathrm{B}}\left(\begin{array}{l}\text{当 } i_{\mathrm{B}} > 0 \text{ 时，} u_{\mathrm{B}} = u_{\mathrm{k}} \\ \text{当 } i_{\mathrm{B}} < 0 \text{ 时，} u_{\mathrm{B}} = u_{\mathrm{i}} = u_{\mathrm{k}} - u_{\mathrm{a}}\end{array}\right) \\[4mm] e_{\mathrm{iC}} - \dfrac{\mathrm{d}i_{\mathrm{C}}}{\mathrm{d}t}L_{\sigma} - i_{\mathrm{Cr}} = u_{\mathrm{C}}\left(\begin{array}{l}\text{当 } i_{\mathrm{C}} > 0 \text{ 时，} u_{\mathrm{B}} = u_{\mathrm{k}} \\ \text{当 } i_{\mathrm{C}} < 0 \text{ 时，} u_{\mathrm{B}} = u_{\mathrm{i}} = u_{\mathrm{k}} - u_{\mathrm{a}}\end{array}\right) \end{array}\right\} \qquad (7\text{-}50)$$

式中 u_{k}、u_{a}——整流器相对于中性点的阴极和阳极电位。

上述各式即为交流励磁机励磁系统暂态方程式组。解此方程组的困难在于整流器工作状态的非线性以及气隙电动势具有非正弦波形等。

第八节　具有整流负载的交流励磁机暂态简化数学模型

简化交流励磁机的暂态方程式组的途径之一是进一步简化整流器的表达式，为此，附加下列一些假定：

（1）不考虑整流电压的高次谐波分量；

（2）以基波电流代替励磁机定子的非正弦相电流。

实际上，在发电机的暂态过程中，其时间常数约为十分之几秒或更长，而整流电压波形中的脉动重复间隔小于 $0.003\mathrm{s}$，故上述假定是允许的，这样即可用外特性方程表达整流器的暂态过程。

一、整流器外特性简化计算法

利用整流器外特性计算励磁机的暂态方程式可分为两组：一组为以 d、q 坐标表示的交流励磁机暂态方程式组，根据已知的整流电压和基波电枢电流分量求得次暂态电动势；另一组为整流器方程式组，根据已知的整流电流和次暂态电动势确定整流电压平均值。

假定不考虑变压器电动势以及滑差电动势，交流励磁机电枢回路的方程式为：

$$\left.\begin{array}{l} E_{\mathrm{iq}}(s) = \psi_{\mathrm{id}}(s) \\[1mm] E_{\mathrm{id}}(s) = -\psi_{\mathrm{iq}}(s) \\[1mm] E_{\mathrm{d}}''(s) = E_{\mathrm{id}}(s) + I_{\mathrm{q}}(s)(X_{\mathrm{d}}'' - X_{\sigma}) \\[1mm] E_{\mathrm{q}}''(s) = E_{\mathrm{iq}}(s) - I_{\mathrm{d}}(s)(X_{\mathrm{d}}'' - X_{\sigma}) \\[1mm] E'' = \sqrt{E_{\mathrm{d}}''^{2} + E_{\mathrm{q}}''^{2}} \end{array}\right\} \qquad (7\text{-}51)$$

阻尼回路和励磁回路的方程式组同式（7-45），而磁链方程式见式（7-46）。

根据已知的次暂态电动势和整流电流值，利用整流器外特性确定一周期中的整流电压平均值。对于不同工作状态，相应外特性分别为：

$$
\left.
\begin{aligned}
&\text{当}\ 0 < I_\mathrm{f}^* \leqslant 0.5\ \text{时：}\quad U_\mathrm{f}^* = \frac{3}{\pi}\left(1 - \frac{I_\mathrm{f}^*}{2}\right) \\
&\text{当}\ 0.5 \leqslant I_\mathrm{f}^* \leqslant \frac{\sqrt{3}}{2}\ \text{时：}\quad U_\mathrm{f}^* = \frac{3\sqrt{3}}{2\pi}\sqrt{1 - I_\mathrm{f}^{*\,2}} \\
&\text{当}\ \frac{\sqrt{3}}{2} \leqslant I_\mathrm{f}^* \leqslant \frac{2}{\sqrt{3}}\ \text{时：}\quad U_\mathrm{f}^* = \frac{3\sqrt{3}}{\pi}\left(1 - \frac{\sqrt{3}}{2}I_\mathrm{f}^*\right) \\
&\text{当}\ \frac{2}{\sqrt{3}} < I_\mathrm{f}^*\ \text{时：}\quad U_\mathrm{f}^* = 0
\end{aligned}
\right\}
\tag{7-52}
$$

式（7-52）中标幺基值为：

$$
U_\mathrm{fb} = \sqrt{6}E'',\quad I_\mathrm{fb} = \frac{\sqrt{6}E''}{2X_\gamma}
$$

上式中，I_f、U_f、E'' 和 X_γ 均以励磁机定子额定值为基值。

定子电流的基波分量计算，可利用式（7-6），取 $C_1^* = 1.05$。基波电流与次暂态电动势之间的夹角为 φ_1，可由式（7-9）求得。另由式（7-34）和式（7-36），及令 $E_\mathrm{x} = E''$，可求得励磁机电枢电流的 d 轴和 q 轴分量。由此可见，利用整流器外特性计算励磁机的暂态过程，虽可简化方程式组，但仍需采用非线性关系式（7-34）及式（7-36），以确定定子电枢电流的 d 轴和 q 轴分量。如果利用励磁机外特性计算暂态过程，可使计算进一步简化。

二、励磁机外特性简化计算法

与上述整流器外特性简化计算法比较，采用励磁机外特性简化计算法的主要优点是可以非常简单地确定电枢电流的 d 轴和 q 轴分量。

实际上，因为纵轴电枢电流分量较电动势 $\dot{E}_\mathrm{q}$（或 $\dot{E}_\mathrm{Q}$）相量滞后 $\frac{\pi}{2}$，为此，对电动势 $\dot{E}_\mathrm{q}$（$\dot{E}_\mathrm{Q}$）相量而言，纵轴电枢电流系无功电流。

另外，由式（7-7）可知，电枢电流的基波分量与整流系数 B_1 有关。利用式（7-8）可以略去表达励磁机横轴状态的方程式。

交流励磁机纵轴方程式具有下列形式：

$$
\left.
\begin{aligned}
&E_\mathrm{q}(s) = X_\mathrm{ad}\big[I_\mathrm{fe}(s) + I_\mathrm{1d}(s)\big] \\
&U_\mathrm{p}(s) = \big[I_\mathrm{fe}(s)r_\mathrm{fe} + s\psi_\mathrm{fe}(s)\big] \\
&0 = I_\mathrm{1d}(s)r_\mathrm{1d} + s\psi_\mathrm{1d}(s) \\
&\psi_\mathrm{fe}(s) = I_\mathrm{fe}(s)X_\mathrm{fe} + X_\mathrm{ad}\big[I_\mathrm{1d}(s) + I_\mathrm{d}(s)\big] \\
&\psi_\mathrm{1d}(s) = I_\mathrm{1d}(s)X_\mathrm{1d} + X_\mathrm{ad}\big[I_\mathrm{fe}(s) + I_\mathrm{d}(s)\big] \\
&I_\mathrm{d}(s) = -\frac{B_1}{\sqrt{2}}I_\mathrm{f}(s) \\
&B_1^* = f(I_\mathrm{f}^*)
\end{aligned}
\right\}
\tag{7-53}
$$

上式所有量如归算到以励磁机定子额定值为基准值的标幺值系统中。通用励磁机的外特性由下列一些方程式组表示。

$$
\left.
\begin{aligned}
&\text{当 } 0 < I_\mathrm{f}^* \leqslant 0.5 \text{ 时：} \quad U_\mathrm{f}^* = \frac{3}{\pi}\left(1 - \frac{I_\mathrm{f}^*}{2}\right) \\
&\text{当 } 0.5 \leqslant I_\mathrm{f}^* \leqslant \frac{\sqrt{3}}{2} \text{ 时：} \quad U_\mathrm{f}^* = \frac{3\sqrt{3}}{2\pi}\sqrt{1 - I_\mathrm{f}^{*\,2}} \\
&\text{当 } \frac{\sqrt{3}}{2} \leqslant I_\mathrm{f}^* \leqslant \frac{2}{\sqrt{3}} \text{ 时：} \quad U_\mathrm{f}^* = \frac{3\sqrt{3}}{\pi}\left(1 - \frac{\sqrt{3}}{2}I_\mathrm{f}^*\right) \\
&\text{当 } \frac{2}{\sqrt{3}} \leqslant I_\mathrm{f}^* \text{ 时：} \qquad U_\mathrm{f}^* = 0 \\
&U_\mathrm{f}^* = \frac{U_\mathrm{f}}{\sqrt{6}E_\mathrm{q}} \\
&I_\mathrm{f}^* = \frac{2X_\mathrm{d}I_\mathrm{f}}{\sqrt{6}E_\mathrm{q}}
\end{aligned}
\right\}
\tag{7-54}
$$

凸极励磁机则由下列一些方程式组表示：

$$
\begin{aligned}
U_\mathrm{f}^* &= \frac{U_\mathrm{f}}{\sqrt{6}E_\mathrm{Q}} \\
I_\mathrm{f}^* &= \frac{2X_\mathrm{q}I_\mathrm{f}}{\sqrt{6}E_\mathrm{Q}} \\
E_\mathrm{Q} &= E_\mathrm{q} - I_\mathrm{d}(X_\mathrm{d} - X_\mathrm{q})
\end{aligned}
$$

如果忽略阻尼回路的影响，或者以一个其值等于励磁绕组和阻尼绕组时间常数之和（$T_\mathrm{d0}' + T_\mathrm{1d0}'$）的等效时间常数来代替励磁绕组的开路时间常数，则式（7-53）可进一步化简为：

$$
\left.
\begin{aligned}
E_\mathrm{q}(s) &= X_\mathrm{ad}I_\mathrm{fe}(s) \\
U_\mathrm{p}(s) &= I_\mathrm{fe}(s)\frac{X_\mathrm{fe}}{T_\mathrm{d0}' + T_\mathrm{1d0}'} + s\psi_\mathrm{fe}(s) \\
\psi_\mathrm{fe}(s) &= I_\mathrm{fe}(s)X_\mathrm{fe} + I_\mathrm{d}(s)X_\mathrm{ad} \\
I_\mathrm{d}(s) &= -\frac{B_1}{\sqrt{2}}I_\mathrm{f}(s) \\
B_1^* &= 0.35 + 0.66I_\mathrm{f}^*
\end{aligned}
\right\}
\tag{7-55}
$$

因此，利用式（7-54）、式（7-55）这些简化的方程式组分析励磁机的工作过程是很方便的。

应着重指出的是，在式（7-54）中仍包括非线性因素，即整流器包括三种换相工作状态，在暂态过程中整流器有可能从一种状态过渡到另一种状态。

如果要进一步简化系统方程式，可将励磁机外特性方程式线性化，此时假定在所有工作状态下，整流器工作在第Ⅰ种或第Ⅱ种换相状态。在这种情况下方程式组可写为：

$$\left.\begin{aligned}
U_{\text{p}}(s) &= I_{\text{fe}}(s)\frac{X_{\text{fe}}}{T'_{\text{d0}}+T'_{\text{1d0}}} + s\psi_{\text{fe}}(s) \\
\psi_{\text{fe}}(s) &= I_{\text{fe}}(s)X_{\text{fe}} + I_{\text{d}}(s)X_{\text{ad}} \\
I_{\text{d}}(s) &= -\frac{1}{\sqrt{2}}B_1 I_{\text{f}}(s) \\
U_{\text{f}}(s) &= k_1 E_{\text{q}}(s) - k_2 I_{\text{f}}(s)X_{\text{d}}
\end{aligned}\right\}\tag{7-56}$$

式中　k_1、k_2——励磁机外特性的线性化系数。

第九节　发电机励磁电流小偏差变化时励磁系统的暂态过程

在讨论励磁调节品质时，往往涉及主发电机励磁电流按小偏差变化时的励磁系统性能。

由于主发电机时间常数和励磁机时间常数相差一个数量级，为此，在研究发电机的端电压下降引起励磁机励磁电流增加的强行励磁过程中，可以认为发电机的励磁电流变化是不显著的。近似地可以认为在励磁机电动势增长过程中，发电机的励磁电流是不变的，即 I_{f} 为常数。同样，在事故后的动态过程中，励磁机的电压由顶值变化到零（或者到负的顶值电压），由于主发电机励磁回路的时间常数很大，故在此暂态过程中仍认为整流电流 I_{f} 是不变的。

如果忽略阻尼回路的影响，暂态时对励磁机励磁绕组回路可列出下列方程式组：

$$u_{\text{p}} = i_{\text{fe}}r_{\text{fe}} + \frac{\text{d}\psi_{\text{fe}}}{\text{d}t}\tag{7-57}$$

$$\psi_{\text{fe}} = i_{\text{fe}}X_{\text{fe}} + i_{\text{d}}X_{\text{ad}}$$

式中　ψ_{fe}——励磁机励磁绕组磁链。

另由式（7-54）和式（7-55），并考虑到 B_1 以 I_{f} 表示的表达式，得出：

$$i_{\text{d}} = -\left(0.35 + 0.66 \times \frac{2X_{\text{d}}I_{\text{f0}}}{i_{\text{fe}}X_{\text{ad}}\sqrt{6}}\right)\frac{I_{\text{f0}}}{\sqrt{2}}\tag{7-58}$$

式（7-58）表明，当发电机励磁电流 I_{f} 不变时，增加励磁机的励磁电流 i_{fe}（或者电动势 E_{q}），将使纵轴的电枢反应电流减少。这一结论是非常重要的，它说明在上述条件下，励磁机励磁电流的增加和电枢反应电流的减小，将使励磁机的磁链有所增加。

将式（7-58）代入式（7-57）中，并假定励磁电流 I_{f} 不变，得出：

$$u_{\text{p}} = i_{\text{fe}}r_{\text{fe}} + \frac{\text{d}i_{\text{fe}}}{\text{d}t}\left(X_{\text{fe}} + \frac{0.66X_{\text{d}}}{\sqrt{3}} \times \frac{I_{\text{f0}}^2}{i_{\text{fe}}^2}\right)$$

如果不计饱和，可将励磁电流转换为电动势表达式：

$$i_{\text{fe}} = \frac{e_{\text{q}}}{X_{\text{ad}}} = \frac{(E_{\text{q0}} + \Delta e_{\text{q}})}{X_{\text{ad}}}$$

代入 u_{p} 表达式，可得：

$$u_{\text{p}} = i_{\text{fe}}r_{\text{fe}} + \frac{\text{d}i_{\text{fe}}}{\text{d}t}\left[X_{\text{fe}} + \frac{0.66X_{\text{d}}X_{\text{ad}}^2 I_{\text{f0}}^2}{\sqrt{3}E_{\text{q0}}^2\left(1 + \frac{\Delta e_{\text{q}}}{E_{\text{q0}}}\right)^2}\right]\tag{7-59}$$

这样，可以用一个一阶非线性微分方程式表示励磁机的暂态特性。式（7-59）表明，由励磁机励磁电流和电枢反应去磁电流二者合成所决定的励磁机励磁绕组等效电感，其值大于励磁机励磁绕组电枢开路时的相应值。

在强行励磁过程中，励磁机励磁电动势增加（$\Delta e_q > 0$），等效电感减少，但是合成值仍大于 X_{fe}；减磁时（$\Delta e_q < 0$），等效电感增加。基于上述讨论，严格地说，不能用一次惯性环节来表示励磁机的暂态特性，因为在式（7-59）中，励磁电流 i_{fe} 导数的系数是励磁电流的函数。在小偏差情况下，Δe_q 之值很小，可以认为此系数为常数。此时，以运算形式表达的式（7-59）为：

$$I_{fe}(s) = \frac{U_p(s)}{r_{fe}\left(1 + s \times \dfrac{X'_{fe}}{r_{fe}}\right)} \tag{7-60}$$

式中：

$$X'_{fe} = X_{fe} + \frac{0.66 X_d X_{ad}}{\sqrt{3}} \times \frac{I_{f0}^2}{E_{q0}^2}$$

令：

$$\frac{X'_{fe}}{r_{fe}} = T'_{fe}$$

式中 T'_{fe}——发电机励磁电流不变和励磁机励磁电流按小偏差变化时的励磁机暂态时间常数。

显然，接有整流负载的励磁机励磁绕组的时间常数大于励磁机电枢绕组开路时的时间常数，即：

$$T_{fe0} = \frac{X_{fe}}{r_{fe}} < T'_{fe} = \frac{X_{fe} + \dfrac{\sqrt{0.66 X_d X_{ad}^2}}{\sqrt{3}} \times \dfrac{I_{f0}^2}{E_{q0}^2}}{r_{fe}} \tag{7-61}$$

实际上，在励磁机电动势增长过程中，发电机的励磁电流并不是不变的，而是缓慢地增加，等效时间常数将小于式（7-61）的计算值。

应予以说明的是，上述结论与通常同步发电机的去磁理论概念是矛盾的。现讨论一下二者的差别。在同步发电机的暂态理论中，励磁绕组的电抗 X_{fe} 通常可由发电机各绕组的磁链平衡方程式求得，如果忽略阻尼效应，则 X'_{fe} 可由励磁绕组磁链方程式求得：

$$\psi_{f\Sigma} = i_f X_f + i_d X_{ad}$$

式中 $\psi_{f\Sigma}$——由励磁电流 i_{fe} 和纵轴电流分量 i_d 所共同建立的励磁绕组磁链。

定子绕组短路时，可由下式确定纵轴电流分量：

$$i_d = -\frac{e_q}{X_d} = -\frac{i_f X_{ad}}{X_d}$$

将上式代入磁链方程式，可得：

$$\psi_{f\Sigma} = i_f\left(X_f - \frac{X_{ad}^2}{X_d}\right) = i_f X'_f$$

上式说明，由励磁电流和纵轴电枢去磁电流所共同建立的磁链，等于流过励磁电流时，其电抗考虑了电枢去磁作用的单一励磁绕组所产生的磁链。

当定子电枢绕组短路时，由于去磁作用的影响，励磁绕组阻抗 X'_f 小于定子绕组开路时的相应值，即：

$$X'_f < X_f$$

与此相反，对于接有整流负载的交流励磁机，其励磁绕组的电抗及其时间常数将大于励磁机电枢开路时的相应值，如式（7-61）所示。这是由于当增大励磁机励磁电流时，其输出整流电流仍将是不变的。这样就导致了换相角的减少，从而减少了基波电枢电流和横轴之间的夹角，亦即减少了纵轴电枢反应电流。

现以 ΔX 表示纵轴电枢反应的变化对励磁绕组电抗的影响，由式（7-59）可求得：

$$\Delta X = \frac{0.66 X_{ad}^2 X_d}{\sqrt{3}} \times \frac{I_{f0}^2}{E_{q0}^2 \left(1 + \frac{\Delta e_q}{E_{q0}}\right)^2} \tag{7-62}$$

现以实例来讨论 ΔX 对励磁机时间常数的影响。

【例 7-3】 对于 300MW 汽轮发电机，额定励磁电流 $I_{fN} = 2900A$，归算到励磁机电枢侧的标幺值为 1.26。采用两倍强行励磁，励磁机电动势 $E_q = 2.062$，求此时励磁机的时间常数。

解
$$I_f^* = \frac{2 X_d I_f}{\sqrt{6} E_q} = \frac{2 \times 1.68 \times 1.26}{\sqrt{6} \times 2.062} = 0.84 > 0.5$$

励磁机工作在第 II 种换相状态，相应方程式为：

$$U_f^* = \frac{3\sqrt{3}}{2\pi} \sqrt{1 - I_{f0}^{*\,2}}$$

$$\frac{U_f}{\sqrt{6} E_q} = \frac{3\sqrt{3}}{2\pi} \sqrt{1 - \frac{2 X_d I_{f0}^2}{\sqrt{6} E_{q0}^2}}$$

上式可改写为：

$$\frac{I_{f0}^2}{E_{q0}^2} = \frac{81}{2\pi^2} \times \frac{1}{r^2 + \left(\frac{3\sqrt{3}}{\pi} X_d\right)^2} = 0.358$$

由式（7-62）求 ΔX，当 $\Delta e_q = 0$ 时：

$$\Delta X = \frac{0.66}{\sqrt{3}} \times 1.54^2 \times 1.68 \times 0.358 = 0.616$$

对于所讨论的工作状态，励磁机的时间常数为：

$$T'_{fe} = \frac{X_{fe} + \Delta X}{X_{fe}} \times T_{fe0} = \left(1 + \frac{\Delta X}{X_{fe}}\right) T_{fe0} = k_e T_{fe0}$$

$$X_{fe} = X_{fe0} + X_{ad} = 0.21 + 1.54 = 1.75$$

依此可得系数：

$$k_e = 1 + \frac{0.616}{1.75} = 1.35$$

当采用两倍强行励磁电压时，励磁机的内电动势 E_q 由 E_{q0} 变化到 $2E_{q0}$，求得相应系数 k_e 变化为 1.35～1.15，现取平均值 $k_e = \frac{1.35 + 1.17}{2} = 1.26$ 代入式（7-60），可得：

$$I_{fe}(s) = \frac{U_p(s)}{r_{fe}(1 + 1.25 s T_{fe0})} \tag{7-63}$$

如不计励磁机磁路饱和，励磁机电动势表达式为：

$$\Delta E_q(s) = \frac{U_p(s)X_{ad}}{r_{fe}(1 + 1.25sT_{fe0})} \tag{7-64}$$

如果励磁机输出电压增加到顶值期间内主发电机励磁电流不变，相当于励磁机的电枢换相压降相对地减少了，此时，励磁机的输出电压存在着超调现象。有关励磁机外特性方程式如下：

$$U_{f0} + \Delta U_f = 2.34(E_{q0} + \Delta E_q) - \frac{3}{\pi}X_d I_{fe}$$

对于额定状态：

$$U_{f0} = 2.34E_{q0} - \frac{3}{\pi}X_d I_{fe}$$

相应增量方程式为：

$$\Delta U_f = 2.34\Delta E_q$$

第十节　二极管整流器对发电机励磁回路时间常数的影响

由运行状态变化引起的发电机转子电流自由分量，其衰减过程与发电机转子回路（包括励磁绕组和阻尼绕组回路）的参数有关。

当发电机定子绕组开路时，发电机励磁回路的时间常数由转子绕组电抗与其有效电阻之比确定，即：

$$T'_{d0} = \frac{X_f}{\omega r_f}$$

$$T'_{1d0} = \frac{X_{1d}}{\omega r_{1d}}$$

式中　T'_{d0}、T'_{1d0}——发电机定子绕组开路时，励磁绕组和阻尼绕组的时间常数。

当定子绕组短路时，励磁回路的时间常数将取决于定子短路时励磁绕组回路各电抗与有效电阻之比，即：

$$T'_d = \frac{X'_f}{\omega r_f}$$

$$T'_{1d} = \frac{X_{1d}}{\omega r_{1d}}$$

如果发电机的励磁绕组由交流电源经整流器供电，则在发电机短路时所引起的自由分量电流有可能经整流器和电源绕组形成闭路，从而影响励磁回路的时间常数值。下面讨论其影响。

由于励磁机的时间常数显著小于发电机励磁回路的时间常数，所以在研究发电机励磁绕组暂态过程时，可以忽略励磁机的时间常数。在此假定条件下，主发电机励磁回路的暂态过程可用下列方程式表示。

当 $0 \leqslant I_f \leqslant \dfrac{0.5\sqrt{6}E_q}{2X_d}$ 时：

$$U_f(s) = 2.34E_q(s) - I_f(s)\frac{3}{\pi}X_d = I_f(s)(r_f + sX'_f)$$

当 $\dfrac{3\sqrt{2}E_q}{4X_d} \leqslant I_f \leqslant \dfrac{\sqrt{2}E_q}{X_d}$ 时：

$$U_f(s) = \frac{9}{\pi}\sqrt{2}E_q(s) - I_f(s)\frac{9}{\pi}X_d = I_f(s)(r_f + sX_f')$$

由上式可得：

$$2.34E_q(s) = I_f(s)\left(r_f + \frac{3}{\pi}X_d + sX_f'\right)$$

$$\frac{9\sqrt{2}}{\pi}E_q(s) = I_f(s)\left(r_f + \frac{3}{\pi}X_d + sX_f'\right)$$

所以，当 $0 \leqslant I_f \leqslant \dfrac{\sqrt{6}E_q}{4X_d}$ 时：

$$T' = T_{d0}'\,\frac{r_f}{r_f + \dfrac{3}{\pi}X_d} \tag{7-65}$$

当 $\dfrac{3\sqrt{2}E_q}{4X_d} \leqslant I_f \leqslant \dfrac{\sqrt{2}E_q}{X_d}$ 时：

$$T_f' = T_{d0}'\,\frac{r_f}{r_f + \dfrac{9}{\pi}X_d} \tag{7-66}$$

式中　T_f'——考虑二极管整流器影响时发电机励磁绕组的时间常数。

如上所述，由于二极管整流器的影响，励磁回路等效时间常数减少。

第十一节　具有整流器负载的交流励磁机励磁电压响应

对于供电给二极管整流器的交流励磁机励磁系统，其励磁电压响应随主机运行方式的变化而变化。通常可分为空载、负载及发电机端三相短路时的强励状态三种工作状态。

一、交流励磁机空载时的励磁电压响应

此时，交流励磁机输出端不接任何负载，为此，不存在电枢反应。在交流励磁机励磁绕组侧供给强行励磁电压时，交流励磁机端输出电压与交流励磁机空载时间常数有关，另因空载时交流励磁机具有最大时间常数值，故由此状态所确定的励磁电压响应比是较低的。

二、交流励磁机负载时的励磁电压响应

如在空载时交流励磁机的时间常数为 T_{d0e}，则在负载时相应的时间常数为：

$$T_e = T_{d0e}\,\frac{r_e^2 + (X_d' + X_e)(X_q + X_e)}{r_e^2 + (X_d + X_e)(X_q + X_e)} = KT_{d0e} \tag{7-67}$$

$$r_e = Z_e\cos\varphi_1$$

$$X_e = Z_e\sin\varphi_1$$

式中　T_{d0e}——交流励磁机空载时间常数；

　X_d、X_d'——交流励磁机纵轴同步电抗和暂态电抗；

　r_e、X_e——由交流励磁机负载功率因数所决定的等效有功分量及无功分量；

Z_e——交流励磁机负载阻抗，以标幺值表示 $Z_e^* = 1$；

φ_1——基波电流功率因数角。

通常励磁机负载时间常数较空载时间常数小 1/2 左右，即 $K \approx 0.5$。

由于交流励磁机的负载为主发电机的励磁绕组，主发电机的时间常数比交流励磁机的时间常数大一个数量级，这决定了在负载时交流励磁机励磁电压响应的特征，使强行励磁暂态过程大致分为如下两个过程：

在第一阶段，具有较小时间常数的交流励磁机的励磁电流较快地达到顶值。交流励磁机电压亦同时达到顶值。在此过程中，具有较大时间常数的发电机励绕组回路的电流仍近似地维持原来电流不变，使励磁电压存在超调量。相应的励磁电压上升段称为恒定电流特性曲线段，如图 7-12 的 I 部分所示。

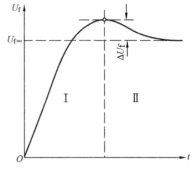

图 7-12　强行励磁时的交流励磁机
电压增长曲线

在第二阶段，发电机励磁电流开始增长，由于电枢反应的影响，励磁机的电压由定电流特性曲线的最大顶值电压开始下降，最终达到稳定值，如图 7-12 的 II 部分所示。其中顶值电压超调量 ΔU_f 随 $\dfrac{T_{d0}}{T_e}$ 变化，比值越大，超调量 ΔU_f 越大。

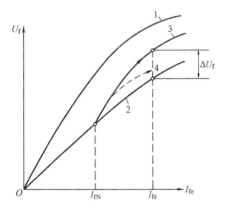

图 7-13　交流励磁机饱和特性曲线

1—空载特性曲线；2—负载恒值电阻特性曲线；

3—负载恒值电流特性曲线；4—实际变化特性曲线

第一阶段延续时间较短，决定了交流励磁机的时间常数。第二阶段持续时间较长，决定于发电机励磁绕组的时间常数。在交流励磁机饱和特性曲线坐标中，可示出恒流特性，如图 7-13 中的曲线 3 所示。实际上，在交流励磁机电压达顶值前的第一阶段中，发电机的励磁电流仍有一定程度的上升，故实际励磁机电压变化曲线将如图 7-13 中的曲线 4 所示。当发电机励磁绕组的时间常数较小时，发电机的励磁电流随励磁电压成比例地上升，相应特性称为恒值电阻特性，见图 7-13 中的曲线 2。

由恒流特性曲线引起的励磁电压超调量亦可由交流励磁机外特性及整流器的外特性依图解法求得，如图 7-14 所示。其中曲线 1、2、3 表示当非畸变电势 E_x 不变时的整流器外特性，而曲线 1′、2′、3′ 表示当交流励磁机的内电势 E_Q（或 E_q）不变时 $U_f^* = f(I_f^*)$ 关系的励磁机外特性。

发电机在额定负载情况下的工作点，由图 7-14 中整流器外特性曲线 2 与励磁机外特性曲线 2′ 的交点所决定，如图 7-14 的 g 点。发电机励磁电流为 I_{fN}^*。

在强行励磁时，与选用的强行励磁电压倍数相对应的励磁机外特性为图 7-14 中的曲线 3′，相应整流器外特性为图 7-14 中的曲线 3。在稳态时强行励磁电压由图 7-14 中的 c 点决定。至于恒流特性曲线系对应于 I_{fN}^* 不变的情况，即图 7-14 中的 d 点。由此可求得：

$$\Delta U_f = \frac{6.4-5.3}{5.3} \times 100\% = 20\%。$$

如以发电机空载情况为准，对应于恒流特性曲线的顶值励磁电压为 6.8V（见图 7-14 中 e 点），此时，励磁电压超调量为

$$\Delta U_f = \frac{6.8-5.3}{5.3} \times 100\% = 28\%。$$ 可见，在强行励磁前发电机的初始电流值越低，在第一阶段末的励磁机电压超调量越高。

【例 7-4】 确定内电势 E_q 不变时交流励磁机外特性的表达式。

解 由图 7-5（b）所示凸极交流励磁机的相量图，可求得非畸变正弦电势：

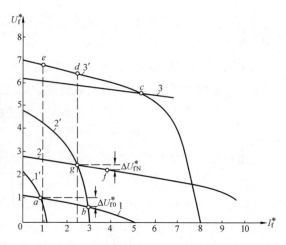

图 7-14　交流励磁机及整流器外特性曲线

1、2、3—发电机空载、额定负载及强励状态的整流器外特性曲线；1′、2′、3′—发电机空载、额定负载及强行励磁状态下 E_Q（或 E_q）不变时的励磁机外特性曲线

$$E_x = \sqrt{E_q^2 - [(X_d - X_\gamma)\beta_i I_f \cos\varphi_1]^2} - \beta_i I_f (X_d - X_\gamma)\sin\varphi_1 \quad (\dot{a} \approx \dot{E}_q)$$

对于第 I 种工作状态，整流器外特性方程式为：

$$U_f = \frac{3\sqrt{6}}{\pi} \times E_x - \frac{3}{\pi} I_f X_r$$

将以上两式合并，并整理得：

$$U_f = \frac{3\sqrt{6}}{\pi}\left\{\sqrt{E_q^2 - [(X_d - X_\gamma)\beta_i I_f \cos\varphi_1]^2} - \beta_i I_f (X_d - X_\gamma)\sin\varphi_1\right\} - \frac{3}{\pi} I_f X_r$$

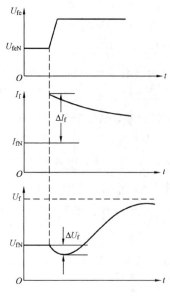

图 7-15　发电机发生三相短路时交流励磁机电压的降落

上式即为当交流励磁机内电势 E_q 不变时励磁机外特性的表达式。

三、发电机三相短路时的励磁电压响应

当发电机突然三相短路时，其转子励磁绕组中将产生自由分量电流。当此电流流过整流器及交流励磁机电枢时，等效换相电压增加，使发电机励磁电压瞬时降落 ΔU_f，如图 7-15 所示。

引起交流励磁机电压降落的过程可理解为：在发电机短路瞬间，交流励磁机电枢流过发电机转子电流自由分量，使换相角 γ 增大，但此时励磁机的非畸变整流电势 E_x 不变，具有与超瞬变电势 E'' 相近的特性。为此，整流电压 U_f 将按整流器外特性减少 ΔU_f，其值可由图 7-14 交流励磁机及整流器外特性求得。假如强行励磁前发电机为额定负载状态，短路时引起的暂态转子电流自由分量增量 $\Delta I_f^* = 1.0$。依此，工作点由图 7-14 中的 g

点下降到 f 点，$\Delta U_{\mathrm{fN}}^* = \dfrac{2.4-2.25}{2.25}\% = 6.6\%$。如短路前为空载，则 $\Delta I_{\mathrm{f}}^* = 2.0$，此时，工作点由图 7-14 中的 a 点变为 b 点，$\Delta U_{\mathrm{f0}}^* = \dfrac{1.0-0.8}{0.8}\% = 25\%$，此时整流器已进入第 II 种换相状态。

综上所述，在交流励磁机二极管整流器励磁系统中，其励磁电压响应随交流励磁机空载、发电机负载和短路故障等运行方式的不同而有所差别。在不同运行方式条件下，交流励磁机的励磁电压响应如图 7-16 所示。由此图可看出，发电机短路时励磁电压响应最低，恒流特性条件下励磁电压响应最高。

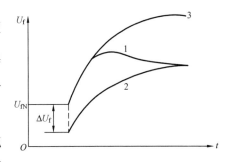

图 7-16　不同强行励磁条件下交流
励磁机的励磁电压响应
1—发电机负载强行励磁；
2—发电机短路故障强行励磁；
3—恒流特性

第十二节　交流励磁机短路电流计算[17]

一、整流器直流侧突然短路

在他励静止硅二极管励磁系统中，当整流器输出端发生直接短路时，如忽略整流器的有效电阻，则相当于交流励磁机端三相直接短路，由超瞬变电抗限制了短路电流的初始值，其后，随电枢反应效果的加强，交流短路电流逐渐衰减到稳定值。超瞬变短路电流的直流分量则取决于时间常数 T_{a}。如以下式表示 A 相电压瞬时值：

$$u_{\mathrm{ea}}(t) = \sqrt{2}U_{\mathrm{e}}\sin(\omega t + \theta) \tag{7-68}$$

则励磁机励磁电流为恒定值时，空载他励交流励磁机的三相短路电流瞬时值可用下式表示：

$$i_{\mathrm{e0}}(t) = \left[\frac{1}{X_{\mathrm{d}}} + \left(\frac{1}{X_{\mathrm{d}}'} - \frac{1}{X_{\mathrm{d}}}\right)\mathrm{e}^{-\frac{1}{T_{\mathrm{d}}'}} + \left(\frac{1}{X_{\mathrm{d}}''} - \frac{1}{X_{\mathrm{d}}'}\right)\mathrm{e}^{-\frac{1}{T_{\mathrm{d}}''}}\right] \times$$

$$\sqrt{2}U_{\mathrm{e}}\cos(\omega t + \theta) - \frac{1}{X_{\mathrm{d}}''}\sqrt{2}U_{\mathrm{e}}\mathrm{e}^{-\frac{1}{T_{\mathrm{a}}}}\cos\theta$$

$$T_{\mathrm{a}} = \frac{X_2}{\omega R_{\mathrm{a}}}$$

$$T_{\mathrm{d}}'' \approx T_{\mathrm{d0}}''\frac{X_{\mathrm{d}}''}{X_{\mathrm{d}}'} \tag{7-69}$$

式中　U_{e}——交流励磁机空载电压有效值；

　　θ——短路瞬间的电压相位角；

　　T_{a}——交流励磁机短路电流直流分量衰减时间常数；

　　T_{d}'——瞬变时间常数；

　　T_{d}''——超瞬变时间常数；

　　T_{d0}''——交流励磁机定子绕组开路时的超瞬变时间常数。

交流励磁机 B 相和 C 相的短路电流表达式与 A 相相似，只要将式（7-69）中的 θ 角代以

$\left(\theta-\dfrac{2\pi}{3}\right)$ 和 $\left(\theta-\dfrac{4\pi}{3}\right)$ 即可。由式（7-69）可看出，中括号内的第 1 项为由 X_d 决定的稳态电流值，中括号内第 2、第 3 项表示以时间常数 T_d' 和 T_d'' 衰减的交流分量值。由于 T_d'' 和 T_d' 较小，故仅在数个周波内便可衰减到零。

式（7-69）的第 2 项为在短路瞬间保持发电机气隙磁通不变时所决定的直流分量值，其衰减时间常数为 T_a。直流分量的大小与短路瞬间发电机电压的相角有关。当 $\theta=0$ 或 π 时，直流分量具有最大值。其余两相的直流分量值应将 θ 代以 $\left(\theta-\dfrac{2\pi}{3}\right)$ 和 $\left(\theta-\dfrac{4\pi}{3}\right)$。有关短路电流的波形图如图 7-17 所示。

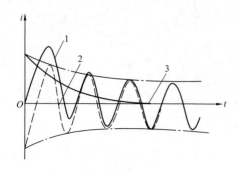

图 7-17　交流励磁机空载三相短路时的
短路电流波形图

1—全短路电流（非对称分量）；

2—基波曲线（对称分量）；

3—直流分量

当他励式交流励磁机负载时发生三相短路时，其短路电流可由空载短路电流与负载电流的合成值求得。负载时短路电流表达式：

$$i_{eN}(t)=\left\{\left[\left(\frac{1}{X_d''}-\frac{1}{X_d'}\right)e^{-\frac{1}{T_d''}}+\left(\frac{1}{X_d'}-\frac{1}{X_d}\right)e^{-\frac{1}{T_d'}}\right]\sqrt{2}U_e\cos\delta+\right.$$

$$\left.\frac{\sqrt{2}E_q}{X_d}-\frac{\sqrt{2}U}{X_d''}e^{-\frac{1}{T_a}}\cos(\omega t+\delta)\right\}\times\cos(\omega t+\theta)+$$

$$\left[\left(\frac{1}{X_q''}-\frac{1}{X_q}\right)e^{-\frac{1}{T_q''}}\sqrt{2}\sin\delta-\frac{\sqrt{2}U}{X_q''}e^{-\frac{1}{T_a}}\sin(\omega t+\theta)\right]\sin(\omega t+\theta) \qquad (7\text{-}70)$$

式中　δ——交流励磁机的转子功率角；

　　　θ——短路瞬间电压相位角；

　　　E_q——交流励磁机的内电势。

由图 7-18 所示相量图可求得：

$$E_q=U\cos\delta+IX_d\sin(\varphi+\delta) \qquad (7\text{-}71)$$

$$\tan\delta=\frac{IX_q\cos\varphi}{U+IX_q\sin\varphi} \qquad (7\text{-}72)$$

由式（7-70）可求得短路电流的基波分量：

$$i_{eN}(t)=\left\{\left[\left(\frac{1}{X_d''}-\frac{1}{X_d'}\right)e^{-\frac{1}{T_d''}}\right.\right.$$

$$\left.+\left(\frac{1}{X_d'}-\frac{1}{X_d}\right)e^{-\frac{1}{T_d'}}\right]\sqrt{2}U_e\cos\delta+\frac{\sqrt{2}E_q}{X_d}\right\}\cos(\omega t+\theta)$$

$$+\left(\frac{1}{X_q''}-\frac{1}{X_q'}\right)e^{-\frac{t}{T_q''}}\sqrt{2}U\sin\delta\sin(\omega t+\theta) \qquad (7\text{-}73)$$

当 $\theta=0$ 时，相当于空载，空载短路时，式（7-73）与式（7-69）的短路电流基波分量相同。

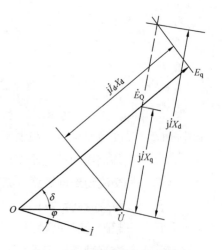

图 7-18　交流励磁机相量图

【例 7-5】　计算 100kVA 模拟交流发电机的短路电流。有关参数为：$U = \dfrac{225}{\sqrt{3}}$ V，$X''_\mathrm{d} = 0.0393\Omega$，$X' = 0.1529\Omega$，$X_\mathrm{d} = 0.478\Omega$，$X''_\mathrm{q} = 0.01023\Omega$，$X_\mathrm{q} = 0.2481\Omega$，$T''_\mathrm{d} = 0.018\mathrm{s}$，$T'_\mathrm{d} = 0.285\mathrm{s}$，$T''_\mathrm{q} = 0.223\mathrm{S}$，$\cos\varphi = 0.8$。

解　相应的计算结果如图 7-19 所示。

由图 7-19 可看出，在任一时刻，空载与负载短路电流包络线的差值 ΔI_sy 与 $t = 0$ 时的 $\Delta I_\mathrm{sy(0)}$ 值是近似相同的。

由式（7-73）可求得 $t = 0$ 时的短路电流对称交流分量的有效值，并考虑到式（7-71），整理后可得：

$$I_\mathrm{syN(0)} = \left[\frac{1}{X''_\mathrm{d}}U_\mathrm{e}\cos\delta + \frac{IX_\mathrm{d}\sin(\varphi + \delta)}{X_\mathrm{d}}\right]\cos\theta$$
$$+ \left[\left(\frac{1}{X''_\mathrm{q}} - \frac{1}{X_\mathrm{q}}\right)U_\mathrm{e}\sin\delta\right]\sin\theta \quad (7\text{-}74)$$

如假定短路初始相角 $\theta = 0$，则上式化简为：

$$I_\mathrm{syN(0)} = \frac{1}{X''_\mathrm{q}}U_\mathrm{e}\cos\delta + I\sin(\varphi + \delta) \quad (7\text{-}75)$$

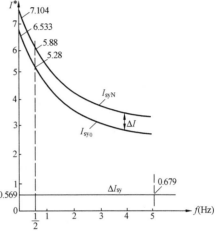

图 7-19　短路电流对称分量包络线的衰减曲线

I_syN—额定负载短路电流（对称包络线）；

I_sy0—空载短路电流（对称包络线）

另外，在式（7-69）中，令 $t = 0$，$\theta = 0$，可求得空载时短路电流对称交流分量的有效值：

$$I_\mathrm{sy0(0)} = \frac{\sqrt{2}U_\mathrm{e}}{X''_\mathrm{d}} \quad (7\text{-}76)$$

由式（7-75）和式（7-76），可求得 $t = 0$ 时的差值：

$$\Delta I_\mathrm{sy(0)} = \frac{U_\mathrm{e}}{X''_\mathrm{d}}(\cos\delta - 1) + I\sin(\varphi + \delta) \quad (7\text{-}77)$$

当 δ 较小时，第 1 项和第 2 项相比较小，可以忽略不计，第 2 项的 δ 角亦可不计，由此，可求得：

$$\Delta I_\mathrm{sy(0)} \approx I\sin\varphi \quad (7\text{-}78)$$

对于本例，如 $I = 1\mathrm{p.u.}$，$\sin\varphi = 0.569$，由此，可求得 $\Delta I_\mathrm{sy(0)} = 0.569$，如图 7-19 所示。为此，对于运行在额定功率因数、额定负载的他励交流励磁机，其短路电流表达式可写为：

$$i_\mathrm{eN}(t) = \left[\frac{1}{X_\mathrm{d}} + \left(\frac{1}{X'_\mathrm{d}} - \frac{1}{X_\mathrm{d}}\right)\mathrm{e}^{-\frac{1}{T'_\mathrm{d}}} + \left(\frac{1}{X''_\mathrm{d}} - \frac{1}{X'_\mathrm{d}}\right)\mathrm{e}^{-\frac{1}{T''_\mathrm{d}}}\right]\sqrt{2}U_\mathrm{e}\cos(\omega t + \theta) -$$
$$\frac{1}{X''_\mathrm{d}}\sqrt{2}U_\mathrm{e}\mathrm{e}^{-\frac{t}{T_\mathrm{a}}}\cos\theta + \sqrt{2}I\sin\varphi \quad (7\text{-}79)$$

【例 7-6】　确定 200MW 汽轮发电机他励静止二极管励磁系统中，整流器输出端直接短路时，交流励磁机的空载短路电流曲线。已知：$X_\mathrm{d} = 2.31$，$T_\mathrm{a} = 0.024\mathrm{s}$；$X'_\mathrm{d} = 0.21$，$T'_\mathrm{d} = 0.064\mathrm{s}$；$X''_\mathrm{d} = 0.12$，$T''_\mathrm{d} = 0.008\mathrm{s}$；$f = 100\mathrm{Hz}$，$U_\mathrm{e} = 2$（强励电压倍数）。

解　计算时，取短路瞬间电压相角差 $\theta = 0$ 短路电流最大的情况，将有关参数代入式（7-69）中可得：

$$i_a(t) = \left[\frac{1}{2.31} + \left(\frac{1}{0.12} - \frac{1}{2.31}\right) \times e^{-\frac{t}{0.064}} + \left(\frac{1}{0.12} - \frac{1}{0.21}\right) \times e^{-\frac{t}{0.008}}\right] \times$$

$$2\sqrt{2}\cos\omega t - \frac{2}{0.12} \times \sqrt{2}e^{-\frac{t}{0.0242}}$$

因交流励磁机的频率 f 为 100Hz，周期 T 为 0.01s，计算时，时间间隔取 $\Delta t = \dfrac{T}{2} =$ 0.005s，计算结果如表 7-4 所示。

表 7-4 交流励磁机经整流器发生直接短路时的安秒特性

$t \times 10^{-2}$ (s)	0	0.5	1	1.5	2	2.5	3	3.5	4	4.5	5	5.5	6
$i_a(t)$	0	−35.63	−3.73	−21.95	−28.95	−14.36	−1.89	−8.22	−0.866	−6.79	−0.186	−4.9	0.28
$t \times 10^{-2}$ (s)	6.5	7	7.5	8	8.5	9	9.5	10	10.5	11			
$i_a(t)$	−365	0.596	−2.81	0.8	−2.28	0.95	−1.95	1.04	−1.67	1.09			

相应 $i_a(t) = f(t)$ 曲线如图 7-20 所示。

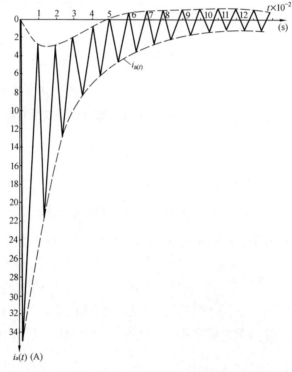

图 7-20 交流励磁机经整流器端直接短路时的安秒特性

如以式（7-69）表示 B、C 相的短路电流值，可令 $\theta_b = \theta - \dfrac{2\pi}{3}$，$\theta_c = \theta + \dfrac{2\pi}{3}$，即可求得 B 相及 C 相的短路电流值。将各相（例如 A 相）的短路电流 $i_a(t)$ 曲线的各幅值点相连得 $i_a(t)$ 的包络线，将此曲线化为有名值并乘以整流变流比，即得整流器的安秒特性，此特性可作为选择快速熔断器及整流器并联路数的依据。

二、发电机端突然三相短路时暂态转子电流自由分量的确定

当发电机短路时，暂态转子电流自由分量流经整流器，依此确定整流器的安秒特性。当发电机在负载状态下机端突然三相短路时，暂态转子电流增量为：

$$\Delta I_{fd} = \left[\left(\frac{X_{11d}X_{ad} - X_{f1d}X_{a1d}}{X_{11d}X_{ffd} - X_{f1d}^2} \times \frac{1}{X_d''} - \frac{X_{ad}}{X_{ffd}} \times \frac{1}{X_d'} \right) e^{-\frac{t}{T_d''}} + \frac{X_{ad}}{X_{ffd}} \times \frac{1}{X_d} e^{-\frac{t}{T_d'}} \right] \times$$

$$U\cos\delta - \frac{X_{11d}X_{ad} - X_{f1d}X_{a1d}}{X_{11d}X_{ffd} - X_{f1d}^2} \times \frac{U}{X_d''} e^{-\frac{t}{T_d'}} \cos(\omega t + \delta) \qquad (7\text{-}80)$$

而：

$$X_{11d} = X_{1ds} + X_{ad}$$

$$X_{1ds} = \frac{1}{\dfrac{1}{X_d'' - X_s} - \dfrac{1}{X_{ad}} - \dfrac{1}{X_f}}$$

$$X_{f1d} = X_{a1d} = X_{ad}$$

$$X_{ffd} = X_f + X_{ad}$$

如暂态转子电流自由分量化为有名值，则 $\Delta i_{f1} = \Delta I_{fd} i_{f\delta}$，此处，$i_{f\delta}$ 是由发电机空载特性曲线直线部分查得的与气隙电势 $E = X_{ad}$ 对应的励磁电流值，相应的全电流为：

$$i_{f1} = \Delta i_{f1} + I_{fN} \qquad (7\text{-}81)$$

此外，当主机端突然三相短路，交流励磁机提供的励磁电流增量为：

$$\Delta i_{f2} = (I_{fc} - I_{fN}) \left[1 - \frac{(T_d' - T_{1d}')T_d'}{(T_d' - T_d'')(T_d' - T_e)} e^{-\frac{t}{T_d'}} \right.$$

$$- \frac{(T_d'' - T_{1d}')T_d''}{(T_d'' - T_d')(T_d'' - T_e)} e^{-\frac{t}{T_d''}}$$

$$\left. - \frac{(T_e - T_{1d}')T_e}{(T_e - T_d')(T_e - T_d'')} e^{-\frac{t}{T_e}} \right] \qquad (7\text{-}82)$$

式中　I_{fc}——与强励电压倍数对应的转子电流稳定强励
　　　　　电流值；

　　　T_e——负载时交流励磁机时间常数值。

在发电机端三相短路和交流励磁机提供强行励磁时，流过整流器的总电流为：

$$\sum I_f = i_{f1} + \Delta i_{f2} \qquad (7\text{-}83)$$

依此，可确定整流器的安秒负载特性，相应的合成转子电流变化曲线如图 7-21 所示。

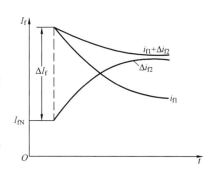

图 7-21　发电机端三相短路、
交流励磁机强行励磁时暂态转子
电流变化曲线

第十三节　交流励磁机额定参数及强励参数的计算

对于他励静止二极管整流器励磁系统，可按下列程序确定交流主、副励磁机的参数。

一、非畸变正弦电势 E_x 以及额定功率 P_N 的确定

根据发电机额定励磁电压 U_{fN}、强励电压 U_{fc} 及强励电流 I_{fC}，求得第 Ⅰ 种工作状态下的

整流电流、电压表达式为：

$$I_{\mathrm{f}} = \frac{\sqrt{6}E_{\mathrm{x}}}{2X_{\gamma}} \times (1 - \cos\gamma)$$

$$U_{\mathrm{f}} = \frac{3\sqrt{6}E_{\mathrm{x}}}{\pi} - \frac{3}{\pi}I_{\mathrm{f}}X_{\gamma}$$

交流励磁机的相电流 I_{e} 表达式为：

$$I_{\mathrm{e}} = \sqrt{\frac{2 - \dfrac{\gamma}{\pi}}{3}} \times I_{\mathrm{f}} \approx \sqrt{\frac{2}{3}} I_{\mathrm{f}}$$

将上式代入励磁电流 I_{f} 的表达式中，整理得：

$$1 - \cos\gamma = \frac{X_{\gamma}}{\dfrac{E_{\mathrm{x}}}{I_{\mathrm{e}}}} = X_{\gamma}^{*} \tag{7-84}$$

为使整流器工作在第 I 种换相状态，γ 角应小于 $\frac{\pi}{3}$。近似地可取 $\gamma_{\mathrm{N}} = \frac{\pi}{6}$，将 $\cos\gamma_{\mathrm{N}} = \cos\frac{\pi}{6} = \frac{\sqrt{2}}{2}$ 代入式（7-84），可得：

$$X_{\gamma}^{*} = 1 - \cos\gamma = 1 - \frac{\sqrt{3}}{2} = 0.134$$

故可选取 $X_{\gamma}^{*} = 0.15 \sim 0.2$。

选定 X_{γ}^{*}，且 $\cos\gamma_{\mathrm{N}}$ 已知，由整流器外特性表达式即可确定 E_{xN}：

$$E_{\mathrm{xN}} = \frac{2\pi}{3\sqrt{6}} \times \frac{U_{\mathrm{fN}}}{(1 + \cos\gamma_{\mathrm{N}})}$$

交流励磁机额定相电流为：

$$I_{\mathrm{eN}} = I_{\mathrm{fN}}\sqrt{\frac{2 - \dfrac{\gamma}{\pi}}{3}}$$

额定功率因数为：

$$\cos\varphi_{\mathrm{N}} = \frac{3}{\pi} \times \sqrt{\frac{2}{2 - \dfrac{\gamma}{\pi}}} \times \cos^{2}\frac{\gamma}{2}$$

交流励磁机的额定功率为：

$$P_{\mathrm{N}} = 3E_{\mathrm{xN}}I_{\mathrm{eN}}\cos\varphi_{\mathrm{N}}$$

在强行励磁时，已知发电机强励电压 U_{fc}、强励电流 I_{fc}，由 $I_{\mathrm{fc}} = \frac{\sqrt{6}E_{\mathrm{xc}}}{2X_{\gamma}}(1 - \cos\gamma_{\mathrm{c}})$ 以及 $U_{\mathrm{fc}} = \frac{3\sqrt{6}E_{\mathrm{xc}}}{\pi} - \frac{3}{\pi}I_{\mathrm{fc}}X_{\gamma}$，可联立求得 E_{xc}、γ_{c}。同样，可求得在强行励磁时的交流励磁机功率 P_{c}。

二、交流副励磁机额定参数的确定

当采用三相半控桥式整流回路时，相应的整流器外特性表达式为：

$$U_{fe} = \frac{3\sqrt{6}}{2\pi} \times E_x(1 + \cos\alpha) - \frac{3}{\pi} I_{fe} X_\gamma \qquad (7\text{-}85)$$

式中 U_{fe}、I_{fe}——交流副励磁机供给交流励磁机励磁回路的电压和电流。

在强行励磁时，令阴极组控制角 $\alpha = 0$（或取 α 为 $10°\sim 20°$），依此可求得：

$$U_{fec} = \frac{3\sqrt{6}}{\pi} E_x - \frac{3}{\pi} I_{fec} X_\gamma \qquad (7\text{-}86)$$

工作在自励恒压条件下的副励磁机，其端电压是恒定不变的，故 $E_{xc} = E_{xN}$。对永磁式副励磁机其端电压将由副励磁机调节特性所确定。

同前讨论，给定 X_γ，求出 $\cos\gamma_c$，并由等式解得 E_{xN}。

$$E_{xN} = E_{xc} = \frac{2\pi}{3\sqrt{6}} \times \frac{U_{fN}}{1 + \cos\gamma_N}$$

对于发电机空载、额定状态，半控桥式线路中的控制角 α 可按下式求得：

$$U_{fe0} = \frac{\sqrt{6}E_{xN}}{2\pi}(1 + \cos\alpha_0) - \frac{3}{\pi} I_{fe0} X_\gamma$$

$$U_{feN} = \frac{\sqrt{6}E_{xN}}{2\pi}(1 + \cos\alpha_N) - \frac{3}{\pi} I_{feN} X_\gamma$$

交流副励磁机额定电流为：

$$I_{PN} = I_{feN}\sqrt{\frac{2 - \dfrac{\gamma_N}{\pi}}{3}}$$

强行励磁电流为：

$$I_{Pc} = I_{fec}\sqrt{\frac{2 - \dfrac{\gamma_c}{\pi}}{3}}$$

并且：

$$\cos\gamma_N = 1 - \frac{2I_{feN}X_\gamma}{\sqrt{6}E_{xN}}$$

$$\cos\gamma_c = 1 - \frac{2I_{fec}X_\gamma}{\sqrt{6}E_{xc}}$$

额定功率因数为：

$$\cos\varphi_N = \frac{3}{\pi} \times \sqrt{\frac{2}{2 - \dfrac{\gamma_N}{\pi}}} \times \cos^2\frac{\gamma_N}{2}$$

额定功率为：

$$P_N = 3E_{xN}I_{PN}\cos\varphi_N$$

强励功率为：

$$P_c = 3E_{xc}I_{Pc}\cos\varphi_c$$

无刷励磁系统

第一节　无刷励磁系统的发展

研究结果表明，当发电机的励磁电流大于 8000A 时，由于受滑环材质、冷却条件以及碳刷均流等因素的影响，制造相应容量的滑环是困难的。为此，对于大型汽轮发电机采用无刷励磁系统是适宜的。但是，在当前对于发电机励磁电流大于 8000A 滑环装置的设计和制造，在工程上已获得解决，为此亦可采用具有滑环的自励静止励磁系统，而不只限于无刷励磁系统。

一、二极管无刷励磁系统

美国西屋公司（Westing House）在励磁系统开发研究方面一个重要的成就是：在 20 世纪 60 年代初，首先研制成功了大型汽轮发电机组无刷励磁系统。原型无刷励磁系统的功率为 180kW。

如以无刷励磁系统的励磁电压响应比评价其性能，西屋公司所发展的无刷励磁系统可分为：

（1）标准励磁电压响应比无刷励磁系统 $R \leqslant 05$；

（2）高响应比无刷励磁系统 $R \geqslant 20$；

（3）高起始响应比无刷励磁系统（HIR 系统）。

在高起始响应比无刷励磁系统中，0.1s 的时间内可使励磁系统的输出电压达到顶值电压的 95%。

据不完全统计，1968~1973 年，西屋公司为容量为 220~600MW 的 24 台汽轮发电机组配置了无刷励磁系统。1975~1981 年，又生产了大约 60 台无刷励磁系统。至今，西屋公司大约为 500 台汽轮发电机组配置了无刷励磁系统。

首台高起始响应无刷励磁系统设计于 1977 年 7 月，用于美国 Utah Power and Light 公司 Hunter Nol 机组。其汽轮发电机组的容量为 496MVA、24kV、3600r/min，无刷励磁机的功率为 1720kW、500V。

我国引进西屋公司的 600MW 汽轮发电机组样机亦为高起始响应无刷励磁系统，其励磁功率达 3250kW。

而我国广东大亚湾核电站的两台 900MW 汽轮发电机组无刷励磁系统均是由英国 GEC 公司研制和供货的。

英国派生斯公司所开发的无刷励磁系统有两种方式：采用二极管的无刷励磁系统及采用

晶闸管整流元件的无刷可控励磁系统。

在无刷励磁系统中，整流器的接线方式一般均采用三相桥式接线方式，在理想的情况下，这种整流线路的能量变换比系数最高，整流线路每产生 1kW 直流输出功率所需的交流电源容量仅为 105kVA。

无刷励磁机与二极管旋转整流器有两种连接方式，如图 8-1 所示。

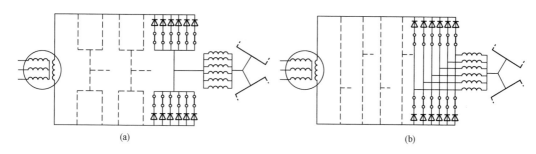

图 8-1　旋转二极管整流器与电枢的连接

（a）励磁机电枢绕组并联后与并联二极管连接；（b）励磁机电枢绕组各支路直接与支路二极管连接

在图 8-1（a）中，励磁机的电枢绕组并联后与并联的旋转二极管相连，这种接线方式的优点是接线比较简单，缺点是由于供电给并联的二极管整流器，因此，各并联支路中二极管的负载电流分配取决于其正向电位降。

对于图 8-1（b）接线方式，各支路电枢绕组直接与单独的支路二极管整流器直接相连，各支路二极管不存在电流分配不均的问题，因此，可不考虑均流影响。在满足相同额定整流电流的条件下，在图 8-1（b）接线中其整流元件容量的选择可较图 8-1（a）至少降低 15％。但是，由于励磁机电枢绕组需多支路引出，故励磁机的基座尺寸将相应增大 10％左右。

对于无刷励磁系统，苏联亦曾进行了大量的研究，并取得了举世瞩目的进展。

苏联在开发大型汽轮发电机无刷励磁系统方面，研制了两种型式交流励磁机，一种是三相交流励磁机，其旋转电枢具有正弦电动势波形；另一种是具有梯形电动势波形的多相交流励磁机。这种设计可进一步提高交流励磁机容量的利用率。

苏联在开发大型汽轮发电机二极管无刷励磁系统方面已具有相当成熟的经验。图 8-2（a）、（b）分别示出了苏联生产的 500MW 和 1200MW 汽轮发电机组的无刷励磁系统。二者不同的是，TBB-1200-2 型、1200MW 汽轮发电机中采用了两台励磁机。每一台励磁机均单独供电给本身的旋转整流器，而两组整流器在直流侧并联。此外，两台交流励磁机的励磁绕组是串联的，流过同一励磁电流。为了防止发电机转子绕组被异常过电压所击穿，故在发电机轴上设有滑环 12，用以接入保护装置。无触点测量与测量回路 9 由转子电流传感器 13 供电。

对于苏制 1200MW 汽轮发电机二极管无刷励磁系统，其额定励磁电压为 530V，额定励磁电流为 7640A，强励电压倍数为 2 倍。由于其额定励磁功率高达 4050kW，强励功率近似为 4 倍的额定励磁功率，为此，如由一套交流励磁机及旋转整流器供给，将需大大增加交流励磁机及旋转整流环的尺寸，此时，由于受机械强度的限制而难以实现。为解决此问题，苏联的工程师采用在同一汽轮发电机主轴上安装两套相同的无刷励磁机及整流环，每套励磁装

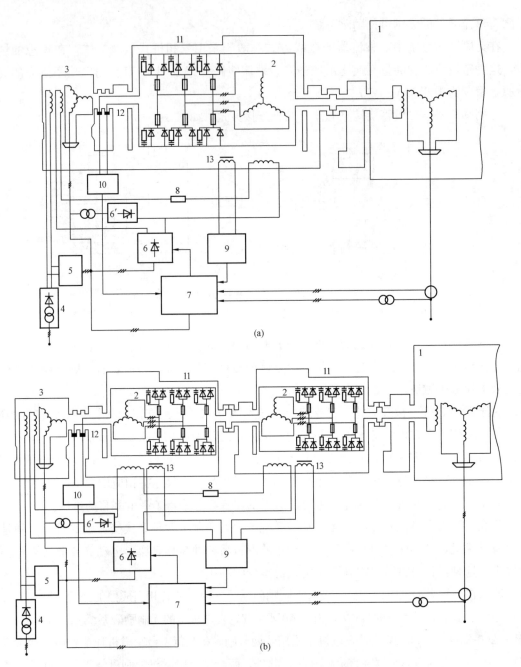

图 8-2 快速二极管无刷励磁系统接线图

（a）TBB-500-2 型；（b）TBB-1200-2 型

1—汽轮发电机；2—无刷励磁机；3—副励磁机；4—起励装置；5—副励磁机电压调节器；

6、6′—自动及手动回路晶闸管整流器；7—自动励磁调节器；8—附加电阻；9—无触点检测和测量回路；

10—保护和测量回路；11—旋转整流器；12—试验用滑环；13—转子电流传感器

置的容量均等于额定励磁功率的一半，两组整流环在直流输出端并联，而无刷交流励磁机的直流励磁绕组相互串联并由自动励磁调节器调节其励磁电流。旋转整流器按三相桥式线路接线，每一桥臂由 12 个额定容量为 500A、2000V 的二极管并联组成，每两个二极管接有一只

750A、1300V 的熔断器予以保护。相应线路见图 8-2（b）。

除上述主要国家生产了二极管无刷励磁汽轮发电机组外，瑞典 ASEA、瑞士 ABB、德国 KWU、法国阿尔斯通、日本三菱公司、比利时 ACEC 和意大利马雷利公司均生产了大容量无刷励磁汽轮发电机组。

二、晶闸管无刷励磁系统

在无刷励磁系统中，将旋转的二极管整流器代以晶闸管整流元件，将会显著地提高励磁系统控制的快速性，但是在实现这一控制方式时，在技术上存在很大难点，因为在晶闸管无刷励磁系统中，需将处于静止侧的触发脉冲供给旋转的晶闸管整流元件，即要求在静止部分和旋转部分之间建立一个控制联系。英国派生斯公司所采用的方法是在无刷主励磁机的主轴上装一台极数与主励磁机相同的小型旋转电枢控制用励磁机，其电枢各相的末端接于旋转晶闸管整流器的控制极，从而提供了与主励磁机电枢电压波形同步的触发脉冲。控制励磁机的电压与主励磁机电压之间的相位移，决定于它们之间固定磁场系统之间的物理角。改变此角度即改变了晶闸管整流器的触发角。

实际上，控制励磁机在纵轴及横轴上均设有励磁绕组。这两个励磁绕组引入与自动控制成比例的控制电流，并使两绕组的合成磁通势为常数。改变两控制分量的比例即可使其合成磁通势在空间位置发生变化，达到改变晶闸管整流器控制触发角的目的。这样，便可控制主励磁机的电压由正的电压最大值到负的电压最大值，而控制时间小于 0.01s，和采用二极管的方案比较，采用晶闸管整流器的交流励磁机尺寸要大一些，因为此时交流励磁机是按恒定电压方式工作的。

根据上述原理设计的晶闸管无刷励磁系统应注意以下问题：

（1）通过晶闸管的正向电流上升率不得超过规范值，否则会由于晶闸管元件局部发热而损坏。

（2）正向电压的上升率不得超过规定值，否则在元件控制极上未加脉冲前亦有可能会引起误触发导通。

（3）控制极电流必须同时迅速地加在全部应导通的并联晶闸管元件上。

（4）必须提出有效的方法，以保证输出电流在正向压降和导通特性不同的并联晶闸管元件之间均匀分配。

（5）必须防止整流器的逆变颠覆。如果整流器以接近于 180°的控制角工作，就有可能发生某桥臂一直保持导通的故障情况。

（6）控制系统必须有抗干扰的能力。

英国派生斯公司曾根据上述原理研制了试验性晶闸管无刷励磁系统，以检验设计的正确性。原型 500kVA 交流励磁机在设计时，虽然其输出适用于 60MW、3000r/min 的汽轮发电机组，但是在整流环、电枢的直径、电流负载及晶闸管元件的选择上亦适用于 660MW 汽轮发电机组无刷励磁系统。

在晶闸管无刷励磁系统的触发方式上，派生斯公司还发展了旋转脉冲变压器触发方式，在转轴上进行脉冲放大是其设计的特点。

当汽轮发电机组采用晶闸管无刷励磁系统时，除可提高控制系统的快速性外，还可利用逆变进行灭磁这亦是此系统的主要优点之一。

苏联在开发大型汽轮发电机的晶闸管无刷励磁系统方面也取得了举世瞩目的成就。在解决怎样由静止侧将触发脉冲信号传递到旋转晶闸管整流器侧的问题时，采用了简单、可靠的无触点控制系统，以装在与旋转晶闸管元件同一轴上的旋转脉冲变压器来传送控制脉冲。脉冲变压器定子和转子的磁路为环形，定转子间有一小气隙。变压器的一次和二次绕组相应地置于定子和转子槽中。基于以上研究，有可能生产一台用于 300MW 汽轮发电机原型晶闸管无刷励磁装置。励磁装置的基本线路见图 8-3。旋转晶闸管整流器 2 是按三相桥式线路构成的。每一桥臂由 6 个并联的旋转晶闸管元件（500A、2000V）和 6 个熔断器组成。励磁机电枢绕组由 6 个分别引出的并联支路组成。控制系统由脉冲形成装置、同步装置（9 和 11）及动态控制脉冲变压器 10 组成。

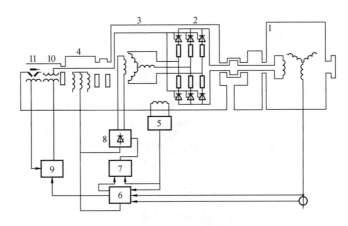

图 8-3　苏制 300MW 汽轮发电机晶闸管无刷励磁系统接线图

1—汽轮发电机；2—旋转晶闸管整流器；3—交流励磁机；4—永磁副励磁机；

5—无触点的熔断器检测和励磁电流测量装置；6—汽轮发电机自动电压调节器；7—交流励磁机自动电压调节器；

8—晶闸管整流器；9—脉冲形成装置；10—动态脉冲变压器；11—控制脉冲同步装置

在原型上进行的研究表明，在脉冲变压器二次绕组控制脉冲前沿持续时间约为 $70\mu s$ 的情况下，分别接于交流励磁机电枢绕组并联支路的晶闸管元件导通过程正常。在 $300\sim900\mu s$ 内改变触发脉冲持续时间，对以汽轮发电机磁场绕组为负载的晶闸管励磁装置是足够的。

第二节　无刷励磁系统的技术规范[18]

无刷励磁系统中的交流励磁机与普通同步发电机的不同之处是除应满足励磁系统参数要求外，还应考虑励磁系统顶值、响应比以及其他特殊性能要求。在设计中还应与主励磁回路进行协调，并依此求得符合无刷励磁系统要求的技术规范值。

无刷励磁系统的技术规范包括交流励磁机和旋转整流器规格的确定。

1. 额定值

无刷励磁系统的额定值包括电压、电流及功率，其数值主要依据发电机励磁回路的要求确定，额定值以直流值表示。

$$\left.\begin{array}{ll}\text{额定电流：} & I_{EN} = K_1 I_{fN} \\[2mm] \text{额定电压：} & U_{EN} = K_2 U_{fN} = K_Z I_{fN} R_{fN} \\[2mm] \text{额定功率：} & P_{EN} = I_{EN} V_{EN} \times 10^{-3}\end{array}\right\} \tag{8-1}$$

式中　K_1——电流裕度；

　　　K_2——电压裕度；

　　　I_{fN}——额定负载时的励磁电流。

电压和电流裕度主要由制造厂决定，在表 8-1 中示出了日本有关制造厂对无刷励磁装置裕度的选定值。

表 8-1　　　　　　　　　　　　　励磁装置裕度 K_1、K_2

机型 \ 制造厂	日立	东芝	三菱	富士	明电舍
火电	1.05	1.05～1.1	1.1左右	1.1	—
水电	1.1	1.1～1.2	1.1左右	1.15	1.1

由表 8-1 可见，K_1、K_2 之值为 $1.05 \sim 1.2$，这一裕度的设定主要是考虑到设计误差以及运行方式改变所引起的励磁功率变化。

2. 交流励磁机

根据无刷励磁系统的直流额定值确定交流励磁机的交流额定值，初步计算可利用下列公式。

（1）交流励磁机的额定线电压 U_{ac}：

$$U_{ac} = \frac{\pi}{3\sqrt{2}}(U_{EN} + U_\gamma) \tag{8-2}$$

式中　U_{EN}——无刷励磁机的额定直流电压值；

　　　U_γ——换相电抗电压降。

（2）交流励磁机的额定电流 I_{ac}：

$$I_{ac} = \sqrt{\frac{2}{3}} \times I_{EN} \sqrt{1 - 3\psi_\gamma} \tag{8-3}$$

式中　I_{EN}——无刷励磁机的额定直流电流值。

$$\psi_\gamma = \frac{(2+\cos\gamma)\sin\gamma - \gamma(1+2\cos\gamma)}{2\pi(1-\cos\gamma)^2} \tag{8-4}$$

式中　γ——整流器的换相角（当 $\gamma = 40°$ 时，$\psi_\gamma = 0.03$）。

交流电压 U_{ac} 的确定亦可利用电压整流比系数 K_V 乘以额定直流电压 U_{EN} 求得，即：

$$U_{ac} = K_V U_{EN} \tag{8-5}$$

对于有阻尼绕组的交流励磁机：K_V 为 $0.80 \sim 0.95$。

对于无阻尼绕组的交流励磁机：K_V 为 $0.80 \sim 1.10$。

交流电流 I_{ac} 可由电流整流比系数 K_1 乘以额定直流电流 I_{EN} 求得，即：

$$I_{ac} = K_1 I_{EN} \tag{8-6}$$

（3）交流励磁机的额定容量 P_{ac}：

$$P_{ac} = \sqrt{3} U_{ac} I_{ac} \times 10^{-3}$$

3. 交流副励磁机

对于副励磁机容量的选择依据下列原则：

（1）以高于发电机额定励磁参数选择副励磁机额定容量。

（2）以励磁系统输出顶值电压及电流作为副励磁机的最大输出容量。

有关无刷励磁机主励磁回路的设计实例可参考表 4-2。

4. 旋转整流器

（1）旋转整流器的并联支路数 n_P。目前，二极管无刷励磁系统中的旋转整流器普遍采用了三相桥式整流线路，在整流器桥臂的组合上多采用每臂支路一元件及多支路并联的连接方式，整流元件与熔断器串联，以便将故障整流元件切除。

考虑到并联整流元件间电流的不平衡率，在选取并联支路数 n_P 时应有一定裕度。因此：

$$n_P \geqslant \frac{(1+K_u)I_{EN}}{3i_{av}} + K_{HM} \tag{8-7}$$

式中　K_u——电流不平衡系数，通常取 $0.1 \sim 0.25$；

　　　i_{av}——三相桥式整流线路中，整流元件所允许的平均电流值，A；

　　　K_{HM}——并联裕度数。

（2）过电压保护装置。旋转整流器的过电压保护主要有两种用途：

1）换相引起的尖峰过电压，此时，由并联在整流元件两端的阻容元件吸收浪涌过电压；

2）主机非同期投入，由电网引起的外部过电压作用于旋转整流器两端，一般采用在励磁绕组并联电阻的方法吸收此过电压，此时，将增加励磁机的容量。

并联电阻的阻值为发电机励磁绕组电阻值的 $20 \sim 50$ 倍。

第三节　无刷励磁系统的组成

一、线路组成

在图 8-4 中示出了大型汽轮发电机组的无刷励磁系统接线实例，表 8-2 列出了相应的无刷励磁系统的组成要素。

在图 8-4（a）中，交流励磁机的电枢 9、整流器 10，均置于旋转轴上，直接供给发电机组励磁电流。交流励磁机的励磁绕组置于静止侧，交流励磁机的励磁由永磁副励磁机 5 经晶闸管整流器 6 予以供给。因交流励磁机的励磁由副励磁机供给，故称之为他励系统。

图 8-4（b）中所示的无刷励磁系统中，晶闸管整流器 6 的电源取自同步发电机端的励磁变压器 11，因此，是自励系统。同时，其在自励系统达到正常运行及发电机建立电压之前，需由厂用直流电源供给初始励磁。

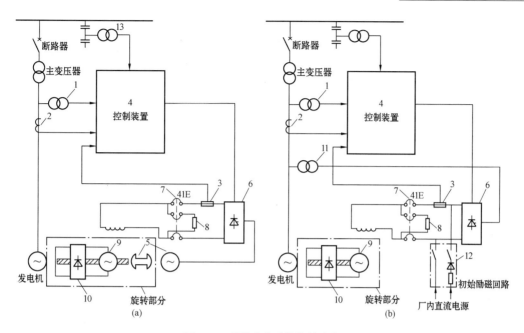

图 8-4　无刷励磁系统接线实例

（a）他励无刷励磁系统；（b）自励无刷励磁系统

1—电压互感器；2—电流互感器；3—分流器；4—控制装量；5—副励磁机；6—晶闸管整流器；

7—磁场断路器（磁场开关）；8—灭磁电阻；9—交流励磁机；10—旋转整流器；11—励磁变压器；12—初始励磁回路

表 8-2　　　　　　　　　　　　　无刷励磁系统的组成要素

图 8-12 中序号	要素名称	功能说明	适用线路	
			他励 (a)	自励 (b)
1	电压互感器 TV	发电机电压检测	○	○
2	电流互感器 TA	发电机电流检测	○	○
3	分流器 SH	发电机励磁电流检测	○	○
4	控制装置	供给晶闸管整流器触发电压信号，调节发电机端电压及无功的装置	○	○
5	副励磁机 PEX	通常为永磁型，作为晶闸管整流器及控制装置的交流电源	○	—
6	晶闸管整流器	根据控制装置的信号将 PEX 或励磁变压器的交流变换为直流	○	○
7	磁场断路器或磁场开关 41E	接通或切断 ACEX 的励磁回路	○	○
8	灭磁电阻 R_D	切断 41E 时，使 ACEX 励磁电流构成回路	○	○
9	交流励磁机 ACEX	对旋转电枢型交流励磁机，当其励磁绕组流过电流时电枢产生电压	○	○
10	旋转整流器	整流器置于同步发电机的轴上，将交流励磁机的交流输出整流为直流	○	○
11	励磁变压器	晶闸管整流器及控制装置的电源	—	○
12	初始励磁回路	由厂用直流电源供给初始励磁使发电机建立电压	—	○
13	分压器 PD	送电端电压检测（PSVR 用）[①]	○	—

① PSVR 为电力系统电压调节器，只应用于大型机组，在国内尚无应用实例。

二、交流励磁机组的组成

对于无刷励磁系统中，从广义上讲，交流励磁机组应包括旋转电枢型交流主励磁机、旋转整流器和永磁副励磁机等组成部分，现分别对交流主励磁机和旋转整流器部分的工作特征作一讨论。

1. 交流主励磁机

在无刷励磁系统中，由于控制方式的要求，对于交流主励磁机在设计上应作如下特殊的考虑：

（1）时间常数 T_{d0e}。由于在无刷励磁系统中，自动励磁调节器作用于接在交流主励磁机励磁回路的晶闸管整流器，为此，励磁控制信号只有经过具有较大转子绕组时间常数的交流励磁机惯性环节后，才能作用到发电机的励磁绕组侧。为提高励磁系统的电压响应比，减少交流励磁机的时间常数 T_{d0e} 是有效的措施之一。T_{d0e} 可表示为：

$$T_{d0e} = \frac{SK_d}{2\pi f(X_d - X_d'')P_{EX}} \tag{8-8}$$

式中　K_d——阻尼系数，通常为 $1.0\sim1.1$；

　　　S——交流励磁机的额定视在功率，kVA；

　　　P_{EX}——交流励磁机空载额定电压时的励磁功率，kW；

　　　f——交流励磁机的频率，Hz。

由式（8-8）可知，提高交流励磁机的频率 f 可减少励磁机的时间常数 T_{d0}'。提高频率可借助于增加交流励磁机的极数求得。但是，考虑到结构设计上的可能性和经济性，对汽轮发电机组而言，交流励磁机的频率 f 选择在 $100\sim200\text{Hz}$ 之间为宜。如再提高 f，则励磁机的时间常数 T_{d0}' 将不再显著降低。

（2）换相电抗 X_γ。对于无刷励磁系统中的交流主励磁机，其换相电抗 X_γ 的确定，同第七章第二节所述，主要依据有无阻尼绕组和凸极效应而定。

（3）交流主励磁机电枢绕组的接线。由于交流励磁机属于低电压、大电流的励磁电源，为此，在每一桥臂支路上将并联有较多的整流元件。对此，可采用两种措施来解决，如图 8-5 所示。

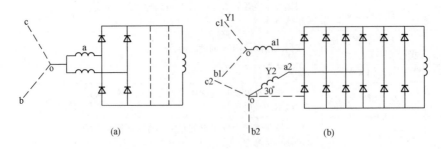

图 8-5　交流主励磁机电枢绕组的接线

(a) 多支路绕组供电；(b) 双 Y30°相位差六相绕组供电

图 8-5（a）为多支路绕组供电，以减少每一支路并联元件数，图 8-5（b）则为采用 6 相

双丫和 30°相差的接线，此时不仅可减少每支路并联元件数，而且可改善整流电压的纹波系数，提高整流电压平均值。

2. 旋转整流器

为便于将旋转的三相桥式整流器固定在整流环上，一般将上半部阴极组整流元件为正常烧结，即将阴极组元件固定在正极整流环上。

而下半部阳极组元件为反向烧结，以便将共阳极组元件固定在负极整流环上。

在选择二极管元件额定电流时应考虑到主机发生短路事故时，在转子绕组中感应的非周期分量暂态电流值。对元件反向重复峰值电压额定值的选择应考虑到发电机异步运行时转子最大感应电压的峰值。

第四节　交流励磁机的电压响应特性

在评价无刷励磁系统大信号暂态响应特性时，涉及励磁系统的励磁电压响应特性。对于无刷励磁系统，其励磁电压响应特性与交流励磁机的特性密切相关，在本节中将对在不同工作状态下的交流励磁机的励磁电压响应特性作一叙述。

交流励磁机电压响应包括以下三种情况：

1. 空载励磁电压响应

当交流励磁机输出端开路不接任何负载时，其电枢回路中不存在电枢反应电压降。当在交流励磁机励磁绕组侧供给强行励磁电压时，交流励磁机端输出电压的变化速率与交流励磁机空载时间常数有关，因空载时交流励磁机具有最大时间常数值，故由此状态所确定的励磁电压响应比偏低。

2. 负载励磁电压响应

如令空载时交流励磁机的时间常数为 T_{d0e}，则在负载时相应的时间常数为：

$$T_e = T_{d0e} \times \frac{r_e^2 + (X_d' + X_e)(X_q + X_e)}{r_e^2 + (X_d + X_e)(X_q + X_e)} = KT_{d0e} \tag{8-9}$$

$$r_e = Z_e \cos\varphi_1$$

$$X_e = Z_e \sin\varphi_1$$

式中　T_{d0e}——交流励磁机空载时间常数；

X_d、X_d'——交流励磁机纵轴同步和瞬变电抗；

r_e、X_e——由交流励磁机负载功率因数所决定的等效有功及无功分量；

Z_e——交流励磁机负载阻抗，以标幺值表示 $Z_e^* = 1$；

φ_1——基波电流功率因数角。

通常，励磁机负载时间常数较空载时的相应值小 1/2 左右，即 $K \approx 0.5$。

由于交流励磁机的负载为主发电机的励磁绕组，主机的时间常数比交流励磁机的时间常数大一个数量级，这一差别决定了负载时交流励磁机励磁电压响应的特征，使强行励磁暂态过程大致分为如下两个过程：

在第一阶段，具有较小时间常数的交流励磁机，其励磁电流较快地达到顶值。交流励磁机电压亦同时达到顶值。在此过程中，具有较大时间常数的发电机励磁绕组回路中的电流仍近似地维持原来电流不变，使励磁电压存在超调。相应的励磁电压上升段称为恒定电流特性曲线段。如图8-6中的Ⅰ部分所示。

在第二阶段，发电机励磁电流开始增长，由于电枢反应，励磁机的电压由定电流特性曲线的最大顶值电压开始下降，最终达到稳定值，如图8-6中的Ⅱ部分所示。其中，顶值电压超调量 ΔU_f 随 $\dfrac{T'_{d0}}{T_e}$ 之比变化，比值越大，超调量 ΔU_f 越大。

第一阶段延续时间不长，决定于交流励磁机的时间常数。第二阶段持续时间较长，决定于发电机励磁绕组时间常数。如图8-7曲线3所示，为在交流励磁机饱和特性曲线坐标中表示的恒流特性。实际上，在交流励磁机电压达顶值前的第一阶段中，发电机的励磁电流仍有一定程度的上升，故实际励磁机电压变化曲线将如图8-7曲线4所示。当发电机励磁绕组的时间常数较小时，发电机的励磁电流随励磁电压成比例地上升，相应特性称为恒值电阻特性，见图8-7中的曲线2。

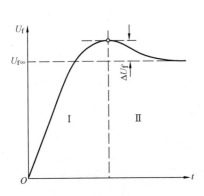

图8-6　强行励磁时的交流励磁机
电压响应曲线

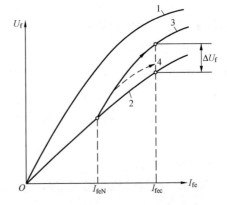

图8-7　交流励磁机饱和特性曲线
1—空载特性；2—负载恒值电阻特性；
3—负载恒值电流特性；4—实际变化特性；

3. 发电机三相短路时的励磁电压响应

当发电机突然三相短路时，在其转子励磁绕组中将引起自由分量电流。当此电流流过整流器及交流励磁机电枢时，等效换相电压增加，使发电机励磁电压瞬时降落 ΔU_f，如图8-8所示，交流励磁机的励磁电压响应有所下降。

综上所述，在二极管无刷励磁系统中，交流励磁机的励磁电压响应特性随运行方式的不同而有很大的差异，如图8-9所示，由此图可看出，以发电机短路时的励磁电压响应为最低，以恒流特性条件下的励磁电压响应为最高。

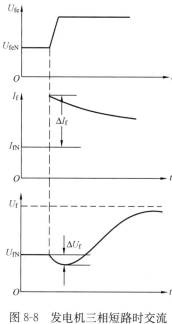

图 8-8　发电机三相短路时交流
励磁机电压的降落

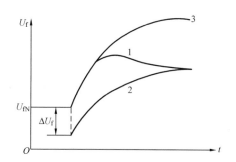

图 8-9　不同强励条件下交流励磁机
的励磁电压响应

1—发电机负载强励；2—发电机短路故障强励；
3—恒流特性

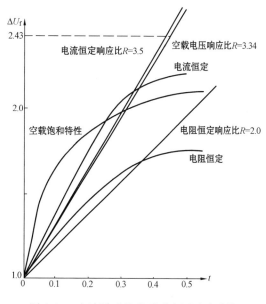

图 8-10　交流励磁机的励磁电压响应曲线

　　对于制造厂通常很难以发电机不同运行条件作为测定交流励磁机励磁电压响应的依据，在设计及出厂试验时多以交流励磁机空载或接与转子绕组相同的等值电阻条件判定交流励磁机的励磁电压响应比，如图 8-10 所示，为国产 200MW 汽轮发电机组的交流励磁机励磁电压响应曲线。图 8-10 中恒定电流曲线的条件为在 0.5s 期间内，当交流励磁机的输出电压上升时，其输出电流仍为额定值的情况。

第五节　无刷励磁系统的控制特性

　　在二极管无刷励磁系统中，由于励磁控制作用于交流励磁机的励磁绕组侧，因此，须通过具有较大时间常数的交流励磁机惯性环节才能实现对发电机励磁的调节。而要提高励磁调节的快速性则须补偿时间常数。同时，因扰动信号不同，补偿措施也因之而异，现分述如下。

一、小偏差信号时的时间常数补偿

　　所谓小偏差信号系指励磁系统在此信号作用下，系统各环节仍处于线性非饱和的工作范围内。对于在静态稳定条件下，因小偏差信号引起的电压及负载的微小增量变化属于这种工作状态。

在小偏差信号条件下，为降低交流励磁机惯性时间常数的影响，提高二极管无刷励磁系统的励磁调节快速性，可在交流励磁机一次惯性环节系统中，并连接入硬负反馈环节以提高励磁系统的响应性。

在图 8-11 所示的时间常数为 T、增益为 G 的一次惯性环节中，如在其输出端引入硬负反馈量 H，则原传递函数 $W(s) = \dfrac{G}{1+sT}$ 转变为：

$$W_1(s) = \frac{\dfrac{G}{1+sT}}{1+\dfrac{GH}{1+sT}} = \frac{1}{1+GH} \times \frac{G}{1+\dfrac{sT}{1+GH}} \tag{8-10}$$

合成后的等效增益为：

$$G_1 = \frac{G}{1+GH} \tag{8-11}$$

等效时间常数为：

$$T_1 = \frac{T}{1+GH} \tag{8-12}$$

由式（8-11）、式（8-12）可见，接入硬负反馈可使系统的增益及时间常数均降低到 $\dfrac{1}{1+GH}$，其中，增益的降低可由前置的放大环节予以补偿，而时间常数的降低将有助于提高系统的快速性。

同样，图 8-12 所示的二极管无刷励磁系统中的交流励磁机时间常数 T_e 也可采用硬负反馈的方法予以补偿。

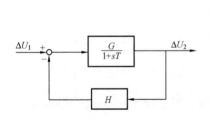

图 8-11　一次惯性环节的硬负反馈补偿

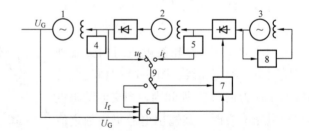

图 8-12　二极管无刷励磁系统方框图

1—发电机；2—励磁机；3—副励磁机；4—电流变换器；

5—电压变换器；6—自动励磁调节器；7—晶闸管整流器触发回路；

8—自动电压调节器；9—硬负反馈回路切换开关

如硬负反馈环节并联在具有时间常数 T_e 的交流励磁机两端，同样可求得交流励磁机的合成传递函数 $W_1(s)$：

$$W_1(s) = \frac{K_C}{1+K_f K_0} \times \frac{K_e}{1+\dfrac{sT_e}{1+K_f K_0}} \tag{8-13}$$

式中　K_C——未被反馈回路所包括的各环节总的放大系数；

　　　K_f——硬负反馈系数；

K_e——交流励磁机的放大系数;

T_e——交流励磁机的时间常数;

K_0——硬负反馈环节所包括的各环节总的放大系数。

由式（8-13）可看出，当并联接入硬负反馈环节后，励磁机仍为非周期环节，但是等效的时间常数和放大系数均降低了，并且当反馈系数 K_f 增至足够大时，可使等效励磁机的时间常数降低到足够小。为硬负反馈环节所包括的环节，可以是一个或几个励磁系统的串联环节，在这种情况下，反馈包括的调节回路时间常数将减小为:

$$T = \frac{T_e}{1 + K_f K_0} \tag{8-14}$$

式中 K_0——硬负反馈环节所包括的各环节总的放大系数。

显然，当 K_0 足够大时，只要采用较小的 K_f 值即可使 T_e 显著地降低。上式中（$1+K_f K_0$）定义为反馈系数。相应的放大系数将变为:

$$K = \frac{K_e K_0}{1 + K_f K_0} \tag{8-15}$$

由上述讨论可看出，采用硬负反馈并联校正环节可以降低励磁机的时间常数，而总的放大系数的减小可借助于提高其他一些未被反馈所包括的环节的放大系数得到补偿。

在无刷励磁系统中，硬负反馈的信号可取自发电机励磁电压 U_f 或者自励磁机励磁电流 I_{fe}。

在小偏差线性化条件下，反馈偏差量的变化将在各环节中引起相应的按比例的增量变化。事实上，由于励磁机以及晶闸管控制回路存在饱和等非线性因素的影响，励磁机的输出电压并不是按线性比例增长的，而是随因饱和而减少的时间常数 T 按指数规律变化。

因此，有下列不等式成立:

$$K_S(U_{AVR} - K_f U_f) \leqslant U_{fe,max} \tag{8-16}$$

式中 K_S——晶闸管整流器放大系数;

U_{AVR}——反馈相加点的励磁调节器输出电压;

$U_{fe,max}$——晶闸管整流器最大输出电压。

由上式可见，励磁调节器输出电压与反馈电压合成输入信号经晶闸管整流器放大后，如仍小于励磁机最大电压，说明为硬负反馈所包的各环节均未饱和，反馈作用可减少调节系统的时间常数，并使励磁机电压随减少了的时间常数 T 沿饱和曲线按指数规律变化。如果为硬负反馈所包的各环节有的已处于饱和状态，即:

$$K_S(U_{AVR} - K_f U_f) \geqslant U_{fe,max} \tag{8-17}$$

则励磁电压的变化将以自然时间常数 T_e 沿饱和曲线按指数规律变化，此时，反馈环节并不能减少调节系统的时间常数。

二、大扰动信号时的时间常数补偿

所谓大扰动信号系指励磁系统在此信号作用下励磁系统环节中已呈现非线性饱和状态，利用硬负反馈原理降低交流励磁机时间常数的手段对于处于饱和状态的系统已不再有效。此时，应寻求其他解决途径。主要有以下几种办法:

1. 串联附加电阻

在大扰动条件下，降低交流励磁机时间常数最简单有效的措施是在其励磁绕组回路中串联接入附加电阻，与此同时，也增加了副励磁机的容量。假如外接附加电阻为励磁绕组电阻的 K 倍，励磁机的时间常数 T_e 将减少到 $\dfrac{1}{(1+K)}$。如保证励磁机励磁绕组的电压不变，串联附加电阻后的副励磁机功率将增加到（$1+K$）倍，即：

$$P = I_{fe}^2(r_{fe} + \Delta R) = I_{fe}^2 r_{fe}(1+K) = P_0(1+K) \tag{8-18}$$

式中　P、P_0——分别表示有、无附加电阻时的副励磁机功率。

例如，对于时间常数 $T_e = 1.7\mathrm{s}$ 的励磁机，如将 T_e 降到 $0.17\mathrm{s}$，副励磁机的功率将增大到 10 倍。

2. 提高励磁机的励磁电压倍数

在同一励磁机时间常数 T_e 的条件下，如在励磁机励磁绕组上加以不同倍数的强励电压，则可使励磁机得到不同的励磁电压增长速度，而且强励电压倍数越高，励磁电压增长速度越快，如图 8-13 所示。当加在励磁绕组上的励磁电压 $U_{fec} > U_{feN}$ 时，对同一时间 t_1 而言，$U'_{f2} > U'_{f1}$，即 U_{fec} 越高，励磁机输出电压 U_f 的起始增长速度越快。对于高起始响应无刷励磁系统，通常取 $\dfrac{U_{fec}}{U_{feN}}$ 的比值大于 50 倍。在应用上并不要求励磁机电压达到与强励励磁电压 U_{fec} 相对应的水平，采用高值励磁电压 U_{fec} 的目的只是为了提高起始励磁电压响应速度。为此，当励磁机电压达到要求顶值电压倍数时，应立即对励磁电压加以限制。

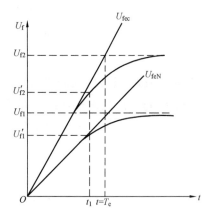

图 8-13　励磁机励磁电压 U_{fe} 对励磁
电压响应的影响

3. 两种措施的对比

在励磁机励磁绕组回路中，串联附加电阻或提高励磁机励磁绕组的强励电压，均可提高励磁电压增长速度，但效果是不同的。

首先，讨论一下在强励过程中励磁机励磁电流的变化。设加在励磁机励磁绕组上的强励电压为 U_{fec}，当励磁机电枢开路时，励磁电流 i_{fe} 将按下列指数规律变化：

$$i_{fe} = I_{fes}(1 + \mathrm{e}^{-\frac{1}{T_{e0}}}) \tag{8-19}$$

式中　I_{fes}——励磁机励磁电流稳定值。

由式（8-19）可得励磁电流增长速度：

$$\frac{\mathrm{d}i_{fe}}{\mathrm{d}t} = \frac{I_{fes}}{T_{e0}} \times \mathrm{e}^{-\frac{1}{T_{e0}}}$$

因 $I_{fes} = \dfrac{U_{fe0}}{R_{fe}}$，$T_{e0} = \dfrac{L_{fe}}{R_{fe}}$，则上式可改写为：

$$\frac{\mathrm{d}i_{fe}}{\mathrm{d}t} = \frac{U_{fe0}}{R_{fe}} \times \frac{R_{fe}}{L_{fe}} \times \mathrm{e}^{-\frac{t}{T_{e0}}} = \frac{U_{fe0}}{L_{fe}} \times \mathrm{e}^{-\frac{t}{T_{e0}}} \tag{8-20}$$

式中 R_{fe}、L_{fe}——励磁机励磁回路的总电阻和电感。

在 $t=0$ 瞬间，励磁电流增长速度最大，且与励磁回路电阻值无关，以式（8-21）表示：

$$\left(\frac{\mathrm{d}i_{\text{fe}}}{\mathrm{d}t}\right)_{t=0}=\frac{U_{\text{fe0}}}{L_{\text{fe}}} \tag{8-21}$$

如果接入附加电阻，在式（8-20）中的励磁机时间常数 T_{e} 虽有所减少，但是指数项 $e^{-\frac{1}{T_{\text{e0}}}}$ 也是减小的，从而使励磁电流的变化速度亦降低了。所以，在同一外加强励电压 U_{fe0} 条件下，接入附加电阻将降低励磁电流变化速度。这一结论对励磁机空载和负载状态均是适用的。当发电机突然三相短路，分析外接附加电阻对励磁机励磁电流变化的影响时，其表达式是复杂的。图 8-14 示出了发电机工作状态不同时，提高副励磁机强励电压倍数或串联接入附加电阻对励磁电压响应比的影响，结果由模拟计算机求得。

由图 8-14 可看出，在保证相同励磁响应比的条件下，采用接入附加电阻的方案将使副励磁机容量显著增加。

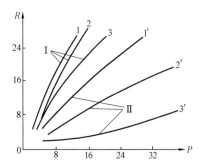

图 8-14 当发电机运行方式不同时励磁响应比 R 与副励磁机容量的 P_{EX} 的关系曲线

Ⅰ—提高强励电压倍数情况；Ⅱ—接入附加电阻情况；1、2、3—分别为提高强励电压倍数情况时发电机空载、额定负载及突然三相短路时的关系曲线；1′、2′、3′—分别为接入附加电阻情况发电机空载、额定负载及突然三相短路时的关系曲线

第六节 无刷励磁系统的数学模型

为了满足励磁系统和电力系统研究的需要，通常建立励磁系统数学模型来研究有关参数的作用。模型虽然不能在各方面表达实际的环节，但是却可以描述其输入、输出以及内部特性。部分励磁系统数学模型见表 8-3。

表 8-3 部分励磁系统数学模型

励磁系统	1968 年 IEEE 模型	1981 年 IEEE 模型	励磁系统	1968 年 IEEE 模型	1981 年 IEEE 模型
直流励磁机	Ⅰ 型	DC-1、DC-2 型	静止式自励系统	1S 型	ST1 型
无刷励磁系统	Ⅰ 型	AC-1 型	静止式自复励系统	Ⅲ 型	ST2 型
高起始无刷励磁系统	Ⅰ 型	AC-2 型			

1967 年美国电机和电子工程师协会（IEEE）曾提出了部分励磁系统的数学模型。在大多数情况下，应用这些模型取得了满意的效果。但是，近年来随着新的励磁系统的发展，原有模型已不能精确地表达某些特性。为此，在 1981 年，IEEE 又提出了新的数学模型。

应予以说明的是，1981 年 IEEE 公布的新的励磁系统模型，适用于频率偏差在 ±5％ 额定值范围以内以及振荡频率不超过 3Hz 的情况。所以，利用这些模型分析次同步谐振现象以及探讨励磁系统对扭振转矩的作用是不适用的。分析上述问题要求采用包括小时间常数在内的更加详尽的数学模型。

此外，利用这些模型虽然不能作为校核励磁系统性能的主要依据，但是利用给定模型所求得的计算结果和实测比较是具有足够一致性的。

另外，在 1988 年 IEC 在旋转电机第 II 部分励磁系统中也提出了类似于上述的有所改进的励磁系统数学模型。

除国际电工委员会等组织进行了励磁系统模型的研究工作外，国外一些著名的电机制造厂如美国西屋公司、GE 公司、瑞士 ABB、瑞典 ASEA、英国 R-R 公司及 GEC 公司等也各自制定了一些专用的励磁系统模型作为设计研究之用。

此外，我国的励磁学会也曾提出了供电系统稳定研究试验用的励磁系统模型。

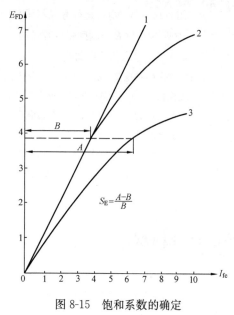

图 8-15　饱和系数的确定

1—气隙线；2—空载饱和特性曲线；

3—恒值电阻负载特性曲线

在本节中将重点对美国西屋公司应用于无刷励磁系统设计中的 IEEE 数学模型作一叙述。

一、饱和系数的确定

在制定励磁系统数学模型时，首先应考虑励磁机特性曲线的饱和问题，为使其数量化，提出了饱和系数的表达式，其定义为：

$$S_E = \frac{A - B}{B} \tag{8-22}$$

式中　A、B——由交流励磁机空载及恒值电阻负载特性曲线所确定的系数，如图 8-15 所示。

在进行励磁系统数学模型计算时，需将饱和系数以数学表达式表示，其表达式有多种，其中之一如下所示：

$$S_E = C_1 e^{C_2 E_{FD}} \tag{8-23}$$

式中　C_1、C_2——待定系数。

通常，饱和系数的确定应考虑到励磁机工作点的变化，一般由最大强励电压 $E_{FD,max}$ 及 $0.75 E_{FD,max}$ 确定，然后再按 $E_{FD,N}$ 加以校核。依此代入式（8-23），对于图 8-16 所示的无刷励磁机的饱和特性曲线，当最大强励电压 $E_{FD,max} = 605V$ 时，依此求得：

$$S_{E,max} = \frac{A - B}{B} = \frac{320 - 170}{170} = 0.882$$

$$0.75 E_{FD,max} = 0.75 \times 605 = 454(V)$$

$$S_{E,0.75max} = \frac{210 - 125}{125} = 0.68$$

利用式（8-23）确定饱和系数为：

$$S_E = C_1 e^{C_2 E_{FD}}$$

两边取自然对数：

$$\ln S_E = \ln C_1 + C_2 E_{FD}$$

分别代入有关 S_E 及 E_{FD} 即可求得 C_1 及 C_2。为方便计，有时将 E_{FD} 折算为标幺值，标幺基值取发电机空载励磁电压 $E_{FD0} = I_{FD0} \times R_{f75℃} = 1094 \times 0.1392 = 145$（V）。依此，得：

$$\ln 0.882 = \ln C_1 + C_2 \times \frac{605}{145}$$

$$\ln 0.68 = \ln C_1 + C_2 \times \frac{454}{145}$$

求得 $C_1 = 0.31$，$C_2 = 0.25$。

二、Ⅰ型模型

1. Ⅰ型模型方框图

Ⅰ型励磁系统模型方框图如图 8-17 所示。图中 U_T 表示发电机端电压信号，在相加点与参考电压比较后形成电压偏差量，经放大器放大并限幅后供给励磁机作为励磁电压。励磁系统稳定器系作为稳定回路以保持励磁系统具有高值的静态增益，并在暂态时使系统的有效增益降低。

在模型中所有参量均以标幺值表示之，对于发电机的端电压基值取额定值 U_{Tb}；励磁电压基值 E_{FDb} 取与励磁机空载特性曲线段延长线（即气隙线）上产生的单位额定电压对应的励磁电压值；励磁机励磁电压 U_{Rb} 取与励磁机空载特性曲线直

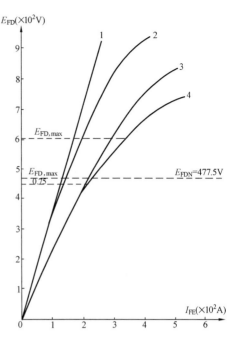

图 8-16　1695kW 无刷励磁机的饱和特性曲线
1—气隙线；2—空载饱和特性；
3、4—电流恒定、电阻恒定饱和特性

线段延长线（即气隙线）上产生的单位额定励磁电压对应的励磁调节器的输出电压值。在推导模型时，所有量均以标幺值表示。

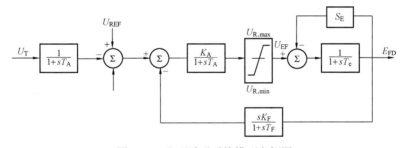

图 8-17　Ⅰ型励磁系统模型方框图

2. Ⅰ型模型的推导

假定交流励磁机的等效线路如图 8-8 所示，饱和特性曲线见图 8-19。

根据图 8-18 和图 8-19，求得励磁机励磁回路方程：

$$U_R = U_{fe} = I_{fe}R_{fe} + L_{fe}\frac{\mathrm{d}I_{fe}}{\mathrm{d}t} \tag{8-24}$$

$$I_{fe} = \frac{E_{FD}}{R_g} + \Delta I_{fe} \tag{8-25}$$

$$R_g = \frac{E_{FD}}{I_{fe}}$$

$$\Delta I_{fe} = S_e E_{FD} \tag{8-26}$$

197

式中　R_g——励磁机空载特性曲线直线段的斜率；

　　　ΔI_{fe}——由饱和引起的励磁电流增量；

　　　S_e——饱和比例系数，A/V。

将 S_e 值代入式（8-25）中，求得：

$$I_{fe} = \frac{E_{FD}}{R_g} + S_e E_{FD} \tag{8-27}$$

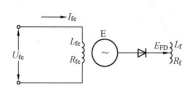

图 8-18　交流励磁机等效线路

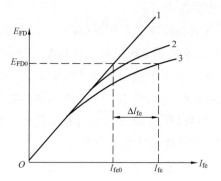

图 8-19　励磁机饱和特性曲线

1—气隙线；2—空载饱和特性曲线；3—恒值电阻负载特性曲线

式（8-27）中各量如以标幺值表示，则励磁机的励磁电流基值 I_{feb} 取与励磁机空载特性曲线直线延长线（即气隙线）上产生的单位额定励磁电压所对应的励磁电流值。依此，式（8-26)及式（8-24）可写为：

$$I_{fe}^* = E_{FD}^* + S_e E_{FD}^* R_{gb} \tag{8-28}$$

$$U_{fe}^* = I_{fe}^* + \frac{L_{fe}}{R_{fed}} \times \frac{dI_{fe}^*}{dt} \tag{8-29}$$

如以标幺值表示饱和系数，则有：

$$S_E^* = \frac{\Delta I_{fe}^*}{E_{FD}^*} = S_e R_{gb} \tag{8-30}$$

将式（8-28）代入式（8-29）中，并令 $\dfrac{dI_{fe}^*}{dt} = \dfrac{dI_{fe}^*}{dE_{FD}^*} \times \dfrac{dE_{FD}^*}{dt}$，则式（8-29）可改写为：

$$U_{fe}^* = E_{FD}^* + S_e E_{FD}^* R_{gb} + T_e \times \frac{dI_{fe}^*}{dE_{FD}^*} \times \frac{dE_{FD}^*}{dt} \tag{8-31}$$

式中　T_e——随励磁机饱和程度 $\dfrac{dI_{fe}^*}{dE_{FD}^*}$ 变化的励磁机时间常数。

如令：

$$T_e = \frac{T_E}{\dfrac{dI_{fe}^*}{dE_{FD}^*}} \tag{8-32}$$

式中　T_E——励磁机不饱和时间常数。

将式（8-30）代入式（8-31），整理得：

$$U_{fe}^* = (1 + S_E^*) E_{FD}^* + T_E \times \frac{dE_{FD}^*}{dt} \tag{8-33}$$

在式（8-33）中，励磁机时间常数 T_E 采用不饱和值，而饱和时的影响以饱和系数 S_E^* 表示，且令 $U_{FE}^* = U_{fe}^*$，依式（8-33）可求得交流励磁机的等效方框图，见图 8-20。

此外，由调节原理硬负反馈运算规则可知，图 8-20 亦可用图 8-21 所示的方框图予以表示。为简化表达式，在以下讨论中有关模型各参数的标幺符号予以省略。

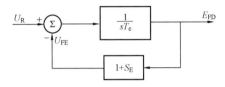

图 8-20　Ⅰ型模型交流励磁机等效方框图

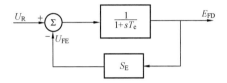

图 8-21　Ⅰ型模型交流励磁机等效方框图另一表达式

3. 小偏差信号交流励磁机模型的线性化

在研究诸如动态稳定等小信号条件下的励磁系统工作状态，应将励磁机中表示饱和影响的环节予以线性化，以便求得有关增量方程式。对于图 8-20 所示的饱和系数 S_E 支路，如以标幺值表示，依定义可得：

$$I_{fe} = U_{FE} = S_E E_{FD} = C_1 e^{C_2 E_{FD}} E_{FD}$$

在小信号作用下，线性化的增量方程式为：

$$\Delta U_{FE} = \Delta E_{FD}(C_1 e^{C_2 E_{FD0}}) + C_1 E_{FD0} C_2 e^{C_2 E_{FD0}} \Delta E_{FD}$$
$$= \Delta E_{FD} C_1 e^{C_2 E_{FD0}} (1 + C_2 E_{FD0})$$

亦即：

$$\frac{\Delta U_{FE}}{\Delta E_{FD}} = S_{E0}(1 + C_2 E_{FD0}) \tag{8-34}$$

依上式可求得小信号条件下交流励磁机线性化的等效方框图，如图 8-22 所示。

在小偏差信号作用下，考虑到饱和因素的影响，将使等效的交流励磁机的时间常数有所降低。现以实例予以讨论。

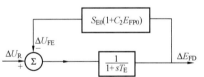

图 8-22　交流励磁机线性化的等效方框图

【例 8-1】 依图 8-16 所示的交流励磁机特性曲线，确定其在小偏差信号作用下的线性化交流励磁机传递函数表达式。已求得其饱和常数：$C_1 = 0.31$，$C_2 = 0.25$，$E_{FDN} = 477.5V = 3.13\text{p. u.}$，$T_E = 2.49s$。

首先确定图 8-22 所示的支路饱和系数：

$$S_{E0} = C_1 e^{C_2 E_{FD0}} = 0.31 e^{0.25 \times 3.13} = 0.678$$
$$S_{E0}(1 + C_2 E_{FD0}) = 0.678 \times (1 + 0.25 \times 3.13) = 1.208$$

将上述支路饱和系数 S_{E0} 的相关数值代入图 8-21 所示的线性化交流励磁机的等效方框图中，如图 8-23（a）所示。然后依下式将原模型予以化简：

$$\frac{\Delta E_{FD}}{\Delta U_R} = \frac{\dfrac{1}{1 + sT_E}}{1 + \dfrac{S_{E0}(1 + C_2 E_{FD0})}{1 + sT_E}} = \frac{\dfrac{1}{1 + 2.49s}}{1 + \dfrac{1.208}{1 + 2.49s}} = \frac{0.452}{1 + 1.13s}$$

化简后的交流励磁机方框图如图 8-23（b）所示。由此图可见，由于饱和的影响，在额定工作点处可使交流励磁机的时间常数减少一半左右，由 $T_E=2.49$s 下降到 1.13s。但与此同时，交流励磁机的增益亦有所下降，由 1 下降到 0.452，对此，可由提高其他环节的增益予以补偿。

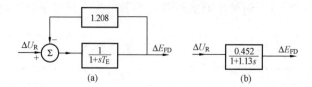

图 8-23　考虑饱和影响的交流励磁机方框图

（a）原模型；（b）化简模型

三、AC-Ⅰ模型

1. 模型的方框图

对于励磁电压响应比较低的无刷励磁系统，例如 $R=0.5$s^{-1} 时，Ⅰ型模型适用。因为在强励时交流励磁机电压的变化基本按恒定电阻负载特性曲线变化，即 $E_{FD}^*=I_{FD}^*$。在Ⅰ型模型中，计算饱和系数是按恒值电阻负载饱和特性曲线确定的。实际上，此时的饱和系数 S_E 不仅考虑了饱和因素，还考虑到励磁机电枢反应及整流器换相压降的总和效应。

对于高响应比的励磁系统（例如 $R=2.0$s^{-1}），应用Ⅰ型励磁系统模型是不合适的，这是由于在稳态下励磁机的工作点虽然位于恒值电阻负载饱和特性曲线上，但是在强励时，由于发电机励磁绕组具有较大的时间常数，在励磁电压增加的同时，发电机励磁电流 I_{FD} 仍近似不变，暂态工作点接近于在恒定电流饱和特性曲线上，即在暂态时，且 $E_{FD}^*\neq I_{FD}^*$。

基于上述情况，IEEE 提出了新的用于高响应比的无刷励磁系统的 AC-Ⅰ模型。此模型与Ⅰ型励磁系统模型不同点在于：AC-Ⅰ模型分别考虑了饱和、励磁机电枢反应和整流器换相压降等因素。饱和系数 S_E 由励磁机空载饱和特性曲线求得，只计及饱和因素。有关励磁机的电枢反应和换相电压降则分别由 K_D 和 K_C 系数予以表示。AC-Ⅰ模型的方框图如图 8-24 所示，相应的交流励磁机方框图见图 8-25。此模型比较精确地考虑了励磁机的负载效应。下面分别讨论饱和系数 S_E、励磁机电枢反应和整流器换相压降系数 K_D 和 K_C 的确定。

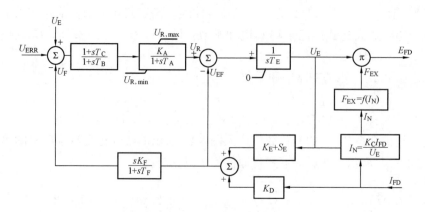

图 8-24　AC-Ⅰ模型方框图

2. 饱和系数 S_E

在 AC- I 模型中,饱和系数 S_E 系由励磁机空载饱和特性曲线求得,如图 8-26 所示。

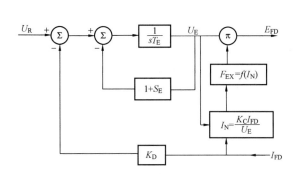

图 8-25 AC- I 模型中交流励磁机方框图

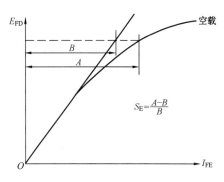

图 8-26 交流励磁机饱和系数的确定

3. 电枢反应系数 K_D

交流励磁机因负载电流 I_{FD} 引起的电枢反应作用以电枢反应系数 K_D 予以表示,其值为励磁机纵轴同步电抗 X_d 的函数。

系数 K_D 可由式(8-35)予以确定:

$$K_D = (1 + S_{ED})\left(\frac{U_E - E_{FD}}{E_{FD}} - \frac{K_C}{\sqrt{3}}\right) \tag{8-35}$$

式中 U_E——与位于恒值电阻线上的励磁电压 E_{FD} 对应的在励磁机空载电压曲线上的电压值;

E_{FD}——由恒值电阻线工作点所决定的发电机励磁电压值;

K_C——整流器换相压降系数。

对于第 I 种换相状态,系数 K_C 之值为:

$$K_C = \frac{3\sqrt{3}}{\pi} \times \frac{X_{CE}}{R_{FDb}} \tag{8-36}$$

$$X_{CE} = \frac{X_d'' + X_2}{2} \tag{8-37}$$

式中 X_{CE}——励磁机等效换相电抗;

X_d''——励磁机纵轴超瞬变电抗;

X_2——励磁机逆序电抗。

此外,为计算方便,在 AC- I 模型中引入整流系数的概念。例如,对于第 I 种换相状态,整流系数为:

$$F_{EX} = 1 - \frac{K_C I_{FD}}{\sqrt{3} U_E} \tag{8-38}$$

$$F_{EX} = 1 - \frac{3}{\pi}\left(\frac{X_{CE} I_{FD}}{R_{FDb} U_E}\right) \tag{8-39}$$

对于其他工作状态的整流系数 F_{EX} 值如图 8-27 所示。对给定工作状态的励磁电压 $E_{FD} = F_{EX} U_E$,以 $\dfrac{E_{ED}}{U_E}$ 和 $I_N = \dfrac{K_C I_{FD}}{U_E}$ 为标幺基值表示的整流器外特性曲线如图 8-28 所示。

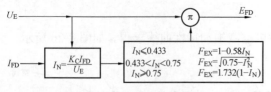

图 8-27　整流系数 F_{EX} 的确定

图 8-29 表示了饱和系数 S_{E0}、电枢反应系数 K_D 以及换相压降系数 K_C 的物理意义。图 8-29 中励磁机电压降 $\Delta U_E = I_{FD0}\left(K_D + \dfrac{K_C}{\sqrt{3}}\right)$，表示电枢反应和换相电压降的总和，而 $b'c'$ 段表示由饱和系数 S_{E0} 所确定的增加的励磁电流分量。此外，应说明的是，对于大信号电力系统稳定性的研究，AC-I 模型中所示的交流励磁机方框图亦是适用的。

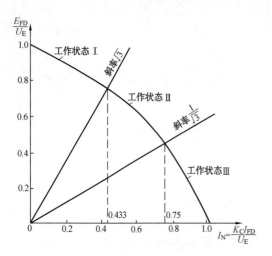

图 8-28　整流器外特性曲线 $\dfrac{E_{FD}}{U_E} = f\left(\dfrac{K_C I_{FD}}{U_E}\right)$

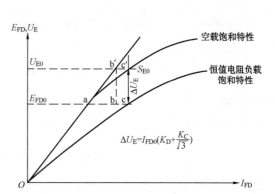

图 8-29　由励磁机空载和恒值电阻负载饱和特性曲线确定系数 S_E、K_D 和 K_C

【例 8-2】　确定下列无刷励磁系统的 AC-I 模型参数。已知：发电机额定励磁电压 $E_{FDN} = 477.5V$ 额定励磁电流 $I_{FDN} = 5898A$ 时，励磁绕组电阻 $R_{FDB} = 0.0772\Omega 75℃$，交流励磁机容量 $S = 3661kVA$ 额定端电压及电流分别为 417V，5074A 励磁机超瞬变电抗 $X''_d = 22.11\%$，逆序电抗 $X_2 = 23.34\%$，励磁机励磁绕组电感和电阻分别为 $L_{FE} = 0.08H$，$R_{FE} = 0.0321\Omega$。

当发电机强行励磁电压为 800V 时（按恒值电阻负载饱和特性），励磁机励磁电流 $I_{FEC} = 750A$，副励磁机端电压为 265V。励磁机励磁回路外接附加电阻 $R_{EXT} = 0.32\Omega$。励磁机特性曲线见图 8-30。

解　有关参数计算程序如下。

1. 计算整流器换相压降系数 K_C

首先确定励磁机标幺基值阻抗：

$$Z_{EN} = -\frac{417}{\sqrt{3} \times 5074} = 0.0474(\Omega)$$

励磁机换相电抗标幺值：

$$X^*_{CE} = \frac{X^*_d + X^*_2}{2} = \frac{22.11\% + 23.34\%}{2} = 22.73\%$$

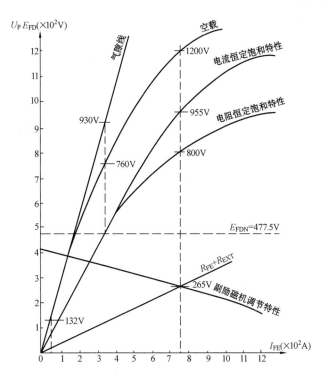

图 8-30　交流励磁机饱和特性及副励磁机外特性曲线

有效值：$\quad\quad\quad\quad X_{\mathrm{CE}} = X_{\mathrm{CE}}^{*} Z_{\mathrm{EN}} = 0.2273 \times 0.0474 = 0.01$（Ω）

以发电机基值表示的换相压降系数为：

$$K_{\mathrm{C}} = \frac{3\sqrt{3} X_{\mathrm{CE}}}{\pi R_{\mathrm{FDB}}} = \frac{3\sqrt{3} \times 0.01}{\pi \times 0.0772} = 0.214$$

2. 计算电枢反应系数 K_{D}

由式（8-35）得：

$$K_{\mathrm{D}} = (1 + S_{\mathrm{E0}})\left(\frac{U_{\mathrm{E}} - E_{\mathrm{FD}}}{E_{\mathrm{FD}}} - \frac{K_{\mathrm{C}}}{\sqrt{3}}\right) = 1.028 \times \left(\frac{760 - 477.5}{477.5} - \frac{0.214}{\sqrt{3}}\right) = 0.48$$

其中 S_{E0} 由励磁机气隙线及空载饱和曲线求得当 $E_{\mathrm{FD}} = 477.5\mathrm{V}$ 由图 8-16 曲线查得：

$$S_{\mathrm{E0}} = \frac{180 - 175}{175} = 0.028$$

在上述计算中，系数 K_{C} 和 K_{D} 系按整流器在第 Ⅰ 种换相状态工作进行计算的，为此，须对计算结果加以校验。首先校核换相压降系数 K_{C}，对于第 Ⅰ 种换相状态，交流励磁机的端电压可以写为：

$$U_{\mathrm{E}} = E_{\mathrm{FD}} + \frac{3}{\pi} I_{\mathrm{FD}} X_{\mathrm{CE}} \quad\quad\quad\quad (8\text{-}40)$$

以 $E_{\mathrm{FD}} = 477.5\mathrm{V}$ 为原始计算点，代入式（8-40）：

$$U_{\mathrm{E}} = 477.5 + 0.955 \times 5898 \times 0.01 = 533.8(\mathrm{V})$$

$$\frac{E_{\mathrm{FD}}}{U_{\mathrm{E}}} = \frac{477.5}{533.8} = 0.8945$$

203

由图 8-28 整流器外特性曲线查得：

$$I_N = \frac{K_C I_{FD}}{U_E} = 0.18$$

由此，求得：

$$K_C = \frac{I_N U_F}{I_{FD}} = \frac{0.18 \times \dfrac{533.8}{132}}{\dfrac{5898}{1709}} = 0.21 \approx 0.214（与计算值相近）$$

在上式中发电机励磁电流基值 I_{FDb} 取为发电机空载饱和特性气隙线上产生单位额定电压所需的励磁电流值，即 $I_{FDb} = 1709A$。

现校核电枢反应系数 K_D。由图 8-30 查得：

$$\Delta U_E = 760 - 477.5 = 282.5(V)$$

$\Delta U_E = I_{FD0}\left(K_D + \dfrac{K_C}{\sqrt{3}}\right)$ 代入有关数值：

$$\frac{282.5}{132} = \frac{5898}{1709} \times \left(K_D + \frac{0.214}{\sqrt{3}}\right)$$

解得 $K_D = 0.496$。由此校核结果可看出，以式（8-35）计算 K_D 较为接近实际值。

经补偿的励磁机时间常数为：

$$T_E = \frac{L_{FE}}{R_{RFE} + R_{EXT}} = \frac{0.08}{0.0321 + 0.32} = 0.22(s)$$

未补偿的励磁机时间常数 $T_E = 2.49s$。

励磁机电压微分负反馈回路反馈系数典型值 $K_F = 0.03$，$T_F = 1.0s$。

四、AC-II 模型

在高起始响应无刷励磁系统中，副励磁机提供高倍数的强励电压以获得高起始响应比。当励磁机的电压达到要求顶值时，由励磁机励磁电流限制回路瞬时加以限制，以防止励磁绕组严重过电流。此外，为了在小偏差条件下降低励磁机的等效时间常数，附加了励磁机时间常数补偿回路，由励磁机励磁电压硬负反馈回路实现。此回路通常可将励磁机时间常数补偿到小一个数量级的程度。AC-II 模型即用于表达高起始响应无刷励磁系统的模型，相应方框图见图 8-31。AC-II 模型具有下列一些特征：

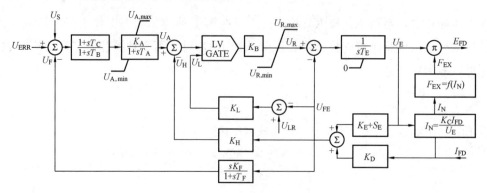

图 8-31　AC-II 模型方框图

（1）K_C、K_D 和 S_E 系数的确定方法同 AC-Ⅰ模型。

（2）励磁机磁场电流限制的整定倍数 U_{LR} 决定于强励顶值电压倍数。

（3）励磁调节器的总增益分为 K_A 和 K_B 两部分。K_B 表示励磁调节器中功率放大器的增益。

（4）为取得高起始效应，励磁调节器的最大输出电压 $U_{R,max}$ 很高，其值通常达 50 倍标幺值以上。

（5）励磁机磁场电流限制系数过小灵敏度低，过大则调节系统不稳定。一般典型值取 $K_B K_L \geqslant 100$ 为宜。

（6）硬负反馈系数 K_H 取决于励磁机时间常数的补偿程度，通常取总反馈系数 $1 + K_B K_H \geqslant 100$ 为宜。

【**例 8-3**】 依据图 8-30 及例 8-2 的励磁机数据确定 AC-Ⅱ模型的参数。此时，假定励磁机励磁绕组回路的附加电阻 $R_{EXT} = 0$。已知有关标幺值：$I_{FDb} = 1709A$，$E_{FDb} = 132V$，$R_{FDb} = 0.0772\Omega$，$I_{fEb} = 50A$，$U_{FEb} = 1.57V$，系数 S_{E0}、K_C、K_D 计算与前例相同，其标幺值为 $S_{E0} = 0.028$，$K_C = 0.214$，$K_D = 0.48$。

解 励磁机时间常数：

$$T_E = \frac{0.08}{0.0321} = 2.49(\text{s})$$

（1）计算励磁机励磁电流限制倍数及强励饱和系数。强励时励磁机的励磁电流为 750A。

励磁电流的限制倍数：

$$U_{LR,max} = \frac{750}{50} = 15$$

强励时位于励磁机空载饱和特性曲线上的电压为 1200V，其标幺值为：

$$U_{E,max}^* = \frac{1200}{132} = 9.09$$

饱和系数 $E_{FD} = 477.5V$，$E_{FD} = 800V$。

$$S_{EN} = \frac{180 - 175}{175} = 0.028$$

$$S_{E,max} = \frac{385 - 285}{385} = 0.259$$

（2）计算副励磁机电压、电流值。强励时励磁机供给的励磁电流为 $I_{FE} = 750A$，折算为交流值 $I_P = \dfrac{750}{1.2} = 615$（A）。

由图 8-30 副励磁机电压调节特性查得其直流电压值 $U_{P,max} = 270V$。

折算到交流值：

$$U_{P,max} = \frac{270}{1.17} = 230(\text{V})$$

（3）确定励磁调节器最大、最小输出电压倍数：

$$U_{R,max} = \frac{U_{P,max}}{U_{FE}} = \frac{270}{50 \times 0.0321} = 171.97$$

$$U_{R,min} = -0.9U_{R,max} = -154.8$$

（4）确定第一级放大器最大、最小输出电压倍数，第一级放大器最大输出电压为±12V，为此：

$$U_{A,max} = \frac{12}{1.57} = 7.64(V)$$

$$U_{A,min} = -U_{A,max} = -7.64(V)$$

（5）计算放大器放大系数 K_B。在额定情况下，$I_{FEB} = 350A$。

相应交流值为：

$$I_{FEB2} = \frac{350}{1.2} = 291(A)$$

由图 8-30 查得对应的副励磁机电压为：

$$U_{PN} = U_{FEN} = 335.5(V)$$

强励时励磁机励磁电流 $I_{FEC} = 750A$，对应的副励磁机电压为 $U_{FEC} = 265V$。

当励磁调节器中晶闸管整流器移相器的输入电压为 5V 时，此时功率放大器的放大系数 K_B 为：

$$K_B = \frac{265}{5} = 53$$

在 AC-2 模型中，典型值 $K_L K_B \geqslant 100$，现取 $K_L K_B = 150$，依此得：

$$K_L = \frac{150}{K_B} = \frac{150}{53} = 2.83$$

（6）计算反馈系数 K_H。取总反馈放大系数 $1 + K_H K_B = 10$。

依此得：

$$K_H = \frac{9}{K_B} = \frac{9}{53} = 0.17$$

（7）计算第一级放大系数 K_A。由于 K_B 环节为硬负反馈系数 K_H 回路所包围，故合成回路的放大系数：

$$K_{BCL} = \frac{K_B}{1 + K_H K_B} = \frac{53}{1 + 53.01} = 5.29$$

由典型值 $K_A K_{BCL} = 200$，得：

$$K_A = \frac{200}{K_{BCL}} = \frac{200}{5.29} = 37.8$$

第七节　发电机励磁参数的检测及故障报警[19]

一、转子励磁绕组励磁电压和电流的确定

在无刷励磁系统中，由于发电机取消滑环，为此，对转子励磁回路中的电压及电流的测定，须采用特殊的措施。

对转子励磁电压的测定，通常可采用附加测量小滑环的办法来解决励磁电压测定问题。对转子励磁电流的测定，比较简单的办法是采用试验与计算组合法。此方法的计算依据是在正常额定运行范围内主励磁机的饱和程度极小，当发电机励磁绕组电阻为一定值的条件下，主机的励磁电流与励磁机的励磁电流成线性比例关系。

另外，对于采用无刷励磁系统的汽轮发电机，在出厂试验时采用外部直流电源和模拟试验滑环测定主机的空载及短路特性，此时，测定的励磁电流值是准确的，可用以计算不同运行方式下发电机的转子励磁电流值。相应计算公式为：

$$I_{fN} = \sqrt{I_{f1}^2 + K_0^2 I_{f2}^2 + 2K_0 I_{f1} I_{f2} \sin\varphi} \tag{8-41}$$

式中　I_{f1}——发电机空载电压为额定电压 U_{GN} 与定子电枢电阻电压降 $r_a I_{GN}$ 之和时的励磁电流值；

$\quad\ \ I_{f2}$——发电机短路特性试验中，当发电机定子电流为额定值时的励磁电流值；

$\quad\ \ K_0$——饱和系数；

$\quad\ \ \varphi$——功率因数角。

根据日本 JEC-114-1979 标准，其值如表 8-4 所示。

表 8-4　　　　　　　　　　　　　　　　　饱和系数 K_0

$\cos\varphi$	1.0	0.95	0.9	0.85	0.8	0
凸极机	1.0	1.1	1.15	1.2	1.25	$1+\sigma$
隐极机	1.0	1.0	1.05	1.1	1.15	$1+\sigma$

对于表 8-4 中未示出的功率因数的饱和系数可取与其功率因数相近的 K_0 值。另外，在零功率因数条件下，如饱和系数 $K_0 = 1+\sigma$ 在 1.25 以下时，均取 $K_0 = 1.25$，σ 为由发电机空载饱和曲线中，在电压为 $1.2U_{GN}$ 时所确定的饱和系数，其值由下式求得：

$$\sigma = \frac{c_1 c}{bc_1} \tag{8-42}$$

$c_1 c$ 和 bc_1 线段由图 8-32 求得。

无刷励磁系统的发电机转子励磁电流亦可用下列方法予以确定。如前所述，发电机的空载和短路励磁电流 I_{f1}、I_{f2} 在出厂时利用模拟滑环进行测定，其数值是准确的。另外，一般无刷励磁系统用交流主励磁机在额定工作状态是处于非饱和状态的，在强行励磁状态始处于饱和状态。为此，交流励磁机的励磁电流 I_{fe} 与其输出电流 I_f（发电机励磁电流）是成线性比例关系的。依此，在发电机空载额定电压时的励磁电流为 I_{f1} 时，可测得对应的交流励磁机励磁电流为 I_{fe1}，同理，由三相短路特性求得的发电机励磁电流 I_{f2} 对应的交流励磁机励磁电流为 I_{fe2}，利用式（8-41）求得在额定工作状态下交流励磁机的额定励磁电流为：

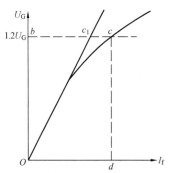

图 8-32　发电机饱和系数 σ 的确定
Ob—电压等于 $1.2U_{GN}$；Oc_1—气隙线；
Oc—空载饱和特性曲线；Od—空载励磁电流

$$I_{feN} = \sqrt{I_{fe1}^2 + K_0^2 I_{fe2}^2 + 2K_0 I_{fe1} I_{fe2} \sin\varphi} \tag{8-43}$$

式中　I_{fe1}、I_{fe2}——与 I_{f1}、I_{f2} 对应的励磁电流值；

K_0——交流励磁机的饱和系数；

φ——交流励磁机的功率因数角。

依式（8-43）求得 I_{feN} 后，发电机的额定励磁电流 I_{fN} 可由下式求得：

$$I_{fN} = K I_{feN} \times \frac{I_{fe2}}{I_{f2}} \tag{8-44}$$

式中　I_{fe2}——与发电机额定三相短路特性试验时的发电机励磁电流 I_{f2} 对应的交流励磁机励磁电流值；

K——温度校正系数，表示发电机三相短路特性试验中励磁绕组的温度与实际额定负载运行时，励磁绕组温度之差的温度校正系数。

K 的表达式为：

$$\left.\begin{aligned} K &= \frac{\sqrt{r^2 + 1 + 2r\sin\varphi}}{\sqrt{(r \times \rho)^2 + 1 + 2r\rho\sin\varphi}} \\ \sin\varphi &= \sqrt{1 - \cos^2\varphi} \end{aligned}\right\} \tag{8-45}$$

式中　r——交流励磁机短路比设计值；

ρ——试验状态时励磁绕组电阻与额定负载时励磁绕组电阻之比；

$\cos\varphi$——交流励磁机额定功率因数设计值。

二、无刷励磁机的保护、故障监测及报警

在无刷励磁系统中，可能发生的故障主要有以下几种形式：

1. 故障形式

（1）整流元件故障。整流元件故障一般使元件处于短路状态。对于三相桥式整流线路，如果任一桥臂仅由 1 个元件串联，多个元件并联组成，则当一个元件出现短路故障时，将会引起相间故障，必须切除故障。采用快速熔断器保护是有效的措施之一。对于大型汽轮发电机组应同时加大整流元件的并联容量裕度。

（2）励磁接地故障。在无刷励磁系统中，由于取消了碳刷，一般来说发生励磁回路接地的故障率是比较小的，另外，由于励磁回路一点接地也不会引起设备的损坏，所以，对于小型机组多省略接地保护，并以失磁保护作为最终保护措施。对于大型汽轮发电机组发生接地故障时应发出报警，由运行人员采取相应对策。

对于发电机励磁回路过电流故障，由自动励磁调节器保护限制回路予以处理。

2. 故障监测

（1）整流元件故障监测。旋转二极管常见的故障有两种，为元件呈现断路或开路状态，在这种故障状态下，交流励磁机电枢绕组所产生的电枢反应磁场均不同于正常情况，并在交流励磁机励磁绕组中感应出交流电压，叠加在直流励磁电流分量上，基于这一情况，可在交流励磁机的励磁磁极上或在磁极间加装一附加线圈用以测量信号电势波形以确定故障形式，在图 8-33 中示出了不同故障状态的波形图。

当发生一臂断路故障时，整流器各元件是按每一周期 4 次的频率进行换相的，在每一

周期 4 次换相中，其中一次是在阴极组元件之间进行的，因而电枢电流变化率最大，故在测量线圈中感应出的电势较高，如图 8-33（b）所示。

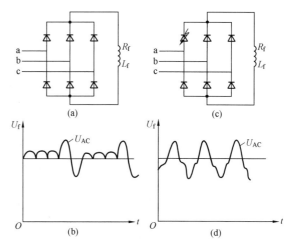

当发生一臂短路故障时，如图 8-33（c）所示，a 相阴极组元件管短路，由 b 相及 c 相阴极组元件向 a 相故障元件流入短路电流，此电流是按电枢电流基波频率变化的，故在测量线圈中主要感应出与交流励磁机基波频率相同的电势，其波形如图 8-33（d）所示。

在图 8-34 中示出了整流元件故障检测线路实例。

图 8-33　旋转二极管故障时测量线圈中的信号波形图

（a）一臂断开时整流线路；（b）一臂断开时故障信号波形；

（c）一臂短路时整流线路；（d）一臂短路时故障信号波形

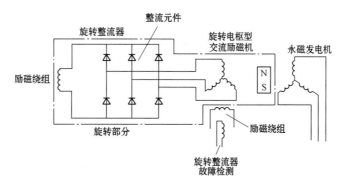

图 8-34　整流元件故障检测线路

整流元件的故障检测还可以利用图 8-35 所示的故障检测线路。当发电机励磁回路整流器元件发生故障，同样在励磁机励磁绕组中感应有异常电压。

在此线路中，于交流励磁机的励磁回路中串接分流器，当整流元件故障时，电枢反应磁场立即在励磁机励磁绕组中感应出谐波电势，励磁绕组中叠加上一种与故障状态有关的交流分量（其频率视元件断路或短路故障而定）。

此故障信号经分流器 SH 和隔离放大器放大，并经滤波器、励磁电流补偿比较器、计时器等环节作用后，操作出口继电器将信号输出发出报警。

（2）励磁绕组接地故障。在无刷励磁系统中，发电机励磁绕组接地故障可利用下列方法进行检测：

1）利用测量小滑环，将其接励磁绕组正端的碳刷经限流电阻接到外设整流电流的负端，一旦出现接地故障，并且接地点处的直流电压高于设定直流电压时，将有接地电流流过接地检测继电器发出报警信号，检测线路如图 8-36 所示。

2）旋转变压器和晶闸管开关接地检测线路，如图 8-37 所示。

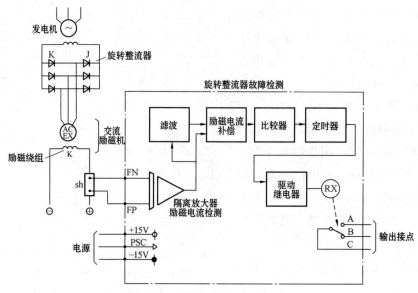

图 8-35　整流元件故障检测线路

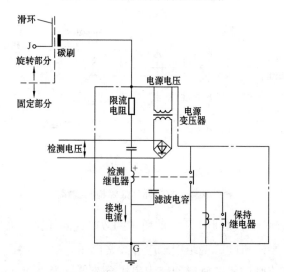

图 8-36　转子励磁绕组接地检测回路

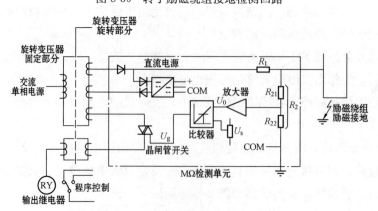

图 8-37　转子励磁绕组接地检测回路

在此线路中，在发电机励磁绕组一端与转轴之间接入基准电位器 R_1、R_2 进行分压。MΩ 组件由旋转变压器的旋转二次绕组供电。当出现接地故障并使基准电位器分压高于比较器设定电压时，交流晶闸管开关导通操作出口继电器，由其接点发出报警信号。

3）交流励磁机设有附加绕组，用以供电给辅助整流器，整流器正端经电阻器接旋转侧的检测线圈，一旦在主机励磁绕组 JK 之间呈现接地故障，接地点与整流器负端接地点将构成通路。在固定侧检测线圈发出接地故障信号，此线路如图 8-38 所示。

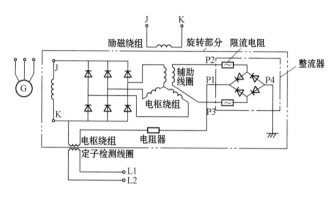

图 8-38　转子励磁绕组接地检测回路

应说明的是：在上述各种接地检测回路中，就其作用实质而言，线路测定的是励磁绕组某一点对地的绝缘电阻线路中设定电压代表励磁绕组对地绝缘电阻的设定值，当励磁绕组某一点的对地绝缘电阻低于设定值时将发出报警，故上述各线路称为励磁绕组对地绝缘电阻检测器更为适宜。

（3）主机励磁过电流故障。当主机励磁回路故障时，通常借助于对交流励磁机励磁电流的过励磁限制予以间接保护。

3. 遥测检测技术

近年来，由于遥测技术的进展，以光脉冲或无线电发送接收信号取代电刷和滑环测量无刷励磁系统故障的技术得到了广泛的应用。

图 8-39 示出了光脉冲检测无刷励磁系统中发电机励磁绕组接地故障的实例。

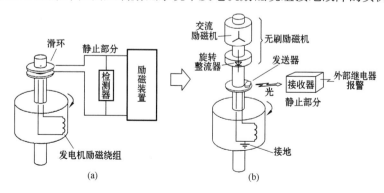

图 8-39　光脉冲信号接地检测线路

（a）传统方式；（b）光脉冲非接触方式

对于图 8-39（b）光脉冲非接触式方案，如果励磁绕组一点接地，发光二极管流过微量电流，则置于旋转侧的检测器将检测出故障信号，并由静止侧检测器接收，然后发出跳闸或报警信号。

图 8-40 示出了由 FM 调制发送信号的故障检测系统。

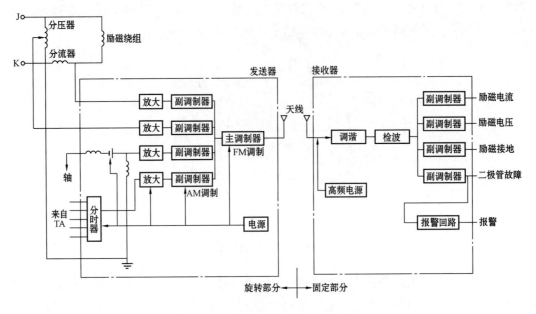

图 8-40　FM 调制信号发送、接受系统

在此线路中，励磁系统相关量的输出信号由置于旋转部分的发送器所接受，并将其转换成微量电压信号，再经 FM 调制，以发送无线电波的形式输出，接收天线接收后作相关处理。

他励晶闸管整流器
励磁系统

第一节　概　　述

在他励晶闸管整流器励磁系统中，发电机的励磁由同轴的自励恒压交流励磁机（或称为辅助发电机）经晶闸管整流器予以供给。在给定负载情况下，辅助发电机的端电压均可近似为恒定值。其本身的励磁由接于辅助发电机端的自励回路供给。

在他励晶闸管励磁系统中，发电机励磁电压的变化借助于改变接于发电机主励磁绕组回路的晶闸管整流器的控制角予以实现。因励磁电压调节作用于时间常数仅为几微秒的晶闸管整流器触发回路，而不是作用于辅助发电机的励磁绕组端，故此系统具有高起始励磁电压响应比。他励晶闸管励磁系统的原理系统图如图 9-1 所示。

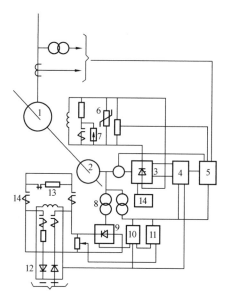

图 9-1　他励晶闸管励磁系统原理系统图

1—发电机；2—辅助发电机；3—主晶闸管整流器；4—触发移相器；5—自动励磁调节器；

6—非线性电阻；7—放电器；8—变压器；9—晶闸管整流器；10—移相器；11—自动电压调节器；

12—初始励磁电源；13—灭磁电阻；14—灭磁开关

第二节 他励晶闸管整流器励磁系统的特征

一、水轮发电机晶闸管整流器励磁系统的特征

由图 9-1 可看出，发电机的励磁由与主机同轴的辅助发电机经晶闸管整流器予以供给。发电机的自动励磁调节器 5 的控制信号取自发电机端的电压及电流。励磁调节器的输出接到移相器 4，用以调节控制角 α 以改变发电机的励磁电压。放电器 7 作为转子励磁绕组的过电压保护装置，在与放电器并联的接触器动作后，可将其短路。同样，为了限制转子过电压设置了非线性电阻 6。在他励晶闸管励磁系统中，除用灭磁电阻进行灭磁外，还可用晶闸管整流器进行逆变灭磁。

辅助发电机 2 的励磁由变压器 8 及晶闸管整流器 9 所组成。辅助发电机的自动电压调节器 11 作用于移相器 10，以改变晶闸管整流器的控制角，维持其端电压为恒定值。辅助发电机的初始励磁由电源 12 供给。下面结合实例，介绍一些有关大型水轮发电机他励晶闸管励磁系统的设计特征。对水轮发电机而言，目前世界上容量最大的他励晶闸管励磁系统是安装在苏联克拉斯诺雅尔斯克水电站的 500MW 水轮发电机的励磁系统，该系统于 1976 年投入运行。其辅助发电机具有高、低压交流电枢绕组，容量为 7650kW，额定电压为 1460V，额定电流为 3020A，功率因数为 0.4。晶闸管整流器采用三相桥式接线，额定电压及电流分别为 1900V、7400A，在强励状态下，其输出励磁功率达 13600kW。

图 9-2 示出了相应励磁系统的辅助发电机结构图。克拉斯诺雅尔斯克水电站水轮发电机的晶闸管励磁系统如图 9-3 所示。

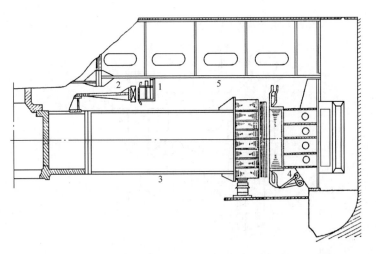

图 9-2 克拉斯诺雅尔斯克水电站水轮发电机的辅助发电机结构图

1、2—辅助发电机的转子和定子；3、4—主发电机的转子和定子；5—水轮发电机上机架

在他励晶闸管整流器励磁系统中，选择晶闸管整流器串联元件时，应考虑下列一些因素：

（1）强励状态下的换相电压。

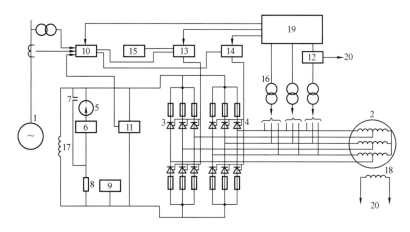

图 9-3　他励晶闸管励磁系统原理接线图

1—主发电机；2—辅助发电机；3—正常工作组晶闸管整流器；4—强励工作组晶闸管整流器；5—放电器；

6—作用于接触器操作线圈的电流继电器；7—接触器；8—灭磁电阻；9—绝缘监视继电器；10—发电机励磁调节器；

11—反馈校正环节；12—辅助发电机的电压调节器；13、14—移相器；15—手动控制回路；16—自用变压器；

17、18—主发电机和辅助发电机的励磁绕组；19—辅助发电机的电源；20—辅助发电机励磁回路

（2）辅助发电机可能出现的运行过电压。

（3）整流元件的老化。

（4）串联元件电压分配的不均匀性。

（5）非同步运行时呈现的过电压以及放电器动作电压。

在本线路中，每臂由 3 个 2000V 元件串联、10 个 320A 元件并联组成。当整流器发生短路事故时，由快速熔断器实现保护。对于整流器换相引起的过电压则由 RC 回路予以限制。

在正常工作情况下，正常组和强励组整流器的控相角 $\alpha_N=34°$，$\alpha_f=131°$，换相角 $\gamma_f=8°$，属于非完全换相状态。在额定状态下的发电机励磁电流 $I_{fN}=3700A$，强励组供给的电流为 $I_{ff}=400A$。在强励状态下 $\alpha_f=0$，由强励组整流器供给的电流 $I_{ff}=2I_{fN}=7400A$，换相角 $\gamma_f\approx40°$。在强励限制状态下，$I_{ff}=7400A$，$\alpha_f=75°$，$\alpha_N=16°$，$\gamma_{fN}=37°$，$\gamma_{Nf}=9°$。此时，γ_{fN} 为由强励组向工作组整流器换相时的换相角，γ_{Nf} 为由工作组向强励组整流器换相时的换相角。

在上述工作条件下，强励组的整流电流为 $I_{ff}=5200A$，而工作组的整流电流 $I_{fN}=2200A$，实现了强励电压倍数 $K_U=4$、强励电流倍数 $K_I=2$ 的要求。

当利用整流器进行逆变灭磁时，$\alpha_f=130°$，对应的负整流电压值为 1580V。当定子绕组三相短路时，$I_{ff}=2I_{fN}$，相应的灭磁时间为 1.1s。当定子绕组开路时，励磁电流为相同值，灭磁时间约为 2s。

在此励磁系统中，借助于自动励磁调节器的作用可实现以下功能：

（1）实现正常、强励以及强励限制。

（2）当触发控制系统退出工作以及整流器一个臂中有两个熔断器过热时，可将励磁输出限制到与额定功率及 $\cos\varphi=1$ 相对应的数值。

（3）当发电机失磁时接通接触器及灭磁电阻。

（4）当整流器冷却水中断时，减负载以及机组退出运行。

二、汽轮发电机晶闸管整流器励磁系统的特征

用于大型汽轮发电机的他励晶闸管励磁系统典型的接线方式如图9-4所示。

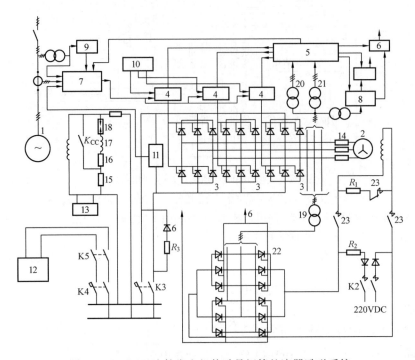

图9-4　800MW汽轮发电机他励晶闸管整流器励磁系统

1—发电机；2—辅助发电机；3、22—主晶闸管和辅助发电机晶闸管整流器；4—主晶闸管整流器触发器；

5—辅助发电机自用电源；6—辅助发电机自励回路晶闸管整流器触发器；7、8—发电机及辅助发电机的励磁调节器；

9—调差回路；10—手动控制回路；11—转子电压软负反馈回路；12—备用励磁机；13—转子电流监测回路；

14—均流电抗器；15—自同步电阻；16—限流电阻；17—电流继电器；18—放电器；19—自励变压器；

20、21—发电机及辅助发电机用励磁调节器电源变压器；23—灭磁开关

发电机的励磁由与主机同轴的辅助发电机2经晶闸管整流器3供电，晶闸管整流器按三相桥式接线，其直流输出端并联。整流器连接到发电机的母线长度约为8m，并且直接连接到中间一组晶闸管整流器的输入端。由该点分为两个支路连接到另两组整流器组，相应母线长度分别为2.4m及2.7m。每一组整流器均有单独的触发装置。发电机的励磁由自动励磁调节器予以调节。当励磁调节器退出工作时，用手动控制回路10改变晶闸管整流器的控制角。辅助发电机由其机端的整流变压器19经晶闸管整流器22获得自励励磁，维持自励恒压特性。整流器22在直流侧并联，但是触发装置6是分别专用的。辅助发电机的自动电压调节器8为比例式的，按电压偏差调节励磁。

在此励磁系统中，发电机和辅助发电机的励磁调节器以及晶闸管整流器触发回路均由接在辅助发电机端的自用变压器供电。辅助发电机的初始励磁经蓄电池组及附加电阻 R_2 回路取得。

在所有运行方式情况下，汽轮发电机的减磁和灭磁均由晶闸管整流器工作在逆变方式下

实现。在空载状态下，汽轮发电机的时间常数约为 7.9s；在故障情况下，逆变灭磁使转子电流下降到零的时间约为 0.7s，其余的 7.2s 时间，主要决定于汽轮发电机转子铁芯及阻尼绕组中转子电流自由分量的衰减。当发电机转子电流达到零时，发电机端电压值接近于 57%，亦即灭磁回路只吸收了 43% 的磁场能量。正如许多研究所指出的，在灭磁时，进一步加速发电机转子电流的衰减过程，其作用是不大的。必要时应由励磁系统提供负励磁电流，以加速灭磁过程。与水轮发电机相比，汽轮发电机的灭磁作用是不显著的。

在发展大容量他励晶闸管整流器励磁系统时，解决晶闸管整流器的并联均流是一个重要的问题。试验表明，在晶闸管整流器交流侧直接并联，将使均流特性显著恶化，各组整流器的波形如图 9-5 所示。对应于 800MW 汽轮发电机，空载励磁电流为 1000A，C 相三组整流器之间的电流不均匀程度达 2 倍以上。当将励磁电流增加到 2000A 时，不均匀程度下降到 1.7 倍。为改善均流特性，在线路中加装了均流电抗器 X_T。原级 $W_1=1$ 匝，次级 $W_{\mathrm{II}}=200$ 匝。均流电抗器串联连接在晶闸管整流器的各相中，引起的附加电抗约为 0.025Ω。均流电抗器的最佳参数可由晶闸管整流器直流侧短路条件予以求得。对本系统而言，均流电抗器的最佳接线如图 9-6 所示。与均流电抗并联的电阻 R 为 $46\sim48.6\Omega$。当采用上述措施后，包括励磁电流达 7000A 的强励状态在内，整流器的组间不均流程度小于 15%。

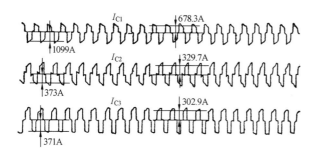

图 9-5　800MW 汽轮发电机空载时，C 相晶闸管整流器的交流电流分配

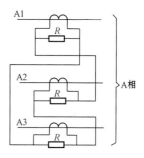

图 9-6　均流电抗器的连接

此外，由于发电机励磁回路中各组晶闸管整流器均由辅助发电机全电压供电，为此，当发电机空载时，整流器处于深控状态，控制角较大，整流电压呈现出较高的脉动分量。如在这种状态向备用励磁机系统转移，则呈现的脉动电流达几千安，甚至使晶闸管整流器损坏。为了解决这一问题，苏联有些电站采取了预先将晶闸管整流器过渡到逆变状态，然后再向备用励磁机组切换，以减小转移过程中的转子电流冲击的方法。

在他励晶闸管励磁系统中，导致整流器损坏的原因之一是在导通时晶闸管元件的电流增长率过大。在线路中串联接入的均流电抗器对于限制电流增长率是有利的。

此外，为了提高在逆变状态下的工作可靠性，在晶闸管整流器电流中断时，仍可维持较小的电流通路，在直流侧并联接入 R-V 电阻及二极管回路，电阻为 70Ω，二极管长期允许流过 5A。

为便于对比有关水轮和汽轮发电机用辅助发电机的设计特征，在表 9-1 中列出了有关的参数。

表 9-1　　　　　**500MW 水轮发电机和 800MW 汽轮发电机用辅助发电机的主要参数**

参数	500MW 水轮发电机	800MW 汽轮发电机	参数	500MW 水轮发电机	800MW 汽轮发电机
标称功率（kVA）	7650	5700	额定励磁电流（A）	586	195
功率因数	0.4	0.5	纵轴同步电抗 X_d^*	0.526	1.36
额定电压（V）	1460	940	横轴同步电抗 X_q^*	0.356	1.36
额定电流（A）	3020	3500	纵轴瞬变同步电抗 $X_d'^*$	0.172	0.127
额定励磁电压（V）	191	107	$X_q'^*$	0.356	0.127
$X_d''^*$	0.107	0.078	$T_{d2}'^*$	—	0.99*
$X_q''^*$	0.108	0.086	$T_{d3}'^*$	—	1.14*
T_{d0}^*，s	2.61	6.5	$T_d'^*$	0.271	0.08*
T_{d1}^*	0.853*	0.61*			

* 当励磁绕组和阻尼系统闭路时的纵轴阻尼回路时间常数，s。

第三节　谐波电流负载对辅助发电机电磁特性的影响

一、谐波电流磁动势

1. 谐波电流值

在他励晶闸管励磁回路中，通常均采用三相桥式整流线路，相应的交、直流电压、电流之间的关系如图 9-7 所示。

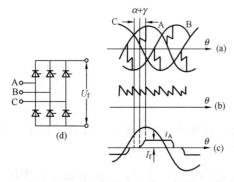

图 9-7　三相桥式整流线路电压、电流波形图

（a）交流电压；（b）直流电压；

（c）交流电流；（d）三相桥式电路

由图 9-7 可知，交流电流的波形基本上为梯形波，因此，含有谐波分量。此外，由于定子电流的相位滞后于定子电压，故可将定子电流分为有功及无功分量。

谐波电流的数值，可由式（9-1）确定：

$$I_n = \frac{K_n}{n} \times I_1 = \frac{K_n}{Kp \pm 1} \times I_1 \quad (K = 1,2,3\cdots) \quad (9-1)$$

式中　n——谐波次数，$n = 5$，7，11，13，…；

K_n——由控制角和换相角确定的系数；

p——整流相数，对于三相桥式 $p = 6$。

当 $K_n = 1$ 时，谐波次数 $n = Kp \pm 1$，$K = 1$，2，3，…，由此求得相应谐波次数为 5，7，11，13，17，19，…，有关谐波数值如表 9-2 所示。

表 9-2　　　　　　　**谐波电流分量值（控制角 $\alpha = 0$）**

谐波电流	5	7	11	13	备注
谐波分量 I_n（%）	20	14.3	9.1	7.7	换相角 $\gamma = 0$
谐波分量 I_n（%）	14	7.2	2	1.5	换相压降为 12%

由表 9-2 可看出，当换相电抗增加时，谐波电流分量的数值是下降的。

2. 谐波电流产生的磁动势

当谐波电流流过同步电机的三相绕组时，将产生谐波电流旋转磁场，流过各相绕组的电流表达式为：

$$i_A = \sqrt{2}[I_1 \sin(\omega t + \varphi_1) + I_5 \sin(5\omega t + \varphi_5) + I_7 \sin(7\omega t + \varphi_7) + \cdots] \tag{9-2}$$

$$i_B = \sqrt{2}\left\{I_1 \sin\left(\omega t + \frac{2\pi}{3} + \varphi_1\right) + I_5 \sin\left[5\left(\omega t + \frac{2\pi}{3}\right) + \varphi_5\right] + I_7 \sin\left[7\left(\omega t + \frac{2}{3}\pi\right) + \varphi_7\right] + \cdots\right\} \tag{9-3}$$

$$i_C = \sqrt{2}\left\{I_1 \sin\left(\omega t + \frac{2}{3}\pi + \varphi_1\right) + I_5 \sin\left[5\left(\omega t + \frac{4\pi}{3} + \varphi_5\right)\right] + \right.$$
$$\left. I_7 \sin\left[7\left(\omega t + \frac{4\pi}{3}\right) + \varphi_7\right] + \cdots\right\} \tag{9-4}$$

由此，可求得在 A 相绕组内产生的磁动势为：

$$M_A = A_0 i_A\left[K_{W1} \cos\left(\frac{\pi}{\tau}x\right) - \frac{K_{W3}}{3} \times \cos\left(3 \times \frac{\pi}{\tau}x\right) + \frac{K_{W3}}{5} \times \cos\left(5 \times \frac{\pi}{\tau}x\right) - \right.$$
$$\left. \frac{K_{W7}}{7} \times \cos\left(7 \times \frac{\pi}{\tau}x\right) + \cdots + \frac{K_{Wm}}{m} \times \cos\left(m \times \frac{\pi}{\tau}x\right) + \cdots\right] \tag{9-5}$$

$$A_0 = \frac{3\sqrt{2q}N}{\pi}$$

式中　A_0——常数；

　　　q——每极每相槽数；

　　　N——每槽导体数；

　　　τ——极距；

　　　K_W——绕组系数。

同样可求出 B 相及 C 相的磁动势。

基波电流三相绕组的总合成磁动势为：

$$M_S(\omega t) = M_A(\omega t) + M_B(\omega t) + M_C(\omega t)$$
$$= A_0 I_1\left[K_{W1} \sin\left(\omega t - \frac{\pi}{\tau}x\right) + \frac{K_{W5}}{5} \times \sin\left(\omega t - 5 \times \frac{\pi}{\tau}x\right) - \right.$$
$$\left. \frac{K_{W7}}{7} \times \sin\left(\omega t - 7 \times \frac{\pi}{\tau}x\right) + \cdots\right] \tag{9-6}$$

5 次谐波电流三相绕组的总合成磁动势为：

$$M_s(5\omega t) = A_0 I_5\left[K_{W1} \sin\left(5\omega t - \frac{\pi}{\tau}x\right) + \frac{K_{W5}}{5} \times \sin\left(5\omega t - 5\frac{\pi}{\tau}x\right) - \right.$$
$$\left. \frac{K_{W7}}{7} \times \sin\left(5\omega t - 7 \times \frac{\pi}{\tau}x\right) + \cdots\right] \tag{9-7}$$

7 次谐波电流三相绕组的总合成磁动势为：

$$M_S(7\omega t) = A_0 I_7\left[K_{W1} \sin\left(7\omega t - \frac{\pi}{\tau}x\right) + \frac{K_{W5}}{5} \times \sin\left(7\omega t - 5\frac{\pi}{\tau}x\right) - \right.$$

$$\frac{K_{W7}}{7} \times \sin\left(7\omega t - 7 \times \frac{\pi}{\tau}x\right) + \cdots \bigg] \tag{9-8}$$

在式（9-6）～式（9-8）中，总括号的第 2 项以后为空间谐波磁场，并且绕组系数 K_{Wm} 中的 m 次数愈高，其值愈小。因此，$K_{Wm} < K_{W1}$，和第 1 项数值比较可予以忽略。则总磁动势等于式（9-6）～式（9-8）第 1 项之和，即：

$$\Sigma M = M_S(\omega t) + M_S(5\omega t) + M_S(7\omega t) + \cdots$$

$$= A_0 K_{W1}\left[I_1 \sin\left(\omega t - \frac{\pi}{\tau}x\right) + I_5 \sin\left(5\omega t - \frac{\pi}{\tau}x\right) + I_{1\sin}\left(7\omega t - \frac{\pi}{2}x\right) + \cdots\right] \tag{9-9}$$

式（9-9）的第 1 项 $M_S(\omega t)$ 表示由基波电流产生的旋转磁动势，第 2 项 $M_S(5\omega t)$ 表示由 I_5 所形成的磁动势，其幅值以标幺值表示为 I_5/I_1，而波长与基波相同，并以 5 倍于基波的旋转速度向基波磁场相反的方向旋转，此磁动势称为时间谐波磁动势。

第 3 项 $M_S(7\omega t)$ 为由 7 次谐波电流 I_7 产生的磁动势，幅值为 I_7/I_1，波长与基波相同，旋转速度为基波的 7 倍，转向与基波相同。

对于按基波速度旋转的转子而言，通常负序的 $M_S(5\omega t)$ 磁动势相当于 $5+1=6$ 倍基波速度，而正序的 $M_S(7\omega t)$ 磁动势相当于 $7-1=6$ 倍基波速度，所以这两种磁动势对转子回路而言，都将产生频率为 6 倍基波频率的电压。

同理，对于 $n=11$、13 的高次谐波所产生的磁动势，由于 $n=11$ 次谐波为负序，$n=13$ 次谐波为正序，故两者对转子回路均感应出频率为基波频率 12 倍的电压，其余类推。这样，对转子侧而言，与其耦合的磁动势表达式为：

$$M_r = A_0 K_{W1}\left[I_1 \sin\left(\omega t - \frac{\pi}{\tau}x\right) + I_5 \sin\left(6\omega t + \frac{\pi}{\tau}x\right) + I_7 \sin\left(6\omega t - \frac{\pi}{\tau}x\right) + \right.$$

$$\left. I_{11}\sin\left(12\omega t + \frac{\pi}{\tau}x\right) + I_{13}\sin\left(12\omega t - \frac{\pi}{\tau}x\right) + \cdots\right] \tag{9-10}$$

在表 9-3 中示出了定子及转子侧存在的谐波次数，表中括号内所示的数值表示与 $K_n=1$ 时的谐波幅值的百分比。

表 9-3　　　　　　　　　　辅助发电机的定子及转子侧存在的谐波次数

谐波次数	定子谐波		转子感应电压的谐波		磁场方向
	6 相	12 相	6 相	12 相	
1	1 (100)	1	—	—	正向
5	5 (20)	—	6	—	逆向
7	7 (14.3)	—	6	—	正向
11	11 (9.1)	11 (9.1)	12	12	逆向
13	13 (7.7)	13 (7.7)	12	12	正向
17	17 (5.9)	—	18	—	逆向
19	19 (5.3)	—	18	—	正向
23	23 (4.4)	23 (4.4)	24	24	逆向
25	25 (4.0)	25 (4.0)	24	24	正向

二、谐波磁动势对无阻尼绕组发电机电压波形的影响

对于未加装阻尼绕组的凸极式叠片转子发电机，谐波磁动势对发电机波形的畸变有显著的影响。如前所述，对于 5、7 次谐波而言，在纵轴励磁绕组中将感应出 6 倍基波频率的交流电流 i_{fac}。假如每极励磁绕组的匝数为 W_p，将由此产生的磁动势为 $i_{fac}W_p$ 的交变磁场作用于定子绕组侧。同前讨论，此磁场将在定子侧产生正序为（6＋1）$\omega＝7\omega$，负序为（6－1）$\omega＝5\omega$ 的旋转磁动势为：

$$
\left.
\begin{aligned}
M_r(5\omega t) &= -\frac{D}{2}\sin\left(5\omega t + \frac{\pi}{\tau}x + \xi\right) \\
M_r(7\omega t) &= -\frac{D}{2}\sin\left(7\omega t + \frac{\pi}{\tau}x + \xi\right)
\end{aligned}
\right\}
\tag{9-11}
$$

式中　D——决定于 A_0、W_p、ω、τ 的函数；

　　　ξ——A_0、ψ 的函数。

这样，谐波电流在定子绕组中所产生的 $M_s(5\omega t)$、$M_s(7\omega t)$ 与转子侧所产生的 $M_r(5\omega t)$、$M_r(7\omega t)$ 磁动势之和将决定气隙中最终的合成磁动势，并由此在定子绕组中引起 5、7 倍基波频率的反电动势，这是使辅助发电机电压波形畸变的主要原因。有关的试验波形如图 9-8 所示，谐波电流的计算值与实测值如表 9-4 所示。

图 9-8　无阻尼绕组发电机电压、电流波形图（整流负载）
（a）线端电压；（b）交流电流；（c）励磁电流

表 9-4　　　　　　　　　　　　　谐波电流的计算值与实测值

参数值 谐波次数	端电压（％）		负载电流（％）
	实测值	计算值	实测值
5	12.6	13.1	9.2
7	9	8.9	2.5

由表 9-4 可看出，谐波电流 $I_7＝2.5\%$，其值虽然比 $I_5＝9.2\%$ 小很多，但是在电压波形中 E_7 值已达 9.0％，为此，其影响不可忽视。

三、谐波磁动势对有阻尼绕组发电机电压波形的影响

当发电机转子表面装有阻尼绕组时，情况将有所不同。如假定转子静止不动，对于 5、7 次的谐波电流而言，将会产生 6 倍速度的旋转磁场。但是由 $s＝6$ 所确定的阻尼绕组产生的磁动势并不能完全抵消子谐波磁动势。这是由于阻尼绕组存在漏抗 $X_2(s)$ 和电阻 $R_2(s)$ 所致。在图 9-9 中示出了相应的辅助发电机的纵轴和横轴等值电路图。

n 次谐波电流在输出电压波形中所产生的 n 次谐波分量 ΔU_N 为：

$$\Delta U_N = \frac{I_n}{2}(X_{AB} + X_{CD}) \tag{9-12}$$

式中　X_{AB}、X_{CD}——由 AB 端和 CD 端计及的总阻尼电抗。

时间谐波磁动势与图 9-9 所示的纵轴和横轴回路交替耦合，并在各回路中引起感应电流。在电源频率的每 1/6 周期内，整流元件交替换相一次，由于这种变化是瞬间进行的，故可认为辅助发电机的励磁磁通是不变的，换相电抗可近似取 X_d'' 与 X_q'' 之和的 1/2，非畸变电动势取换相电抗后电动势。此外，转子滑差虽然变化在 s 为 1、6、12、18、24 的范围内，但图 9-9 中 $A'B'$ 和 $C'D'$ 两端的转子回路阻抗却几乎是不变的。因此，换相电抗仍可由 $s=1$ 时所测得的 X_d'' 和 X_q'' 求得。具有阻尼绕组的辅助发电机，在接着整流负载时的电压、电流波形如图 9-10 所示。

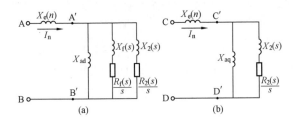

图 9-9　具有阻尼绕组的发电机等效线路图

（a）纵轴回路；（b）横轴回路

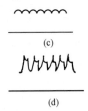

图 9-10　具有阻尼绕组的辅助发电机供电给整流负载时的电压、电流波形图

（a）线端电压；（b）交流电流；

（c）励磁电流；（d）阻尼电流

由图 9-10 可看出，其端电压波形较无阻尼绕组时有明显的改善，并且流过阻尼绕组的电流主要为 6 次谐波电流，流过励磁绕组的电流虽然亦为 6 次谐波电流，但是其数值已变得很小。

应当说明的是，对于实芯磁极的发电机，其转子铁芯表面亦相当于装有无限个阻尼绕组，并产生涡流阻尼作用。

四、阻尼绕组的损耗及容许值

当阻尼绕组中流过电流时，将产生 I^2R 附加损耗。对一般同步发电机而言，在阻尼绕组中流过负序电流的容许值如表 9-5 所示。

表 9-5　　　　　　　　　　　　　负序电流容许值

IEC34-1（1969）	VDE0530（1972）	CIGRE11（1972）
100MW 以下凸极机 12%		凸极机 10%
汽轮发电机 8% 各部温升不超过 5℃为宜 100MW 以上由制造厂和用户商定		汽轮发电机（间接冷却）10% 汽轮发电机（直接冷却） S＜960MVA　8% 960＜S＜1200MVA　6% 1200＜S＜1500MVA　5%

对于凸极机 I_2 为 10%～12%，而对于隐极机 $I_2 \approx 8$%。在国际大电网会议 CIGRE 规定的标准中，普通电机如持续流过表中规定数值的 2 倍负序电流，将导致电机出现不同程度的

损坏。

对普通同步发电机，只有当接有不平衡负载时，才有可能产生 2 倍于基波频率的负序电流，并使阻尼绕组承受 $s=2$ 的 2 倍频率附加损耗。

对于供电给整流器负载的发电机，情况将有所不同。此时，在转子回路中的感应电流并非只有 2 倍于基波频率的电流，还包括 6、12 等倍频率。在这种情况下，当计算阻尼绕组的损耗时，较简便的方法是将有关谐波影响换算为"等效负序电流"，并按与通常的负序电流同样的准则判别容许负载。等效负序电流可按下列程序求得。

设 f_n 为 n 次谐波的周波数，R_0 为直流电阻，I_n 为 n 次谐波电流，则在 f_n 时的阻尼绕组等效电阻 R_n 可按下式求得：

$$R_n = \sqrt{\frac{f_n}{f_1} R_0} \tag{9-13}$$

谐波电流损耗：

$$P_n = \sum K \sqrt{\frac{f_n}{f_1} I_n^2} \tag{9-14}$$

负序电流损耗：

$$P_2 = K \sqrt{\frac{f_2}{f_1} I_2^2} \tag{9-15}$$

令式（9-14）等于式（9-15），并把 $f_n = n f_1$，$f_2 = 2 f_1$ 代入，可求得等效负序电流 I_{2eq} 为：

$$I_{2eq} = \sqrt{\sum_n \left(\sqrt[4]{\frac{n}{2}} I_n \right)^2} \tag{9-16}$$

式中　n——谐波次数，对三相桥式线路 $n=5$，7，11，13，17，19，…。

如果仍以表 9-2 所示的数值为例，取 $I_5 = 14\%$，$I_7 = 7.2\%$，由此，可求得 $I_{2eq} = 28\%$。显然，I_5 及 I_7 所占的比例虽然不大，但折算的等效负序电流 $I_{2eq} = 28\%$ 却是足够大的。为此，在设计供电给整流负载的辅助发电机时，除应使阻尼回路电阻不随频率而增加外，还应具有足够的吸收负序电流的热容量，对于各导电部分和电接触部分应予以特别注意。

五、定子绕组及铁芯的损耗

1. 定子绕组损耗

当谐波电流流过定子绕组时，将产生附加损耗，其总电流 I_g 与各次谐波电流之间的关系为：

$$I_g^2 = I_1^2 + I_5^2 + I_7^2 + I_{11}^2 + \cdots \tag{9-17}$$

当谐波电流流过绕组时，绕组电阻的变化一般可由式（9-18）求得：

$$\frac{R_n}{R_0} = (1 + A n^2) \tag{9-18}$$

式中　R_0——直流电阻；

　　A——系数。

由此，绕组的损耗表达式可写为：

$$P_C = I_g^2 R_{eq} = \sum_1^\infty I_n^2 R_n = \sum_1^\infty I_n^2 R_0 (1 + A n^2) \tag{9-19}$$

式（9-19）表明，由于谐波电流的集肤效应，使交流电阻值有所增长，其值正比于谐波次数的平方。通常设计中，只考虑基波损耗 I_1^2R，当发电机供电给整流负载时，由于谐波电流而增加的耗损为：

$$P_C = I_1^2 R_1 = \sum_1^\infty I_n R_0 (1 + An^2) \tag{9-20}$$

系数 A 与绕组的导线厚度 d 有关，如保持电流密度为一定值，则 $A \propto d^2$，因而选用较薄的导线是有利的，这样可以降低交流电阻。如果表 9-5 中所示的容许负序电流 $I_2 = 10\%$，此时，引起的温升将不超过 $5℃$，如考虑附加铁损，则温度上升 $6\% \sim 7\%$，这是允许的。

2. 定子铁芯损耗

一般同步电机的铁损是由空载状态求出的，并根据磁场分布波形分别算出齿及轭部的损耗。这些磁场中只包括空间谐波分量。在供电给整流负载情况下，同时还存在前述时间谐波磁场；但在空载时，时间谐波磁场将不存在。因此，由空载试验是无法确定时间谐波磁场损耗的。这部分损耗通常由估算求得。相应铁损为：

$$P_F = \sum_n K_F (\sigma_H f_H + \sigma_W \Delta^2 f_n^2) B_n^2 \tag{9-21}$$

式中　σ_H——磁滞损耗系数；

$\quad\quad\sigma_W$——涡流损耗系数；

$\quad\quad\Delta$——铁芯厚度；

$\quad\quad B_n$——气隙中谐波磁场的总和。

附加铁损的增加量与设计负载有关，一般为空载铁损的 $10\% \sim 20\%$。

六、电枢反应和功率因数

在供电给整流负载的条件下，同步发电机的电枢反应和功率因数与一般负载发电机将有所差异。对电枢反应而言，通常仅涉及基波分量，就是相当于在同样的有效电流条件下，具有整流负载的同步发电机的基波电枢反应较小，而且与相数有关。例如当 $p=6$ 时，基波电流为 95.5%；当 $p=12$ 时，则减少到 57.1%。

当考虑到换相角 γ 和控制角 α 时，定子电流有效值和整流电流之间的关系式为：

$$I_{eff} = \sqrt{\frac{2}{3}} I_d \sqrt{1 - 3\psi(\alpha, \gamma)} \tag{9-22}$$

在整流负载条件下的功率因数，一般仍可用有功功率和视在功率之比来表示：

$$\cos\varphi = \frac{U_d I_d}{3U_1 I_{eff}} = \frac{3}{\pi} \times \frac{\cos\dfrac{\gamma}{2}\cos\left(\alpha + \dfrac{\gamma}{2}\right)}{\sqrt{1 - m\psi(\alpha, \gamma)}} \tag{9-23}$$

式（9-22）和式（9-23）中的 ψ (α, γ) 是由 α、γ 决定的系数，由图 9-11 求得。对于三相桥式线路，取 $m=3$。

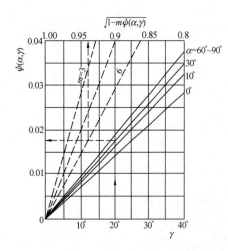

图 9-11　$\psi(\alpha, \gamma) = f(\alpha, \gamma)$ 特性曲线

第四节　他励晶闸管整流器励磁系统参数计算

一、辅助发电机

在他励晶闸管励磁系统中，因励磁功率取自辅助发电机端，并处于自励恒压工作状态，为此，在性能方面具有下列一些特征：

（1）励磁功率取自发电机轴端，不受主机运行方式影响，是一种较好的运行方式。

（2）他励晶闸管励磁系统具有固有的高起始励磁系统性能。

（3）励磁功率的可靠性在很大程度上取决于辅助发电机的自励回路的可靠程度，许多国家在设计此自励回路时着重于线路简单、运行可靠。

（4）以晶闸管整流器为负载的辅助发电机，其端电压波形的畸变比供电给不可控二极管整流器的情况更加严重，为此，辅助发电机必须加装阻尼绕组，以改善电压波形和降低由于谐波损耗引起的铁芯局部过热。

（5）加装阻尼绕组虽然将使辅助发电机的时间常数增加，但是对于他励晶闸管励磁系统而言，这是无关紧要的。因为辅助发电机工作在自励恒压工作状态，励磁系统的响应速度只取决于晶闸管整流器触发回路的时滞。

（6）为保证整流器工作在第Ⅰ种换相状态，对换相电抗值应限制在相应的数值。

作为他励晶闸管励磁系统的供电电源的辅助发电机，通常可按下列程序选择其参数。

1. 预选换相电抗值 X_γ

整流器的换相状态主要取决于换相电抗值，对于隐极机：

$$X_\gamma = \frac{X_d'' + X_2}{2} \quad (X_d'' \approx X_q'') \tag{9-24}$$

对于凸极机：

$$X_\gamma = \frac{\frac{1}{2}(X_d'' + X_q'') + X_d'' X_q''}{2} \quad (X_d'' \neq X_q'') \tag{9-25}$$

在初步设计中，一次近似地取标幺值 $X_\gamma^* = 0.15$，且：

$$X_\gamma^* = \frac{X_\gamma}{\dfrac{U_{eN}}{I_{eN}}} \tag{9-26}$$

式中　U_{eN}、I_{eN}——辅助发电机的额定相电压及相电流；

　　　　X_γ——换相电抗，Ω。

另由式（6-11）可知：

$$\cos\alpha - \cos(\alpha + \gamma) = \sqrt{\frac{2}{3}} \times \frac{I_f X_\gamma}{E_X} \tag{9-27}$$

在强励状态时，$\alpha \approx 0$，$I_{fc} = K_1 I_{fN}$，I_{fc}、I_{fN} 是强励和额定时的发电机励磁电流，K_1 是强

励电流倍数，且 $K_1 = \dfrac{I_{fc}}{I_{fN}}$。

另把 $I_{fN} = \sqrt{\dfrac{3}{2}} I_{eN}$ 代入式（9-27），化简可求得强励时余弦换相角及换相电抗之间的表达式：

$$\cos\gamma = 1 - K_I X_\gamma$$

2. 辅助发电机的计算电动势和实际交流定子电流

仍以换相电抗后的非畸变电动势 E_x 作为整流外特性的计算电动势，并以定子基波电流 I_1 代替实际交流定子电流。

3. 辅助发电机额定相电流

辅助发电机的额定相电流由两部分组成：供给发电机的励磁电流 I_{fN} 以及额定自励电流 I_{feN}。与这两部分电流对应的交流电流为 I_{e1N} 及 I_{e2N}，两者的总和在考虑有一定余量时：

$$I_{eN} = K_1(I_{e1N} + I_{e2N}) \tag{9-28}$$

式中　K_1——电流裕度系数，$K_1 = 1.1 \sim 1.15$。

式（9-28）亦可写为：

$$I_{eN} = K_1 \left(\sqrt{\dfrac{2}{3}} I_{fN} + \sqrt{\dfrac{2}{3}} I_{feN} \right)$$

4. 辅助发电机额定相电压

辅助发电机工作在自励恒压状态，在强励时的端电压与额定值相同。强励时输出的整流电压和电流分别为 $-U_{fc}$ 和 I_{fc}。由三相桥式整流器的外特性表达式：

$$U_{fc} = \dfrac{3}{\pi} \times \sqrt{6} E_x \cos\alpha - \dfrac{3}{\pi} \times I_{fc} X_\gamma$$

求得：

$$U_N = E_x = K_2 \times \dfrac{U_{fc} + \dfrac{3}{\pi} \times I_{fc} X_\gamma}{\dfrac{3}{\pi}\sqrt{6}} \tag{9-29}$$

式中　K_2——电压裕度系数，K_2 为 $1.1 \sim 1.15$。

5. 辅助发电机的容量

辅助发电机的容量由下式求得：

$$S = 3 U_N I_N \tag{9-30}$$

二、不同运行情况下晶闸管整流器控制角的计算

1. 发电机空载运行状态

由：

$$U_{f0} = \dfrac{3}{\pi} \times \sqrt{6} U_{eN} \cos\alpha_0 - \dfrac{3}{\pi} \times I_{f0} X_\gamma \tag{9-31}$$

求得：

$$\cos\alpha_0 = \dfrac{U_{f0} + \dfrac{3}{\pi} \times I_{f0} X_\gamma}{\dfrac{3}{\pi} \times \sqrt{6} U_{eN}} \tag{9-32}$$

2. 额定运行状态

由：

$$U_{fN} = \frac{3}{\pi} \times \sqrt{6} U_{eN} \cos\alpha_N - \frac{3}{\pi} \times I_{fN} X_\gamma \qquad (9\text{-}33)$$

求得：

$$\cos\alpha_N = \frac{U_{fN} + \dfrac{3}{\pi} \times I_{fN} X_\gamma}{\dfrac{3}{\pi} \times \sqrt{6} U_{eN}} \qquad (9\text{-}34)$$

3. 强励运行状态

假定强励时的控制角限制定为 α_f，由：

$$U_{fc} = \frac{3}{\pi} \times \sqrt{6} U_{eN} \cos\alpha_f - \frac{3}{\pi} \times I_{fc} X_\gamma$$

可得：

$$\cos\alpha_c = \frac{U_{fc} + \dfrac{3}{\pi} \times I_{fc} X_\gamma}{\dfrac{3}{\pi} \times \sqrt{6} U_{eN}} \qquad (9\text{-}35)$$

当控制角 $\alpha_f = 0$ 时，可求得最大强行励磁电压值。

三、均流电抗器

在大功率晶闸管整流器中，为改善并联连接的晶闸管整流器动态及静态稳流特性，通常在回路中接入均流电抗器。为了简便，现以两支路为例，讨论此问题，其结果亦适用于多支路情况，相应线路如图 9-12 所示。假定 SCR1 首先导通，导通后加到电感 L_1 两端的反电动势 e_1 将一直保持到 SCR2 导通时为止，以便起到均流作用，并将 SCR1 的电流上升率 $\dfrac{\mathrm{d}i_1}{\mathrm{d}t}$ 限制在允许范围内。

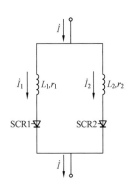

图 9-12　均流电抗器接线图

依上述条件求得：

$$U_e = i_1 r_1 + L_1 \frac{\mathrm{d}i_1}{\mathrm{d}t} \qquad (9\text{-}36)$$

式中　U_e——交流相电压；

　　L_1、r_1——第一支路空心电抗器的电感和电阻。

在 SCR2 导通之前，SCR1 支路所有串联元件均呈受反电动势 $e_1 = -L_1 \dfrac{\mathrm{d}i_1}{\mathrm{d}t}$。式（9-36）的一般解为：

$$i_1 = \frac{U_e}{r_1} \times (1 - \mathrm{e}^{-\frac{t}{T_1}}) \qquad (9\text{-}37)$$

$$T_1 = \frac{L_1}{r_1} \qquad (9\text{-}38)$$

为使反电动势 e_1 一直保持到 SCR2 导通，均流器的时间常数应满足：

$$T_1 > \Delta t = t_{SCR1} - t_{SCR2} \qquad (9\text{-}39)$$

式中　t_{SCR1}、t_{SCR2}——晶闸管整流器 1 和 2 的相应导通时间。

由式（9-39）可求得：

$$L_1 \geqslant r_1 \Delta t \tag{9-40}$$

此外，为限制电流上升率 $\dfrac{\mathrm{d}i_1}{\mathrm{d}t}$，亦可由式（9-37）和式（9-38）求得电感 L_1 的关系式：

$$\frac{\mathrm{d}i_1}{\mathrm{d}t} = \frac{U_e}{r_1 T_1} \times \mathrm{e}^{-\frac{t}{T_1}} = \frac{U_e}{L_1} \times \mathrm{e}^{-\frac{t}{T_1}}$$

在导通瞬间 $t=0$ 时：

$$L_1 \geqslant \frac{U_e}{\dfrac{\mathrm{d}i_1}{\mathrm{d}t}} \tag{9-41}$$

式（9-41）说明，当允许的电流上升率为定值时，外加电压 U_e 越高，所需的限流电感值亦越大。

第五节　具有高、低压桥式整流器的他励晶闸管励磁系统

当要求励磁系统提供较高的顶值励磁电压倍数时，通常采用单一的三相全控整流线路，在这种条件下，为了满足发电机空载、额定及强励的要求，晶闸管整流器的控制角将在很大的范围内变化。在额定工作状态下，晶闸管整流器必须处于控制角 α 较大的深控调节状态，以便当工作于强励状态时（$\alpha=0$）有足够的强励储备。这种整定不仅降低了供电电源的功率因数，而且使整流电压波形发生严重的畸变，使辅助发电机的损耗显著增加。为改进上述情况，可采用三相高、低压桥式整流线路，如图 9-13 所示。

在此线路中，采用两组并联整流器分别为正常组 SCRN 及强励组 SCRf。整流器在直流侧并联，在交流侧分别由高压及低压绕组供电。在正常情况下，低压分段绕组电动势 e_N 供电给正常组晶闸管元件 SCRN，提供额定励磁。由正常组及强励组两个分段绕组电动势 e_N+e_f 供电的高压强励组晶闸管元件 SCRf 因控制角 α_f 较大处于深控状态，在每一电源周波中，只供给一少部分励磁。在强励状态，强励组晶闸管元件 SCRf 完全开放，提供强行励磁。此时，低压正常组晶闸管元件 SCRN 阴极电位高于阳极电位而被闭锁。三相高、低压桥式整流线路电压、电流波形如图 9-14 所示。图 9-14（b）中，γ_{Nf}、γ_{fN} 分别为高压向低压和低压向换相时的高压组间换相角。

由于在高、低压桥式整流线路中，强励组及正常组晶闸管元件 SCRf 及 SCRN 的控制角 α_f 及 α_N 是分别整定的，并由不同分段绕组供电，为此，在工作中存在下列几种换相状态：

（1）低压正常组相间整流元件的换相状态（对应于发电机空载励磁状态）。

（2）低压正常组向同一相高压强励组整流元件换相（额定工作状态）或相反状态。

（3）高压强励组相间整流元件的换相（强励状态）状态。

对于低压正常组相间换相，相应的换相电抗为：

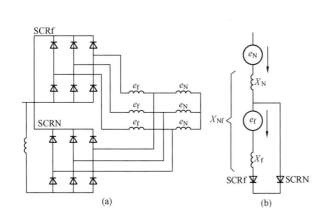

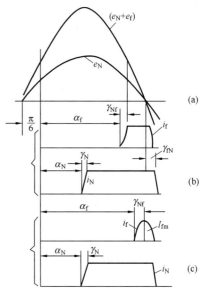

图 9-13 三相高、低压桥式整流线路

（a）线路；（b）高、低压整流线路的等效换相电路

图 9-14 三相高、低压桥式整流
线路电压、电流波形图

（a）供电电压；（b）完全换相状态的相电流；

（c）不完全换相状态的相电流

$$X_{\mathrm{N}} = \sqrt{\frac{3}{2}} \times \frac{E_{\mathrm{N}}}{I_{\mathrm{f}}} [\cos\alpha_N - \cos(\alpha_{\mathrm{N}} + \gamma_{\mathrm{N}})] \tag{9-42}$$

对于同一相低压正常组与高压强励组之间的换相，相应换相电抗为：

$$X_{\mathrm{f}} = \sqrt{2} \times \frac{E_{\mathrm{f}}}{I_{\mathrm{f}}} \times \left[\cos\left(\alpha_{\mathrm{f}} + \frac{\pi}{6}\right) - \cos\left(\alpha_{\mathrm{f}} + \gamma_{\mathrm{Nf}} + \frac{\pi}{6}\right) \right] \tag{9-43}$$

对于高压强励组相间换相，相应换相电抗为：

$$X_{\mathrm{Nf}} = \sqrt{\frac{3}{2}} \times \frac{E_{\mathrm{N}} + E_{\mathrm{f}}}{I_{\mathrm{f}}} \times [\cos\alpha_{\mathrm{f}} - \cos(\alpha_{\mathrm{f}} + \gamma_{\mathrm{f}})] \tag{9-44}$$

上述三式中 X_{N}——低压正常组绕组的换相电抗；

X_{f}——同一相正常及强励组绕组间的换相电抗；

X_{Nf}——高压强励组的换相电抗；

γ_{N}、γ_{f}——正常及强励组换相角；

γ_{Nf}——同一相正常及强励组间的换相角；

α_{N}、α_{f}——正常和强励组控制角；

E_{N}——低压正常组电源电压有效值；

E_{f}——高压强励组电源电压有效值；

I_{f}——发电机励磁电流。

对于辅助发电机供电情况，X_{N} 等于超瞬变电抗与负序电抗之和之半；对于变压器供电情况，等于绕组漏抗。对于辅助发电机供电情况，X_{f} 等于强励分段绕组突然单相短路时的漏抗；对于变压器供电情况，等于强励分段绕组短路时的漏抗。X_{Nf}的计算与X_N相同，但绕组段取正常及强励组两分段绕组之和。

于此，应着重说明的是，同一相正常和强励组之间的换相是在较低电动势条件下进行的（因强励组整流元件控制角α_f取值较大），使换相过程显著加长。此换相有可能在电源电动势等于零时尚未结束，如图9-14（c）所示。电源电压过零后，强励组又向正常组换相。这种状态称为非完全换相。对于在电压过零前结束换相的状态称为完全换相，见图9-14（b）。正常及强励组换相时，强励组的换相电流由式（9-43）可得：

$$i_f = \sqrt{2} \times \frac{E_f}{X_f} \times \left[\cos\left(\alpha_f + \frac{\pi}{6}\right) - \cos\left(\alpha_f + \gamma_{Nf} + \frac{\pi}{6}\right) \right]$$

如假定换相恰好在电压过零时结束，则有：

$$\alpha_f + \gamma_{Nf} + \frac{\pi}{6} = \pi$$

把$i_f = I_f$代入上式可得与此条件对应的控制角α_{f1}的表达式：

$$\cos\left(\alpha_{f1} + \frac{\pi}{6}\right) = \frac{X_f I_f}{\sqrt{2} E_f} - 1 \tag{9-45}$$

显然，当$\alpha_f < \alpha_{f1}$时，换相将在电压过零前结束。此时，在强励组晶闸管元件导通后将提供部分整流电压，并在强励组分段绕组中流过整流电流。为此，在正常组工作的额定情况下，高、低压桥式整流线路的输出整流电压为：

$$U_{fN} = \Delta U_{fN} + \Delta U_{fc} \tag{9-46}$$

式中 ΔU_{fN}、ΔU_{fc}——正常及强励组输出整流电压。

由下式表示：

$$\Delta U_{fN} = \frac{3\sqrt{6}}{2\pi} \times E_N \left[\cos\alpha_N + \cos(\alpha_N + \gamma_N) \right]$$

$$\Delta U_{fN} = \frac{3}{\pi} \int_{\frac{\pi}{6}+\alpha_f+\gamma_{Nf}}^{\pi} E_{fm} \sin\theta \, d\theta = \frac{3\sqrt{2}}{\pi} \times E_f \left[1 + \cos\left(\alpha_f + \gamma_{Nf} + \frac{\pi}{6}\right) \right]$$

对于强励状态整流电压，假如起始为额定状态，则起始值为：

$$U_{fc} = \frac{3\sqrt{6}}{\pi} \times (E_N + E_f) - \frac{3}{\pi} X_{Nf} I_{fN} \tag{9-47}$$

强励时的换相角表达式由式（9-44）令$\alpha_f = 0$可求得：

$$\cos\gamma_f = 1 - \sqrt{\frac{2}{3}} \times \frac{X_{Nf} I_{fN}}{E_f + E_N} \tag{9-48}$$

此外，在高、低压桥式整流线路中，强励组控制角α_f的选择有一定要求，其值不应大于极限值α_{f1}，如图9-15所示。

假定正常组控制角α_N选用较小值，例如在b点导通，则如果强励组控制角选用值$\alpha_f > \alpha_{f1}$，

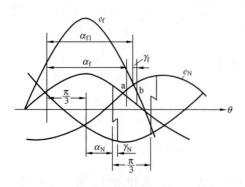

图 9-15   强励组控制角极限值 α_{f1} 的确定

在 b 点高压强励组晶闸管元件虽有脉冲输入，但因其阴极电位低于正常组相应值故不能导通。α_{fl} 极限值可由下列程序确定，假定 $E_f = 2E_N$，依此得：

$$2\sqrt{2}E_N\sin\left(\alpha_{fl} + \frac{\pi}{6}\right) = \sqrt{2}E_N\sin\alpha_{fl}$$

解得：

$$\alpha_{fl} = 127°$$

第六节　高、低压桥式整流线路参数的计算

具有高、低压桥式整流线路的他励晶闸管励磁系统接线图如图 9-16 所示。

辅助发电机 2 的定子绕组具有抽头，分别供电给高、低压桥式整流线路的强励组和正常组晶闸管整流器。

计算中采用下列一些符号：

i_1，$\cdots$，i_6——正常组整流器的电流；

i_1'，$\cdots$，i_6'——强励组整流器的电流；

u_1，$\cdots$，u_6——正常组整流器的反电压；

u_1'，$\cdots$，u_6'——强励组整流器的反电压；

L_f，r_f——同步发电机励磁绕组的电感和电阻。

对于高、低压桥式整流线路，在正常工作状态，发电机的励磁主要由正常组晶闸管整流器供电，强励组处于深控状态。在强行励磁时强励组晶闸管整流器完全开放，供给强行励磁，正常组整流器被闭锁。

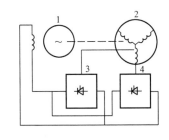

图 9-16　具有高、低压桥式整流线路的他励晶闸管励磁系统接线图

1—发电机；2—辅助发电机；

3—正常组晶闸管整流器；

4—强励组晶闸管整流器

对于定子绕组具有抽头的辅助发电机，以 X_f 表示强励绕组部分的电抗，以 X_N 表示正常绕组的电抗，并以 X_{Nf} 表示全部绕组的总电抗（$X_{Nf} > X_N + X_f$）。对于强励和逆变工作状态，由于只有强励组整流器工作，为此，计算这种状态，应用由一组三相桥式整流器求得的公式仍是适用的。

在正常工作状态，有两组整流器同时工作。假定强励组整流器的控制角为 α_f。当换相电流由低压正常组整流器向同一相另一高压强励组整流器换相时，将在电动势 e_f 值较低的条件下进行。如图 9-17 阴影部分所示。由于电压差较低，将使换相的延续时间加长，并有可能在电动势 e_f 达到零时换相仍未结束。电压值过零为负时，强励组整流器将向工作组整流器与原来相反的方向换相。

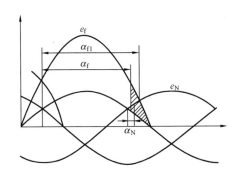

图 9-17　强励组晶闸管整流器的换相

假定强励组向正常组整流器的换相过程在正常组整流器相邻相开始工作点处结束。在此条件

下，所研究的强励组和正常组正、反两个换相区间，供电电源的强励绕组部分被本身的整流器所分路。为此，在供电电动势稳定和电抗 X_f 足够大的条件下，两组整流器线路的整流电压与只有一组整流器的电压值是相同的。

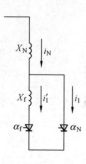

图 9-18　非完全换相时的高、低压整流器等交换相线路

为此，在上述完全换相条件下，只有一组绕组供电的三相桥式整流器的计算公式仍是适用的。计算时电动势取 E_N，换相电抗取 X_N。

下面讨论在非完全换相时，换相电流的变化，根据图 9-18 所示的等效回路，可列出下列换相方程式：

$$X_f \times \frac{\mathrm{d}i_1'}{\mathrm{d}t} = E_{mf}\sin\omega t \tag{9-49}$$

由此求得：

$$i_1 = -\frac{E_{mf}}{X_f} \times \cos\omega t + C \tag{9-50}$$

式中　E_{mf}——强励高压组电压最大值。

根据初始条件，在 $\omega t = \frac{6}{\pi} + \alpha_f$，强励组整流器电流 $i_1 = 0$，求得常数 C 后，整理求得：

$$\left. \begin{array}{l} i_f = i_1' = \dfrac{E_{mf}}{X_f} \times \left[\cos\left(\dfrac{\pi}{6} + \alpha_f\right) - \cos\omega t \right] \\ i_1 = I_f - i_1' \end{array} \right\} \tag{9-51}$$

根据式（9-51）可绘出强励组和工作组整流器的换相电流变化曲线，如图 9-19 所示。

正常组向强励组整流器换相时的角度为 γ_{Nf}，反转换相时的角度为 γ_{fN}，当完全换相时两者的角度相等。

由图 9-18 可看出：正常绕组中的电流 i_N 为高、低压绕组电流之和，即 $i_N = i_1 + i_1'$。而整流电压 U_f 则由电源电压曲线的斜线部分求得（见图 9-19）。

如果在 $\frac{\pi}{6} + \alpha_f + \gamma_{Nf} = \pi$ 时，$i_f = I_f$，则属于完全换相情况。由式（9-51）可求得实现完全换相的条件为：

$$\cos\left(\frac{\pi}{6} + \alpha_{f1}\right) = \frac{X_f I_f}{E_{mf}} - 1 \tag{9-52}$$

式中　α_{f1}——实现完全换相时的强励组整流器控制角的极限值。

利用式（9-51）可求得流过强励绕组电流的平均值为：

$$I_{fc} = 2 \times \frac{3}{\pi} \times \frac{E_{mf}}{X_f} \times \int_0^{\gamma_{Nf}} \left[\cos\left(\frac{\pi}{6} + \alpha_f\right) - \cos\left(\omega t + \frac{\pi}{6} + \alpha_f\right) \right] \mathrm{d}\omega t$$

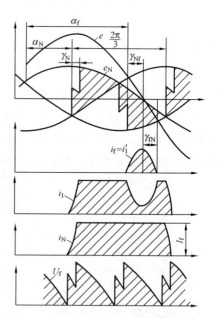

图 9-19　高、低压组整流器换相时的电流变化曲线

因为 $\alpha_f = \dfrac{5\pi}{6} - \gamma_{Nf}$，可得：

$$I_{fc} = \frac{6}{\pi} \times \frac{E_{mf}}{X_f} \times (\sin\gamma_{Nf} - \gamma_{Nf}\cos\gamma_{Nf})$$

同样，利用式（9-51），可求得流过强励绕组电流的幅值为：

$$I_{mf} = \frac{E_{mf}}{X_f} \times (1 - \cos\gamma_{Nf}) \tag{9-53}$$

流过正常组绕组的基波电流及其相角，可由下式求得：

$$a_1 = \frac{\sqrt{3}}{2\pi[\cos\alpha_N - \cos(\alpha_N + \gamma_N)]} \times [2\gamma_N + \sin2\alpha_N - \sin2(\alpha_N + \gamma_N)]$$

$$b_1 = \frac{\sqrt{3}}{\pi} \times [\cos\alpha_N + \cos(\alpha_N + \gamma_N)]$$

$$c_1 = \sqrt{a_1^2 + b_1^2}$$

$$\tan\varphi_{1N} = \frac{a_1}{b_2}$$

下面确定流过强励绕组部分电流的基波分量。强励绕组流过电流的区间为：

$$\pi - r_{Nf} \leqslant \omega t \leqslant \pi + r_N$$

由式（9-51）和式（9-53）联立求得换相期间流过强励绕组的电流为：

$$i_f = i_1' = -\frac{I_{mf}}{1 - \cos\gamma_{Nf}}(\cos\gamma_{Nf} + \cos\omega t)$$

余弦项傅里叶级数系数为：

$$A_1 = \frac{2}{\pi} \times \int_{\pi-\gamma_{Nf}}^{\pi+\gamma_{Nf}} i_1' \cos\omega t \, \mathrm{d}\omega t = \frac{2}{\pi} \times \frac{I_{mf}}{1 - \cos\gamma_{Nf}} \times \int_{\pi-\gamma_{Nf}}^{\pi+\gamma_{Nf}} (\cos\gamma_{Nf} + \cos\omega t)\cos\omega t \, \mathrm{d}\omega t$$

$$= \frac{2I_{mf}}{\pi(1 - \cos\gamma_{Nf})}\left(\gamma_{Nf} - \frac{1}{2}\sin\gamma_{Nf}\right)$$

因电流波形对称纵轴，为偶函数，故正弦项系数 $B_1 = 0$，依此求得：

$$I_{1f} = \frac{A_1}{\sqrt{2}}$$

$$\varphi_{1f} = \frac{\pi}{2}$$

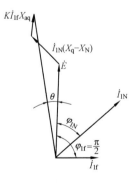

图 9-20　具有两组整流器的
辅助发电机电压相量图

具有两组整流器的辅助发电机电压相量图如图 9-20 所示。

如果全部绕组对正常绕组的匝数比以 K 表示，则强励绕组的磁动势在正常绕组建立的电动势等于 $KI_{1f}X_{aq}$。X_{aq} 为正常绕组在横轴的电枢反应电抗。

如前所述，正常组和强励组之间换相存在完全和不完全换相两种工作状态。但是由于完全换相时强励绕组流过较大电流，使损耗增加。为此，设计时采用不完全换相是适宜的。

对于不完全换相状态，利用一组整流器求得的三相桥式整流线路的公式仍是适用的，但是应以 E_{mN}、X_N、α_N 和 γ_N 作为计算值。此外，E_{mN} 为低压正常组电压最大值。

为了计算两组整流器在额定状态及强行励磁和逆变状态的电压和电流，首先应确定辅助发电机的电抗：

$$X_N = \frac{X_\gamma}{K_E}$$

$$K_E = \frac{\dfrac{K^2 + K}{2} + \dfrac{\dfrac{1}{1/K^2 + 1/K}}{2}}{2} \tag{9-54}$$

$$X_\gamma = \frac{X_d'' + X_2}{2}$$

当两组整流器同时工作时，强励绕组被短路，其结果相当于单相短路，为此：

$$X_f = \frac{X_d'' + X_2 + X_0}{3K_E'} \tag{9-55}$$

式中，K_E' 由式（9-54）求得，但应将式中 K 代以 $\dfrac{K}{K-1}$。

辅助发电机的电压、电流及容量可参照供电给一组整流器的辅助发电机计算方法求得。

应予以指出的是，为了降低辅助发电机的容量，通常强励绕组的截面积 q_f 小于工作绕组截面积 q_N，此时辅助发电机的功率为：

$$S_N = 3 \times \frac{1 + \dfrac{W_f}{W_N} \times \dfrac{q_f}{q_N}}{1 + \dfrac{W_f}{W_N}} \times UI \tag{9-56}$$

假定 $\dfrac{W_f}{W_N} = 2$，$\dfrac{q_f}{q_n} = \dfrac{1}{2}$，代入式（9-56），则可求得：

$$S_N = 2UI$$

亦即供电给两组整流器的辅助发电机功率为供电给一组整流器相应容量的 2/3。

第七节　他励晶闸管整流器励磁系统的暂态过程

计算他励晶闸管励磁系统的暂态过程是比较复杂的，这是由于在线路中具有带整流负载的辅助发电机的缘故。

通常在计算上述过程时，最主要的是有关强励和灭磁时的瞬变过程。在强励时，由励磁调节器将晶闸管整流器的控制角移到 $\alpha_c \approx 0$，经 0.01～0.02s 的延时，励磁输出电压达到顶值。在此电压作用下，发电机的励磁电流达到 2 倍额定值。如果励磁系统具有更高的强励电压倍数（K_U 为 3～4），则将由励磁调节器中的转子电流限制单元，将转子电流限制到 2 倍额定值。

计算辅助发电机的暂态过程，其复杂性主要是由于电枢反应对纵轴磁势的影响所引起的。但是在实际情况下，上述电枢反应在很大程度上为励磁绕组中的自由分量和辅助发电机的励磁调节器的作用所补偿。因此，可以近似地认为横轴瞬变电动势 E_q' 是近似不变的。由于换相电抗 X_γ 后的非畸变电动势 E_x 与 E_q' 之值相近，如取非畸变电动势 E_x 作为计算瞬变过程的整流电源交流电动势，程序将大大简化。

依此，对于暂态过程可列出下列发电机励磁回路方程式：

$$L_f \frac{di_f}{dt} + \left(\frac{3}{\pi} \times X_\gamma + r_f\right)i_f = \frac{3\sqrt{3}}{\pi} \times E_{mx}\cos\alpha - 2\Delta U \qquad (9\text{-}57)$$

式中　E_{mx}——辅助发电机的非畸变电动势最大值；

　　L_f、r_f——发电机的转子励磁绕组的电感和电阻。

由式（9-57）可求得励磁回路的时间常数为：

$$T_{d0}' = \frac{L_f}{r_f + \frac{3}{\pi} \times X_\gamma} \qquad (9\text{-}58)$$

如果计及发电机励磁绕组的饱和，则应确定出电感 L_f 瞬时值与电流的关系曲线，此时，式（9-57）可写为：

$$L_f \frac{di_f}{dt} = \frac{3\sqrt{3}}{\pi} \times E_{mx}\cos\alpha - \left(r_f + \frac{3}{\pi} \times X_\gamma\right)i_f - 2\Delta U \qquad (9\text{-}59)$$

用数值法解式（9-59）是适宜的，同时，还应考虑到定子和阻尼绕组对等效励磁绕组的影响。例如当发电机定子绕组短路时，等效励磁绕组之值为最小。

此外，当更精确地计算整流器线路的暂态过程和稳定状态时，应计及整流器交流回路和直流回路中的连接导线电阻。在直流回路中的电阻可以附加到励磁绕组电阻中，而交流侧的电缆则附加到辅助发电机相电阻中。

计及电阻时的整流器线路稳态方程式为：

$$U_f = \frac{3\sqrt{3}}{\pi} \times E_{mx}\cos\alpha - \left[r_f + \frac{3}{\pi} \times X_\gamma + \left(2 - \frac{3\gamma}{2\pi}\right)r\right]i_f - 2\Delta U$$

式中　r——包括连接电缆电阻的相电阻；

　　r_f——包括直流侧电缆电阻的励磁绕组电阻。

在瞬变状态下，计及电阻并忽略整流器压降时，式（9-57）和式（9-59）可化为：

$$L_f \frac{di_f}{dt} + \left[r_f + \frac{3}{\pi} \times X_\gamma + \left(2 - \frac{3\gamma}{2\pi}\right)r\right]i_f = \frac{3\sqrt{3}}{\pi} \times E_{mx}\cos\alpha \qquad (9\text{-}60)$$

$$T_{d0}' = \frac{L_f}{r_f + \frac{3}{\pi} \times X_\gamma + \left(2 - \frac{3\gamma}{2\pi}\right)r} \qquad (9\text{-}61)$$

$$L_f \frac{di_f}{dt} + \left[r_f + \frac{3}{\pi} \times X_\gamma + \left(2 - \frac{3\gamma}{2\pi}\right)r\right]i_f = \frac{3\sqrt{3}}{\pi} \times E_{mx}\cos\alpha \qquad (9\text{-}62)$$

式（9-57）～式（9-62）可用以计算水轮发电机的强励暂态过程。对小偏差和大扰动信号均是适用的。

如果原始状态为额定情况，控制角为 α_N，当将控制角由 α_N 过渡到 $\alpha_c \approx 0$ 时，发电机转子电流的表达式为：

$$I_f = I_{fN} + \frac{\dfrac{3\sqrt{3}}{\pi} \times E_{mx}(1 - \cos\alpha_N)}{r_r + \dfrac{3}{\pi}X_\gamma} \times (1 - e^{-\frac{t}{T'_{d0}}}) \qquad (9\text{-}63)$$

式中的励磁绕组时间常数 T'_{d0} 与发电机的工作状态相对应。其饱和程度可用计算法或图解法予以确定。

例如，当水轮发电机工作在空载情况下，不计阻尼绕组回路的影响，$L_f = 0.8H$，$r = 0.222\Omega$，$X_\gamma = 0.05\Omega$，$r = 0.005\Omega$ 和 $y = 40°$时，求得励磁绕组时间常数为：

$$\begin{aligned} T'_{d0} &= \frac{L_f}{r_f + \dfrac{3}{\pi} \times X_\gamma + \left(2 - \dfrac{3\gamma}{2\pi}\right)r} \\ &= \frac{0.8}{0.222 + \dfrac{3}{\pi} \times 0.05 + \left(2 - \dfrac{3 \times 40}{360}\right) \times 0.005} \\ &= 2.88(s) \end{aligned}$$

当 $X_\gamma = 0$，$r = 0$ 时：

$$T'_{d0} = \frac{L_f}{r_f} = \frac{0.8}{0.222} = 3.77(s)$$

当 $X_\gamma \neq 0$，$r = 0$ 时：

$$T'_{d0} = \frac{L_f}{r_f + \dfrac{3}{\pi} \times X_\gamma} = \frac{0.8}{0.222 + \dfrac{3}{\pi} \times 0.05} = 2.96(s)$$

所求得的 T'_{d0} 值表明，整流器整流回路中的电阻和电抗对时间常数值的影响是较大的。

如果不计发电机阻尼绕组和磁路饱和的影响，利用式（9-60）可求得发电机空载时的转子电流表达式：

$$I_f = I_{f0}e^{-\frac{t}{T'_{d0}}} + \frac{\dfrac{3\sqrt{3}}{\pi} \times E_{mx}\cos\alpha}{r_f + \dfrac{3}{\pi} \times X_\gamma + \left(2 - \dfrac{3\gamma}{2\pi}\right)r} \times (1 - e^{-\frac{t}{T'_{d0}}}) \qquad (9\text{-}64)$$

式中　I_{f0}——起始状态发电机励磁电流的初始值。

其值为：

$$I_{f0} = \frac{\dfrac{3\sqrt{3}}{\pi} \times E_{mx}\cos\alpha_0}{r_f + \dfrac{3}{\pi} \times X_\gamma + \left(2 - \dfrac{3\gamma}{2\pi}\right)\gamma}$$

式中　α_0——强励开始时的控制角。

下面讨论他励晶闸管励磁系统的逆变灭磁。当整流器工作在逆变状态时，可将储藏在直流负载中的磁场能量馈送到交流侧，以改变整流电压的极性，实现逆变灭磁。相应接线如图 9-21 所示。

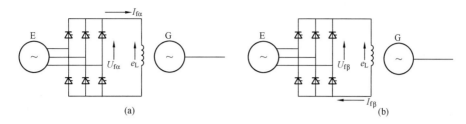

图 9-21　他励晶闸管励磁系统的逆变灭磁

(a) 整流状态 $0 \leqslant \alpha \leqslant \frac{\pi}{2}$；(b) 逆变状态 $\frac{\pi}{2} \leqslant \alpha \leqslant \pi$

在正常工作情况下，整流回路供给发电机励磁，如图 9-21（a）所示。在逆变灭磁时，增大控制角 α 到 $\frac{\pi}{2} \sim \pi$，使整流器处于输出负整流电压的逆变状态，逐渐将储藏在发电机励磁绕组中的磁场能量馈送到辅助发电机定子侧。由于作为负载的同步发电机励磁绕组是无源的，随着储藏磁场能量的衰减和逆变电流的降低，逆变过程将随之结束。由图 9-21（b）可列出逆变时的发电机励磁回路方程式：

$$e_{\mathrm{L}} - U_{\mathrm{f\beta}} = r_{\mathrm{f}} i_{\mathrm{f\beta}}$$

$$-U_{\mathrm{f\beta}} = -e_{\mathrm{L}} + r_{\mathrm{f}} i_{\mathrm{f\beta}} = L_{\mathrm{f}} \frac{\mathrm{d} i_{\mathrm{f\beta}}}{\mathrm{d} t} + r_{\mathrm{f}} i_{\mathrm{f\beta}} \tag{9-65}$$

式中　e_{L}——发电机励磁绕组感应电动势；

　　　$i_{\mathrm{f\beta}}$——逆变电流瞬时值。

由式（9-65）解得：

$$i_{\mathrm{f\beta}} = C \mathrm{e}^{\frac{r_{\mathrm{f}}}{L_{\mathrm{f}}} \times t} - \frac{U_{\mathrm{f\beta}}}{r_{\mathrm{f}}} \tag{9-66}$$

当 $t = 0$，$I_{\mathrm{f\beta}} = I_{\mathrm{f0}}$ 时，系数 $C = I_{\mathrm{f0}} + \dfrac{U_{\mathrm{f\beta}}}{r_{\mathrm{f}}}$，代入式（9-66）可得：

$$I_{\mathrm{f\beta}} = \left[I_{\mathrm{d0}} + \frac{U_{\mathrm{f\beta}}}{r_{\mathrm{f}}} \right] \mathrm{e}^{\frac{r_{\mathrm{f}}}{L_{\mathrm{f}}} \times t} - \frac{U_{\mathrm{f\beta}}}{r_{\mathrm{f}}} \tag{9-67}$$

当逆变灭磁结束时，$I_{\mathrm{f\beta}} = 0$，由式（9-67）求得逆变灭磁时间常数：

$$t_{\mathrm{m}} = \frac{L_{\mathrm{f}}}{r_{\mathrm{f}}} \times \ln \frac{U_{\mathrm{f\beta 0}} + U_{\mathrm{f\beta}}}{U_{\mathrm{f\beta}}} \tag{9-68}$$

式中　$U_{\mathrm{f\beta 0}}$——逆变开始时的整流电压；

　　　$U_{\mathrm{f\beta}}$——逆变整流电压。

由式（9-68）可看出，逆变电压 $U_{\mathrm{f\beta}}$ 值越高，初始值 $U_{\mathrm{f\beta 0}}$ 越小，灭磁时间常数 t_{m} 越短。将 $U_{\mathrm{f\beta}} = 5 U_{\mathrm{f\beta 0}}$ 代入式（9-68）可求得：

$$t_{\mathrm{m}} = 0.182 T'_{\mathrm{d0}}$$

$$T'_{\mathrm{d0}} = \frac{L_{\mathrm{f}}}{r_{\mathrm{f}}}$$

式中　T'_{d0}——发电机空载时励磁绕组的时间常数。

上述数值接近空载理想灭磁时间 $t_{\mathrm{m}} = 0.167 T'_{\mathrm{d0}}$。

静态自励励磁系统

第一节 概　　述

在我国，对于大型同步发电机励磁方式的选择，在不同时期，选型的依据是不尽相同的。20 世纪 50 年代初期，我国生产的汽轮发电机容量为 25～50MW，励磁系统为同轴直流励磁机励磁方式，直流励磁机多按自并励方式接线，不设副励磁机。此励磁方式一直沿用到容量为 100～125MW 的汽轮发电机组。但是由于励磁机的制造容量受转速、机械强度、换向器片间电压等诸多因素的影响，存在着极限容量的问题。对转速为 3000r/min 的汽轮发电机组，理论分析表明，其同轴直流励磁机的极限容量为 600kW。由于容量在 1000MW 以上的全速汽轮发电机组，其励磁功率已超过 600kW，已不能采用同轴直流励磁机，必须开发新型励磁系统。在此期间，哈尔滨电机厂首先研制了具有感应式高频副励磁机及交流主励磁机的他励静止二极管整流器励磁系统，国内习惯上称之为三机励磁系统。其中，副励磁机的频率为 500Hz，交流主励磁机的频率为 100Hz。主励磁机采用较高频率的目的是降低励磁系统的时间常数，以提高励磁系统的励磁电压响应比的快速性。

这种三机励磁方式一直沿用至今，并作为 100、125、200、300MW 汽轮发电机的典型励磁方式。在 20 世纪 70 年代后期，由于改革开放的需要，我国在电机制造行业方面与国外著名的电机制造厂进行了广泛地技术交流与合作。在 20 世纪 80 年代初期，我国与美国西屋公司合作，引进生产了容量为 300MW 及 600MW、具有无刷励磁系统的汽轮发电机组。

由于静态自励励磁系统的励磁电压响应时间 $t < 0.1s$，故称之为高起始响应励磁系统，简称 HIR 系统。我国目前生产的 300MW 及 600MW 汽轮发电机组大部分采用高励磁电压响应比，即 $R \geqslant 2.0$ 倍/s 的三机有刷励磁系统。除非特殊需要才提供具有高起始电压响应比的无刷励磁系统。

众所周知，在具有主、副励磁机的无刷励磁系统中，励磁控制的作用点在交流主励磁机励磁绕组输入端，作为主励磁机的交流同步发电机。实质上是一台容量达数千千瓦的小型汽轮发电机，其转子时间常数通常达 2～3s。为了克服此惯性环节的影响，达到高起始电压响应比的目的，需采用励磁电流反馈补偿以及加大励磁机励磁绕组强励电压比等措施以实现快速性。与此同时，在励磁调节线路中还应特殊设计必要的过电流限制保护措施，以防止调节失控对发电机造成过励磁直至饱和的危害。大型汽轮发电机采用的三机励磁系统（含无刷励磁系统）在保证和提高电力系统稳定运行方面起到了有力的支撑作用。

　　20世纪80年代初期，国外正处于对大型汽轮发电机推广应用静态自励励磁系统的时期。而我国静态自励励磁系统的应用，始于水轮发电机组。

　　静态励磁系统是指由接于发电机端的励磁变压器作为励磁功率电源的晶闸管励磁系统。这种励磁方式在性能上的显著特点是具有高起始励磁电压响应速度，易于实现高起始电压响应比性能。用于水轮发电机的静态励磁系统，在国内外，初期多采用自复励励磁方式。自复励与自励励磁系统的主要差别在于，自复励励磁系统分别由电压源（励磁变压器）及电流源（串联变压器）按相补偿方式供电，以便在机端、近端发生短路故障时，由串联变压器提供一个附加励磁电源，使晶闸管的整流电压仍维持较高的数值。

　　但是采用串联变压器也带来不少应用上的问题，如布置串联变压器需要较大的空间，大容量电流母线排及电缆的设置也增加了投资及维护工作量。由于串联变压器的存在，较大的串联电抗恶化了晶闸管的换相工作条件，并在晶闸管元件导通与关断瞬间引起危及转子励磁绕组安全运行的过电压。

　　由于上述问题的存在，以及因系统设计上的不当、运行维护方面的不尽完善等因素的影响，自复励静态励磁系统在我国水电机组应用的初期事故频繁，严重影响了发电机的正常运行。

　　因此，在励磁方式的选择上转向于将自复励方式简化为自并励方式，以进一步提高运行的可靠性并降低设备的造价。

　　20世纪80年代中期，我国在水电大机组推广应用自并励励磁系统方面做了大量的探索科研工作，探讨的重点是：当发电机发生近端短路时，简单自励励磁系统是否能维持足够的强励能力。传统上，以发电机高压侧三相短路条件作为比较自励及他励交流励磁机维持强励能力的基础，在采用封闭母线的情况下，发电机端三相短路的可能性已基本消除。为此，可以将升压变压器高压侧单相接地作为对比的基础，此时自励励磁系统的优势较为明显。

　　近年来，国内外对自励励磁系统与继电保护配合应用问题也进行了广泛的研究。一般认为，在发电机发生故障时，由于主机励磁绕组具有较大的时间常数，励磁电流随此时间常数而衰减，因此，可以保证以毫秒计的第一级瞬时动作的继电保护动作的可靠性。对于整定时间在0.5s以内的后备保护，使其动作亦是可行的。但是，对于整定时间大于0.5s的后备保护，为保证其可靠地动作，解决的办法是采用过电流启动带"记忆"的延时低电压保护继电器。如果在整定时间内电压还未恢复，则电压继电器经延时动作跳闸，以提高后备保护动作的可靠性。

　　应当说明的是，自励励磁系统维持机组电压的能力，除与故障点有关外，还与机组的运行方式有很大的关系。在图10-1中示出了瑞典ASEA公司

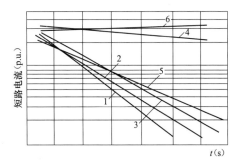

图10-1　发电机短路定子电流衰减曲线

1—发电机端三相短路；2—变压器高压侧三相短路、单机；3—发电机端两相短路；4—变压器高压侧两相短路、单机；5—变压器高压侧三相短路（3台发电机运行）；6—变压器高压侧两相短路（3台发电机运行）

为八盘峡水电厂 36MW 机组提供的各种短路情况下的电流衰减曲线。

由图 10-1 可看出：对于任何形式的不对称短路自励励磁系统均可维持较高的强励能力，只有在机端三相短路并且主保护一段、二段均拒动的情况下，自励励磁系统维持机端电压的能力才显著下降。但是，如上所述，在采用封闭母线的条件下，机端三相短路的可能性基本上已排除，对其他不对称短路自励励磁系统均有良好的特性。

自励励磁系统在水电机组中获得了成功的应用，为在汽轮发电机组中推广应用自励励磁系统创造了有利的条件。

1990 年河北工学院、东北电力试验研究院和辽宁清河电厂密切合作，在我国首次开发了用于清河电厂苏制 200MW 汽轮发电机组的自励励磁系统，并获得了成功。其后，于 1997 年，河北工业大学又为另外 2 台 200MW 汽轮发电机组提供了多微机自励励磁系统，亦取得了成功应用。

目前，我国自励励磁系统在汽轮发电机组中已获得了广泛应用。东方电机厂与日本日立公司合作生产的 600MW 汽轮发电机组亦选用自励励磁系统作为典型励磁方式。

在引进的机组中，如华能上安电厂 1 期工程 2 台 350MW 汽轮发电机均采用美国 GE 公司生产的 Generrex 自励系统，2 期工程 2 台国产 350MW 汽轮发电机组亦采用了由英国 R-R 公司提供的 TMR 自励励磁系统。此外，如天津大港电厂 300MW 汽轮发电机组、江苏利港电厂 350MW 汽轮发电机组均采用了由意大利供货的自励励磁系统，河北陡河电厂 125MW 汽轮发电机组则采用了由日本进口的自励励磁系统，1998 年扬州第二发电厂投运的美国西屋公司 600MW 汽轮发电机组以及珠海发电厂投运的 740MW 汽轮发电机组亦采用了自励励磁系统。近年来，自励励磁系统也应用在了个别核电站中，如我国已运行的田湾核电站采用了具有无刷励磁机的静止自励励磁系统。

综上所述，由于自励励磁系统接线简单、维护方便，并具有固有的高起始的快速响应特性，故在应用上充分显示出其优越性能。

此外，由于装置中取消了旋转部件，在可靠性方面也明显优于交流励磁机励磁系统。在厂房投资方面，因自励励磁系统装置占地面积小，同样可降低电厂造价。采用自励励磁系统还可缩短轴系长度，对改善机组扭振工况、降低扭振阶数同样有着重要的作用。尽管如此，在大型汽轮发电机组应用自励励磁系统时仍有一些值得注意及需加以探索的问题。

例如，自励励磁系统的励磁输出受发电机机端电压的制约，当系统严重故障导致系统电压波动较大时，自励励磁系统本身稳定运行的问题在当前还缺少深入性的研究。如处理不当，由于采用自励励磁系统，发电机的失磁会进一步使系统电压波动加大，则最终会导致电压崩溃而造成大面积停电。

当发电机空载以及在励磁调节器失控条件下，会引起励磁系统发生空载误强励，带来极大的危害。当发电机机端电压变化很大时，存在着发电机励磁调节器的低励限制与机组失磁保护之间的协调配合问题。正常的运行条件应保证低励限制先于失磁保护而动作。

此外，还应考虑到因系统故障导致发电机失磁的可能性。发电机失磁的条件取决于短路故障持续时间的长短、系统电压的恢复能力、发电机励磁衰减时间常数等因素。

对于采用自励励磁系统的大型汽轮发电机，轴电压的存在也一直是运行所关注的问题之一。这是由于采用晶闸管的自励励磁系统向发电机励磁绕组回路提供了一个相当大的高频谐波电压源，使得轴电压的问题更加突出与复杂化，现已成为国际上关注的焦点。此外，高频谐波电压源和电容的耦合作用，使发电机转子回路对地（轴）绝缘电阻下降，对此在运行中应予以充分注意。

第二节　静态自励励磁系统的特征

一、主回路接线方式

静态自励励磁系统主电路典型接线方式是将励磁变压器连接在同步发电机的出口端。这种接线方式比较简单，励磁电源的可靠性较高。自励励磁系统中的励磁变压器也可以接在主断路器的系统一侧，但此时受系统电压波动影响较大，因此，很少采用。亦可将励磁变压器接到厂用电母线上或通过厂用电变压器中间环节供电给整流器作为励磁电源，但对于同步发电机励磁系统要求供电可靠性较高的情况下，这种接线方式不宜采用。

自并励励磁系统的励磁变压器通常不设自动开关。高压侧可以加装高压熔断器。容量较大的油冷励磁变压器应设置瓦斯保护。变压器高压侧接线必须包括在发电机的差动保护范围之内。

励磁变压器绕组的联结组别，通常为 Yy0，对于二次侧电流大的情况，采用 Yd11 联结组别。一般三相整流电路均按二次绕组星形接法推算出电压计算公式，当励磁变压器二次侧采用三角形接法时，计算时应特别注意。

当励磁变压器装在户外时，由于有电抗压降，变压器二次侧到整流桥之间的馈线不宜过长，特别在励磁电流很大的情况下，此点必须考虑。此外，不宜采用单芯铠装电缆，而应选用橡皮电缆。因为单芯铠装电缆通交流电时，在钢甲中将感应较高的电压及不能忽略的感应电流，会对通信电缆造成干扰。

自励励磁系统中的大功率整流装置均采用三相桥式接线。这种接线的优点是晶闸管元件承受的电压低，而变压器的容量利用率高。三相桥式电路可采用半控桥或全控桥方式。这两者增强励磁的能力相同，但在减磁时，半控桥只能将励磁电压控制到零，而全控桥在逆变运行时可产生负的励磁电压，励磁电流能急速下降到零。由于全控桥有上述控制上的优点，国内的自励励磁系统，多采用三相全控桥。在国外自励励磁系统中，对水轮发电机组采用全控线路的较多，而对于汽轮发电机组有些采用半控线路，特别是美国 GE 公司采用半控线路为典型方式。

应强调指出的是，对于采用一组功率整流桥的传统接线自励励磁系统，当要求励磁系统提供较高的顶值励磁电压倍数时，为了兼顾发电机空载、额定及强励状态的要求，在长期额定运行工况下，为满足强励能力的储备，晶闸管整流器必须处于深控状态，这将导致整流电压的波形发生严重的波形畸变，对于励磁系统的安全可靠运行是十分不利的，表现在：

（1）由于晶闸管整流器处于深控状态，整流电压的波形畸变引起较高的尖峰过电压，有时会危及发电机转子回路绝缘的安全。

（2）整流电流谐波分量的增加加重了励磁变压器的损耗及温升的上升。

（3）降低了励磁变压器的功率因数，使设备容量增加。

（4）用于深控状态的晶闸管元件承受更高的换相过电压。

鉴于此，苏联曾开发了由两组励磁变压器绕组供电的高、低压桥式整流线路，可兼顾发电机空载、额定和强励的要求。

二、发电机初始励磁起励回路

对于励磁变压器接在机端的自励励磁系统，当机组启动后转速接近额定值时，机端电压为残压，其值一般比较低（为额定电压的 $1\% \sim 2\%$）。此时，励磁调节器中的触发电路由于同步电压太低还不能工作，晶闸管未触发，不能输出励磁电流使发电机建立电压。因此，必须采取措施，首先供给发电机初始励磁，使发电机逐步达到稳定运行的电压，这一过程称为起励。

如果励磁变压器不是接在机端，而是接在发电机主断路器的系统侧，或接在厂用电母线上，则不需要另外考虑起励措施。因为机端电压虽为残压，但整流桥交流侧已是全电压，故整流桥及励磁调节器均能正常工作，而且调节器是处在强励工作状态（因建立之初机端电压低），故加上交流电源后便能输出励磁电流，使发电机建立电压。

当励磁变压器接在机端时，起励措施有两种方式：第一种称为他励起励，即另设起励电源及起励回路，供给初始励磁；另一种称为残压起励，利用机组剩磁所产生的残压，供给初始励磁。

当他励起励供给初始励磁电流后，发电机电压便逐渐升高，当使励磁调节器能工作时（例如达发电机电压额定值的 10%），便自动断开起励回路，转入自励励磁状态。

为了较快地建立发电机的电压，起励电源容量和电压的选择应按短期内建立到 $50\% \sim 70\%$ 额定电压来考虑。这样选择的蓄电池电压大约为额定励磁电压的 $1/4$。起励电压不能选择太高，应使其建立的机端电压不超过励磁调节器整定的发电机电压的下限值。

由厂用电整流的起励回路，其工作原理、电压的选择与上述相同。

采用他励起励方式须增加一些设备，如果起励电源用蓄电池，将增加电厂蓄电池的负担。如果起励电源用厂用交流电，当厂用电消失时机组就不能起励。

当发电机的残压较高时，可考虑不用另外的起励电源，而利用残压起励。有两种方法：其一是起励时虽然调节器尚不能工作，但可采取技术措施，使整流桥中的晶闸管支路暂时导通，形成不可控整流装置，提供初始励磁电流。这与自并励直流发电机由残压建立电压的自励过程相似；第二种方法是对调节器中的同步电路采取措施，使在残压下和在额定电压下一样，都能正常工作。另外，调节器的稳压电源的交流侧，取自其他独立的交流电源。这样，励磁调节器在起励时就能立即投入工作，以控制晶闸管导通，供给初始励磁电流，直到发电机电压继续升到调节器的电压整定值。

三、静态自励励磁系统的稳定工作点

静态自励励磁系统由于其励磁功率取自发电机端，发电机电压建立过程与自并励直流励磁机情况相似，亦存在着稳定工作点的问题。在自励励磁系统中，励磁系统的稳定工作点取决于发电机的空载（或负载）特性与整流器外特性曲线的交点。对于三相桥式整流器的外特性，可写为：

$$U_f = \frac{3\sqrt{6}}{\pi} \times \frac{U_G}{K_T} \times \cos\alpha - \frac{3}{\pi} \times I_f X_\gamma - 2\Delta U \tag{10-1}$$

式中　K_T——整流变压器变压比。

$$U_f = I_f r_f \tag{10-2}$$

式中　r_f——发电机励磁绕组电阻。

将式（10-2）代入式（10-1），整理可得：

$$I_f = \frac{\dfrac{3\sqrt{6}}{\pi} \times \dfrac{U_G}{K_T} \times \cos\alpha - 2\Delta U}{r_f + \dfrac{3}{\pi} \times X_\gamma} \tag{10-3}$$

在式（10-3）中，当保持 $\cos\alpha$ 值不变，并给定一组 U_G 值后，连接各点，即可确定一条 $I_f = f(U_G^*)\cos\alpha = C$ 的特性曲线，如图10-2所示。例如，当 $\cos\alpha = 70°$ 不变，整流器外特性曲线与发电机空载特性曲线的交点 A 即为静态自励励磁系统的稳定工作点。

由式（10-3）可以得出，在 $U_G^* - I_f^*$ 坐标系统中，整流器外特性与横轴及纵轴的交点分别为：

$$\left. \begin{aligned} I_{f0} &= -\frac{2\Delta U}{r_f + \dfrac{3}{\pi} \times X_\gamma} \\ U_{G0} &= \frac{2\Delta U}{\dfrac{3\sqrt{6}}{\pi} \times \cos\alpha} \times K_T \end{aligned} \right\} \tag{10-4}$$

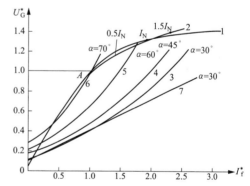

图 10-2　发电机空载时的静态自励励磁
系统工作特性曲线

1—发电机空载特性曲线；2—发电机负载特性曲线；
3～6—控制角不同时的整流器外特性；
7—不计温度影响的外特性

事实上，因为晶闸管整流器每臂总电压降 $2\Delta U$ 相对较小，故整流器外特性曲线基本上是通过坐标原点的一条直线。而发电机的剩磁电压较低，空载特性曲线的起始部分又呈非直线弯曲，故空载特性曲线的直线段切线亦通过坐标原点，使静态自励励磁系统与整流器外特性曲线无稳定交点，只在饱和段外可得到稳定工作点。

于此应说明的是，当考虑转子励磁绕组温度变化时，整流器外特性将不是一条直线，如图10-2中曲线3所示，这对静态自励励磁系统的稳定运行是有利的。

当发电机负载时，励磁系统稳定工作点的确定基本上与空载情况相同，只是此时应用负载特性曲线代替空载特性曲线，如图10-2中曲线2所示。所谓发电机负载特性曲线系指当发电机的电压及功率因数为定值，发电机定子电压 U_G 与励磁电流 I_f 之间的关系曲线。此时，

整流器的外特性曲线与发电机负载特性曲线的交点即为励磁系统的稳定工作点。

四、自励发电机的短路电流

为便于对比，首先讨论当同步发电机分别采用他励交流励磁机励磁系统或静止自励励磁系统并发生短路故障时短路电流的变化特征。根据励磁系统的接线方式特点及电机学原理，可得出下列结论：

（1）在两种励磁方式中，发电机短路电流的超瞬变分量是相同的，因为超瞬变分量是由发电机阻尼绕组的参数决定的，与励磁方式无关。

（2）两种励磁系统中的短路电流瞬变分量的起始值相等，因为起始值是由励磁绕组磁链守恒原理决定的，也与励磁系统接线方式无关。

（3）两种励磁系统短路电流的瞬变分量衰减的时间常数不同，而且当近端三相短路时，自励发电机的短路电流会一直衰减到零，无稳定值；而他励励磁系统中的发电机短路电流则具有一定的稳定值，其数值与励磁系统提供的励磁电流有关。

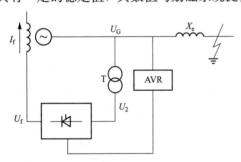

图 10-3　自励发电机的主系统接线图

下面讨论自励发电机发生三相短路时，各量的相关表达式。

1. 三相短路时各量的相关表达式

假定发电机在下述条件下发生三相短路：

（1）发电机空载额定电压。

（2）短路点是从机端经外电抗 X_e 处，如图 10-3 所示。

（3）略去定子电流中的非周期分量。

（4）超瞬变分量单独考虑，不计入短路电流内。

如将外电抗 X_c 计入发电机定子漏电抗，则有：

$$X_{dc} = X_d + X_c$$
$$X'_{de} = X'_d + X_e$$

当发电机端三相短路后，其端电压值为：

$$U_G = i_d X_e$$

而定子绕组纵轴磁链为：

$$\psi_d = i_f X_{ad} - i_d X_{de} = 0$$

由上式可求得：

$$i_d = \frac{X_{ad}}{X_{de}} \times i_f \tag{10-5}$$

式中　X_{ad}——发电机转子、定子绕组间纵轴电枢反应电抗。

由式（10-5）可知，$i_d \propto i_f$。

如果略去整流桥的管压降及换相压降，整流电压比系数可写为：

$$\beta_u = \frac{U_f}{U_2} = \frac{U_f}{\dfrac{U_G}{K_T}} = \frac{K_T U_f}{U_G} \tag{10-6}$$

在晶闸管控制角 α 不等于零的条件下，可得：

$$U_{f0} = \frac{\beta_u}{K_T} \times U_{G0} \cos\alpha_0 \tag{10-7}$$

式中　U_{f0}——发电机空载励磁电压；

　　　U_{G0}——发电机空载额定电压；

　　　α_0——发电机空载额定电压时整流桥的控制角。

当发生三相短路时，式（10-7）可写为：

$$U_{fc} = \frac{\beta_u}{K_T} \times U_{Gc} \cos\alpha_c \tag{10-8}$$

式中　α_c——强励时的控制角。

式（10-8）如归算到标幺值，则有：

$$U_{fc}^* = U_G^* \times \frac{\cos\alpha_c}{\cos\alpha_0} = K_a U_G^* \tag{10-9}$$

$$K_a = \frac{\cos\alpha_c}{\cos\alpha_0}$$

$$U_G^* = \frac{U_{GC}}{U_{G0}}$$

式中　K_a——强励顶值电压系数；

　　　U_G^*——短路时发电机的端电压标幺值。

对于三相半控桥式整流线路，当发电机电压为额定值时：

$$U_{f0} = \frac{\beta_u}{K_T} \times U_{G0} \times \frac{1 + \cos\alpha_0}{2} \tag{10-10}$$

当发电机短路时，则有：

$$U_{fc} = \frac{\beta_u}{K_T} \times U_{GC} \times \frac{1 + \cos\alpha_c}{2} \tag{10-11}$$

以标幺值表示为：

$$U_{fc}^* = \frac{1 + \cos\alpha_C}{1 + \cos\alpha_0} \times U_G^* = K_a U_G^* \tag{10-12}$$

由上式讨论可知，自励发电机发生三相短路后在所假定的条件下，励磁电压 $U_f \propto U_G$，$i_d \propto i_f$。

2. 三相短路的暂态特性

在三相短路暂态过程中，发电机励磁电压的标幺值表达式为：

$$U_f^* = K_a U_G^* = K_a i_d^* X_e = K_a \times \frac{X_e}{X_{de}} \times E_q^* \tag{10-13}$$

$$i_d^* = \frac{1}{X_{de}} \times E_q^*$$

式中　$E_{q\infty}^* = U_f^*$。

又因：

$$E'_q = E_q \times \frac{X'_d + X_e}{X_d + X_e} = \frac{X'_{de}}{X_{de}} \times E_q \qquad (10\text{-}14)$$

考虑到同步发电机的电磁暂态方程式：

$$E_{q\infty} = E_q + T'_{d0} \times \frac{\mathrm{d}E'_q}{\mathrm{d}t} \qquad (10\text{-}15)$$

将式（10-13）、式（10-14）代入式（10-15），整理可得：

$$E_q + T'_{d0} \times \frac{X'_{de}}{X_{de}} \times \frac{\mathrm{d}E_q}{\mathrm{d}t} = K_\alpha \times \frac{X_e}{X_{de}} \times E_q \qquad (10\text{-}16)$$

或者写为：

$$\left(1 + S \times \frac{X'_{de}}{X_{de}} \times T_{d0}\right)E_q = K_\alpha \times \frac{X_e}{X_{de}} \times E_q \qquad (10\text{-}17)$$

$$S = \frac{\mathrm{d}}{\mathrm{d}t}$$

式中　S——微分运算符号。

解式（10-17）可得：

$$E_q = E_{q(0+)} \mathrm{e}^{\frac{-t}{T_{dk}}} \qquad (10\text{-}18)$$

$$E_{q(0+)} = \frac{X_{de}}{X'_{de}} \times E'_q$$

式中　$E_{q(0+)}$——短路后瞬间的 E_q 值。

自励发电机发生短路时的等效时间常数为：

$$T_{dk} = \frac{T'_{d0} \times \dfrac{X'_{de}}{X_{de}}}{1 - K_\alpha \times \dfrac{X_e}{X_{de}}} \qquad (10\text{-}19)$$

当常规励磁发电机短路时，励磁回路的时间常数为：

$$T'_d = T'_{d0} \times \frac{X'_{de}}{X_{de}}$$

显然，$T_{dk} > X'_d$。

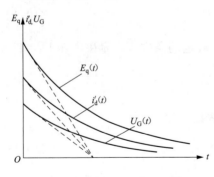

图 10-4　发电机短路时 $E_q(t)$、
$i'_d(t)$、$U_G(t)$ 曲线的变化

由式（10-19）可知，自励发电机短路时，相当于在转子励磁回路中引入一个负电阻，其标幺值为 $K_\alpha \times \dfrac{X_e}{X_{de}}$，使励磁回路等效电阻减小，因而等效时间常数 T_{dk} 增大。

在图 10-4 中示出了式（10-18）中 $E_q = f(t)$ 的变化曲线，同时示出了 $i'_d = f(t)$ 和 $U_G = f(t)$ 的变化曲线。三者的变化规律是相似的，时间常数同为 T_{dk}。参照式（10-18），可得短路电流的暂态分量 i'_d 和端电压 U_G 的表达式：

$$i'_d = i'_{d(0+)} \mathrm{e}^{-\frac{t}{T_{dk}}} \qquad (10\text{-}20)$$

$$U_{\mathrm{G}} = U_{\mathrm{G}(0+)}\,\mathrm{e}^{-\frac{t}{T_{\mathrm{dk}}}} \tag{10-21}$$

短路前如令 $U_{\mathrm{G}} = U_{\mathrm{G}}^* = 1\mathrm{p.\,u.}$，则短路后瞬间 i'_{d} 的数值为：

$$i'_{\mathrm{d}(0+)} = \frac{1}{X'_{\mathrm{de}}}$$

而短路后瞬间 U_{G} 的瞬时值为：

$$U_{\mathrm{G}(0+)} = i'_{\mathrm{d}(0+)} X_{\mathrm{e}}$$

自励发电机短路电流的暂态分量 i_{d} 应为式（10-20）所求得的 i'_{d} 与超瞬变分量 i''_{d} 之和：

$$i_{\mathrm{d}} = \left(\frac{1}{X''_{\mathrm{de}}} - \frac{1}{X''_{\mathrm{d}}}\right)\mathrm{e}^{-\frac{t}{T'_{\mathrm{d}}}} + \frac{1}{X'_{\mathrm{de}}}\mathrm{e}^{-\frac{t}{T_{\mathrm{dk}}}} \tag{10-22}$$

在同样条件下，他励励磁发电机的短路电流 i_{d} 为：

$$i_{\mathrm{d}} = \left(\frac{1}{X''_{\mathrm{de}}} - \frac{1}{X'_{\mathrm{de}}}\right)\mathrm{e}^{-\frac{t}{T'_{\mathrm{d}}}} + \left(\frac{1}{X'_{\mathrm{de}}} - \frac{1}{X_{\mathrm{de}}}\right)\mathrm{e}^{-\frac{t}{T'_{\mathrm{d}}}} + \frac{1}{X_{\mathrm{de}}} \tag{10-23}$$

相应的短路电流曲线变化如图 10-5 所示。

在式（10-23）中，最后一项 $\frac{1}{X_{\mathrm{de}}} = I_\infty$，表示为恒定励磁时的稳态短路电流值。如果具有励磁调节，还要附加一项对应于调节器产生的随时间渐增的短路电流分量，从而使短路电流达到较高的新的稳态值。

对近端三相短路，对比式（10-22）和式（10-23）可知：他励励磁发电机无论调节励磁或不调节励磁，短路电流最后均将趋于一个稳态值，而自励发电机的短路电流最后将趋于零。另外，他励励磁发电机的短路电流暂态分量衰减的时间常数为 T'_{d}，自励发电机的短路电流暂态分量衰减的时间常数为 T_{dk}。

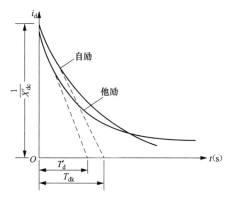

图 10-5　自励与他励励磁发电机的
短路电流变化曲线

由图 10-5 曲线可见，在最初很短的超瞬变过程中，两种励磁方式短路电流的变化是相同的。进入暂态过程后，由于 $T_{\mathrm{dk}} > T'_{\mathrm{d}}$，最初一段时间，自励发电机的短路电流衰减比他励励磁发电机要慢，但由于他励励磁发电机的短路电流最后趋于一个稳态值，而自励发电机的短路电流最终趋于零，所以后一段时间自励发电机的短路电流的衰减显得快些。

上述分析是基于同步发电机在空载额定电压情况下，发生三相突然短路得出的结论。如果发电机是在负载情况下发生三相短路，上面分析的结论亦完全可用，只是短路瞬间的定子电流 $i_{\mathrm{d}(0+)}$ 及励磁电流 $i_{\mathrm{f}(0+)}$ 的值不同，亦即必须考虑短路前的负载所引起的电流分量。如果发电机机端带有地区负载，而在计算中需要考虑时，可用恒定阻抗代替，计算时间常数 T_{dk} 时，可将外电抗 X_{e} 与地区负载恒定阻抗相并联，这样计算出的 T_{dk} 要比没有地区负载时小，对短路电流衰减到零的时间更要快些，这对自励发电机是不利的。

五、临界外电抗

在分析自励发电机三相短路电流的暂态过程中，如果要求比较准确地计算等效时间常数

T_{dk}，可考虑整流桥的换相压降，并对转子励磁绕组的时间常数 T'_{d0} 进行修正。换相压降相当于在转子励磁回路中引入一个正的等效电阻 R_r，其值的大小与励磁变压器的漏抗成比例。

对于三相桥式整流线路，等效电阻 R_r 等于：

$$R_r = \frac{3}{\pi} \times X_r$$

R_r 约为发电机励磁绕组电阻的 $5\% \sim 10\%$，依此，T'_{d0} 的修正值应为：

$$\frac{T'_{d0}}{1.05 \sim 1.1} = (0.91 \sim 0.95)T'_{d0}$$

因此，在考虑换相压降的条件下，式（10-19）的等效时间常数改写为：

$$T_{dk} = (0.91 \sim 0.95) \times \frac{T'_{d0} \times \frac{X'_{de}}{X_{de}}}{1 - K_\alpha \times \frac{X_e}{X_{de}}} = (0.91 \sim 0.95) \times \frac{T'_d}{1 - K_\alpha \times \frac{X_e}{X_{de}}} \quad (10\text{-}24)$$

等效时间常数与外部电 X_e 有关，如果 X_e 增大，则 T_{dk} 也随之增加。

当式（10-24）的分母项为零，即 $\left(1 - K_\alpha \times \frac{X_e}{X_{de}}\right) = 0$ 时，T_{dk} 趋于无穷大，短路电流不衰减，由此，可得出外部电抗的临界值为：

$$K_\alpha X_{ec} = X_{de} = X_d + X_{ec}$$

整理得：

$$X_{ec} = \frac{X_d}{K_\alpha - 1} \quad (10\text{-}25)$$

式中 X_{ec}——临界外电抗。

当 $T_{dk} = \infty$ 时，表明短路电流的暂态分量不衰减，并保持起始值不变。

由式（10-5）可看出：

（1）如果短路点发生在临界外电抗以内，即 $X_e < X_{ec}$，则短路电流的暂态分量是衰减的。

（2）如果短路点发生在临界外电抗值的边界上，即 $X_e \approx X_{ec}$，则 $T_{dk} \approx \infty$，短路电流的暂态分量是不衰减的。

（3）如果短路点发生在临界外电抗之外，即 $X_e > X_{ec}$，且因 $K_\alpha = \frac{\cos\alpha_c}{\cos\alpha_0} > 1$，则式（10-19）分母中 $K_\alpha \times \frac{X_e}{X_{de}} > 1$，等效时间常数 T_{dk} 为负值，暂态过程中短路电流及励磁电流不但不衰减，反而随时间变化上升，直到最大励磁电流限制装置动作为止，或由励磁调节器起作用，增大晶闸管的控制角 α 以减小励磁。

（4）如由式（10-25）计算出的极限电抗 X_{ec} 较小，说明使短路电流衰减的范围较小，一旦极限电抗超出 X_{ec} 值，短路电流将呈现维持恒定以及随时间而上升的趋势。这对于保证自励励磁系统的稳定运行是非常有利的。

六、短路方式对短路电流变化的影响

图 10-6 为 1000MW 自励汽轮发电机的三相短路电流变化曲线。

由图 10-6 可看出：

（1）在高压侧 a 点短路，并将强励倍数 K_α 由 1.6 增加到 2 时，由于顶值电压系数 K_α 增大，等效时间常数 T_{dk} 随之增大，虽使短路电流衰减得更慢一些，但效果并不明显。

（2）短路点离机端愈远，短路电流的起始值愈小，短路电流衰减也愈慢。

（3）如短路点发生在机端，$X_e = 0$，则 $T_{dk} = T_d'$，短路电流将按 T_d' 迅速衰减至零，这对自励系统运行很不利，如图 10-7 中曲线 a 所示。

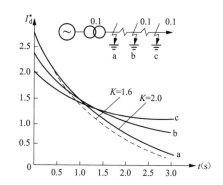

图 10-6　1000MW 自励汽轮发电机的
三相短路电流变化曲线

a—高压侧三相短路；b—线路 50km 处三相短路；

c—线路 100km 处三相短路

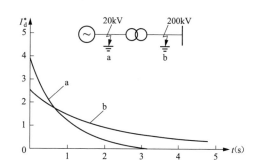

图 10-7　450MW 自励汽轮发电机三相短路电流变化曲线

a—机端短路；b—高压侧母线短路

下面讨论不对称短路的情况。通常电网发生的短路故障大多数是不对称的。对自励发电机而言，不对称（单相或两相短路）短路比三相对称短路更有利。因为不对称短路时，发电机机端电压要高一些，等效时间常数 T_{dk} 要大些，短路电流和励磁电流的衰减也慢些，甚至可能是上升的。

电力系统发生不对称短路时，发电机端电压也不对称。按对称分量法分解为正序、负序、零序电压。正序电压由机端至短路点逐渐降低，而负序电压则由短路点至机端逐渐降低。升压变压器的低压侧多为星形接线，无零序，故发电机机端只有正序电压分量和较小的负序电压分量。如果略去负序电压分量不计，则机端就只存在正序电压分量。另外，短路电流的正序分量与励磁绕组中的直流电流相对应，而负序电流在励磁绕组中产生 100Hz 的交流分量。为此，励磁系统的计算以及对短路过程的分析将与上述的三相短路情况相同，只需对短路等效时间常数 T_{dk} 加以修正。

不对称短路时，短路电流的正序分量 I_{A1}（A 相）可用式（10-26）计算：

$$\dot{I}_{A1}^{(n)} = \frac{\dot{E}_{A\Sigma}}{X_{A\Sigma} + X_\triangle^{(n)}} \tag{10-26}$$

式中右上角注（n）代表短路种类，$X_\triangle^{(n)}$ 称为附加电抗（即比正序电抗多出的部分），其随短路种类而异，如表 10-1 所示。

表 10-1　　　　　　　　　　　各种不对称短路时的 $X_\triangle^{(n)}$ 值

短路种类	代表符号	附加电抗 $X_\triangle^{(n)}$	短路种类	代表符号	附加电抗 $X_\triangle^{(n)}$
单相接地短路	$X_\triangle^{(1)}$	$X_{2\Sigma} + X_{0\Sigma}$	两相接地短路	$X_\triangle^{(1.1)}$	$X_{2\Sigma} /\!/ X_{0\Sigma}$
两相短路	$X_\triangle^{(2)}$	$X_{2\Sigma}$			

式（10-26）表明，在不对称短路情况下，短路电流正序分量的计算只需在每相中接入一个附加电抗 $X_\Delta^{(n)}$ 即可，因此，可将不对称短路计算转换为对称三相短路计算，只需对正序电流的等效时间常数需按式（10-27）加以修正：

$$X_{dk}^{(n)} = (0.91 \sim 0.95) \times \frac{T_{d0}' \times \dfrac{X_{de}' + X_\Delta^{(n)}}{X_{de} + X_\Delta^{(n)}}}{1 - K_\alpha \times \dfrac{X_e + X_\Delta^{(n)}}{X_{de} + X_\Delta^{(n)}}}$$

$$= (0.91 \sim 0.95) \times \frac{T_d^{(n)}}{1 - K_\alpha \times \dfrac{X_e + X_\Delta^{(n)}}{X_{de} + X_\Delta^{(n)}}} \qquad (10\text{-}27)$$

$$T_d^h = T_{d0}' \times \frac{X_{de}' + X_\Delta^{(n)}}{X_{de} + X_\Delta^{(n)}}$$

如令 $1 - K_\alpha \times \dfrac{X_e + X_\Delta^{(n)}}{X_{de} + X_\Delta^{(n)}} = 0$，可求得不对称短路时的临界外电抗为：

$$X_{ec}^{(n)} = \frac{X_d}{K_\alpha - 1} - X_\Delta^{(n)} \qquad (10\text{-}28)$$

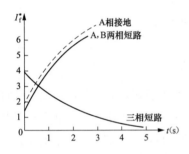

图 10-8　不同短路方式时自励
发电机短路电流的变化

对比式（10-28）与式（10-25）可知，不对称短路时的临界外电抗比三相短路时小，如果在升压变压器近端发生不对称短路时，励磁电流已不衰减，而是上升的。图 10-8 为自励发电机在各种短路情况下励磁电流的变化曲线，由图可知，在临界外电抗之外处发生的不对称短路，励磁电流是上升的。

七、切除短路故障后自励发电机的端电压恢复

现以一台 600MW 自励发电机为例，说明短路切除后发电机的电压恢复过程。

图 10-9 中，曲线 a 为短路后经 1.5s 切除故障，此时，机端电压 U_G 恢复到额定值约需 0.7s。曲线 b 为短路 2s 后切除故障，恢复时间约为 1s。曲线 c 为短路 3s 后切除故障，恢复时间约为 1.5s。切除时间 t_c 与电压恢复时间 t_R 的关系为：

$$t_R \approx \frac{-T_{\Sigma 0}}{T_{dk}} \times t_c = \frac{X_{de}}{X_{de}'} \times \frac{\left(1 - K_\alpha \times \dfrac{X_e}{X_{de}}\right) t_c}{(K_\alpha - 1)} \qquad (10\text{-}29)$$

$$T_{\Sigma 0} \approx \frac{T_{d0}'}{1 - K_\alpha}$$

式中　$T_{\Sigma 0}$——短路切除后电压恢复等效时间常数；

　　　T_{dk}——在外电抗 X_e 处短路时的等效时间常数。

由式（10-29）可知，短路切除时间愈长，电压恢复时间也愈长。亦即 $t_R \propto t_c$。在图 10-10 中示出了一台模拟机组的试验结果。对于自励发电机，短路切除后电压恢复是比较快的。特别是快速切除短路，电压恢复更快。

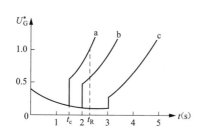

图 10-9 短路切除后电压恢复曲线

a—1.5s 后切除短路；b—2.0s 后切除短路；

c—3.0s 后切除短路

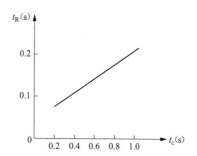

图 10-10 切除时间 t_c 与恢复时间 t_R 的关系曲线

八、自励晶闸管励磁系统的逆变灭磁

自励晶闸管励磁系统的逆变灭磁过程与他励晶闸管励磁系统基本上是相似的。由于直流负载侧亦是无源的，故逆变过程是瞬时的，不能持续。

对于发电机逆变灭磁时间，他励晶闸管励磁系统的相应值如式（9-68）所示：

$$t_m = \frac{L_f}{r_f} \times \ln \frac{U_{f\beta0} + U_{f\beta}}{U_{f\beta}}$$

$$T = \frac{L_f}{r_f}$$

式中 $U_{f\beta0}$——逆变开始时的电压，为控制角 α 的函数；

$U_{f\beta}$——逆变电压，为逆变角 β 的函数；

$\dfrac{L_f}{r_f}$——决定于发电机工作状态的励磁绕组时间常数。

依此，上式亦可改写为：

$$t_m = T\ln \frac{\cos\alpha + \cos\beta}{\cos\beta} \tag{10-30}$$

在自励晶闸管励磁系统的逆变灭磁过程中，逆变电压的幅值随发电机端电压的衰减而下降，而在他励系统中逆变电压的幅值是恒定的。在图 10-11 中示出了自励与他励晶闸管励磁系统逆变过程的比较图。

基于上述情况，当确定自励晶闸管励磁系统灭磁时间时，仍可利用式（10-30），只需将逆变电压 $U_{f\beta}$ 初始幅值乘以指数衰减因子项 $e^{-\frac{1}{T_c}}$，以考虑幅值的衰减。由此，自励励磁系统灭磁时间的表达式可写为：

$$t_m = T\ln \frac{\cos\alpha + \cos\beta e^{-\frac{1}{T_c}}}{\cos\beta e^{-\frac{1}{T_c}}} \tag{10-31}$$

式中 T_c——自励励磁系统逆变电压衰减时间常数。

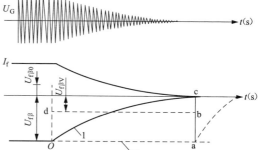

图 10-11 自励与他励晶闸管励磁系统逆变过程的比较

1—自励励磁系统逆变电压的变化，幅值是衰减的；

2—他励励磁系统逆变电压的变化，幅值为恒定值

251

通常，发电机具有一定的剩磁电压，约为 5%，相应的灭磁时间取 $t_m = 3T_c$，则 $e^{-\frac{3T_c}{T_c}} = e^{-3} \approx 0.05$。

为便于工程上计算，可将式（10-31）予以简化，其步骤为：将按指数衰减的逆变电压曲线化为等效幅值不变的方波电压，并令两者的面积相等，依此求得等效恒定幅值电压 $U_{f\beta V}$。曲线所包面积：

$$S_{oac} = U_{f\beta} \int_0^{3T_c} e^{-\frac{1}{T_c}} dt = U_{f\beta} T_c (e^{-\frac{1}{T_c}})_0^{3T_c} = 0.95 T_c U_{f\beta} \tag{10-32}$$

如果等效方波电压曲线 oabd 与上述面积相等，可求得平均电压幅值：

$$U_{f\beta V} = \frac{0.95 T_c}{3 T_c} \times U_{f\beta} = 0.318 U_{f\beta} \tag{10-33}$$

即平均恒值幅值为初始幅值的 0.318 倍。依此，可写出以幅值不变的方波电压曲线表示的灭磁时间表达式为：

$$t_m = T \ln \frac{\cos\alpha + 0.318\cos\beta}{0.318\cos\beta} \tag{10-34}$$

应说明的是，当选取不同的剩磁电压值时，平均系数值亦是不同的。

现以实例说明灭磁时间的确定。假设发电机空载运行，$\alpha = 78.5°$，$\cos\alpha = 0.2$。逆变时，$\beta = 37°$，$\cos\beta = 0.8$，$T = T_{d0} = 6.04s$，代入式（10-34）求得：

$$t_m = 6.04 \ln \frac{0.2 + 0.318 \times 0.8}{0.318 \times 0.8} = 3.5 (s)$$

九、励磁变压器的保护方式[20]

在静态自励励磁系统中，各电厂对发电机及励磁变压器的保护采用了多种方案，如图 10-12 所示。

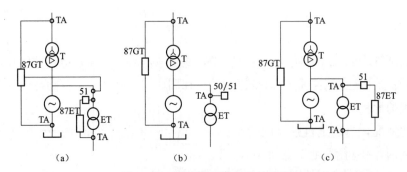

图 10-12　励磁变压器的保护方案

（a）发电机和励磁变压器分别设置差动保护；（b）励磁变压器在发电机差动保护范围内；

（c）励磁变压器省去高压侧大电流互感器本身单独设置差动保护

87GT—发电机变压器组差动保护；51—交流限时过电流保护继电器；

87ET—励磁变压器差动保护；50—速断过电流保护；TA—电流互感器

图 10-12（a）为发电机和励磁变压器分别装设差动保护的保护方案。两组差动保护各有其保护范围，对励磁变压器采用了与厂用电变压器相同的保护方式。在实现这一方案中最大的困难是在励磁变压器高压侧装一组与发电机出口回路相同变比的电流互感器，此电流互感

器变比大（600MW 机组电流互感器变比是 25000/5），造价较高，布置较为困难，须放置在变压器高压侧的封闭母线内。

图 10-12（b）所示方案是将励磁变压器置于发电机变压器组差动保护范围之内，另装一组速断过电流保护（图示中的 50/51）。但在多数情况下，保护灵敏度是不够的。在某些短路情况下，励磁变压器没有速动保护，显然是不合理的，因而这种保护方案不够完善。

图 10-12（c）所示保护配置方案与图 10-12（a）所示方案比较，省去了励磁变压器高压侧的一组大电流互感器，解决了电流互感器安装困难的问题。另外，励磁变压器本身装了差动保护，保证了励磁变压器故障时有足够的灵敏度。

上述三个保护方案有关问题的焦点是：

（1）励磁变压器高压侧用于发电机变压器组大差动的一组电流互感器是否可以省去。

（2）励磁变压器本身是否需要安装差动保护。

在大型电厂中，当励磁变压器或高压厂用电变压器高压侧发生故障时，由于短路电流很大，为此，励磁变压器及厂用电变压器高压侧一般都不装断路器（对于小型发电机高压厂用电变压器高、低压侧都装设有断路器）。高压厂用电变压器故障，由其本身的差动保护动作，通过保护出口除将发电机变压器组高压侧断路器跳闸外，还将厂用电变压器的低压侧断路器跳开。备用电源自动投入，由备用变压器带厂用负载，使机组继续运行，或使机组安全停机。

而励磁变压器低压侧连接晶闸管整流器，不装断路器。为此，励磁变压器故障、晶闸管硅整流器柜故障时保护动作，都是动作于发电机变压器组的保护总出口，与发电机变压器组差动保护动作出口动作对象是相同的。这一共性特征不涉及励磁变压器保护方式选择问题。

下面讨论一下影响励磁变压器保护方式选择的几个重要特征，并结合实例，对励磁变压器保护接线方式的选择作进一步分析及论证，验证采用图 10-12（c）所示的省去高压侧大电流互感器，励磁变压器单独设置差动保护方案的可行性。

已知原始数据：发电机额定容量 $S_{GN}=728MVA$，额定电压 $U_{GN}=22kV$，超瞬变电抗 $X_d''=0.19$，主变压器额定容量 $S_{TN}=750MVA$，短路阻抗 $U_{TK}=12\%$，励磁变压器额定容量 $S_{EN}=7100kVA$，短路阻抗 $U_{EK}=8\%$，设定基值容量 $S_b=100MVA$，可确定各设备的阻抗标幺值分别为：

$$X_d^{*''} = \frac{X_d''\%}{100} \times \frac{S_b}{S_{GN}} = \frac{19}{100} \times \frac{100}{728} = 0.026(\text{p.u.})$$

$$X_{TK}^{*} = \frac{U_{TK}}{100} \times \frac{S_b}{S_{TN}} = \frac{12}{100} \times \frac{100}{750} = 0.016(\text{p.u.})$$

$$X_{EK}^{*} = \frac{U_{EK}}{100} \times \frac{S_b}{S_{EN}} = \frac{8}{100} \times \frac{100}{7.1} = 1.126(\text{p.u.})$$

发电机—变压器组及励磁变压器的接线方式如图 10-13 所示。

（1）励磁变压器高压侧不装发电机—变压器组差动保护用的电流互感器，正常运行状态。

励磁变压器额定容量为 7100kVA，其一次额定电流：

$$I_{1NE} = \frac{7100}{\sqrt{3} \times 22} = 186(\text{A})$$

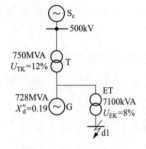

图 10-13　发电机—变压器组
及励磁变压器接线图

二次额定电流：

$$I_{2NE} = \frac{186}{25000/5} = 0.037(A)$$

式中　25000/5——大差动保护用电流互感器变比。

正常运行情况下，在发电机—变压器组差动回路中有不超过 0.037A 的不平衡电流流过。

由继电保护整定计算可知，一般情况下，发电机—变压器组差动保护整定为 $(0.2 \sim 0.5)I_{2NT}$（I_{2NT} 为主变压器的额定电流）。

主变压器一次额定电流：

$$I_{1NT} = \frac{750000}{\sqrt{3} \times 22} = 19681(A)$$

主变压器二次额定电流：

$$I_{2NT} = \frac{19681}{25000/5} = 3.936(A)$$

假定保护整定值取 $0.2I_{2NT}$，则：

$$0.2 \times 3.936 = 0.78(A)$$
$$0.78A \gg 0.037A$$

由此可以看出，二者几乎差一个数量级，为此，在正常运行情况下，励磁变压器的负载电流不会使发电机—变压器组差动保护误动作。

而厂用高压变压器与励磁变压器不同，厂用高压变压器容量大，负载电流产生的不平衡电流也大，已知高压厂用电变压器额定容量为 40MVA，其一次额定电流：

$$I_{1NS} = \frac{40000 \times 2}{\sqrt{3} \times 22} = 2099.4(A)$$

二次额定电流：

$$I_{2NS} = \frac{2099.4}{25000/5} = 0.42(A)$$

在发电机—变压器组差动回路中，由厂用电变压器负载产生的不平衡电流为 0.42A。因 $I_{2NS}=0.42A$ 与 0.78A 相比，在一个数量级上，在某些情况下，有可能造成发电机—变压器组差动保护误动作。因而，为了可靠起见，在厂用电变压器高压侧一定要装发电机—变压器组差动保护用的大变比电流互感器。

（2）对同一种机组而言，励磁变压器的容量比厂用高压变压器的容量小得多，而励磁变压器的阻抗相对来说大得多。因此用发电机—变压器组差动保护励磁变压器，灵敏度是不够的，也就是说，励磁变压器故障，发电机—变压器组差动保护可能不动作。而对厂用高压变压器和低压侧母线故障，发电机—变压器组差动保护是可以动作的。如果厂用电变压器高压侧不装大电流互感器，厂用电变压器低压侧母线故障，发电机—变压器组差动保护就会动作，造成越级跳闸，故障范围扩大。因此，在厂用电高压变压器的高压侧必须装大电流互感器，构成完全的发电机—变压器组差动保护。

（3）折算至同一容量，励磁变压器的阻抗比发电机及主变压器的阻抗大得多。为此，即使将励磁变压器纳入发电机—变压器组差动保护范围内（在高压侧不装大电流互感器），在大部分情况下，发电机—变压器组差动保护是不会动作的。现以实例说明此问题，对此，可以下列计算说明此问题。

当励磁变压器低压侧在图 10-13 中 d1 点短路时，分以下两种情况：

（1）按最小运行方式计算（主变压器高压侧断路器未合闸）。阻抗图如图 10-14（a）所示，阻抗为：

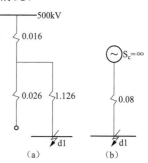

$$\sum X^* = 1.126 + 0.026 = 1.152 (\text{p.u.})$$

$$\sum X_b^* = \sum X \times \frac{S_{GN}}{S_b} = 1.152 \times \frac{728}{100} = 8.386 (\text{p.u.})$$

短路电流标幺值：

$$I_b^* = \frac{1}{8.386} = 0.119 (\text{p.u.})$$

由发电机供给的短路电流：

$$I'' = I_b \times I_{1NG} = 0.119 \times \frac{72800}{\sqrt{3} \times 22} = 2278 (\text{A})$$

图 10-14 等效短路阻抗图
(a) 主变压器高压断路器分断；
(b) 主变压器高压断路器合闸

换算到二次侧的短路电流＝2278/(25000/5)＝0.45（A）。

（2）按最大运行方式计算（系统按无穷大计算）。阻抗图如图 10-14（b）所示。

由发电机及系统供给的短路电流为：

$$I'' = I_b \times I_{1NE} = \frac{1}{0.08} \times \frac{7100}{\sqrt{3} \times 22} = 2329 (\text{A})$$

换算到二次侧的短路电流＝2329/(25000/5)＝0.466（A）。

由前述计算已知，主变压器的一次额定电流是 19.681A，二次额定电流是 3.936A。

为此，在最大及最小运行方式下，相应短路电流的变化范围为额定电流的 $\frac{0.066}{3.936} \sim \frac{0.45}{3.936}$，即 $(0.118 \sim 0.114) I_{2N}$。

发电机—变压器组差动保护动作整定值一般为 $(0.2 \sim 0.5) I_{2N}$，取最小动作整定值 $0.2 I_{2N}$ 与上述短路电流变化范围比较，短路电流均小于保护动作值。因此在 d1 点短路，发电机—变压器组差动保护是不会动作的。

依据数据分析结果和上述各结论，参考文献 [20] 的作者认为励磁变压器保护采用图 10-2（c）所示的接线方案是可行的，并具有经济、合理、高可靠性等优点。

第三节 静态自励励磁系统的轴电压[21,22]

一、概述

轴电压的存在一直是大型汽轮发电机运行中备受关注的问题之一。近年来，随着静态自励励磁系统的广泛应用，对发电机存在的高频轴电压课题的研究也越来越引起关注。

对于采用静态自励励磁系统的发电机组，因轴电压造成轴承或汽轮机前齿轮箱产生严重电腐蚀的事例亦有所发生。例如在国内一电厂中，一台容量为 25MW 的汽轮发电机在将直流励磁机组更换为静态自励励磁系统后，投运不久，运行人员便发现发电机轴和轴承座之间带电，其后，又发现汽轮机前齿轮箱内有异音，产生强烈的振动，导致危急保安器动作而停机。经检查发现减速齿轮已严重损坏，更换齿轮后，再次发生同类事故。

其后，对轴电压、轴电流进行了测量，其值如表 10-2 所示。

表 10-2   发电机的轴电压和轴电流的测定

轴电压实测值	发电机两端轴电压（V）	轴对地电压（V）		轴对地电流（A）	
		轴对地电压	No.4 轴承座对地电压	No.3 轴承座	No.4 轴承座
第一次	0.5	185	90	0.32	0.35
第二次	2.0	170	95	0.226	0.225

经分析认为，造成齿轮电腐蚀及损伤的原因是静态自励励磁系统输出的脉动整流电压作用于发电机转子励磁绕组上，经过励磁绕组与转子本体之间、轴承油膜和齿轮油膜与主回路元件之间形成的等值电容产生回路电流，即轴电流破坏了润滑油膜，并在轴瓦面和齿轮接触面各部位产生电腐蚀。

基于上述原因，该电厂采用了下列改进措施：取消接在晶闸管整流器交流侧的星形接地阻容保护回路，以切断可能形成的轴电流。另在发电机轴上加装接地电刷，这一措施只能降低轴对地电位，不能绝对防止轴电流的产生。

二、轴电压的来源及防护

带有静态励磁系统的汽轮发电机组会产生四种形式的轴电压。表 10-3 概述了这些电压的来源。前两种形式是感性的，其幅值通常远小于 10V。但如果感应电压回路是通过低电阻闭合支路，则在轴承和辅助设备中将有大电流通过，从而造成严重破坏。后两种形式的电压出现在轴和地之间，若轴和地之间无任何接触，很容易产生超过 100V 的电压，轴电压覆盖很宽的频带，从直流到 500kHz。表 10-3 中的字母符号的意义如图 10-15 所示。

实践表明，将发电机励磁端的所有轴承和轴密封进行绝缘，对防止发电机中产生感应轴电压及由此形成大环流是非常有效的。同时，为了测定各部分的工作情况，多采用两个独立的绝缘层对轴承和轴密封进行绝缘。

当轴电压在轴和轴瓦之间的油膜放电时会引起幅值超过 20V 的轴对地电压，由此引起轴电流并对轴承造成连续的腐蚀。

为了防止轴电压引起环流，通常利用接地碳刷将轴接地。但是，大量的运行经验表明，在机端要达到良好而又可靠的接地是非常困难的。因为接触电阻受转轴很高的表面速度的影响，轴表面速度可达 100m/s，此数值几乎为制造厂允许值的两倍，另外，油雾的污染也导致接地碳刷接触的不良。

此外，采用静态自励励磁系统又为轴电流提供了一个新的旁路。晶闸管在换相期间引起高达 10A/μs 的周期性脉动电流可通过转子绕组对地电容耦合到转轴上。

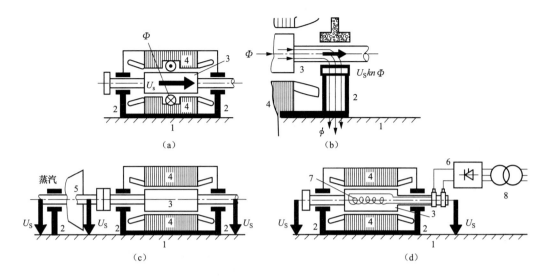

图 10-15　大型汽轮发电机轴电压的产生方式及通路

(a) 磁路不对称产生的轴电压；(b) 轴向磁通产生的轴电压；(c) 静电荷产生的轴电压；

(d) 作用于转子绕组上的外部电压产生的轴电压

1—底座；2—轴承；3—转轴；4—定子；5—汽轮机；6—整流器；7—转子绕组；8—变压器

　　油雾和高速度会使碳刷与转轴在表面接触处产生损伤痕迹，形成尖角波形。这些痕迹也会造成电接触不良。即使周到地维护，包括周期性地对刷和轴进行研磨，在这个位置上的接地碳刷也是不可靠的。

表 10-3　　　　　　　　　　　旋转电机轴电压的类型和处理

来源	导致的轴电压的种类	后果
(a) 磁路不对称 ·定子叠片接缝 ·转子偏心 ·转子或定子下垂产生各种磁通	变化的磁通环链经过转轴—座板—轴承回路感应轴电压	感应电压将在任何低阻回路产生大电流，引起相应的损坏
(b) 轴向磁通 ·剩磁 ·转子偏心 ·转子绕组对称	旋转磁通在轴承和转子部件中感应单极电压	感应电压将在轴承和轴密封中引起大电流和相应的破坏
(c) 静电荷 ·蒸汽冲刷汽轮机叶片	与接地状况有关的轴电容被充电，由于内部绝缘产生静电动势	轴与轴承（地）间的电压被加到油膜上，如果击穿，将发生电荷放电，产生斑点，损坏轴承和轴密封的表面
(d) 作用于转子绕组上的外部电压 ·静止励磁装置 ·电压源或转子绕组绝缘不对称 ·有源转子绕组保护装置	通过电源、绕组及与接地状况有关的绝缘电容和电阻，外电压使轴产生电动势	

　　虽然在汽轮机高压缸转子的自由端，转轴直径较小，表面速度很低，但安装在此处的接地碳刷并不能消除换向期间的高频电流脉冲。这是由轴阻抗的频率特性所造成的，虽然轴电感较小，但对高频（达 500kHz）呈现出很大的阻抗。

基于上述情况，现行的防止轴电压的措施包括：将发电机励磁机端所有的轴承和轴密封进行绝缘，可有效防止感应的轴电压产生环流；在发电机汽轮机端使用的各种形式的接地碳刷均需要经常维护，为此并不能提供可靠的防护轴电流的措施。

三、大型汽轮发电机的轴接地系统

一个新的轴接地系统必须满足下列要求：

（1）在任何运行方式下，应使轴对地电压减小到 20V 以下；

（2）与现有装置兼容；

（3）易于维护和具有良好的可接近性；

（4）监测接地装置工作情况的可能性。

提出这些要求的依据是：

（1）调查证实幅值低于 20V 的轴电压不致引起汽轮发电机轴承的电腐蚀损耗；

（2）任何新的接地系统必须与现行的轴保护装置及监测装置兼容，并易于安装在各种形式的汽轮发电机组上；

（3）必须易于接近、便于观察和维护而不危害工作人员，在核电站，维护处理轴接地装置期间不得有放射性辐射；

（4）监测接地装置的工作情况主要是指对接地碳刷的电气接触情况和局部损伤情况的监测。

四、新型轴接地装置

当碳刷在表面速度远低于制造厂给定的最大值情况下工作时，其接触性能大大增强。从这一点出发，沿着大型汽轮发电机的转轴只有两个位置可以放置接地碳刷。

一是在汽轮机高压缸的自由端将轴接地，但这种方法并不能防护来自静态自励励磁系统的高频轴电压脉冲。

二是在发电机励磁端接地，碳刷绕过轴承绝缘，若发电机汽轮机端存在任何预料不到的轴对地接触时，发电机轴所感应的轴电压将会引起很大的环流。

图 10-16 示出了一台汽轮发电机组在发电机汽轮机端带有常规接地碳刷，并且在励磁端还有一接地碳刷通过一组新型无源 RC 电路接地。其中，电阻值选 500Ω 左右，这个阻值高得足以将电流限制在几毫安（这是无害的）内，又低得足以防止直流电动势的建立。并联电容取 $10\mu F$ 左右，此值对于防护静态励磁系统引起的所有轴电压都是有效的。

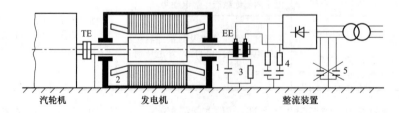

图 10-16　静态自励励磁系统的轴电压防护接线

1—轴密封；2—汽轮机端接地碳刷；3—无源阻容保护；4—晶闸管阻容接地保护；5—励磁变压器传统阻容保护

如在碳刷和 RC 电路之间加装一个熔断器，可防止事故时转轴流过较大的环流，如电容C 损坏引起的环流等。

加在励磁端的新型 RC 接地装置可以与任何现行的发电机汽轮机端接地碳刷共用。这种新型接地系统也适用于现行的转子接地故障监测装置，监测装置本身也是一个轴电压源，若接地不良便会发出报警。

图 10-17 示出了接地碳刷在不同位置时测得的轴电压变化情况。

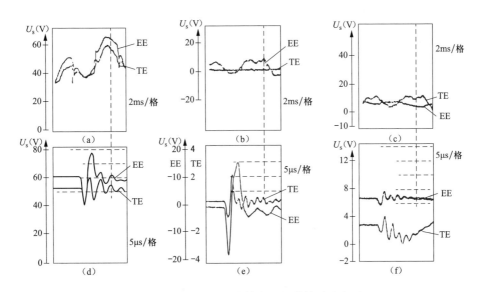

图 10-17　1200MVA 汽轮发电机的轴对地电压

（a）无接地碳刷（低频）；（b）在汽轮机端有接地碳刷（低频）；（c）仅在励磁端通过 RC 阻抗接地（低频）；

（d）无接地碳刷（高频）；（e）在汽轮机端有接地碳刷（高频）；（f）仅在励磁端通过 RC 阻抗接地（高频）

EE—发电机励磁端；TE—发电机汽轮机端

图 10-17（a）、（d）是在拆除所有接地碳刷情况下测得的汽轮机端和励磁端轴对地电压。电压曲线可以理解为是各种量的叠加，包括 45V 左右的直流分量（静电效应）、2.5V 左右的50Hz 分量（转子偏心感应的轴电压）、15V 左右的 150Hz 矩形波分量（静态励磁系统的共模电压）。

图 10-17（d）是晶闸管换相期间的高频轴电压，已经超过 15V。

图 10-17（b）、（e）是仅在汽轮机端有常规接地碳刷情况下测得的轴电压。汽轮机端的轴电压几乎是零，励磁端仍有几伏的感应低频电压和由于静止励磁而产生的尖峰电压，但其总和基本不超过 20V。如果这种现行的汽轮机端接地碳刷能够可靠运行的话，对于降低轴电压将是很有效的。

图 10-17（c）、（f）是汽轮机端没有任何接地碳刷，仅励磁端带有新型 RC 接地装置情况下得到的试验结果。由于电阻 R 的压降，轴电压中有直流电压分量出现。从汽轮机端的轴电压也可以看出较小的感应电压分量所起的作用。发电机两端的轴电压尖峰实际上被消除了。所有的轴电压被长期地、极可靠地减小到远低于 20V 的安全限以下。

对同时在汽轮机端有常规接地碳刷而在励磁端有 RC 接地装置的接地系统也进行了测量。测量结果证实，所有轴电压均显著减小，而且这两套接地装置之间没有不良影响。

如上所述的新型轴接地系统还为安装一种新的接地监测系统提供了可能。图 10-18 即为这种监测系统的框图，其设计依据是通过测量回路的电压和电流的特征频率分量可判别接地碳刷接触的情况及接地电路工作是否正常。

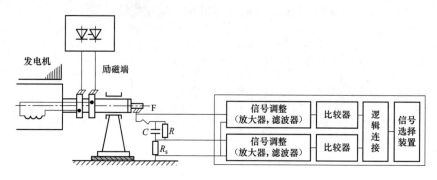

图 10-18　轴接地监测系统

R_s—测量电流用分流电阻

第四节　低励限制与失磁保护的配合[23]

对于同步发电机，失磁是指发电机的励磁电流小于在特定功率条件下为保证同步发电机稳定运行所需的最低励磁电流值。当低励限定不能阻止励磁电流持续降低的要求时，发电机的运行点将会超过稳定极限，进而从系统中吸收无功功率，进入滑差运行状态，甚至失步。

励磁系统通常的整定原则是当运行出现上述情况时，首先低励限制动作，如限制失效，经设定延时，失磁保护动作，检测失磁故障产生的原因，并根据控制逻辑予以跳闸。

有关失磁保护动作的判据，目前广泛应用的是阻抗判据法。这一方法虽然在失磁保护领域获得了广泛的应用，但是不能直观地得出低励限制与失磁保护特性的配合是否适宜的结论。其原因在于低励限制的表达形式位于 P-Q 平面坐标系，而失磁保护的表达形式位于 R-X 阻抗平面。两者参数无法直接进行比较，需予以转换。

有鉴于此，西门子公司曾推出了一种全新的失磁保护动作原理表达方式，即将发电机运行极限图变换到以导纳表示的坐标平面中，并将发电机低励限制特性与失磁保护特性绘制在同一平面中，以直观地对两者参数整定的合理性进行评估。

一、发电机运行极限图

为便于讨论，对下述基本电气量作如下定义。

符号约定：输出功率（P，Q＞0）为正值。

视在功率：符号 S，单位 VA（kVA，MVA）。

有功功率：符号 P，单位 W（kW，MW）。

无功功率：符号 Q，单位 var（kvar，Mvar）。

如果采用标幺值，则应以发电机额定视在功率 S_N、额定电压 U_N、额定电流 I_N 等发电机的铭牌数据进行相应的计算。

根据笛卡儿坐标系的定义（x 轴＝实部分量，y 轴＝虚部分量），第一象限为发电机的运行范围（$P>0$，$Q>0$）。在欠励磁的工况下，发电机运行在第二象限（$P>0$，$Q<0$）工况。相应的发电机运行极限图如图 10-19 所示。

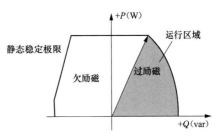

图 10-19　发电机运行极限图

根据发电机的有功功率和无功功率表达式，可求得静态稳定极限的表达式。对于凸极式发电机，由于凸极式发电机的纵轴电抗参数和横轴电抗参数不同，即 X_d 不等于 X_q，从而形成一个直径为 $U\dfrac{X_d-X_q}{X_d X_q}$ 的圆。此圆表示当不加励磁（$E=0$）时，发电机能产生的稳态功率：

$$P = \frac{EU}{X_d}\sin\delta + \frac{U^2}{2}\frac{X_d-X_q}{X_d X_q}\sin 2\delta \tag{10-35}$$

$$Q = \frac{EU}{X_d}\cos\delta - \frac{U^2}{X_d}\left(1+\frac{X_d-X_q}{X_q}\sin 2\delta\right) \tag{10-36}$$

式中　E——定子绕组电动势；

　　　　U——发电机机端电压；

　　　　X_d——纵轴同步电抗；

　　　　X_q——横轴同步电抗；

　　　　δ——转子功率角。

对于隐极式发电机，由于纵轴同步电抗 X_d 和横轴同步电抗 X_q 近似相等，因此式（10-35）和式（10-36）可予以简化。理论上的静态稳定极限功角 $\delta=90°$。相应地稳定极限值亦可通过纵轴同步电抗 X_d 得出。而对于凸极式水轮发电机，此时稳定极限值与纵轴同步电抗 X_d、横轴同步电抗 X_q、励磁系统及机端电压均有关。Q 轴上的理论极限值取决于横轴同步电抗 X_q。允许的功角 δ 小于 90°。在图 10-20 和图 10-21 中示出了通过电流和电压的相量图表示发电机的运行极限图。

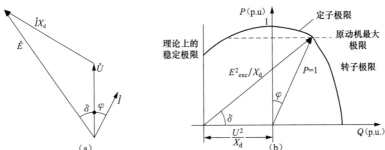

图 10-20　隐极式发电机（$X_d=X_q$）的相量图和运行极限图

（a）电压相量图；（b）运行极限图

E_{exc}—定子绕组电动势；I—定子电流

261

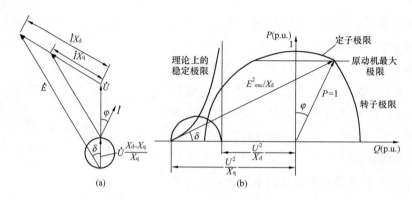

图 10-21　凸极式发电机（$X_d \neq X_q$）的相量图和运行极限图

(a) 电压相量图；(b) 运行极限图

从图 10-20、图 10-21 中可以看出，发电机的运行范围在过励磁区域，受原动机输入功率和励磁绕组温升的约束。在欠励磁区域，受原动机输入功率、定子端部温升及稳定极限的约束。

当发电机并网后，发电机的实际稳定极限将会发生变化。此时要考虑到发电机和系统之间的联系电抗（如升压变压器的电抗）等，还要考虑适当的安全裕度。为此，发电机实际允许的稳定极限值将小于理论值。通常发电机制造厂给定的稳定极限图是不同于运行极限图的。

在图 10-22 和图 10-23 中分别示出了隐极式发电机和凸极式发电机的运行极限图。

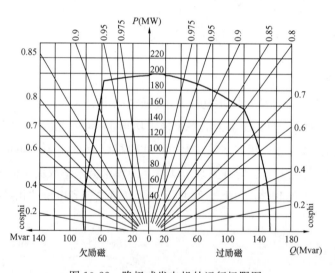

图 10-22　隐极式发电机的运行极限图

考虑到发电机与系统的联系电抗，相比于理论上的稳定极限特性，隐极式发电机的实际稳定极限将向坐标轴的右边倾斜。但是对于凸极式发电机，理论上的稳定极限图将整体移向坐标轴的右边。并且大致对称于圆中心。

运行极限图适用于发电机处于额定电压（U_N）和额定电流（I_N）的工况。在实际运行中，由于不能保证电压为恒定。通过下列的计算公式，可以看出电压变化对发电机运行极限的影响。

如果不加励磁，那么定子绕组电动势 $E=0$。发电机吸收的最大无功功率为 $Q=-U^2/X_d$，当电压变化 10% 时，无功功率有以下变化。

当 $U=0.9$ 时：

$$Q=-\frac{U^2}{X_d}=-\frac{0.9^2}{X_d}=-\frac{0.81}{X_d}$$

当 $U=1.1$ 时：

$$Q=-\frac{U^2}{X_d}=-\frac{1.1^2}{X_d}=-\frac{1.21}{X_d}$$

与额定电压时相比，在低电压时发电机的稳定极限移向右边，进一步约束了发电机能够吸收的系统无功功率。此无功功率与电压的平方成正比。在过电压时，发电机的稳定极限移向左边，因此不必予以关注。

上述讨论的静态稳定，主要涉及系统中发生的小干扰对发电机静态稳定极限的影响。如果系统的负载或者运行方式突然发生大干扰，那么发电机的各参量将会出现相应的暂态变化及相应的暂态响应。此时将涉及发电机的动态稳定问题。为了简化讨论，可以用暂态量（X_d'，X_q' 和 E''）替换式（10-35）和式（10-36）中的相关量。图 10-24 示出了动态稳定的基本结果。在此过程中，假设发电机的暂态纵轴电抗等于横轴同步电抗，即 $X_d'=X_q$。从图 10-24 可以看出，在动态过程中，即使功角大于 $90°$，发电机依然能保持稳定。如果对稳极式发电机加以分析，也可以得出类似的结论。在这种情况下，发电机的动态稳定极限取决于暂态纵轴电抗。在实际运行中，功角也大于 $90°$，一般为 $110°\sim120°$。

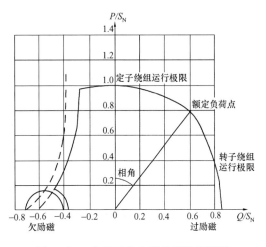

图 10-23　凸极式发电机的运行极限图

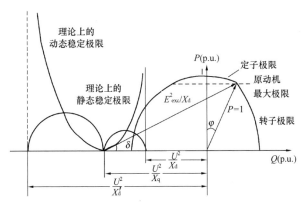

图 10-24　动态稳定极限（凸极式发电机）

对发电机失磁状态下的各种稳定极限的特征，在图 10-25 中做了说明。

（1）运行中的发电机实际稳定极限位于理论上的稳定极限右边，通常由发电机的运行极限图确定。

（2）如果发电机机端电压 $U<U_N$，那么稳定极限将向右移动。

（3）考虑到发电机运行中出现的动态工况，引入了发电机的动态稳定极限。如果运行点超出动态稳定极限，必须立即将发电机从系统中解列，因为此时继续运行，发电机很有可能发生滑极并导致失步。

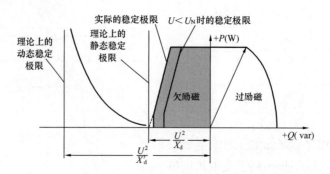

图 10-25　发电机实际的稳定极限

二、导纳测量原理及推导

根据复数功率的定义，发电机的视在功率可以表示为：

$$\dot{S} = P + jQ \tag{10-37}$$

或者写为：

$$\dot{S} = \dot{U}\hat{I} \tag{10-38}$$

式中　$\hat{I}$——相量 $\dot{I}$ 的共轭值。

当在直角坐标中相量电压 $\dot{U}$、$\dot{I}$、$\hat{I}$ 可分别写为：

$$\dot{U} = U_a + jU_b \tag{10-39}$$

$$\dot{I} = I_a + jI_b \tag{10-40}$$

$$\hat{I} = I_a - jI_b \tag{10-41}$$

依复数功率的定义式（10-38）可写为：

$$
\begin{aligned}
\dot{S} = \dot{U}\hat{I} &= (U_a + jU_b)(I_a - jI_b) \\
&= (U_a I_a + U_b I_b) + j(U_b I_a - U_a I_b)
\end{aligned}
\tag{10-42}
$$

令 $P = U_a I_a + U_b I_b$，$Q = U_b I_a - U_a I_b$，代入式（10-42）可得：

$$\dot{S} = P + jQ \tag{10-43}$$

则可得出式（10-42）等同于式（10-37）。

下面讨论复数功率 $\dot{S}$ 的共轭根 $\hat{S}$：

$$
\begin{aligned}
\hat{S} = \hat{U}\dot{I} = P - jQ &= (U_a - jU_b)(I_a + jI_b) \\
&= (U_a I_a + U_b I_b) - j(U_b I_a - U_a I_b)
\end{aligned}
\tag{10-44}
$$

同理令 $P = U_a I_a + U_b I_b$，$Q = U_b I_a - U_a I_b$，代入式（10-44）可得：

$$\hat{S} = P - jQ \tag{10-45}$$

下面推导复数导纳的表达式。

依电工学导纳定义：

$$\dot{Y} = \frac{\dot{I}}{\dot{U}} = \frac{\dot{I}\hat{U}}{\dot{U}\hat{U}} = \frac{\hat{S}}{U^2} = \frac{P - jQ}{U^2} = \frac{P}{U^2} - j\frac{Q}{U^2} \tag{10-46}$$

$$\dot{Y} = G + jB \qquad (10\text{-}47)$$

式中 $\dot{Y}$——导纳；

$\quad$ G——电导（导纳的实部）；

$\quad$ B——电纳（导纳的虚部）。

由式（10-46）和式（10-47）可得出：

$$\left.\begin{aligned} G &= \frac{P}{U^2} \\ B &= -\frac{Q}{U^2} \end{aligned}\right\} \qquad (10\text{-}48)$$

依此，只需将在发电机运行极限图上的数据 P、Q 值除以电压的平方，并将虚部参数的符号反向，即可求得以导纳平面表示的发电机运行极限图。当发电机机端电压 $U=U_N=1$ 时，在运行极限图上的标幺值参数等同于导纳图上的标幺值参数（见图 10-26）。因此，可以从发电机的运行极限图上直接获取失磁保护的整定值参数。

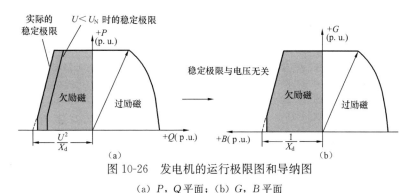

图 10-26　发电机的运行极限图和导纳图

(a) P，Q 平面；(b) G，B 平面

在以导纳参数表示的发电机运行极限图中，各参数的标幺值为：

$$\frac{1}{X_{d,pu}} = \frac{1}{X_d} \times \frac{U_N}{\sqrt{3}I_N}$$

$$G_{pu} = \frac{P/S_N}{(U/U_N)^2}$$

$$B_{pu} = \frac{Q/S_N}{(U/U_N)^2}$$

失磁保护测量算法的基础是式（10-37）、式（10-38）和式（10-42）。保护装置通过瞬时值采样得到发电机的三相对地电压和三相电流的相量，然后从这些相量数据中计算出电流和电压的正序分量。按照式（10-36）和式（10-38）中的定义，采用电压和电流的正序分量计算出发电机的有功功率和无功功率。然后按照式（10-42），除以正序电压 U_1 的平方，即可将功率平面转换到导纳平面。

从图 10-25 可以直接得出失磁保护所需的特性参数。图中给出的静态稳定极限是必须监视的，通常用两条直线表示。另外，还设有一个动态稳定极限的门槛值。在深度欠励磁运行区域（图 10-27 中特性 3 左边的部分），发电机已无可能再进入同步。所以，此时要求立即跳闸。它与超出静态稳定极限（图 10-27 中的特性 1 和特性 2）时的状况是不同的。如果是后者，只要增加励磁电压，将完全有可能将发电机拉回同步运行。因此，励磁电压 U_{ex} 降低即可作为失磁保护的辅助判据。这个辅助判据控制着特性 1 和特性 2 的跳闸时间。通过这种方式，当发电机恢复静态稳定工况后，发生动态脉冲信号进入静态稳定极限造成暂态穿越时，可以有效防止失磁保护误动作。

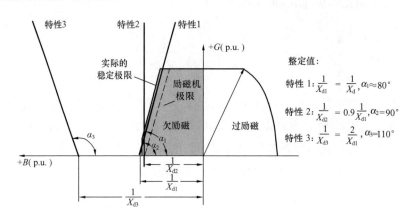

图 10-27 导纳特性的失磁保护特性曲线（隐极式发电机）

（对于凸极式发电机，特性 1 整定值约等于 $1/X_d + 1/2 \ (1/X_q - 1/X_d)$，特性 2 整定值约等于 X_d，$\alpha_2 = 100°$）

有关特性 1、特性 2 和特性 3 的整定如下。

对于隐极式发电机：

特性 1：$\lambda_1 = \dfrac{1}{X_{d1}} = 1.05 \dfrac{1}{X_d}$；$\alpha_1 = 60° \sim 80°$。

特性 2：$\lambda_2 = 0.9\lambda_1$；$\alpha_2 = 90°$。

特性 3：$\lambda_3 = \dfrac{1}{X_d} \sim \dfrac{1}{X_d'}$，$\lambda_3$ 必须大于 1；$\alpha_3 = 80° \sim 110°$，一般可取 110°。

对于凸极式发电机：

特性 1：$\lambda_1 \approx 1.05 \left[\dfrac{1}{X_d} + 0.5 \left(\dfrac{1}{X_d} - \dfrac{1}{X_q} \right) \right]$，$\alpha_1 = 60° \sim 80°$。

特性 2：$\lambda_2 = 0.9\lambda_1$；$\alpha_2 = 90°$。

特性 3：$\lambda_3 = \dfrac{1}{X_d} \sim \dfrac{1}{X_d'}$；$\lambda_3$ 必须大于 1，$\alpha_3 = 80° \sim 110°$，一般可取 110°。

整定这些失磁保护特性曲线，只需要根据整定特性直线与 B 轴的交点即可确定其基准点以及直线的倾斜角。整定的失磁保护特性曲线应该尽量靠近给定的发电机稳定极限特性曲线。然后，再考虑励磁回路控制装置的特性。

从图 10-27 可以看出失磁保护的动作特性：

（1）超越特性 1、特性 2。励磁电压监测器未启动。这种情况必须要发出报警，跳闸命令要设定长延时（10s 左右）。

（2）超越特性 1、特性 2。励磁电压监测器已启动。这种情况下，跳闸命令要设定短延时（0.5～1.5s）。

（3）超越特性 3。这种情况下，跳闸命令可以设定超短延时（小于 0.3s），或者不设延时。

三、阻抗与导纳测量方法的对比

为了获得失磁保护阻抗原理的定值参数，必须将发电机的运行极限图变换（映射）到阻抗平面。其中的数学变换采用轨迹的倒数。但是这样变换产生的结果，是无法直观地对比运行极限图的。因为根据轨迹论，不经过原点的直线经过倒数变换成圆时，与原点相切，将理论上的稳定极限变换到阻抗平面后，得到一个圆。变换机制显示在图 10-28 中。运行极限图上稳定极限左边的所有点，经过变换后都位于阻抗平面上的半圆（阴影区域）内。

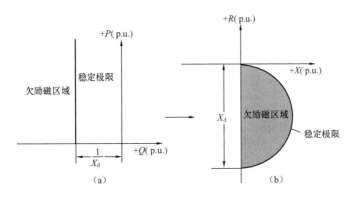

图 10-28　变换到阻抗平面

(a) P，Q 平面；(b) R，X 平面

上面对导纳式失磁保护保护的整定及其与发电机运行极限图的配合原理做了说明，并指出采用按导纳原理整定的失磁保护特性可极为贴近发电机的运行极限图，同时两者之间可直观地对整定特性的结果进行评估。作为实例，在图 10-29 中示出了三峡水电厂 VGS 型

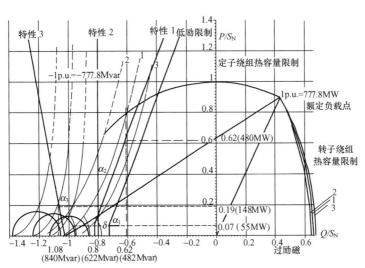

图 10-29　三峡水电厂 VGS 型 777.8MW 水轮发电机组失磁保护与低励限制的整定配合

特性 1—静态稳定极限，$\alpha_1 = 70°$；特性 2—理论静态稳定极限，$\alpha_2 = 90°$；特性 3—动态稳定极限，$\alpha_3 = 100°$

1—$U_G = 1.0$，$I_G = 1.0$，$\cos\varphi = 0.9$；2—$U_G = 1.05$，$I_G = 0.95$，$\cos\varphi = 0.9$；3—$U_G = 0.95$，$I_G = 1.05$，$\cos\varphi = 0.9$；

额定容量：$S_N = 777.8MVA$，$U_{GN} = 20kV$，$\cos\varphi_N = 0.9$，N=75r/min。

777.8MW 水轮发电机组失磁保护与低励限制的整定配合特性。

特性 1：静态稳定极限，$\alpha_1 = 70°$，$U_G = 1.0$，$I_G = 1.0$，$\cos\varphi = 0.9$。

特性 2：理论静态稳定极限，$\alpha_2 = 90°$，$U_G = 1.05$，$I_G = 0.95$，$\cos\varphi = 0.9$。

特性 3：动态稳定极限，$\alpha_3 = 100°$，$U_G = 0.95$，$I_G = 1.05$，$\cos\varphi = 0.9$。

额定容量 $S_N = 777.8\text{MVA}$，$U_{GN} = 20\text{kV}$，$\cos\varphi_N = 0.9$，$N = 75\text{r/min}$。

第五节　水轮发电机的电气制动[24]

近年来，随着三峡、龙滩、拉西瓦和小湾等水电厂一批单机容量为 700MW 的大型水轮发电机组的陆续投入运行，由于这批水轮发电机组转子部分的转动惯量极大，例如三峡机组转动惯量 $GD^2 \geqslant 450000\text{t} \cdot \text{m}^2$，相应停机制动问题显得更加重要。另外，水电机组在电网中还较普遍地承担调频、调峰和事故备用的作用，开、停机次数非常频繁，使用传统的机械制动单一制动方式已经远远不能满足现控制运行方式的要求，因此大型水电机组装设电气制动的必要性也更加突出。目前，三峡水电站全部机组均装设有电气制动系统。

传统的电气制动技术基本采用二极管整流提供发电机的励磁电流，这一方式目前已很少使用。

当前广泛应用的柔性电气制动是利用发电机励磁系统的调节器和晶闸管整流器在机组制动时提供可控的制动励磁电流。并根据停机制动时的水头、转速和导水叶的漏水量调整制动电流的大小来改变制动特性，以使整个控制过程平稳并可调节。

一、制动系统的选择

纵轴式水轮发电机组在停机后，由于水轮机存在的少量泄漏和机械轴惯性会引起残留旋转转矩，如果未装设制动系统，仅靠风阻和轴承摩擦达到停止，其过程较长。

通常，当水轮发电机运行在下列条件下，需采用快速制动方式：

（1）机组在 24h 内启停数次的水电站（如抽水蓄能电站或调峰电站）。

（2）发电机具有可靠的轴承而无自动油压控制系统，使发电机的轴承系统有可能在非最优的润滑条件下运行。

在停机制动过程中，可选用的制动方法有机械制动和电气制动。

1. 机械制动

这种制动方法采用对称的圆形体制动器，它们或者直接作用于转子上，或者作用于单独的制动环上。风阻和轴承摩擦在高速时亦具有自然制动效果。为了避免选用过大的制动设备，机械制动通常用于当转速下降至 30％～25％额定转速时的制动，在不需要快速制动时，为了节约闸瓦，通常在 10％额定转速时开始机械制动。制动圆柱体的控制和驱动既可以用气动也可以用液压系统，这个系统作用在高摩擦系数非金属材料的闸瓦上，在转子上或制动环上产生高摩擦系数。对闸的表面要求取决于制动系统的压力、机械部分相对轴的惯性、在转子上或制动环上闸面允许的最大温升以及所要求制动时间。

2. 电气制动

在执行停机操作后，利用将定子绕组三相短路在转子励磁绕组中加以恒定励磁以产生电气制动转矩的方法，实现对机组的制动。

另一个可能的电气制动方法是采用两相短路，在这种情况下，反相磁场附加损耗有利于制动转矩的增加，这种方法的优点是：

（1）为了产生与三相短路相同的制动转矩，要求电气制动系统提供一定数值的励磁电流。

（2）可在 2/3 铜损时出现更高附加损耗，制动时间较短。附加损耗决定于机组特性，它可以达到三相短路引起附加损耗的 10 倍，当采用两相短路制动方式时应注意到在制动过程中会出现较大的摆动转矩，将会对轴及其他连接部分产生强大的应力。

此外，可供选择的电气制动方法还有：

（1）在发电机定子外部接电阻的电气制动。

（2）通过对定子绕组提供直流电流的电气制动。

（3）连接在定子上的静止变频器的制动。

上述三种方法，通常用于具有高优先权的快速启动和停止的抽水蓄能电站。

当要求机组在一天内启停 2～3 次的水电站，最佳的制动方法是定子绕组三相短路的制动方法，其结果是机械应力和定子绕组过热均较小。

在实现电气制动方面，由于大型机组通常具有由机端供电的静态自励励磁系统，所以必须对转子绕组提供励磁电流的方式进行研究。图 10-30 和图 10-31 提供了两种可能的解决方法。图 10-30 中所示的方法采用了低或中压电源向励磁系统晶闸管整流桥供电。三相转换开关可设置在励磁柜内。该系统的励磁电流可由 AVR 的电流控制方式进行控制。同一电路也可以用于投运和试验，例如发电机特性测定或继电保护的整定。一台电源变压器可供相邻的两台机组共用，因为通常情况下在同一时间内仅有一台机制动。

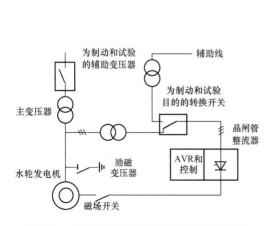

图 10-30 采用晶闸管整流器的电气制动线路

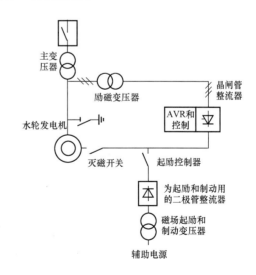

图 10-31 励磁起励电路用于电气制动

图 10-31 所示为另一种方法，它采用起励电路来提供制动过程要求的励磁电流。这种方

法在制动过程的直流电流大小决定于 AC 辅助电源电压和转子绕组的温度。

通常在电气制动时，提供的励磁电流等于发电机空载的励磁电流。

二、电气制动的基本表达式

在机组解列后，将定子绕组三相短路，并向转子绕组中输入一恒定直流电流，此时将在定子绕组中产生短路电流。该电流在定子绕组中产生铜损制动转矩，使机组减速制动到停机。应强调指出的是：在电气制动过程中，定子绕组中的短路电流 I_k 是一恒定值，不随机组转速下降而变化。因为根据同步电机理论可知，电气制动过程中，通过转子绕组的励磁电流是相对恒定的，故可以认为基波每极磁通量 Φ 亦是恒定的。

定子绕组感应的内电动势和纵轴同步电抗分别为：

$$E = 4.44 fW\Phi K_{\mathrm{f}} = \frac{4.44}{60} PW\Phi K_{\mathrm{f}} n = K_{\mathrm{E}} n \tag{10-49}$$

$$X_{\mathrm{d}} = \omega L = 2\pi fL = \frac{2\pi Pn}{60} L = K_{\mathrm{d}} n \tag{10-50}$$

式中　E——定子绕组感应的内电动势；

K_{f}——波形系数；

n——机组转速；

P——发电机磁极对数；

K_{E}——电压系数，$K_{\mathrm{E}} = \frac{4.44}{60} PW\Phi K_{\mathrm{f}}$；

X_{d}——纵轴同步电抗；

K_{d}——电枢反应系数，$K_{\mathrm{d}} = \frac{2\pi PL}{60}$。

短路电流 I_k：

$$I_{\mathrm{k}} = \frac{E}{\sqrt{X_{\mathrm{d}}^2 + R^2}} = \frac{K_{\mathrm{E}} n}{\sqrt{(K_{\mathrm{d}} n)^2 + R^2}} \tag{10-51}$$

由式（10-51），当忽略定子绕组电阻 R 时，可求得：

$$I_{\mathrm{k}} = \frac{K_{\mathrm{E}} n}{K_{\mathrm{d}} n} = \frac{K_{\mathrm{E}}}{K_{\mathrm{d}}} = 常数 \tag{10-52}$$

由式（10-52）可知，在制动过程中，从理论上定子短路电流 I_k 为恒定值，不随转速 n 改变。

下面讨论电气制动转矩 M_E 的表达式：

$$M_{\mathrm{E}} = \frac{P_{\mathrm{E}}}{\omega} = \frac{3I_{\mathrm{k}}^2 R}{2\pi f} \tag{10-53}$$

将式（10-51）代入式（10-53），并令 $f = \frac{nP}{60}$，整理得：

$$M_{\mathrm{E}} = \frac{3I_{\mathrm{k}}^2 R}{2\pi f} = K_{\mathrm{m}} \frac{n}{K_{\mathrm{d}}^2 n^2 + R^2} \tag{10-54}$$

$$K_{\mathrm{m}} = \frac{90RK_{\mathrm{E}}}{\pi P}$$

为求得出现最大制动转矩时的转速，可对式（10-54）的转速 n 进行微分，并令导数为零，可得：

$$n = \frac{R}{K_d} \tag{10-55}$$

式（10-55）表明，当转速 $n = \dfrac{R}{K_d}$ 时出现电磁转矩最大点，而转速在零时，电磁转矩亦为零。机组在进行电气制动时铁芯磁路磁通不饱和，同时考虑到制动时间比较长，远大于发电机的暂态、超暂态时间常数，其工作特性近似于稳态的双绕组变压器，主要反应是铜损，而不是励磁电抗的铁损，与正常发电机短路升流试验特性类似。

在电气制动系统中，式（10-54）可以得出如下结论：由于 I_k、R 为常数，电制动转矩随机组转速下降而增大。由此可见，电气制动的特性对低转速停机具有独特效果。电磁转矩与定子短路电流的平方成正比，与机组转速成反比的关系，因此，增大定子短路电流对缩短停机时间是十分有效的。停机过程中的关键在于低转速区中机组转速下降陡度，只要电气制动电流等于甚至大于定子的额定电流，电气制动在低速区能够获得满意的转速下降率。

三、制动变压器的选择

在设计电气制动系统时，应考虑的一个重要问题是，必须采用制动变压器，尽管在不采用制动变压器时亦可由厂用电 380V 电源经晶闸管整流器获得需要的直流励磁电流，其理由是一旦晶闸管失控会使定子绕组回路中产生危及机组安全的过电流。

制动变压器二次侧额定线电压，依计算式：

$$\frac{3\sqrt{2}}{\pi} U_2 \cos\alpha_{min} = K_i I_f R_f + \sum \Delta U \tag{10-56}$$

式中　U_2——制动变压器二次侧额定线电压；

　　α_{min}——励磁调节器输出最小控制角，$10°\sim15°$；

　　K_i——短路电流过载系数；

　　I_f——当定子绕组短路电流为额定值时对应的转子电流值；

　　R_f——转子绕组电阻；

　　$\sum\Delta U$——包括晶闸管导通两臂的元件正向压降、横向压降、线路电阻压降以及滑环碳刷压降，计算中取为 4V。

首先，确定短路电流过载系数。根据我国水轮发电机组技术条件规定：水轮发电机应能在额定负载下承受 1.5 倍额定电流的短时过电流持续 2min 而不损坏。而电气制动是在定子短路情况下，时间一般小于 10min。按照定子热容量曲线，理论上发电机定子电气制动时，定子电流取 $1.0\sim1.3$ 倍额定电流是合理的，K_i 相应取 $1.0\sim1.3$。目前对电气制动时间无相关标准要求，所以工程上多取为额定电流。

其次，可取额定励磁电压/额定励磁电流作为转子绕组电阻考虑。制动变压器二次侧线电流：

$$I_2 = 1.1 \times \sqrt{\frac{2}{3}} I_k \tag{10-57}$$

制动变压器额定容量：

$$S = \sqrt{3} U_2 I_2 \tag{10-58}$$

考虑整个制动过程小于10min短时工作制，可取1/2容量，设计容量为1/2S，引此依据可参照变压器厂提供的曲线，从变压器制造厂提供的容量特性曲线可以看出，变压器在初始负载为零的情况下，短期20min可过载2倍额定容量。一般水电厂有多台机组，各台机组的停机时间不尽相同，在此条件下，可考虑2~3台机组共用一台制动变压器。

四、电气制动回路的设计要点

在电气制动过程中，由于制动时间较长，一般有几分钟，远大于电机暂态过程。为此，在变速情况下，定、转子电流之间仍保持恒比例关系，但在启动和停止过程中，定、转子电流不再具有线性比例关系。

事实证明，单一投电气制动能够将转速拉到0.5%~1%额定转速点，无须投机械制动亦可以停机，但是，考虑到机械制动作为电气制动失效时的后备，有必要设计机电联合制动方式。不定期投入风闸制动以检验机械制动的工作状态。

电气制动过程中采用转子恒励磁电流控制方式以维持定子电流恒定的控制方式是可行的。

对于制动变压器的设计，必须考虑到失控情况，保持定子电流不超过规定定子热容量的上限值。

第六节　抽水蓄能水电站电气制动的应用实例[25]

现以桐柏抽水蓄能电站抽水蓄能机组为例，说明电气制动的应用。水电站安装4台立轴单级混流可逆式水泵水轮机—发电电动机组，单机容量为300MW，总装机容量为1200MW。

水电站发电电动机与变压器组合方式为单元接线，其间装设有发电机断路器和换向隔离开关，500kV侧以各2组机组变压器单元接线组成联合单元，接成为2进2出内桥接线。

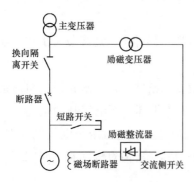

图 10-32　桐柏抽水蓄能电站
电气制动接线图

水电站以500kV电压接入华东电力系统，通过2回500kV线路与诸暨变电站连接，在电网中承担调峰、填谷、调频、调相以及事故备用等任务。桐柏抽水蓄能水电站电气制动接线如图10-32所示。

一、电气制动系统组成

电气制动装置包括定子三相短路开关和逻辑控制装置、制动励磁装置等，其中逻辑控制装置、制动励磁装置由励磁系统提供。电气制动停机时励磁电源取自励磁变压器。基本接线如图10-32所示。有关参数见表10-4~表10-6。

表 10-4 　　　　　　　　　　　　　　**发电电动机主要参数**

参数	发电机工况	抽水工况
额定功率	334MVA	336MW
额定功率因数	0.9	0.975
额定电压	18kV	
额定电流	10713.1A	
额定转速	300r/min	
额定励磁电压	258V DC	
额定励磁电流	1773A DC	
额定空载励磁电压	104V DC	
额定空载励磁电流	471A DC	
转动惯量	2775000kg·m²	

表 10-5 　　　　　　　　　　　　　　**励磁变压器主要参数**

额定容量	3×510kVA	额定电流	53.69/1757.2A
额定电压	18000/550V	联结组别	Yd5

表 10-6 　　　　　　　　　　　　　　**短路开关主要参数**

型号	SDCEM Type SB250
额定电压	24kV
额定电流	12500A（持续时间 10min）
分合闸时间	≤10s
操作机构	Type MP180；三相联动

二、电气制动系统的控制

1. 监控系统控制逻辑设定

当机组停机指令或工况转换指令发出后，监控系统判断机组处于由发电或抽水方向运行向静止状态（蓄能机组的一种特殊过渡过程）转换的过程，并且机组转换前不在线路充电模式运行，当机组转速降到 50％额定转速的时候，检查导水叶在关闭位置，并且没有保护闭锁电气制动投入的信号，则监控发出电气制动投入的命令。

保护闭锁电气制动投入的信号产生于机组保护动作电气停机、主变压器保护动作停机、主变压器保护动作相邻机组停机、励磁系统发生跳闸或者机组 SFC 拖动过程中发生 SFC 跳闸。

2. 励磁系统电气制动执行程序

收到监控系统发出的电气制动投入命令后，励磁启动程序运行，短路开关合闸，交流侧开关合闸，磁场断路器合闸，励磁投入。

当转速降到 1％额定转速的时候，励磁停止程序运行，磁场断路器分闸，交流侧开关分闸，短路开关分闸，励磁退出。

电气制动投入运行时，励磁调节器工作在励磁电流调节模式，实际的励磁电流只能在调试中设定好的励磁电流的允许范围内进行调节。实际上，励磁电流是按照在电气制动时，使制动电流等于额定定子电流的 1.1 倍来设定的。

当电气制动超时，励磁系统将发出制动超时跳闸的信号，退出电气制动执行程序。

3. 短路开关的硬布线闭锁

当执行短路开关分合操作时，为保证安全在硬布线回路上设置了相应的闭锁，即只有在发电机断路器分闸、机端电压为零、磁场断路器分闸均满足条件时才允许分合操作。

4. 电气制动投入闭锁保护

当电气制动投入时，由于短路点的设置问题和制动过程中产生的电气量变化可能造成机组保护的误动，因此在电气制动投入时应闭锁有关保护。在桐柏抽水蓄能电站，在电气制动投入时被闭锁的机组保护包括有负序电流保护、失磁保护、逆功率保护、低阻抗保护、定子接地保护、大差动保护、低频过电流保护。

考虑到电气制动设备出现故障或发电机内部电气故障不允许投入电气制动的情况，桐柏抽水蓄能电站正常停机时采用电气制动加机械制动的混合制动方式，即 2 套制动方式配合使用；当发电机转速下到 50％额定转速时，电气制动系统投入运行；当转速下降到额定转速 5％时，机械制动系统投入运行。

蓄能机组在从发电及抽水工况停机时，由于转动部分的惯性很大，需经较长时间才能停止。这将延迟了转入另一工况或进入备用状态的时间。电气制动的使用可以有效地缩短机组减速的时间，满足了机组运行工况迅速切换的要求。

自动励磁调节器

第一节 概 述

自 20 世纪 60 年代以来，模拟式励磁调节器在应用中一直占主导地位，其功能也基本上满足了大型同步发电机对励磁控制的要求。

但是，模拟式励磁调节器也有诸多不足之处，特别在实现自检测功能以及修改硬件功能方面有很多困难，为此，需设置多种专用功能组件以满足不同控制要求。

上述情况一直延续到 20 世纪 80 年代中期，由于数字化微处理机技术的飞速发展，使得采用模拟技术的传统励磁调节器逐步开始向数字化方向转变。

由于微处理机技术在所有工业范围内均获得了广泛的应用，使得过去由许多硬件实现的多种功能可以集成在一个芯片上，这种基于微处理机构成的装置在运算速度和功能方面均有了极大的提高与改进。

与此同时，各国的电子制造商对已经开放的标准总线（如 VME 总线、多用总线、STD 总线和 PCI 总线等）的规定达成了协议，形成了领域内的国际标准，这就进一步促进了电子制造商有可能开发出集多种元件（如存储器、定时器、串并联以及以太网端口和现场总线管理等）于一体的高集成度的微处理卡及符合国际标准的各种输入/输出 I/O 接口。

此外，在软件领域内也有很大的改进。由于专业化的软件公司的支持及投入，创造了强有力的开发环境，此环境包括调试程序、SW 分析仪、输入/输出 I/O 接口、图形以及数据库等，从而使程序的开发更加容易和不完全依赖于硬件 HW。

基于上述背景，工程上越来越倾向于应用数字电子技术来实现对现代励磁系统的控制与保护功能。应强调的是，这些数字的励磁系统或自动励磁调节器并非只是模拟装置的数字变化，而且提供了更加完善的复杂的控制功能。此外，在励磁系统中应用数字控制也并非是今日的设想，对此可追溯到 20 世纪 70 年代末期的一些专题论述。近年来，由于数字技术的普遍推广应用和数字控制技术的飞跃发展，使得实现数字控制励磁系统在技术上已成为可能。此外，优异的性能价格比和高度可靠性，也为数字控制励磁系统奠定了有利的基础，在表 11-1中列出了数字式和模拟式 AVR 特征的对比。

表 11-1   数字式和模拟式 AVR 的特征比较

性能	数字式	模拟式	备注
构成	以微处理机为核心的硬件及功率部分组成硬件系统 量测及运算由软件进行数字控制	使用 IC 模拟控制部件以及功率部件构成	

续表

性能	数字式	模拟式	备注
功能	由软件扩展实现高功能化 AVR 功能可以一体化或分散化	增加硬件实现多功能化 AVR 的功能及其他功能是分散的	其他功能，如电调控制、程序控制等
可靠性	数字式运算回路的特性经久无变化 易于实现多重化控制及高可靠性（自诊断功能可检测故障及进行自动切换） 由于多重化，除非全系统异常，否则其功能作用不会终止	对检测运算部分的特性进行定期的检查是必要的 多重化在控制回路方面较复杂（自诊断故障检测较复杂） 在运算回路中，故障部分相应功能将中止	
维护性	跟踪及自诊断功能在特定点设定比较容易	为确定各工作点，需对各部分特性进行检验	对数字式 AVR 跟踪功能失效时其数据经内存保持并可调出
操作性	改变控制功能，由软件处理设定值易于实现	改善控制功能时必须改变硬件及设定值，改动不方便	

第二节　数字控制的理论基础[25]

一、数字离散技术

利用数字化控制技术对一个连续系统进行控制时，首先必须将连续被控系统的信息进行离散瞬时的等间隔采样，为此，控制信号是断续的常量，并且只在时间的离散点上发生变化。由此求得与连续系统等价的离散模型，并依此进行求解，此方法称为离散相似法。离散相似法有别于在连续系统中应用的古典数值积分法，即将被积函数用插值多项式来近似描述的数值积分求解方法。

利用离散相似法可实现对连续系统的仿真，并最终导出描述离散控制器的差分方程式，依此编写计算机的计算程序。由差分方程式求得的解为离散控制器运动的采样值，虽然不同于连续系统控制器运动的采样值，但是只要离散系统和连续系统是相似的，就可引申认为差分方程的解即为连续系统的采样值。如果所应用的连续系统的离散相似方法是正确的，则由离散系统所列的差分方程式求得的解将能真实的仿真连续系统的运动。

在研究离散系统时，对采样过程的数学描述可采用 z 变换法。

对连续系统数字仿真的过程是：利用采样器和保持器对系统进行离散化，以 z 变换法得出系统的脉冲函数和差分方程式，再对差分方程式求解并进行数字控制。

二、z 变换

z 变换在离散系统中的作用与拉普拉斯变换在连续系统中的作用是非常相似的。为了对连续系统进行离散化，需要对连续信号进行离散采样。

首先讨论在离散系统中的采样器 S 和保持器 H 的作用，采样器 S 的功能是每隔 T 秒闭合一次，使输入信号通过，并将连续信号 $u(t)$ 转变为发生在采样瞬间 0，T，$2T$，$\cdots$时的一串脉冲信号 $u^*(t)$，T 为采样周期。采样器的输出可以表示为：

$$u^*(t) = \delta(t)u(t)$$

式中　$\delta(t)$——一串单位脉冲。

于此，所讨论的多数时间函数在 $t<0$ 时等于零，因此：

$$\delta_T = \sum_{k=0}^{\infty} \delta(t-kT)$$

$$u^*(t) = \sum_{k=0}^{\infty} u(t)\delta(t-kT)$$

$$u^*(t) = \sum_{k=0}^{\infty} u(kT)\delta(t-kT)$$

保持器将采样信号转换为连续信号 $u_h(t)$，这些连续信号近似地重现了作用在采样器上的信号。图 11-1 表示的最简单的保持器将采样信号转变成两个连续采样瞬间之间能保持常量的信号。其表达式为：

$$u_h(kT+t) = u(kT) \quad (0<t<T) \quad (11\text{-}1)$$

下面讨论 z 变换。

对采样值序列 $u^*(t)$ 进行拉普拉斯变换：

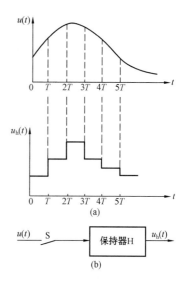

图 11-1　采样器和保持器的作用过程

(a) 采样离散化；(b) 采样和保持器方框图

$$u^*(s) = L[u*(t)] = \sum_{k=0}^{\infty} u(kT)\mathrm{e}^{-kT}$$

设 $\mathrm{e}^{Ts}=z$ 或 $s=T^{-1}\ln z$，并将 $u^*(s)$ 写成 $u(z)$，得：

$$u(z) = u^*(s) = u^*(T^{-1}\ln z) = \sum_{k=0}^{\infty} u(kT)z^{-k}$$

因此，称 $u(z)$ 为 $u^*(t)$ 的 z 变换，且以 $Z[u^*(t)]$ 表示。由于在 z 变换中，只考虑采样瞬间的信号值，因此，$u(t)$ 的 z 变换与 $u^*(t)$ 的 z 变换有相同的结果，即：

$$Z[u(t)] = Z[u^*(t)] = u(z) = \sum_{k=0}^{\infty} u(kT)z^{-k} \tag{11-2}$$

例如单位阶跃函数 $1(t)$ 的 z 变换为：

$$Z[1(t)] = \sum_{k=0}^{\infty} l(kT)z^{-k} = 1+z^{-1}+z^{-2}+\cdots = \frac{z}{z-1} \tag{11-3}$$

式 (11-3) 为级数求和法的表达式。

三、连续系统的离散化

对一个传递函数为 $G(s)$ 的连续系统进行离散化的步骤如下：

(1) 首先给出连续系统的传递函数 $G(s)$，如图 11-2 (a) 所示。假设输入信号为 $u(t)$，当对此信号进行离散化和采样时，可在系统输入端设一采样开关 S1 如图 11-2 (b) 所示。此时，采样周期 T 越小，离散系统越接近于连续系统。

(2) 连续信号 $u(t)$ 经采样开关后转换成为一系列周期为 T 的离散信号 $u(kT)$，通常可简写为 $u(k)$。为保证模型等价，首先要求系统等价。因此，$u(k)$ 不能直接进入原来的连续系统，必须加一个保持器，使采样值恢复为连续信号。在此，所关注的是信号再现的数学模

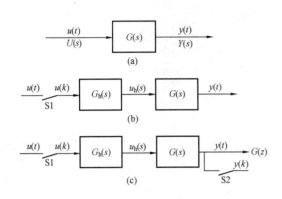

图 11-2　连续系统的离散化

(a) 连续系统框图；(b) 输入信号的离散化与信号保持功能；
(c) 输出信号的离散化

型，而不是原信号的再现。

（3）在系统的输出端也应加一个采样开关 S2，如图 11-2（c）所示，它应与输入端的采样开关 S1 同步，则 $y(t)$ 换为 $y(k)$。

（4）对离散输入、输出信号 $u(k)$ 和 $y(k)$ 分别取 z 变换，得出 $u(z)$ 和 $y(z)$，同时 $G(z)=\dfrac{y(z)}{u(z)}$，$G(z)$ 为与原系统等价的离散模型。

（5）对 $G(z)$ 取一次 z 变换可求得用于数字计算机上进行运算的差分方程。由 z 变换原理可知，对于图 11-2 所示的离散相似模型，其 z 变换传递函数 $G(z)$ 为：

$$G(z) = Z[G_h(s)G(s)] \tag{11-4}$$

式（11-4）右侧表示对 $G_h(s)$、$G(s)$ 函数取 z 变换。为使 $G(z)$ 函数能比较准确地表示 $G(s)$，在 z 变换中应选择合适的采样周期 T。周期越短，离散信号越接近连续值。同时，为使离散信号保持连续信号全部信息，要求采样周期 T 满足采样定理的要求值，即：

$$T \leqslant \frac{\pi}{\omega_m} \tag{11-5}$$

式中　ω_m——连续系统的最高角频率值。

此外应选择合适的保持器，使被恢复的离散信号尽可能接近原信号。

四、保持器的传递函数

下面讨论几种常用的保持器特性。

（1）零阶保持器。相应的数学表达式为：

$$u_h(t) = u(kT) \quad [kT \leqslant t < (k+1)T]$$

零阶保持器的特性如图 11-3 所示。

由图 11-3 可见，零阶保持器可使 $u(kT)$ 在 $KT \sim (K+1)T$ 的时间间隔内保持其数值不变，如果将 $u(kT)$ 视为零阶保持器的一个幅值恒定的理想单位阶跃脉冲输入，其输出则是一个幅值为 $u(kT)$，持续时间为 T 的方波，其形状如图 11-4 所示。

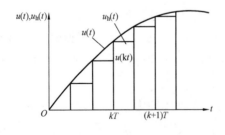

图 11-3　零阶保持器的特性

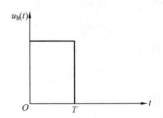

图 11-4　零阶保持器的脉冲过渡函数

零阶保持器的脉冲过渡函数的表达式为：

$$g_h(t) = \begin{cases} 1 & (1 \leqslant t \leqslant T) \\ 0 & (t < 0) \end{cases} \tag{11-6}$$

根据拉氏变换可得出保持器的传递函数为：

$$L[g_h(t)] = L[g_1(t)] + L[g_2(t)]$$

其中：

$$g_1(t) = \begin{cases} 1 & (t \geqslant 0) \\ 0 & (t < 0) \end{cases} \tag{11-7}$$

$$g_2(t) = \begin{cases} 1 & (t \geqslant T) \\ 0 & (0 \leqslant t \leqslant T) \end{cases} \tag{11-8}$$

由拉普拉斯变换可得：

$$L[g_1(t)] = \frac{1}{s}$$

$$L[g_2(t)] = \frac{e^{-sT}}{s}$$

$$L[g_h(t)] = \frac{1}{s} - \frac{e^{-sT}}{s} = \frac{1 - e^{-sT}}{s} = G_h(s) \tag{11-9}$$

由图 11-3 可看出，零阶保持器所恢复的信号 $u_h(t)$ 与原来的信号 $u(t)$ 有显著的差别。显然 T 选择值较大时两者差别较大。但是，当 $u(t)$ 为单位脉冲信号时，零阶保持器所恢复的信号将无失真，此为零阶保持器的特征。

（2）一阶保持器。一阶保持器的数学表达式为：

$$u_h(t) = u(kT) + \frac{u(kT) - u[(k-1)T]}{T} \times (t - kT) \tag{11-10}$$

一阶保持器的特性如图 11-5 所示，利用上述类似的分析方法可得出一阶保持器的传递函数为：

$$G_h(s) = T(1 + sT)\left(\frac{1 - e^{-sT}}{sT}\right)^2 = \frac{1 + sT}{T} \times \left(\frac{1 - e^{-sT}}{s}\right)^2 \tag{11-11}$$

由图 11-5 可看出一阶保持器恢复的信号 $u_h(t)$ 和原信号 $u(t)$ 比较有很大的差异，但是如果输入信号 $u(t)$ 的波形是定斜率斜波信号，则由一阶保持器所恢复的信号将不会失真。

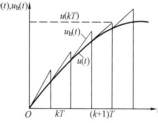

图 11-5　一阶保持器的特性

（3）三角形保持器。三角形保持器的数学表达式为：

$$u_h(t) = u(kT) + \frac{u[(k+1)T] - u(kT)}{T} \times (t - kT)[kT \leqslant t < (k+1)T] \tag{11-12}$$

三角形保持器的特性如图 11-6 所示，其脉冲过渡函数如图 11-7 所示。由于三角形保持器的脉冲过渡函数呈三角形，所以称为三角形保持器。其传递函数为：

$$G_h(s) = \frac{1 - e^{-sT}}{sT^2} \times e^{sT} \tag{11-13}$$

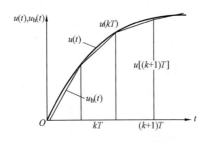

图 11-6　三角形保持器的特性

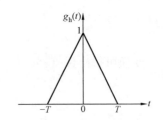

图 11-7　三角形保持器的脉冲过渡函数

由图 11-6 可知，三角形保持器的输出信号 $u_h(t)$ 与原信号 $u(t)$ 非常接近，能较好地恢复原信号。但是由式（11-12）可知，为计算 $u_h(t)$ 值，必须知道 KT 及 $(K+1)T$，但在应用中有时不能满足此条件，解决的方法是采用预测校正法，即先利用诸如零阶保持器等其他保持器预测 $u_h(K+1)T$，再将求得值代入式（11-12）中，求得进一步精确的 $u_h(t)$ 值。

五、离散相似模型与双线性变换

（1）积分环节的离散相似模型。对积分环节 $G(s) = s^{-1}$ 进行离散化采样，并经保持器后可构成离散相似模型：

$$G(z) = Z[G_h(s)G(s)] = \frac{Y(z)}{u(z)} \tag{11-14}$$

式中　$G_h(s)$ ——保持器的传递函数。

如果采用零阶保持器，则式（11-14）可写成：

$$G(z) = Z\left[\frac{1 - e^{-sT}}{s} \times \frac{1}{s}\right] = (1 - z^{-1})Z \times \frac{1}{s^2} = (1 - z^{-1}) \times \frac{zT}{(z-1)^2} = \frac{T}{z-1}$$

对 $G(z)$ 作逆变换得差分方程：

$$y_{k+1} = y_k + T_{uk} \tag{11-15}$$

此差分公式与欧拉法的数值计算公式是相同的。因为 $t_{k+1} - t_k = T$，并且积分环节的微分方程右端函数即为 u，即 $f(y_k, t_k) = u_k$。

如果采用三角形保持器，则式（11-14）可写成：

$$G(z) = Z\left[\frac{(1 - e^{-sT})}{sT^2} e^{sT} \times \frac{1}{s}\right] = \frac{T(z+1)}{2(z-1)} \tag{11-16}$$

反 z 变换得差分方程：

$$y_{k+1} = y_k + \frac{T}{2}(u_{k+1} + u_k) \tag{11-17}$$

式（11-17）即为隐式梯形法的数值积分公式。

（2）双线性变换。对于一个以传递函数表示的连续系统，根据上节的积分环节的三角形保持器的变换公式，可将其传递函数中的 s 用式（11-16）中的右端项进行替换。即：

$$\frac{1}{s} \rightarrow \frac{T(z+1)}{2(z-1)}$$

或：

$$s \rightarrow \frac{2(z-1)}{T(z+1)} = \frac{2(1-z^{-1})}{T(1+z^{-1})} \tag{11-18}$$

由此可直接得到以 z^{-1} 表达的传递函数。这种变换称为双线性变换。

由于 $f(z)z^{-k}$ 可直接写成 f_{k-1}，故可直接进行反 z 变换，列出差分方程，实施这种变换后，控制系统离散相似模型的输出仅取决于当前及以前几个输入量的采样值和以前几个输出的采样值，这些量均为已知数，不需进行预测校正计算，且列解算式快速方便，因此在快速闭环控制中得到广泛应用。

（3）离散相似法的特点。在许多情况下，离散相似法推导出来的差分方程式和数值积分法的计算公式是相同的，但是离散相似法有比较明确的物理意义，可以通过积分器的传递函数进行相位移，通过幅值的调整来控制数值精度和数值稳定性，而在数值积分法中没有频域和时域的可调性。对于许多系统，离散相似法的计算误差来源于采样开关和保持器，这些误差可以在频域中分析。误差在频域中表现为相位移（延迟）和幅值的衰减（失真），一般而言，采样周期越大，延迟和失真越大，这些延迟和失真可采用补偿的办法来修正。

第三节　数字采样与信号变换

为了实现对发电机励磁的调节、控制与限制功能，在励磁调节器中需取得与机组状态变量有关的运行参数作为反馈量，并依此进行运算。对这些反馈量的处理有两种方式，即模拟量采样和交流采样。

对于模拟量采样，一般采用模拟量变送器作为测量元件，模拟量变送器的输出量为与输入量成正比例的直流电压，经 A/D 转换接口电路，供计算机采样。由于这种方法容易实现，测量精度也可保证，因而早期的微机励磁多采用这种方式。

变送器把交流量转换成直流量时，为保证足够的精度，一般需要滤波电路；从提高励磁调节器的响应速度方面考虑，应尽量减少变送器的滤波时间常数。有关标准规定此时间常数不得大于 50ms。采用高频有源滤波器可以方便地实现这一要求，时间常数仅为 7～10ms。模拟量变送器的不足之处在于电路硬件复杂，调整和维护量较多。在本节中将重点介绍交流采样回路的功能。

一、交流采样

与模拟量采样对应的是交流采样，通过交流接口将发电机电压、电流互感器的二次电压和电流信号转换成与原信号在数量上成正比，但幅值较低的交流电压，供计算机进行采样处理，并经运算求出相关的发电机电压 U_G、电流 I_G 以及有功和无功功率 P、Q。交流采样技术是微机励磁的关键性技术和励磁装置数字化深度的标志之一。

交流接口分为电压接口和电流接口两种，两者均为前置模拟通道，由信号幅度变换装置、隔离屏蔽、模拟式低通滤波等部分组成，如图 11-8 所示。

应说明的是，在设计交流采样回路时，由于存在低通滤波环节，使得输入及输出电压信

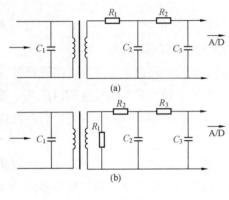

图 11-8　交流接口电路

号之间存在着相位移，影响到对有功 P、无功 Q 的测量精度。为此，要求交流电压接口与交流电流接口具有相同的相位移，并辅以软件相位补偿措施。另外，A/D 转换按多路开关顺序切换采集时，会影响波形之间的相位和有功、无功的计算，因此，在 A/D 转换前设置采样保持器，在采样前瞬间将相关连量同时保持。采用交流接口只能对交流量进行采样、计算。对于直流转子电流的测量，一般仍采用直流变送器。

二、交流采样的傅里叶算法

当交流采样时，不用变送器。此时，测得的交流信号要经过算法处理始能成为控制或显示值。交流采样的算法多采用傅里叶算法，现介绍如下：

对于周期为 T 的周期函数 $u(t)$，即 $u(t)=u(t+T)$ 的信号，可在一个周期内对该信号进行等间隔 N 点均匀采样，并求得其有效值、平均值和功率等。在采用傅里叶算法时应先计算各次谐波的实部和虚部值，依此确定各次谐波有效值。在采样点 $N=12$ 时，傅里叶算法表达式为：

电压实部：

$$\mathrm{Re}U = \frac{1}{6}\left[h_0 - h_6 + \frac{\sqrt{3}}{2}(h_1 + h_{11} - h_5 - h_7) + \frac{1}{2}(h_2 + h_{10} - h_4 - h_8)\right] \quad (11\text{-}19)$$

电压虚部：

$$\mathrm{Im}U = \frac{1}{6}\left[h_3 - h_9 + \frac{\sqrt{3}}{2}(h_2 + h_4 - h_8 - h_{10}) + \frac{1}{2}(h_1 + h_5 - h_7 - h_{11})\right] \quad (11\text{-}20)$$

式中　h_0，h_1，$\cdots$，h_{11}——各点的采样值。

电流实部 $\mathrm{Re}I$、电流虚部 $\mathrm{Im}I$ 的计算公式与式（11-19）和式（11-20）相同，只是 h 表示电流的采样值，电压和电流的基波峰值分别为：

$$U = \sqrt{\mathrm{Re}U^2 + \mathrm{Im}U^2} \quad (11\text{-}21)$$

$$I = \sqrt{\mathrm{Re}I^2 + \mathrm{Im}I^2} \quad (11\text{-}22)$$

功率值为：

$$\widetilde{S} = \dot{U}\dot{I} = P + \mathrm{j}Q = \frac{1}{2}\left[(\mathrm{Re}U\mathrm{Re}I + \mathrm{Im}U\mathrm{Im}I) + \mathrm{j}(\mathrm{Im}U\mathrm{Re}I - \mathrm{Re}U\mathrm{Im}I)\right] \quad (11\text{-}23)$$

$$P = \frac{1}{2}(\mathrm{Re}U\mathrm{Re}I + \mathrm{Im}U\mathrm{Im}I) \quad (11\text{-}24)$$

$$Q = \frac{1}{2}(\mathrm{Im}U\mathrm{Re}I - \mathrm{Re}U\mathrm{Im}I) \quad (11\text{-}25)$$

傅里叶 12 点算法的物理意义可用图 11-9 予以说明。

傅里叶 12 点算法实际上是将变量的相量投影在间隔为 $30°$ 的 6 个直角坐标系上，再将这

12 个投影在实轴或虚轴的量的投影相叠加，计算出原相量的实部和虚部。通过这种分解还可以滤去 2、3、4、5 次谐波以及直流分量，是常用的一种算法。

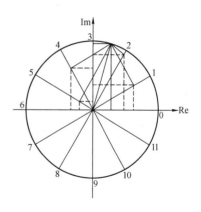

图 11-9 十二点傅里叶算法图形

三、三相一点算法

本算法的特点是计算简单、方便，但是要求三相值对称，否则会带来较大的计算误差。

相应计算式为：

$$U = \frac{1}{\sqrt{3}} \sqrt{U_{ab}^2 + U_{bc}^2 + U_{ca}^2} \qquad (11\text{-}26)$$

式中 U_{ab}、U_{bc}、U_{ca}——线电压采样值（瞬时值）。

$$I = \frac{1}{\sqrt{3}} \sqrt{I_a^2 + I_b^2 + I_c^2} \qquad (11\text{-}27)$$

式中 I_a、I_b、I_c——相电流采样值（瞬时值）。

$$P = \frac{1}{9} \left[U_{ab}(I_a - I_b) + U_{bc}(I_b - I_c) + U_{ca}(I_c - I_a) \right] \qquad (11\text{-}28)$$

$$Q = \frac{1}{3\sqrt{3}} (U_{ab} I_c + U_{bc} I_a + U_{ca} I_b) \qquad (11\text{-}29)$$

四、转速测量算法

在数字式励磁调节器中，有些环节要求以转速作为调节信号，例如电力系统稳定器 PSS 中以 ω 作为调节信号等。

转速的数字测量方法是测量频率 f，而频率测量的基本方法是测量周期，即通过测量交流电压每个周波的周期 T 和微型计算机中的晶振频率 f_0，对此进行适当分频后可作为计数频率 f_c，与其对应的脉冲串为 ϕ，用 ϕ 的一个脉冲$\left(周期 \dfrac{1}{f_c}\right)$作为度量周期 T 的标准计时单位，设测出 T 的宽度相当于 m 个标准计时脉冲，则：

$$T = \frac{1}{f_c} \times m \qquad (11\text{-}30)$$

由此，被测频率为：

$$f = \frac{f_c}{m} \qquad (11\text{-}31)$$

角频率为：

$$\omega = 2\pi f$$

如果测频的交流电压信号取自发电机的定子电压，则所测出的 ω 为发电机电压的角频率。如果测频的交流电压信号取自发电机组转轴上的交流测速发电机，则所测出的 ω 为机组的角速度。

第四节 控 制 运 算

控制运算部分是微机励磁调节器的核心。在微型计算机硬件支持下，由应用软件实现下列运算：

（1）数据采集，定时采样及运算。对测量数据正确性进行检查，标度变换，选择显示等。

（2）调节算法。按所用的调节规律进行计算。

（3）控制输出。将调节算法的计算结果进行转换并限幅输出，通过移相触发环节对晶闸管进行控制。

（4）其他处理。输入整定值，修改参数，改变运行方式，声光报警，实现其他功能等。

下面，分别叙述主要的调节算法。

比例—积分—微分（PID）控制是依据古典控制理论的频域法进行设计的一种校正方法，此设计方法可用于改善发电机的电压静态、动态性能。

1. PID 调节的微分方程表达式

对模拟式励磁调节器，PID 调节规律可用下列微分方程表示：

$$Y(t) = K_p e(t) + K_i \int_0^t e(t)\,\mathrm{d}t + K_d \times \frac{\mathrm{d}e(t)}{\mathrm{d}t}$$

$$= K_p \left[e(t) + \frac{1}{T_i} \int_0^t e(t)\,\mathrm{d}t + T_d \times \frac{\mathrm{d}e(t)}{\mathrm{d}t} \right]$$

$$e(t) = U_g - U_c \tag{11-32}$$

式中　$Y(t)$ ——控制输出；

　　$e(t)$——机端电压偏差信号；

　　U_g——电压给定值；

　　U_c——电压测量值，与机端电压成比例；

　　K_p——比例系数用于提高控制系统的响应速度，以减少静态偏差；

　　T_i——积分时间常数用于消除静态误差；

　　T_d——微分时间常数用于改善系统的动态性能。

对于计算机控制，必须将式（11-32）离散化，用差分方程代替微分方程。采用梯形积分来逼近积分，采用后向差分来逼近微分，可得 PID 数字控制算法：

$$Y(k) = K_p \left\{ e(k) + \frac{T}{T_i} \sum_{j=1}^{k} e(j) + \frac{T_d}{T} [e(k) - e(k-1)] \right\} \tag{11-33}$$

$$e(k) = U_g - U_c(k)$$

式中　T——采样周期；

　　$e(k)$——第 k 次采样时的机端电压偏差值。

式（11-33）为数字控制 PID 的位置控制算法，其存在的问题是：每次输出与过去所有采样值有关，占内存多；如果计算有误，将使 $Y(k)$ 的累积误差很大，影响安全运行。故 PID 调节多采用增量式算法。

将式（11-33）中的 k 用 $k-1$ 置换，得：

$$Y(k-1) = K_p \left\{ e(k-1) + \frac{T}{T_i} \sum_{j=1}^{k-1} e(j) + \frac{T_d}{T} [e(k-1) - e(k-2)] \right\} \tag{11-34}$$

由式（11-33）减去式（11-34），得增量方程：

$$\Delta Y(k) = Y(k) - Y(k-1)$$

$$= K_p \left\{ [e(k) - e(k-1)] + \frac{T}{T_i} \times e(k) + \frac{T_d}{T} [e(k) - 2e(k-1) + e(k-2)] \right\}$$

故：

$$Y(k) = Y(k-1) + K_p[e(k) - e(k-1)] + K_i e(k) + K_d[e(k) - 2e(k-1) + e(k-2)]$$

(11-35)

$$K_i = K_p \times \frac{T}{T_i}$$

$$K_d = K_p \times \frac{T_d}{T}$$

式中　K_i——积分系数；

K_d——微分系数。

PID 调节须确定的主要参数有 K_p、K_i、K_d。利用临界比例整定法确定参数比较方便。

当测出临界振荡周期 T_u 及相应比例系数 K_u，可得：

$$K_p = 0.6K_u, T_i = 0.5T_u, K_i = K_p \times \frac{T}{T_i}, T_d = 0.125T_u, K_d = K_p \times \frac{T_d}{T}$$

在式（11-35）中，如果取 $K_d = 0$，则为 PI 调节算法，如再取 $K_i = 0$，则为比例调节算法。根据算法公式，不难编制出相应的程序。

应予以说明的是 PID 滤波器在频域中的传递函数表达式为：

$$G_C(s) = K_p \times \frac{(1 + sT_{C2})(1 + sT_{C1})}{(1 + sT_{B2})(1 + sT_{B1})}$$

(11-36)

式（11-36）以波德图表示的幅频特性如图 11-10 所示。

在图 11-10 中，K_R 表示直流增益，用于确定调节器的调压精度，经过积分带宽控制时间常数 T_{B1}、积分时间常数 T_{C1} 确定的积分区段，在中频区表现为暂态增益降低的比例增益 K_P，以提高系统的暂态稳定性；通过微分时间常数 T_{C2} 和微分带宽控制时间常数 T_{B2} 确定的微分区段，在高频区表现为微分增益抑制的高频增益 K_∞，用于防

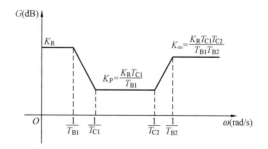

图 11-10　标准 PID 滤波器的幅频特性

止高频杂散信号对微分环节的干扰。在具有励磁机的励磁系统中，微分区段主要用于补偿励磁机滞后对增益和相位裕度的影响，以提高调节系统的稳定性。如不采用微分调节（或暂态增益增加的超前—滞后校正）时，可应用转子电压软反馈或励磁机励磁电流的软反馈或硬反馈达到相同目的。K_P 与大信号调节性能有关，当机端电压降低至额定值的 80% 时，K_P 的最小值应保证不至于在所处频段对强励顶值形成限制。

在微机励磁数字化控制系统中，应使用前述离散法和双线性变换将式（11-36）转化为

差分方程式。为简化运算，可令式（11-36）中：

$$a = \frac{2T_{C1}}{T}, \quad b = \frac{2T_{C2}}{T}, \quad c = \frac{aK_R}{K_p}, \quad d = \frac{bK_p}{K_\infty}$$

则超前滞后校正环节 1 的差分方程为：

$$Y_a(k) = \frac{(b+1)e(k) - (b-1)e(k-1) + (d-1)Y_a(k-1)}{d+1} \tag{11-37}$$

超前滞后校正环节 2 的差分方程为：

$$Y_b(k) = \frac{K_R[(a+1)Y_a(k) - (a-1)Y_a(k-1)] + (c-1)Y_b(k-1)}{c+1} \tag{11-38}$$

以上式中　T——采样周期；

$\quad\quad e(k)$——第 k 次采样时的机端电压偏差值，$e(k) = U_r - U_G(k)$；

$\quad\quad Y_b(k)$——PID 输出控制电压值，作用于移相触发环节之前。

$Y_b(k)$ 在用于移相触发之前还需加入适当的限幅环节。

2. 线性最优控制算法 LOEC

当电网结构较薄弱时，传输功率极限主要受静态稳定极限的约束，电网小干扰问题比较突出，存在各种频率的小功率振荡。线性最优控制是一种电力系统小干扰稳定控制理论与方法，设计用于抑制各种频率的小功率振荡。它利用电力网络结构与参数不变，负荷动力群动态模型可用恒定阻抗特性代替，在某一平衡点周围可进行线性化处理这三个假设，将问题归结为研究多输入多输出线性系统的最优控制问题，即：

$$\dot{X} = AX + BU \tag{11-39}$$

式中　$\dot{X}$——X 的微分量；

$\quad\quad A$——状态系数矩阵；

$\quad\quad B$——控制系数矩阵；

$\quad\quad X$——n 维状态向量；

$\quad\quad U$——r 维控制向量。

设计上述系统的控制器时，选择二次型性能指标。

由：

$$J = \frac{1}{T}\int_0^\infty (X^TQX + U^TRU)\,\mathrm{d}t \tag{11-40}$$

可得最优控制解为：

$$U = -R^{-1}B^TPX = -KX \tag{11-41}$$

式中　P——代数黎卡梯方程的解。

从上面的解可以看出，最优控制问题的解为系统全状态变量的定常反馈。但由于电力系统中的机组在地理位置上是高度分散的，在机组之间进行实时状态信息传输极其困难，因而，实现电力系统小干扰稳定最优控制几乎是不可能的。因此，早期一般按单机对无穷大系统模型设计。当发电机转子励磁回路由功率晶闸管供电时，采用三阶状态方程。当发电机转子励磁回路由晶闸管供电，励磁调节器控制交流励磁机励磁回路晶闸管时，则采用四阶状态方程。

对于三阶状态方程，通常取 $\boldsymbol{X}=[\Delta P \Delta\omega\Delta U]^{\mathrm{T}}$。给出二次型性能指标，解最优化问题，可得出反馈增益矩阵为：

$$\boldsymbol{K}=[K_{\mathrm{P}}K_{\omega}K_{\mathrm{U}}] \tag{11-42}$$

则控制增量：

$$\boldsymbol{U}=-\boldsymbol{K}\boldsymbol{X}=-[K_{\mathrm{P}}\Delta P+K_{\omega}\Delta\omega+K_{\mathrm{U}}\Delta U] \tag{11-43}$$

式中　ΔP——有功功率动态基准 P_{b} 与测量值 P 之差；

　　　$\Delta\omega$——转速动态基准 ω_{b} 与测量值 ω 之差；

　　　ΔU——机端电压给定值 U_{g} 与测量值 U_{c} 之差。

由于所用线性模型是在运行点线性化条件下得来的，因此，系统的状态平衡点即为状态量的动态偏差基准。系统运行时，状态量总是在其平衡点附近波动的，可以认为状态量的波动中心就是状态量的平衡点，也就是待求的动态基准。根据几次采样值求波动中心，可用软件实现。

状态系数矩阵 $\boldsymbol{A}$ 中的一部分元素是随机组的运行点变化而变化的。实现微机励磁最优控制时，事先要根据给定的参数离线计算出在各运行点 $(P，Q)$ 的最优反馈增益矩阵 K，折算后以表格方式存放在微机的存储器中。励磁调节器运行时，微机定时采样，计算出 ΔP、$\Delta\omega$、ΔU，再根据当时的运行点 $(P，Q)$，找出相应的 K_{P}、K_{ω}、K_{U}，进而得出 U。输出 $Y=U_0+U$，因为 U 为增量，故须加基值 Y_0 以得到全量输出。U_0 的计算有几种方法。简单的方法是取 $U_0(k)$ 为前 N 次的算术平均值，递推公式为：

$$Y_0(k)=\frac{1}{N}\sum_{i=1}^{N}Y_0(k-i) \tag{11-44}$$

另一种方法为：

$$Y_0(k)=Y_0(k-1)+K_1e(k) \tag{11-45}$$

式中　$K_1e(k)$ ——积分项；

　　　K_{I}——积分系数。

3. 非线性最优励磁控制 NOEC

当前我国电力系统在提高小干扰条件下的稳定性和抑制低频振荡等方面均取得了长足的进展，影响电网安全运行的主要问题已由小干扰转移到大扰动暂态稳定性方面。为此，发展直接按多机系统精确非线性模型设计出最优励磁控制器已成为迫切的需要。基于微分几何理论设计的非线性控制器，至 20 世纪 70 年代以来，已经形成了较完善的理论体系，在诸多领域中得到应用。微分几何属反馈线性化方法的一种，其基本原理是利用微分几何数学方法对受控系统的数学模型进行必要的坐标变换，进而求得非线性反馈，在此非线性反馈作用下将原来的非线性系统映射为一个积分型的精确线性系统，而经过坐标变换后系统的控制特性仍保持不变。

非线性控制策略的基本思路是假定非线性电力系统的特性具有下列表达式：

$$
\begin{cases}
\dot{x} = f(x) + \sum_{i=1}^{m} g_i(x) u_i \\
y_i = h_i(x) \quad (i = 1, 2, 3, \cdots, m)
\end{cases}
\tag{11-46}
$$

应用微分几何原理求得一组非线性坐标变换和控制变换：

$$
\begin{cases}
Z = T(x) \\
V = \alpha(x) + \beta(x) u
\end{cases}
\tag{11-47}
$$

将式（11-46）电力系统非线性表达式精确线性化为下列线性控制系统：

$$
\begin{cases}
\dot{Z} = AZ + BV \\
Y = CZ
\end{cases}
\tag{11-48}
$$

经过上述两式坐标转换和控制变换，可将非线性系统控制问题转换为精确线性化系统的控制问题，优化控制的策略为：

$$
U = \frac{-KT(x) - \alpha(x)}{\beta(x)}
\tag{11-49}
$$

当用于励磁控制系统时，经一定的近似化处理可得到非线性最优控制的算法：

$$
U_c = \frac{HT'_{d0}}{\omega_0 I_q} \left(K_1 \Delta\delta + K_2 \Delta\omega - \frac{\omega_0}{H} \times K_3 \Delta P_e \right) - \frac{T'_{d0} E'_q}{I_q} \times \dot{I}_q + E_q + \frac{HT'_{d0}}{\omega_0 I_q} \times K_v \Delta V_t
\tag{11-50}
$$

第五节　标幺值的设定

在数字控制励磁系统中，标幺值的设定与常规设定相同，即标幺值的定义为一物理量的实际值与选定的同单位的基值之比：

$$
标幺值(\mathrm{p.\,u.}) = \frac{实际值}{相同单位基值}
$$

基值的选定是任意的，但是为了方便，在励磁系统中多选用其额定值作为基值，在数字式励磁调节器中运用基值进行运算，可使各物理量，如电压、电流频率等，都在 1.0 附近变化，避免过大和过小的数值计算带来的较大误差，通常选用的基值如下：

发电机定子电压　　　　　　　$U_b = U_{GN}$

定子电流　　　　　　　　　　$I_b = I_{GN}$

阻抗基值　　　　　　　　　　$Z_b = U_b / I_b$

功率基值　　　　　　　　　　$S_b = S_N$

定子角频率基值　　　　　　　$\omega_b = \omega_N$

基准角速度　　　　　　　　　$\Omega_b = \omega_b / P$

转矩基值　　　　　　　　　　$M_b = S_b / \Omega_b$

励磁电流的标幺基值是取自发电机空载特性曲线的气隙线延长线与发电机电压对应点的励磁电流值作为励磁电流标幺基值 I_{fb}，相应的励磁电压基值为 I'_{fb}，励磁绕组电阻基值为 U_{fb} / I_{fb}。

第六节　数字式移相触发器

一、数字式移相触发器

传统的模拟式调节器，其移相触发回路多采用按同步锯齿波与控制电压比较，确定触发时刻的线性移相触发回路和按余弦同步电压与控制电压比较确定触发时刻的余弦移相触发回路。但是在线性移相回路中，所谓线性系指晶闸管整流器的控制角 α 与控制电压成线性比例关系，此时控制电压并不与整流电压 $u_d = u\cos\alpha$ 成线性比例关系，在余弦移相线路中，由于控制角由控制电压与余弦电压曲线的交点所决定，故控制电压与整流电压成线性比例关系。

在数字式励磁调节器中，移相触发回路的控制电压是以数字形成表示的信号。由软件完成触发，触发时刻可以用角度或时间来表示。

数字移相按硬件类型可分为计数器—比较器法和计数器直接法两种形式。

如按硬件在微机励磁调节器中的位置来划分，数字移相可分为将数字移相环节的部分硬件植入单片机或芯片中的无粘接法或者用外围 I/O 器件构成的外围电路法两种形式。如前所述，数字移相如按控制电压的表达方法可分为线性移相和余弦移相两种方式。

应说明的是，由于余弦和反余弦函数是超越函数，所以只能在有浮点处理器的系统中进行计算，无浮点处理器的系统不能直接进行计算，需用查表法或泰勒级数展开法近似地进行运算。

下面介绍几种数字移相的基本构成原理。

1. 计数器—比较器法

计数器—比较器法的原理是用一个循环计数的计数器作为计时标准，并将同步电压的过零点与计时标准相关联，再将触发角换算成同步电压过零点时间与触发角对应时间之和送入锁存器，比较器将计时标准与锁存器进行比较，两者数值相同时，输出触发脉冲，经过脉冲宽度所需的时间后，触发脉冲消失。循环计数器和比较器只需一个，而锁存器通常需要一个或多个。

对于数字部件通常只接受数字信号，信号可以是电平、电平变化、电平持续时间等。同步信号一般取自三相全控桥的电源，经过变压器隔离后变为弱电信号。因此，模拟同步信号必须转化为数字信号才能被计算机系统所识别，使用过零翻转电压比较器可以完成这样的变换。变换后同步信号变换为方波信号，同步信号的正过零变换为方波信号的上升沿，负过零变换为方波信号的下降沿，如图 11-11 所示。图 11-11 中假定同步信号的过零点为控制角为零的时刻，此要求可以通过模拟变换电路实现。

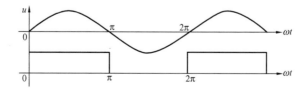

图 11-11　同步信号过零点的转换

对于数字式微机励磁调节器移相触发电路，当采用计数器—比较器法时，可用 8096 或 80C196 单片机内部器件实现无粘接数字移相触发。

2. 计数器直接法

对于上述计数器—比较器法数字移相电路，其计数器需要循环计数，同时一般均采用加计数，并由锯齿波触发电平—比较器模拟电路实现其功能，不论电路设置在微机芯片内部还是外部，均需要一个计数器，电路显得相当复杂。

计数器直接法的优点是使用减计数器，而且使用 CPLD 器件同样可实现无粘接移相触发。计数器由外部同步信号触发，当出现跃变时，计入初始计数值，并在减到零时自动输出触发脉冲，最简单的电路仅需一片 8253 芯片即可完成原形脉冲的生成。应说明的是，计数器直接法的触发角需以时间表示，因此，需要采集同步信号频率作为计时基准。除用 8253 计数器实现数字移相外，还可用 PSD5×× 等可编程系统器件实现无粘接计数器直接数字移相。

二、数字式移相的特征

数字式移相电路的特征有集成度高、移相角度对称、各相间触发脉冲角度和宽度分散性小、精确及可靠性高。

但是也应注意到数字式移相电路具有数字化的普遍特征。例如数字化是离散的，在离散过程中存在时间上的延迟。而在模拟式移相电路中，触发角是连续和无延迟变化的。对于数字式移相电路，触发角的确定则取决于微机的运算速度，这在应用上受到一定的限制。例如在具有副励磁机的三机励磁系统中，交流副励磁机的电源频率为 500Hz，在此频率下，目前的微机运算速度还不能在每一个 60° 电角度条件下运算出新的触发角，这在一定程度上影响了动态响应的速度。

此外，对于计数器—比较器法，由于目前尚无法使用三相同步信号，而且当三相同步电压不对称时，不能实现精确移相，这些问题均有待于解决。

第七节　三相全控桥式整流线路的外特性

一、三相全控桥式整流线路

静止励磁系统的功率输出级多为电压源—三相全控整流桥，如图 11-12 所示，励磁调节器用于控制整流桥的控制角。当控制角为 0°～90° 时，整流桥处于整流状态，输出电压的平均值为正；控制角为（90°～180°）−γ 时（γ 为换相角），整流桥处于逆变状态，输出电压的平均值为负。通常，控制角维持在 70° 左右，强行励磁时控制角近于 0°。逆变状态可用于发电机灭磁，例如将控制角固定在 150°，使储存在转子励磁绕组中的能量通过整流桥返回到整流电源。

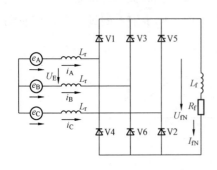

图 11-12　三相全控桥式整流线路

三相桥式全控整流线路存在换相压降，在控制角不变时，输出电压随输出电流（或负载）的增加而降低。在励磁系统的应用范围内，三相全控整流线路一般工作在第Ⅰ种工作状态，其外特性表达式为式（11-51），标幺外特性表达式为式（11-52）：

$$U_f = \frac{3\sqrt{2}}{\pi} U_E \cos\alpha - \frac{3}{\pi} I_f X_\gamma \tag{11-51}$$

$$U_f^* = U_E^* \cos\alpha - \frac{3}{\pi} I_f^* \times \frac{X_\gamma}{R_{fB}} \tag{11-52}$$

图 11-13 示出了以标幺值表示的三相全控桥式整流线路的外特性。

二、线性移相环节

移相控制电压与控制角呈线性关系的移相环节称为线性移相环节，相应移相特性见图 11-14。

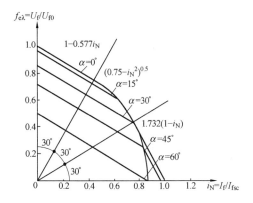

图 11-13　三相全控桥式整流线路外特性　　　　图 11-14　三相全控桥的移相特性

图 11-14 中，直线 a 的工作点由最大控制电压 $u_{R,\max}$、最小控制电压 $u_{R,\min}$、最大控制角 $\alpha_{\max}$ 及最小控制角 $\alpha_{\min}$ 所决定，一般情况下，$\alpha_{\max}=150°$，$\alpha_{\min}=10°$，$u_{R,\max}$、$u_{R,\min}$ 依励磁系统的励磁电压调节范围所决定，u_p 为整流桥输出的空载电压。另外，整流电源电压与额定值之比有所变化时，设电源变化系数为 K_u，则移相环节的特性可以下列方程式表示：

$$\alpha = -\frac{\pi}{2u_p} \times u_R + \frac{\pi}{2} \quad (\alpha_{\min} \leqslant \alpha \leqslant \alpha_{\max}) \tag{11-53}$$

$$u_f = K_u u_R \cos\alpha - \frac{3}{\pi} i_f \times \frac{X_\gamma}{R_{fb}} \tag{11-54}$$

$$u_{R,\min} = u_p \cos\alpha_{\max}$$

$$u_{R,\max} = u_p \cos\alpha_{\min} \tag{11-55}$$

三、余弦移相环节

控制系统输出控制电压与控制角呈余弦关系时，称为余弦移相环节，见图 11-14 中曲线 b。余弦移相环节的函数和相应关系为：

$$\alpha = \arccos \frac{u_R}{u_p} \quad (\alpha_{\min} \leqslant \alpha \leqslant \alpha_{\max}) \tag{11-56}$$

$$u_\mathrm{f} = K_u u_\mathrm{R} - \frac{3}{\pi} i_\mathrm{f} \times \frac{X_\gamma}{R_\mathrm{fb}}$$

$$u_\mathrm{R,min} = u_\mathrm{p} \cos\alpha_\mathrm{max}$$

$$u_\mathrm{R,max} = u_\mathrm{p} \cos\alpha_\mathrm{min}$$

余弦移相可使整流桥的输出电压与控制电压之间呈线性关系。

对于三相全控桥式整流线路，余弦移相函数表达式为：

$$\alpha = \arccos \frac{u_\mathrm{R} + \dfrac{3}{\pi} i_\mathrm{f} \times \dfrac{X_\gamma}{R_\mathrm{fb}}}{K_u u_\mathrm{p}} \quad (\alpha_\mathrm{min} \leqslant \alpha \leqslant \alpha_\mathrm{max}) \tag{11-57}$$

$$u_\mathrm{f} = u_\mathrm{R} \tag{11-58}$$

为简化表达式，在式（11-57）中，令整流桥负载系数为：

$$K_\mathrm{c} = \frac{3X_\gamma}{\pi R_\mathrm{fb}}$$

代入式（11-55）可得：

$$\left.\begin{array}{l} u_\mathrm{R,min} = K_u u_\mathrm{p} \cos\alpha_\mathrm{max} - K_\mathrm{c} i_\mathrm{f} \\ u_\mathrm{R,max} = K_u u_\mathrm{p} \cos\alpha_\mathrm{min} - K_\mathrm{c} i_\mathrm{f} \end{array}\right\} \tag{11-59}$$

四、三相全控整流线路的数学模型

为节省仿真时间，在数字化励磁系统中，对整流器线路一般使用一周波平均值模型代替瞬时值模型，即认为计算出的触发角 α 可以立即得到励磁电压平均值的响应，见式（11-54）和式（11-55）。对不同的移相环节，可求得图 11-15～图 11-17 所示模型。如将移相环节存储在仿真系统中，可与电压源—三相全控桥合并为一个单位比例环节，以简化模型。

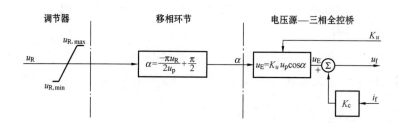

图 11-15　电压源三相全控桥式整流线路和线性移相环节特性

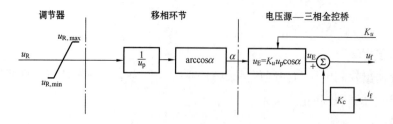

图 11-16　电压源三相桥式全控整流线路和线性移相环节模型

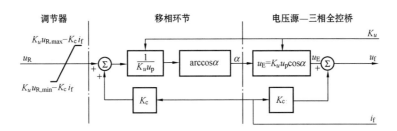

图 11-17　电压源三相桥式全控整流线路和线性移相环节模型

第八节　数字式励磁系统的特征

一、数字式励磁系统的特征

典型数字式励磁系统的方框图如图 11-18 所示。

图 11-18 中虚线部分是通过数字技术予以控制的，具体地说是由一个或多个微处理器来实现。数模变换 D/A 或 A/D 为接口单元，用以实现模拟量到数字量或数字量到模拟量的转换。

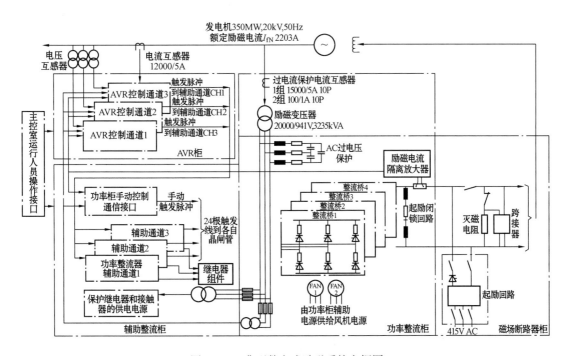

图 11-18　典型数字式励磁系统方框图

数字式励磁的参考输入一般是存储在微处理器随机存储器（RAM）中的一个数，参考输入与代表发电机输出电压的反馈量进行比较得出电压偏差。发电机的输出变量要通过定标电路转化成为计算机可接受的量，然后经过 A/D 转换器转换为数字量。给定的参考值与反馈量之间的比较是通过微处理机中的数学运算程序完成的。比较结果作用于储存在微处理器中的控制逻辑程序，用以完成预期的控制算法。

传统的控制算法包括比例、积分和微分即所谓 PID 算法等，此外，还可采用线性或非线性控制理论以及模糊逻辑和自适应控制等新理论控制算法，转换成模拟信号的控制程序输出用以驱动励磁系统中的功率放大单元。输出的模拟信号可以经过 D/A 转换器获得，亦可由微处理器直接发出脉冲提供给功率放大单元。发电机的励磁电压和电流由功率放大单元供给。

在数字式励磁系统中可实现复杂的控制方程式的运算。在模拟式励磁系统中，各附加单元功率是由单独的装置来完成的，而在数字式励磁系统中它只是正常的控制算法的一部分，而且投入与切出调节非常平稳。

数字式励磁系统的通信功能最简单的方式是通过一个就地键盘和显示器进行通信的，复杂的通信则有就地串行通信、远方串行通信、调制解调通信、区域网络等。通信的数据有输入值、输出值、整定值、内部信号、限制值、控制继电器状态以及故障情况等。通信数据可与系统中其他控制器，如调速器或监控器等信息进行交换，也可由操作者直接控制励磁系统的各变量，使系统处于特定的运行状态。

数字式励磁系统中的参考给定调节，如发电机电压整定、手动励磁整定、无功及功率因数的整定等均为数字量，通过输入到微处理器的远方增减节点，或者直接通过发电厂的计算机控制网络对上述各数字量进行调节。

此外，数字系统还可记录励磁系统中的各种参数，包括输入到励磁系统中的以及其内部的参数，通过 D/A 转换器送给外部的数据记录仪，或在计算机内部进行循环记录。数据记录应具有滤波和清零功能。

在仪表测量方面，大多数模拟系统均需外接仪表设备来测量系统中的各种参数，而数字系统可显示这些参数，不必外加变送器等设备。数字系统还可将这些数据送给发电厂的上位计算机，省去了测量仪表及导线的连接。

和模拟式系统比较，数字式系统可提供更多的信息与控制功能，而且易于实现，数字化系统一般都具有自检测功能，能提前发现系统内部故障，并安全有序地将故障部分解除。另外，数字系统的参数易于设定，这样可显著减少励磁系统现场调试的时间及工作量。

二、典型数字式励磁系统的特征

在图 11-19 中示出了由英国罗尔斯—罗伊斯（Rolls-Royce）公司开发的用于大型汽轮发电机组的三通道 TMR 型数字式微机励磁系统。下面简要介绍此系统的特征。

在本励磁系统中，采用了 TMR 三模冗余控制器，其自动电压调整器 AVR 由 3 个相同并相互独立的控制通道所组成，每个控制通道均可实现自动或手动调节。三模冗余结构每一控制通道中，均可方便地实现保护停机功能，同时采用"多数表决方式"处理停机信号，即可确保机组安全，又提高了系统的可用率。三模冗余控制器采用"多数表决方式"工作原理，在 3 个 AVR 通道均正常工作的情况下，将按三取二"多数表决"控制程序，输出主调节信号。

当一个通道发生故障时，除发出报警信号外，其余两个信号将取其中值作为调节信号，

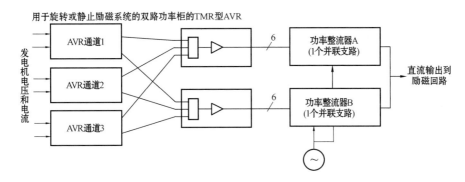

图 11-19　TMR 型数字式微机励磁系统原理系统图

如有两个通道故障，AVR 将切到手动控制通道。

本系统中的三模冗余控制器的硬件采用由美国德州仪表公司生产的 DSP，32 位高速数字信号微处理器，并提供了为此应用而特别设计的输入/输出回路。DSP 模块从发电机 VT 和 AT 等回路输入交流采样信号，经适配器执行运算程序，控制算法每经 3.3ms 执行一次运算，以确保励磁系统具有良好的响应速度。图 11-20 示出了 AVR 控制信号输出到晶闸管组件端按三取二的"多数表决方式"确定最终输出触发信号的示意图。

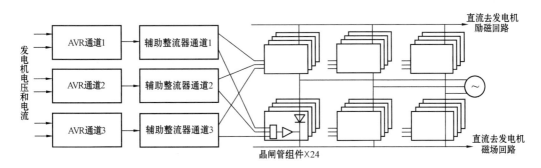

图 11-20　TMR 微机励磁系统 AVR 控制通道工作原理图

励磁系统的功率整流柜也采用冗余结构，在本设计中有 4 组整流桥支路，当一支路退出时，其他 3 支路仍能承担额定负载和 2 倍强行励磁。

此外，在整流装置辅助柜中还设有完全独立的手动控制通道，当 AVR 3 个手动通道中两个通道同时故障时，其作为备用通道自动投入。

三、数字式励磁系统的运行方式

1. AVR 自动方式

自动方式的基本功能是比较发电机实际端电压与自动给定值，并用以控制发电机端电压。发电机实际端电压与自动给定值的比较误差信号输出到 PID 控制器，PID 控制器的输出调制出触发脉冲送给功率整流器。

AVR 从空载到连续最大额定的电压调节精度为±0.5%。

2. AVR 手动方式

手动方式的基本功能是比较发电机实际励磁电流与手动给定值，并用以控制发电机励磁电流。发电机实际励磁电流与手动给定值的比较误差信号送给 PI 控制器，PI 控制器的输出调制成触发脉冲信号供给功率整流器。

这种运行方式可保证发电机的励磁电流为恒定值。

自动与手动之间切换是无扰动的（除非从自动转到手动时励磁低于手动约束限制线）。这种切换可由运行人员操作进行或在子系统故障时自动切换。

3. 整流装置手动方式

AVR 和整流装置之间，配备有整流装置手动调节控制通道（PI 电流控制器）。AVR 自动通道故障或在调试期间 AVR 暂时无法投入时，该控制通道可提供手动励磁控制。

4. 运行方式的选择

系统有三种控制运行方式：

（1）AVR 自动运行方式。

（2）AVR 手动运行方式，当两个 VT 故障时自动投入，或在发电机碳刷维护期间手动投入。

（3）整流装置手动运行方式，当两个 AVR 控制通道故障时自动投入或系统调试时应用。

5. 操作方式

系统控制可就地操作，也可通过主控制室的按钮或 DCS 微机终端远方执行。

四、数字式励磁系统的功能

在现代智能化的电力系统中，随着各类环保型电源（风电、光伏）投入的比例不断增加，电力系统功率冲击也更加频繁，同时火电常规机组和核电机组的单机容量已超越1000MW，从而对励磁系统性能的要求特别是在安全性和可靠性方面亦随之提高。此外，在对励磁调节器的限制功能与继电保护的协调与配合方面，也越来越引起极大的关注，例如在DL/T 843—2010 5.18 中规定：自动电压调节器应具有动作符合发电机变压器组及电力系统特性的过励限制（包括顶值电流瞬时限制和过励反时限制）、欠励限制、伏/赫兹（V/Hz）限制和电力系统稳定器（PSS）等附加功能单元、自动电压调节器的限制特性和整定值应发挥发电机变压器组短时工作能力，并与相关发电机变压器组和励磁变压器继电保护匹配，限制过程应快速而平稳，励磁调节装置的内部保护动作后应切至备用。此外，限制和保护的配置种类应相同，限制和保护的整定定值应配合以及限制和保护的动作原理应相同。

1. 参考给定值控制

无论是在自动或者手动控制运行方式下，运行人员均可通过调整励磁调节器的给定参考值以增加或减少励磁值。

在图 11-21 中示出了励磁调节器的增、减调节励磁功能。

自动励磁调节器的增、减励磁命令由外部予以调节，通过改变给定参考值以实现增减励磁的要求，参考值的变化幅度由增减励磁时的速率确定。自动跟踪回路对调节参考值进行跟踪，以保证在故障时实现无扰动切换。

2. 发电机运行容量曲线

发电机的运行容量曲线表达了发电机在额定工作条件下有功功率与无功功率的关系，以及可保证长期安全运行的范围，在图 11-22 中示出了典型的凸极同步发电机运行容量曲线图。

图 11-22 中，转子电流限制曲线，其圆心位于-Q 轴上 $1/x_q$ 处（对于隐极同步发电机，圆心位于-Q 轴 $1/x_d$ 处），半径等于 I_{fn}，限制值决定于发电机励磁绕组的热容量，相量 I_{fn} 与-Q 轴之间的夹角等于转子功率角 δ。定子电流限制曲线 2，由定子电流额定值所决定，圆心位于坐标原点 O，半径为 I_{Gn}，半径相量与 P 轴之间的夹角 φ 等于发电机功率因数角。有功功率限制值 3 决定于发电机额定有功功率，进相容量限制曲线 4 决定于发电机静态稳定、发电机定子端部发热以及最小励磁电流限制值等因素。最小励磁电流值限制值 5 取决于发电机静态稳定极限，通常取最小励磁电流 $I_{fmin}=0.1I_{fn}$。

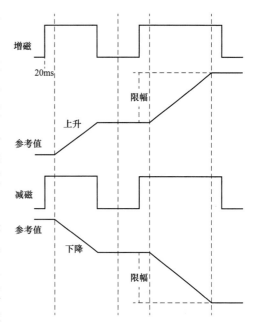

图 11-21 励磁调节器参考值的调节

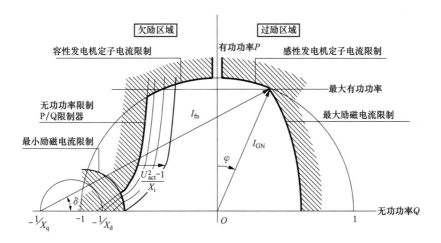

图 11-22 典型的凸极同步发电机运行容量曲线图

在发电机运行容量曲线正常范围内，运行点由励磁调节器调节励磁，使发电机运行在功率因数允许的范围内，此时励磁调节器中的 PID 控制器的输入量是发电机电压偏差信号，其为主控制信号，如果由于某些运行原因，发电机电压偏差主环闭路控制信号不能满足运行要求时，按预先设定规律，限制器将被激活，此时将由限制器构成的辅助环输出的偏差信号取代电压偏差主信号对励磁进行调节。

3. 无功功率限制器

在自动运行方式下，如果发电机按超前的功率因数（即进相运行），共运行点处于可能危及同步发电机静态稳定性时，励磁系统输出将增加到或者高于"自动无功限制线"的相应值，同时将报警并且禁止减磁。

在手动控制方式时，如果 AVR 自动通道控制器运行正常，手动给定将被禁止降低到"手动无功限制线"以下。如果增加有功导致手动约束限制值上升，则手动给定值将增加。

在自动控制器中计算"手动约束限制线"，如果选用手动控制器时自动控制器异常，则使用异常前的约束限制线值进行计算。

用手动控制方式，如果无功、有功计量有误，则运行人员可以任意增、减手动给定值，以确保足够的稳定裕量。

如果手动给定值降低到手动约束限制值，将发生信号报警。

在无功功率限制功能中有两种限制方式：无功功率低励限制和无功功率过励限制。

于此，应强调指出的是：进相的深度与发电机端电压值密切相关，发电机端电压越高，允许进相深度越深，反之亦然。

4. V/Hz 过激磁限制器

当发电机空载运行时，V/Hz 过激磁限制器可限制发电机电压与频率之比值不超过预先设定的限制值。

当发电机负载运行时，限制器将限定发电机电压不超过额定值。

限制器动作的限制方式为定时限或反时限，V/Hz 过激磁限制器特性曲线如图 11-23 所示。

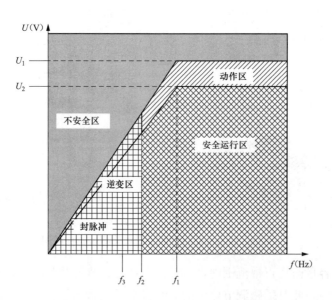

图 11-23　V/Hz 过激磁限制器特性曲线

根据电力行业标准 DL/T 843—2010《大型汽轮发电机励磁系统技术条件》6.5.11 规定，自动电压调节器的 V/Hz 限制特性应与发电机及主变压器的过激磁特性匹配，应具有定时限和反时限特性，发电机动态过程的励磁调节应不受 V/Hz 比率限制单元的影响。反时限特性宜采用非函数形式的多点表述方式，应与过激磁保护的定时限和反时限特性配合。在表 11-2 中示出了一台大型发电机组 V/Hz 过激磁保护动作整定值与励磁调节器 V/Hz 过激磁限制器动作整定值的配合。

表 11-2 发电机 V/Hz 过激磁保护整定值与励磁调节器 V/Hz 过激磁限制整定值的配合

A. 发电机 V/Hz 过激磁保护整定值					
V/Hz 倍数	1.10	1.14	1.18	1.20	1.26	1.30
动作时间（s）	80	16	6	2	0.2	0
B. 励磁调节器 V/Hz 过激磁限制整定值					
V/Hz 倍数	1.08	1.12	1.16	1.20	1.24	1.28
持续时间（s）	40	8.8	3.0	1.0	0.1	0

图 11-24 中示出了哈尔滨电机厂（HEC），东方电机厂（DFEM）以及阿尔斯通（ALSTOM）电机厂提供的发电机组 V/Hz 过激磁特性曲线。图 11-25 中示出了不同厂家给出的主变压器 V/Hz 过激磁特性曲线。

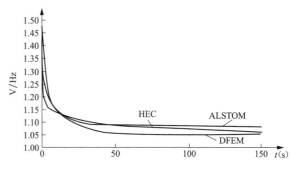

图 11-24 汽轮发电机组 V/Hz 过激磁特性曲线

5. 最大励磁电流限制器

最大励磁电流限制器的功能为：

（1）当励磁系统输出端发生直接短路时，采用瞬时动作瞬时退出的叠加控制方式：快速限制励磁最大输出电流。

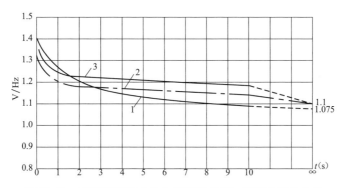

图 11-25 不同厂家给出的主变压器 V/Hz 过激磁特性曲线

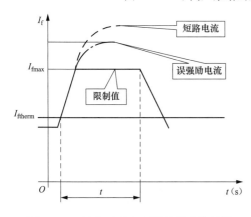

图 11-26 最大励磁电流限制器功能特性

（2）励磁系统发生误强励时，对超过顶值电流的励磁电流加以限制。

（3）可有效限制当整流桥交流输入及直流输出回路中以及转子励磁绕组发生匝间短路时所产生的短路电流。

最大励磁电流限制器的功能特性曲线如图 11-26 所示。

6. 发电机转子电流限制器

在自动运行方式下，系统提供三级的转子励磁电流限制，分别为：

（1）瞬时电流限制；

（2）给定电流限制水平并带预置时限功能；

（3）I^2t 超温保护系统符合 ANSI C50.13 1989 的热容量要求。

如果电流值（含延时值），或者 I^2t 值超过预置值，则电流限制器动作，限制值下降到电流限制给定值水平。当磁场电流下降到低于某个容许的连续值时，电流限制水平将上调。

在手动方式下，运行人员直接控制运行电流，但所能运行的最大电流亦会被限制在系统参数预置的水平内。

在图 11-27 中示出了发电机转子励磁绕组的热容量模型，模型表达了加热与冷却之间的热平衡，限制以温度越限为标准，计及加热延时和冷却延时。为防止多次强励导致定子或转子励磁绕组过负载，当冷却时间不足时，允许的过流时间也相应地缩短。

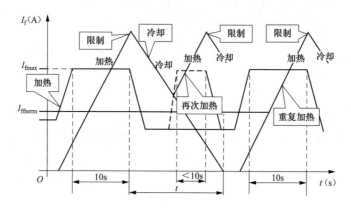

图 11-27　发电机转子绕组热容量模型

根据电流热效应的基本原理和 DL/T 684—2012《大型发电机变压器继电保护整定计算导则》中对发电机转子过负载的相关规定，发电机转子绕组的热限制计算公式为：

$$t = \frac{C}{I_{\text{fn}}^2 - 1}$$

式中　C——发热系数，$C=33.75$。

在表 11-3、表 11-4 中分别示出了发电机转子励磁绕组过电流耐受能力以及与励磁调节器强励反时限限制整定值的配合实例。

表 11-3　　　　　　　　　　发电机转子励磁过电流倍数耐受能力

（按 GB/T 7064 规定、以发热常数 $C=33.75$ 为基准）

电流倍数	2.09	1.46	1.25	1.13
持续时间（s）	10	30	60	120

表 11-4　　　　　　　　　　励磁调节器强励反时限整定值

（发热常数 C 不宜超过 30）

电流倍数	2.09	1.46	1.22	113
持续时间（s）	8.9	26.5	53	108

7. 发电机定子电流限制器

当发电机运行在超前功率因数时，定子电流限制器瞬时动作，而在滞后功率因数运行时，定子电流限制器将延时动作。定子电流限制器特性曲线如图 11-28 所示。

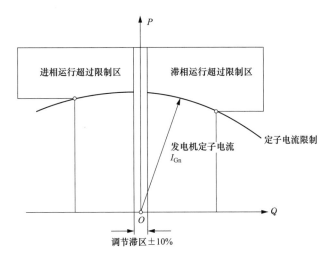

图 11-28　发电机定子电流限制器特性曲线

定子电流限制器的功能说明：

（1）对励磁系统而言，定子电流限制器仅能对发电机定子电流无功电流进行限制，对定子电流有功分量无限制作用。

（2）当发电机电流超越限制区，如果此时机组运行在进相状态，则限制器动作，增加励磁电流；如果此时机组在滞相运行，则限制动作，减少励磁电流，总之，定子电流限制器的作用是调节发电机定子电流中的无功分量，使发电机电流限定在限制区以内运行。

（3）在功率因数 $\cos\varphi=1$ 附近应设定（$\pm10\%$）为调节滞区，当发电机定子电流在此滞区内，限制器将不参与调节与限制。

（4）设置调节滞区的目的是：如果限制器在此区域内参与调节将会引起机组定子电流的频繁波动，影响机组的稳定运行；当发电机电流超过滞区限制范围时，将由调节器来进行调节，通过降低发电机电流的有功分量，使发电机定子电流降到限制区域以内运行。

（5）定子电流限制的依据是发电机定子绕组承受热容量能力，即当发电机定子电流低于发电机定子电流限制设定值时，发电机定子绕组处于一个散热过程，此时调节器进行反向积分，直到定子热量累积为 0；当发电机定子电流大于发电机定子电流限制设定值时，调节器开始积分计算发电机定子热量的积累，当此值达到发电机定子允许的热容量值（考虑了一定的安全裕量）时，调节器将减小发电机定子电流到一个比发电机定子电流限制设定值更小的数值，使得发电机转子处于散热状态，从而保证发电机的安全运行。

（6）定子电流限制还可以采用根据发电机输出的有功功率来确定发电机允许输出无功功率的方式来实现，即功率因数恒定运行方式。

发电机定子电流绕组过电流的耐受能力，根据 GB/T 7064 规定，相应表达式为：

$$t = \frac{C}{I_{\mathrm{Gn}}^2 - 1}$$

式中　C——发热系数，$C=37.5$。

在表 11-5、表 11-6 中分别示出了发电机定子绕组耐热能力以及与励磁调节器定子电流限制整定值的配合实例。

表 11-5　　　　　　　发电机定子过电流倍数定值（以发热常数 $C＝37.5$ 为准）

电流倍数	2.0	1.8	1.5	1.15
持续时间（s）	12.5	16.74	30	113

表 11-6　　　　　　　发电机定子电流限制器整定值（发热常数 C 不宜超过 33.75）

电流倍数	2.0	1.8	1.5	1.15
持续时间（s）	11.25	15.0	2.7	104.7

8. 励磁调节器叠加控制方式

通常在发电机励磁调节系统中，均以发电机端电压与给定参考值的偏差量作为调节目标值。

此外，亦可采用由发电机主变压器高压侧系统电压提供附加信号作用于励磁调节器给定参考值综合点，参与进行叠加调节控制，按此原理构成的调节器亦可称为电力系统电压调节器（PSVR），由于对主变压器高压侧系统电压进行调节，较维持发电机端电压恒定的 AVR 控制方式可进一步提高发电机的极限输出无功容量。简化的电力系统电压调节器的简化模型如图 11-29 所示。

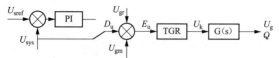

图 11-29　电力系统电压调节器叠加控制方式简化模型
U_{sref}—参考电压；U_{sys}—同步信号电压；U_{gr}—发电机电压

采用系统电压叠加控制方式：当发电机空载时，发电机端电压跟踪系统电压变化，可取代同期调压装置，加速发电机并网速度并降低并网时的无功功率冲击。

发电机并网后，根据系统电压变化，自动调节发电机组无功功率，并维持发电机高压侧母线电压的稳定，进一步提高了系统运行的稳定性。

9. ST5B 自并励励磁系统模型

在 IEEE 421-5 2005 国际标准中，对电压源自并励励磁系统 ST5B 的模型作了规定，相应模型传递函数方框图如图 11-30 所示。

ST5B 模型具有以下功能特征：

（1）在 ST5B 模型中，AVR 主环中接入串联 PID 校正环节。

（2）根据逻辑控制要求，在限制回路中分别采用高通门和低通门方式引入限制控制功能。

（3）限制辅助环节中引入独立作用的串联 PID 校正环节。

10. PSS-4B 电力系统稳定器模型

PSS-4B 电力系统稳定器模型满足 IEEE 421-5 2005 国标标准的要求，采用三段频率全范

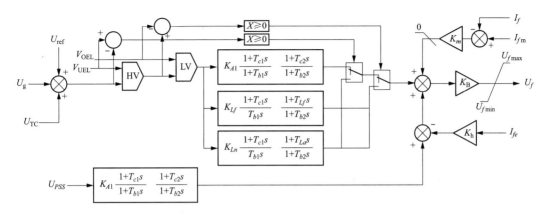

图 11-30　电压源自并励励磁系统 ST5B 模型

围优化补偿，在 $0.1\sim1.0\text{Hz}$ 范围内具有最优阻尼特性，此外可有效抑制无功反调现象，适应各种与电网联系方式。

图 11-31 中示出了 PSS-4B 电力系统稳定器模型。

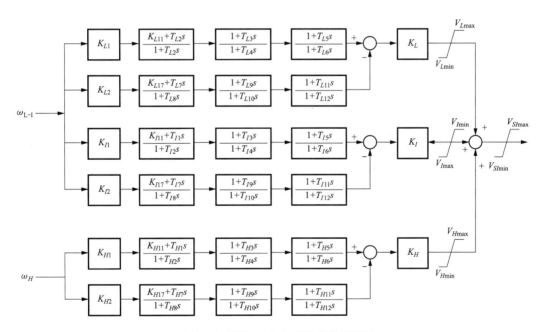

图 11-31　PSS-4B 电力系统稳定器模型

励磁变压器

第一节 概 述

近年来，随着水、火电机组容量的不断增长，在励磁方式的选择上，已由传统的旋转交流励磁机励磁方式逐步转向于采用静止自励励磁方式。为此，作为静止自励励磁系统的重要组成部件之一的励磁变压器，也更加引起制造以及电厂运行部门的关注。

当前，应用在大型水、火电机组励磁系统中的励磁变压器就绝缘方式而言，主要有以下几种主要的绝缘型式：

（1）以环氧树酯为绝缘材料的树酯浇注干式变压器；

（2）无碱玻璃纤维缠绕浸渍的干式变压器；

（3）MORA 型干式变压器；

（4）NOMEX 型干式变压器。

在上述几种变压器绝缘方式中，以树酯浇注式及缠绕干式两种绝缘方式在当前应用得比较广泛。

（1）对于浇注式绝缘干式变压器，线绕绕组（包括高压绕组和较小容量的低压绕组）采用真空浇注工艺。而箔式绕组主要用于容量较大的低压绕组。

采用真空浇注工艺可消除变压器内部存在气泡的可能性，以减少变压器绕组的局部放电量，从而保证了变压器的使用寿命。同时，采用浇注工艺使得绕组成为一个钢体，使绕组具有很强的抗短路能力。浇注式干式电力变压器的绕组的导电材料主要是铜材和铝材。

（2）采用无碱玻璃纤维缠绕浸渍变压器，低压侧一般为箔式绕组，高压绕组则在绕线机上绕包，内模为环氧玻璃布筒。绕包时，边绕导线，边绕玻璃纤维，再经过一树酯槽将浸好树酯的纤维复绕在已绕好的导线上面。待整个绕组绕完后，再进烘箱加热固化，使之成为一个整体。绕包式结构的最大优点是无须专门的模具与专用浇注设备。但是由于树酯是常规条件下加入，而不是真空浇注的，难免在它的内部混有空气。从而容易引起局部放电而降低其运行可靠性。另外，绕包式变压器所需工时较多。综上所述，缠绕式变压器的成本将高于一般的浇注式变压器。

（3）MORA 型干式变压器是近 20 年来由德国 MORA 变压器厂在适应环保新概念和改善变压器阻燃特性的前提下，应用新工艺、新技术和新材料而开发的一种新型干式变压器。

MORA 型变压器高压绕组分层扁绕在绝缘性能良好的陶瓷支架上。高、低压绕组以及绕组之间纵向及横向均有冷却风道，为此，变压器具有良好的短时过载及抗短路应力特性。

MORA 型变压器在真空状态下对绕组材料进行浸渍绝缘漆后再进行烘干，其工艺简单、制造方便、成本较低。

MORA 型变压器绕组由玻璃纤维或 NOMEX 绝缘材料构成，绕组允许温度为$-50\sim155℃$，达到 F 级或 H 级绝缘水平。

应强调指出的是，为了改善变压器的阻燃特性，MORA 变压器在整体上采用了极少的可燃绝缘材料，其中可燃物质只占变压器总重的 1% 左右。在图 12-1 中示出了 MORA 型变压器与树酯浇注变压器燃烧能力的比较。由图 12-1 可见，在阻燃特性方面和树酯浇注型干式变压器比较，MORA 型干式变压器具有明显的优势。这一特征对于应用在地下厂房及励磁变压器与功率整流柜等配置在一起的励磁装置而言，采用具有低燃烧特性以及燃烧时无烟、无毒性气体释放的变压器，对提高电厂的安全运行显得更加重要。

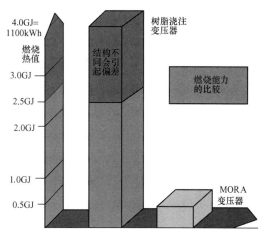

图 12-1　MORA 型干式变压器与树酯浇注型干式变压器燃烧特性的比较

另外，作为环保产品，MORA 型变压器在失效后可予以拆卸分解，对绕组铜材可循环再利用。树酯浇注式干式变压器实现这一要求是非常困难的。

（4）另一种敞开浸渍干式变压器是采用 Nomex 绝缘材料的美国型变压器，与德国型干式变压器的不同点如表 12-1 所示。

表 12-1　　　　　　　两种敞开浸渍干式变压器绝缘方式及工艺的对比

Nomex 美式	MORA 德式
匝绝缘采用耐高温 Nomex 绝缘纸	匝绝缘采用玻璃纤维
垫块采用 Nomex 纸板或梳状撑条	垫块采用陶瓷片
浸渍工艺采用真空压力浸渍（VIP）	浸渍工艺采用真空浸渍（VI）

对于 Nomex 型式 MORA 型敞开浸渍式干式变压器在绝缘和工艺方面的主要相同点为：

1）低压线圈采用箔式或多根并绕层式。

2）高压绕组为全并式（敞开）。

3）绕组均采用浸渍工艺。

4）采用 C 级或 H 级绝缘系统。

此外，敞开浸渍式干式变压器和树酯浇注式干式变压器比较，制造工艺简单，相似于油浸变压器，制造成本较低，在防火、阻燃特性方面也优于树酯浇注干式变压器。为了进一步提高防污及防潮能力，Nomex 型浸渍式干式变压器还开发了包封式结构干式变压器。

应强调指出的是，随着时代的进展和技术的进步，对变压器的绝缘方式也提出了越来越高的要求，特别是对于应用在地下厂房的励磁变压器，在绝缘方式的选择上应更加慎重。

20世纪50年代，传统上变压器多应用矿物油冷却介质，同时由于与矿物油发生的火灾问题的影响，也曾给运行安全带来了极大危害性。在60年代由德国开发的树酯浇注干式变压器问世后，几乎成为默认的矿物油冷却变压器首选的替代品。在经历近半个世纪的树酯变压器应用过程中，人们注意到，总体而言，树酯浇注变压器的运行性能是可靠的，但是不论是国内还是国外厂商制造的树酯浇注的干式变压器发生故障的情况不乏其例。例如，在一座大型水电站中，一台单相容量为3000kVA的励磁变压器在使用中发生匝间短路事故，其后扩大到层间的短路。同时，由于阻燃特性差引发了明火燃烧，甚至在继电保护动作切断电气回路后，引起的明火仍继续燃烧并散发出有毒气体，危害到消防人员的人身安全。

为此，探讨和开发应用新型绝缘液的浸渍式变压器，以改善变压器的防火、环保和提高运行可靠性，重新成为工程上关注的课题。

当前，这类基于酯类的合成酯变压器的应用已取得非常卓越的进展，并在对环保和防火要求较高的高层公共建筑、工厂、高危险场地，以及可再生能源领域如风能、潮汐能和近海风力发电领域中获得了广泛的应用。此外，火灾对海上环境的作业亦是潜在的危害。由于酯类绝缘液可进行生物降解，一旦泄漏，可溶解于水，对水生物无副作用。其燃点高达322℃，具有良好阻燃特性。为此采用MIDEL-7131合成酯绝缘液在近海油田产业中得到广泛应用。

有鉴于此，对安装在水电站地下厂房中的设备如主变压器和励磁变压器采用合成酯绝缘液作为相应变压器的冷却介质及绝缘液，对提高防火性能和改善环保特性而言，不失为一种最佳选择。

第二节　树酯浇注干式励磁变压器的结构特征

在本节中，将对当前应用较为广泛的树酯浇注干式励磁变压器的性能特征作一简要叙述。

一、铁芯

树酯浇注干式变压器铁芯材质采用优质冷轧晶粒取向硅钢片，45°全斜接缝结构。芯柱采用绝缘带绑扎，表面用特殊树酯密封加以防潮防锈。

二、绕组绝缘结构

当前树酯浇注干式变压器绕组工艺分为浇注式和缠绕式。

三、绕组材质

绕组的材质可采用铜线、铜箔或铝线、铝箔。但是国外有些厂家出于设计上的考虑，特别推广某一种绕组材质，例如在三峡机组励磁系统投标书中，德国西门子公司建议环氧浇注干式变压器采用铝箔绕组，这是出于对热膨胀系数的考虑，因为铜的热膨胀系数为17，而树酯的膨胀系数为28~30，为此，铝绕组所承受的内应力较小，铝箔绕组间的电容分布也可使电位分布比较均匀。

此外，西门子公司还认为采用铝箔比铜绕组更易于降低温升。

由于不同绕组材质具有不同的热膨胀系数，为此树酯亦应采用复合型环氧树酯，如石英粉环氧树酯和玻璃纤维环氧树酯等。

在表 12-2 中列出了有关绝缘材料的性能参数表。

由表 12-2 可看出，环氧树酯与玻璃纤维复合材料的线膨胀系数与铜线相接近，为此，由玻璃纤维与环氧树酯组成的复合绝缘材料和铜导线构成的绕组，具有明显的抗冲击、抗温度变化和抗裂性能。

表 12-2　　　　　　　　　　　　树酯复合材料的性能参数

性能 名称	介电强度 （kV/mm）	冲击强度 （kJ/m^2）	弯曲强度 （MPa）	线膨胀系数 （$\times 10^{-6}/℃$）
纯环氧	16～19	18～25	130～150	60～70
石英粉环氧	18～20	10～12	110～120	28～35
玻璃纤维环氧	18～20	40～60	420～480	16～20
铜	—	—	—	17
铝	—	—	—	24

四、散热及冷却

干式变压器的冷却方式有自然空气冷却和强迫空气冷却两种，分别以 AN、AF 表示（A 为空气；N 为自然循环；F 为强迫循环）。带风冷系统产品冷却方式可表示为 AN/AF。

自然空气冷却（AN）时，正常使用条件下，变压器可连续输出 100％的额定容量。强迫空气冷却（AF）时，允许不同程度的过负载运行。

强迫风冷时允许的过负载倍数适用于各种应急过负载或断续过负载运行，由于这时负载损耗和短路阻抗增幅较大，必然导致温升增大，变压器过热，加速绝缘材料的老化和失效，所以不推荐强迫风冷连续过负荷运行。对于励磁变压器而言，其容量选用时已经考虑了发电机的强励倍数，并留有一定的裕度。因此，环氧浇注干式励磁变压器可以不考虑加设强迫空气冷却装置。但是置于通风条件较差的场所时，必须考虑强迫空气冷却装置的设置。

第三节　树酯浇注干式励磁变压器的应用特征

由于励磁变压器是通过整流器（可控或者非可控的）向同步发电机励磁绕组供给直流电源，在本质上是一种不同于电力变压器的非标准整流变压器，为此在设计时应考虑到下列一些特殊运行状态。

（1）由于在励磁变压器高、低压绕组中的谐波电流会产生额外的附加损耗，因此励磁变压器的设计容量应高于由基波电流确定的额定容量。

（2）由于由电网和变压器阻抗所决定的谐波电流的存在，使励磁变压器铁芯的励磁电压波形发生畸变（谐波电压），可导致铁芯饱和，为此在设计铁芯尺寸时应适当放大以避免饱和。

（3）由于谐波电流的存在，谐波电流在相应谐波阻抗上产生了谐波电压降，此谐波电压将引起空载损耗的增加以及变压器噪声的增大。而谐波电流将引起负载损耗的增加以及分布不均匀的涡流损耗，会引起局部的过热。

（4）励磁变压器存在暂态的换相过电压，此外为避免因高、低压绕组间的电容耦合引起的感应过电压，通常励磁变压器在高、低压绕组之间设置接地屏蔽。

第四节　树酯浇注干式励磁变压器技术规范[26]

一、励磁变压器的额定容量

励磁变压器除供给发电机最大连续负载励磁容量外，还承担强行励磁时提供强励电压及强励电流的瞬时输出容量。根据定义，励磁变压器的工作容量为：

$$S_N = U_{1N} I_{1N} = U_{2N} I_{2N}$$

式中　U_{1N}——励磁变压器一次额定电压，等于发电机端额定电压；

　　　I_{1N}——励磁变压器一次额定电流；

　　　U_{2N}——励磁变压器二次额定电压，应满足提供最大强励电压的要求；

　　　I_{2N}——励磁变压器二次额定电流，应满足提供强励电流的要求，一般强励电流持续时间为 10～20s，为此可用发电机最大连续负载的励磁电流确定二次额定电流。

此外，由于励磁变压器是以整流器为负载，存在的谐波电流分量增加了谐波损耗。有鉴于此，在确定励磁变压器额定容量时，应考虑谐波电流附加损耗系数，适当加大二次额定电流的数值，并以此电流作为温升试验的电流和依此确定额定容量。这是当前确定励磁变压器额定容量时比较普遍采用的方法。

二、联结组别

对于三相双绕组电力变压器的接线组别，我国有关标准规定为 Yyn0、Yd11、YNd11、YNy0 和 Yy0 五种接线方式。对于励磁变压器接线组别的选择，我国也多沿用电力变压器的标准，一般都选用 Yd11 接线方式，其原因为当励磁变压器的一次侧接成星形接线时，一次绕组的相电压仅为线电压的 $1/\sqrt{3}$，降低了一次绕组的耐压水平。二次绕组三角形连接，可为三次谐波短路电流提供一个支路，用以抵消 3 次谐波磁通，改善了二次相电压波形。

应强调指出的是，对于水轮发电机组静止自励系统，出于励磁变压器与发电机封闭母线连接上的方便以及防止相间短路的考虑，励磁变压器多采用由 3 个单相变压器组成的三相变压器组。此时，由于三相铁芯的磁路各自独立，使主磁通和 3 次谐波磁通沿同一磁路闭合。同时，由于各相磁路的磁阻很小，故 3 次谐波的磁通较大，由 3 次谐波引起的 3 次谐波电动势也很高，其幅值可达基波幅值的 45%～60%，结果造成相电动势波形畸变，使相电压升高而危及变压器的安全运行。为此，对于由三相变压器组构成的励磁变压器，一、二次绕组中必须有一侧按三角形接线，利用通过三角形接线绕组中流过的 3 次谐波电流来抵消 3 次谐波磁通。

此外，当励磁变压器采用 Yd 接线，如 Yd11 接线时，二次相电压在相位上滞后一次相电压 30°，为此，在选择晶闸管触发回路的同步变压器接线时应考虑这一因素。

对励磁变压器联结组别的选择，有时为简化触发同步变压器的相位配合，一、二次采用相同的组别。例如，日立公司生产的 600MW 汽轮发电机静止自励系统中，励磁变压器采用 Dd0 联结组别，日立公司认为由于绝缘技术的进步，一次侧按三角形接线承受线电压耐压水平是安全的。但是，在励磁设备调试中发生了励磁变压器绕组击穿的事故。

为改善接有晶闸管整流器负载的励磁变压器波形，励磁变压器一般多采用 Yd 接线，组别影响到励磁调节器的相位配合。

应强调说明的是，励磁变压器联结组别的选择还影响到绕组的结构形式，例如为保持电抗平衡，提高突发短路应变能力，励磁变压器低压侧绕组采用箔式结构较为理想。当其容量在 1250kVA 以上时，变压器绕组的电抗高度一般为 950～1000mm，如低压侧为星形接线时，二次相电流将为三角形接线时的 $\sqrt{3}$ 倍，在保持电抗高度不变的情况下，箔式绕组的厚度也有所增加，当容量为 1250～2500kVA 时，二次绕组铜箔厚度为 1～1.6mm，铜箔厚度的增加不仅使涡流损耗上升（可达总铜耗的 14%），而且也使绕制极为困难，为此对大型励磁变压器二次低压绕组采用三角形接线较为合理。

三、绝缘等级及温升

目前，国外供货的励磁变压器绝缘等级多为 F 级或 F/H 级，国内产品多为 F 级或 F/B 级。绝缘等级的温升按相应国际标准，如表 12-3 所示。

励磁变压器中涉及温升的部件有：绕组、铁芯及附加紧固件。

在此应强调指出的是，在确定励磁变压器温升极限时，一些用户常提出按绝缘等级降低一级温升的要求，如委内瑞拉古力第二发电厂励磁变压器的绝缘等级为 F 级，允许温升为 100K，但用户要求温升按 B 级考核，即温升最高值为 80K，实际温度为温升与环境温度之和，环境温度规定为 40℃。

表 12-3　　　　　　　　　　　　变压器温升极限

绝缘等级	绝缘系统温度（℃）	绕组热点温度（℃）		额定电流绕组平均温升值（K）（$\Delta\theta_{WT}$）
		额定值（θ_c）	最高允许值（θ_{cc}）	
A	105	95	140	60
E	120	110	155	75
B	130	120	165	80
F	155	145	190	100
H	180	175	220	125
C	220	210	250	150

对于铁芯、绕组外部的连接线等，一般情况下不规定温升限值。但是仍然要求相应温度不应出现使铁芯本身及其他部件或其相邻的材料受到损害的程度。环氧浇注干式励磁变压器因为磁密取值较低，使得铁芯温升较低，不会出现使铁芯本身、其他部件或其相邻的材料受到损害的温度。

四、阻抗电压

变压器的短路阻抗电压是一个重要的参数，此值影响到整流器换相的工作状态和变压器的短路电流值。

当发电机磁场短路或集电环闪络以及整流桥臂短路时，回路短路电流将由变压器的阻抗电压所决定。

对于大容量励磁变压器，其短路阻抗电压明显高于普通电力变压器相应值。以三峡机组励磁系统国外制造厂投标书为例，一般励磁变压器的短路阻抗值一般为 6%～12%，个别厂家推荐值高达 16%。

应当指出的是，对励磁变压器阻抗电压的选择应综合考虑到短路电流限制、整流器换相工作状态以及灭磁方式的功能等多方面因素。

例如，当采用交流灭磁方式时，整流器直流侧发生直接短路，可借助于过电流脱扣保护功能予以限制短路电流，不必单独依托于励磁变压器的短路阻抗。

另外，励磁变压器所选用的短路阻抗值过大，在强励条件下，励磁变压器二次电压的下降以及励磁电流的增加，有可能使整流器外特性的工作点过渡到第Ⅱ种换相状态，导致励磁输出电压显著降低。

五、短时电流过载能力

变压器短时电流过载能力受结构、材质、运行条件和初始负载等多方面因素的影响。各种类型励磁变压器的过载能力曲线不尽相同，图 12-2 示出了 SCB9 型树酯浇注干式变压器的过载能力曲线。

应说明的是，对励磁变压器亦有过电压过载能力的要求，因为电压过载将导致铁芯损耗及励磁电流的增加。

例如，在实际使用中，在发电机大修后或启动时，如用自励系统中的励磁变压器进行，发电机匝间耐压试验时励磁变压器将承受 1.15～1.30 倍额定电压，在确定励磁变压器规格时应予以注意。

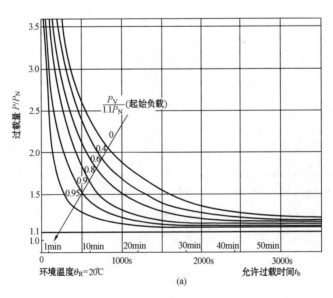

图 12-2 树酯浇注干式变压器过载曲线（一）

（a）环境温度 $\theta_R = 20℃$

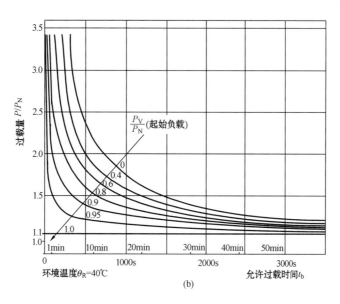

图 12-2 树酯浇注干式变压器过载曲线（二）

（b）环境温度 $\theta_R = 40\text{℃}$

P_N—额定容量；P_V—起始负载；P—过载容量

考核励磁变压器短时电流过载能力的限制条件是绕组的最高温升值。例如，F 级绝缘系统绕组温度为 155℃，最高温升为 100K；B 级绝缘系统温度为 130℃，绕组最高温升为 80K。此规定与表 12-3 及国际标准一致。

短时电流过载条件下，励磁变压器绕组的平均温升值 θ_e 的变化规律可以表示为[27]：

$$\theta_e = \theta_a + (\theta_b - \theta_a)(1 - e^{-t/T}) \tag{12-1}$$

其中

$$\theta_a = \theta_N \times (S_a/S_N)^{1.6} \quad (\text{K}) \tag{12-2}$$

$$\theta_b = \theta_N \times (S_b/S_N)^{1.6} \quad (\text{K}) \tag{12-3}$$

$$t = T\ln\frac{\theta_b - \theta_a}{\theta_b - \theta_e} \tag{12-4}$$

式中 θ_a——绕组起始稳态温升，K；

$\qquad \theta_b$——绕组短时过载稳态温升，K；

$\qquad T$——绕组发热时间常数；

$\qquad t$——短时超额定铭牌容量时间，s；

$\qquad \theta_N$——额定温升，K；

$\qquad S_N$——励磁变压器额定容量，kVA；

$\qquad S_a$——过负载前起始容量，kVA；

$\qquad S_b$——短时超额定值容量，kVA。

式（12-1）可用图 12-3 表示其物理意义，图 12-3 中 θ_R 为环境温度值，可按 20℃ 或 40℃ 考虑。

由式（12-1）可知，短时过负载所引起的绕组平均温升 θ_e 与 θ_a、θ_b、T 及 t 等参数有关。

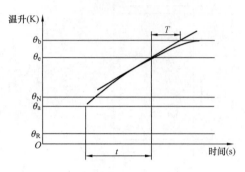

图 12-3　短时超额定容量绕组温升的变化

对于铜质绕组，发热时间常数 T 可近似地表示为：

$$T = 165 \times \frac{\theta_b}{J_b^2} \tag{12-5}$$

式中　J_b——与短时过负载值相对应的绕组电流密度值，A/mm^2。

式（12-5）中系数 165 决定于铜导线的密度、电阻率以及导线与树酯绝缘材料的比热容量。

由于，$J_b = \left(\dfrac{S_b}{S_N}\right) J_N$，其中 J_N 为绕组额定电流密度，如令 $\dfrac{S_b}{S_N} K_b$，则可得：

$$J_b = K_b J_N$$

将 $J_b = K_b J_N$ 及式（12-3）代入式（12-5），整理可得：

$$T = 165 \times \frac{\theta_N \times K_b^{1.6}}{(K_b J_N)^2} \tag{12-6}$$

由式（12-6）可知，减少绕组额定电流密度 J_N 可增大绕组发热时间常数，当过载时间 $t = (3 \sim 4)T$ 时，绕组的发热接近于短时过载稳态温升 θ_b 值。

【例 12-1】 励磁变压器额定容量 2450kVA，一次电压 15.75kV，二次电压 0.6kV，阻抗电压 $U_x^* = 6\%$，F 级绝缘，高压绕组额定温升 $\theta_{N1} = 80.93K$，低压绕组额定温升。第一层为 80.41K，第二层为 790.22K，第三层为 80.93K，低压绕组额定平均温升为 $\theta_{N2} = 80.2K$，绕组电流密度 $J_{N1} = 1.618A/mm^2$，$J_{N2} = 1.964A/mm^2$，在发电机进行 20s 强行励磁和强励电流达到 2 倍额定值条件下，试计算低压绕组的温升值及温升时间。

解　已知低压绕组额定温升为 $\theta_{N2} = 80.2K \approx 81K$，由式（12-2）计算绕组起始稳态温升：

$$\theta_a = 81 \times \left(\frac{2450}{2450}\right)^{1.6} = 81(K)$$

强励 2 倍短时电流过负载，由式（12-3）计算相应稳态温升：

$$\theta_b = 81 \times \left(\frac{2 \times 2450}{2450}\right)^{1.6} = 245.5(K)$$

电流过载 2 倍时低压绕组电流密度：

$$J_{b2} = \frac{2 \times 2450}{2450} \times 1.964 = 3.928(A/mm^2)$$

由式（12-5）求发热时间常数：

$$T = 165 \times \frac{245.5}{3.928^2} = 2622(s) = 43.7(min)$$

依式（12-1）求强励 20s 后的低压绕组平均温升：

$$\theta_e = 81 + (245.5 - 81) \times (1 - e^{20/2622}) = 82.3(K)$$

与额定平均温升相比只增加 1.3K。

德国 VDE0532 工业标准规定，$\theta_{\mathrm{C}} \leqslant 120\mathrm{K}$ 为合格，如达到此平均温升，由式（12-4）可求得达到此温升的时间为：

$$t = 2622 \times \ln\frac{245.5-81}{245.5-120} = 710(\mathrm{s}) = 11.8(\mathrm{min})$$

答：低压绕组的温升值为 82.3K，温升时间为 11.8min。

六、励磁变压器抗突然短路电流的能力

1. 突然短路电流计算

以整流器输出端直接短路时产生的突然短路电流最为严重，在忽略电源内阻和回路阻抗条件下，以标幺值表示的短路电流有效值可写为：

$$I_{\mathrm{d}}^{*} = \frac{1}{Z_{\mathrm{d}}} \tag{12-7}$$

式中　Z_{d}——以标幺值表示的励磁变压器短路阻抗值。

2. 励磁变压器的热稳定能力

在发生突然短路故障的短时间内，由高值短路电流所产生的热量可近似地认为全部为绕组所吸收，而不能在短时间内将热量散发到周围介质中。绕组的温升取决于短路电流的大小和持续时间。按有关标准规定，用以校验变压器承受短路电流热稳定能力的持续时间为 2s，树酯绝缘干式变压器在短时短路电流作用下的平均温度最大值应满足 $\theta_2 \leqslant 350℃$。

绕组达到最高平均温度的表达式为：

$$\theta_1 = \theta_0 + aJ_{\mathrm{D}}^2 t \times 10^{-3} \tag{12-8}$$

式中　θ_0——短路前绕组的起始温度；

J_{D}——短路稳态时绕组电流密度值，$\mathrm{A/mm^2}$。

在进行热稳定计算时，可认为其最大值为：

$$\theta_1 = \theta_0 + \theta_{\mathrm{t}} = 40 + 100 = 140(℃)$$

对于铜绕组，系数 a 为：

$$a = 0.01976 \times [235 + (\theta_2 + \theta_1)/2]$$

把 $\theta_2 = 350℃$、$\theta_1 = 140℃$ 代入上式可求得 $a = 9.48$。

取［例 12-1］中的原始数据，求出相应短路电流密度为：

$$J_{\mathrm{D}} = J_{\mathrm{D}}^{*} \times J_{\mathrm{N2}} = \frac{1}{0.06} \times 1.964 = 32.8(\mathrm{A/mm^2})$$

由式（12-8）求得：

$$\theta_1 = 140 + 9.48 \times (32.8)^2 \times 2 \times 10^{-3} = 141.4(℃)$$

因 $\theta_1 \leqslant 350℃$，所以满足规定要求。

可见，突然短路电流在 2s 时间内产生的温升仅较稳态温升规定值 120K 高出 21.4K，远小于平均温度最大值 350℃ 极限值。

3. 突然短路电流作用下，励磁变压器的动态稳定能力

励磁变压器承受短路电流动态稳定的能力应通过试验予以考核。励磁变压器的结构型式影响到其抗动稳定的能力。例如，当低压绕组采用铜箔材质时，对轴向而言，每层绕组仅为

1 匝，为此，在突然短路时所产生的轴向力远低于多股扁线并绕绕组的相应值。

七、过电流保护

直流侧短路时（如集电环短路），等效于励磁变压器二次绕组短路，此时，除提高阻抗电压以限制短路电流外，此类故障亦可采用其他保护方式，例如在励磁变压器高压侧采用快速熔断器，提高整流器可承受的短路容量，在整流器直流侧串入扼流电抗以限制短路电流对时间积分的增长速率，或在直流侧采用快速过电流检测继电器，当短路电流达限制值时闭锁导通的晶闸管整流器等。

除上述保护方式外，在现代自励系统中，多在励磁变压器二次绕组中接入交流互感器和按定时或反时限的方式启动的过流保护继电器，当达到定值时用以发出发电机主断路器及磁场断路器的跳闸指令。

八、过电压抑制

励磁变压器在运行中除有可能受到外来过电压、操作过电压和故障过电压的冲击外，还可能受整流器的换相过电压，灭磁过电压以及变压器漏感和分布电容构成的振荡过电压的冲击，在起始阶段，这些过电压将在励磁变压器的端部产生很高的电位梯度，并在其后吸收过程中引起尖峰电压振荡，为此须予以抑制。

1. 合闸浪涌过电压

由于励磁变压器的绕组间存在着寄生电容，为此，励磁变压器的电源投入或切出以及大气过电压均会在变压器中产生交流过电压，特别是当励磁变压器不由发电机端电压供电，而由厂用电或机组主变压器供电时，更应给予充分的注意。

对于合闸引起的过电压，假定 C_{12} 为一次和二次绕组间的寄生电容，C_{20} 为二次绕组对铁芯之间的电容，在励磁变压器一次合闸瞬间，由 C_{12} 和 C_{20} 电容构成的充电电路引起位移电荷，由此，可求得一次侧传到二次侧的过电压为：

$$u_2 = \frac{C_{12}}{C_{12} + C_{20}} \times u_1 \tag{12-9}$$

变压器的容量越大，一次电压 u_1 越高，合闸引起的过电压越严重，因此，必须采用有效的保护措施。

为限制此操作过电压，措施之一是在一次和二次绕组之间加一金属静电屏蔽层，屏蔽层与接地铁芯相连接，这样，使一次和二次绕组间的电容 C_{12} 接近于零值。当有外部过电压侵入时，由屏蔽电容所短接，不再对二次侧绕组构成危害。

抑制过电压另一措施是在二次绕组端接入一个对地电容 C_{02}，当确定限制过电压倍数为 K_{u2} 时，C_{02} 之值可由下式求得：

$$C_{02} = \frac{C_{12}u_1 - Ku_2(C_{12} + C_{20})}{Ku_2} \tag{12-10}$$

应当说明的是，当励磁变压器接入屏蔽层，或者接入对地电容时，均影响到其承受全波冲击试验电压的能力，以及加大对地电容电流值，此点必须予以充分的注意。

2. 分闸过电压

变压器拉闸所产生的过电压比合闸过电压大得多，这是由于变压器断路时在其回路中所储存的磁能均要释放出来，如果无吸收装置，磁能将转化成弧光能量并产生过电压，抑制这种过电压的措施是将储存在电感中的能量转换到与变压器二次绕组并联的过电压吸收电阻—电容网络中。

3. 大气过电压

和操作过电压相比，大气过电压的倍数更高，但是作用的时间是短暂的，一般仅为几十微秒。对此类过电压多采用避雷器等设备予以保护。

九、励磁变压器的交流阻容保护

1. R-C 阻容保护的作用

由于励磁变压器接有整流器负载，在运行中整流桥各臂晶闸管依序进行换相导通或关断。当晶闸管处于关断状态时，储存在相应相励磁变压器二次绕组侧的磁场能量在释放过程中将会引起危及设备安全的瞬时过电压，为此，除在晶闸管两端并联阻容阻尼器外，还须在励磁变压器二次绕组侧接入抑制交流过电压的阻容保护装置。典型的接线方式如图 12-4 所示，其中变压器阻容保护可为三角形接线，亦可为星形接线，由于电容器两端的电压不能突变，由此，可将励磁变压器储存在磁场中的能量转化为电场能量，以有效地抑制过电压的尖峰值。与电容串联的电阻用以在能量转换过程中消耗能量，并抑制在 LC 回路中引起振荡。图 12-4 中另一组非线性电阻保护（硒堆或压敏电阻）的作用后述。

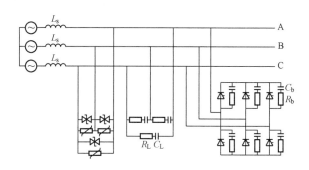

图 12-4 阻容保护接线

2. 由换相电压效应引起的能量转换

在励磁变压器二次绕组侧并联 R-C 阻容保护以吸收关断相释放的磁场能量。此能量的大小还与晶闸管的控制角有关。分析表明，当晶闸管的控制角 $\alpha = 90°$ 时，波形畸变最为严重。

根据美国西屋公司推荐的计算式，晶闸管两端并联的阻容元件，每周期吸收的转换能量为：

$$E_b = 3.5 C_b U_L^2 \tag{12-11}$$

式中 C_b——与晶闸管并联的电容，F；

U_L——三相桥式整流器交流侧输入线电压有效值，V。

对于接在励磁变压器二次绕组侧的阻容保护阻尼器，每周期吸收的转换能量为：

$$E_L = 6.0 C_L U_L^2 \tag{12-12}$$

式中 C_L——阻尼器中的电容，F；

U_L——励磁变压器二次侧绕组线电压有效值，V。

3. 由逆向电流恢复效应引起的能量转换

处于导通状态的晶闸管内部积蓄有少量载流子，当元件承受反向电压时，原积蓄载流子的反向恢复电荷量 Q 由元件中流出并形成反向恢复电流 i_Q，当恢复电流迅速复合完毕并关断时，在励磁变压器的漏抗中将引起很高的过电压，如图 12-5 所示。

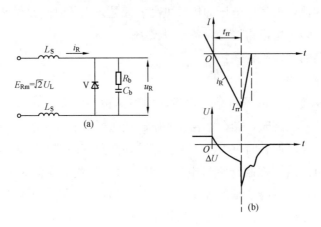

图 12-5 由恢复电流 i_Q 效应引起的过电压

（a）等效线路；（b）晶闸管电流及电压波形

在图 12-5（a）中 E_{Rm} 表示励磁变压器二次绕组线电压峰值，L_S 为变压器每相漏感，图 12-5（b）中，I_{rr} 为恢复电流幅值，t_{rr} 为逆向恢复电流关断时间。由 i_R 引起的能量将消耗在变压器阻容阻尼器 R_L、C_L 和晶闸管阻容阻尼器 R_b、C_b 上。

在逆向恢复时间 t_{rr} 内，流过峰值电压为 E_{Rm}、漏感为 $2L_S$ 回路的逆向恢复电流 I_{rr}，其数值可由图 12-5（a）所示的等效电路确定：

$$I_{rr} = t_{rr} \times \frac{E_{Rm}}{2L_S} \tag{12-13}$$

$$E_{Rm} = \sqrt{2}U_L$$

式中　E_{Rm}——励磁变压器二次绕组线电压峰值，V；

　　　L_S——励磁变压器每相漏感，H；

　　　t_{rr}——逆向恢复电流关断时间，μs。

4. 励磁变压器储存磁能的计算

晶闸管元件在换相关断后每周期储存在励磁变压器漏感中的磁能为：

$$W = \frac{1}{2}2L_S I_{rr}^2 = L_S I_{rr}^2 \tag{12-14}$$

由于电源频率为 50Hz，故在每秒励磁变压器储存的总磁场能量为：

$$\sum W = fL_S I_{rr}^2 \tag{12-15}$$

式中　f——电源频率，Hz。

在换相关断过程中，励磁变压器所储存的总能量分别因电压效应和电流效应，由接在晶闸管和励磁变压器二次侧的阻容阻尼器所吸收。

【例 12-2】 已知：励磁变压器的容量 $S=5000\text{kVA}$，二次线电压 $U_L=1000\text{V}$，晶闸管逆向恢复时间 $t_{rr}=25\mu_s$，晶闸管阻尼器电阻 $R_b=25\Omega$，电容 $C_b=0.25\mu\text{F}$，励磁变压器二次绕组侧阻尼器为三角形接线，6 支路并联，每支路电阻 $R_L=10\Omega$，电容 $C_L=1\mu\text{F}$。三相桥式整流器 4 支路并联、变压器阻抗电压 $U_k=6\%$。

解 励磁变压器的漏抗 L_S 可由下式求得：

$$L_S = U_k U_L^2 / 2 \times 1000 \times \pi f S \qquad (12\text{-}16)$$

式中 S——励磁变压器容量，kVA。

依此求得：

$$L_S = \frac{0.06 \times 1000^2}{314 \times 5000 \times 1000} = 38(\text{mH})$$

由式（12-13）求得：

$$I_{rr} = t_{rr} \times \frac{U_m}{2L_S} = \frac{25 \times 10^{-6} \times 1000 \times \sqrt{2}}{2 \times 38 \times 10^{-6}} = 465(\text{A})$$

每秒励磁变压器漏抗储存磁能为：

$$W = 50 \times 38 \times 10^{-6} \times 465^2 = 411(\text{W})$$

每秒因电压效应为晶闸管阻尼器电容 C_b 吸收的能量，由式（12-11）乘以 f 可得：

$$E_b = 3.5 f C_b U_L^2 = 3.5 \times 50 \times 0.25 \times 10^{-6} \times 1000^2 = 43.75(\text{W})$$

每秒因换相电压效应为线路阻尼器电容 C_L 所吸收的能量，由式（12-12）乘以 f 可求得：

$$E_L = 6.0 C_L U_L^2 f = 6 \times 50 \times 1.0 \times 10^{-6} \times 1000^2 = 300(\text{W})$$

由电流效应为阻尼器电阻吸收的能量计算较为复杂，且不成熟。依据西屋公司类似工程的计算数据得知，由电阻元件消耗的电流效应能量对于晶闸管阻尼器约为 25%，对于线路阻尼器约为 30%。

图 12-6 示出了晶闸管关断时线路阻容阻尼器、晶闸管阻容阻尼器以及非线性电阻限制器吸收电流随时间的变化曲线。

由于电容器的充电作用，在经过暂态响应时间 $t_{rr}=25\mu\text{s}$ 后，线路及晶闸管阻容阻尼器吸收励磁变压器回路中的磁能，在选定参数条件下，晶闸管阻尼器吸收的电流约为线路阻容阻尼器电流的 20%。

由于接入上述两阻容阻尼器回路，使得逆向恢复电流的衰减速度 di/dt 减缓，

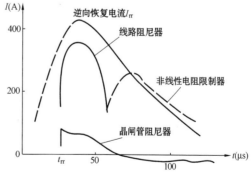

图 12-6 线路和晶闸管阻容阻尼器以及非线性电阻限制器中吸收电流的变化

降低了由此引起的回路过电压。因为 di/dt 值较低，使得非线性电阻限制器约经过 $55\mu\text{s}$ 后才处于导通状态。

通过上述讨论可以看出，在由励磁变压器供电的功率整流器回路中，选择过电压抑制阻尼器参数时，不仅要考虑到换相电压效应的能量，而且要兼顾到逆向电流恢复效应的能量。

317

否则，将导致吸收能量的阻容元件烧毁，并由此引发功率整流器的进一步故障，这类事故在国内发生多起，为此，应引以为戒。

十、试验电压

在额定电压下运行的变压器，其电压幅值是一定的，但是因操作原因或大气过电压的侵入将产生异常的过电压，并有可能使变压器绝缘发生损坏，为此，变压器出厂时应进行高压耐压试验，试验分短时工频有效值及全波峰值冲击试验电压两种形式，如表 12-4 所示。

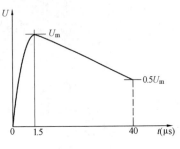

图 12-7 变压器全波冲击耐压
试验标准波形

其中，全波冲击耐压试验的波形是由模拟大气过电压的特性确定的，在图 12-7 中示出了变压器全波冲击耐压试验标准波形。电压由零上升到最大值的时间仅为 $1.5\mu s$，此段称为波前，下降部分称波尾，最大峰值电压为 $(12\sim17)U_m$，全过程称为全波。

表 12-4　　　　　　　　　　　　工频和全波冲击试验电压

额定电压（kV）	工频试验电压有效值（kV）	全波冲击电压峰值（kV）	
		I	II
<1	3	—	—
3	10	20	40
6	20	40	60
10	28	60	75
15	38	75	95
20	50	95	125
35	70	145	170

十一、噪声[28]

1. 概述

变压器的噪声源来自铁芯的振动、铁芯中磁通的变化、磁滞回线的伸缩，其中，磁滞回线的伸缩是引起振动的主要原因。振动的频率由 2 倍于电源频率的基频和高次谐波的附加频率所组成。

硅钢片接缝处和叠片间存在因漏磁而产生的电磁吸引，由此引起铁芯振动。由于铁芯叠积方式得到不断改进，接缝处和叠片之间的电磁吸引力引起的铁芯振动，比磁滞伸缩引起的铁芯振动小得多，因此这部分噪声通常可以忽略不计。

绕组负载电流产生的漏磁将引起绕组的振动。当干式变压器的额定工作磁通密度在 $1.5\sim1.6T$ 范围时，这种振动与磁滞伸缩引起的铁芯振动相比很小。

对于环氧干式变压器而言，多安装在室内；从环保角度而言，对噪声的水平有一定的要求。

2. 声波、声压、声强和声强级

为了描述噪声在媒质中的传播特性，通常借用声学中声压和声强两个物理量。另外，由于噪声源所激起的噪声波的传播振动方向平行于波的传播方向，为此噪声波为纵波。

当纵波的频率为 20～20000Hz 时，能引起人的听觉，对噪声的研究主要限定在这一频率范围内。

媒质中有声波传播时的压强与无声波时的静压强之差称为声压。

声强定义为声波的能量密度，即在单位时间内通过垂直于声波传播方向的单位面积的能量。噪声的频率越高，所产生的声强和声压也越大。

在 1000Hz 时，正常人可听到的最高声强为 $1W/m^2$，最低声强为 $10^{-12}W/m^2$。通常将这一最低声强作为测定声强的标准，以 I_0 表示。由于声强的数量级相差很大，所以常以对数标度作为声强级的量度，如以分贝（dB）为单位表示，声强级的表达式为：

$$L_I = \lg(I/I_0) \tag{12-17}$$

3. 环氧干式励磁变压器的噪声

干式变压器的噪声来源于铁芯的磁滞伸缩，为此，包围在变压器铁芯周围的绕组自然地起到了隔声的作用。为了加强噪声的吸收，通常需在变压器相关位置上加装减振部件。变压器的噪声部分由空气媒质传播，部分为装置载体所吸收。

图 12-8 示出了德国盖福尔（GEAFOL）公司给出的产品噪声数据值。图 12-9 示出了多台变压器运行时，各噪声源引起的噪声增加值。

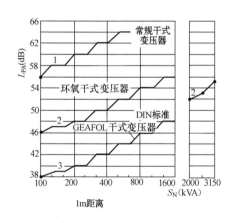

图 12-8　干式变压器的噪声水平

1—德国 DIN42540 常规干式变压器标准允许的噪声值；

2—德国 DIN42523 环氧干式变压器标准允许的噪声值；

3—GEAFOL 环氧干式变压器保证值

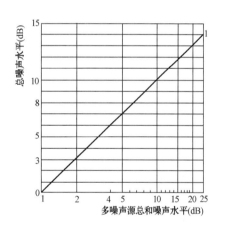

图 12-9　多噪声源引起的噪声增加值

4. 降低噪声的方法

就励磁变压器本体而言，可采用的降低噪声的措施有：

（1）改善铁芯材质。铁芯采用的硅钢片的磁滞伸缩系数的大小直接影响变压器本体噪声的强弱，因此减小硅钢片的磁滞伸缩是降低变压器噪声的最根本有效的方法。优质硅钢片的晶粒取向完整度好，表面有绝缘涂层形成张力，使其磁滞伸缩较小。通常硅钢片的含硅量为 2%～3%，试验研究表明当含硅量为 6.5% 时，硅钢片的磁滞伸缩近似为零，只是当含硅量超过 3.5％时，硅钢片将变得很脆，加工困难，不适合用来制造变压器。制造铁芯时应尽量利用取向硅钢片的优良特性，选用优质高导磁 Hi-B 硅钢片可以减小磁滞伸缩，采用斜接缝或者阶梯接缝也可以进一步减小局部的磁滞伸缩。

（2）优化铁芯的几何尺寸。铁芯励磁时产生的噪声还与几何尺寸、结构形式、重量、接缝方式、搭接面积等因素有关。铁芯磁滞伸缩的不均匀性和铁芯的几何尺寸紧密相关。在满足铁芯机械强度的条件下，应该选择最小的搭接面积以降低铁芯的噪声。铁芯噪声与铁芯夹紧力密切相关，铁芯夹紧力存在最佳值，为 0.08～0.12MPa。图 12-10 示出了铁芯磁感应强度与磁滞伸缩率关系曲线。

（3）降低附件的振动噪声。冷却风机等附件会随着铁芯振动而增大变压器的噪声。当对变压器运行噪声有较高要求时，应尽量设计成自然冷却方式。一定要采用强迫风冷却时，除了要采用稳固的固定方式外，还应当选用运行噪声较小的风机。

（4）封闭变压器的噪声。为了使变压器的噪声得到进一步的控制，在现场安装完成后，还可以采取封闭隔离的措施。常见的隔离措施有竖立隔音围屏、建筑隔音墙或专门建造变压器房等方法，可以按照实际隔音程度的需要决定控制噪声方式。

同时在设备安装过程中要注意避免结构体和变压器形成空腔共振。例如变压器安装基础下的空腔将会使得噪声变大。

（5）改善变压器安装的结构布置方式。考虑到安装在室内的变压器在空气中传播的噪声，由于墙壁反射将有所增加。增加值与变压器自身的表面积 A_T 和小室的总面积 A_R 的比值，以及声学上的吸收系数 a 有关，在图 12-11 中示出了墙及顶部的吸收系数 α 与 A_R/A_T 的比值关系。

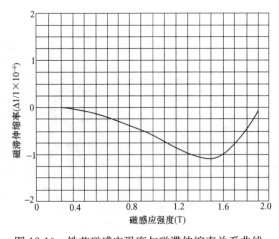
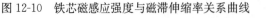
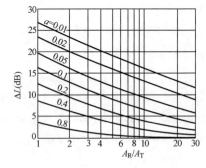

图 12-10　铁芯磁感应强度与磁滞伸缩率关系曲线　　图 12-11　墙及顶部的吸收系数 α 与 A_R/A_T 的比值关系

表 12-5 列出了不同容量变压器的表面积 A_T 的参考值。

表 12-6 示出了不同材质的声学吸收系数。

在空气噪声的吸收上，由图 12-11 可看出，采用矿渣棉材料可使吸收系数 a 大大地增加，并显著降低噪声水平。

表 12-5　　　　　　　　　　　不同容量变压器的表面积 A_T 参考值

S（kVA）	A_T（m₂）	S（kVA）	A_T（m₂）
100	4.5	630	8.2
250	5.5	1000	11.4
400	6.1	1600	13.5

表 12-6　　　　　　　　　当频率为 125Hz 时不同材质的声学吸收系数

材质	吸收系数 a	材质	吸收系数 a
砖墙未抹灰	0.024	在硬砖上敷 3cm 玻璃纤维板	0.22
砖墙抹灰	0.024	平滑板面上覆盖 4cm 矿渣棉	0.74
混凝土	0.01		

应说明的是，GEAFOL 公司给出的表 12-6 中的数据是在 $f=125$Hz 条件下取得的，因德国标准频率为 60Hz，噪声的基频为 2 倍工频，即 120Hz，而我国标准频率为 50Hz，则变压器噪声基频为 100Hz，所以吸收系数将有所不同。由外部传播的噪声经隔声墙吸收可使噪声水平降低，例如通过 12cm 厚的砖墙可使噪声降低 35dB，当墙厚 24cm 可降低噪声至 39dB。

随着距离的增加，噪声的降低值如图 12-12 所示。

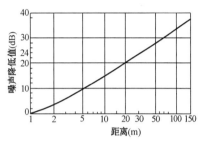

图 12-12　距离与噪声降低值的关系曲线

5. 结构载体降低噪声的设计

上面提及的噪声属于由变压器噪声源经空气媒体传播出的噪声，现讨论另一种载于变压器结构体的噪声源噪声的降低问题。一般情况下，为了防止噪声的传播可将变压器安装在地下室内或特设的小间中，以降低噪声的传播水平。当然，也可以采用其他弹性减振措施。如采用特殊的有弹性减振支撑点或者钢性弹簧等有效措施。如前所述变压器的噪声发生载体的铁芯，绕组首先起到主要的隔声作用。为此在环氧干式变压器中多采用硅橡胶缓冲定位减振固定绕组，经减振后绕组的固有自振频率与硅橡胶的静态压缩量有关。

根据分析得知，外加弹性减振质量系统的固有自振频率 f_0 应低于振源基频的 1/3 以下，对于 50Hz 工频系统，噪声基频为 100Hz，为此，弹性减振质量系统的固有自振频率 f_0 应在 33Hz 以下。对于国产 SCL 型变压器，当硅橡胶的静态压缩量为 2~4mm 时，绕组的固有自振频率可降低到 8~11Hz。

下面介绍一则降低噪声的计算实例。

【例 12-3】 GEAFOL 型 1000kVA 环氧干式变压器，本体重 2630kg，其安装在 4 个支撑点上，每一支点承重 657kg 或者为 6570N，变压器安装在地下室的固定基础上，减振材料的静态压缩量选为 0.25cm，材料的弹性系数 $C_D=\dfrac{6570}{0.25}=26.300$N/cm，确定可降低噪声的材料。

解 选用弹性系数 $C=23.400N/cm$ 和允许静态长期重负载为 8500N 的材料，此时，实际的压缩量为：

$$\Delta h = \frac{6.570}{23.400} = 0.28(cm)$$

此时，可满足设计要求。

如果干式变压器安装在地下室外，由地面基础承重，则弹性减振的程度也更强些，弹性压缩值可达 5mm。

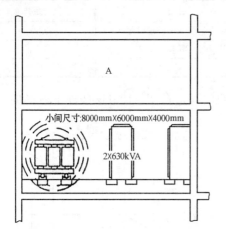

图 12-13 安装在地下室外的干式变压器

【例 12-4】 两台 GEAFOL 型 630kVA 干式变压器，安装在地下室中。假定变压器结构载体噪声已采用弹性减振措施。空气媒体传播的噪声经地下室顶部传播到房间 A 中，如图 12-13 所示。求 A 室中的总噪声级。

解 地下室内部的总表面积，依照图 12-13 所示的尺寸，可求得：

$$A_R = 208(m^2)$$

当 $S=630kVA$ 时，变压器的表面积由表 12-5 可查得 $A_T = 8.2m^2$。另由图 12-8 可查得 $S=630kVA$ 时的结构载体的噪声为：

630kVA 52dB；

容差 3dB；

总计 55dB。

在地下室外上下，由于反射将使噪声值有所增加，首先求出面积比：

$$\frac{A_R}{A_T} = \frac{208m^2}{8.2m^2} = 25.4$$

采用混凝土墙壁时，声学吸收系数由表 12-6 查得：$a=0.01$，由图 12-11 量得由于反射增加的噪声值为 +12dB，容许误差为 +3dB，为此由结构载体所产生的总噪声为：

$$L_n = 55 + 12 + 3 = 70(dB)$$

地下室的顶部为混凝土材质，厚 24cm，噪声通过此顶部将降低 39dB，为此，进入 A 室的噪声强度将为 70－39＝31dB。

A 室的面积比：

$$\frac{A_R}{A_F} = \frac{208m^2}{48m^2} = 4.3$$

采用毛毯、薄防护屏蔽等声学吸收材料时，a＝0.6，由室内反射增加的噪声为 +3dB（见图 12-11）。为此，在 A 室中的总噪声级为 31＋3＝34dB。

十二、静电屏蔽

DL/T 650—1998《大型汽轮发电机自并励静止励磁系统技术条件》要求在励磁变压器的低压绕组和高压绕组之间应该装设静电屏蔽层。为达到良好的屏蔽效果，防止在交变磁场下悬浮电位的产生，该静电屏蔽层必须良好接地。静电屏蔽层的作用为：

（1）抑制过电压。静电屏蔽层使得一次绕组和二次绕组之间的寄生电容值接近于零，抑制了过电压的传递。

（2）抑制高次谐波的传递。静电屏蔽层抑制了整流回路所产生的高次谐波往电源侧传递。

（3）降低静电噪声。在高、低压绕组之间设置的静电屏蔽层有利于降低因为谐波因素而导致的静电噪声。

十三、运行环境影响

对于环氧浇注干式变压器，涉及环境等因素，有以下一些评估标准。

1. 环境等级

E0——室内安装，无凝露，污染可以忽略。

E1——偶尔出现凝露，有轻微污染。

E2——重度污染，频繁的冷凝。

2. 气候等级

C1——可在最低温度－5℃运行，存储及运输温度可达－25℃。

C2——运行最低温度为－25℃，存储及运输温度为－25℃。

3. 防火等级

F0——无特殊限制可燃措施。

F1——所有材料不含卤素，燃烧时产生很少的烟及热量，火焰可自熄。

4. 运行环境

变压器的绝缘状况受到环境温度和海拔等环境因素的影响。常规情况下，变压器的额定耐受电压适用于下列使用条件下运行的设备：

（1）周围环境最高空气温度不超过 40℃。

（2）安装地点的海拔高度不超过 1000m。

依据 GB 311.1—1997《高压输变电设备的绝缘配合》，对周围环境温度高于 40℃处的设备，其外绝缘在干燥状态下的试验电压应取规定的额定耐受电压值乘以温度校正因数 K_t：

$$K_t = 1 + 0.0033(T - 40)$$

式中 T——环境温度，℃。

对用于海拔高于 1000m 但不超过 4000m 处的设备外绝缘及干式变压器的绝缘，海拔每升高 100m，绝缘强度约降低 1%，在海拔不高于 1000m 的地点试验时，其试验电压应按 GB 311.1 规定的额定耐受电压乘以海拔校正因数 K_a：

$$K_a = \frac{1}{1.1 - H \times 10^{-1}} \tag{12-18}$$

式中 H——设备安装地点的海拔高度，m。

随着海拔的增加，空气的密度将会减小，影响设备的散热，因此变压器运行环境的海拔也会对变压器的温升产生影响。对于在超过 1000m 海拔处运行，但是仍在正常海拔进行试验的变压器，其温升限值需相应加以修正。运行地点海拔超过 1000m 的部分，以 500m 为一级，温升按照自冷 2.5％、风冷 5％递减。但是也要考虑当海拔每升高 1000m 温度降低 5K 或者更多时的情况，此时可以认为变压器在高海拔运行时，由于散热不良而引起的变压器温升的升高已由环境温度的降低所补偿，在正常海拔进行试验时，温升限值将不予校正。

第五节　励磁变压器的谐波电流分析

一、概述

对于应用在静止式自励励磁系统中的励磁变压器；由于经三相桥式整流器供电给发电机励磁绕组，为此流过励磁变压器绕组中的电流为含有高次谐波的非正弦电流分量。

对于三相桥式整流线路，根据傅里叶级数分析，在谐波电流中，除基波电流外不含有偶次谐波，以及 3 和 3 的倍数的谐波。由此，谐波电流的次数为 5、7、11、13、17、19、23、25 等。

在图 12-14 中示出了静止式自励励磁系统原理接线图，还示出了在励磁变压器一次侧和二次侧各次谐波电流值所占的比例。励磁变压器的容量为 8.5MVA，20/1.25kV，Yd5，短路阻抗 $X_{sc}＝6％$。

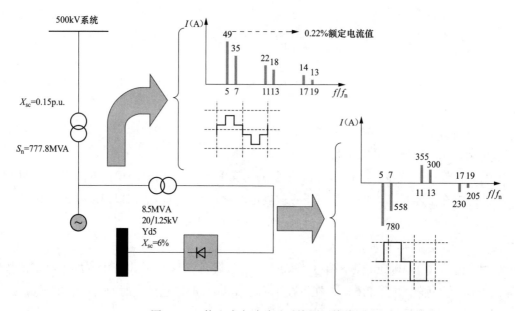

图 12-14　静止式自励励磁系统原理接线图

1. 谐波电流分析

由于谐波电流的存在，会引起不同形式的附加损耗，在励磁变压器设计中对此应给予特殊的考虑。

对于谐波电流的分析与计算，工程上多采用以下几种方法：

（1）傅里叶级数展开法。对于三相桥式整流线路，由傅里叶级数展开原理可知，对于

周期为 2π，对称于横轴 $[$ 即 $i_{(\omega t)}=-i_{(\pi+\omega t)}]$ 的交流电流波形不存在偶次谐波及直流分量，除基波外只存在奇次谐波。另外，由于三相桥式整流线路中无中性点接线，故在奇次谐波分量中，不存在 3 和 3 的倍数谐波，亦即其含有的谐波次数 n 分别为 1、5、7、11、13、17、19、$\cdots$。

根据式（6-37）和式（6-38），谐波系数为：

$$a_{n}=\frac{2\sin n\frac{\pi}{3}}{\pi n(n^{2}-1)[\cos\alpha-\cos(\alpha+\gamma)]}\times\left[n\sin\alpha\sin n\left(\alpha+\frac{\pi}{2}\right)-n\sin(\alpha+\gamma)\times\right.$$
$$\left.\sin n\left(\alpha+\gamma+\frac{\pi}{2}\right)\right]+\left[\cos\alpha\cos n\left(\alpha+\frac{\pi}{2}\right)-\cos(\alpha+\gamma)\cos n\left(\alpha+\gamma+\frac{\pi}{2}\right)\right] \quad (12\text{-}19)$$

$$b_{n}=\frac{2\sin n\frac{\pi}{3}}{\pi n(n^{2}-1)[\cos\alpha-\cos(\alpha+\gamma)]}\times\left[n\sin\alpha\sin n\left(\alpha+\frac{\pi}{2}\right)-n\sin(\alpha+\gamma)\times\right.$$
$$\left.\cos n\left(\alpha+\gamma+\frac{\pi}{2}\right)\right]+\left[\cos(\alpha+\gamma)\sin n\left(\alpha+\gamma+\frac{\pi}{2}\right)-\cos\alpha\sin n\left(\alpha+\frac{\pi}{2}\right)\right] \quad (12\text{-}20)$$

谐波的幅值及相位角正切值分别为：

$$c_{n}=\sqrt{a_{n}^{2}+a_{b}^{2}} \quad (12\text{-}21)$$

$$\tan\varphi_{n}=\frac{a_{n}}{b_{n}}$$

谐波分量有效值为：

$$I_{n}=\frac{C_{n}}{\sqrt{2}}\lambda I_{f} \quad (12\text{-}22)$$

式中　λ——接线系数，对于三相桥式接线系数 $\lambda=2$。

对于基波，谐波系数为：

$$a_{1}=\frac{\sqrt{3}}{4\pi[\cos\alpha-\cos(\alpha+\gamma)]}\times[2\gamma+\sin2\alpha-\sin2(\alpha+\gamma)] \quad (12\text{-}23)$$

$$b_{1}=\frac{\sqrt{3}}{2\pi}[\cos\alpha+\cos(\alpha+\gamma)] \quad (12\text{-}24)$$

$$c_{1}=\sqrt{a_{1}^{2}+b_{1}^{2}}$$

$$\tan\varphi_{1}=\frac{a_{1}}{b_{1}} \quad (12\text{-}25)$$

基波电流有效值为：

$$I_{1}=\frac{c_{1}}{\sqrt{2}}\lambda I_{f} \quad (12\text{-}26)$$

分别代入相应数据，依次求出 I_{1}，I_{5}，I_{7}，I_{9}，$\cdots$各次谐波分量有效值，再进行谐波附加损耗计算，并求得等效励磁变压器二次电流额定值。

现根据三峡水电站 ABB 740MVA 水轮发电机组励磁数据确定谐波电流值，已知发电机额定励磁电流 $I_{f}=4158A$，折算到励磁变压器二次侧的额定交流电流值为 $I_{2N}=0.816\times4158=3230A$，晶闸管额定控制角 $\alpha_{N}=73.5°$额定换相角 $\gamma_{N}=23°$。根据式（12-23）～式

（12-26）分别求得：

$$a_1 = 0.548, \quad b_1 = 0.047, \quad c_1 = 0.5495$$

由此求得基波电流值：

$$I_1 = \frac{0.5495}{\sqrt{2}} \times 2 \times 4158 = 3230(\text{A})$$

对于其他各次谐波电流值，按式（12-19）～式（12-22）各式傅里叶级数展开式进行计算，其结果见表 12-7。

表 12-7 励磁变压器二次绕组侧谐波电流值

谐波次数 h	各次谐波电流值（A）	占基波比例（%）	谐波次数 h	各次谐波电流值（A）	占基波比例（%）
1	3241.32	100	17	179.67	5.5
5	645.10	19.9	19	158.35	4.9
7	458.53	14.2	23	126.24	3.9
11	287.51	8.9	25	113.78	3.5
13	240.8	7.4			

谐波幅值频谱如图 12-15 所示。

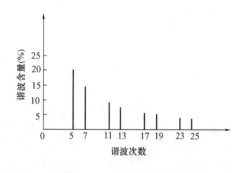

图 12-15 谐波幅值频谱图

（2）等效系数法。可利用下列工程表达式确定谐波电流分量值为：

$$I_h\% = \frac{K \times 100}{h - 5/h} \tag{12-27}$$

式中 $I_h\%$——以额定基波电流为基值的 h 次谐波电流，%；

K——常数，对于二极管系统 $K = 0.61$，对于晶闸管系统 $K = 0.75$；

h——谐波电流次数，分别为 5，7，11，13，17，19，23，25。

例如对于 $h = 5$，将晶闸管系数 $K = 0.75$ 代入上式可得：

$$I_5\% = \frac{0.75 \times 100}{5 - 5/5} = 18.75\%$$

2. 谐波电流的影响

由谐波电流引起的杂散损耗，通常致使励磁变压器的总损耗增加 8% 左右，为降低谐波电流产生的损耗，在励磁变压器设计中可采用铜箔或铝箔代替实心导体以及增加高、低压绕组间的距离和在绕组风道设计时作特殊的考虑，以减小谐波电流的影响。

此外，对于供电给整流负载的变压器，对其谐波电流值多有限制规定。例如，在 IEC 146 标准中，对谐波电流值作出了限制的规定，相应数值如表 12-8 所示。

表 12-8　　　　　　　　　　　　　IEC 146 对谐波电流限制的规定

谐波次数	以基波幅值为基准	谐波次数	以基波幅值为基准
基波	1. 0 p. u.	17	0. 0588 p. u.
5	0. 2 p. u.	19	0. 0526 p. u.
7	0. 1486 p. u.	23	0. 0435 p. u.
11	0. 0909 p. u.	25	0. 0400 p. u.
13	0. 0769 p. u.		

3. 谐波损耗计算[29]

现以三峡 740MVA ABB 机型水轮发电机组为例介绍励磁变压器谐波损耗的计算，各次谐波电流有效值如表 12-3 所示。

根据 IEC 61378.1—2011《工业用变流变压器》规定，由非正弦谐波电流引起的损耗，包括有：

$$总负载损耗 = 电阻损耗(基波和谐波) + 绕组涡流损耗(基波和谐波)$$
$$+ 连接线损耗(基波和谐波) + 杂散损耗(基波和谐波)$$

现分别计算各项谐波损耗增加系数。

（1）电阻损耗增加系数。电阻损耗增加系数为：

$$F_R = \sum(I_h/I_1)^2 = 1 + 0.199^2 + 0.142^2 + 0.089^2 + 0.074^2 + 0.055^2 + 0.049^2$$
$$+ 0.039^2 + 0.035^2 = 1.081$$

（2）涡流损耗增加系数。取 $x = 2$：

$$F_W = \sum[(I_h/I_1)^2 h^x] = \sum[(I_h/I_1)^2 h^2]$$
$$= (1 \times 1)^2 + (0.199 \times 5)^2 + (0.142 \times 7)^2 + (0.089 \times 11)^2 + (0.074 \times 13)^2$$
$$+ (0.055 \times 17)^2 + (0.049 \times 19)^2 + (0.039 \times 23)^2$$
$$+ (0.035 \times 25)^2 = 7.173$$

（3）杂散损耗增加系数。根据 IEC 61378 中杂散损耗增加系数的计算公式，取 $x = 0.8$，可得：

$$F_{ce} = \sum[(I_h/I_1)^2 h^x] = \sum[(I_h/I_1)^2 h^{0.8}]$$
$$= 1^2 \times 1^{0.8} + 0.199^2 \times 5^{0.8} + 0.142^2 \times 7^{0.8} + 0.089^2 \times 11^{0.8} + 0.074^2 \times 13^{0.8}$$
$$+ 0.055^2 \times 17^{0.8} + 0.049^2 \times 19^{0.8} + 0.039^2 \times 23^{0.8} + 0.035^2 \times 25^{0.8} = 1.425$$

下面确定由基波电流产生的负载损耗。

（1）基波电阻损耗（120℃实测值）。$P_{R1} = 15.240\text{W}$。

（2）基波涡流损耗。根据计算　$P_{W1} = 585\text{W}$。

（3）杂散损耗。在基波电流下的总损耗（120℃时实测值）　$P_{N1} = 17.535\text{W}$。

根据以上实测的基波电阻损耗和查得的涡流损耗值，可求得基波电流在连接线和结构件上产生的损耗之和为：

$$P_{ce} = P_{N1} - P_{R1} - P_{W1} = 17535 - 15240 - 585 = 1710(\text{W})$$

由谐波电流产生的总损耗为：

$$P_N = \Sigma(I_h/I_1)^2 P_{R1} + F_W P_{W1} + F_{ce} P_{ce}$$
$$= 1.081 \times 15240 + 7.173 \times 585 + 1.425 \times 1710$$
$$= 23113(W)$$

由此确定等效的基波工频温升试验电流为：

$$I = \sqrt{P_N/P_{NI}} I_1 = \sqrt{23113/17535} I_1 = 1.15 I_1$$

即以额定负载损耗加谐波负载损耗之和作为励磁变压器的试验损耗，亦即在施加 1.15 倍基波额定电流条件下对励磁变压器进行温升试验。

二、三峡水电厂 740MVA ABB 型水轮发电机组励磁变压器容量校核计算

1. 励磁变压器容量校核计算

下面以三峡水电厂 740MVA ABB 型机组为例，对励磁变压器容量进行校验计算。

（1）确定励磁变压器二次额定电压 U_{2N}。

励磁变压器二次侧额定电压是一个非常重要的参数，因为自并励励磁系统的励磁电压响应比、顶值电压倍数等参数直接与励磁变压器的二次侧额定电压有关。

对于大型机组自并励系统顶值电压，汽轮发电机一般不低于额定励磁电压的 1.8 倍，水轮发电机一般不低于额定励磁电压的 2 倍，而且当水轮发电机端正序电压为额定值的 80% 时，顶值电压还应予以保证。对三峡水电厂机组，考虑到电厂对电力系统稳定性的支持作用，顶值电压提高到发电机最大容量（840MVA）时励磁电压的 2.5 倍。如果二次侧额定电压值选择计算不合理，可能导致励磁系统顶值电压低于要求值。

已知发电机额定励磁电压：$U_{fN} = 475.9V$，额定励磁电流 $I_{fN} = 4185A$。当发电机电压为 $0.8U_{GN}$ 时要求励磁系统提供 $2.5U_{fN}$ 强励电压。

假定：

a. 整流柜元件及外部连接电缆的总压降为 10V；

b. 变压器短路阻抗压降为 8%；

c. 强励时功率整流柜最小控制角 $\alpha_{min} = 10°$；

d. 强励励磁电流按 $2I_{fN}$ 限制。

依三相桥式全控整流桥计算表达式，在强励状态下可写出：

$$U_{fc} = 2.5 U_{fN} = \frac{3\sqrt{2}}{\pi} 0.8 U_2 \cos\alpha_{min} - \frac{3}{\pi} I_{fc} X_r - 2\Delta U$$

对于估算性工程计算，假定在强励状态下，换相电压降为强励电压 U_{fc} 的 10%。

已知 $U_{fc} = 2.5 \times 475.9 = 1189.75V$，$0.1U_{fc} = 118.975V$ 代入上式可得：$1189.75 = 1.064U_2 - 118.975 - 10$。求得 $U_{2N} = 1239V$，取 $U_{2N} = 1250V$。

（2）确定励磁变压器的二次额定电流 I_{2N}。

根据发电机最大励磁电流 $I_{fmax} = 4800A$，确定励磁变压器二次侧的额定交流电流为：

$$I_{2N} = 0.816 \times 4800 = 3917(A)$$

（3）励磁变压器的额定容量 S_N。

励磁变压器的额定容量为：

$$S_N = \sqrt{3}U_{2N}I_{2N} = \sqrt{3} \times 1250 \times 3917/1000 = 8480(\text{kVA})$$

2. 励磁变压器的技术参数规范

在表 12-9 中示出了三峡水电厂水轮发电机组励磁变压器的技术参数规范。

表 12-9　　　　　三峡水电厂水轮发电机组的励磁变压器技术参数规范

参数名称	数值		单位	备注
	VGS	ABB		
额定容量	3×2200	3×2925	kVA	
一次侧电压	20/√3±5%	20/√3±5%	kV	
二次侧电压	1024	1243	V	
绝缘等级	H	H		
耐压水平：				1min 工频
一次侧	50	50	kV	有效值
二次侧①	5	5		有效值
冲击	125	125		峰值
温升	80	80	K	
短路阻抗	6%	8%		
空载损耗	3100	3900	W	
最大负荷时损耗	16400	17600	W	
空载电流	<0.5%I_{FN}	<0.5%I_{FN}		I_{FN}为发电机额定电流
联结方式	Y/D-11	Y/D-11		
局部放电水平	<10	<10	PC	
冷却方式	自然空冷	自然空冷		
噪声	60	60	dB	三相
防护等级	IP20	IP20		
外形尺寸	2700×1600×2700	2800×1600×2800	mm×mm×mm	长×宽×高 单相变压器
质量	7000	9000	kg	

① 按照对干式变压器的绝缘水平规定，三峡水电厂励磁变压器二次额定电压为1243V，3kV电压等级相应额定短时工频耐压应为10kV。

功率整流柜

第一节　晶闸管整流元件的技术规范及基本参数

一、概述

随着电力系统的飞速发展以及单机容量的增长，大型同步发电机所需的励磁功率亦有了明显的上升，以三峡机组为例，其额定励磁功率达 2000kW 以上。

基于上述情况，当前在功率整流柜设计思路上也发生了变化。在 20 世纪 80 年代初期，由于受到电力电子技术发展的限制，励磁系统的功率整流柜通常采用多路串、并联结构，如葛洲坝电厂 12.5MW 水轮发电机组功率整流桥元件采用 3 串 5 并，一台功率柜元件数达 90 只。不仅使功率柜结构复杂化，安装更换困难，而且由于元件的离散性，使得均流、均压问题更加突出。

近年来，我国大功率高参数晶闸管整流元件的研制工作有了飞跃的发展，国内已可批量生产 $\phi100$ 管径的晶闸管元件 KPX-3000A/5500V，此参数已达到国际先进水平。

晶闸管整流元件参数的提高，可大大简化功率整流柜的结构。

在晶闸管整流元件的散热器研制方面，近年来也取得了较多的成果，除传统应用的铝和铜散热器外，新型热管换热器也得到了应用。这种以液体循环蒸发及凝结过程进行散热的热导管交换器，其冷却性能远远优于实心良导体散热器。

其次，在功率整流柜交、直流侧过电压保护方面，也取得了新的进展。

二、晶闸管元件的技术规范

现以三峡水电厂 700MW 水轮发电机组 THYRIPOL 静止自励励磁系统中应用的功率整流柜为例，介绍大功率晶闸管的技术规范，相应参数如表 13-1 所示。

表 13-1　　　三峡水电厂 THYRIPOL 静止自励励磁系统功率晶闸管技术规范
（晶闸管型号为 EUPEC-T1401N）

序号	参数名称	工作条件	符号	数值		单位
				典型	最大	
1	正向断态可重复峰值电压	$T_{vj}=-40℃\sim T_{vjmax}$	U_{DRM}		4800 5000 5200	V
2	RMS 正向电流		I_{TRMSM}		3690	A
3	正向平均电流	$T_c=85℃，f=50Hz$ $T_c=60℃，f=50Hz$	I_{TAVM}		1890 2520	A

续表

序号	参数名称	工作条件	符号	数值 典型	数值 最大	单位
4	正向涌流	$T_{vj}=25℃$，$T_p=10ms$ $T_{vj}=T_{vjmax}$，$T_p=10ms$	I_{TSM}		31 28.5	kA
5	I^2t 值	$T_{vj}=25℃$，$T_p=10ms$ $T_{vj}=T_{vjmax}$，$T_p=10ms$	I^2t		4.8×10^6 4.0×10^6	$A^2 \cdot s$
6	通态电流上升率	DIN IEC 747-6 $f=50Hz$， $U_D=0.67U_{DRM}$， $I_{GM}=3A$，$di_g/dt=6A/\mu s$	di/dt		150	$A/\mu s$
7	断态电压上升率	$T_{vj}=T_{vjmax}$， $U_D=0.67U_{DRM}$	du/dt		2000	$V/\mu s$
8	通态压降	$T_{vj}=T_{vjmax}$，$I_T=2000A$	U_T	1.57	1.70	V
9	电阻斜率	$T_{vj}=T_{vjmax}$，1500A/4500A	U_{TO} I_T	0.88 0.34	0.92 0.37	V $m\Omega$
10	通态压降，计算公式 $U_T=A+B\times I_T\times C\times$ $\ln(I_T+1)+D\times\sqrt{I_T}$	$T_{vj}=T_{vjmax}$	A B C D	0.497 0.00013 7 −0.0127 0.02	0.539 0.00019 3 0.00534 0.0164	V
11	门极触发电流	$T_{vj}=25℃$，$U_D=6V$	I_{GT}	350		mA
12	门极触发电压	$T_{vj}=25℃$，$U_D=6V$	U_{GT}		2.5	V
13	非触发门极电压	$T_{vj}=25℃$，$U_D=0.5U_{DRM}$	U_{GD}	0.4		V
14	非触发门极电流	$T_{vj}=T_{vjmax}$，$U_D=6V$ $T_{vj}=T_{vjmax}$，$U_D=0.5U_{DRM}$	I_{GD}	20 10		mA
15	维持电流	$T_{vj}=25℃$， $U_D=12V$，$R_A=4.7\Omega$	I_H	350		mA
16	掣住电流[①]	$T_{vj}=25℃$，$U_D=12V$， $R_{GK}\geqslant10\Omega$，$I_{GM}=3A$， $di_g/dt=6A/\mu s$，$T_g=20\mu s$	I_L		3	A
17	正向和反向断态电流	$T_{vj}=T_{vjmax}$，$U_D=U_{DRM}$ $U_R=U_{RPM}$	I_D，I_R		100	mA
18	门控延迟时间	DIN IEC 747-6 $T_{vj}=T_{vjmax}$，$T_{TM}=I_{TAVM}$， $U_{RM}=100V$， $U_{DM}=0.67U_{DRM}$， $du/dt=20V/\mu s$， $-di/dt=10A/\mu s$	T_{gd}	2		μs
19	电流关断延迟时间	$T_{vj}=T_{vjmax}$，$T_{TM}=I_{TAVM}$， $U_{RM}=100V$， $U_{DM}=0.67U_{DRM}$， $du/dt=20V/\mu s$， $-di/dt=10A/\mu s$	T_q	400		μs
20	反向可恢复峰值电流	$T_{vj}=T_{vjmax}$， $T_{TM}=2000A$， $di/dt=10A/\mu s$， $U_R=0.5U_{RRM}$， $U_{RM}=0.8U_{RRM}$	I_{RM}		350	A

序号	参数名称	工作条件	符号	数值 典型	数值 最大	单位
21	反向恢复电荷	$T_{vj}=T_{vjmax}$, $T_{TM}=2000A$, $di/dt=10A/\mu s$, $U_R=0.5U_{RRM}$, $U_{RM}=0.8U_{RRM}$	Q_r		18	mAs
22	结对散热器的热阻损耗		R_{thJC}	0.0086 0.0080		kW
23	散热器热阻损耗		R_{thCH}	0.0025		kW
24	最大结温		T_{vjmax}		125	℃
25	运行环境温度		T_{cop}	$-40\sim+125$		℃
26	存储温度		T_{stg}	$-40\sim+150$		℃

① 擎住电流 I_L 的定义为：当晶闸管由断态转入通态瞬间并移去触发脉冲时，能继续维持通过的最小主电流。

三、晶闸管的工作特征

对于晶闸管元件，其导通条件为：阳极阴极间必须施加正向电压；控制极对阴极必须施加正向控制电压；晶闸管一旦被触发，控制极便失去作用，即元件的可控性是不可逆的。

晶闸管极间电压与电流之间的关系称为晶闸管的伏安特性，如图 13-1 所示。

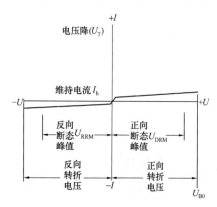

图 13-1 晶闸管的伏安特性

阳极伏安特性可以划分为两个区域：正向特性区和反向特性区。正向特性又可区分为正向阻断状态及正向导通状态。正向阻断状态随着不同的门极电流 I_g 呈现不同的分支。例在 $I_g=0$ 时，随着正向阳极电压 U_{ak} 的增加，由于 J2 结处于反压状态，晶闸管处于断态，在很大范围内只有很小的正向漏电流，特性曲线很靠近横轴并与横轴平行。当 U_{ak} 增大到正向转折电压 U_{B0} 时，晶闸管由阻断突然变成导通，即达到反向断态峰值电压 U_{RRM} 时，反向漏电流剧烈增加，晶闸管反向漏电流增加，晶闸管反向击穿而损坏。

晶闸管的主要参数如下：

（1）晶闸管的标称电压。

1）断态重复峰值电压 U_{DRM}。U_{DRM} 指门极开路，元件结温为额定值，允许重复加在元件上的正向峰值电压。重复峰值电压是指运行中操作过电压。对应的还有断态不重复峰值电压 U_{DSM}，"不重复"表示不可长期重复施加这个电压。不重复峰值电压通常由外因引起，如雷击、断路等。U_{DSM} 应比正向转折电压 U_{B0} 小，留的余量大小由生产厂自定。断态重复峰值电压 U_{DRM} 规定为断态不重复峰值电压 U_{DSM} 的 90%。

2）反向重复峰值电压 U_{RRM}。U_{RRM} 指门极开路，元件额定结温时，允许重复加在元件上的反向峰值电压。同样规定反向重复峰值电压 U_{RRM} 为反向不重复峰值电压 U_{RSM} 的 90%。

3）额定电压值 U_{TN}。U_{TN} 通常用 U_{DRM} 和 U_{RRM} 中较小的那个数值，并取整至不大于该值的规定电压等级上，作为该晶闸管的额定电压。电压等级不能任意选定。在 1000V 以下，每 100V 一个等级，1000～3000V，则是每 200V 一个等级，选用晶闸管时，应取其额定电压为正常工作电压峰值的 2～3 倍，以便耐操作过电压。

（2）晶闸管的额定电流。晶闸管的额定电流 $I_{T(AV)}$（元件额定通态平均电流）指在环境温度为 +40℃ 和规定的冷却条件下，晶闸管元件在电阻性负载的单相工频正弦半波电流，当结温不超过额定结温且稳定时，在一个周期内的平均电流值称为额定通态平均电流，并按标准取其整数作为该元件的额定电流。晶闸管的额定电流用一定条件下的最大通态平均电流来规定，这是由于以往晶闸管较多地用于可控整流装置，而整流输出电流常用平均电流衡量其性能。但规定平均电流作为电流定额不一定能保证晶闸管的安全使用，这是因为晶闸管芯的发热取决于流过晶闸管的电流有效值。为了从发热角度保证晶闸管的安全运行，必须由额定平均电流求出对应的电流有效值。

首先确定流过晶闸管元件中的通态电流平均值。如前所述，元件的通态电流平均值 $I_{T(AV)}$ 是按正弦半波电流在一个周期中的平均值求得的，现确定相关计算式。

依定义假定一峰值为 I_m 的正弦半波电流在一个周期中的平均值为 $I_{T(AV)}$，依定义：

$$I_{T(AV)} = \frac{1}{2\pi}\int_0^\pi I_m \sin\omega t \, \mathrm{d}\omega t = \frac{I_m}{\pi} \tag{13-1}$$

正弦半波电流在一个周期中的有效值为：

$$I_T = \sqrt{\frac{1}{2\pi}\int_0^\pi (I_m \sin t)^2 \, \mathrm{d}\omega t} \tag{13-2}$$

由式（13-1）、式（13-2）可求得：

$$I_m = \pi I_{T(AV)} = 2 I_{T(RMS)}$$

或者
$$I_{T(RMS)} = 1.57 I_{T(AV)} \tag{13-3}$$

峰值 I_m、有效值 $I_{T(RMS)}$ 和平均值 $I_{T(AV)}$ 之间的关系如图 13-2 所示。

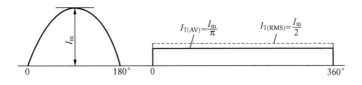

图 13-2　I_m、$I_{T(RMS)}$、$I_{T(AV)}$ 的关系

在实际应用中，流过桥臂中每一晶闸管整流元件的电流并不是正弦半波，当忽略换相角时，流过元件的电流波形可近似认为是幅值为 I_d、宽度为 120° 的方波，此时，为额定励磁电流值。依上述方法，同样可求得在一周期中流过每一元件的电流的平均值 $I_{T1(AV)}$ 和有效值 $I_{T1(RMS)}$ 之间的关系式。

此计算仅适用于三相全控桥式线路，并假定直流侧的电抗为无限大。此时：

$$I_{T1(AV)} = \frac{1}{2\pi}\int_0^{\frac{2}{3}\pi} I_d \, \mathrm{d}\omega t = \frac{I_d}{3} \tag{13-4}$$

$$I_{T1(RMS)} = \sqrt{\frac{1}{2\pi} \int_0^{\frac{2}{3}\pi} I_d^2 d\omega t} = \frac{I_d}{\sqrt{3}} = 0.577 I_d \tag{13-5}$$

此时，I_d、$I_{T1(AV)}$、$I_{T1(RMS)}$ 之间的关系如图 13-3 所示。

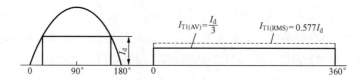

图 13-3 I_d、$I_{T1(RMS)}$、$I_{T1(AV)}$ 的关系

如果假定在上述两种导电波形情况下的电流有效值 $I_{T1(RMS)}$ 等于 $I_{T(RMS)}$，则可求得实际负载平均电流 I_d 与元件定义额定电流平均值 $I_{T1(AV)}$ 间的关系式，令式（13-3）等于式（13-5），可得：

$$I_{T1(RMS)} = I_{T(RMS)}$$

或 $1.57 I_{T(AV)} = 0.577 I_d$，即：

$$I_{T(AV)} = \frac{0.577}{1.57} I_d = 0.36 I_d \tag{13-6}$$

式（13-6）表明，对于额定励磁电流为 I_d 的三相桥式整流线路，在选择流过每臂元件电流的平均值 $I_{T(AV)}$ 时，其值等于 $0.367 I_d$。

应说明的是，在选用元件额定电流时，应以强励电流为准，并考虑到适当的裕度。通常，对晶闸管元件除给出正常额定值外，还需给出晶闸管在极限工作状态下的工作范围作为安全裕度及保护整定值的参考，相应工作范围如图 13-4 所示。

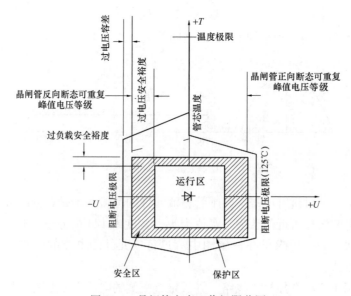

图 13-4 晶闸管安全工作极限范围

第二节　功率整流柜的基本参数计算

一、晶闸管元件参数

现以 ABB 5STP 26N6500φ100 型晶闸管为例说明功率整流柜基本参数的计算，在表 13-2 中示出了 5STP 26N6500 晶闸管元件的基本参数。

表 13-2　　　　　　　　　**ABB 5STP 26N6500 晶闸管元件基本参数**

型号 5SIP 26N6500	管径 φ100	型号 5STP 26N6500	管径 φ100
重复峰值电压 U_{DRM}/U_{RRM}	6500V	最大允许结温 T_{jmax}	125℃
通态平均电流 $I_{T(AV)}$	2810A	门极触发电压 U_{GT}	2.6V
阈值电压 $U_{T(T0)}$	1.12V	门极触发电流 I_{GT}	400mA
斜率电阻 r_T	0.29mΩ	I^2t	10125kA^2·s（T=10ms） 10375kA^2·s（T=8.3ms）
热阻 $R_{thjc}+R_{thch}$	0.0057+0.001℃/W		
du/dt	2000V/μs	通态浪涌电流 I_{TSM}	45000A（T=10ms） 5000A（T=8.3ms）
di/dt	1000A/μs		

二、反向重复峰值电压 U_{RRM} 的计算

根据水轮发电机原始数据的要求，已知发电机励磁绕组试验电压有效值为 5090V，峰值为 7197V，按相关行业标准规定，励磁绕组两端过电压瞬时值应不大于试验电压最大值的 70%，即不大于 7197×0.7＝5038V。所选晶闸管的 U_{RRM} 应在此值以上。

此外，按三峡水轮发电机组励磁系统标书的要求，还应满足反向重复峰值电压 U_{RRM} 应不小于励磁变压器二次侧最大峰值电压的 2.75 倍，即 U_{RRM} 应大于 1378×$\sqrt{2}$×2.75＝5358V。

基于上述要求，选择晶闸管 U_{RRM} 为 6500V，可满足上列各项要求。

三、晶闸管组件的损耗计算

根据水轮发电机组励磁数据要求，整流桥单桥输出容量为 2500A。依此计算单个晶闸管元件的损耗，计算程序如下：

1. 通态损耗 P_T

关于通态损耗的计算有两种方法，通常多采用根据元件制造商提供的 $P_T/I_{T(AV)}$ 特性曲线求得，所选元件的 $P_T=f[I_{T(AV)}]$ 如图 13-5 所示。晶闸管元件实际平均值 $I_{T(AV)}$ 与整流桥输出直流电流 I_f 有以下关系：

$$I_{T(AV)} = I_f/3 = 833.3（A）$$

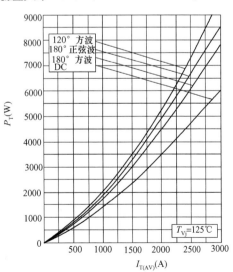

图 13-5　晶闸管通态损耗 $P_T=f[I_{T(AV)}]$ 曲线

由图 13-5 查得对应的通态损耗 P_T 查值为 1700W。

2. 开通损耗 P_{ON}

取 $di/dt = 10A/\mu s$ 由图 13-6 $W_{ON} = f(I_{T(AV)})$ 曲线查得，当 $I_{T(AV)} = 833.3A$ 时，$W_{ON} = 0.7W$，则 $P_{ON} = 50Hz \times 0.7W = 35W$。

3. 关断损耗 P_{OFF}

取 $di/dt = 5A/\mu s$，$U_0 = 1.414 \times 1378 = 1948V$，查由图 13-7 $W_{OFF} = f(U_0)$ 曲线查得 $W_{OFF} = 10.5W$，则 $P_{OFF} = 50Hz \times 10.5W = 525W$。单个晶闸管元件的总损耗：

$$P_{TOT} = P_T + P_{ON} + P_{OFF} = 1700 + 35 + 525 = 2260(W)$$

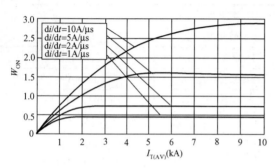

图 13-6　晶闸管开通损耗 $W_{ON} = f(I_{T(AV)})$ 曲线　　　图 13-7　晶闸管关断损耗 $W_{OFF} = f(U_0)$ 曲线

四、散热器的选择

采用板式双面散热器，根据图 13-8 $T_{CASE}/I_{T(AV)}$ 曲线，查得在 $I_{T(AV)} = 833.3A$ 时对应的壳温 T_{CASE} 约为 113℃。

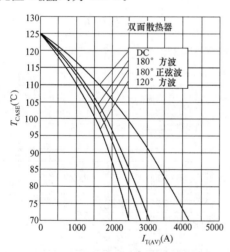

图 13-8　晶闸管散热器壳温
$T_{CASE} = f(I_{T(AV)})$ 曲线

散热器的最大热阻可按以下公式计算：

$$R_{thHA(max)} = \frac{T_{C(max)} - P_{TOT}R_{thCH} - T_A}{P_{TOT}}$$

式中　$T_{C(max)}$——晶闸管设计最大结温，取 110℃；

　　　P_{TOT}——单个晶闸管的总损耗；

　　　R_{thCH}——晶闸管的表面热阻；

　　　T_A——环境温度，取 40℃。

计算得 $R_{thHA(max)} = 30K/kW$。

根据以上计算，选用的双面压装风冷散热器，在风速为 6m/s 时的热阻小于 30K/kW。

五、风机选型

1. 通风量计算

通风量为：

$$Q_f = \frac{Q}{C_p \gamma \Delta t} \tag{13-7}$$

式中　Q_f——通风量，m³/h；

　　　Q——总损耗功率，kcal/h；

C_p——空气比热，0.24，kcal/(kg·K)；

γ——空气比重，kg/m³，40℃时为 1.128kg/m³；

Δt——空气进出口温差，K。

$$\Delta t = \frac{2.24 I_{T(AV)} U_{T(AV)} \times 860}{864 \gamma \frac{A}{2} v} 10^3 (℃) \tag{13-8}$$

式中　$I_{T(AV)}$——晶闸管实际正向平均电流，根据计算得 833.3A；

$U_{T(AV)}$——晶闸管正向压降，取 1.12V；

A——风道横截面积，18410mm²；

v——进口风速，取 6m/s；

γ——空气比重，取 1.128；

代入式（13-8）得到 $\Delta t = 16.7℃$。

根据晶闸管输出能力计算求得的单个晶闸管发热功率为 2260W，总发热功率为 $Q = 2260 \times 6 = 13560$（W）。根据 1kcal/h=1.163W，换算得到 $Q = 11660$kcal/h。

代入式（13-7）可得 $Q_f = 2580$m³/h。

2. 风机的选择

根据以上计算，可选两台离心式风机，一台运行时，另一台备用。电动机功率为 1.33kW，一台运行时风量为 2600m³/h。

六、快速熔断器的参数选择

在整流桥各支臂上串联接入快速熔断器以保护晶闸管元件在出现异常工况时不致损坏。此外，当整流桥支臂故障时（例如晶闸管被击穿），快速熔断器可快速地切除故障，防止影响到整个装置的运行。

选择快速熔断器的重要参数包括：

1. 确定额定电流值

快速熔断器的额定电流以有效值表示，其额定电流是指在自然冷却条件下允许通过的电流。对于串联接入各桥臂支路的快速熔断器而言，流过晶闸管和快速熔断器的有效值电流等于 0.577 倍直流输出电流值。为此当单柜输出为 2500A 电流时，快速熔断器的额定电流有效值为 $I_R = 2500 \times 0.577 = 1442$（A）。

2. 分断能力的选择

快速熔断器的外壳强度在很大程度上确定了对最大故障电流的分断能力，在 IEC 标准中称为"额定分断能力"。另外，快速熔断器内部的金属熔片形状、填料吸附金属蒸气能力和热量、熔断体的电动力等都影响分断能力。分断能力不足会导致快熔持续燃弧直至爆炸，严重时会导致交直流短路，因此额定分断能力是一个重要的安全指标。在选择分断能力时，还应考虑分断瞬间电弧电压峰值（标准中称为暂态恢复电压），并使其低于晶闸管元件所能承受的最大电压值。根据计算，机组转子滑环发生短路或整流桥直流侧发生直接短路时的短路电流约为 70kA，以此作为熔断器分断能力电流值。

3. 额定电压

快速熔断器的额定电压应高于整流桥交流侧电压的有效值。

4. 快速熔断器的热容量 I^2t

当快速熔断器的电流通过能力可满足系统短路电流的要求时，在发生短路故障时则可以分断故障电流，但能否保护所串联的晶闸管元件则必须分析元件及熔断器两者的 I^2t 值。只有当快速熔断器的 I^2t 小于晶闸管元件的 I^2t 值时，才能对晶闸管元件起到保护作用。短路故障时的 I^2t 分为两个阶段，即弧前 I^2t 和分断 I^2t。

熔体金属从固态转为液态的时间称为弧前时间，此阶段的 I^2t 即为弧前 I^2t。经验证明，弧前 I^2t 的上升率越高，越有利于快速熔断器的可靠分断，因此应用中要避免快速熔断器低倍数过载，即回路中可能的短路电流应大于 5 倍的快速熔断器额定电流。

当熔体金属变为蒸气时电弧始燃，从燃弧到熄弧，此阶段 I^2t 即为熔断 I^2t。在应用中快速熔断器的额定电压总是高于使用电压。实际的熔断 I^2t 则应修正为实际电压/额定电压× I^2t。快速熔断器的综合 I^2t 为弧前 I^2t 加上修正后的熔断 I^2t。

I^2t 是精选快速熔断器的重要指标。快速熔断器能否保护所串联的晶闸管元件必须分析两者的 I^2t 值。只有当快速熔断器的 I^2t 值小于晶闸管元件的 I^2t 值时，才能起到保护作用。

根据以上原则，本方案选取的快熔为丹麦 Bussmann 公司生产的 170M7255 型，额定电压为 1500V，额定电流为 2100A，它与晶闸管的配合关系曲线如图 13-9 所示。

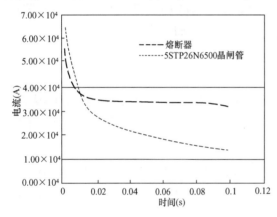

图 13-9　快速熔断器与晶闸管的安秒特性配合

5. 快速熔断器的温升和功耗

快速熔断器的损耗为：

$$\Delta W = mI_{\mathrm{t}}[1 + \alpha(t - t_0)]R/n_{\mathrm{b}}$$

式中　m——整流桥臂数，对于三相整流桥来说，$m=6$；

　　　I_{t}——通过快速熔断器的电流有效值；

　　　t——风冷时取 120℃；

　　　t_0——可按 20℃ 计算；

　　　α——电阻温度修正系数，取 0.0035/℃；

　　　R——快速熔断器冷态电阻；

　　　n_{b}——每臂并联支路数（励磁系统中，n_{b} 通常为 1）。

快速熔断器是依损耗发热而熔断的，正常运行时应尽可能使温升减到最小。

快速熔断器的功耗与其冷态电阻有很大的关系。冷态电阻是快速熔断器的重要指标，选用冷态电阻低的快速熔断器有利于降低温升，因为电流通过能力主要受温升限制。快速熔断器接头处的连接状况，也影响其温升，要求快速熔断器接头处的温升不影响相邻器件的工作。试验证明，快速熔断器温升低于80K可以长期运行，温升100K时制造工艺稳定的产品仍能长期运行，温升120K是电流通过能力的临界点，若温升140K则快速熔断器不能长期运行。实际应用中，若能将快速熔断器置于晶闸管元件的冷却系统中，可以更有效地降低快速熔断器的温升。

七、整流柜的损耗计算

单柜整流柜的总损耗为：

$$P = 6P_{VTHN} + 6P_{VSN} + 6P_{VFUN} + P_{VCN} + P_{VFAN} + P_{VOVP}$$

式中　P_{VTHN}——每个晶闸管的通态损耗；

P_{VSN}——晶闸管的开关损耗；

P_{VFUN}——快速熔断器损耗；

P_{VCN}——铜排损耗；

P_{VFAN}——风机损耗；

P_{VOVP}——过电压保护电路损耗。

假设励磁装置输出电流为4708A，由4个功率柜平均分配。下面按照单柜输出电流1177A进行损耗计算。

（1）每个晶闸管的通态损耗：

$$P_{VTHN} = 1/3 I_{dN}(U_{T0} + I_{dN}^2 r_T)$$

当阈值电压 $U_{T0} = 1.12V$，斜率电阻 $r_T = 0.29m\Omega$ 时：

$$P_{VTHN} = 1/3 \times 1177(1.12 + 1177 \times 0.00029) = 573(W)$$

（2）晶闸管的开关损耗：

$$P_{VSN} = 35 + 525 = 560(W)$$

（3）铜排损耗。取铜排电阻为 $0.1m\Omega$：

$$P_{VCN} = I_{dN}^2 R_{equ} = 1177^2 \times 0.0001 = 221(W)$$

（4）风机损耗：

$$P_{VFAN} = 1330(W)$$

（5）快速熔断器损耗：

$$P_{VFUN} = (1.732 I_{dN}/3 I_{FUN})^{2.4} \times P_{VFUN}$$

当 $I_{FUN} = 2100A$ 时，$P_{VFUN} = 180W$，计算得 $P_{VFUN} = 13W$。

（6）过电压保护单元的损耗：

$$P_{VOVP} = \frac{(1.35 U_{IN})^2}{R_1} = 2307(W)(1378V/1500\Omega)$$

单个整流柜的总损耗为：

$$P = 6 \times (573 + 560) + 221 + 1330 + 6 \times 13 + 2307 = 10734(W)$$

4个整流柜总的损耗为 $10734 \times 4 = 42936W$。

若不计风机的功率，则4个整流柜总的损耗为37.6kW。

第三节 大容量功率整流柜的冷却方式

功率整流柜的冷却主要是通过散热器完成的。散热器的基本任务是根据传热学的基本原理，为晶闸管元件设计一个热阻尽可能低的热流通路，使元件因功耗产生的热量能尽快地散出，以保证管芯内部的结温始终保持在允许的结温之内，并正常运行。

对于散热器的选择应考虑其结构设计以及冷却介质的确定。对于散热器结构的选择应考虑以下因素：辅助设备的能耗、体积和重量；装置的复杂性和操作的难易程度；装置的可靠性、可用性和可维护性。而对于冷却介质的选择则应考虑电绝缘性、化学稳定性、对材料的腐蚀性、对环境的影响和易燃性，以及商业化程度。目前，常用的冷却介质包括空气、油和水三种，其中对于散热效果起决定作用的传热系数分别为 35、350、3500W/(m² · K)，下面分别加以介绍。常用的空气冷却方式包括自冷和强迫风冷两种。

一、自冷式散热器

所谓"自冷式"冷却是通过空气的自然对流及辐射作用将热量逸出。这种散热效率很低，但是结构简单、无噪声、维护方便，特别是没有旋转部分，因此可靠性高，适用于额定电流在 200A 以下的功率器件或简单的大电流整流装置中。

二、风冷式散热器

风冷式散热器主要用于电流额定值为 200～2000A 的器件。风冷式散热器的特点式散热效率高，其传热系数是自冷式散热效率的 2～4 倍。但采用风冷需配备风机，因而有噪声大、容易吸入灰尘、可靠性相对降低、维护困难等缺点。在风冷装置内部的冷却风速标准值为 6m/s，当风速小于该值时，应根据制造单位所提供的资料选取对应于实际风速的热阻。

散热器材料质量特性对散热效率有显著影响。紫铜导热系数相当于工业纯铝的 2 倍，在相同散热效率下，紫铜散热器的体积为铝质散热器的 $\frac{1}{3} \sim \frac{1}{2}$，并有耐盐露等优点。但由于铜的比重大，价格高，一般较少应用。

三、热管散热器[30]

"热管"是 1963 年由美国 LosAlamos 国家实验室的 G. M. Grover 发明的一种传热元件。它充分利用了热传导原理与制冷介质的快速热传递性质，透过热管将发热物体的热量迅速传递到热源外，其导热能力超过任何已知金属。热管技术以前被广泛应用在宇航、军工等行业，但是，自从被引入散热器制造行业后，引起了传统散热器的设计思路的改变，摆脱了单纯依靠高风量风机来获得更好散热效果的单一散热模式。采用热管技术，在采用低转速、低风量风机的条件下，同样也可以得到满意的冷却效果。如果设计合理，还可以做到完全自冷散热，取消强迫制冷风机，使得困扰风冷散热的噪声以及灰尘等问题得到了良好解决，为散热器的应用开拓了一个新的里程碑。

我国自 20 世纪 70 年代开始就开展了热管的传热性能研究，以及热管在电子器件冷却及空间飞行器方面的应用研究。随着科学技术水平的不断提高，特别是在 20 世纪 80 年代以来，我国的热管研究和应用的领域也不断扩展，并涉及在大功率电子器件中的应用。

1. 热管工作原理

从热力学的角度看，物体的吸热、放热是相对的。只要有温度差存在，就必然出现热从高温处向低温处传递的现象。热的传递有三种方式，即辐射、对流、热传导，其中热传导最快。热管的应用即为通过工质的汽液相变实现热量的快速传导。

典型的热管由管壳、吸液芯和端盖组成。制造时将管内抽成真空，当达到 $1.3 \times (10^{-1} \sim 10^{-4})$ Pa 的负压后，充以适量的工作液体，使紧贴管内壁的吸液芯毛细多孔材料中充满液体后加以密封。如图 13-10 所示，热管的一端为蒸发段（加热段），另一端为冷凝段（冷却段），根据应用需要在两段中间可布置绝热段。当热管的一端受热时，毛细芯中的液体蒸发汽化，蒸汽在压差作用下流向另一端放出热量凝结成液体，液体再沿多孔材料靠毛细力的作用流回蒸发段，如此往复循环，将热量由热管的一端传至另一端。热管在实现这一热量转移的过程中，从物理角度而言，包含了以下六个相互关联的主要过程：

（1）热量从热源通过热管管壁和充满工作液体的吸液芯传递到液—汽分界面。

（2）液体在蒸发段内的液—汽分界面上蒸发。

（3）蒸汽腔内的蒸汽从蒸发段流到冷凝段。

（4）蒸汽在冷凝段内的汽—液分界面上凝结。

（5）热量从汽—液分界面通过吸液芯、液体和管壁传给冷源。

（6）在吸液芯内由于毛细作用使冷凝后的工作液体回流到蒸发段。

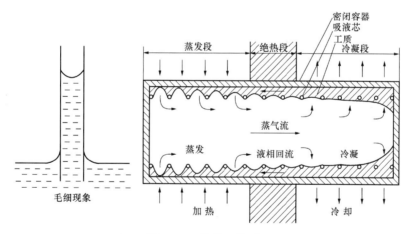

图 13-10　热管工作原理

2. 回路热管散热器

回路热管（loop heat pipe，LHP）是由俄罗斯科学家 Yu. F. Maidanik 教授发明的一种传热装置。它利用蒸发器内的毛细芯产生的毛细力驱动回路运行，利用工质的蒸发和冷凝来传递热量，因此能够在小温差、长距离下传递大量的热量，是一种高效的两相传热装置。

回路热管由蒸发器、蒸汽段、冷凝段、回流段、补偿室五个部分组成，如图 13-11 所示。其中，在蒸发器内部有一组毛细结构（wick structure）。在蒸发器内壁或者毛细结构上有许多蒸汽槽道，如图 13-11 中 A-A 截面所示。其基本的工作原理是：毛细结构本身可以将液态

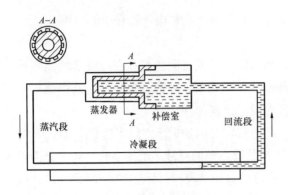

图 13-11　回路热管原理图

往上吸，使得毛细结构充满工质液体，当蒸发器被加热时，毛细结构也被加热，毛细结构中的液体便会蒸发成气体，并通过蒸汽槽道沿着蒸汽段到冷凝段，同时吸取热量；在冷凝段中，气体被冷凝成了液体，释放出潜热；毛细结构的毛细力再使液体沿着回流段回流到补偿室，并到达毛细结构。如此形成了一个工质的流动循环和热量传递过程。补偿室的主要作用是在启动时容纳在蒸汽段和冷凝段的液体，并且在运行时防止液体回流不及时造成蒸发器干涸。

回路热管有以下优点：

（1）回路热管（LHP）是一种两相的高效传热装置，它利用蒸发器内的毛细芯产生的毛细力驱动回路运行，利用工质的蒸发和冷凝来传递热量，不需要外加动力。

（2）等温性能较好，可以远距离传热，并能改变热量传递的方向。

（3）汽液通道分离的设计使管内两相介质流动方向一致，加快了介质的运动速度，避免了汽液间的相互干扰，大大地降低了热阻，提高了热管的传热效率。

（4）管路的形状可依据实际需要采用不同的结构方式，应用更加灵活。

由于回路热管有着良好的传热性能，其在航空航天方面的应用已比较广泛，技术也比较成熟，因此，研究开发应用于大功率晶闸管整流柜的回路热管散热器，使得大功率晶闸管整流柜采用无风机自然冷却方式成为可能。

3. 功率散热器的选择

对功率散热器的选择主要是考虑功率器件的结构。功率器件附有散热器后，其散热途径将会有所变化。内热阻 R_{Tj} 保持不变，器件的热量一方面通过外壳直接向周围传递，其热阻为 R_{Tp}，另一方面热量传给散热器，热阻为 R_{Tc}，然后由散热器再将热量发散到周围空间，热阻为 R_{Tf}，其热阻网络如图 13-12 所示。当外壳本身到周围环境的散热可忽略不计时，即 $R_{\mathrm{Tp}} \geqslant R_{\mathrm{Tc}} + R_{\mathrm{Tf}}$，此时图 13-12 可简化为图 13-13。根据热电模拟法，将功耗模拟为电流，温差模拟为电压，热阻模拟为电阻计算出各个热阻值：

$$R_{\mathrm{T}} = R_{\mathrm{Tj}} + R_{\mathrm{Tc}} + R_{\mathrm{Tf}} = \frac{T_{\mathrm{j}} - T_{\mathrm{a}}}{P_{\mathrm{c}}} \tag{13-9}$$

$$R_{\mathrm{Tj}} = \frac{T_{\mathrm{j}} - T_{\mathrm{c}}}{P_{\mathrm{c}}} \tag{13-10}$$

$$R_{\mathrm{Tc}} = \frac{T_{\mathrm{c}} - T_{\mathrm{f}}}{P_{\mathrm{c}}} \tag{13-11}$$

$$R_{\mathrm{Tf}} = \frac{T_{\mathrm{f}} - T_{\mathrm{a}}}{P_{\mathrm{c}}} \tag{13-12}$$

式中　T_{j}——半导体器件结温；

T_c——半导体器件的壳温；

T_f——散热器最高温度点的温度；

T_a——环境温度；

T_{Tj}——系统总热阻；

P_c——半导体器件耗散功率。

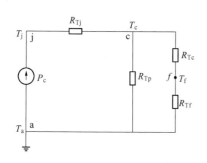
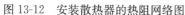

图 13-12　安装散热器的热阻网络图

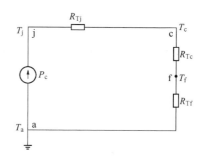

图 13-13　热阻网络简化图

由式（13-9）可知，要提高功率器件通过散热器耗散的热量，则应尽量降低各个热阻值。而功率器件内热阻 R_{Tj} 由功率器件的工艺决定，是固定不变的，因而应主要考虑如何采取有效措施减小界面热阻和散热器的热阻。界面热阻 R_{Tc} 是器件与散热器之间的接触应力产生的热阻，影响因素较多。散热器的热阻 R_{Tf} 是选择散热器的主要依据。

本文应用于大功率晶闸管整流装置中的回路热管散热器的热阻为 0.057K/W。

4. 大功率热管整流装置的设计

大功率晶闸管整流柜使用的散热器有铝散热器、铜散热器、热管散热器等，铝散热器技术历史悠久，其最小热阻可达到 0.035～0.04℃/W（强迫风冷，风速大于 5m/s 时），在无风状态下，铝散热器的最小热阻能达到 0.15～0.25℃/W。铜散热器是另一种高效散热器，铜的导热性能比铝好，在同样的风冷条件下，铜散热器的热阻最小能达到 0.03℃/W，优于铝散热器热阻值，同样风速同样热阻时，铜散热器的体积比铝散热器要小，因此对空间紧张的布置环境用铜散热器较好。而热管散热器兼顾了铝散热器和铜散热器的优点，在自然风冷的条件下，热阻最小可达到 0.04℃/W，因此，热管散热器整流柜在无风的情况下长期稳定输出可达到 1500A，在微风的情况下（小于 3m/s），其热阻与强迫风冷的铜散热器热阻相等，此时热管散热器整流柜的输出可达到 2000A。

选用 ABB 公司 5STP52U5200 型原装进口晶闸管元件，通态平均电流为 4120A（70℃），反向耐压为 4400V，计算热管散热器整流柜在无风的情况下长期稳定输出可达到 1500A 时晶闸管散热器的最高温升。

晶闸管损耗计算公式为：

$$P_{TOT} = P_T + P_{GM} \tag{13-13}$$

式中　P_{TOT}——晶闸管元件平均损耗，W；

P_T——晶闸管元件通态损耗，W；

343

P_{GM}——晶闸管元件开关损耗，取 20W。

单柜输出 1500A 时，单个晶闸管流过的电流为 120°方波，相应电流平均值为：

$$I_{T(AV)} = 1500/3 = 500(A)$$

由晶闸管通态损耗特性曲线图 13-14 查得此时晶闸管元件通态损耗为 650W。根据式 (13-13) 计算单只晶闸管元件总发热量为：

$$P_1 = 650 + 20 = 670(W)$$

由晶闸管管芯允许温度图 13-15 求得此时晶闸管允许温度约为 107℃。环境温度按照 40℃计算，按此耗散功率设计散热器，则所需散热器热阻为：

$$R_{Tf} = \frac{T_f - T_a}{P_c} = \frac{107 - 40}{670} = 0.1(℃/W)$$

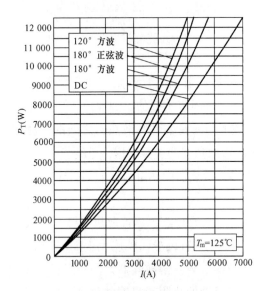

图 13-14　不同的通态平均电流值对应的　　图 13-15　不同的通态平均电流对应的晶闸
晶闸管通态损耗曲线　　　　　　　　管管壳允许温度曲线

选择回路热管散热器，在自然冷却条件下热阻 $R_{Tf} = 0.057℃/W$，可满足设计要求。在此条件下，计算整流柜在无风条件下输出 1500A 时，单个晶闸管相应电流平均值为：

$$I_{T(AV)} = 1500/3 = 500(A)$$

由晶闸管通态损耗特性曲线图 13-14 求得此时晶闸管元件通态损耗为 650W。根据式 (13-13) 计算单只晶闸管元件总发热量：

$$P_1 = 650 + 20 = 670(W)$$

因此晶闸管散热器温升为：

$$\Delta T = R_{Tf}P_1 = 670 \times 0.057 = 38.2(℃)$$

应说明的是：目前在我国已开发出单柜容量达 2500A 的热管式大功率晶闸管整流柜。例如，由能达通用电气公司开发的 STR-RG 系统大功率热导管晶闸管整流柜，单柜额定容量已达 2500A。此外，在 STR-RG 系列整流柜中，还采取了可实现气、液分流的回路热管散热器结构，从而解决了传统热导管结构中存在的气、液混流引起的相互干扰的问题，进一步提高了散热效率，这是本设计创新之处。

第四节　功率整流柜的均流[31]

一、问题的提出

在大型同步发电机励磁系统中，要求多柜并联运行的大功率整流柜间应具有良好的均流系数，以便能充分发挥设备的容量得到充分和合理的应用。为此，在相关行业标准中，对功率整流装置的均流系数作了不小于 0.85 的规定。为实现均流系数的要求，可采取两种主要的措施：常规均流和数字均流技术。

常规的均流措施包括按晶闸管的参数如峰值通态平均电压降进行匹配，按功率柜交、直流进出线进行匹配，在整流桥臂接入空心均流电抗器及由励磁变压器二次侧至功率整流柜进线端各支路电缆长度相等的措施。这些措施虽然在一定程度上改善了均流的功能，但也增加了系统设计和工程施工的难度。

改善均流的另一个措施是采用数字均流技术。在参考文献［31］中较详细地分析了影响均流的因素以及与常规和数字均流功能的对比，在本节中，除将只引用相关的结论，而不作过多的数学推导。

二、影响均流效果的因素

1. 交流侧进线的影响

通常，由于晶闸管通态电阻 R_{1T} 比整流桥交、直流侧电阻 R_{1a} 及 R_{1d} 大许多倍，一般达到 $R_{1T}/(R_{1a}+R_{1d}) \approx 15$；当整流桥选择的晶闸管的通态电流比较大（如大于 3000A）时，由于晶闸管的通态电阻下降，例如使得两者比值 $R_{1T}/(R_{1a}+R_{1d})$ 为 4～5，此时交流侧进线的长度对于均流的影响将比较明显。如果为了减小交流进线对均流的影响，在满足整流桥输出要求下，晶闸管的通态电流的裕量选择较小值为宜。

当交流进线采用电缆时，一方面，由于等效时间常数 $\dfrac{L_{1a}+L_{2a}}{R_{1a}+R_{2a}}$ 变大，两换相元件之间的换相过程也将对电流分配产生影响；另一方面，电缆的电阻率比铜排大许多，交流侧电缆电阻与晶闸管通态电阻相比差别不大，因此，在交流侧采用电缆的系统，其交流侧电缆对均流的影响明显。在三机励磁中，柜间连线一般采用电缆，时间常数 $\dfrac{L_{1a}+L_{2a}}{R_{1a}+R_{2a}}$ 较大，整流桥的交流电源频率为 350～500Hz，此时换相过程对电流分配产生决定性影响，因而晶闸管整流桥间交流侧连接电缆长度差异对均流影响显著。

对于交流侧采用铜排互连的整流桥，由于其铜排明显呈现阻性，即电阻远大于电感，所以可以根据改变铜排的电阻来达到均流的目的，例如在铜排上进行刻槽，在铜排上打孔均属于改变电阻的均流方式。尤其是通过这种方法来改变连接铜排的接触电阻，将更加明显改善均流效果。如果采用改变电感来均流，则实施时难度较大。这是因为一方面需要串接的电感量比较大，致使时间常数增加。电流分配主要由换相过程决定，因此，电抗需要增加到足以和晶闸管通态电阻相同数量级才能起到均流作用。美国西屋公司和 GE 公司均采用在交流侧加装均流电抗器的均流方案。其体积比较大，而且电抗安装和铜排布置均较复杂。为了减小均流电抗体积，可采用铁芯电抗，但是这将导致由于磁滞损耗引起的附加发热。

2. 直流侧出线的影响

在忽略交流侧和晶闸管参数差异后也可求得直流侧的阻抗对均流的影响。在此应说明的是直流侧出线对三相交流输入是公用的，因此，在换相过程中，直流母排电流变化比交流侧单相的阻抗变化过程更加复杂。但是直流侧的影响要小于交流侧，为此在处理均流问题时，应优先考虑交流侧阻抗匹配问题。

3. 换相过程的影响

如果进线完全对称，则电流分配与换相无关，电流是平均分配的。如果交流进线不等，则桥 1 和 2 阻抗分别为 $|Z_1| = |R_{1a} + j\omega L_{1a}|$ 和 $|Z_2| = |R_{2a} + j\omega L_{2a}|$，并假定 $|Z_1| > |Z_2|$。一般情况下，交流侧阻抗小的整流桥电流要大一些。因此，随着励磁电流的增加，换相角将增加，使得电流大的支路电流会相应减小，使整流桥 1、2 电流之间的差值自动趋于平衡。

4. 晶闸管参数的影响

在研究均流分配时，晶闸管的模型采用电压源加内部电阻的方式予以简化考虑。晶闸管从触发到完全导通需要满足门槛电压 $U_{T(TO)}$ 的要求，因此，对于 $U_{T(TO)}$ 值大的晶闸管，将滞后于 $U_{T(TO)}$ 值小的晶闸管导通。由于晶闸管在达到 $U_{T(TO)}$ 导通后，晶闸管压降将减小到 U_T。根据晶闸管压降计算公式：

$$U_T = A + Bi_T + C\ln(i_T + 1) + D\sqrt{i_T}$$

一次近似地可以将上式等效为 $U_T = A' + B'i_T$，其中 B' 是归算的斜率电阻（比晶闸管厂家提供数据的斜率电阻要大 30% 左右）。如假定晶闸管 T12 的 $U_{T(TO)1}$ 大于晶闸管 T22 的 $U_{T(TO)2}$。此时为使 T22 导通必须满足：

$$U_{T1} \approx U_{T(OT)1} + R_{T1}i_T > U_{T(TO)2}$$

就总体而言，在整流桥晶闸管选配时，应该按照门槛电压相近原则来排列同桥臂位的晶闸管。晶闸管通态电阻差异可以根据交直流侧进出线的长短来平衡。比如采用交流电缆作为进出线，即为一种平衡晶闸管通态电阻差异的办法。可以认为当先导通的晶闸管电流上升到比较大的数值时，后导通的晶闸管要将电流转移过来，在换相完成后主要是依靠管压降之差。可见门槛压降差异对晶闸管电流之间的分配有重要的影响。因此，在交流侧采用铜排互联的晶闸管整流桥，需要优先选配晶闸管门槛压降。

三、数字式均流

数字式均流（或称为智能均流）的原理是通过数字方式的 AVR 输出的晶闸管触发脉冲进行处理，调整其导通时刻，从而达到均流的目的。数字均流的方法较多，其中一种数字均流系统是通过测量各个电流的有效值或平均值，将各个晶闸管的电流值与转子电流平均分配值相比较，电流值大于转子电流平均分配值的晶闸管的触发脉冲将经过适当的延迟，以达到电流均匀分配。在 ABB 励磁装置中，数字式均流技术应用得较为广泛。

四、数字均流与常规均流的比较

数字式均流与常规均流相比优点较多。例如：调整方法简单，目标明确，可在线实施；降低对晶闸管器件参数一致性的要求，从而降低器件成本和选配难度；具备较强的对交、直流进出线阻抗变化的适应性，对现场施工要求低，能够比较方便地安排整流柜的位置等；不受励磁系统运行工况（如换相）影响；通过测量各个晶闸管的电流可以比较准确地反映各个晶闸管状况和实际的均流情况；利用数字均流系统实现励磁系统功率放大部分的在线故障诊断、故障限流等智能化功能，有利于提高励磁装置的平均无故障时间（MTBF）。但是数字均流也存在一些比较突出的缺点。例如：由于在脉冲回路接入调整电路，系统的可靠性降低；在数字均流工作区域中，过大的脉冲延迟角度势必增加最先导通晶闸管的电流冲击的强度，这对于多桥并联的励磁系统是不利的，因为最先导通的晶闸管需承受瞬时比正常电流高 3～4 倍的冲击电流。为此需将触发脉冲延迟角度限制在规定范围内。

应强调的是：通过常规均流方式，励磁整流系统一般均能达到行业标准要求。然而通过表计读数判断均流，可能隐藏了晶闸管之间电流的严重不均衡。因为通过直流侧的分流计不能准确地反映出各个晶闸管的电流波形，也不能反映本桥的电流情况（当直流正负桥臂电流存在差异时）。常规的均流措施往往对整流柜的进线和出线位置有要求，甚至需要加装专门的进出线柜。刻槽或打孔都是比较经济的办法，但不具备通用性，不便于生产加工，尤其对于整流桥的现场维护更加不便。

五、结论

在常规的均流措施中，应当优先选配晶闸管的门槛压降，进而考虑调整交流进线和直流出线以及在交、直流铜排上刻槽或打孔，最后采用均流电抗。另外，在设计晶闸管整流柜选择晶闸管规格时，在不影响柜出力情况下，优先选择通态电流小的晶闸管，使晶闸管参数在均流影响中占优先地位，以保证晶闸管的均流效果。试验和理论分析表明，数字均流通过在换相期间调节触发脉冲的延迟角度，可以在较宽范围内调整均流系数，真实地控制每个晶闸管的电流均衡。对于额定工况下换相角比较大的励磁系统，只要在空载下均流系数达到 0.9以上，即可以保证整流桥所有运行点的均流系数为要求值。

数字均流与常规均流比较，对于安装数字均流的系统，一方面需要优先使用常规均流措施，另一方面需要保证增加的数字电路和操作逻辑本身的可靠性。对于仅仅依靠常规均流措施达到要求的均流效果的系统，需要在投运时测量各晶闸管的电流以确保电流表能够比较真实地反映各个晶闸管电流的大小，或安装晶闸管电流监视装置监视电流分配情况。应注意到根据电流表判断常规均流措施的效果有可能导致不准确的结果。采用数字均流系统可真实智能分配电流负载，对提高励磁系统可靠性是有益的。

第五节　功率整流柜的保护[32,33]

在大型水轮发电机静止自励励磁系统中，功率整流柜中的晶闸管元件承受过电压、过电流的能力较差，即使在瞬时内的过电压和过电流也均可能导致元件的损坏，此外，晶闸管元件承受正向电压上升率和电流上升率的能力也有一定限度，超过规定值亦可能导致晶闸管元件的损坏。

当施加在晶闸管元件上的正反向瞬时峰值电压超过规定值时，称为过电压。施加的正向电压瞬时值超过晶闸管元件的断态非重复峰值电压，达到正向转折电压，或电压值虽未达到正向转折电压，但电压上升率较大，且超过允许的阻断电压临界上升率，均可能导致功率元件的损坏。若加于晶闸管元件的瞬时反向峰值电压超过其非重复反向峰值电压，并达到反向击穿电压，将造成功率元件的反向击穿损坏。

为了保证励磁系统安全可靠地工作，延长功率元件的使用寿命，除了提高功率元件的产品质量和在设计时正确选择功率元件的参数，并留有一定的安全裕度外，还必须将过电压、过电流和电压上升率、电流上升率限制在功率元件所允许的范围之内，以保证其安全可靠地运行。

基于上述考虑，在大功率整流柜中，通常应在交流侧进线端附有阳极过电压保护装置，并在晶闸管两端加装 R-C 阻容保护器，以及在直流侧输出端加装过电压吸收装置等。

一、功率整流柜阳极过电压抑制器

为了抑制晶闸管在换相过程中引起的尖峰过电压，在大功率功率整流柜的交流输入端多接入不同形式的尖峰过电压抑制器，对交流侧过电压进行预处理。

在图 13-16 中示出了 GE 公司在 600～1000MW 大型汽轮发电机组 EX2100 励磁系统中，在功率整流柜交流侧采用的典型交流尖峰过电压抑制器接线图，R-C 尖峰过电压阻容保护器的具体接线如图 13-17 所示。尖峰过电压经过滤波后，可将尖峰过电压的幅值降低到 1.5 倍额定值以下，其作用是非常有效的。此外，为了进一步限制尖峰过电压的幅值，还设定了更高整定值的 MOV 非线性电阻过电压保护，此压敏电阻相间和对地动作设定值为 2310V。

应着重说明的是：R-C 尖峰过电压阻容保护器的作用是延缓过电压的上升速率，不同的尖峰过电压会导致不同的过电压限制值。而金属氧化物 MOV 非线性电阻的限制值是固定不变的。这一物理过程差异必须明确。

对于 ABB 公司生产的 Unitrol-5000 励磁调节器，在功率整流柜交流进线端采用了尖峰过电压抑制器，其型式为直流阻断式滤波器。接在励磁变压器二次侧的三相桥式整流器经整流后，直流电压加在 R-C 抑制器回路。此线路的优点是：在电容释放能量时，由于二极管整流器的阻断，使放电电流不会加到处于导通状态的晶闸管回路中。接线见图 13-18，图中以投切变压器为例，说明了直流阻断器过电压保护的功能。

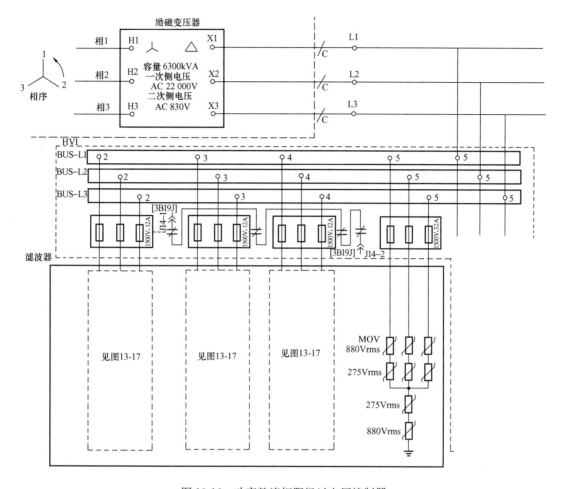

图 13-16 功率整流柜阳极过电压抑制器

对于用于三峡水电厂、由西门子公司生产的用于700MW 水轮发电机组的 Thyripol 励磁系统，在功率整流柜交流进线端未接入任何尖峰过电压抑制器，因此，尖峰过电压将直接加在功率整流柜晶闸管回路中，严重危及功率整流柜的安全运行。

在图 13-19 中示出了三峡水电厂 700MW No. 7 水轮发电机组功率整流柜的阳极电压波形，图中电压量的比例系数为 206，励磁变压器二次侧的额定电压为1024V。

由图 13-19 可看出，励磁变压器二次额定峰值电压为：

$$U_{2max} = 7.33 \times 206 = 1509.98(V)$$

由于换相引起的尖峰过电压为：

$$\Delta U_{2max} = 7.03 \times 206 = 1448.18(V)$$

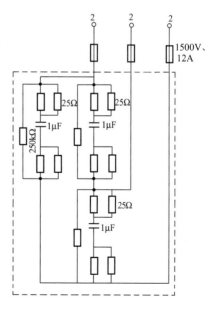

图 13-17 阳极过电压抑制（滤波）器

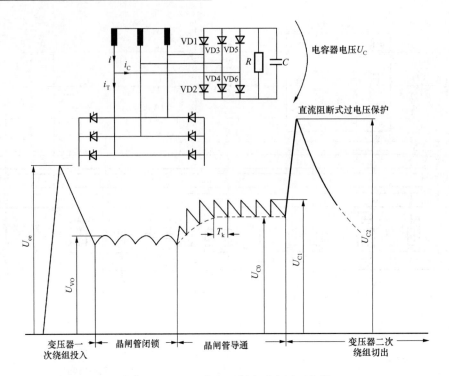

图 13-18　ABB 直流阻断式过电压吸收器

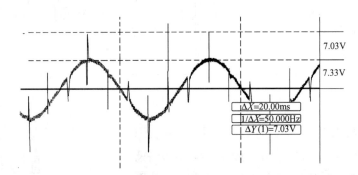

图 13-19　三峡水电厂 No.7 700MW 水轮发电机组功率整流柜的阳极电压波形（未接入阳极过电压抑制器）

过电压倍数为：

$$K_{\text{V}} = \frac{U_{2\text{max}} + \Delta U_{2\text{max}}}{U_{2\text{max}}} = \frac{1509.98 + 1448.18}{1509.98} = 1.959$$

为改善阳极尖峰过电压的工作状态，三峡水电厂在励磁变压器的二次侧，即功率整流柜的交流进线侧，设置了如图 13-20 所示的尖峰过电压抑制器。

尖峰过电压抑制装置元器件规格如下。

电阻 R：$40\Omega/500\text{W}$，大功率无感电阻。

电容 C：$4\mu\text{F}/\text{AC}4000\text{V}$，德国产电容。

高压电缆：AGG–4.0/5000V，耐高温 180℃。

熔断器：FWJ–35A/1000V，为高压小电流熔断器。

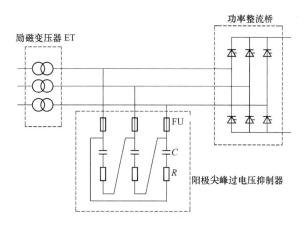

图 13-20 尖峰过电压抑制器

接入尖峰过电压抑制器后的阳极电压波形如图 13-21 所示，示波图电压标定比例系数仍为 $K=206$。

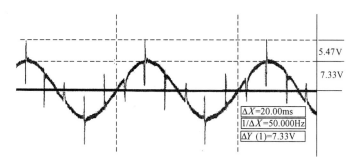

图 13-21 三峡水电厂 No.7 水轮发电机组功率整流柜阳极电压波形（接入阳极过电压抑制器）

当接入阳极过电压抑制器时，由图 13-21 可看出：

$$U_{2\text{max}} = 7.33 \times 206 = 1509.98(\text{V})$$

尖峰过电压为：

$$\Delta U_{2\text{max}} = 5.47 \times 206 = 1126.82(\text{V})$$

过电压倍数为：

$$K_{\text{V}} = \frac{U_{2\text{max}} + \Delta U_{2\text{max}}}{U_{2\text{max}}} = \frac{1509.98 + 1126.82}{1509.98} = 1.746 < 1.959$$

抑制尖峰过电压的效果有所改进。

此外，为了对比不接入与接入过电压抑制器的效果，在图 13-22 中对两种情况的过电压上升过程进行了比较。由图 13-22 可看出，接入尖峰过电压抑制器后使得过电压上升过程变得平缓，过电压值也有所减小，从而降低了对功率整流桥晶闸管元件的冲击。

二、功率整流柜晶闸管元件 R-C 阻容保护

1. R-C 阻容保护作用原理

由图 13-23 可以看出，在 C3 点之前，元件 V1 及元件 V2 导通，流过电流 i_1 及 i_2，在 t_1 时刻，元件 V3 接受脉冲信号。

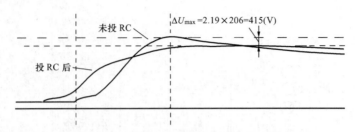

图 13-22　三峡水电厂 No.12 水轮发电机组功率整流柜接入及不接入阳极
尖峰过电压抑制器时阳极电压上升过程的比较

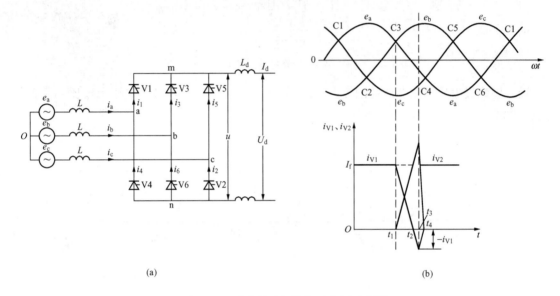

图 13-23　功率整流柜换相过电压示意图
（a）三相桥式整流线路；（b）换相过电压（$\alpha=0$）

因过 C3 点，$e_b > e_a$，元件 V1 的阴极承受反电压，V1、V3 两元件开始换相，直至 V1 截止，V3 完全导通。在时间 t_2 点，i_1 降至零，i_3 升至全电流 I_f，但此时换相并未结束，因此时在元件 V1 的 PN 结处仍有少数载流子，还需要一个暂短的时间间隔（通常仅为数或数十微秒）进行泄放。因此，元件 V1 继续保持反向导通，直至反向电流达到最大值 $-i_{V1}$ 时，积存的少数载流子迅速复合完毕，V1 元件完全截止，其电流达零值。与此同时，在元件 V2 中的正向电流也产生一个突降至全电流 I_f 值，由于 i_1、i_2 均流过具有漏抗 X 的励磁变压器的二次绕组回路，而在 t_3、t_4 暂短时间间隔内，di/dt 电流变化率极大，在 V1 元件反向电流被突然截止呈开路状态瞬间，将在具有漏抗为 X_L 的交流回路中感应出数值极高的瞬态电压，即所谓尖峰过电压，危及整流元件的安全运行。

为了减少换流尖峰过电压，需在元件呈现反向阻断特性时为反向恢复电流提供一个泄放支路。此支路通常由电阻电容元件组成，并接在元件两端，以减缓反向电流的衰减速度和限制由此而产生的尖峰电压值，此阻容保护回路也称为换相缓冲器（snubber）。

当换相缓冲器吸收的能量过大时，在晶闸管元件单元内装设容量过大的阻容元件将有困难。此时可分别加装两组换相过电压缓冲器，一组加装在元件两端，称为元件缓冲器；另一组加装在励磁变压器二次绕组侧，称为线路缓冲器，即前述阳极过电压抑制器。换相缓冲器参数的选择是一个极为复杂的课题，许多电厂功率整流柜虽设置了相应的换相缓冲器，但由于参数选择不当，仍无法避免事故的发生。

选择换相缓冲器参数的原则是：阻容缓冲器支路的容量足以吸收在换相过程中所释放的全部磁场能量而不致损坏。另外，应将换相过电压的幅值限制在允许范围内。

2. 换相缓冲器参数的选择原则

现仍以图 13-23 所示的三相桥式整流线路为例，说明 R-C 缓冲器参数的选择。在元件 V1 和 V2 的换相过程中，其等效线路可以用图 13-24 所示的等效电路来表示。由于换相过程是在线电压作用下进行的，故换相回路中含有 2L 换相电感。

在图 13-24 中 $E=\sqrt{6}E_s\sin(\alpha_0+\gamma_0)$，其是 E_S 为相电压有效值，R、C 为缓冲器的电阻及电容，L 为变压器每相漏抗，α_0、γ_0 为换相结束瞬间元件的控制角及换相角。当图 13-23 中元件 V1 在换相结束后呈阻断特性，$t=0$ 瞬间，此时相当于开关 S 分断，回路中的电流达到反向恢复电流最大值 $i(t)|_{t=0}=I_0=I_{RM}$。I_{RM} 由元件技术规范中可求出。对于三峡水轮发电机组，功率整流柜晶闸管采用 T1401N 2000A/5200V 元件，由技术规范查得恢复电荷

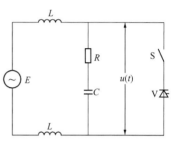

图 13-24　等效换相电路

$Q_{rr}=18\text{mA·s}$，对应此电荷由图 13-25 可求出相应 $di/dt=10$（A/μs），由图 13-26 查得 $I_{RM}=250\text{A}$。

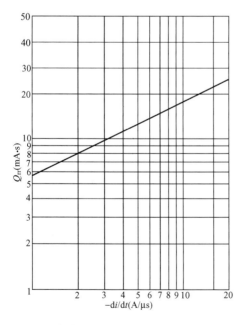

图 13-25　恢复电荷 $Q_{rr}=f(di/dt)$（$t_{vj}=125℃$，$I_{TM}=2000\text{A}$，$U_R=0.5U_{RRM}$，$U_R=0.8U_{RRM}$）

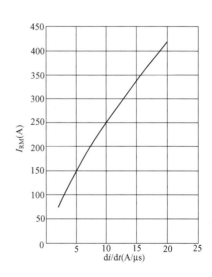

图 13-26　恢复电流 $I_{RM}=f(di/dt)$（$t_{vj}=125℃$，$I_{TM}=2000\text{A}$，$U_R=0.5U_{RRM}$，$U_{RM}=0.8U_{RRM}$）

由于元件两端接入 R-C 阻容缓冲器支路，因此在换相结束后，储存在励磁变压器二次绕组中的磁能将通过 RC 支路予以吸收，由此可列出回路电压方程式：

$$E = L\frac{\mathrm{d}i(t)}{\mathrm{d}t} + Ri(t) + \frac{1}{C}\int_0^t i(t)\,\mathrm{d}t \tag{13-14}$$

整理求得：

$$i(t) = \frac{(E-I_0R)}{L\omega}\mathrm{e}^{-at}\sin\omega t + \frac{\alpha I_0}{\omega}\mathrm{e}^{-at}\sin\omega t + I_0\mathrm{e}^{-at}\cos\omega t \tag{13-15}$$

$$u(t) = E - (E-I_0R)\left(\cos\omega t - \frac{\alpha}{\omega}\sin\omega t\right)\mathrm{e}^{-at} + \frac{I_0}{\omega C}\mathrm{e}^{-at}\sin\omega t \tag{13-16}$$

$$\frac{\mathrm{d}u(t)}{\mathrm{d}t} = (E-I_0R)\left(2\alpha\cos\omega t + \frac{\omega^2-\alpha^2}{\omega}\sin\omega t\right)\mathrm{e}^{-at} + \frac{I_0}{C}\left(\cos\omega t - \frac{\alpha}{\omega}\sin\omega t\right)\mathrm{e}^{-at} \tag{13-17}$$

$$\alpha = \frac{R}{2L}$$

$$\omega = \sqrt{\omega_0^2 - \alpha^2} = \omega_0\sqrt{1-\xi^2}$$

$$\omega_0 = \frac{1}{\sqrt{LC}}$$

$$\xi = \frac{\alpha}{\omega_0} = \frac{R}{2\sqrt{L/C}}$$

式中　α——衰减系数；

　　　ω——阻尼振荡频率；

　　　ω_0——无阻尼振荡频率；

　　　ξ——阻尼系数。

由式（13-16）可知，在能量吸收过程中，出现在元件两端的电压 $u(t)$ 具有阻尼振荡特性，其振荡频率与回路参数 L、R、C 密切相关。另外，在元件 V1 阻断，$t=0$ 瞬间，由式（13-16）可知：

$$u(t)\,|_{t=0} = I_0R = I_{\mathrm{RM}}R \tag{13-18}$$

而在 $t=0$ 时的电压变化速率由式（13-17）可得：

$$\frac{\mathrm{d}u(t)}{\mathrm{d}t}\bigg|_{t=0} = \frac{(E-I_0R)R}{L} + \frac{I_0}{C} \tag{13-19}$$

如果按 $\dfrac{\mathrm{d}u(t)}{\mathrm{d}t}\bigg|_{t=0} \leqslant 0$ 条件选择 RC 缓冲器参数，即在整个阻尼过程中，$t=0$ 瞬间出现最大尖峰过电压值，可求得：

$$\frac{(E-I_0R)R}{L} + \frac{I_0}{C} \leqslant 0$$

或写为：

$$R \geqslant \frac{E}{2I_0} + \sqrt{\left(\frac{E}{2I_0}\right)^2 + \frac{L}{C}} \tag{13-20}$$

元件两端的暂态电压波形变化如图 13-27（a）所示。此时虽可降低初始电压变化速率，但由于电阻 Ri 值取得过大，使得 $u(t)\,|_{t=0}=I_0R$ 具有较高的初始值，此电压将突然加到元件两端并产生危害到元件安全和导致元件误触发的 $\dfrac{\mathrm{d}u}{\mathrm{d}t}$ 值。

因此，在实际选择 R-C 缓冲器参数时，并不期望 $\dfrac{\mathrm{d}u}{\mathrm{d}t}\big|_{t=0}$ 后具有下降的变化速率，而选择 $t>0$ 一段时间内，$\dfrac{\mathrm{d}u}{\mathrm{d}t}$ 仍具有上升变化速率，当 $t=t_1$ 时才出现过电压最大值 u_m 相应电压变化特性曲线如图 13-27（b）所示。

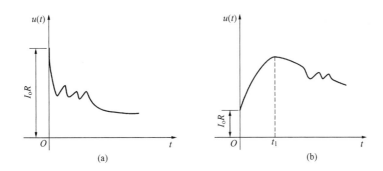

图 13-27　阻容缓冲器、两端的暂态电压 $u(t)$ 变化曲线

(a) $\dfrac{\mathrm{d}u}{\mathrm{d}t}\leqslant 0$；(b) $\dfrac{\mathrm{d}u}{\mathrm{d}t}>0$

在式（13-19）中，如取 $\dfrac{\mathrm{d}u(t)}{\mathrm{d}t}\Big|_{t=0}>0$，则可求得：

$$R<\frac{E}{2I_0}+\sqrt{\left(\frac{E}{2I_0}\right)^2+\frac{L}{C}} \tag{13-21}$$

由式（13-17）令 $\dfrac{\mathrm{d}u(t)}{\mathrm{d}t}=0$ 可解得暂态电压最大值 u_M 及对应的时间 t_1 值，其值分别为：

$$t_1=\frac{\pi-\beta}{\omega} \tag{13-22}$$

$$u_\mathrm{M}=u(t_1)=E-(E-I_0R)\left[\cos(\pi-\beta)-\frac{\alpha}{\omega}\sin(\pi-\beta)\right]\mathrm{e}^{-\alpha t1}+\frac{I_0}{\omega C}\mathrm{e}^{-\alpha t1}\sin(\pi-\beta) \tag{13-23}$$

$$\beta=\arctan\frac{(E-I_0R)2\alpha+\dfrac{I_0}{C}}{(E-I_0R)\dfrac{\omega^2-\alpha^2}{\omega}-\dfrac{\alpha I_0}{\omega C}} \tag{13-24}$$

3. 换相过程的能量转换

在功率整流器元件的换相过程中，由于励磁变压器二次绕组中存储有磁场能量，换相结束后，存储的能量将释放到RC阻容缓冲器回路中，存储与释放消耗的能量之间应达到平衡，为此，阻容缓冲器的元件应有足够的容量储备，否则将会因元件容量不足而烧毁，并导致整流器发生相间短路事故。

根据美国西屋公司的设计导则，由阻容缓冲器吸收的能量有两部分。

（1）由电压换相效应引起的能量转换。此部分能量的大小与晶闸管元件的控制角 α 及换相角 γ 有关。按西屋公司推荐的计算公式，对于并联在晶闸管元件两端的阻容保护，RC 元件每秒应吸收的能量为：

$$W_u = 3.5 C f \left(\sqrt{3} E_S\right)^2 \tag{13-25}$$

式中　f——工频频率；

　　　E_S——电源相电压有效值。

另外，由加拿大 CGE 公司给出的电压换相效应能量表达式为：

$$W_u = 1.75 C f \left(\sqrt{3} E_S\right)^2 \left[\sin^2 \alpha + \sin^2(\alpha + \gamma)\right] \tag{13-26}$$

式中　α、γ——给定工作状态的控制角和换相角。

当 $\alpha=90°$，$\gamma=0$ 时，式（13-26）可写为：

$$W_u = 1.75 C f \left(\sqrt{3} E_S\right)^2 (1+1) = 3.5 C f \left(\sqrt{3} E_S\right)^2$$

与式（13-25）相同。

如果在变压器二次绕组侧接有线路阻容缓冲器，则相应电压效应表达式为：

$$W_{uL} = 6.0 C f \left(\sqrt{3} E_S\right)^2 \tag{13-27}$$

电压效应能量转换主要表现为励磁变压器的存储磁能与缓冲器电容吸收的电能之间的转换。

（2）由逆向电流效应引起的能量转换。此部分能量为逆向恢复电流 I_{RM} 在缓冲器电阻元件中的消耗能量。逆向恢复峰值电流 I_{RM} 存储在励磁变压器二次侧绕组的能量为：

$$W_I = \frac{1}{2}(2L) I_{RM}^2 = L I_{RM}^2 \tag{13-28}$$

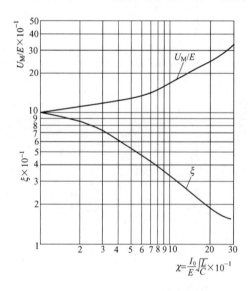

图 13-28　阻容缓冲器系数优化曲线

4. 换相缓冲器的参数计算程序

（1）缓冲器阻容元件的选值应保证在各种工况下出现的换相尖峰过电压不超过允许值，考虑到晶闸管元件的电压规格，安全系数一般选择在 $(2.5\sim3.0)$ $\sqrt{6} E_S$ 是适宜的。其中 $\sqrt{6} E_S$ 为励磁变压器二次额定线电压的峰值电压，对于三峡水电厂水轮发电机组安全系数要求为 2.75。

（2）根据选定的 U_M/E 值，由图 13-28 系数优化曲线，求得阻尼系数 ξ 及初始电源系数 χ：

$$\chi = \frac{I_0}{E} \sqrt{L/C} \tag{13-29}$$

（3）计算缓冲器电容值 C，即：

$$C = L \frac{I_0^2}{(E\chi)^2} \quad (13\text{-}30)$$

（4）计算缓冲器电阻值 R，即：

$$R = 2\xi \sqrt{L/C}$$

（5）计算缓冲器应吸收的电压效应及电流效应总损耗，即：

$$W_\Sigma \geqslant W_u + W_I = 1.75Cf\left(\sqrt{3}E_S\right)^2\left[\sin^2\alpha + \sin^2(\alpha + \gamma)\right] + LI_{RM}^2 f$$

（6）确定缓冲器参数后，按式（13-22）、式（13-23）校验 U_M 值是否满足 $\dfrac{U_M}{E}$ 选定值。

5. 校验阻容缓冲器参数

现以三峡水电厂 ABB 型机组功率整流柜为例，校验 R-C 阻容缓冲器参数。

（1）功率整流柜 R-C 缓冲器接线图如图 13-29 所示。参数如下：

1）$R_1 = R_2 = R_3 = R_4$，220Ω，300W；

2）L_1 其他类似组件为 50μH；

3）$C_1 = 1\mu$F，2100V AC；

4）R_5 其他类似组件为 680kΩ。

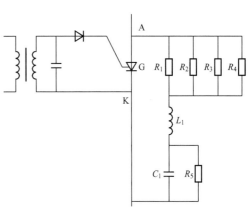

图 13-29　功率整流柜 R-C 缓冲器接线图

（2）R-C 缓冲器吸收容量的计算：

$$W_\Sigma = 1.75CfE^2\left[\sin^2\alpha + \sin^2(\alpha + \gamma)\right] + LI_{RM}^2 f \quad (13\text{-}31)$$

当 $\alpha = 90°$，$\gamma = 0$ 时，代式（13-31）可得：

$$W_\Sigma = 3.5CfE^2 + LI_{RM}^2 f \quad (13\text{-}32)$$

励磁变压器的相漏抗为：

$$X = u_{k\%} \frac{U_{2N}}{I_{2N}} \quad (13\text{-}33)$$

式中　$u_{k\%}$——励磁变压器短路阻抗，对 ABB 机组 $u_{k\%} = 8\%$；

U_{2N}——励磁变压器二次额定电压；

I_{2N}——励磁变压器二次相电流。

$$U_{2N} = \frac{1243}{\sqrt{3}} = 718(\text{V})$$

$$I_{2N} = \frac{S_N}{3U_{2N}} = \frac{3 \times 2925 \times 10^3}{3 \times 718} = 4076(\text{A})$$

由上列数据求得每相漏抗为：

$$X = 0.08 \times \frac{718}{4076} = 0.0141(\Omega)$$

每相漏感为：

$$L = \frac{0.0141}{2\pi f} = 4.49 \times 10^{-5}(\text{H})$$

励磁变压器引线电缆约30m，对于3～10kV单芯电缆其电抗值为0.18Ω/km，按30m计算，附加引线电抗为：

$$X_C = 0.03 \times 0.18 = 0.0054(\Omega)$$

电缆电感为：

$$L_C = \frac{0.0054}{2\pi f} = 1.72 \times 10^{-5}(\text{H})$$

励磁变压器交流引线回路的总电感为：

$$L_t = L + L_C = 6.21 \times 10^{-5}(\text{H})$$

另已知$I_{RM} = 250\text{A}$，代入式（13-32）求得：

$$W_\Sigma = 3.5 \times 1 \times 10^{-6} \times 50 \times 1243^2 + 6.21 \times 10^{-5} \times 250^2 \times 50$$
$$= 270 + 194$$
$$= 464(\text{W})$$

$464\text{W} < 1200\text{W}$，安全。

过电压倍数校验步骤如下。

首先按式（13-29）求初始电流系数为：

$$\chi = \frac{I_0}{E}\sqrt{\frac{L_t}{C}}$$

式中　$I_0 = I_{RM} = 250\text{A}$。$E = \sqrt{6}E_S\sin(\alpha_0 + \gamma_0)$，令$\alpha_0 + \gamma_0 = 90°$，则$E = \sqrt{6} \times 718 = 1757$（V）。求得：

$$\chi = \frac{250}{1757}\sqrt{\frac{6.21 \times 10^{-5}}{1 \times 10^{-6}}} = 1.12$$

由图13-28曲线查得$\frac{U_M}{E} = 1.8$倍，或尖峰过电压

$$U_M = 1.8E = 1.8 \times \sqrt{6} \times 718 = 3167.9(\text{V})$$

第六节　晶闸管的故障损坏[34]

尽管当前生产的电力电子器件的工作可靠性、性能及质量有了很大提高，但是由于设计、应用不当等原因导致的静止励磁系统中的整流晶闸管损坏事故仍有发生。

如果只是简单地更换故障元件，而不从根本上分析导致故障损坏的原因，将无法消除故障的隐患。参考文献［34］结合一些具体故障实例，分别从设计及应用角度对晶闸管损坏的原因作了深入浅出的分析，得出了有益的结论，在本节中将对其论点作一介绍与叙述。

一、设计选型方面影响晶闸管安全运行的因素

影响晶闸管安全运行的几个重要参数是：

（1）额定电压。通常厂家将断态重复峰值电压U_{DRM}和反向重复峰值电压U_{RRM}中较小值作为额定电压。

晶闸管的额定电压反映其耐压能力，此参数如选得不合理，在使用中易导致晶闸管过电压击穿。通常在选型设计时考虑以下因素：首先是励磁系统的阳极电压（即励磁变的二次侧电压，计算时按最大值考虑）。其次是过电压冲击系数，此系数宜按 1.5 考虑为宜，因为在很多电厂中发电机大修后的空载试验要求测定到 1.3 倍额定电压以上，并且是用本机机端电压和励磁系统直接进行此试验，此外还有些电厂发电机的过电压保护即为 1.5 倍。再次电压升高系数通常按 1.1 倍考虑，电压裕度系数一般取 2～3 倍。此外，晶闸管的断态重复电压 U_{DRM} 和反向重复电压 U_{RRM} 均是按照重复频率为 50Hz 考虑的，因此过速保护定值较高的一些机组设计选型时，电压裕度系数也应适当取大一些，许多励磁厂家在设计中忽略了此点。因为大多数水电站过速保护可能整定在 1.4 倍，即频率可达到 70Hz，通常在甩负载时还会引起电压上升，因此在选择晶闸管额定电压时应综合考虑到这些因素。

（2）通态平均电流。晶闸管的额定电流是一个非常重要的指标，通态平均电流 $I_{T(AV)}$ 是在环境温度为 40℃ 和规定的冷却条件以及工频 50Hz 正弦半波电流条件下测定的，因此，在选型设计时，应考虑使用环境以及冷却条件。

（3）通态电流临界上升速率。通态电流临界上升速率 di/dt 同样是一个晶闸管的重要指标。di/dt 超过规定值有可能引起晶闸管元件的击穿。

（4）断态电压临界上升速率。和通态电流临界上升率 di/dt 相对应的一个指标是断态电压临界上升率 du/dt，是指在额定结温和控制极断路状态下，晶闸管从截止转入导通的最低电压上升率，如果在系统中产生前沿较陡和较大幅值的尖峰电压，截止状态的晶闸管可能误导通。这种故障比较难以判断，因此在选型设计时，尽可能选 du/dt 值较大的晶闸管。

二、晶闸管损坏故障的分析与判断

1. 晶闸管的过电压击穿

尽管在励磁系统交流侧采取一些抑制过电压的措施，如尖峰过电压抑制器，晶闸管的过电压击穿故障还是时有发生，并导致晶闸管的损坏。应说明的是，这种故障发生后，故障原因往往是不易判断的。因为元件击穿后，随后将发生交流侧相间短路和过电流，通常会误判断为励磁系统调节器故障。如果是过电压击穿，晶片上往往有明显的击穿点，并且有多处击穿点。晶闸管过电压击穿的实例如图 13-30 和图 13-31 所示。

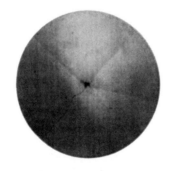 

图 13-30　过电压击穿点较大的晶闸管　　图 13-31　过电压击穿点较小的晶闸管

图 13-32　因误强励引起的转子长时间过电流烧毁的晶闸管

2. 晶闸管的过电流损坏

导致晶闸管的过电流损坏的原因较多，例如：选型设计时 $I_{T(AV)}$ 值裕度不够，或者是转子回路短路，以及快速熔断器的一些参数离散原因未能起到保护作用导致晶闸管损坏。此外，当发生误强励时，由于误强励多是调节器故障，因此其强励时间往往失控，长时间大电流运行，最终导致晶闸管过电流损坏，其灼伤面积较大。这类故障的损坏情况如图 13-32 所示。

因过电流烧毁晶闸管的实例是由于转子滑环回路短路使晶闸管过电流而烧毁，损坏的晶闸管如图 13-33 所示。

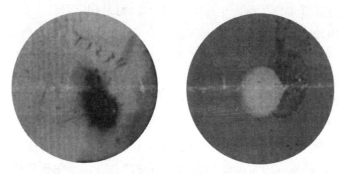

图 13-33　因发电机转子滑环短路导致过电流晶闸管烧毁

3. 通态电流临界上升率 di/dt 太大

晶闸管在导通瞬间会产生很大的功率损耗，这种损耗由于导通时电流扩展速度有限，往往总是集中在控制极附近的阴极区域，如果晶闸管的 di/dt 允许值较低，电流将会在控制极附近引起阴极区域局部过热，而导致控制极永久性破坏。特别是对大电流的晶闸管，di/dt 问题更为突出。实际上即使是由于 di/dt 过大引起的损坏，晶闸管同样表现为 A-K 极间击穿，在判断故障原因时会误认为因过电流引起的损坏将晶片较大面积灼伤。但由图 13-34 可以看出由 di/dt 过大损坏的晶闸管，其控制极附近有明显损坏。

在图 13-35 中示出了另一个因更换 R-C 缓冲器后接线错误导致 di/dt 过大而引起晶闸管烧毁的实例。

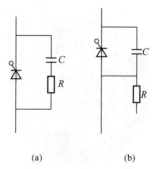

图 13-34　因 di/dt 过大损坏的晶闸管导致在控制极附近有明显灼伤面积

图 13-35　晶闸管 R-C 缓冲器的接线
（a）正确接线；（b）错误接线

显然按图 13-34（b）R-C 缓冲器错误接线，电容 C 在晶闸管导通时直接急速放电导致晶闸管烧毁。

综上所述，晶闸管损坏的原因很多，但无论何种原因损坏的晶闸管最终均表现为"击穿"，均会因通过较大短路电流，使其晶片大面积灼伤，此结果往往均会误认为是过电流损坏。因此，当晶闸管损坏后，一定要结合各种事故现象和损坏晶闸管仔细分析检查，寻求晶闸管损坏的真正原因，避免事故重复发生。需说明的是这里提供的损坏晶闸管元件照片包括国内外的产品，晶闸管尺寸包括 50、75、100mm。

第七节　功率整流柜的并联运行容量

对于应用在大型水轮及汽轮发电机组励磁系统中的大容量功率整流柜，出于运行安全的要求，并联运行的功率整流柜数量应有一定的冗余。在招标文件中，对于功率整流柜的技术规范，有如下的典型描述。

晶闸管整流装置采用三相全控桥式接线，并应满足下列要求：

（1）满足发电机各种工况下（包括强励）对励磁系统的要求，整流柜并联支路数应不大于 5（视发电机励磁功率以及所采用的晶闸管尺寸而定），各支路串联元件数为 1。

（2）晶闸管整流桥中并联支路数按 $N-1$ 原则考虑冗余，即一桥故障时能满足包括强励在内的所有功能，两桥故障时能满足除强励外的所有运行方式的要求。

（3）并联支路应保证均流系数不小于 0.9。

（4）在额定负载运行温度下，晶闸管所承受的反向重复峰值电压应不小于 2.75 倍励磁变压器最大峰值电压。

一、晶闸管功率柜容量校核计算

1. 功率整流柜负载计算

假定晶闸管元件采用 EUPEC 公司生产的 T1451N 型，相关参数如表 13-3 所示。

表 13-3　　　　　　　　EUPEC T1451N 型晶闸管主要技术参数

型号	T1451N	型号	T1451N
制造厂	EUPEC	du/dt（V/μs）	2000
$U_{DRM}\sim U_{RRM}$（V）	4800～5200	di/dt（A/μs）	300
U_T（V）	1.57	r_T（mΩ）	0.345
U_{T0}（V）	0.88	I^2t（kA^2·s）	9250/125℃
$I_{T(AV)}$（A/℃）	1690/85 2300/60	U_{gt}（V）	2.5
		I_{gt}（mA）	350

已知发电机额定励磁电流 $I_{fN}=4128$A，根据标书技术条件要求：

（1）当 5 台整流柜并联时，每柜 1 组整流桥，每臂串、并联元件数均为 1，要求 1.1 倍额定励磁电流长期运行，单柜输出：

$$I_{d5} = \frac{I_{fN} \times 1.1}{5K_I} = \frac{4128 \times 1.1}{5 \times 0.95} = 956(\text{A}) \quad (K_I \text{ 为均流系数})$$

（2）$N-1$ 退出 1 柜，4 柜并联运行，单柜输出：

$$I_{d4} = \frac{I_{fN} \times 1.1}{4K_I} = \frac{4128 \times 1.1}{4 \times 0.95} = 1195(\text{A})$$

（3）$N-2$ 退出 2 柜，3 柜并联运行，单柜输出：

$$I_{d3} = \frac{I_{fN} \times 1.1}{3 \times 0.95} = 1593(\text{A})$$

（4）$N-1$ 退出 1 柜，4 柜并联运行满足 2 倍强励，持续时间不小于 20s 的要求，单柜输出：

$$I_{d4f} = \frac{I_{fN} \times 2}{4 \times K_I} = \frac{4128 \times 2}{4 \times 0.95} = 2173(\text{A})$$

通过上述计算可知，在第（4）种条件下，单柜输出的电流最大，应以此状态确定晶闸管通态平均电流。

2. 功率整流柜晶闸管元件损耗计算

单个晶闸管的通态平均功耗为：

$$P_{AV} = U_{T0} I_{T(AV)} + k I_{T(AV)}^2 r_T \tag{13-34}$$

式中　P_{AV}——晶闸管平均损耗；

U_{T0}——晶闸管门槛电压，0.88V；

r_T——晶闸管斜率电阻，0.345mΩ；

$I_{T(AV)}$——流过晶闸管的电流平均值，对于 T1451N 晶闸管元件，$I_{T(AV)}=1690\text{A}/850℃$；

k——波形系数，三相全控桥整流计算中 $k=3$。

（1）当单柜输出为 956A 时，相应晶闸管实际通态电流平均值 $I_{T(AV)}=0.367\times956=350.85$（A）。

$$P_{AV1} = 0.88 \times 0.367 \times 956 + 3 \times (0.367 \times 956)^2 \times 0.345 \times 10^{-3} = 436.1(\text{W})$$

（2）当单柜输出为 1195A 时：

$$P_{AV1} = 0.88 \times 0.367 \times 1195 + 3 \times (0.367 \times 1195)^2 \times 0.345 \times 10^{-3} = 585.0(\text{W})$$

（3）当单柜输出为 1593A 时：

$$P_{AV1} = 0.88 \times 0.367 \times 1593 + 3 \times (0.367 \times 1593)^2 \times 0.345 \times 10^{-3} = 868.3(\text{W})$$

（4）当单柜输出为 2173A 时：

$$P_{AV3} = 0.88 \times 0.367 \times 2173 + 3 \times (0.367 \times 2173)^2 \times 0.345 \times 10^{-3} = 1360.1(\text{W})$$

3. 晶闸管结温及散热器温升计算

晶闸管元件的结温：

$$T_{jmax} = \Delta T_j + \Delta T_s + T_a$$

$$\Delta T_j = P_{av}(R_{jc} + R_{cs})$$

$$\Delta T_s = P_{av} R_{sa}$$

$$\Delta T = 125 - T_{jmax}$$

式中　T_{jmax}——晶闸管元件允许最高结温，125℃；

R_{jc}——晶闸管元件结壳热阻，双面散热 0.0087K/W；

R_{cs}——管壳与散热器接触热阻，0.0025K/W；

R_{sa}——所选散热器散热热阻，当冷却风速 6m/s 时，为 0.03K/W；

T_a——环境温度，按招标文件要求选取 50℃；

ΔT_s——散热器温升；

ΔT_j——晶闸管元件结温升；

ΔT——安全裕度。

(1) 当 5 柜并列 1.1 倍长期运行，即单柜输出为 956A 时，稳态温升计算。

散热器温升：$\quad\quad\quad\quad \Delta T_s=436.1\times0.03=13.1$（℃）

晶闸管元件结温升：$\quad\quad \Delta T_j=436.1\times0.011=4.8$（℃）

晶闸管元件结温：$\quad T_j=\Delta T_j+\Delta T_s+T_a=4.8+13.1+50=67.9$（℃）

安全裕度：$\quad\quad\quad\quad \Delta T=125.0-67.9=57.1$（℃）

(2) 当 4 柜并联 1.1 倍额定电流长期运行，单柜输出 1195A 时，稳态温升计算。

散热器温升：$\quad\quad\quad\quad \Delta T_s=585\times0.03=17.6$（℃）

晶闸管元件结温升：$\quad\quad \Delta T_j=585\times0.011=6.4$（℃）

晶闸管元件结温：$\quad T_j=\Delta T_j+\Delta T_s+T_a=17.6+6.4+50=74$（℃）

安全裕度：$\quad\quad\quad\quad \Delta T=125.0-74=51$（℃）

(3) 当 3 柜并联 1.1 倍长期运行，单柜输出 1593A 时，稳态温升计算。

散热器温升：$\quad\quad\quad\quad \Delta T_s=868.3\times0.03=26.0$（℃）

晶闸管元件结温升：$\quad\quad \Delta T_j=868.3\times0.011=9.6$（℃）

晶闸管元件结温：$\quad T_j=\Delta T_j+\Delta T_s+T_a=26+9.6+50=85.6$（℃）

安全裕度：$\quad\quad\quad\quad \Delta T=125.0-85.6=39.4$（℃）

(4) 当 4 柜并联满足 2 倍强励电流（20s），即单柜输出为 2173A 时计算温升。此工况要求最高，四柜并联 1.1 倍额定稳定运行时发生 2 倍强励，在 20s 内晶闸管产生的热量增量为：

$$Q=(P_{AV4}-P_{AV2})\times t=(1360-585)\times20=15502(J)$$

已知散热器的质量为 10kg，散热器的比热容为 903J/(kg·K)，不考虑该热量对外传导，全部由散热器吸收，则散热器的温升增量为：

$$\Delta T_{sa}=15502/(10\times903)=1.72(℃)$$

即 4 柜并联工作，20s 强励所产生的增加损耗在不考虑对外散热的情况下，仅使散热器温度升高不到 2℃。

散热器温升：$\quad\quad\quad\quad \Delta T_s=17.6+1.72=19.3$（℃）

晶闸管元件结温升：$\quad\quad \Delta T_j=1360.1\times0.011=15.0$（℃）

晶闸管元件结温：$\quad T_j=\Delta T_j+\Delta T_s+T_a=19.3+15.0+50=84.3$（℃）

安全裕度：$\quad\quad\quad\quad \Delta T=125.0-84.3=40.7$（℃）

根据上述计算将晶闸管结温及散热器的温升计算结果列表如表 13-4 所示。

表 13-4　　　　　　　　　　晶闸管结温及散热器温升计算结果　　　　　　　　　　℃

运行条件	晶闸管元件温升	散热器温升	环境温度	温升裕量
5 柜并联，1.1 倍额定电流，长期	4.8	13.1	50	57.1
4 柜并联，1.1 倍额定电流，长期	6.4	17.6	50	51
3 柜并联，1.1 倍额定电流，长期	9.6	26.0	50	39.4
4 柜并联，2 倍额定电流，20s	15.0	19.3	50	40.7

根据上述计算分析可知，散热器温升满足技术规范不超过 40℃ 的要求，同时对晶闸管的最高结温亦有较大的安全裕度，完全满足标书要求。

二、海拔高度对功率整流柜输出容量的影响

通常当励磁装置的实际安装高度大于 1000m 地区时，由于空气稀薄造成的整流柜元件的散热效果变差，有必要考虑降低功率整流柜输出容量值。对于降低系数，各厂家所应用的计算式不尽相同。以 ABB 公司为例，功率整流柜输出电流的降低系数为：

$$K_u = 1 - 85.7 \times 10^{-6} \times (H - 1000)$$

式中　K_u——电流降低系数；

　　　H——实际安装高度，m。

通常海拔高度以 1000m 为基准，每增加 1000m，功率整流柜的电流容量约降低 8% 左右。

第八节　双桥功率整流柜并联运行的不确定性

一、问题的提出

当晶闸管元件由于过电压或其他原因造成损坏而发生短路时，采用双桥并联方案，从概率而言，有可能无法 100% 确保快速熔断器按照正确的保护方案动作。动作的具体结果往往取决于熔断器的安秒特性的差异，表现出强烈的不确定性。

最严重的可能性是：与故障桥臂对应的无故障整流桥臂的快速熔断器熔断，而故障臂快速熔断器未动作，从而使得两组整流桥全部退出运行。与采用双桥并联运行的目的是为了提高系统的可靠性和冗余度的要求相违背。

二、双桥并联，快速熔断器保护动作不确定性的分析

在图 13-36、图 13-37 中分别具体地叙述了晶闸管短路故障发生后，三桥并联方案能够正确地使故障支路的快速熔断器熔断，而两桥并联方案则无法保证使故障支路的快速熔断器正确地熔断。

在图 13-36 中，假设 T＋臂的晶闸管发生短路故障，按相序下一个应该被触发导通的臂是 R＋，则当 3 个桥的 R＋臂被导通时，R、T 相短路，短路电流 I_{cc} 取决于励磁变压器的漏抗，故障的 T＋臂流过全部的 I_{cc}，而在桥 A 的 R＋故障臂中，则由 3 个柜供给短路电流。这样的电流分配方案使得故障 T＋臂流过短路电流 I_{cc}，使熔断器熔断，而在桥 B 及桥 C 的 R＋各正常支臂中各自流过 $1/3 I_{cc}$，故各正常支臂的加热功率只有故障 T＋臂的约 1/9，不会熔断。

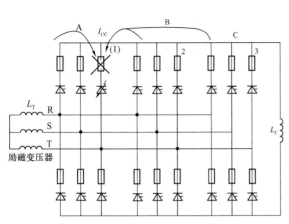

图 13-36 三桥并联运行，快速熔断器的熔断

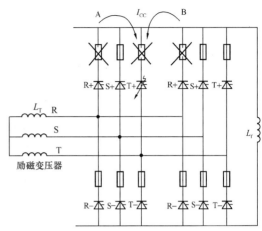

图 13-37 两桥并联运行，快速熔断器的熔断

T＋臂的熔断器熔断后，其报警接点发出信号，监视逻辑得到报警后，可按照规定逻辑闭锁故障桥的触发脉冲，并发出报警信号。

在图 13-37 中，假定只有 A、B 两个桥并联运行，假设 A 桥 T＋臂的晶闸管发生短故障故，下一个应该被触发导通的臂是 R＋，则当 2 个桥的 R＋臂被导通时，R、T 相短路。故障的 A 桥 T＋臂流过全部的 I_{cc}，故障相 R＋臂中的短路电流由 A、B 两个柜供给，这样，B 柜正常 R＋支臂的加热功率约为故障 T＋臂的 1/4，已超过熔断器的熔断安秒极限，有可能与故障 T＋臂的熔断器一起熔断（熔断顺序则可能是多种多样的），监视逻辑得到报警后，将按照规定逻辑闭锁所有发出熔断器熔断信号的整流桥的触发脉冲，励磁跳闸，冗余失败。

替代双桥并联的方案是冷备用冗余方案。在正常时触发脉冲只发到其中一个整流桥，只当该整流桥故障时才切换到另一个整流桥。

当运行桥 T＋臂晶闸管发生短路故障时，如前所述，由于备用桥不导通，工作桥的 T＋臂和 R＋臂的熔断器因流过同样的短路电流而迅速熔断，故障点切除，工作桥被切除，发出报警信号，备用桥随即投入运行。上述设计理念已为美国 GE 公司及 ABB 公司所接受。

第九节 功率整流柜的五极隔离开关

在 GE EX2100 励磁系统每一个功率整流柜中均安装有五极隔离开关（交流 3 相进线，直流 2 极出线）。当晶闸管整流柜中的元件（包括晶闸管元件、冷却风机和快速熔断器等）出现故障时，将由 AVR 发出闭锁故障整流柜的触发脉冲信号，使故障整流柜无直流输出，此时可借助人工分断五极隔离开关，将故障整流柜从交、直流主回路上完全隔离切出，然后可以安全地更换故障元件。加装五极隔离开关可以方便地在线更换整流柜故障元件，而无需停机更换。

GE 公司在 EX2100 励磁装置中采用五极隔离开关，在设计理念上最突出的特点是增加了控制系统的冗余性，以保证励磁系统在运行中具有高度的可靠性。

由于采用了可在线维护、更换故障元件的五极隔离开关，因此，功率整流柜可采用 $N-1$ 冗余系统，即当退出一柜时，仍可保证包括强励工况在内的所有发电机运行方式。

在此应特别强调的是，GE 不采用 $N-2$ 冗余系统，即退出 2 柜时，仍能保证包括强励工况在内的冗余方式，其主要设计理念是：

（1）GE 认为过多的冗余柜体接线会降低设备运行的可靠性。

（2）采用在线维护理念可以较少数量的柜体实现最大的工作可靠性。例如：当一柜体因故障退出时，可借助于设置柜体内的五极隔离开关同时将功率整流器的 3 相交流输入及直流正负输出与工作中的其他整流柜完全断开，这样可以安全地在短时间内方便地将故障元件予以更换，并重新将修复柜体投入运行。为此，可将功率整流柜的冗余再次恢复到 $N-1$ 的水平。由此可见，只有在采用五极隔离开关的条件下，才能实现在线维护的要求。

在美国，对于大型火电机组，在励磁系统标准中明确规定必须采用五极隔离开关以满足在线维护的要求，在国内对于已订货的 50 余套 300～600MW 大型火电机组 GE 提供的 EX2100 成套励磁设备中均提供五极隔离开关装置。

在此应说明的是，在 GE EX2100 第三代数字式励磁装置中，对于五极隔离开关的操作和结构设计更加完善。例如，过去操作五极隔离开关时需开启运行中整流柜门体，现设计则勿需打开柜门，在不开启柜体门的条件下，可安全地操作五极隔离开关的投切。

此外，在操作五极隔离开关时，在软件流程设计上有一系列的严格要求。例如，在分断五极隔离开关时，须先切断该功率整流柜的脉冲，在合五极开关时，须在开关闭合后才允许提供脉冲等。

对于不提供五极隔离开关的功率整流柜，不论其提供的柜体冗余是 $N-1$ 还是 $N-2$，即退出 1 柜或 2 柜虽仍可保证强励或额定励磁状态，但所有退出的柜体，除切除脉冲外，不论在交流输入端或直流输出端均是带电的，无法进行在线维修，这与采用五极开关可进行在线维修的 GE EX2100 励磁系统设计理念存在明显不同之处。

对 ABB 公司而言，根据用户需求，也可提供五极隔离开关，以便能在线进行维修，进一步提高励磁系统的平均故障时间间隔（MTBF）。

然而，对大型汽轮发电机的静止自励励磁系统，ABB 不推荐采用五极隔离开关，其理由如下：

（1）如果采用五极隔离开关进行在线维修，当需更换的晶闸管元件不能承受外加的交流电压而再次发生故障时，五极隔离开关将流过高值的短路电流。

（2）采用五极隔离开关，必须在技术上采取若干的安全措施，以保证维修人员的安全。

（3）有些电站用户不允许在静止自励励磁系统中进行在线维修工作。

（4）根据 ABB 对大型汽轮发电机组提供的静止自励励磁系统，除极少数核电机组外，均未进行过在线维修工作。

同步发电机灭磁及转子过电压保护

第一节 概　　述

灭磁系统的作用是当发电机内部及外部发生诸如短路及接地等事故时迅速切断发电机的励磁，并将储存在励磁绕组中的磁场能量快速消耗在灭磁回路耗能元件中。

图 14-1 示出了灭磁系统的原理图。图中ⓐ表示发电机机端短路，ⓑ表示定子绕组接地，ⓒ表示转子滑环直接短路，ⓓ表示整流器装置故障，在这些故障情况下均要求快速切除励磁电源，对发电机进行灭磁。

应说明的是，当采用发电机—变压器组接线时，在发电机外部至变压器，以及与主断路器连接的导线上出现故障时，发电机也需要快速灭磁。

当发电机定子绕组发生接地时，将产生接地故障电流。如果发电机中性点经高电阻接地，一个定子线棒的绝缘被击穿，故障电流较小，则铁芯损伤不会太严重。如果故障电流较

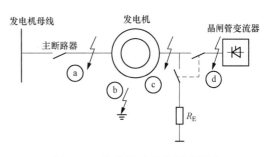

图 14-1　发电机灭磁系统原理图

大，除击穿线棒绝缘外，还将有严重的铜、铁芯的烧损，这种故障至少需要更换损坏的绝缘，甚至部分拆修发电机的定子铁芯。因此，有的制造厂认为，发电机可以不采用磁场断路器，对于生产具有无刷励磁系统机组的厂家，更倾向于这一观点。因为在小电流故障时，并不需要快速灭磁，而当大故障电流时，快速灭磁能否限制铜线绕组以及铁芯的损坏程度仍有争议。

更多的厂家认为如果不采用快速灭磁装置，则在某些场合，本来很小的损坏会导致更大的烧损故障，因此，采用简单而有效的快速灭磁装置还是必要的。

如上所述，对发电机灭磁系统的主要要求是可靠而迅速地消耗储存在发电机中的磁场能量。最简单的灭磁方式是切断发电机的励磁绕组与电源的连接。但是，这样将使励磁绕组两端产生较高的过电压，危及主机绝缘的安全。为此，灭磁时必须使励磁绕组接至可使磁场能量耗损的闭合回路中。

另外，在灭磁方式的选用方面，各国的设计思路不尽相同。例如，在灭磁原理上有两种不同的方式，即耗能型灭磁装置和移能型灭磁装置。耗能型灭磁装置的作用原理是将磁能消

耗在磁场断路器中，当磁场断路器主触头分断后，储存在发电机励磁回路中的磁场能量形成电弧并在燃弧室中燃烧，将电能转换为热能直至熄弧。国内应用最为广泛的 DM-2 型灭弧栅灭磁装置即属于此类产品。

与上述灭磁方式对应的是移能型灭磁装置。在这种灭磁方式中，磁场能量不由磁场断路器消耗，而是由磁场断路器将磁场能量转移到线性或非线性电阻耗能元件中。其作用原理是：灭磁时，当主触头断开后产生一个过电压，使与发电机励磁绕组并联的非线性灭磁电阻导通，由此电阻消耗发电机的磁场能量。如灭磁电阻采用线性电阻，灭磁过程更为简单，只预先合弧触头，然后打开主触头即可完成灭磁。

众所周知，当发电机采用全控整流桥式线路时，还可以利用逆变方式将发电机的磁场能量反馈到发电机定子侧，供电交流电源为恒定值（如交流励磁机方式）时，这种逆变灭磁作用非常有效。但是对自励励磁系统，随着灭磁的加速，发电机的电压随之下降，作用于逆变回路的反电压亦随之降低，将影响逆变灭磁的衰减。由于逆变电气灭磁的加入，可在一定程度上减轻机械磁场断路器的负担。

此外，应用在水轮发电机和汽轮发电机励磁系统中的灭磁方式，亦有很大的差异。

对于水轮发电机，由于转子本体的阻尼作用较小，在灭磁时励磁回路中的磁场能量大部分由灭磁装置全部吸收，为此，在磁场断路器容量选择上，一般要偏大些。

当发电机采用直流励磁机励磁方式时，磁场断路器多设在主励磁回路中，并采用线性电阻灭磁方式。

如水轮发电机采用交流励磁机或自励晶闸管励磁系统，则灭磁方式多采用非线性电阻灭磁，并多和逆变灭磁配合使用。同时在正常运行方式下多以逆变灭磁作为主要灭磁方式，在事故情况下灭磁以跳磁场断路器方式为主，辅以逆变灭磁。

对于汽轮发电机，鉴于转子本体具有很强的阻尼作用，由阻尼绕组全电感及电阻所决定的阻尼绕组时间常数远大于由阻尼绕组漏电感及电阻之比所决定的超瞬变时间常数 T_d''，为此，尽管采用快速灭磁系统，也只能加速纵轴励磁绕组回路中的转子励磁电流的衰减，而不能使储存在发电机转子本体以及横轴阻尼绕组中的能量迅速消失，不能实现快速灭磁的效果。为此，对于大型汽轮发电机多采用简化的灭磁方式：

（1）对于无刷励磁系统，因无法在发电机励磁绕组回路中接入磁场断路器，故只能在交流励磁机励磁绕组侧进行灭磁，而发电机励磁回路则经旋转整流器按相应发电机时间常数进行自然灭磁。如在 20 世纪 80 年代初，引进美国西屋公司技术生产的国产 300MW 及 600MW 汽轮发电机组即采用这种灭磁方式。

（2）对采用交流主、副励磁机的静止整流器励磁系统，国外均以在交流主励磁机励磁回路设置磁场断路器作为典型灭磁方式。国内则多以在发电机主励磁回路设置两或三断口磁场断路器及线性灭磁电阻作为主要灭磁方式。

（3）对静态自励系统，国外采用了如下几种灭磁方式：

1）断开晶闸管整流器交流侧电源中性点进行灭磁，如美国 GE 公司所生产的 Generrex-PPS 励磁系统，在灭磁时将由 P 线棒供电的励磁变压器的中性点断开，使晶闸管整流器失去交流电源，实现灭磁。

2）在 600MW 汽轮发电机组中，根据用户需要，在发电机主励磁绕组回路中设置磁场断路器及线性灭磁电阻，如日本日立公司采用了该灭磁系统。

对于瑞典 ASEA 和瑞士 ABB 公司，则采用非线性灭磁电阻。

应说明的是，在上述灭磁系统中的磁场断路器跳闸之前，均先由 AVR 励磁调节器发出指令，使晶闸管整流器处于逆变状态，经一定延时后跳磁场断路器。

总体而言，对于具有交流励磁机的汽轮发电机励磁系统，灭磁多在交流励磁机励磁绕组侧进行；对于采用静止自励励磁的汽轮发电机励磁系统，灭磁多在发电机主励磁回路中设置磁场断路器及灭磁电阻。

第二节　灭磁系统的性能评价

对于大型同步发电机的灭磁系统，通常应满足下列基本要求：

（1）在灭磁装置动作后，应使发电机最终的剩余电压低于能维持短路点电弧的数值。

（2）在灭磁过程中，发电机的转子励磁绕组所承受的灭磁反电压不应超过规定的数值。

（3）灭磁时间应尽可能缩短。

在此应着重说明灭磁时间 t_m 定义的问题。试验表明：当发电机定子电压下降到 500V 以下时，由发电机内部故障所引起的电弧会自然熄灭，即当定子电压低于 500V 时，此电压不足以再继续维持故障点的燃弧，此时可认为灭磁过程已经结束。从灭磁装置动作到灭磁过程的结束所经历的时间称为灭磁时间。

另外，考虑到额定电压在 15000～20000V 的大型同步发电机，其剩磁电压约为 300V，所以当定子电压下降到 500V 时，由发电机转子励磁电流建立的电压将为 200V，约占发电机额定电压的 1%。依据上述灭磁时间的定义，即当转子电流下降到与 200V 定子电压对应的励磁电流时，可认为灭磁过程结束。

因此时发电机电压与励磁电流成正比，所以转子电流由空载额定励磁电流下降到此值的 1/100 时所需的时间，即为灭磁时间。以发电机电压或励磁电流定义灭磁时间，两者的意义是一致的。

此外，为了比较不同灭磁方式的性能，首先应有一对比准则，目前，在评价灭磁性能方面有以下几种方法。

一、等效发电机时间常数法

这一判据是以发电机空载时间常数 T'_{d0} 为基值，作为评价灭磁系统性能的方法，灭磁时间的表达式为：

$$t_m = K_m T'_{d0} \tag{14-1}$$

式中　K_m——灭磁系数，$K_m < 1$。

T'_{d0}——发电机空载时间常数。

上述灭磁时间 t_m 的定义为：从灭磁装置动作到发电机励磁电流下降到近于零的规定值时所需的时间。

为了对比各种不同灭磁方式的性能，首先讨论理想灭磁方式的条件。

所谓理想灭磁是指在整个灭磁过程中，转子电流一直按直线规律衰减，此时所持续的灭磁时间为最短。

现以图 14-1 所示的灭磁线路为例讨论理想灭磁条件。假定线路中 R_E 为非线性电阻，并且 $R_E \gg R_f$，R_f 为励磁绕组电阻。灭磁回路总电阻 $\Sigma R = R + R_f$。

在灭磁时，主触头打开，弧触头闭合可得到灭磁回路方程式：

$$L_f \frac{\mathrm{d}i_f}{\mathrm{d}t} + R_{i_f} = 0 \tag{14-2}$$

当发电机励磁电流 i_f 按直线规律下降时，灭磁时间最短，满足此条件的表达式为：

$$\frac{\mathrm{d}i_f}{\mathrm{d}t} = C \tag{14-3}$$

此外，在灭磁时，励磁绕组两端产生的过电压不允许超过允许值 U_{fm}，依此作为附加的约束条件，考虑到式（14-2）和式（14-3）的关系式可得：

$$L_f \frac{\mathrm{d}i_f}{\mathrm{d}t} = -R i_f \leqslant U_{fm} = C \tag{14-4}$$

其中 C 为常数，由此求得符合理想灭磁条件的表达式：

$$R = \frac{U_{fm}}{i_f} \tag{14-5}$$

为使灭磁过程中 $i_f R = U_{fm} = C$，电阻 R 应具有随电流 i_f 变化的非线性特性。

另由式（14-4）求得：

$$\frac{\mathrm{d}i_f}{\mathrm{d}t} = -\frac{U_{fm}}{L_f}$$

对上式积分，并取初始电流等于 I_{f0}，可得：

$$i_f = I_{f0} - \frac{U_{fm}}{L_f} t \tag{14-6}$$

如不计饱和对电感 L_f 的影响，式（14-6）表明，电流将按直线规律衰减，当 $t = t_m$ 时，电流达到零值，依此求得灭磁时间：

$$t_m = I_{f0} \frac{L_f}{U_{fm}} \tag{14-7}$$

$$I_{f0} = \frac{U_{fm}}{R_0 + R_f}$$

式中　I_{f0}——励磁电流初始值；

　　　R_0——非线性电阻的初始电阻值。

将 I_{f0} 的表达式代入式（14-7），求得灭磁时间的另一表达式：

$$t_m = \frac{U_{fm}}{R_0 + R_f} \times \frac{L_f}{U_{fm}} = \frac{1}{K+1} \times \frac{L_f}{R_f} \tag{14-8}$$

$$\frac{L_{\mathrm{f}}}{R_{\mathrm{f}}} = T'_{\mathrm{d0}}$$

$$K = \frac{U_{\mathrm{fm}}}{U_{\mathrm{f0}}} = \frac{R_0}{R_{\mathrm{f}}}$$

式中　K——过电压倍数；

　　　T'_{d0}——发电机空载时间常数。

当 $K=5$ 时：

$$t_{\mathrm{m}} = \frac{T'_{\mathrm{d0}}}{6} = 0.167 T'_{\mathrm{d0}} \tag{14-9}$$

式（14-9）说明，在给定过电压倍数 $K=5$，使励磁电流按直线规律变化的理想灭磁条件下，其灭磁时间为 $0.167 T'_{\mathrm{d0}}$。

在理想灭磁条件下的励磁电压、电流对时间的变化曲线，即理想灭磁系统的灭磁衰减特性，如图 14-2 所示。

二、有效灭磁时间法

有效灭磁时间法是由瑞典 ASEA 公司提出的评价准则，其定义为：在灭磁过程中，发电机磁场电流对时间的积分值除以初始励磁电流所确定的时间，称为有效灭磁时间。其表达式为：

$$T_1 = \frac{1}{I_{\mathrm{f0}}} \int_0^\infty i \mathrm{d}t \tag{14-10}$$

式中　T_1——有效灭磁时间。

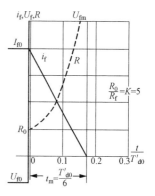

图 14-2　理想灭磁系统的灭磁衰减特性

式（14-10）表明，有效灭磁时间 T_1 正比于在恒定电弧电压条件下，灭磁系统所消耗的能量。

有效灭磁时间亦可用电流的平方对时间的积分表达式予以确定，如式（14-11）所示：

$$T_2 = \frac{1}{I_{\mathrm{f0}}^2} \int_0^\infty i^2 \mathrm{d}t \tag{14-11}$$

此表达式的物理意义为：有效灭磁时间 T_2 正比于在一个恒定的电阻上所消耗的能量。

三、按发电机电压确定灭磁时间法

对于目前所应用的灭磁系统，其灭磁作用仅有效作用于发电机的纵轴磁场系统。但是，实际上发电机除了具有纵轴磁通外，还具有不受灭磁作用影响的横轴磁通分量。表 14-1 中示出了在不同运行方式下，一台 400MVA 汽轮发电机的磁通分量随运行方式的变化。

表 14-1　　　　　**400MVA 汽轮发电机的磁通分量随运行方式的变化**

运行方式	空载	$\cos\varphi=0.75$	$\cos\varphi=1.0$
定子电流（%）	0	100	75
磁通 $\Phi=\sqrt{\Phi_{\mathrm{d}}^2+\Phi_{\mathrm{q}}^2}$（%）	100	100	100
Φ_{d}（%）	100	82	48
Φ_{q}（%）	0	57	87

由表 14-1 可看出，随运行方式的不同，横轴磁通分量可在相当大的范围内变化。例如当功率因数 $\cos\varphi=1.0$ 时，横轴磁通分量 Φ_q 为 87%，远大于纵轴磁通分量 Φ_d（48%）。因此，只按发电机空载时间常数为基值，仅以纵轴磁通的灭磁效果评价灭磁系统的性能是不合适的。此外，在发电机的阻尼绕组系统亦储藏一定的不受灭磁作用影响的能量，亦是灭磁时不可忽略的因素。

为此，奥地利的科学家提出了按灭磁的实际最终效果，即按发电机电压对时间的衰减确定有效灭磁时间的评价方法。这样可以较全面地考虑各种因素对灭磁性能的影响，并反映出灭磁的实际效果。依此定义，相应表达式为：

$$T = \frac{1}{U_0}\int_0^\infty u\,\mathrm{d}t \tag{14-12}$$

式中　T——按发电机电压对时间的积分确定的有效灭磁时间；

　　　U_0——发电机初始电压值。

第三节　灭磁系统的分类

一、线性电阻灭磁系统

1. 线性灭磁时间表达式

所谓线性电阻灭磁系统是指所选用的灭磁电阻的 U-I 特性符合欧姆定律的线性关系。

通常，采用耐高温金属材料构成的电阻作为线性灭磁电阻，是一种传统的可靠的灭磁方式，并得到了广泛的应用。

线性电阻灭磁系统的优点之一是在灭磁过程中，只要保证线性电阻在吸收灭磁能量时所产生的耗散温升不超过允许值，一旦灭磁过程结束，线性电阻又恢复到正常状态。使用中不存在寿命、老化以及 U-I 特性曲线变化等问题。

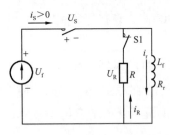

图 14-3　线性电阻灭磁系统接线

一般线性电阻值多取为发电机励磁绕组热态电阻值的 $2\sim3$ 倍，而在灭磁过程中，转子励磁绕组产生过电压，因受转子励磁绕组绝缘强度的制约，一般取转子过电压倍数不超过 $4\sim5$ 倍的发电机额定励磁电压值。

在图 14-3 中示出了线性电阻灭磁系统接线。在灭磁过程中，可列出转子电压方程式为：

$$L_f\frac{\mathrm{d}i_f}{\mathrm{d}t} + i_f(R+R_f) = 0 \tag{14-13}$$

解式（14-13），求得转子励磁电流表达式为：

$$i_f = \frac{U_{f0}}{R_f}\mathrm{e}^{-\frac{R+R_f}{L_f}t} = I_{f0}\mathrm{e}^{-\frac{R+R_f}{L_f}t} \tag{14-14}$$

如令：

$$I_{f0}R = U_{fm}$$

则：

$$\frac{U_{\mathrm{fm}}}{U_{\mathrm{f0}}} = \frac{I_{\mathrm{f0}}R}{I_{\mathrm{f0}}R_{\mathrm{f}}} = \frac{R}{R_{\mathrm{f}}} = K$$

式中　K——转子励磁绕组过电压倍数。

将式（14-14）改写为：

$$\frac{I_{\mathrm{f0}}}{i_{\mathrm{f}}} = \mathrm{e}^{\frac{R+R_{\mathrm{f}}}{L_{\mathrm{f}}}t}$$

两边取自然对数：

$$\ln \frac{I_{\mathrm{f0}}}{i_{\mathrm{f}}} = \frac{R+R_{\mathrm{f}}}{L_{\mathrm{f}}}t$$

如认为当 $i_{\mathrm{f}} = \dfrac{I_{\mathrm{f0}}}{N}$（在此取 $N=100$）时，灭磁作用结束。

相对应的灭磁时间为：

$$t_{\mathrm{m}} = \frac{L_{\mathrm{f}}}{R+R_{\mathrm{f}}}\ln 100$$

考虑到 $T'_{\mathrm{d0}} = \dfrac{L_{\mathrm{f}}}{R_{\mathrm{f}}}$ 以及 $K = \dfrac{R}{R_{\mathrm{f}}}$，代入上式可得：

$$t_{\mathrm{m}} = \frac{T'_{\mathrm{d0}}}{1+K} \times 4.6 \tag{14-15}$$

取 $K=5$，可求得单级线性电阻灭磁时间为：

$$t_{\mathrm{m}} = 0.767 T'_{\mathrm{d0}} \tag{14-16}$$

2. 线性电阻灭磁换流条件

在线性电阻灭磁系统中，灭磁电阻值选择得越大，灭磁速度就越快，但与此同时转子励磁绕组承受的过电压倍数也越高，传统上取灭磁电阻为励磁绕组热态电阻值的 $3\sim5$ 倍，这样在强励状态下假定强励电流按 2 倍额定励磁电流考虑，在强励状态下灭磁时励磁绕组将承受 $6\sim10$ 倍额定励磁电压值。

此外，还应考虑灭磁时换流的条件，现以图 14-4 的灭磁回路说明此问题。

在正常灭磁时 K2 闭合，K1 断开，正确换流时灭磁波形如图 14-5 所示。

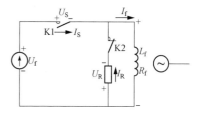

图 14-4　线性电阻灭磁系统

由图 14-5 可看出，在 t_1 前为正常运行状态，t_1 瞬间 K2 闭合接通电阻 R，此时由电源电压 U_{f} 续流使电阻 R 回路有一附加电流流过，同时，使流过断路器的电流 I_{S} 亦增加相同的附加电流。在 t_2 时刻 K1 分段后产生电弧，随电弧的拉长弧电压 U_{S} 不断上升。与此同时，由于断路器的开断使转子电流有下降的趋势，并由此引起一维持转子电流的反电势，其极性如图 14-5 中 U_{R} 所示。

在 U_{R} 作用下，流过电阻 R 的电流 I_{R} 也不断上升。由于 $I_{\mathrm{f}} = I_{\mathrm{R}} + I_{\mathrm{S}}$，$I_{\mathrm{R}}$ 的增加必将使 I_{S} 下降，此过程称之为换流，直到将励磁电流 I_{f} 完全转移到灭磁电阻中为止，到 t_3 换流结束，$I_{\mathrm{S}}=0$。其后，U_{S}、U_{R} 和 I_{R} 均按指数规律衰减到零值，灭磁结束。一般 $t_1\sim t_2$ 为几个

毫秒，$t_2 \sim t_3$ 为几十毫秒，而 $t_3 \sim t_4$ 为几秒。

在换流过程中应注意的是，在 $t_2 \sim t_3$ 换流期间，为磁场断路器的燃弧吸能过程，此过程越长，弧触头及弧罩的烧损越严重，故换流间隔过程越短越好。

至于断路器的断口电压，其最大值由其结构及弧罩特征所决定，为磁场断路器重要技术参数之一，其数值关系到灭磁换流的过程，根据基尔霍夫回路定律，可得：

$$U_R + U_f - U_S = 0$$

或者写为：

$$U_R = U_S - U_f \tag{14-17}$$

在灭磁过程中，U_R 的最大值为：$U_{Rmax} = I_{Rmax} R$

如 U_R 之值过大，则式（14-17）变为不等式，即：

$$U_{Rmax} > U_S - U_f \tag{14-18}$$

其结果是使励磁电流 I_f 不能全部换流到电阻 R 中耗能，使部分电流向 K1 触头续流，从而延长了换流时间，加重了断路器主触头的烧损。

图 14-6 示出了灭磁电阻值 R 选择过大时不完全换流的灭磁波形图。

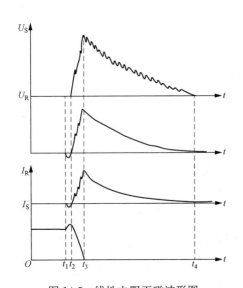

图 14-5　线性电阻灭磁波形图

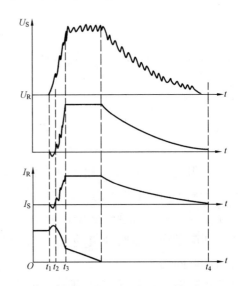

图 14-6　不完全换流时的线性电阻灭磁波形图

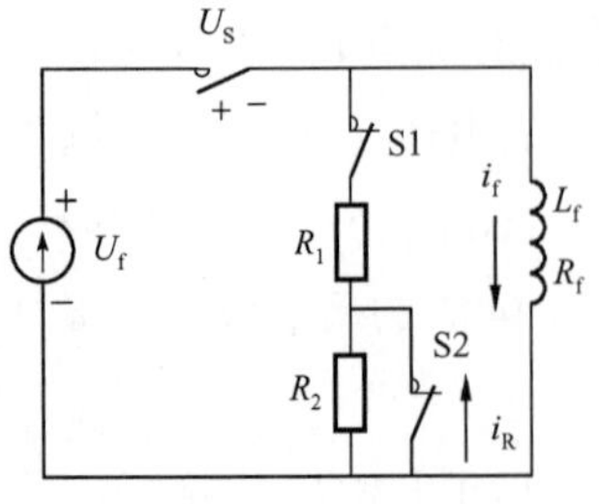

图 14-7　分级线性电阻
灭磁系统

为此，保证磁场断路器正确换流的必要条件为：

$$U_{Sm} \geqslant U_{fm} + U_{Rm} \tag{14-19}$$

即断路器最大开断弧电压必须大于强励时最大电源峰值电压与灭磁电阻最大电压降之和。

如上所述，单级线性电阻灭磁系统的快速性受到灭磁时过电压倍数的制约，具有较长的灭磁时间。为减小线性电阻灭磁系统的灭磁时间常数，可采用分级线性电阻灭磁系统以加速灭磁的快速性，线路如图 14-7 所示。

3. 分级线性电阻灭磁系统[35]

在两级线性电阻灭磁系统中，第一级线性电阻 R_1 和第二级线性电阻 R_2 阻值的选择是以在灭磁过程中，转子电流 $i_f(t)$ 在灭磁电阻 R_1 或（R_1+R_2）上所产生的电压值不超过转子绕组容许电压为约束条件，通常取过电压或灭磁电阻倍数 $K=5$。

在初始灭磁阶段，当磁场断路器主触头开断后，灭磁电流流过第一级灭磁电阻 R_1，当转子电流由 I_{f0} 下降到 AI_{f0}（$A<1$）时，触点 S2 开断，第二级灭磁电阻 R_2 投入，以加速灭磁过程。

由于受转子过电压倍数制约，当投入第二级灭磁电阻时，灭磁电阻由第一级 R_1 增加到第一级加第二级灭磁电阻之和（R_1+R_2）。显然此时的过电压倍数仍以不超过初始过电压倍数值为约束条件是必要的。依此可列出两级线性电阻灭磁系统的灭磁时间表达式：

$$t_m = \frac{T'_{d0}}{1+K_1}\ln\frac{I_{f0}}{AI_{f0}} + \frac{T'_{d0}}{1+K_2}\ln\frac{AI_{f0}}{I_{f0}/100} = \frac{T'_{d0}}{1+K_1}\ln\frac{1}{A} + \frac{T'_{d0}}{1+K_2}\ln 100A \quad (14\text{-}20)$$

$$K_1 = \frac{R_1}{R_f}$$

$$K_2 = \frac{R_1+R_2}{R_f}$$

式中　K_1——初始第一级灭磁电阻 R_1 投入时的灭磁电阻倍数；

　　　K_2——第二级灭磁电阻 R_2 投入时的灭磁电阻倍数。

以第一级灭磁电阻 R_1 投入时所产生的初始灭磁过电压与第二级灭磁电阻 R_2 投入时瞬间所产生的灭磁过电压相等作为约束条件，确定转子电流衰减系数 A。

依此可列出励磁过电压方程式为：

$$K_1 I_{f0} R_f = K_2 A I_{f0} R_f \quad (14\text{-}21)$$

由式（14-21）可求得：

$$K_2 = \frac{K_1}{A} \quad (14\text{-}22)$$

取 $K_1=5$，$K_2=\dfrac{5}{A}$，代入式（14-20）可得：

$$t_m = T'_{d0}\left(\frac{1}{6}\ln\frac{1}{A} + \frac{A}{5+A}\ln 100A\right) \quad (14\text{-}23)$$

式（14-23）表明，灭磁时间 $t_m=f(A)$。

为此，首先应确定式（14-23）中的转子电流衰减系数 A。

为求得灭磁时间 t_m 最小值，可对式（14-23）求导数，并令 $\dfrac{dt_m}{dA}=0$，求得使 t_m 为最小值的转子电流衰减系数 A。

对式（14-20）取导数，并令其等于零：

$$\frac{dt_m}{dA} = -\frac{1}{6A} + \frac{1}{5+A} + \frac{5}{(5+A)^2}\ln 100A$$

$$= \frac{5A^2 + 20A - 25 + 30A\ln 100A}{6A(5+A)^2} = 0 \quad (14\text{-}24)$$

利用数值解法求得 $A=0.2197$，代入式（14-23），可求得 t_m 最小值为：

$$t_m = 0.3825T_{d0}$$

利用一级线性灭磁电阻方案比较，灭磁时间下降为：

$$\Delta t_m = \frac{0.3825}{0.767} = 49.8\%$$

下面确定第二级灭磁电阻倍数值。由式（14-22）可求得：

$$K_2 = \frac{K_1}{A_1}$$

已知 $K_1=5$，可得 $K_2=\frac{5}{0.2197}=22.758$。

$$K_2 = \frac{R_1 + R_2}{R_f} = 22.758$$

$$R_2 = 22.758R_f - R_1 = 22.758R_f - 5R_f = 17.758R_f$$

第一级灭磁电阻电流容量为：

$$I_{R1} = (0.1 \sim 0.2)I_{fN}$$

第二级灭磁电阻电流容量为：

$$I_{R2} = (0.1 \sim 0.2)AI_{fN} = (0.022 \sim 0.044)I_{fN}$$

磁场断路器辅助触点 S1 及触点 S2 的电流容量为：

$$I_{S1,S2} = (0.1 \sim 0.2)I_{fN}$$

但是第二级线性灭磁电阻投入时，接触器 S2 的切断电流容量为：

$$I_{S2} > 0.23I_{fN}$$

从理论上而言，亦可采用多级线性电阻灭磁系统以进一步加快灭磁速度，但将使线路复杂而不宜采用。

二、非线性电阻灭磁系统

所谓非线性电阻是指加于此电阻两端的电压与通过的电流呈非线性关系，其电阻值随电流值的增大而减少。

在评价非线性电阻特性时，通常以非线性电阻系数 β 来表征，相应的表达式为：

$$U = CI^{\beta} \tag{14-25}$$

式中　U——非线性电阻两端的电压；

　　　I——通过非线性电阻的电流；

　　　β——非线性电阻系数，与电阻阀片的材质有关；

　　　C——非线性电阻位形系数，与阀片材质、几何尺寸以及电阻串、并联组合方式有关。

式（14-25）亦可写为另一种表达式：

$$I = HU^{\alpha} \tag{14-26}$$

式中　α——非线性电阻系数，仅与电阻阀片的材质有关。

图 14-8 示出了碳化硅和氧化锌非线性电阻特性的对比。应说明的是，由于氧化锌非线性具有较陡的非线性特性。通常定义为：当流过阀片的电流小于 10mA 的区域称为截止区，当

电流大小 10mA 以上的区域通常称为导通区，对 SiC 非线性电阻则无此区域定义要求。

由图 14-8 可看出，氧化锌非线性电阻阀片具有较小的泄漏电流和较陡的非线性特性。

碳化硅非线性电阻，其非线性电阻系数 α 为 $2\sim4$，即 β 为 $0.25\sim0.5$；氧化锌非线性电阻 α 为 $20\sim40$，即 β 为 $0.025\sim0.05$。

1. 非线性灭磁时间表达式

非线性电阻灭磁系统接线如图 14-9 所示，图中 R 为非线性电阻。

在灭磁状态下，由发电机励磁绕组回路可列出下列电压方程式：

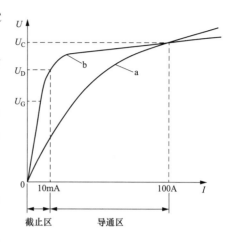

图 14-8 碳化硅和氧化锌非线性
电阻特性的对比
a—碳化硅阀片；b—氧化锌阀片

$$L_f \frac{di_f}{dt} + i_f R_f + U_R = 0 \qquad (14\text{-}27)$$

$$U_R = Ci_f^{\beta}$$

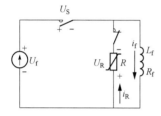

图 14-9 非线性电阻灭磁系统

式中 U_R——非线性灭磁电阻元件的总电压降。

由式（14-27）求出灭磁过程中的励磁电流表达式：

$$i_f = \left[\left(I_{f0}^{1-\beta} + \frac{C}{R_f} \right) e^{-(1-\beta)\frac{t}{T'_{d0}}} - \frac{C}{R_f} \right]^{\frac{1}{1-\beta}} \qquad (14\text{-}28)$$

式中 I_{f0}——灭磁前初始励磁电流值。

假定灭磁时由初始励磁电流 I_{f0} 流过非线性电阻所建立的反电压为 U_{R0}，其值为初始励磁电压 $I_{f0}R_f$ 的 K 倍，即：

$$K = \frac{U_{R_0}}{I_{f0}R_f} = \frac{CI_{f0}^{\beta}}{I_{f0}R_f} = \frac{C}{R_f} I_{f0}^{\beta-1}$$

或者写为：

$$I_{f0}^{\beta-1} = \frac{KR_f}{C}$$

$$I_{f0}^{1-\beta} = \frac{C}{KR_f} \qquad (14\text{-}29)$$

将式（14-29）代入式（14-28），整理求得：

$$\left[\left(\frac{C}{KR_f} + \frac{C}{R_f} \right) e^{-(1-\beta)\frac{t}{T'_{d0}}} - \frac{C}{R_f} \right]^{\frac{1}{1-\beta}}$$

灭磁结束时，$i_f = 0$，$t = t_m$ 依此可得：

$$\frac{C}{KR_f}(1+K) e^{-(1-\beta)\frac{t}{T'_{d0}}} - \frac{C}{R_f} = 0 \qquad (14\text{-}30)$$

取自然对数，求得灭磁时间：

$$t_m = \frac{T'_{d0}}{1-\beta} L_n\left(1 + \frac{1}{K}\right) \qquad (14\text{-}31)$$

2. 非线性电阻灭磁换流条件

非线性电阻灭磁系统接线图如图 14-9 所示。当磁场断路器断开后，为满足正常换流条件，使发电机励磁绕组中的初始电流 I_{f0} 顺利地换流到由灭磁电阻与发电机励磁绕组并联的回路中，回路电压之间的关系式必须满足下列不等式：

$$U_S \geqslant U_R + U_f \tag{14-32}$$

对于非线性电阻灭磁系统，正常换流的过程如图 14-10 所示。

当磁场断路器分闸后，从 t_1 点开始建立弧电压 U_s，励磁电压因感应电动势作用呈现反极性；在 t_2 点，满足式（14-32），流过磁场断路器的电流 I_s 开始下降，流入非线性电阻 R 中的电流开始上升；至 t_3 点，完全换流成功。如果磁场断路器的弧电压过低，不满足式（14-32），灭磁时换流失败，全部励磁电流均流过磁场断路器主触头并按发动机时间常数 T'_{d0} 而衰减，严重时可导致断路器主触头烧毁。相应灭磁换流失败波形图如图 14-11 所示，整个灭磁过程全部转子电流均流过励磁断路器主触头，由 t_1 开始至 t_4 结束。

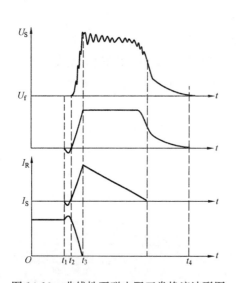

图 14-10 非线性灭磁电阻正常换流波形图

t_1—主触头磁场断路器分断时刻；t_2—换流开始时刻；

t_3—换流结束时刻；t_4—灭磁结束时刻

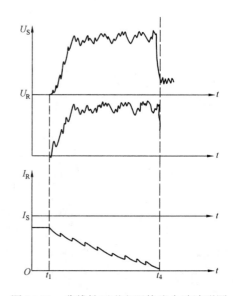

图 14-11 非线性灭磁电阻换流失败波形图

三、跨接器灭磁系统

（一）概述

在传统的直流磁场断路器灭磁系统中，所应用的直流磁场断路器均具有主触头及弧触头，以满足正常磁场回路的切合以及灭磁操作的需要。

当这种特殊设计制造的直流磁场断路器用于非线性电阻灭磁系统时，由于对磁场断路器主触头断开时产生的弧电压有严格的要求，使得直流磁场断路器的结构趋于复杂化，在某些情况下，甚至要求直流磁场断路器具有两个或更多的串联主触头，建立更高的断口电压，以保证在灭磁时使非线性电阻导通并将励磁电流换流到灭磁回路中。这种专用的直流磁场断路器价格较高，市场较小，因而对生产及开发均带来了不利的影响。为此，目前在国外生产专用灭磁直流磁场断路器的制造厂正逐渐减少。在灭磁系统应用方面，采用无辅助弧触头的通用直流断路器作为替代直流磁场断路器之用。

鉴于通用的直流磁场断路器仅有一个常开主触头，无常闭辅助接入灭磁电阻的弧触头，为此借助一个电力电子元件将灭磁电阻并联跨接在发电机励磁绕组两端的跨接器（crowbar）线路来实现传统灭磁的要求，此外跨接器线路还可兼作发电机励磁绕组回路过电压保护之用。

（二）跨接器的功能

在图 14-12 中示出了国内应用的较为广泛的国外典型跨接器线路图。

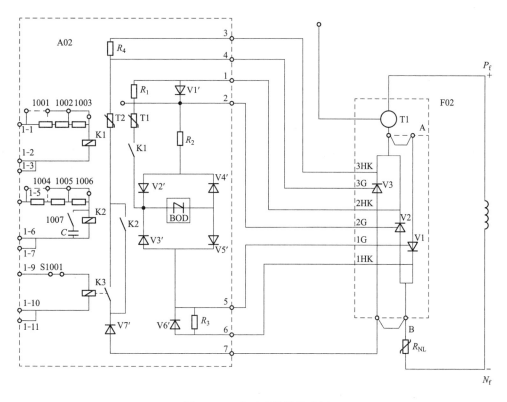

图 14-12　典型跨接器线路图

1. 跨接器灭磁功能

在图 14-12 中，F02 部分的晶闸管 V2，V3 在灭磁时作为接入灭磁电阻的无接触电气接点之用，当发电机励磁绕组回路达到相应正、反向过电压整定值时，V2 和 V3 导通并接入非线性电阻以限制励磁绕组回路的过电压。以转折二极管 BOD 为主的 A02 部分为灭磁以及过电压保护值的整定区。外附继电器 K1、K2 和 K3 为由发电机总出口保护信号起动的继电器。首先介绍由跨接器实现的灭磁过程。

当含发电机—变压器组的外部系统发生故障时，由总出口继电保护信号发出跳闸指令，同时作用于主断路器以及磁场断路器跳闸回路。由图 14-12 可看出，保护跳闸信号 TRIP1 和

TRIP2 分别作用于继电器 K1 和 K2，当 K1 输入跳闸信号时，K1 触点闭合，其间随磁场断路器主触头分断，发电机励磁绕组产生反向励磁电压，N_f 励磁绕组负极端极性为正，此电压由 N_f 端经 R_{NL}—B—1HK—6—V$'$6—V$'$3—K1—T1—R_1，此时 R_1 的电压降 $U_{R1}＝U_{21}＝U_{2G-2HK}$ 触发晶闸管 V2 导通，将灭磁电阻并联接入励磁绕组两端，实现灭磁作用。限流电阻 T_1 用以保护 K_1 触点。

K2 的功能为冗余继电器，用以保证灭磁工作的可靠性。由于在 K2 触点吸合绕组两端并联有电容，产生延时作用，在 K1 动作后经一定延时，K2 常开触点始闭合，类似于 K1 触点的闭合过程，转子反向电压经 N_f—R_{NL}—B—7—V$'$7—K2—T2—R_4，$U_{R4}＝U_{43}＝U_{3G-3HK}$，晶闸管 V3 被触发导通，将灭磁电阻并联在励磁绕组两端，实现后备灭磁作用。如果选 $R_1＝R_4$，$R_{T1}＝R_{T2}$，则 K1、K2 接入灭磁电阻的动作值相同。由上述讨论可知，晶闸管 V2 和 V3 的功能是为接入灭磁电阻提供接点。

2. 跨接器过电压保护功能

对于同步发电机，当发电机运行在失磁失步或滑极情况下，依据有功功率的不同，在发电机定、转子之间产生了滑差，并在转子励磁绕组侧引起过电压。最严重的运行方式是：当过电压的极性与整流器输出整流电压的极性相同时，如果在转子励磁绕组侧引起的滑差感应电压足够高，将使整流器输出电压闭锁，进而使其输出励磁电流被阻断为零值。直至整流器输出电流重新呈现正值，在此励磁电流为零值的时间段内将引起严重的过电压。

图 14-13 示出了一台汽轮发电机在转子功率角 δ 超过 180°失去同步时，发电机励磁回路在正向过电压作用下，由于励磁电流被阻断而引起的转子过电压波形图。

下面介绍跨接器过电压保护的功能，图 14-12 中 A02 为跨接器过电压保护限压值的整定区，其中转折二极管 BOD 的 U-I 特性曲线如图 14-14 所示。

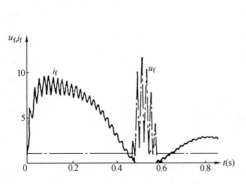

图 14-13 当发电机励磁电流被正向
反电压阻断时引起的转子过电压波形
u_f—励磁电压；i_f—励磁电流

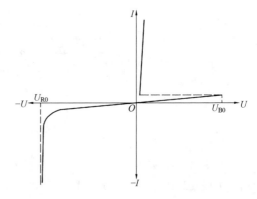

图 14-14 转折二极管 BOD U-I 特性

在正向电压作用下，当限压二极管工作在导通段，流过的正向漏电流很小。当外加电压继续上升，并达到限压二极管转折电压 U_{B0} 时，限压二极管导通，此时二极管两端正向通态电压仅为几伏，并允许流过规定的额定电流值。

当外加正向电压消失时，限压二极管又恢复期阻断特性。当限压二极管外加反向电压并大于反向阻断电压 U_{R0} 时，限压二极管被反向击穿，其工作特性不可恢复。

下面讨论当发电机失步运行呈现滑差电压时，在任一瞬间如果在励磁绕组 N_f 端引起的过电压为正极性时，跨接器过电压保护的动作过程。励磁绕组 N_f 端为正极性，此过电压经 R_{NL}—B—1HK—6—V'6—V'3—V(BOD)—V'4—R_2—R_1，$U_{R1}=U_{2G-2HK}$，晶闸管 V2 被触发导通，将兼作过电压保护限压电阻的 R_{NL} 与励磁绕组并联形成闭合回路，限制了过电压。

此外，如果过电压正极性发生在 P_f 端时，其路径为 P_f—A—2HK—1—V'1—R_2—V'2—V(BOD)—V'5—R_3，此时 $U_{R3}=U_{56}=U_{1G-1HK}$，晶闸管 V1 被触发导通，将灭磁电阻 R_{NL} 接入与励磁绕组构成并联通路，限制了转子励磁绕组侧的过电压。

通过以上讨论可知，在跨接器系统中，晶闸管 V2 和 V3 承担灭磁功能，晶闸管 V1 和 V2 承担了限制过电压功能，此线路设计的巧妙之处在于：晶闸管 V2 同时兼顾了灭磁和限制过电压功能。实现此作用的方法是借助于在相应灭磁和限制过电压回路中选用不同的整定电阻值。

于此应特别强调指出的是：在限制转子过电压过程中，无论是正向或反向晶闸管 V1 或 V2，一旦导通后，与发电机励磁绕组两端的非线性电阻 R_{NL} 将一直处于续流导通状态，除非励磁绕组回路中的过电压能量被灭磁电阻完全吸收，或晶闸管被反向励磁负半波电压所阻断。

为防止由于续流能量累积而烧毁兼作过电压保护用途的灭磁电阻，需在非线性电阻回路中接入电流检测装置 T1。对于三峡水电厂水轮发电机组，当励磁绕组回路过电压达 1700V 时，过电压保护回路动作，当流过跨接器电流为 300A，发出跳闸指令。

四、交流电压灭磁系统[36]

交流电压灭磁系统是指借助于断开接在功率整流器交流侧的交流断路器以及辅以封闭晶闸管脉冲的方法以实现灭磁作用的系统。

对于采用静态自励方式的励磁系统应优先考虑交流电压灭磁系统。

交流电压灭磁系统的基本思路是：在分断接在功率整流器交流侧的交流断路器前，首先切除三相全控整流桥的触发脉冲，并由此利用引入励磁变压器二次侧的负丰波正弦电压，以加速实现灭磁的作用。

采用交流断路器的交流电压灭磁系统典型电路如图 14-15 所示。由于整流器的负载为发电机的励磁绕组，具有较大的电感，为此，输出电流可认为是恒定的电流。若不考虑换相角，整流器交流侧的每相电流均为占空比为 2/3 的方波，各相电流相角差为 120°电角度。因此，在任何时刻三相电流中必有一相电流为零，另两相数值相等、方向相反。通过交流断路器的各相电流波形如图 14-16 所示。假定在 t_1 瞬间分断交流断路器 S，此时，晶闸管＋A 及－C 导通，其余元件均截止。如果开断交流断路器前不切除晶闸管元件的触发脉冲，则触发脉冲将按下列顺序作用于相应桥臂晶闸管＋A、－C、＋B、－A、＋C、－B。在切断交流断路器 S 瞬间，由于＋A 及－C 元件已导通，并由于电感负载的续流作用，＋A 及－C 元件电流大于维持电流而不能截止。断口 SA 及 SC 维持燃弧。B 相断口 SB 因无电流流过轻易开断。其后＋B 元件被触发，但此时 B 相电源电压已被分断，故＋B 元件不能导通。随之再经过 120°电角度，或者经 3.3ms 后，－A 元件被触发，此时，－A 元件的阳极电压已转为正向，故－A 元件立即导通，－C 元件截止，负载电流经＋A 及－A 元件形成短路续流，交流断路器的 SA 及 SC 分断触点熄弧。其后形成经晶闸管元件的自然续流灭磁状态，此过程较长，无法实现快速灭磁作用。

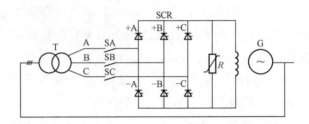

图 14-15　交流电压灭磁系统接线图

对于交流断路器而言，其断流作用主要是利用电流过零这一特性实现的。但是由于负载电感很大，励磁电流衰减较慢，因此，期望在 3.3ms 内利用电流过零断流是不可能的，解决交流电压灭磁系统断流最有效的措施是在灭磁瞬间切除全控整流桥的触发脉冲，其作用原理可用图 14-17 所示的交流电压灭磁系统等效电路予以说明。

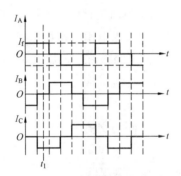

图 14-16　整流器交流侧电流波形

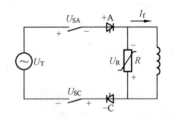

图 14-17　交流电压灭磁系统等效电路

在图 14-16 中，假定在 t_1 瞬间分断交流断路器的同时切除晶闸管整流桥的触发脉冲，则＋A 及－C 两元件一直续流导通。如果忽略导通元件正向电压降，则强制引入的施加在非线性电阻 R 两端的电压等于励磁变压器的电源线电压与交流断路器断口电压之和，如假定 $U_S = U_{SA} + U_{SC}$，即 U_S 为两个断口电压之和，则满足灭磁电流换流条件的表达式为：

$$U_{Sm} \geq U_{Rm} \pm U_{Tm} \tag{14-33}$$

式中　U_{Sm}——交流断路器断口电压最大值；

　　　U_{Rm}——非线性电阻导通电压最大值；

　　　U_{Tm}——励磁变压器线电压最大值。

在 t_1 分断瞬间，励磁变压器的线电压有可能处于正半波或负半波。对于正半波，由式（14-33）可看出，为满足换流条件，交流断路器的断口电压 U_{Sm} 应大于或等于 U_{Rm} 与 U_{Tm} 之和，需具有较高的电压值。在负半周，达到换流条件所需的断口电压值为（$U_{Rm} - U_{Tm}$），可降低对断路器弧电压的要求。

交流灭磁过程中，整流器输出的电流、电压波形如图 14-18 所示。

在 t_1 时刻发出分断交流断路器指令并同时关断脉冲，但是由于断路器分断具有一定的延时，约为几十毫秒，而关断脉冲是瞬时完成的。关断脉冲后励磁电压由具有交流分量的整流电压转变为正弦交流电压。其后经一定的延时，断路器分断，由于此分断瞬间具有很大的随机性。如分断时 U_f 恰好为正值则不能满足式（14-33）的换流条件，断口电弧将继续燃烧，等待负半周的到来。对 50 周波电源而言，每一周期为20ms，故此间隔仅十几毫秒。如在负半周满足式（14-33）的换流条件，换流成功，断路器熄弧，励磁电流全部转移到灭磁电阻中进行灭磁。

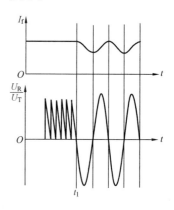

图 14-18　整流器输出电压、电流波形图

如果将交流断路器接在直流侧，将三个断路器触点串联连接，亦可进行灭磁。灭磁时同样须分断晶闸管整流器的触发脉冲，相应的等效灭磁电路图如图 14-19 所示。

比较图 14-18 和图 14-19，二者之间无本质区别，故式（14-33）亦适用于交流断路器接直流侧情况。

对比将交流断路器接于交流侧或直流侧两种灭磁方式，可以看出：

（1）将断路器接于交流侧，系利用交流电流过零进行熄弧，这种灭磁属交流灭磁方式。

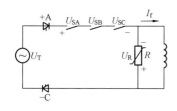

图 14-19　直流侧灭磁等效电路图

应说明的是断路器接在交流侧，灭磁时只有两个断口流过电流并建立弧电压。

灭磁时应满足的换流条件为：

$$U_{Rm} \leqslant 2U_{Sm} \pm \sqrt{2}U_{Tm} \qquad (14\text{-}34)$$

如将断路器的断口接于直流侧，三个断口串联连接，灭磁时三个断口均建立弧电压，其值将为接在交流侧相应值的 1.5 倍，更易于满足换流条件：

$$U_{Rm} \leqslant 3U_{Sm} \pm \sqrt{2}U_{Tm} \qquad (14\text{-}35)$$

很显然，当将交流断路器接在直流侧时，不能利用交流电流过零这一特征进行灭磁，为此，严格地说，此灭磁方式不能称为交流灭磁。

（2）对电流而言，同一断路器如接在直流侧时的工作电流允许值为 1.0，则接在交流侧的相应工作电流允许值将为 0.816。

交流断路器具有价格低廉、制造技术成熟以及操作可靠性高等一系列优点，但是应注意到，由于交流灭磁的作用依赖和取决于交流电源电压的数值，使其应用受到一定的制约。例如，当机组发生机端短路以及励磁变压器二次侧发生短路时，交流电压为零，换流条件不能满足，无法实现交流灭磁。再者，如短路故障发生在整流桥臂或直流输出端，则交流断路器不能起断流作用。但是以交流负电压灭磁作为机械直流灭磁方式的后备仍是非常可取的。

为此，在大型水电机组灭磁系统中，应首先考虑将磁场断路器接在直流励磁回路侧。对于一些重要机组可同时在交流侧设置另一交流空气断路器，其作用为：在机组实施电制动情况下，可切换励磁变压器二次绕组供电电源至厂用电侧，为励磁回路提供一个交流侧断口，以及在直流侧磁场断路器故障情况下，可由交流断路器完成灭磁作用。

图 14-20 示出了一台 300MW 水轮发电机组在负载情况下利用交流负电压灭磁的示波图。在直流侧磁场断路器跳闸前，首先切除功率整流器的脉冲，在 t_1 处将励磁变压器二次阳极正弦波交流电压引入直流励磁回路，利用交流电压负半周电压与磁场断路器开断弧电压叠加，使灭磁电阻导通，实现将转子电流换流到灭磁电阻中的灭磁功能。

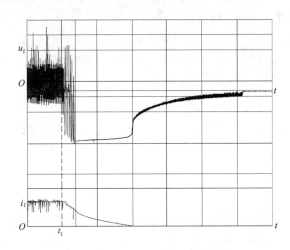

图 14-20   300MW 水轮发电机组利用交流负电压灭磁的示波图

u_f—励磁电压；i_f—励磁电流

第四节   饱和对灭磁的影响[37]

在发电机的磁路中，仅在磁化曲线的直线段电感 L 为常数，在磁导体处于饱和状态下，电感将随饱和程度的加深而下降，图 14-21 示出了电感 L 随饱和程度的变化。

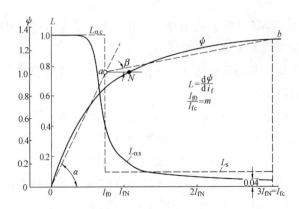

图 14-21   发电机磁化曲线和动态电感 L 的变化

假定磁化曲线上的 N 点为发电机的正常工作点，而 b 点相当于发电机 3 倍强行励磁状态的工作点。

如果假定磁化曲线直线部分的动态电感 $L = \dfrac{\mathrm{d}\psi}{\mathrm{d}i_f} = \tan\alpha$，在强励状态下，由于磁路饱和的影响，动态电感将显著地下降到 $\dfrac{\tan\beta}{\tan\alpha} \approx 0.04$，在考虑灭磁作用时，饱和因素是不能忽略的。现结合线性电阻灭磁实例讨论此问题。

对于线性电阻灭磁系统，灭磁过程的表达式可写为：

$$\frac{\mathrm{d}\psi}{\mathrm{d}i} + R_i + R_f i = 0 \tag{14-36}$$

现用图解法将磁链 ψ 与电流 i_f 间的关系曲线分别用 oa 和 ab 两个线段来表示，每一线段的电感值为常数，依此在 oa 线段上：

$$L_\alpha = \frac{\mathrm{d}\psi}{\mathrm{d}i_f} = \tan\alpha$$

在 ab 线段上：

$$L_\beta = \frac{\mathrm{d}\psi}{\mathrm{d}i_f} = \tan\beta$$

由此，在式（14-36）中，可用两个具有不变电感值的方程式所代替。

在 oa 线段上，$0 < i_f < I_{f0}$：

$$L_\alpha \frac{\mathrm{d}i_f}{\mathrm{d}t} + (R + R_f)i_f = 0 \tag{14-37}$$

在 ab 线段上，$I_{f0} < i_f < I_{fc}$：

$$L_\beta \frac{\mathrm{d}i_f}{\mathrm{d}t} + (R + R_f)i_f = 0 \tag{14-38}$$

式中　I_{f0}——灭磁前励磁电流初始值；

　　　I_{fc}——强励电流。

将式（14-37）在 $0 \sim I_{f0}$ 之间进行积分可求得：

$$i_f = I_{f0} \mathrm{e}^{-\frac{t}{T_\alpha}} \tag{14-39}$$

$$T_\alpha = \frac{L_\alpha}{R + R_f}$$

式中　T_α——等效灭磁时间常数。

如令 $I_{f0}/I_{fc} = m$ 代入式（14-39）化简，可得在磁化曲线 oa 段的电流表达式为：

$$i_f = m I_{fc} \mathrm{e}^{-\frac{t}{T_\alpha}} \tag{14-40}$$

另外，对于磁化曲线 ab 段，电流变化在 $I_{f0} \sim I_{fc}$ 之间，相应的电流变化表达式可由积分式（14-38）求得：

$$i_f = I_{fc} \mathrm{e}^{-\frac{t}{T_\beta}} \tag{14-41}$$

根据假定线性化条件，在灭磁过程中电流的衰减可分为两个过程，由 I_{fc} 衰减到 I_{f0}，再

由 I_{f0} 衰减到 I_{fc}/N 后，灭磁结束。通常取 $N=100$，总灭磁时间为两段灭磁时间之和。首先确定电流由 I_{fc} 下降到 I_{f0} 所需的时间 t_1，依式（14-41），令 $i_f=I_{f0}$，两边取自然对数求得相应灭磁时间为：

$$t_1 = T_\beta \ln \frac{1}{m} \tag{14-42}$$

其次，确定电流由 I_{f0} 下降到 I_{fc}/N 所需的灭磁时间为 t_2，由式（14-40）可求得：

$$t_2 = T_a \ln Nm \tag{14-43}$$

总灭磁时间：

$$t_1 + t_2 = T_\beta \ln \frac{1}{m} + T_a \ln Nm \tag{14-44}$$

取 $N=100$，$m=0.38$，$K=5$，$\dfrac{T_a}{T_\beta}=25$，同时考虑到 $T_a=\dfrac{T'_{d0}}{K+1}$，可得：

$$t_m = \frac{T'_{d0}}{25 \times 6} \times \ln \frac{1}{0.38} + \frac{T'_{d0}}{6} \times \ln(10.0 \times 0.38) = 0.618 T'_{d0}$$

式中，$T'_{d0}=\dfrac{L_0}{R_f}$，L_0 为对应于磁化曲线直线部分的电感，相应灭磁曲线如图 14-22 所示。

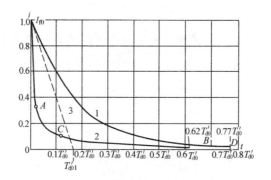

图 14-22　考虑电感饱和影响时的线性电阻灭磁系统电流衰减特性

1—电感为常数，$K=5$；2—电感为变数，$K=5$；3—电流按直线衰减，$K=5$

第五节　阻尼绕组回路对灭磁的影响[37]

对大型同步发电机的灭磁特性分析，应考虑到阻尼绕组回路的存在与影响，特别是对于汽轮发电机的分析更是如此。由于在灭磁过程中，发电机励磁绕组中的一部分能量会传递到阻尼绕组回路中，这样，一方面相对地减轻了磁场断路器的灭磁能量负担，另一方面却由于阻尼绕组的存在而增加了灭磁时间，下面结合具体的灭磁接线方式讨论阻尼回路对灭磁特性的影响。

灭磁接线方式如图 14-23 所示，灭磁时接入线性灭磁电阻 R。

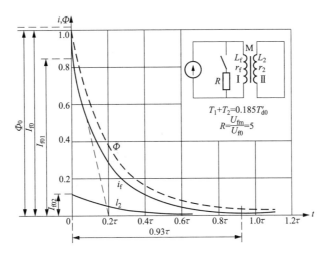

图 14-23　考虑阻尼绕组影响时的线性电阻灭磁系统电路图及
灭磁过程中励磁绕组和阻尼绕组中的电流变化曲线

正常时励磁机供电给励磁绕组回路 I （L_1、r_1）、励磁绕组与阻尼绕组回路 II（L_2、r_2）之间的互感为 M。当耦合系数等于 1 时，$M = \sqrt{L_1 L_2}$，依此，可列出灭磁过程的方程式为：

$$L_1 \frac{\mathrm{d}i_1}{\mathrm{d}t} + \sqrt{L_1 L_2}\frac{\mathrm{d}i_2}{\mathrm{d}t} + r_1 i_1 = 0 \tag{14-45}$$

$$L_2 \frac{\mathrm{d}i_2}{\mathrm{d}t} + \sqrt{L_1 L_2}\frac{\mathrm{d}i_1}{\mathrm{d}t} + r_2 i_2 = 0 \tag{14-46}$$

在灭磁时，接入灭磁电阻 R，故式（14-45）中 r_1 为包括励磁绕组电阻及灭磁电阻在内的 I 回路中的总电阻，即 $r_1 = r_f + R$。对式（14-45）和式（14-46）进行积分，求得在灭磁过程中励磁及阻尼绕组中电流 i_1 及 i_2 的变化：

$$i_1 = I_{f0} \times \frac{T_1}{T_1 + T_2} \times e^{-\frac{t}{T_1 + T_2}} \tag{14-47}$$

$$i_2 = I_{f0} \times \frac{T_1}{T_1 + T_2} \times \sigma e^{-\frac{t}{T_1 + T_2}} \tag{14-48}$$

$$\sigma = \frac{r_1}{r_2}\sqrt{\frac{L_2}{L_1}}, I_{f0} = \frac{U_{f0}}{r},$$

$$T_1 = \frac{L_1}{r_1}, T_2 = \frac{L_2}{r_2}, T'_{d0} = \frac{L_1}{r}$$

式中　I_{f0}——灭磁前励磁电流初始值；

T_1、T_2——回路 I 和 II 的时间常数；

T'_{d0}——励磁绕组的时间常数。

此外，发电机励磁绕组回路的总磁通为：

$$\Phi = \Phi_0 e^{-\frac{t}{T_1 + T_2}} \tag{14-49}$$

式中　Φ_0——总磁通的初始值。

励磁回路选用参数为：

$$K = \frac{U_{fm}}{U_{f0}} = \frac{R}{R_f} = 5$$

依此，励磁绕组回路 Ⅰ 的时间常数为：

$$T_1 = \frac{L_1}{R + R_f} = \frac{L_1}{R_f(K+1)} = \frac{T'_{d0}}{6} = 0.167 T'_{d0}$$

$$T_2 = \frac{L_2}{r_2} = 0.032 T'_{d0}$$

$$T_1 + T_2 = 0.199 T'_{d0}$$

在接入灭磁电阻灭磁开始瞬间，励磁绕组回路 Ⅰ 中的电流由初始值 I_{f0} 阶跃变化为：

$$I_{f01} = I_{f0} \times \frac{T_1}{T_1 + T_2} \tag{14-50}$$

为此，$I_{f01} = I_{f0} \times \dfrac{0.167 T'_{d0}}{0.199 T'_{d0}} = 0.84 I_{f0}$，其后，电流 i_1 按时间常数为 $(T_1 + T_2)$ 的指数曲线衰减。

对于阻尼绕组回路 Ⅱ，在灭磁开始瞬间，其电流由零值阶跃变化为：

$$I_{f02} = I_{f0} \times \frac{T_1}{T_1 + T_2} \times \sigma \tag{14-51}$$

其后，按时间常数为 $(T_1 + T_2)$ 的指数曲线衰减，对于磁通 Φ，亦由灭磁瞬间的 Φ_0 按时间常数为 $(T_1 + T_2)$ 的指数曲线衰减。

如同以前对灭磁时间的定义，假定当磁通从 Φ_0 衰减到 $\Phi = \dfrac{1}{100} \times \Phi_0$ 时认为灭磁过程已经结束，由此可求得灭磁时间为：

$$t_m = (T_1 + T_2) \ln \frac{\Phi_0}{\Phi} = (T_1 + T_2) \ln 100 = (0.166 + 0.032) T'_{d0} \times \ln 100 = 0.93 T'_{d0}$$

由式 (14-52) 求得无阻尼绕组时线性电阻系统的灭磁时间 $t_m = 0.76 T'_{d0}$，在有阻尼绕组条件下的灭磁时间大约延长了 21%，灭磁过程中励磁和阻尼绕组中的电流变化如图 14-23 所示。

第六节　磁场断路器

对于大型同步发电机励磁系统中应用的磁场断路器，虽种类繁多，但是经过多年来的应用和运行经验的累积，在选型方面目前基本上已形成定型的趋势。

应说明的是，当前应用在大型水、火电以及核电机组励磁系统中的磁场断路器，我国以及国际励磁设备制造厂商，基本上均选用标准化通用的快速直流断路器作为磁场断路器之用。从严格意义上讲，所选用的快速直流断路器并非专门用于励磁用途的磁场断路器，而是励磁系统设计者根据励磁系统自身的应用特点，依据快速直流断路器产品的各自性能特征予以综合利用，并实现作为磁场断路器的功能要求。

一、直流磁场断路器

当前在大型水火电机组中，多选用以下几种通用型快速直流断路器（接触器）作为直流磁场断路器之用。

1. 法国雷诺电气（Lenoir Elec）公司 CEX 系列模块化直流接触器

CEX 系列模块化直流接触器，在结构上是将直流接触器安装在同一联动轴上，便于实现主触头、弧触头以及放电常闭触头之间相互配合的功能，另外，根据直流接触器多断口组合方式的不同，可满足灭磁时不同弧电压的要求。

CEX 系列直流接触器组成的磁场断路器，最早应用于三峡水电厂 700MW 水轮发电机组中，其型号为 CEX98 5000 4.2，额定电压 2000V，额定电流 5000A。在额定电压下产生的最高弧电压可达 4000V。其外形结构和主回路图如图 14-24 所示，原理接线图如图 14-25 所示。

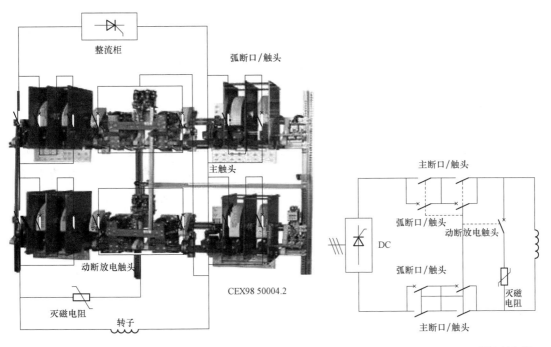

图 14-24　CEX98 5000 4.2 磁场断路器结构和主回路图　　图 14-25　CEX98 5000 4.2 磁场断路器原理接线图

为满足额定励磁电压和电流的要求，并减少设备外形尺寸所占用的空间，三峡水电厂采用两套 CEX98-2.1 组合直流接触器方案。即在励磁绕组正、负极各自采用一套 CEX98-2.1 直流接触器，两套装置分上、下安装以减少柜体宽度。

CEX98 系列直流接触器组成的磁场断路器，主触头无灭弧罩，弧触头和作为灭磁常闭的放电触头，具有金属短弧灭弧罩。

CEX98 系列组合式磁场断路器的不足之处是，由于弧触头灭弧罩空间较小，为此在灭磁第一换流时间如换流不成功，将会使主触头断口继续燃弧或使弧触头烧损。此外，其外形尺寸较大，占安装空间较多。

2. 瑞士赛雪龙（Secheron）公司 HPB 系列快速直流断路器

对于大型水、火电机组，通常多选用 HPB 81S 型或 HPB 82S 型直流断路器作为磁场断路器应用，相应额定电压分别为 1000V 和 2000V，额定电流分别为 4500A 和 6000A，两者的短路电流切除容量分别为 100kA 和 75kA。根据实际应用经验，其最大弧电压为 1.5～2.0 倍额定工作电压值。

HPB 系列直流断路器在大型水、火电机组中的应用较为普遍，其外形图如图 14-26 所示。

图 14-26 HPB 系列直流断路器外形图

应说明的是，HPB 系列直流断路器，由于其灭弧室空间较大，为此当在灭磁换流第一时间内不满足换流条件时，在主触头断口处将继续燃弧，其后待发电机转子励磁电流下降到满足灭磁换流条件时换流成功，主触头断口断流。所以在选择快速直流断路器作为磁场断路器应用时，断路器具有较大的灭弧室是优先考虑条件之一。此外应强调指出的是，HPB 系列磁场断路器虽然采用灭弧栅片间距在 4～5mm 的金属灭弧栅，属短弧工作原理，但由于在金属灭弧栅上部还装有绝缘隔板，当流过小电流时，电弧在金属片之间穿越，呈短弧灭磁特性，在大电流条件下，电弧被吸到上部绝缘栅片之间，被拉长呈长弧灭磁特性。

图 14-27 UR 系列
直流断路器外形图

3. 瑞士赛雪龙（Secheron）公司 UR 系列直流断路器

实际上瑞士赛雪龙公司生产的 HPB 系列和 UR 系列快速直流断路器，在结构上和灭弧罩的型式上是完全通用的。

UR 系列直流断路器，其额定直流电流可分为 2600、3600、4000、6000、8000A 等档次。其额定工作直流电压对 81S 型为 900V，82S 型灭弧罩额定电压为 1800V，64 型灭弧罩额定工作电压则为 3600V。

UR 系列直流断路器的结构外形图如图 14-27 所示。

于此应说明的是，对于在大型水、火电机组励磁系统中应用的直流磁场断路器而言，目前 HPB 系列快速直流断路器的应用数量居于首位。但是在最近几年中，在一些大型水、火电机组励磁系统中，HPB 系列快速直流断路器合闸机构中的 5400 塑料件，曾多次发生开裂的情况，致使断路器主触头合闸不到位，严重影响到励磁系统的安全运行，HPB 系列快速直流断路器的典型事故实例如图 14-28 所示。

图 14-28　HPB 系列快速直流断路器主触头合闸机构塑料件断裂实例

基于上述情况，一些运行单位对已应用的 HPB 系列直流断路器，进行了重点检查维修或予以更换。

4. Gerapid 系列快速直流断路器

（1）基本参数和性能特征。Gerapid 系列快速直流断路器是一种基于模块化设计原理，通过采用新技术和优异的绝缘特性的新材料，以实现高分断能力。其基本技术数据见表 14-2。

表 14-2　　　　　　　　　　Gerapid 直流断路器技术数据

内容	标准工作电压	弧罩型式	2607	4207	6007	8007
符合相应标准的额定电流值（A）	IEC947-2	—	2600	4200	6000	8000
	EN50123-2		2600	4200	6000	8000
	ANSIC37.14		2600	4150	5000	6000
在规定工作电压和选定弧罩条件下最大试验断流容量 I_{ccmax}（kA）	DC1000V	1×2	244	244	200	200
	DC2000V	1×4	50	50	50	—
	DC2000V	2×2	100	100	100	100
	DC3000V	2×3	50	50	50	（＊）
	DC3600V	2×4	52	52	（＊）	—
	DC3600V	EF4-12	176	176	—	—
机械寿命（最小维护操作次数）	—	—	50000～100000	50000～100000	50000～100000	30000～100000

注　（＊）表示与制造厂商定。

Gerapid 系列产品结构尺寸紧凑，在相同本体宽度尺寸（约为 700mm）条件下，可组成不同的型号、规格的直流断路器。其额定电流最高可达 10000A，额定电压最高可达 4000V，性能符合 IEC 947—2、EN 50123—2 以及 ANSI C37.14 等多种标准的要求。断路器合闸后，由机械锁扣保持，无须额外电源支持，可靠性高。

Gerapid 系列快速直流断路器具有适用于任意电流方向的电磁脱扣装置，整定值固定或可调。在附件配置方面具有完善的内置二次控制模块单元，不需要再附加额外的合分闸等二次控制单元。此外，其还具有独立的主触头和弧触头分开的 2 级触头系统以及模块化灭弧罩设计，更便于维护并可提高断弧能力，最高断弧电压可达到 8000V。

（2）结构特征。Gerapid 系列快速直流断路器的外形如图 14-29 所示，内部结构图如图 14-30 所示。

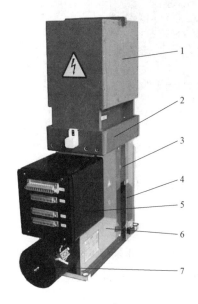

图 14-29　Gerapid 系列快速直流断路器外形图

1—灭弧罩；2—灭弧罩底座；3—绝缘侧板（可选）；4—瞬时脱扣［机械动作可调（可选）］；5—电子控制装置；6—带有驱动机构和触头系统的断路器本体；7—电磁驱动机构（快速动作）

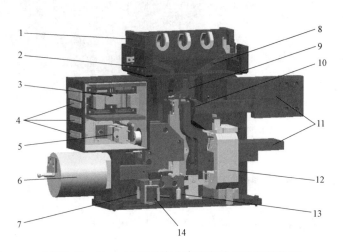

图 14-30　Gerapid 系列快速直流断路器内部结构图

1—灭弧罩；2—底座；3—电子控制装置；4—控制回路端子排；5—辅助接点；6—电磁驱动机构；7—机械强迫脱扣；8—引弧导体；9—弧触头；10—主触头；11—主回路端子；12—瞬时快速脱扣；13—快速脱扣；14—分励断电脱扣（用于正常操作）

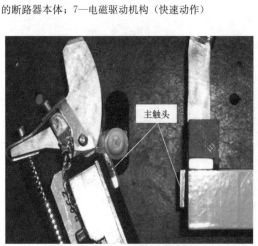

图 14-31　Gerapid 系列快速直流断路器主、弧触头结构图

下面对 Gerapid 系列快速直流断路器的结构特征进行重点描述。

1）主、弧触头分开的 2 级触头系统。Gerapid 系列快速直流断路器采用 2 级主、弧触头分开的触头系统。由于在分断时采用弧触头先闭合、主触头后分断的操作时序，主触头烧损、熔焊的可能性极小。在维护检修触头时，不需移动断路器本体即可以快速方便地取下灭弧罩，如有需要，仅需更换弧触头或者引弧导体弧角以及保护挡板即可。主、弧触头的结构布置如图 14-31 所示。

2）灭弧罩。Gerapid 系列快速直流断路器采用了结构紧凑以及模块化的灭弧罩，同时在结构上实现了在无须附加吹弧线圈或永久磁体的条件下完成灭弧全过程。

在直流断路器本体尺寸不变的情况下，随灭弧罩配置规格的不同，可保持弧电压值由1000V增加到最大值8000V，相应灭弧罩外形图如图14-32所示。

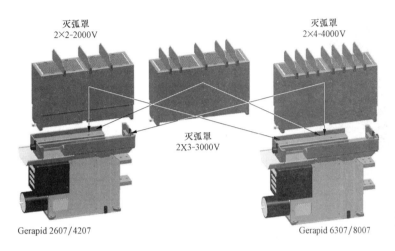

图 14-32　Gerapid 系列快速直流断路器灭弧罩外形图

应说明的是，Gerapid 系列快速直流断路器的灭弧罩在结构上采用了分上、下两层布置，间距为 4～5mm 的灭弧栅片，下部为金属灭弧栅片，上部为绝缘隔板。在小电流情况下，经金属灭弧栅片形成短弧系统。在大电流情况下，电弧将由金属灭弧栅片进入上层绝缘隔板形成长弧系统，有助于电弧的拉长与熄灭。灭弧室灭弧栅片布置如图14-33所示，图中下侧为金属灭弧栅片，上侧为绝缘隔板。

3) 电磁驱动机构和集成的控制单元。电磁驱动机构合闸时间为 150ms，最小动作时间可达 100ms。合闸后约经 400ms 后自动断电，不需辅助电源，并具有防跳的特点。电磁驱动机构适用于所有允许的标准电压供电系统。

图 14-33　Gerapid 系列快速直流断路器灭弧栅片布置图

4) 脱扣器。

a. 正常操作具有分励、断电脱扣以及带电压控制的断电脱扣，动作时间为 20～40ms；

b. 保护（过流）瞬时脱扣，动作时间取决于保护整定；

c. 应急瞬时脱扣，在第 1 保护信号失效情况下，应急瞬时脱扣，动作时间为 3～5ms；

d. 机械强制脱扣，在所有电源消失情况下，就地手动脱扣。

5) 直流电流测量系统 SEL。在 Gerapid 系列快速直流断路器中，内置有可代替传统分流器的电流测量系统，输出信号通过接口适用于 $4\sim20\text{mA}$、$\pm20\text{mA}$ 以及 $\pm10\text{V}$ 表计系统，此附件不需另外的组装附件和安装空间，测量系统亦不需附加其他任何降低测量噪声和滤波系统元件。电流测量范围可达 $6\sim12\text{kA}$，应用电压可达 4000V。直流测量系统外形图如图 14-34 所示。

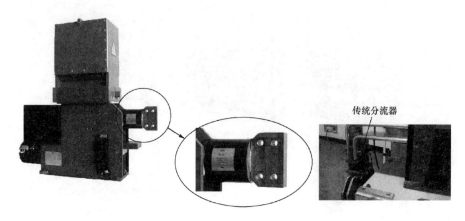

图 14-34　Gerapid 系列 SEL 型电流测量系统外形图

应说明的是，在三门核电站 1407MVA 机组励磁系统中已采用了 Gerapid 系列快速直流断路器作为磁场断路器使用，因发电机励磁电流大于 8000A 而采用两台 Gerapi 系列快速直流断路器并联使用。

二、交流磁场断路器

1. 交流空气断路器

当在励磁系统交流电源输出侧和功率整流器交流输入侧之间采用交流磁场断路器时，目前多采用 ABB Emax 系列空气断路器作为交流磁场断路器使用，相应的电气参数见表 14-3。Emax 系列空气断路器可应用于交流电压高达 1150V 的交流系统中，结构方式包括固定式和抽出式以及 3 极和 4 极式。Emax 断路器的试验电压为 1250V。

表 14-3　　　　　　　　　　　　　　　　Emax 系列交流空气断路器电气参数

型号		E2B/E		E2N/E			E3H/E					E4H/E		E6H/E	
额定不间断电流（40℃）I_u（A）		1600	2000	1250	1600	2000	1250	1600	2000	2500	3200	3200	4000	5000	6300
额定工作电压 U_e（V）		1150	1150	1150	1150	1150	1150	1150	1150	1150	1150	1150	1150	1150	1150
额定绝缘电压（V）		1250	1250	1250	1250	1250	1250	1250	1250	1250	1250	1250	1250	1250	1250
额定极限短路电流分断能力 I_{cu}	1000V（kA）	20	20	30	30	30	50	50	50	50	50	65	65	65	65
	1150V（kA）	20	20	30	30	30	30	30	30	30	30	65	65	65	65
额定运行短路电流分断能力 I_{cs}	1000V（kA）	20	20	30	30	30	50	50	50	50	50	65	65	65	65
	1150V（kA）	20	20	30	30	30	30	30	30	30	30	65	65	65	65

型号		E2B/E		E2N/E			E3H/E					E4H/E		E6H/E	
额定短时耐受电流 I_{cs}	1000V (kA)	20	20	30	30	30	50	50	50	50	50	65	65	65	65
	1150V (kA)	20	20	30	30	30	30	30	30	30	30	65	65	65	65
额定短时耐受电流 I_{cw}（1s）	(kA)	20	20	30	30	30	30	30	30	30	30	65	65	65	65
额定短路接通能力（峰值）I_{cm}	1000V (kA)	40	40	63	63	63	105	105	105	105	105	143	143	143	143
	1150V (kA)	40	40	63	63	63	63	63	63	63	63	143	143	143	143

2. 交流隔离开关

在 Emax AC 标准断路器的基础上，还拓展出应用于交流电压高达 1150V 的隔离开关，其系列产品型号为 Emax/E MS。此产品结构上同样具有固定式和抽出式以及 3 极式和 4 极式，附件与 Emax 断路器通用。标准的固定部分亦可用于 1150V 的抽出式断路器中。Emax/E MS 系列交流隔离开关的电气参数见表 14-4。此系列隔离开关试验电压为 1250V。

3. 直流隔离开关

在发电机励磁回路中，有时采用单极直流磁场断路器，例如接在励磁绕组正极侧。而在负极可接入一直流隔离开关，使回路得以简化。Emax/E MS 交流隔离开关亦可作为直流隔离开关使用。如将隔离开关的 4 极接点串联，可用于 1000V DC/6300A 直流系统中。应说明的是，本产品虽可应同标准断路器相同的附件，但不能安装电子脱扣器，电流传感器和其他电流测量及交流应用附件。Emax/E MS 系列直流隔离开关的电气参数见表 14-5。

表 14-4　　　　　　　　Emax/E MS 系列交流隔离开关电气参数

型号	E2B/E MS	E2N/E MS	E3H/E MS	E4H/E MS	E6H/E MS
额定不间断电流（40℃）I_u（A）	1600	1250	1250	3200	5000
	2000	1600	1600	4000	6300
	—	2000	2000	—	—
	—	—	2500	—	—
	—	—	3200	—	—
极数	3/4	3/4	3/4	3/4	3/4
额定工作电压 U_e（V）	1150	1150	1150	1150	1150
额定绝缘电压 U_i（V）	1250	1250	1250	1250	1250
额定冲击耐受电压 U_{imp}（kV）	12	12	12	12	12
额定短时耐受电流 I_{cw}（1s）（kA）	20	30	30	65	65
额定短路接通能力 1000V AC（峰值 I_{cm}）（kA）	40	60	105	143	143

表 14-5　　　　　　　　　　　　Emax/E MS 系列直流隔离开关电气参数

型号	E1B/E MS	E2N/E MS	E3H/E MS	E4H/E MS	E6H/E MS
额定不间断电流 （40℃）I_{cu}（A）	800	1250	1250	3200	5000
	1250	1600	1600	4000	6300
	—	2000	2000	—	—
		—	2500		
	—		3200	—	—
极数	3/4	3/4	3/4	3/4	3/4
额定工作电压 U_e（V）	750/1000	750/1000	750/1000	750/1000	750/1000
额定绝缘电压 U_i（V）	1000/1000	1000/1000	1000/1000	1000/1000	1000/1000
额定冲击耐受 电压 U_{imp}（kV）	12/12	12/12	12/12	12/12	12/12
额定短时耐受 电流 I_{cw}（1s）（kA）	25/20	40/25	50/40	65/65	65/65
额定短路 接通能力 I_{cm}	750V DC （kA）	42/42	52.5/52.5	105/105	143/143	143/143
	1000V DC （kA）	—/42	—/52.5	—/105	—/143	—/143

在选用交流磁场断路器时，应尽量避免采用交流真空断路器作为交流侧磁场断路器应用。因为交流真空断路器在分断时主触头开距较小，会引起极高的电流梯度变化并在发电机励磁绕组中引起危及绝缘安全的极高的暂态过电压。

第七节　非线性灭磁电阻的性能特征[38]

目前在大型水电、火电以及核电机组灭磁系统的设计中，经过多年的探索与实践，无论在国内或国外，全部采用了碳化硅非线性电阻作为灭磁电阻应用。

此外，在中、小型水电和火电机组灭磁系统中，特别是容量在 300MW 以下的机组中，国内较普遍的是应用氧化锌非线性电阻作为灭磁电阻，并取得了良好的效果。

在本节中将重点介绍广泛应用的英国 M&I 公司，METROSIL 系列碳化硅非线性电阻的性能特征。

一、单阀片 U-I 特性表达式

对于非线性电阻，其 U-I 特性表达式已在式（14-25）和式（14-26）示出。

对于碳化硅非线性电阻，如以 U-I 坐标系表达其特性，在工程应用上多有不便；如以对数坐标形式表示其 U-I 特性，在应用上更为方便。

对式（14-25）两边取对数，其表达式可表示为：

$$\lg U = \lg C + \beta \lg I \tag{14-52}$$

由式（14-52）可看出，在双对数 $U\text{-}I$ 坐标系中，非线性电阻的 $U\text{-}I$ 特性近似为一条直线，如图 14-35 所示。

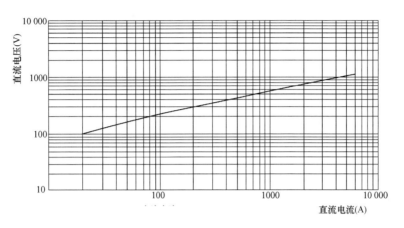

图 14-35　碳化硅非线性电阻的典型 $U\text{-}I$ 特性曲线

另外，对于式（14-52），当 $I=1A$ 时可求得：

$$\lg U = \lg C \tag{14-53}$$

或
$$U = C$$

式（14-52）说明，在 $U\text{-}I$ 双对数坐标系中，系数 C 等于 $I=1A$ 时 $U\text{-}I$ 特性曲线与 U 轴相交的电压值。

同理，由式（14-26）可得：

$$\lg I = \lg H + \alpha \lg U \tag{14-54}$$

当 $U=1$ 时，在 $U\text{-}I$ 特性曲线中，与其对应的电流值 $I=H$。

下面讨论一下式（14-25）、式（14-26）中各系数 C、H、α 及 β 之间的关系式。由式（14-26）可求得：

$$U = \sqrt[\alpha]{\frac{I}{H}} = H^{-\frac{1}{\alpha}} I^{\frac{1}{\alpha}} \tag{14-55}$$

令式（14-25）等于式（14-55），可求得：

$$C = H^{-\frac{1}{\alpha}}$$

$$\beta = \frac{1}{\alpha}$$

整理得：

$$\alpha = \frac{1}{\beta}$$

$$C = H^{-\beta} \tag{14-56}$$

对于 Metrosil 系列碳化硅灭磁电阻，其典型 C 及 β 值见表 14-6。

表 14-6 Metrosil 系列碳化硅非线性电阻典型 *C* 及 *β* 值

阀片厚度（mm）	C（对于单片阀片）	β（对于单片阀片）
20	40～250	0.5～0.3
15	106	0.4
11.25	75	0.4
7.5	53	0.4

选择不同厚度阀片、不同的接线方式以及 *C* 和 β 参数值，可满足各种灭磁工况下对灭磁电阻参数具体的需求。

二、组件 *U-I* 特性表达式

为了满足灭磁总容量的要求，在实际应用中通常须将电阻片连接为多路串联、并联接线，其 *U-I* 特性表达式将不同于单片的 *U-I* 表达式。

（1）串联表达式。假定单片非线性电阻的 *U-I* 特性表达式为：

$$U = CI^\beta$$

如果 N_S 片串联连接，其 *U-I* 特性表达式可写为：

$$U = N_S CI^\beta \tag{14-57}$$

（2）并联表达式。假定单片非线性电阻 *U-I* 特性表达式为：

$$U = CI^\beta$$

当 N_P 片非线性电阻并联时，其 *U-I* 特性表达式为：

$$U = C\left(\frac{I}{N_P}\right)^\beta \tag{14-58}$$

（3）串、并联表达式。假定非线性电阻 N_P 片并联、N_S 串联，其组合 *U-I* 特性表达式为：

$$U = CN_S\left(\frac{I}{N_P}\right)^\beta \tag{14-59}$$

三、碳化硅非线性电阻的温度系数

碳化硅非线性电阻的材质决定了其电阻的温度特性，其特征是当碳化硅电阻温度上升时，阻值会减少。在恒定电流负载条件下，其两端电压随温度升高而减少，或者在恒定电压负载下，其电流随温度上升而增加，呈负电阻温度系数特性。对于恒定电流负载而言，负温度系数为：温度每增加 1℃，电流增加 0.6％；对于恒定电压负载而言，负温度系数为：温度每增加 1℃，电压下降 0.12％。

实际上，对于 Metrosil 系列碳化硅非线性电阻有两种应用情况：

（1）作为浪涌电压吸收元件。其外加电压为恒定值，碳化硅电阻连续吸收能量，由于泄漏电流的存在会使温度增加，在设计的碳化硅电阻冷却方案时应考虑由泄漏电流产生的热能会被其元件自然冷却作用所平衡，从而补偿了负电阻温度系数的影响。

（2）作为灭磁电阻。只是在灭磁回路动作时才接入发电机励磁回路中。因此，在灭磁

动作前无所谓负电阻温度系数的影响，在短暂的几秒时间的灭磁过程中，负电阻温度系数的影响亦是极小的，可到忽略不计的程度。这是由于：首先在灭磁电流衰减过程中，碳化硅灭磁电阻两端的电压波形并非如氧化锌灭磁电阻呈恒电压特性，而是随灭磁电流的下降而降低的三角波，从而减小了负电阻温度系数的影响。同时，灭磁时励磁电流源的能量是有限的，无后续能量的输入。因此，不可能由于负电阻温度系数的影响引起所谓电流崩溃的问题。

此外，在选择用于灭磁回路的碳化硅电阻容量时，正确的设计应确保碳化硅电阻在吸收灭磁能量的同时以及在元件自然散热条件下，使元件最终温度不超过允许值。

四、温升计算

Metrosil 系列碳化硅灭磁电阻的比热系数约为 $0.84\mathrm{J/(g \cdot ℃)}$，元件密度约为 $2.35\mathrm{g/cm^3}$。依此基本参数可估算在灭磁过程中碳化硅灭磁电阻的温升。

例如，对于 Metrosil 系列碳化硅系列 600-A/US16/P/Spec 6298 组件，每个组件 16 片并联，整组灭磁电阻由 6 组件并联后再与另外 6 组件并联体串联，整组组件片数为 $16×6×2=192$ 片。元件直径 152mm，厚度 15mm，元件中心孔尺寸为 $\phi20$。依此可求得整组元件的总体积为：

$$V = 192 × \pi(7.6^2 - 1.0^2) × 1.5 = 51.33(\mathrm{cm^3})$$

总质量为：

$$W = 51.33\mathrm{cm^3} × 2.35\mathrm{g/cm^3} = 120.6\mathrm{kg}$$

根据比热 $\rho = 0.84\mathrm{J/(g \cdot ℃)}$，表明每克碳化硅灭磁电阻温度每升高 1℃ 所需能量为 0.84J。对于上述碳化硅灭磁电阻组件总重为 118.4kg，使其每升高 1℃ 所需的能量为：

$$W_{\mathrm{E}} = 0.84 × 122.8 = 103.15(\mathrm{kJ/℃})$$

如果根据灭磁系统计算，在发电机发生突然三相短路时的灭磁容量为 6554kJ，此时灭磁电阻的最终温升等于：

$$\Delta T = 6554 ÷ 103.15 = 63.54(℃)$$

室温取 25℃，此时灭磁电阻的温度为 63.54℃。

Metrosil 系列碳化硅非线性电阻组件的典型冷却曲线如图 14-36 所示。

由图 14-36 可看出，组件由最高允许温度降低至室温大约需要 6h。

五、灭磁时间

灭磁时间的表达式如式（14-31）所示：

$$t_{\mathrm{m}} = \frac{T'_{\mathrm{d0}}}{1-\beta}\ln\left(1 + \frac{1}{K}\right)$$

式中 K——过电压倍数，定义为：

$$K = \frac{U_{\mathrm{fm}}}{U_{\mathrm{f0}}} = \frac{I_{\mathrm{f0}}R_0}{I_{\mathrm{f0}}R_f}$$

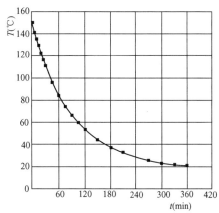

图 14-36 Metrosil 系列 600A/US14/P
（厚度 20mm）、600A/US16/P（厚度 15mm）
和类似尺寸碳化硅非线性电阻组件温度
冷却特性曲线

其中 U_{fm} 为灭磁换流瞬间，初始电流 I_{f0} 流过非线性电阻所产生的电压降。

六、碳化硅非线性电阻的参数选择

用户依据下列参数可选碳化硅非线性电阻的参数。

（1）最大灭磁电流。当发电机发生突然三相短路时引起的转子非周期分量幅值电流可作为最大灭磁电流，通常此电流近似等于 3 倍发电机额定励磁电流。

（2）最大灭磁电压。此电压等于最大灭磁电流流过灭磁电阻时在灭磁电阻两端产生的残压值。

（3）最大灭磁容量。通常等于当发电机发生突然三相短路时，发电机转子励磁绕组中所产生的磁场能量。

除按上述发电机突然三相短路状态确定最大灭磁容量外，还有其他灭磁方式如发电机空载、额定以及强励等灭磁状态。考虑到一旦发电机定子回路主断路器跳闸后，由于受定、转子磁链守恒原理约束，发电机跳闸后转子电流将下降到近于空载气隙励磁电流的水平。灭磁容量近似等于空载灭磁容量，对于空载误强励灭磁方式，由于发电机电压上升到 1.3 倍额定电压并经 0.3s 延时后，发电机端过电压保护动作，磁场断路器跳闸，此时的灭磁电流高于额定励磁电流值，通常小于强励电流值。应强调指出的是：对于水轮发电机组，空载误强励过电压保护整定值现已由原 1.3 倍额定电压经 0.3s 延时动作改为 1.2 倍经 0.2s 延时动作，这一变动极大地改善了磁场断路器的工作条件，对于火电机组，发电机空载误强励过电压整定值亦有类似的改变。

七、碳化硅非线性电阻的时效性

由 M&I 公司生产的 Metrosil 系列碳化硅非线性电阻运行经验表明：其 U-I 特性只有轻微的变化，而且此变化不会影响到并联运行各支路的电流均衡和匹配，或者说不会影响到整组 Metrosil 系列碳化硅非线性电阻的总体性能，也不存在碳化硅非线性电阻经长期运行后降低标称能容量的问题，亦即 Metrosil 系列碳化硅非线性电阻性能稳定，不随时间的长短而发生变化。电气性能具有长时间时效性。

八、碳化硅非线性电阻的故障损坏形式

引起 Metrosil 系列碳化硅非线性电阻元件故障损坏形式主要有以下两种情况：

（1）流过灭磁电阻的电流超过规定时限的电流值。

（2）灭磁电阻吸收的灭磁能量超过规定温升的灭磁容量值。

对于 Metrosil 系列碳化硅非线性电阻，在灭磁时，其温升决定于元件灭磁时吸收的能量。例如，对于 Spec 6298 600A/US16/P 碳化硅非线性电阻组件，当元件输入灭磁能量 680kJ 时，元件的温升不会超过 80℃；输入灭磁能量 880kJ 时，元件的温升不会超过 105℃；输入灭磁能量 1250kJ 时，元件的温升不会超过 130℃。如考虑室温 25℃，即在任何灭磁方式下，元件的最终温度不超过 160℃时，灭磁电阻的运行是安全的。

Metrosil 系列碳化硅元件的允许灭磁能量是以其允许负载温度作为限定条件。这样可使用户在选择灭磁电阻容量时，有明确的依据与判据。

如果由于某种原因，运行中的碳化硅灭磁电阻元件的灭磁电流或灭磁容量超过其极限值，则电阻片可能引起故障，开始以"电流击穿"形式，使支路中有一片电阻片被击穿，并在击穿元件处引起电弧，瞬时引起类似短路的情况。其后如果流过故障点电流较大，则故障电阻片会因过热而裂成碎片，最终使故障支路呈开路状态，此故障过程并不影响到仍处于正常状态下的其他并联支路电阻片的正常运行。

但是，如果发生这种故障状态，M&I 公司建议应将发生故障的并联支路整组电阻元件由原成组备件予以更换。

应说明的是，Metrosil 系列碳化硅非线性电阻在作为灭磁电阻应用和现行的灭磁时间（5s 以下）条件下，灭磁能量注入速度对温升的影响甚微。

九、技术规范

对于 Metrosil 系列碳化硅非线性电阻，在其型号中表明了基本技术规范。例如型号 600-A/US14/P/Spec 6672（1400V，3500A，1000kJ），其中：600 表示灭磁电阻每片元件的直径为 ϕ152（6in）；A 表示元件的形状为环形；US14 表示每一单个组件由 14 片电阻片组成；US 表示电阻片间无间隔；P 表示单个组件中，14 片电阻按并联连接。

在图 14-37 中示出了 3 种规格型号灭磁电阻组件的 U-I 特性曲线。

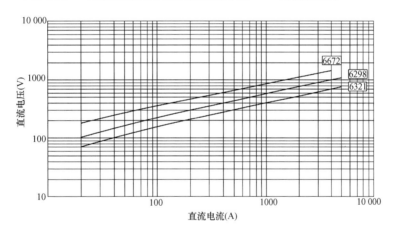

图 14-37　600-A/US14/P/Spec 6672，600-A/US16/P/Spec 6298，
600-A/US14/P/Spec 6321 碳化硅非线性电阻组件 U-I 特性曲线

在表 14-7 中示出了 Metrosil 600A 系列典型碳化硅非线性电阻阻件的技术规范。

表 14-7　Metrosil 600A 系列典型碳化硅非线性电阻组件技术规范

型号	元件并联数	元件厚度（mm）	额定电流（A）	额定电流时最大电压（V）	25%额定电流时最大电压（V）	额定能量（kJ）			U-I 特性曲线 $U=CI^{\beta}$	
						重复使用情况，每次灭磁后，应保证有足够冷却时间间隔（灭磁时的温升80℃）	重复使用情况，每次灭磁后，应保证有足够冷却时间间隔（灭磁时的温升105℃）	偶尔发生情况（灭磁时的温升）	C	β
600-A/US14/P/Spec 6672	14	20	3500	1400	835	780	1000	1250（130℃）	60	0.37

续表

型号	元件并联数	元件厚度（mm）	额定电流（A）	额定电流时最大电压（V）	25%额定电流时最大电压（V）	额定能量（kJ）			U-I 特性曲线 $U=CI^\beta$	
						重复使用情况，每次灭磁后，应保证有足够冷却时间间隔（灭磁时的温升80℃）	重复使用情况，每次灭磁后，应保证有足够冷却时间间隔（灭磁时的温升105℃）	偶尔发生情况（灭磁时的温升）	C	β
600-A/US16/P/Spec 6298	16	15	4000	1100	635	680	880	1050（125℃）	35	0.40
600-A/US14/P/Spec 6321	16	11	4000	800	460	510	650	820（128℃）	25	0.40

注 1. 对地绝缘耐压试验电压为 5kV/min。
   2. 组件最大连续运行温度为 115℃，最大极限温度为 160℃。

在图 14-38 示出了新型结构的 M&I 公司 Metrosil 系列碳化硅非线性电阻组件结构图。

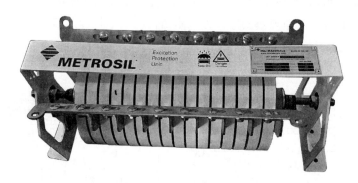

图 14-38　M&I 公司 Metrosil 系列碳化硅非线性电阻组件结构图

水轮发电机组励磁系统的
性能特征

第一节　概　　述

近年来，特别是 21 世纪初以来，我国的水电建设事业取得了举世瞩目的飞跃发展。以三峡水电站为代表的标志性水电工程，自 2002 年首台 700MW 水电机组投运以来，至 2008 年底，三峡水电站中左岸 14 台、右岸 12 台共 26 台 700MW 水电机组已全部投产运行。2010 年底，位于地下厂房的 6 台 700MW 水电机组也陆续投产运行，至此，总装机容量达 22400MW 的三峡水电站已成为当今世界第一大水电站。2014 年 7 月底，位于长江上游金沙江流域的装机总容量为 18×700MW 的溪洛渡水电站以及 8×800MW 的向家坝水电站全部机组已投产发电，形成又一批新的水电基地中心。应强调指出的是，就总装机容量而言，溪洛渡水电站目前已成为我国继三峡水电站之后的第二大水电站，向家坝水电站单机容量为 800MW 水电机组，为当今世界上单机容量最大的水轮发电机组，是当今国内第三大水电站。根据中国长江三峡开发总公司的远景发展规划，继溪洛渡和向家坝两大水电站投产运行后，将在长江上游（即金沙江下游）再建造白鹤滩和乌东德两座大型水电站，其中白鹤滩水电站总装机容量为 16×1000MW，单机容量为 1000MW 水电机组，具世界水电单机容量之最；乌东德水电站总装机容量为 12×850MW，预计在 2020 年前后建成并投产发电。届时溪洛渡、向家坝、白鹤滩和乌东德 4 座水电站总装机容量之和将达到 45200MW，约为三峡水电站总装机容量（22400MW）的两倍。为了充分的吸收和借鉴三峡、溪洛渡和向家坝等水电站励磁系统的设计和运行经验，以利于未来白鹤滩和乌东德等水电站机组励磁系统设计方案的选择和参数的优化，在本章节中将以向家坝水电站机组励磁系统的设计特点及性能特征为实例进行专题论述。

第二节　向家坝水电站机组静态自励励磁系统

一、概述

向家坝水电站现有单机容量为 800MW 的 8 套水电机组，励磁系统采用 Siemens 公司的 SPPA-E3000-SES530 静态自励励磁系统，接于发电机机端的励磁变压器由 3 个环氧浇注干式单相变压器组成，灭磁及转子过电压保护柜由北京四方电气公司按招标书要求配套供货，直流磁场断路器采用法国 Lenoir 公司生产的 CEX 系列产品，SiC 非线性灭磁电阻采用英国 M&I 公司生产的 Metrosil 系列产品，成套励磁设备有南京西门子电站自动化有限公司成套供货。

每台机组励磁设备由以下主要部件组成：①励磁变压器及附件（包括电流互感器、测温元件、端子箱等）；②晶闸管整流装置；③灭磁及转子过电压保护装置；④励磁调节装置；⑤起励装置；⑥励磁系统控制、检测、保护、测量和显示设备等。

向家坝水电站左岸和右岸各装有 4 套 800MW 水电机组，由于左、右岸水电机组发电机定子等主机参数不同，再加上右岸机组未采用电制动，因此左、右岸励磁装置的配置也有所不同。此外，左岸的励磁设备中增加了一台 700kVA 的电气制动变压器。

二、发电机参数及励磁系统的配置

向家坝水电站 800MW 水轮发电机组参数及成套励磁设备的主要参数见表 15-1～表 15-15，西门子 E3000-SES 530-THYRIPOL® 成套励磁设备的外形图如图 15-1 所示。向家坝水电站左岸 800MW 水电机组静态自励励磁系统原理图如图 15-2 所示。

表 15-1 　　　　　　　　**向家坝水电站 800MW 水轮发电机组参数**

参数名称	右岸参数（Alstom）	左岸参数（哈电）	单位	备注
发电机型号	SF800-84/19990	SF800-80/20400		
额定容量	888.9		MVA	
最大容量	840	840	MVA	
最大容量时功率因数	0.9	0.9		
额定功率因数	0.9	0.9		
额定电压	23	20	kV	
额定电流	22313	25660	A	
额定转速	71.4	75	r/min	
磁极对数	42	40		
飞逸转速	134	150	r/min	
额定频率	50	50	Hz	
相数	3	3		
定子绕组连接方式	7Y	8Y		
冷却方式	全空冷	全空冷		
飞轮力矩	≥490000	≥490000	t·m²	
推力轴承负荷	4420	4420	t	
定子绝缘	F 级	F 级		
转子绝缘	F 级	F 级		
定子绕组温度	70	69	K	
定子铁芯温升	60	59	K	
转子绕组温升	75	74.5	K	
集电环温升	80	78	K	
与定子绕组绝缘接触或相邻的机械部件温升	60	60	K	
推力轴承瓦面温升	80	80	K	
导轴承瓦面温升	70	70	K	

续表

参数名称	右岸参数（Alstom）	左岸参数（哈电）	单位	备注
纵轴同步电抗 X_d	104/93.2	107.2/94.34	%	不饱和/饱和，额定容量
纵轴瞬变电抗 X_d'	33/28	33/31.2	%	不饱和/饱和，额定容量
纵轴超瞬变电抗 X_d''	28.4/24	26.3/23	%	不饱和/饱和，额定容量
纵轴瞬变开路时间常数 T_{do}'	10.2	9.827	s	95℃
纵轴瞬变短路时间常数 T_d'	3.35	2.986	s	95℃
定子绕组短路时间常数	0.151	0.459	s	95℃
励磁绕组对地电容	0.55	0.55	μF	
励磁绕组自感	1.43	0.983	H	
定子绕组对地电容	3.43	3.846	μF/相	
转子绕组电阻	0.143/0.151	0.1065/0.11295	Ω	95℃时/115℃时

表 15-2　　　　　　　　**励磁系统参数（SES 530-THYRIPOL）**

项目		左岸，哈电（HEC）	右岸，Alstom（TAH）
制造厂		Siemens 公司	
型式		微机静态自并励励磁系统 SES 530	
空载励磁电压		199.4V	273V
空载励磁电流		2310.5A	1979A
888.9MVA，功率因数为 0.9 时的励磁电压		512.1V	540V
888.9MVA，功率因数为 0.9 时的励磁电流		4170.4A	3692A
励磁顶值电压		1031.4V	1080V
励磁顶值电流		8399.4A	7384A
强励时间	励磁顶值电流下，允许强励时间	20s	
	励磁系统退出一个整流桥时，在励磁顶值电流下，允许的工作时间	≥20s	
励磁系统电压响应时间		≤0.03s	
励磁绕组两端过电压值（机组在任何运行状态下（包括电网故障扰动，发电机—变压器组断路器或磁场断路器跳闸），转子过压值		励磁绕组过电压的瞬时值不超过出厂试验时绕组对地耐压试验电压的幅值（U_s）的 70%，即≤0.7U_s	
励磁系统的年不可利用率		≤0.03%	
励磁系统投入运行后首次故障间隔时间		≥50000h	
励磁系统使用寿命		≥50 年	
励磁系统平均故障间隔时间（MTBF）		≥223713h	

表 15-3　　　　　　　　**调节器参数（SES 530）**

项目	参数
制造厂	Siemens
型号	SES 530
AVR 调节范围	70%～110%U_N（U_N 为定子额定电压）
ECR 调节范围	空载：10%～65%I_{fN}（I_{fN} 为转子额定电流） 负载：30%～110%I_{fN}（I_{fN} 为转子额定电流）
励磁调节器调节精度	±0.2%
调节时间	<1.5s
超调量	<10%

项目		参数
励磁调节器的调节规律		PID＋PSS2A（2B）
PSS 抑制振荡频率范围		0.1～2.5Hz
AVR 电压调差率范围		±15%
励磁调节器硬件配置	CPU 字长	32 位
	主频	32MHz
	RAM	256M
通信接口形式		Modbus 或 Profibus

表 15-4 整流柜参数（Siemens）

项目	参数
晶闸管整流装置/制造厂	SITOR 德国西门子
晶闸管元件制造厂及型号	EUPEC，T1452N52
晶闸管整流桥并联支路数	5
每条支路串联元件数	1
并联支路均流系数	≥0.95
晶闸管整流柜数量	5
晶闸管元件反向重复峰值电压	5200V
晶闸管元件额定正向平均电流	2260A
单个整流桥的负载能力	2200A
退出一个整流桥的负载能力	8400A
强励时晶闸管的控制角	10°
空载时晶闸管的控制角	78°～81°
逆变时晶闸管最小逆变角	150°
整流柜的冷却方式	风冷
冷却风机数量	2
冷却风机额定功率	1750W（400V/三相）
风机噪声	<65dB
额定工况下晶闸管壳温	85℃
发电机额定负载时整流装置总损耗	34kW（左岸）/32kW（右岸）
脉冲变压器使用寿命	50 年
快速熔断器制造厂及型号	Siemens 公司 3NE7637-1C
快速熔断器额定电流	2×710A

表 15-5 励磁变压器参数（金盘）

项目	左岸：哈电（HEC）	右岸：天阿（TAH）
制造厂	海南金盘电气	
型式	环氧浇注、单相	
额定容量	3×2500kVA	3×2300kVA
一次侧电压	$20/\sqrt{3}\pm5\%$ kV	$23\sqrt{3}\pm5\%$ kV
二次侧电压	1110V	1150V
绝缘等级	F 级	F 级

续表

项目		左岸：哈电（HEC）	右岸：天阿（TAH）
耐压水平	一次侧 1min 工频耐受电压	50kV	60kV
	一次侧冲击耐受电压（峰值）	125kV	150kV
	二次侧 1min 工频耐受电压	5kV	5kV
	二次侧冲击耐受电压（峰值）	10kV	10kV
温升	绕组温度	80K	80K
	铁芯温度	65K	65K
发电机最大负载时的损耗	短路阻抗	8％	8％
	铜损（120℃）（单相）	19345W	19200W
	铁损（单相）	4815W	4370W
连接方式		Yd11	
冷却方式		自然空冷	
保护等级		IP20	
绕组结构	高压侧绕组结构	线绕	
	低压侧绕组结构	线绕	
硅钢片的型号		C130-30	
硅钢片的设计磁通密度		1.5T	
外形尺寸（长×宽×高）（单相）		2200mm×3300mm×3100mm	
重量		6700kg	6300kg

表 15-6　　　　　　　　　　电源系统参数（Siemens、四方、金盘）

项目	电压（V）	电流（A）	功率（kVA）	使用场合	备注
AC1	380	22/29	连续：1.5；短时：2	辅助电压（AVR 工作电源 1）	三相
AC2	220	23	5	加热器和插头电源	单相
AC3	380	145/580	连续：10；短时：40	交流起励电源	三相
AC4	380	145	10	风机电源、辅助电源	三相
DC1	220	7/9	连续：1.5；短时：2	辅助柜工作电源 1、AVR 工作电源 2	
DC2	220	7/9	连续：1.5；短时：2	辅助柜工作电源 2、AVR 柜继电器工作电源	
DC3	220	7/9	连续：1.5；短时：2	S101/S102/S104/S107 跳闸电源 1	
DC4	220	7/9	连续：1.5；短时：2	S101/S102/S104 跳闸电源 2	
DC5	220	45	10	S101/S102/S104/S107 合闸电源	

表 15-7　　　　　　　　　　磁场断路器参数（四方）

项目	参数
灭磁柜制造厂	四方吉思
磁场断路器制造厂	法国 LENOIR ELEC 公司

项目	参数
磁场断路器型号	CEX 06 5000 4.2 Ts 2000VD
磁场断路器额定电压	2000V
额定时短路电压	4000V
额定时最大分断电压	3000V/4000V/5000V
额定连续电流	5000A
在额定短路时电压下的额定分断电流	2000V/30kA（双极）
在额定最大电压下的最大分断电流	4000V/21kA（双极）
额定0.5s短路时通过的电流	50kA
常闭触头在额定电压下的分断电流（如果有）	10kA
常闭触头在额定0.5s短时通过的电流（如果有）	12kA
常闭触头额定闭合电流（如果有）	10kA
断路器分断试验标准	ANSI/IEEE C37.18
分闸时间	70ms
分断时间	90ms
合闸时间	300ms
灭磁分断弧电压保证值	4000V
灭磁分断最高电压	3000V/4000V/5000V
在灭磁分断最高电压下的最大分断电流	2000V/30kA（双极）
在其他灭磁分断电压下的分断电流	4000V/21kA（双极）
绝缘电压	7500V
断口数量	四个常开主断口加两个常闭辅助断口
控制回路电压	220V DC
机械寿命	100000次
电气寿命	50000次
尺寸大小（长×宽×高）	1756mm×522mm×655mm

单合闸线圈，双跳闸线圈，6动合6动断辅助触点

表 15-8　　　　　　　　　　交流进线真空断路器参数（Siemens）

项目	参数	
制造厂及型号	Siemens 3AH3078-8	
额定电流	4000A	
额定电压	7200V	
额定短路分断电流	周期分量（有效值）	63kA
	非周期分量	36%
额定短路耐受电流	160kA	
额定短路持续时间	3s	
额定短路关合电流	160kA	
低于额定电压下运行时的短路分断电流	75kA/1250V	
分闸时间	<60ms	
分断时间	<80ms	
合闸时间	<80ms	

表 15-9 非线性电阻及直流侧过电压保护参数（四方）

项目	参数
制造厂及型号	M&I Materials Ltd FME/600A/US238/119/2S
电阻材料	SiC
整组并联支路数/每并联支路串联片数	119P/2S
整组允许最大灭磁电流	12600A
整组电阻两端最高允许电压	2100V
整组电阻元件负载率	60%
电阻装置整组非线性系数	0.39～0.42
整套灭磁电阻总容量	16MJ
整组电阻泄漏电流	2～3μA
电阻允许温升	160K
电阻寿命	170000h
跨接器动作电压值	3000V
最大灭磁能量计算值	8.213MJ（左岸）/8.048MJ（右岸）
灭磁时整组电阻两端的最高电压值	1700V
灭磁时电阻最高温升	108K

表 15-10 阳极过电压保护装置参数（四方）

项目	参数
交流侧	
型式及接线方式	RC 阻容保护
额定电压	1110V（左岸）/1150V（右岸）
过电压限压值	1500V
浪涌电流	21000A
电容参数（德国电容）	4μF/4000V AC
电阻参数（大功率无感电阻）	40Ω/500W
保险参数（高压小电流保险）	FWJ-35A/1000V
高压电缆参数	AGG-4.0/5000V，耐高温180°
交流侧过电压倍数	3
接法	三角形

表 15-11 起 励 参 数

项目	参数（HEC/TAH）
起励电压（直流）	25.2V（左岸）/27.3V（右岸）
起励电流	231.3A（左岸）/197.9A（右岸）
起励时间	10s
起励变压器容量	10kVA（新起励变容量为15kVA）
起励变压器一次/二次电压	380V/25V（新起励变比为400V/43V）
起励整流器制造厂	SEMIKRON
起励整流元件反向重复峰值电压	2400V
起励整流元件额定正向平均电流	430A

表 15-12 　　　　　　　　　　电气制动参数（只适用于左岸：HEC）

项目	参数（哈电）
电气制动时励磁电压	200V
电气制动时励磁电流	2313A
制动时间	＜600s

表 15-13 　　　　　　　　　　制动变压器参数（只适用于左岸：HEC）

项目	参数（哈电）
制造厂	海南金盘电气
型式	环氧浇注的干式变压器（SC9-700/0.38/0.23）
相数	三相
额定容量	700kVA
一次侧电压	380V
二次侧电压	230V
绝缘等级	F 级
一次侧 1min 工频耐受电压	3kV
温升	80K
短路阻抗	6％
连接方式	Yd11
冷却方式	自冷
防护等级	IP20
外形尺寸（长×宽×高）	2000mm×1250mm×2200mm
质量	2575kg
噪声	55dB

表 15-14 　　　　　　　　　　制动电源开关参数（只适用于左岸：HEC）

项目	参数
制造厂	Siemens
型号	3AH3114-6
额定电流	2500A
额定电压	12kV
额定短时分断开断电流（周期分量有效值）	25kA
非周期分量（额定短路开断直流分量比例）	36％
额定短路耐受电流	25kA
额定短路持续时间	4s
额定短路关合电流	63kA
低于额定电压下运行时的短路分断电流	＞25kA
合闸时间	40～60ms
分断时间	＜75ms
合闸时间	＜75ms
额定工频耐受电压（对地/断口）	28kV
额定冲击耐受电压（对地/断口）	75kV
最大制动次数	10000 次

表 15-15　　　　　　　　　　　　励　磁　柜　参　数

项目	参数	
数量	PE01-PE12 共 12 柜	
单柜外形尺寸 （深×宽×高，mm）	调节器（PE01）	600×1200×2200
	辅助控制柜（PE02）	900×1200×2200
	整流柜（PE03-PE07）	600×1200×2800
	磁场断路器（PE08-PE09）	1200×1200×2800
	灭磁电阻柜（PE10）	1200×1200×2200
	励磁变压器柜（PE11）	6000×3300×3100
	交流进线柜（EN）　左岸（备注：S102、S104）	1200×2600×3100
	交流进线柜（EN）　右岸（S102）	2000×1000×3100
	AC 过电压保护柜（EJ）	1000×1000×3100
	左岸制动变压器柜	1250×2000×2200
总尺寸（宽×深×高）	励磁控制柜 8100mm×1200mm×2800mm	
单柜质量（kg）	调节器	＜750
	辅助控制柜	＜750
	整流柜	＜750
	磁场断路器	＜750
	灭磁电阻柜	＜1000
总质量（kg）	右岸：励磁变压器、交流进线柜、AC 过电压保护柜	6500
	左岸：励磁变压器、交流进线柜、AC 过电压保护柜	7000
	左岸制动变压器	2575

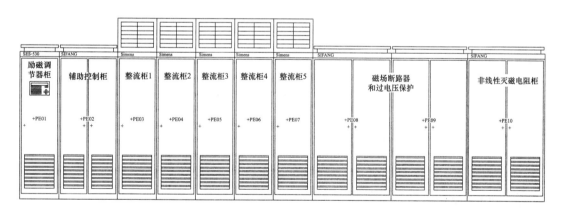

图 15-1　向家坝水电站 800MW 水电机组 E3000-SES 530-THYRIPOL®成套励磁设备外形图

在励磁控制系统设计中采用冗余设计理念，即在励磁控制系统中采用两套（主套和从套）完全相同的控制系统，每套系统包括 1 套 SIMATIC S7-300 组件、1 套 SIMOREG CM 控制模块和 1 套集成在 SIMOREG CM 中的控制卡件 T400。励磁系统对外通信西门子标准是采用 Profibus 通信协议，用户仍可以通过需要选择以下的其他通信协议。控制系统的结构图如图 15-3 所示。

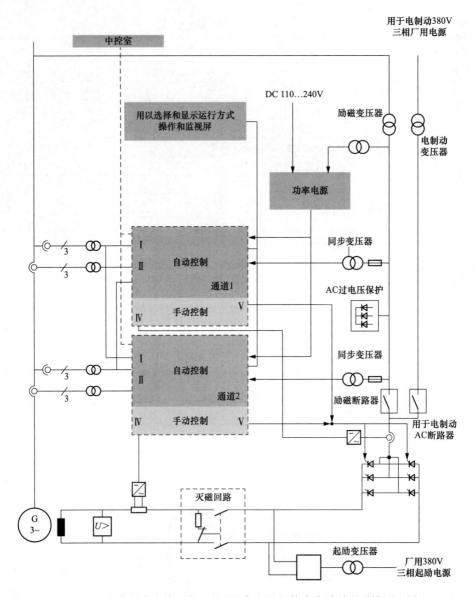

图 15-2　向家坝水电站左岸 800MW 水电机组静态自励励磁系统原理图

励磁控制系统与主要功能单元之间的通道连接如图 15-4 所示。

三、励磁系统的组成

（一）自动励磁调节器

向家坝水电站水电机组自动励磁调节器的主要功能为：作为励磁系统的核心部件，对整个励磁系统的控制、保护与决策起到主导的核心作用。此外，根据运行要求为晶闸管整流柜提供相应的脉冲触发信号，并向发电机励磁回路提供相应的励磁功率并保持发电机的稳定运行。自动励磁调节器的基本参数见表 15-16。

由西门子公司提供的自动励磁调节器为数字式静态励磁调节器，在硬件配置上具有以下特点：

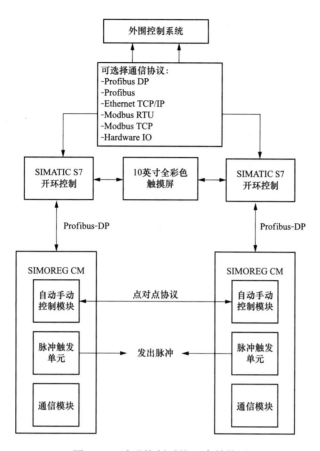

图 15-3 励磁控制系统冗余结构图

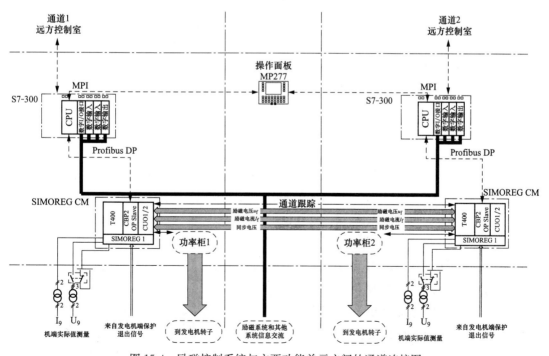

图 15-4 励磁控制系统与主要功能单元之间的通道连接图

表 15-16 自动励磁调节器的基本参数

项目	参数	备注
AVR 调节范围	$5\%\sim130\%U_n$	U_n 为定子额定电压
FCR 调节范围	$5\%\sim110\%I_{fn}$	I_{fn} 为转子额定电流
调节精度	0.2%	
调节时间	$<1.5s$	
超调量	10%	
调节规律	PID＋PSS2A（2B）	
强励角	$10°$	
AVR 电压调差率范围	$\pm15\%$可调	
CPU 字长	32 位	
CPU 主频	32MHz	
RAM	256M	
通信接口型式	Modbus 或 Profibus	

（1）由两套完全独立的 SIMOREG. CM＋SIMATIC S7 控制模块所组成，100％冗余设计，在每一控制系统中还设有手动控制环节。

（2）SIMATIC 和 SIMOREG 之间采用现场总线和 Profibus 总线通信系统，通信速率快，实时性好。

（3）SIMATIC 与监控系统之间也采用 Profibus 总线实时通信系统，另两套控制器之间亦采用 Profibus 总线实时通信以保证系统间实现无扰动切换。

（4）调节器柜外部配有控制面板，便于现场操作。

（5）励磁调节器的调节规律为 PID＋PSS。

（6）调节器两通道采热备用运行方式，同时接受输入调节信号控制并执行操作与调节，正常运行时仅有处于工作状态的通道有输出，并对晶闸管整流器进行触发。当工作通道发生故障时，备用通道自动投入运行，并闭锁故障通道，防止误切入故障通道。

（7）极端情况下，当两通道中的自动电压调节（AVR）方式同时发生故障时，系统则自动切换至励磁电流（FCR）调节方式运行。

（二）晶闸管整流器

1. 概述

在 SES 530 静态自励磁系统中，西门子采用了 SIMOREG 6RA70 系列全数字化控制晶闸管整流装置，此装置结构紧凑，所有的控制、调节、监视及附加功能均可由微处理器予以实现。此处还可以通过 SIMOREG 整流单元的并联连接以达到扩展整流容量的要求。

另外，根据发电机励磁参数的不同，可以将整流器控制模块和整流桥集成在一起的结构方式 SIMOREG DC-Master，或者采用由控制模块 SIMOREG CM 和单独的整流桥（SITOR 或者 STACK）组成的成套整流装置。

在 SITOR 型功率柜整流柜中，整流器模块采用抽屉结构、脉冲放大电路、脉冲变压器、阻容吸收器以及快速熔断器；支流测量 TA 均置于整流单元组件中，检修维护方便。

整流模块另一结构为 STACK 型式，将大功率晶闸管元件及散热器等部件均固定在一框架上，堆放式结构可获得更大容量的输出。

西门子开发的大功率整流装置的典型数据参数见表 15-17，其中控制器 SIMOREG CM 单独装在调节柜中。

表 5-17 采用 SITOR 或 STACK 结构方式整流桥典型参数表

型号	ERR 750/2400	ERR 550/2900	ERR 900/4500	ERR 900/6000
	SITOR Module		Stack design	
额定励磁电流 I_{fn}（A）	2182	2636	4090	5455
连续运行最大允许电流 I_{Fmax}（$=1.1 \times I_{frated}$）（A）	2400	2900	4500	6000
顶值电流 I_p（10s）（A）	3600	4350	6000	7640
顶值电流位数 I_p/I_{frated}	1.65	1.65	1.40	1.40
整流桥交流侧最大允许输入电压（V）	750	550	900	900
顶值电压倍数	2.36	2.31	2.83	2.83
单通道	$1 \times 100\%$	$1 \times 100\%$	$1 \times 100\%$	$2 \times 50\%$
额定工况下的损耗（kW）	10	11	26	35.5
冷却空气（单桥）（m³/h）	3200	3200	5760	5760
噪声等级 50Hz	70dB（A）	70dB（A）	72.5dB（A）	74dB（A）
噪声等级 60Hz	73dB（A）	73dB（A）	75.5dB（A）	77dB（A）
质量（kg）	1300	1300	1660	2750

对于向家坝水电站 800MW 水电机组静态励磁系统，整流柜的参数见表 15-4，其系列型号为 ERR1150/2200。

2. 晶闸管整流桥的参数选择

（1）晶闸管元件额定电压的选择。依据技术要求，在额定负荷运行温度下，晶闸管整流器所能承受的反向峰值电压不小于 2.75 倍励磁变压器二次侧最大峰值电压的要求。晶闸管元件反向重复峰值电压不低于 5200V。根据晶闸管反向重复峰值电压计算式：

$$U_{RRM} \geqslant K \sqrt{2} U_2$$

式中 K——电压裕度系数，取 2.75；

U_2——励磁变压器二次侧线电压，V。

1）对于 ALSTOM 发电机组：

$$U_{RRM} \geqslant K_U \sqrt{2} U_2 \geqslant 2.75 \times \sqrt{2} \times 1150 \geqslant 4471.8 (V)$$

取 $U_{RRM} = 5200V$

2）对于 HEC 发电机组：

$$U_{RRM} \geqslant K_U \sqrt{2} U_2 \geqslant 2.75 \times \sqrt{2} \times 1110 \geqslant 4316.2 (V)$$

取 $U_{RRM} = 5200V$

（2）晶闸管元件额定电流选择。依据技术要求，晶闸管整流装置采用三相全控桥式整流线路，为满足发电机在各种工况下（包括强励）对励磁系统的要求，整流桥并联支路数不低于 4，各支路串联元件数为 1。晶闸管整流桥中并联支路数按 $N-1$ 原则考虑冗余，即 1 桥故障时能满足包括强励在内的所有功能，2 桥故障时能满足除强励外所有运行方式的要求。保证并联支路均流系数不小于 0.95。

1）对于 ALSTOM 发电机组：

3 桥并联运行满足最大容量励磁电流的 1.1 倍时，单桥输出为：

$$\frac{1.1 \times 3692/3}{0.95} = 1425(A) < 2200(A)$$

4 桥并联运行满足发电机最大容量励磁电流 2.0 倍强励能力时，单桥输出为：

$$\frac{2 \times 3692/4}{0.95} = 1943.1(A) < 2200(A)$$

单个桥臂流过的电流平均值：

$$I_{T(AV)} = 0.577 \times 2200/1.57 = 808.5(A)$$

取电流裕度系数 $K_i = 2.0$，晶闸管元件的正向平均电流值为：

$$I_{T(AV)} = K_i \times I_{T(av)} = 2.0 \times 808.5 = 1617(A)$$

2）对于 HEC 发电机组：

3 桥并联运行满足最大容量励磁电流的 1.1 倍时，单桥输出为：

$$\frac{1.1 \times 4170.4/3}{0.95} = 1609.6(A) < 2200(A)$$

4 桥并联运行满足发电机最大容量励磁电流 2 倍强励能力时，单桥输出为：

$$\frac{2 \times 4170.4/4}{0.95} = 2195(A) < 2200(A)$$

单个桥臂流过的电流平均值为：

$$I_{T(AV)} = 0.577 \times 2200/1.57 = 808.5(A)$$

取电流裕度系数 $K_i = 2.0$，晶闸管元件的正向平均电流值为：

$$I_{T(AV)} = K_i \times I_{T(av)} = 2.0 \times 808.5 = 1617(A)$$

（3）晶闸管换相过电压计算。

对于 ALSTOM 发电机组：

$$\frac{0.7}{3}\sqrt{2}U_2 + 2\sqrt{2}U_2 = \frac{0.7}{3}\sqrt{2} \times 1150 + 2\sqrt{2} \times 1150 = 3635.8(V)$$

对于 HEC 发电机组：

$$\frac{0.7}{3}\sqrt{2}U_2 + 2\sqrt{2}U_2 = \frac{0.7}{3}\sqrt{2} \times 1110 + 2\sqrt{2} \times 1110 = 3505.3(V)$$

根据以上计算，两种机型选择相同的晶闸管元件 T1451N52，通态平均电流为 2260A（60℃），反向重复峰值电压为 5200V。

3. 快速熔断器参数计算

根据晶闸管选型计算，包括强励工况在内，单柜所要求承担的最大电流均低于 2200A，快速熔断器以单柜输出 2200V 电流计算。

单个桥臂流过的电流有效值为：

$$i = 0.577 \times 2200 = 1269.4(\text{A})$$

选取快速熔断器额定电流为1420A。

有关快速熔断器选用西门子公司生产的3NE7637-1C型熔断器，额定电压2000V，额定电流2×710A。

4. 晶闸管阳极过电压保护

由于励磁变压器存在漏感，在晶闸管整流桥元件之间进行换相时会引起数值较高的换相尖峰过电压。为抑制此尖峰过电压，通常采用由阻容组成的RC阻尼器予以限制，此阻尼器是可接在晶闸管的交流输入端，并联在晶闸管的两端或者接于晶闸管整流桥的直流输出端的直流阻断式阻尼器。

在向家坝800MW水电机组中，西门子采用了接在晶闸管交流输入端的三角形阻容滤波器，其滤波效果优于其他阻尼方式，相应接线如图15-5所示。

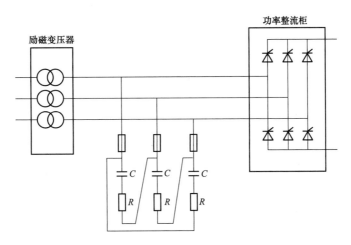

图 15-5　接于晶闸管交流输入端的RC阻尼器

图15-6中相关元件的参数为：

电阻 R：40Ω/500W，大功率无感电阻；

电容 C：4μF/AC 4000V，电解电容；

高压电缆：AGG-4.0/5000V，耐高压180℃高压电缆；

熔断器：FWJ-35A/1000V。

晶闸管阳极过电压保护的功能，除可抑制晶闸管换相引起的尖峰过电压外，还可以抑制经由变压器或发电机端传输到励磁系统中的大气过电压或由操作引起的暂态过电压以及由于分、合励磁变压器引起的过电压和由于励磁变压器耦合电容引入的操作过电压。

5. 晶闸管整流桥的冷却系统

向家坝机组应用的ERR 1150/2000晶闸管整流柜采用强迫风冷方式，单柜冷却系统包含两台冷却风机，电源取自完全独立的两回路。厂用电风机电源取自400V AC动力盘，自用电风机电源取自励磁变压器低压侧；在正常（AVR模式）运行方式下，晶闸管功率柜的两个冷却风机交替启动投入运行。当在ECR运行模式时，启动厂用电风机。

此外，在系统运行过程中，风机的投退可由功率柜内的风量探测器检测风量的大小而进行控制。风量探测器的调节可直接在探测器本体上对参数进行整定。当探测器检测到风量小于整定值并达到整定时限后，系统将认定正在运行的风机处于故障状态，并启动另一组风机。当两套风机均故障时退出该柜。若退出运行的整流柜达到 3 柜时，励磁系统将退出运行。

（三）灭磁及转子过电压保护系统

向家坝水电站 800MW 水电站机组采用了在晶闸管整流桥交流和直流侧均设置磁场断路器的灭磁系统。现就灭磁系统的组成分述如下：

1. 直流磁场断路器

灭磁系统采用法国 LENOIR 公司生产的模块化直流接触器系列产品作为直流磁场断路器之用，型号为 CEX06 5500 4.2 TS 2000V DC。CEX 系列直流磁场断路器具有机械联锁，所有动触头均在同一刚性连接的连杆上，以保证断路器分合闸的同步性，动作可靠；断路器发热断口与吹弧断口分离，同时具备独立的灭磁断口；吹弧采用短弧效应，可保护稳定的弧电压；断路器采用模块化设计，维护简单。产品的工艺水平高，功能齐全，具有良好的运行业绩。

采用单 CEX 06 5000 4.2 系列直流接触器组成双断口直流断路器。整体断路器具有 2 个主电极，每个主电极由 2 个发热断口和 2 个吹弧断口并联组成。额定电流 5500A，额定电压 2000V，最大弧电压可达 3200V。合闸和跳闸均采用双线圈，完全冗余。

主电极，即磁场断路器的主触头与弧触头的电气连接如图 15-6 所示。

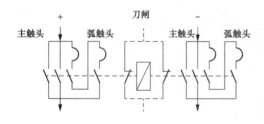

图 15-6　直流磁场断路器触头连接图

2. 交流断路器

在励磁变压器低压侧与功率柜之间设有一台交流真空断路器，采用西门子 3AH3078-8 型号设备，如图 15-7 所示。交流断路器可作为交流灭磁用途，是直流磁场断路器的辅助和后备的灭磁运行方式。在励磁变压器二次侧最高电压情况下，交流断路器能够分断励磁变低压侧及转子正、负极回路短路电流。此外，在采用电气控制制动时，此交流断路器亦可作为电气制动时隔离开关使用。

当真空断路器金属触头分断时，使被遮断的电流产生金属蒸气，电流通过金属蒸气通道维持至电流过零点处。电弧在电流过零点处被遮断，同时利用金属蒸气在数微秒内丧失导电性能这一特性，使触头间隙间的介质强度再次迅速地重新恢复，实现分断电路的功能。

图 15-7　西门子 AH 3078-8 交流真空断路器外形图

3. 灭磁和转子过电压保护

在发电机励磁系统中产生过电压的原因是多方面的，按过电压产生的方式可分为直流侧过电压和阳极交流侧过电压。

直流侧过电压包括：磁场断路器分断引起的过电压；同步发电机与电网并联非全相合闸引起的过电压；变压器高压侧发生两相或三相短路引起的过电压；非同步异步运行引起的过电压；晶闸管整流桥工作时的换相过电压。向家坝水电站 800MW 水电机组灭磁和过电压保护回路原理接线图如图 15-8 所示。

在图 15-8 中，灭磁设备包括直流磁场断路器 S101，整流柜阳极侧的交流磁场断路器 S102，并联在转子回路中的 SiC 非线性电阻 R101，以及作为后备辅助灭磁的开关 S107。

过压保护设备包括电流继电器 K120，由两只反向并联的晶闸管组件 A107、A108 以及触发器 U103 组成的过压保护跨接器。它们配合线性电阻 R101 一起组成了转子正反向的过电压保护装置。当转子因雷电冲击或异步运行等故障引起正向过电压时，触发器 U103 触发正向晶闸管 A107 导通，投入线性电阻 R101，吸收过电压能量，限制转子过电压。电流继电器 K120 将过电压脉冲信号送至调节器，当转子回路瞬时过电压消失后，由调节器控制逻辑保证晶闸管 A107 自动恢复阻断，避免整流桥持续对灭磁电阻供电。若过电压能量太大或者出现持续过电压，则调节器发出跳闸命令。同理，当出现反向过电压时，触发器 U103 会触发反向晶闸管 A108 导通，执行上述流程。

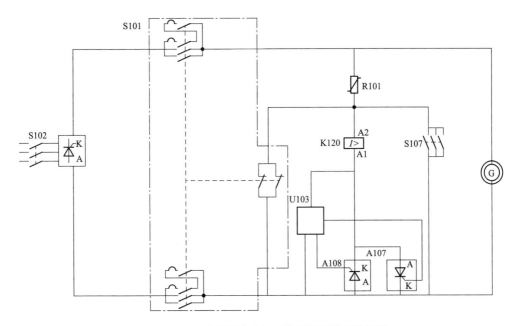

图 15-8　灭磁和转子过电压保护回路原理接线图

发电机正常停机采用逆变电气灭磁。通过整流桥逆变将转子中储存的能量回馈到电源侧。当励磁电流下降到近于零值后，调节器切除整流桥触发脉冲，并短接辅助灭磁的开关 S107，然后跳开交流磁场断路器 S102，灭磁过程结束。此时 S107 与 S102 均无电流通过。逆变灭磁动作时序图如图 15-9 所示。

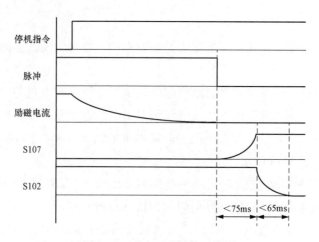

图 15-9　逆变灭磁动作时序图

在事故情况下，发电机采用磁场断路器动作的机械灭磁方式。其时序为：当磁场断路器接收跳闸指令后，直流磁场断路器 S101 主触头予以先分断，灭磁常闭接点 K 断口闭合，投入 SiC 非线性电阻 R101，然后弧触头开断拉弧建压。与此同时，灭磁信号封闭整流桥触发脉冲，合上辅助灭磁的开关 S107，以确保 SiC 非线性电阻投入。S107 接通后联跳交流磁场断路器 S102，封脉冲使晶闸管处于自然续流状态，在半个周波 20ms 内即可利用阳极电压的负半波电压以加强磁场断路器建压，并使 SiC 非线性电阻顺利换流并导通，从而迅速将储存在转子励磁绕组中的能量快速转移到非线性灭磁电阻中，实现交流灭磁的功能。交流磁场断路器 S102 和辅助灭磁的开关 S107 作为直流磁场断路器 S101 的后备，在接收到跳闸令后，正常情况下直流磁场断路器 S101 在 70～100ms 内即可分断，若直流磁场断路器 S101 拒动，辅助灭磁的开关 S107 会在 75ms 内闭合，投入 SiC 非线性电阻 R101，而交流磁场断路器 S102 会在此后的 65ms 内断开，同样利用阳极电压的负半波辅助建压实现移能灭磁，从而保证了灭磁系统的可靠性。事故灭磁动作时序图如图 15-10 所示。

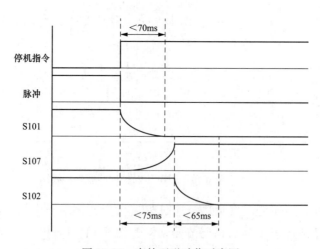

图 15-10　事故灭磁动作时序图

4. SiC 非线性灭磁电阻

向家坝水电站 800MW 水电机组采用英国 M&I 公司生产的 Metrosil Varistor 系列 SiC 非线性灭磁电阻，整套非线性灭磁电阻的型号为 FME/600A/US238/119/2S，由 17 个单独组件组成，每一单独组件由 2 串、7 并共 14 片阀片组成。整套灭磁电阻的总阀片数为 $17 \times 2 \times 7$（2 串、119 并）共计 238 片，总灭磁容量为 16MJ。

5. 灭磁电阻容量计算

对于水轮发电机机组，灭磁电阻容量可由以下几种正常或故障运行方式予以确定，并选取最大值作为选定灭磁电阻容量的依据：

（1）发电机空载灭磁；

（2）发电机额定灭磁；

（3）发电机强励灭磁；

（4）发电机空载和负载失控误强励灭磁。

6. 发电机突然三相短路灭磁

实际运行经验表明，发电机突然三相短路时灭磁容量最大，所以依此计算灭磁电阻容量可满足上述 5 种灭磁方式对灭磁电阻容量的需求。发电机三相突然短路时，转子电流非周期分量最大值按 ANSI/IEEE C 37.18 标准建议值为 $3I_{fN}$。但是在确定灭磁电阻容量时，不应以此电流作为选择磁场存储能量的依据，因为在切除外部故障时，0.1s 的短路持续时间内，相应的在衰减中的转子电流非周期分量将下降到 $60\% \sim 70\%$ 的初始值，即可取灭磁时转子电流值为 $0.7 \times 3I_{fN} = 2.1I_{fN}$。

此外，在发电机定子侧突然发生三相短路时，在 $t = 0$ 瞬间，由于磁链守恒定律的影响，发电机的气隙电动势将维持不变，为此，在发电机高压侧主断路器跳闸后，发电机定子、转子以及阻尼绕组回路中的电流将发生突变，以维持发电机合成气隙磁通保持不变。

在进行灭磁容量估算时采用以下假定：

（1）在发电机定子发生三相突然短路时，转子励磁绕组的安匝大部分为三角磁通安匝，不穿越定转子绕组之间的气隙。对铁芯饱和影响较小，对水轮发电机可取饱和系数为 0.6。

（2）存储在发电机转子励磁绕组中的磁能，除在灭磁时除消耗在灭磁电阻中外，还有一部分能量消耗在灭磁回路的发电机转子绕组电阻中。考虑磁场断路器断口以及分散存储到阻尼绕组回路中的影响，水轮发电机的耗能分配系数按经验值可取为 0.73，汽轮发电机按经验值可取为 0.6。

因此，灭磁电阻容量可由下列公式予以估算近似求得：

$$I_{fm} = 2.1I_{fN} \tag{15-1}$$

$$W_{fmax} = \frac{1}{2}L'_f I_{fm}^2 = \frac{1}{2}T'_d R_{f(115℃)} I_{fm}^2 \tag{15-2}$$

$$W_N = K_1 K_2 K_3 W_{fmax} \tag{15-3}$$

式中　I_{fN}——额定励磁电流，A；

W_{fmax}——转子绕组的最大储能，J；

L'_{f}——转子绕组电感，H；

T'_{d}——纵轴瞬变短路时间常数，s；

$R_{\text{f(115℃)}}$——转子绕组直流电阻（115℃时）；

W_{N}——灭磁电阻容量，J；

K_1——容量储备系数，在 20％的非线性电阻组件退出运行时，仍能满足灭磁设备的要求，$K_1 = 1/0.8 = 1.25$；

K_2——饱和系数，取 0.6；

K_3——耗能分配系数，水轮发电机取为 0.73。

对于右岸 Alstom 发电机组灭磁电阻容量的计算，依照式（15-1）～式（15-3）可求得：

$$I_{\text{fm}} = 2.1 I_{\text{fN}} = 2.1 \times 3692 = 7753.2 \text{(A)}$$

$$W_{\text{fmax}} = \frac{1}{2} L'_{\text{f}} I_{\text{fm}}^2 = \frac{1}{2} T'_{\text{d}} \cdot R_{\text{f(115℃)}} I_{\text{fm}}^2 = \frac{1}{2} \times 3.35 \times 0.151 \times 7753.2^2 = 15 \text{(MJ)}$$

$$W_{\text{N}} = K_1 K_2 K_3 W_{\text{fmax}} = 1.25 \times 0.6 \times 0.73 \times 15 = 8.213 \text{(MJ)}$$

根据 HEC 哈尔滨电机厂和 Alstom 发电机组参数，灭磁电阻容量计算结果见表 15-18。

非线性电阻最大能容量的选配仍然以转子储能最大值为准，两种机型机组均选用最大灭磁能容 16MJ 为标准选配。

表 15-18 　　　　　　　　　　　灭磁电阻总容量计算结果

内容	Alstom	HEC
转子储能最大值（MJ）	15	14.7
灭磁电阻容量（MJ）	8.213	8.048
灭磁残压（V）	1700	1700
转子电流最大值（A）	7753.2	8819.4

SiC 非线性电阻采用英国 M&I 公司 Metrosil 系列产品，成套灭磁电阻由 17 组组件组成，总片数为 238 片，每组组件型号为 600A/US14/7P/2S，即每组非线性电阻 2 串、7 并 14 片，17 组之间相互并联。单组件外形图和整套非线性灭磁电阻的特性曲线图分别如图 15-11 和图 15-12 所示。

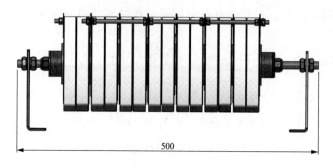

500

图 15-11　单组件 600A/US14/7P/2S 外形图

整套非线性灭磁电阻对数U-I特性曲线如图 15-12 所示。

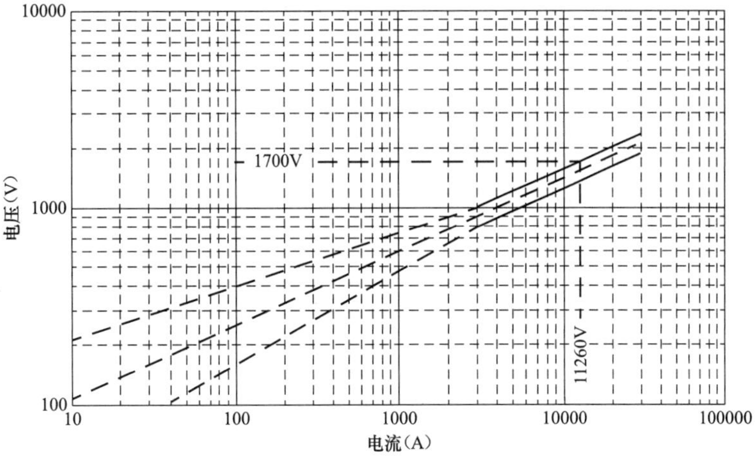

图 15-12　整套非线性灭磁电阻对数U-I特性曲线

为保证在空载失控误强励这一极限情况下，磁场断路器建立的电压能够使非线性电阻可靠导通，并有效限制转子过电压水平，非线性电阻的残压最终定为 1700V。在正常运行时，非线性电阻通过晶闸管 A107、A108 阻断，以减小非线性电阻的漏电流，延长使用寿命；当发生转子过电压或事故灭磁时，非线性电阻再通过过压跨接器触发晶闸管 A107、A108，或通过直流磁场断路器的主触头断口投入工作。

（四）励磁变压器

1. 二次侧额定线电压的确定

根据技术文件，励磁系统保证在机端正序电压下降到额定值的 80％时，可提供励磁系统顶值电压。励磁系统顶值电压为发电机最大容量时励磁电压的 2.0 倍。具体计算公式为：

$$U_{fT2} = \frac{K_u U_{fn}}{0.8 \times 1.35 \times \cos\alpha_{min}}$$

式中　K_u——电压强励倍数（$\alpha = 10°$时），在此取 2.0 倍（在 80％U_{GN}下）；

U_{fn}——发电机额定容量时励磁电压。

（1）对于 Alstom 发电机组：

$$U_{fT2} = \frac{2.0 \times 540}{0.8 \times 1.35 \times \cos 10°} = 1016(V)$$

综合考虑变压器阻抗，线路压降等因素，实际取 $U_{fN} = 1050$（V）。

（2）对于 HEC 发电机组：

$$U_{fT2} = \frac{2.0 \times 515.7}{0.8 \times 1.35 \times \cos 10°} = 970(V)$$

综合考虑变压器阻抗，线路压降等因素，实际取 $U_{fN} = 1000$（V）。

2. 二次侧额定线电流计算

根据技术要求，励磁系统应保证当发电机在最大容量 888.9MVA、额定电压、功率因数为 0.9 以及励磁电流为 1.1 倍额定励磁电流时，能够长期连续运行。具体计算公式为：

$$I_{\mathrm{fT2}} = \sqrt{\frac{2}{3}} \times K_{\alpha} I_{\mathrm{fn}}$$

式中　K_{α}——裕度系数，取 1.1。

　　I_{fn}——发电机最大容量、额定电压和功率因素为 0.9 时的励磁电流。

（1）对于 Alstom 发电机组：

$$I_{\mathrm{fT2}} = \sqrt{\frac{2}{3}} \times 1.1 \times 3692 = 3314(\mathrm{A})$$

（2）对于 HEC 发电机组：

$$I_{\mathrm{fT2}} = \sqrt{\frac{2}{3}} \times 1.1 \times 4199.7 = 3770(\mathrm{A})$$

3. 额定容量计算

（1）对于 Alstom 发电机组：

$$S_{\mathrm{fT2}} = \sqrt{3} U_{\mathrm{fT2}} I_{\mathrm{fT2}} \times 10^{-3} = \sqrt{3} \times 1050 \times 3314 \times 10^{-3} = 6027(\mathrm{kVA})$$

单相励磁变压器容量取 2300（kVA）。

（2）对于 HEC 发电机组：

$$S_{\mathrm{fT2}} = \sqrt{3} U_{\mathrm{fT2}} I_{\mathrm{fT2}} \times 10^{-3} = \sqrt{3} \times 1000 \times 3770 \times 10^{-3} = 6530(\mathrm{kVA})$$

单相励磁变压器容量取 2500kVA。

励磁变压器设计参数见表 15-19。

表 15-19　　　　　　　　励 磁 变 压 器 参 数 表

内容	Alstom 机组	HEC 机组
型号	DC9-2300/23/$\sqrt{3}$	DC9-2500/20/$\sqrt{3}$
额定容量	3×2300kVA	3×2500kVA
一次额定电压	23/$\sqrt{3}$kV	20/$\sqrt{3}$kV
二次额定电压	1150V	1110V
相数	单相	
联结组别	Yd11	
绝缘等级	F 级	
温升	80K	
型式	环氧浇注干式整流励磁变压器	

（五）电气制动

1. 电气制动基本配置

随着自动化程度的快速提高，对水轮发电机组的停机速度也提出了要求，所以目前很多的水轮发电机励磁控制器都已配备了电气制动功能。向家坝水电站右岸机组由于地下厂房空间限制，未设置电气制动，左岸坝后厂房采用电气制动。

左岸机组电气制动采用柔性制动方式，即励磁和电气制动共用励磁系统晶闸管整流器。

电制动时，电源由水电站 380V AC 厂用电通过专用的制动变压器和主晶闸管整流器向机组提供电气制动所需的励磁电源，满足电气制动时自动控制及现地操作监视的要求。

2. 电气制动原理过程

当发电机与电网解列后，发电机转速下降到 50%～60% 额定转速时，执行电气制动操作，将定子绕组三相短路，在转子绕组中加以恒定的励磁以产生电气制动转矩的方法，实现对机组的电气制动。

对于大型水电机组，由于转动惯量较大，制动过程时间较长，制动过程中机械磨损严重，会造成污染，影响机组的绝缘安全和散热。为此，在机械制动过程中加入电气制动，利用电制动力矩加快制动过程，可以减小机械部分的磨损，延长机组的使用寿命。相比于纯机械制动，电气制动具有制动力矩大、停机速度快、清洁无污染等优点。

电气制动停机技术是基于同步电机的电枢反应，以及能耗制动的原理。当机组停机，水轮机导叶关闭，发电机转子经一定时间的灭磁后，机端仅存由发电机剩磁决定的残压。此时监控装置自动监视允许接入电气制动的条件，条件一旦满足，由短路开关将发电机定子端直接三相短路，然后重新施加励磁。根据同步发电机的电枢反应原理，此时将发生电枢反应。电枢反应的纵轴分量仅体现为增加磁场或者去磁，不反应有功转矩，而电枢反应的横轴分量则体现为有功转矩，其方向与原速度方向相反，从而达到增大制动力矩、达到快速停机的目的。

向家坝右岸地下厂房受地下空间条件限制未采用电气制动，左岸坝后电站安装有短路开关具备电气制动功能。SES—500 励磁系统采用柔性电制动，即励磁和电气制动共用晶闸管整流柜，不需要增加额外的制动整流桥。励磁开关柜内安装有交流断路器 S102 和 S106，两台断路器利用位置接点实现相互自动闭锁。制动电源由厂用电 380V AC 供给，通过专用的制动变压器 T100，经晶闸管整流桥整流后，提供机组所需的制动电流。电气制动原理图如图 15-13 所示。

3. 电气制动的操作过程

当发电机组与系统解列以及发电机灭磁后，机组转速下降到 50%～60% 额定转速时，通常发电机的电压将下降到 5% 额定电压以下时，励磁调节器发出电制动投入命令，检查电气制动用短路开关 S101 在闭合位置，

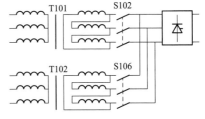

图 15-13　电气制动原理图

辅助灭磁的开关 S107 在断开位置，调节器控制分断励磁变压器二次侧断路器 S102，闭合制动变二次侧断路器 S106，按预先设置的给定值调节励磁电流输出为发电机提供合适的制动力矩。此时利用发电机定子短路所产生的损耗，行程制动力矩以加快发电机转速的下降速度，为提高制动效果，通常通过励磁调节将发电机定子短路电流值控制在发电机额定电流值附近。

四、系统控制逻辑

对于 SES 530 型励磁调节器，其系统控制逻辑如图 15-14 所示。

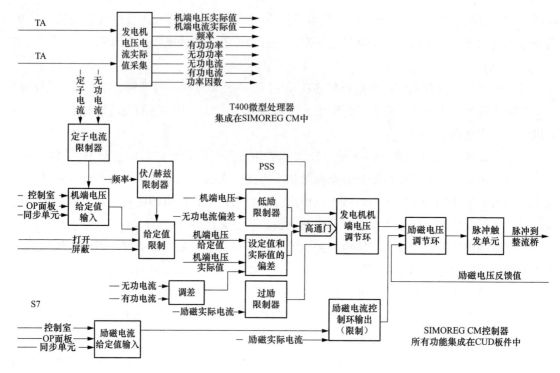

图 15-14　控制逻辑框图

由图 15-14 可看出，所有复杂的逻辑和计算工作都在 T400 微型处理器中完成。整个调节器分为 3 个控制环，对发电机机端电压的调节在 T400 微型处理器中完成，输出值进入 CUD 板件内的励磁电压调节环，最终输出进入脉冲触发单元，然后通过 SIMOREG CM 中的脉冲发生器发脉冲给整流桥。另外励磁电流控制环的逻辑也集成在 CUD 板件中。励磁电流环的输出直接进入励磁电压调节环，通过线性函数，计算出触发角，最终输出进入脉冲触发单元，然后通过 SIMOREG CM 中的脉冲发生器发脉冲给整流桥。为满足冗余设计要求，两套控制系统构造相同，并且完全独立，拥有各自的供电系统。

（一）控制逻辑模式

在开环与闭环控制程序包括不同的功能模块，例如风机控制、设定值控制、系统参数设置等模块。如果程序中信号值为 1，表明现在发生的情况与信号名一致。一般来说，主套与从套的程序是等同的，个别区别会在参数表中注明。参数表最终版本在现场安装调试以后形成，出厂调试后的参数表只是作为参考。信号"ready to start"表明系统准备就绪，可以开机。

自动方式（发电机电压调节方式）和手动方式（励磁电流调节方式）可以分别在现地由柜门上的 OP 面板 MP277 和在远方的控制室中进行选择。

（1）现地/手动运行方式——励磁电流调节方式。在此模式下以励磁电流给定值作为调节器的调节目标量。励磁电流给定值由 OP 面板直接输入。给定值的范围为 0～110％，与发电机的冷却及运行参数有关。一般来说，在他励情况下，下限为 0，在自励情况下，下限为

35％I_{fn}左右。在手动运行模式下，磁场电流的给定值也可以通过增、减磁来控制。

通常手动方式仅在调试安装或者紧急情况时使用，在手动方式下，定子电流限制器、过励限制、低励限制以及 V/Hz 限制不被激活。同时在软件中，由于手动运行方式自动切换至自动运行方式的功能是被闭锁的，切换只能由人工完成。

（2）现地/自动运行模式——发电机电压调节方式。在此模式下以发电机电压给定值作为调节器的调节目标量。发电机的机端电压给定值由 OP 面板直接输入。给定值的范围由发电机运行方式决定，可以在软件中进行修改。当发电机并网时，调节范围为 95％～100％；当发电机空载时，调节范围为 90％～100％。

（3）远方/手动运行模式——励磁电流调节方式。在此模式下以励磁电流给定值作为调节器的调节目标量。励磁电流给定值由控制室输入，当传输方式是通信方式，可以由控制室直接由输入模拟值或者用增磁、减磁的方式给定。当传输方式只有硬接线方式，则通常用增磁、减磁的方式给定。给定值的范围为 0～110％，与发电机的冷却及运行参数有关。如果发电机处于空载状态，励磁电流的上限制为 1.15 倍的空载励磁电流。

通常此模式只在调试安装或者紧急情况时使用，在此模式下，定子电流限制器、过励限制、低励限制以及 V/Hz 限制不被激活。

（4）远方/自动运行模式——发电机端电压调节方式。此运行方式是励磁调节器的一种全自动运行方式。监控室只对其反馈量进行记录。在这种模式下以发电机电压给定值作为调节器的调节目标量。即只对发电机电压进行调节。当发电机并网后，对发电机电压的调节将对无功、功率因数值带来影响。

（5）手动/自动运行模式特征。

1）手动运行模式——励磁电流调节方式。手动运行模式下，调节器通过对励磁电流的调节来保持发电机的稳定性。发电机端电压在这种情况下，不作为调节目标值。励磁电流的给定值进入 T400 控制模块，通过在 T400 中进行一些滤波调差的处理作为励磁电流调节器的给定值。手动调节环的输出，直接进入线性函数，计算出晶闸管的触发角。

2）自动运行模式——发电机端电压调节方式。自动运行模式下，发电机端电压的偏差通过 T400 控制模块被读入 CUD（SIMOREG CM），作为内部调节用励磁电压的设定值。最终的输出上限由是励磁电流调节环的输出进行限制。在这种情况下，励磁电流环作为限制器使用。如果这时励磁电流超过限制值，过励限制器将被激活，将励磁电流调至允许值范围。内部励磁电压调节环的输出进入线性函数，计算出晶闸管的触发角。

（二）励磁系统的开机和停机条件

1. 开机条件

无论是在现地还是在远方励磁系统的开机，必须在具备规定条件后才能执行。开机命令只有在信号"ready to start"为 1 时，才能被执行。因为项目要求的不同，开机条件也有不同，图 15-15 示出了开机条件图例。

2. 停机条件

在停机条件中应注意到，只有当发电机出口断路器处于未合闸状态，才能执行关机指

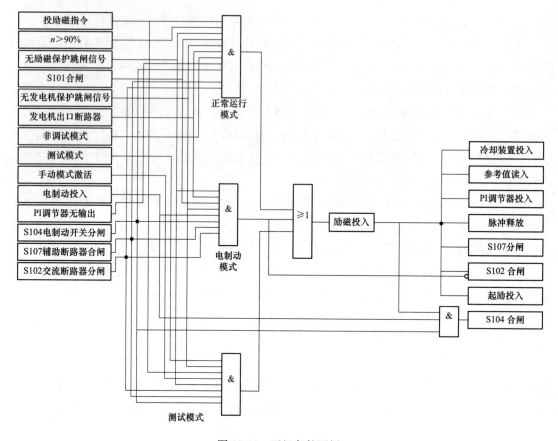

图 15-15　开机条件图例

S101—DC磁场断路器；S102—AC磁场断路器；S107—辅助灭磁的开关；S104—电制动断路器

令。否则，即使不满足发电机转速信号大于90％，励磁系统也无法被退出。但是，如果发电机空载，当不满足转速信号大于90％，励磁系统会自动关机。停机条件逻辑图如图15-16所示。

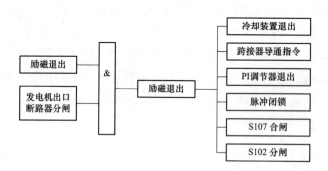

图 15-16　正常情况下停机逻辑图

3. 保护跳闸

无论是励磁系统内部故障还是其他外围系统故障，保护跳闸指令统一由发电机保护发出。励磁系统通过硬接线接收到保护跳闸指令后做出相应的退出动作。

（1）励磁系统内部故障。故障信号发送到发电机保护系统，通过反馈信号分断磁场断路器，励磁系统进行保护跳闸动作。如果发电机保护在 3s 内无反馈信号，励磁系统自动分断磁场断路器进行灭磁动作。

（2）外部系统故障。当外部系统故障、励磁系统正常的情况下，发电机保护跳闸，励磁系统进行逆变，当励磁电流为零时，闭锁脉冲，磁场断路器跳闸。如果逆变不成功，励磁系统将自行分断磁场断路器。保护跳闸指令如图 15-17 所示。

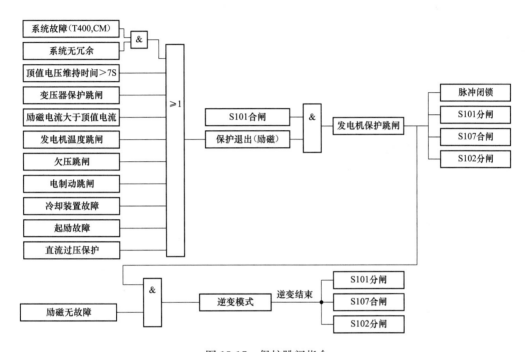

图 15-17　保护跳闸指令

（三）特殊运行方式

1. 无锁方式（Unlocked Operation）

在这种方式下，励磁系统本身的一些保护和限制功能均被闭锁，此模式仅适用于专业调试工程师操作的情况下使用。当输入管理员密码，可从 OP 面板直接选择进入试验操作方式。

2. 起励 Field Flashing

当励磁系统从残压起励时，在晶闸管整流器的输入端仅需要约 35V 的电压即可正常工作。起励电源可以是交流或者直流厂用电。当晶闸管整流器可以正常工作时，起励回路退出，整个起励过程由软件控制和监控。

3. 灭磁方式（De-Excitation Mode）

灭磁方式有两种，在正常关机的情况下，以逆变灭磁为主。整流桥触发角设置为 150°，直流电流通过逆变桥回到电网中。如果在正常运行中出现故障，则需采用磁场断路器跳闸和接入灭磁电阻进行灭磁。通过灭磁电阻的电流转换成热能后完成耗能。如果发电机内部故障，将由保护继电器发出跳闸信号，为了保护主机，必须快速和安全地将存储在磁场回路中的能量进行灭磁，由磁场断路器、跨接器和灭磁电阻共同完成这一功能。磁场断路器可以在任何故障情况下安全切断磁场电流，通过灭磁电阻加快灭磁时间。当磁场断路器断开后，借助于跨接器，相应的晶闸管被触发导通，磁场电流将被换流到灭磁回路中。灭磁的最大能量发生在发电机端突然三相短路故障状态下。

（四）限制器

限制器的功能主要是使发电机在安全运行曲线范围内工作。所有限制器功能集成在闭环控制中，仅在励磁系统自动运行模式下相互配合起到限制作用。应说明的是，限制器仅在励磁系统自动运行模式下起作用，手动运行模式下不考虑限制器的设置。

1. 定子电流限制器

定子电流限制器是保护发电机在持续保持高定子电流时，限制因为温度过高而对绝缘造成损害。由于发电机工作点的不同，如果机端设定电压降低，那么限制工作点应在过励区域；反之，如果发电机端设定电压升高，限制工作点应在低励区域内。应强调指出的是，定子电流限制器存在一个死区，当无功电流在±10％的区域内，限制器不能起到限制作用。定子电流限制器模型如图 15-18 所示。

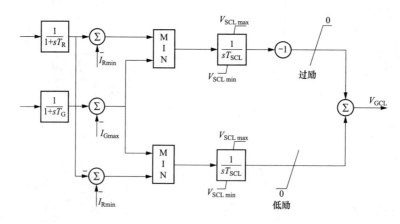

图 15-18　定子电流限制器模型

2. V/Hz 限制器

V/Hz 限制器是发电机电压和频率的比值限制，防止发电机和主变压器铁芯发生过励磁。发电机或主变压器的过励磁表现为铁芯过热，具有反时限特征，所以过励磁限制器也有反时限特征。V/Hz 限制器检测发电机的电压/频率比值，如果比值超过了设定值，限制器自动发出减励磁信号并报警或者发出跳闸信号。V/Hz 限制器在发电机空载、负载时均投入运行。V/Hz 限制器在频率变化时，根据图 15-19 改变机端电压设定值。在软件中可以根据实际参数对图 15-19 进行修改。

3. 低励限制器

低励限制器的作用是为防止发电机因励磁电流过低而失去静态稳定，限制方式为直线函数限制。通常欠励限制曲线设定为多段直线，在软件中由 3～4 个点表示欠励限制直线。由于相同有功功率在不同机端电压水平下容许进相能力不同，应根据电压水平进行修正。

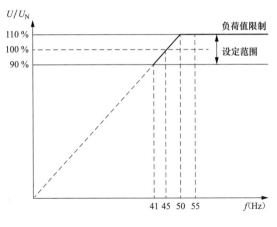

图 15-19　V/Hz 限制器

电压控制环的输入和低励限制器进行高通道值选择。低励限制动作，电压控制环节的输入将被屏蔽。发电机运行曲线中的曲线 C 如图 15-20 所示，被保存在软件模块中。根据有功电流的输入在软件中进行查表，输出对应的无功电流点。这个无功电流点和实际的无功电流进行比较，判断出发电机工作点是否已经超出低励限制曲线外。如果励磁电流过低，实际值和设定电流值的差值信号会激发增加励磁电流，同时低励限制动作的信号将被传出到控制室以及 OP 面板。低励限制器模型如图 15-21 所示。

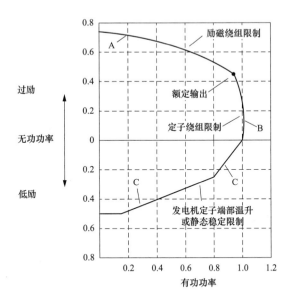

图 15-20　发电机运行曲线图例

A—过励限制；B—定子电流限制；C—低励限制

4. 过励限制器

过励限制器的作用是保护发电机转子励磁绕组不超过热容量。过励限制特性与发电机转子短时过负载特性匹配，具有反时限特性。允许转子过电流的时间和限制器拉回电流的返回值可根据转子的耐热性能进行设定。图 15-22 所示为过励限制的反时限特性。

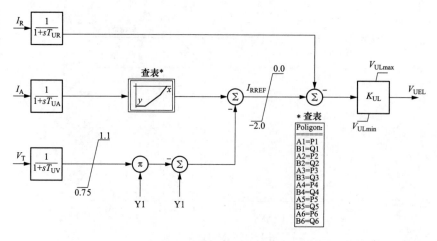

图 15-21　低励限制器模型

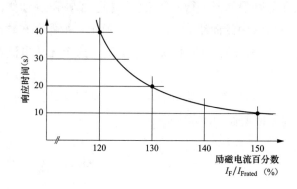

图 15-22　过励限制反时限特性

当励磁电流大于最大长期允许通过电流的 1.1 倍时，软件开始进行热积累的计算，如果电流一直高于过热限制值，进入过励限制后，转子电路应低于长期工作电流，以便于发电机转子绕组和励磁设备温度回落。过励限制器模型如图 15-23 所示。

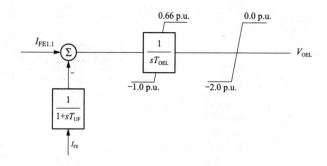

图 15-23　过励限制器模型

5. 无功/功率因数控制器

无功/功率因数控制器可以由远方控制室或者现地 OP 面板进行激活、操作和关闭的动作。控制器被激活的前提条件是，发电机在并网同步自动运行模式下（发电机出口断路器和并网断路器均处于关闭状态）。当发电机解列，励磁调节器控制模式会自动由无功/功率因数控制器回到发电机电压模式。如果发电机再并网，无功/功率因数控制仅能由控制室用手动方式激活。此外，无功/功率因数控制器仅能在自动运行模式下被激活，如果调节器转入手动操作模式，无功/功率因数控制器将被自动关闭。

（五）电力系统稳定器

电力系统稳定器（PSS）是一种附加控制，它借助于自动电压调节器控制同步电机励磁，用以阻尼电力系统功率振荡。输入变量为转速和有功功率。西门子励磁机使用 PSS 2B 模型。对 PSS 的控制可以由远方控制室或者现地操作面板实现。当发电机有功功率小于 20% 的视在功率时，PSS 被自动开启。PSS 仅在发电机并网自动运行模式下才能被开启。OP 面板显示动作信息，同时 PSS 动作信号也会通过通信线传递给远方控制室。西门子使用 PSS 2B 模型，如图 15-24 所示。

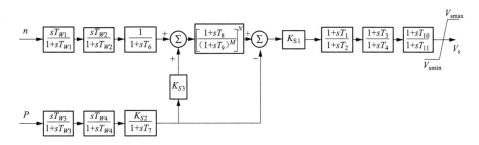

图 15-24　PSS 2B 模型

可逆式抽水蓄能机组励磁
控制及启动系统的功能特征

第一节　概　　述

可逆式抽水蓄能发电机组是指发电机可兼作电动机、水轮机可兼作水泵的水轮发电电动机组。在电力系统用电低谷时（多在夜间），可逆式抽水蓄能机组作为水泵运行，利用电力系统多余的电力，将下水库的储水提升到上水库，起到消费电力的填谷作用。当电力系统处于高峰负载时期（多在日间）电力不足时，可将上水库中的水引入下水库抽水蓄能机组中，机组作为发电方式运行，起到调峰的作用。这样机组既可作为水轮发电机，又可作为水泵电动机，既可提供电力，又可作为电力负载。在功能上，这是可逆式抽水蓄能机组与常规水轮发电机组显著不同之处。

半个世纪以来，抽水蓄能机组的结构方式经历了多个发展阶段，例如，由常规水轮机和水轮发电机组成的发电机组和由水泵和电动机组成的抽水机组——四机式抽水蓄能机组、将发电机兼作电动机用但水轮机和水泵分开的三机式抽水蓄能机组以及可逆两机式抽水蓄有机组等。此外，作为抽水蓄能机组的组成方式，还有变极双速电动发电机组以及交流励磁调速的电动发电机组等。

本章将以在我国应用最为广泛的可逆式两机式抽水蓄能水电机组作为讨论的重点。

第二节　抽水蓄能机组的运行方式与励磁控制

一、抽水蓄能机组的运行方式

抽水蓄能机组的工作特性可在以 $P\text{-}Q$ 为坐标的平面中予以表征，如图 16-1 所示。在电力系统高峰负载时，抽水蓄能机组将作为发电机运行，向系统输送有功功率，还可以发出无功功率或吸收无功功率，此时机组运行在 $P\text{-}Q$ 平面内的第 I 和第 II 象限内；在低谷负载时，机组利用电网中多余的电力，作水泵电动机运行，由系统吸收有功功率，也可以发出无功功率或吸收无功功率，此时机组运行在 $P\text{-}Q$ 平面内的第 III、IV 象限内；当系统输出或吸收无功功率，同时吸收少量的有功功率，此时机组运行在 $P\text{-}Q$ 平面的第 I、II 象限靠近 Q 轴的区域。

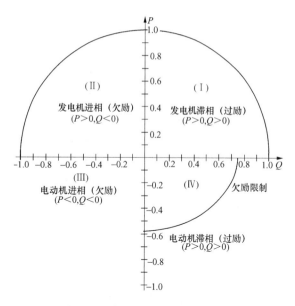

图 16-1　抽水蓄能机组运行方式图

由图 16-1 可看出，与电力系统连接的抽水蓄能机组，具有 4 种典型的稳定运行方式：发电机滞相、发电机进相、电动机滞相和电动机进相。

二、抽水蓄能机组的励磁控制特性

根据水轮发电机组的功角表达式：

$$P = \frac{E_q U}{X_d}\sin\delta + \frac{U^2}{2} \times \frac{X_d - X_q}{X_d X_q}\sin 2\delta = P_1 + P_2 \tag{16-1}$$

$$Q = \frac{E_q U}{X_d}\cos\delta - \frac{U_2}{2} \times \frac{X_d + X_q}{X_d X_q} + \frac{U^2}{2} \times \frac{X_d - X_q}{X_d X_q}\cos 2\delta \tag{16-2}$$

由式（16-1）可看出，同步水轮发电机组的有功功率可分为两部分，P_1 称为基本电磁功率，与励磁有关，P_2 称为凸极效应磁阻功率，其值与励磁无关，取决于电网电压和电机的纵轴和横轴同步电抗值。

对于式（16-2），当励磁为零、$E_q = 0$ 时：

$$Q = -\frac{U^2}{2} \times \frac{X_d + X_q}{X_d X_q} + \frac{U^2}{2} \times \frac{X_d - X_q}{X_d X_q}\cos 2\delta \tag{16-3}$$

当转子功率角 $\delta = 90°$，即 $2\delta = 180°$ 时，同步电机由系统吸收的无功功率为最大，其值为：

$$Q_{max} = -\frac{U^2}{X_q} \tag{16-4}$$

式（16-1）和式（16-2）表明，在不同的励磁电流作用下，同步电机的内电势 E_q 将发生相应的变化，因而可使发电机处于正常励磁、过励磁和欠励磁状态，使同步电机运行在发电滞相（第 I 象限）、发电机进相（第 II 象限）、电动机滞相（第 IV 象限）和电动机进相（第 III 象限）。由此可见，转子励磁电流的变化可使同步电机的无功功率 Q、功角 δ、定子电流 I 和功率因数 $\cos\varphi$ 等电量发生相应变化。因此，抽水蓄能励磁系统调节必须满足和符合于机组

435

的各种运行方式的工况对励磁调节的要求。

当抽水蓄能机组作发电机运行时，励磁系统的作用一般是根据系统要求保持电压恒定和提高电力系统运行的稳定性，采用恒电压调节方式，调整发电机的机端电压和无功功率。当电网发生故障电压下降时，励磁系统应具有短时的强励能力，以保证电力系统的稳定性。此外，为改善电力系统动态稳定性，励磁系统应设有电力系统稳定器 PSS。

当抽水蓄能机组作电动机运行时，其端电压和频率取决于电网，作为抽水水泵的电动机，主要从系统输入电能和输出机械能以拖动不同的负载。此时，励磁调节通常采用恒功率因数调节方式，可以按系统电压变化或负载变化相应地调节励磁电流，也可按需要采用恒励磁电流或恒无功调节方式。当采用恒励磁电流调节方式时，无功随有功的增加而减少或随有功的减少而增加，因此，当同步电动机拖动的有功负载较稳定或变化不大时，采用恒励磁电流调节方式为宜。当拖动的负载急剧变化时，采用恒无功调节方式，可以使同步电动机励磁电流随有功负载的增加而增大，使同步电动机向电网输送的无功功率保持不变，而使电网电压不致发生大的波动现象。当抽水蓄能机组在抽水水泵运行时，系统处在低谷负载期间，系统电压变化较大，而且拖动的负载即抽水时的扬程是缓慢变化的。此时，采用恒功率因数方式调节，可以根据系统电压变化和负载的变化相应增加或减少励磁电流，在无功功率发生变化的过程中，可保持电动机的功率因数在恒值水平，使之在经济节能的条件下达到最佳的功率输出。

当机组作为调相运行时，不论在发电还是抽水工况下，均可采用恒电压调节方式，随电网电压变化，自动增加或减少输出无功，以维持电网电压。在负载处于深度低谷时期，也可自动进入进相运行，吸收电网多余无功，防止电网电压过高。

在上述几种运行方式下，当电网发生故障使电压下降时，抽水蓄能机组励磁系统应具有强励功能。

另外，抽水蓄能机组不论运行在发电机还是电动机状态下，在机组与电网解列后的停机过程中，均需要进行电气制动。在电制动时，为保证短路的定子电流恒定，励磁调节可采用恒定子电流或恒励磁电流调节方式，以适应电制动时的工况要求。

此外，当抽水蓄能机组采用静止变频器 SFC 或同步背靠背启动时，一般采用恒励磁电流调节方式。在静止变频器 SFC 启动时，励磁电流给定值保持恒定。

三、抽水蓄能机组励磁系统主回路的选择[39]

鉴于抽水蓄能机组运行中启动、停机频繁，为简化励磁系统结构，抽水蓄能机组不采用带旋转励磁机的主励磁回路，而采用简单的自并励静止励磁接线方式，励磁系统主要由励磁变压器、三相全控整流桥、磁场断路器以及励磁调节器等组成，其中部分设备也可以兼作电气制动用途。

当抽水蓄能发电电动机组采用同步启动方式时，要求励磁系统在机组处于静止状态时即能提供励磁电流，进而建立转子磁势，并使转子磁势与其定子磁势相互作用产生启动转矩，这与常规机组启动有根本区别。如果采用常规自并励系统主回路接线方式（见图 16-2），则不可能实现同步启动的要求。为此需要另提供一个外部的励磁电源，可在机组静止启动时向其提供启动励磁电流。为满足此要求，通常有两种励磁主回路接线方式可供选择，如图 16-3

所示。

在图 16-3（a）中，由厂用电经启动变压器（制动变压器）BRT 通过晶闸管整流器 SCR 输出励磁电流，实现发电电动机组的起励、同步启动和机组的电气制动。在启动完成后，将交流电源切换接在机端的励磁变压器侧供电。在机组正常并网运行时，此种接线亦为自并励系统。此方案需要增加启动变压器和两个交流回路断路器切换，相对而言此方案连接及控制方式较为复杂。

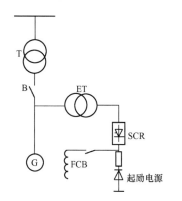

图 16-2　常规发电机励磁系统
主接线方式

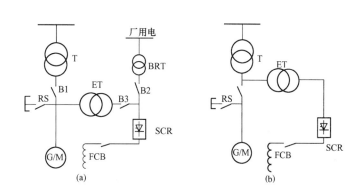

图 16-3　抽水蓄能发电机组励磁系统主接线
（a）由厂用电交流电源供电；（b）由主变压器低压电源供电

在图 16-3（b）中，励磁功率取自发电电动机组出口断路器外侧即系统侧，使励磁变压器与高压系统侧相连，励磁变压器始终带电，无须设置附加的初始励磁回路和启动励磁回路设备。励磁系统根据开停机逻辑控制顺序指令采用恒励磁电流调节方式直接控制晶闸管整流桥的输出来实现发电电动机组的起励、水泵工况下的同步启动和停机时的电气制动。这种主回路接线简单、设备少、启停和工况转换过程中不需切换励磁功率电源。

图 16-3（b）接线可满足启动、制动、运行调节于一体的多功能励磁系统的要求，提高了启停频繁、工况转换复杂的抽水蓄能机组励磁系统工作的可靠性，简化了设备配置，操作控制及维护较为方便，因而是一种优选的接线方案。

第三节　抽水蓄能机组励磁系统的应用实例[40]

鉴于抽水蓄能机组在电网中主要担负调峰、填谷和事故备用的作用。机组的运行方式包括有发电（GO）、发电调相（SCT）、水泵电动机（PO）和水泵调相（SCP）等方式，机组启动方式又分为 SFC 变频启动和背靠背同步启动方式。此外，机组启动频繁，而且在每次停机时需采用电气制动等要求的特征。为了满足可逆式抽水蓄能机组上述各项的要求，对励磁系统的功能提出了相应的要求。为了便于对各种运行方式的说明，现以天荒坪抽水蓄能机组的励磁系统（见图 16-4）为实例，对抽水蓄能机组励磁系统的特殊要求作一简要的叙述。天荒坪抽水蓄能水电站装机容量为 6×300MW，水电机组由 Alstom 公司制造。

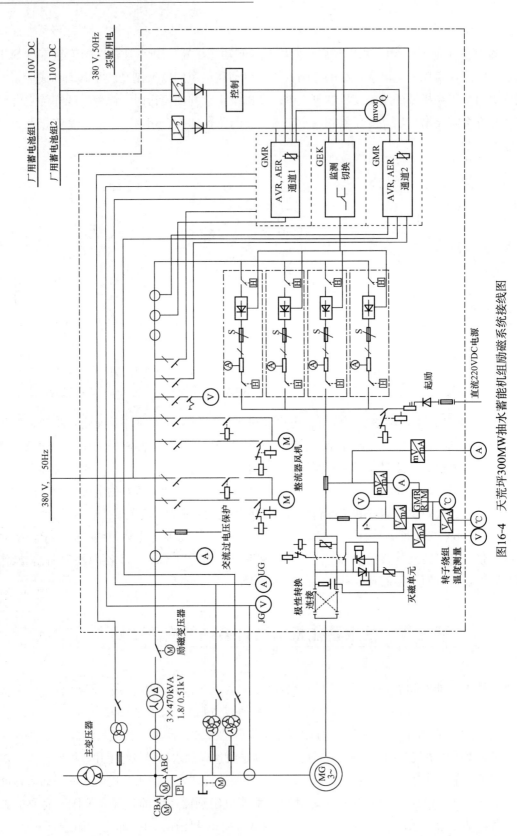

图16-4 天荒坪300MW抽水蓄能机组励磁系统接线图

一、天荒坪抽水蓄能机组励磁系统

天荒坪抽水蓄能机组在水泵工况启动时，要求励磁系统在机组处于静止状态时可向转子回路提供恒定励磁电流。此方式是抽水蓄能机组励磁系统与常规励磁系统显著不同之处。

对于天荒坪抽水蓄能机组励磁系统主接线方式，根据工程的具体要求，励磁主回路接线方式简单，设备较少，启、停机过程不涉及励磁电源的切换等。

此外，考虑到天荒坪机组机端采用离相封闭母线（包括励磁变压器）发生相间短路故障概率极少的特点，对励磁系统主接线方式采用了图 16-3（b）所示的接线。应强调的是：在采用图 16-3（b）所示励磁主回路结线方案时，应注意到电网故障时对励磁系统的影响。例如，电网故障时将导致机组断路器跳闸，从而使励磁变压器失去电源，导致闸管整流器失控，使最后导通的同一相两臂晶闸管元件一直处于失控导通状态，有可能造成晶闸管元件因过载而烧毁。因此，对于励磁变压器接在机端断路器外侧的励磁系统，在设计时应校核在上述故障状态下，晶闸管元件容量能否承受因失控造成的过载的影响。天荒坪抽水蓄能机组励磁参数为：空载励磁电压 126V，空载励磁电流 953A，额定励磁电压 233V，额定励磁电流 1764A，强励顶值电压 583V，强励顶值电流 3528A，励磁变压器额定容量 3×470kVA，一次额定电压 18kV，二次额定电压 510V。

二、励磁系统的组成

天荒坪抽水蓄能机组成套励磁设备由奥地利 VA TECH ELEN 公司提供。

1. 励磁变压器

由三个单相的环氧浇注的干式变压器构成，每个单相变压器分别安装于各自封闭的金属柜内。变压器额定容量为 3×470kVA，变压器一、二次额定电压为 18/0.51kV，H 级绝缘，采用自然冷却方式，允许温升为 80K。为了确保设备的安全运行，每个单相变压器均设有用于变压器温度测量的热敏元件。根据温度设定的不同，两只温度传感器可用于绕组的温度报警和过热跳闸。

2. 功率整流柜

晶闸管整流器由四柜并联构成，按三相全控桥式接线。每个整流桥及其附件，如快速熔断器、脉冲放大器、套管式均流铁芯、阻容吸收电路等设备，安装于同一柜体中。每个整流桥由六个反相峰值电压为 2600V 的晶闸管元件构成，每柜可在 45℃环境温度下连续输出 1000A。每个整流桥直流侧和交流侧均设有隔离开关，便于整流桥的投入和切除。即使一个整流桥退出运行，其余的三个整流桥仍能满足励磁系统的全负载运行。

整流柜顶部装有一个消音通风箱，内设两台冷却风机互为备用。风机装有监视通风道压力的压力开关。当风机故障时，备用风机自动启动。风机电源取自励磁变压器低压侧，当机组黑启动时，风机电源可取自厂用电源。

3. 初始起励回路及灭磁系统

由于在正常情况下，励磁变压器高压侧具有电源，为此初始起励电流可直接由励磁功率整流器提供，当机组需黑启动时，起励电流则经起励接触器取自电站 220V 直流系统，起励电流为 140A DC，起励时间为 4s。当起励电流使机端电压升到 5%的发电机额定电压时，晶闸管整流器开始工作，使机组电压上升至额定值。在励磁电流达到 20％ 的空载励磁电流时，自动断开起励接触器，退出起励回路。

灭磁系统由一个带主触头及弧触头的直流接触器（CEX 2000 型）和碳化硅非线性灭磁电阻所构成。此直流接触器的最大开断电流为 18000A，最大开断电压为 1500V。非线性电阻允许流过的最大电流为 5000A，此时灭磁电阻两端的最大电压为 1100V，可吸收能量为 4200kJ。当灭磁系统输入跳闸信号时，作为磁场断路器的直流接触器立即断开励磁电源，同时其弧触头将非线性电阻接入机组的转子回路进行快速灭磁。为了提高事故时灭磁的可靠性，此直流接触器装有双跳闸线圈。此外，由于抽水蓄能机组启停十分频繁，因此机组正常停机时，首先晶闸管整流器转入逆变运行方式进行灭磁，然后直流接触器在无负载的情况下断开，从而提高直流接触器的使用寿命。

4. 过电压保护装置

在整流器的交流侧和直流侧均装设有过电压保护装置。交流侧采用硒堆过电压限制器，以限制尖峰电压。直流侧过电压保护电路由两个极性相反的晶闸管元件并联构成跨接器。跨接器接通时将非线性灭磁电阻接入。如果直流侧过电压值超过晶闸管触发模块的设定值 1500V，则相应的晶闸管元件导通将灭磁电阻接入转子绕组回路，可在正向及反向过电压的情况下，抑制直流侧的过电压。与此同时，相应过电压侧的监视继电器动作并发出信号。如过电压在整定时间内仍不消失，过电压保护装置将动作于机组跳闸停机。

5. 励磁调节器

励磁调节器采用双通道结构，两通道互相独立，每个通道由一套 GMR3 型数字式励磁调节装置构成，可进行自动电压调节（AVR）和手动电流调节（AER）。GMR3 型励磁调节器（见图 16-5）的硬件配置如下：

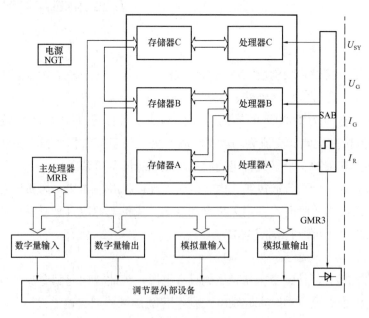

图 16-5　GMR3 型数字式励磁调节器结构图

（1）数字电路电源 NGT。为调节器内部数字电路提供（5±15）V 电源。

（2）主处理器单元 MRB。主要用于完成电压自动调节，各种限制器、辅助调节器、顺序逻辑控制及输入/输出信号的处理等功能。

（3）子处理器单元 PIM。子处理单元内设有 A、B、C 三个子处理器。子处理器 A 的作用是根据处理器 B 提供的晶闸管触发控制角信号和整流器电源的同步信号。形成整流桥 6 个晶闸管元件的触发脉冲。子处理器 B 的作用是将主处理器后的调节信号变换成触发角信号送给处理器 A。子处理器 B 的另一个功能是构成自动励磁电流调节，用于满足手动运行、电制动和机组水泵启动的要求。子处理器 C 的作用是接受来自信号处理板 SAB 的机组电压、电流等实测信号，计算出电压调节所需要的各种参数供给主处理器 MRB。

（4）信号处理板 SAB。将电气量隔离板 CE130 输出的电气量，如机组电压、电流、励磁电流和电源板 GEA30 输出的晶闸管电压等励磁调节器所需的信号作过滤波、匹配处理，然后送给子处理器板 PIM，并将子处理器板输出的晶闸管触发脉冲信号作预放大处理。

（5）数字量输入卡 DE32。用于输入控制信号和外部设备的状态信号。

（6）模拟量输出卡 AA8（仅调节通道 I 设置）。用于输出指示转子温度、机组无功等模拟量信号。

（7）电气量输入隔离板 GE130。将励磁调节器所需的机组电压、机组电流、励磁电流信号作电气隔离和信号的预处理。

（8）调节器电源板 GEA30。为数字电路电源 NGT 提供 24V 电源，并向信号处理板 SAB 提供晶闸管同步电压信号。正常运行 GEA30 由励磁系统交流母线供电，试验时可通过选择开关切至厂用电交流 380V 电源供电。

两个调节通道输出的触发脉冲信号经公用的脉冲切换单元 UMPI、脉冲监视单元 IMU1 和脉冲分配单元 GEV26，将触发脉冲信号分别输出至 4 组整流器功率柜中。

三、励磁调节器的软件

励磁调节器软件主要包括操作系统、调节器程序以及用于子处理器的子程序。其中运行于主处理器中的调节器程序逻辑可编程软件，采用功能模块语言编程，即利用操作系统所包含的按执行时间最优构成的软件模块进行编程。运行于子处理器中的子程序和运行主处理器中的操作系统则为硬件。操作系统负责输入和输出变换、调节器程序的协调以及调节器串口的通信，并能提供一些自诊断功能，子程序用于各子处理器中处理相关要求快速处理的信息，如晶闸管触发角计算、形成触发脉冲、实测值计算等。

调节器程序可执行下列功能：自动电压调节、自动励磁电流调节、定值励磁电流调节、最大励磁电流限制、带时限过励磁电流限制、最小励磁电流限制、按发电机电流形成调差功能、定子电流限制、负载限制、电压/频率限制、电力系统稳定器、功率因数调节器、系统电压跟踪功能、转子温度测量、顺序逻辑控制。

调节器程序划分为若干功能模块，不同的功能模块具有不同的执行周期。如电压调节器程序模块执行周期为 2ms，最大励磁电流限制程序模块执行周期为 4ms，逻辑控制程序模块执行周期为 50ms，执行周期最长的是参数交换程序模块，达 300ms。所有程序均存储在可擦编程只读存储器（EEPROM）内，以便于修改。

GMR3 数字式调节器配有专用手持式终端 eltermGMR，可方便地利用此终端读取所有输入调节器的模拟量实测和调节器内部设定值，并能对所有调节器设定值和有关运行的参数进行修改。此外，手持终端还具有故障诊断功能，故障诊断可确定故障模块，并显示故障原因。为了避免手持式终端对调节器误修改，手持终端设有若干级口令，以便根据运行、维护人员的等级不同，确定其可操作范围。此外，通过兼容 PC 机，配备有专用软件，也可实现上述功能，并能对应用程序进行修改。

四、励磁调节器的软件流程框图[41]

1. 概述

GMR3 型数字式自动励磁调节器的结构框图如图 16-6 所示。由图 16-6 可看出，励磁调节器包括有两个控制环节，主环节为 AVR 自动电压控制环节（VCON），主环节中包括 PID 控制以及 PI 控制环节（CCON），即 AER 励磁电流控制从属环节。

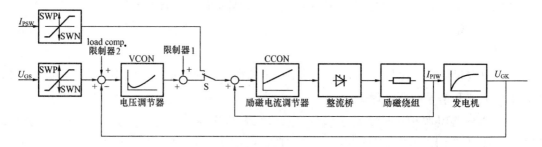

图 16-6 GMR3 型数字式励磁调节器结构框图

U_{GK}—定子电压实际值；U_{GS}—定子电压设定值；I_{PIW}—励磁电流实际值；

I_{PSW}—励磁电流设定值；限制器 1—无延时励磁电流限制器输出信号；限制器 2—数个限制器的总输出信号；

load comp.—有功和无功功率调差输出信号；S—运行模式选择开关

由于双环结构对所有运行方式均有良好的动态响应，适用频率范围较广，为此在抽水蓄能机组中获得了广泛的应用。

在 PID 电压调节器中其控制规律为：

$$F_{UREG}(s) = V_{PU}\left(1 + \frac{1}{sT_{NU}} + \frac{sK_{DU}}{1 + sT_{DU}}\right) \tag{16-5}$$

式中　$F_{UREG}(s)$——电压调节器的传递函数；

$\quad\quad\quad V_{PU}$——比例放大倍数；

$\quad\quad\quad K_{DU}$——微分放大倍数；

$\quad\quad\quad T_{DU}$——微分阻尼系数；

$\quad\quad\quad T_{NU}$——稳定时间。

对于 PI 电流调节器：

$$F_{IREG}(s) = V_{PI}\left(1 + \frac{1}{sT_{NI}}\right) \tag{16-6}$$

式中　$F_{IREG}(s)$——电流调节器传递函数；

V_{PI}——比例放大倍数；

T_{NI}——稳定时间。

通过选择开关 S 的位置，可选择两种运行方式：AVR 电压调节器（自动操作模式）和 AER 励磁电流调节器（手动操作模式）。

在自动模式下，电压调节器和励磁电流调节器通道均有效。发电机电压 U_{GK} 通过电压设定值变量 U_{GSW} 来控制。在这种模式下，无功调差和其他限制功能均有效运行。

在手动模式下，电流环 CONT 根据手动操作模式设定值 I_{PSW} 控制励磁电流。在自动模式下，电压调节器 VONT 处于有效状态。根据自动运行模式下的设定值 U_{GSW} 控制发电机电压 U_{GK}。在这种模式下，电压调节器的输出作为电流调节器的设定值。

2. 自动模式和手动模式间的切换

自动跟踪的调节器允许在无须平衡表的情况下完成由一种模式切换至另外一种模式。由电压调节器（自动模式）切换至励磁电流调节器（手动模式）可通过手动或自动完成。如果电压调节器部分故障，调节器模式将自动由电压调节器切换至由手动模式切换至自动模式则需手动来完成。

如果运行模式已切换至手动模式，在停机和重新启动过程中将均由此手动模式起作用，除非由手动切换至自动模式。如果在手动模式（励磁电流调节）下，设定值已超出了自动电压调节器（AVR）的设定值范围，将闭锁切换至自动模式。

3. 无功/功率因数调节器

无功功率调节因数的调节可通过无功调节器来完成。通过改变发电机电压设定值将无功调节至设定值。在此种模式下，电压调节器一直起作用，因而可调节由负载引起的暂态电压波动。无功功率调节器的结构框图如图 16-7 所示。

无功调节器反馈为：

$$F_{\mathrm{QRF}}(s) = \frac{\mathrm{d}K_{\mathrm{PQRF}}}{1 + sT_{\mathrm{IQRF}}} \qquad (16\text{-}7)$$

式中　$F_{\mathrm{QRF}}(s)$——无功反馈调节器传递函数；

　　　K_{PQRF}——微分放大倍数；

　　　T_{IQRF}——微分阻尼系数。

无功调节器的设定值取决于所选的无功值 Q 或功率因数值 $\cos\varphi$，设定值的符号可正可负。正号表示感性无功，负号表示容性无功。设定值可通过选定的无功调节器的限制器来限制。

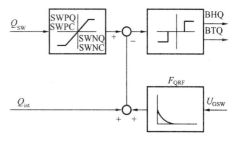

图 16-7　无功功率调节器的结构框图

Q_{ist}—无功实际值（无功或功率因数）；Q_{SW}—无功设定值；U_{GSW}—发电机电压设定值；BHQ—命令：增加，无功调节；BTQ—命令：减少，无功调节

无功调节器包含有三状态控制器：或给出 BHQ 命令（命令：增加，无功调节），或给出 BTQ 命令（命令：减少，无功调节），或无命令输出。这些命令作用于电压的设定值引起同步电机的无功变化。

为使调节稳定，调节器将微分后的设定值反馈到实际值中。

无功/功率因数调节器的实际值为：

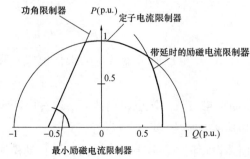

图 16-8　发电机无功容量特性曲线

$$Q = U_\text{G} I_\text{Q}$$

$$\tan\varphi = \frac{I_\text{Q}}{I_\text{p}}$$

式中　I_p、I_Q——发电机有功及无功电流。

只有在同步发电机并网后，电压调节和无功调节器之间才有可能切换。

4. 发电机无功容量特性曲线与限制器

发电机无功容量特性曲线如图 16-8 所示。在图 16-8 中还出了相应各部分限制功能。各限制器的功能分别为：

（1）无延时最小励磁电流限制。增加励磁电流，以防止在小于整定值的最小励磁电流值下运行。

（2）无延时最大励磁电流限制。减少励磁电流，以限制最大允许顶值励磁电流。

（3）带延时的最大励磁电流限制。减少励磁电流，以防止机组因励磁电流过大而过热，此限制具有反时限制特性。

（4）带延时的定子电流限制。根据运行方式的不同（过励或欠励），减少或增加励磁电流，以防止机组因定子电流过大而过热，此限制按反时限制特性。

（5）无延时功角限制。增加励磁电流，以防止同步电机失步。

（6）无延时的电压/频率限制。减少励磁电流，以防止发电机和主变压器的磁密度超出允许范围。

（7）带延时的发电机电压限制器。减少/增加励磁电流，以防止发电机电压超出允许运行值。

5. 限 制 器

（1）无延时励磁电流限制器。无延时励磁电流限制器包括最大和最小两个 PI 调节器。根据发电机的无功容量特性曲线，最小值限制将励磁电流限制在最小的允许值，最大限制将控制发电机的最大励磁电流不超过强励顶值励磁电流值。最大和最小两个限制器可分别投入或切出。相应框图见图 16-9。

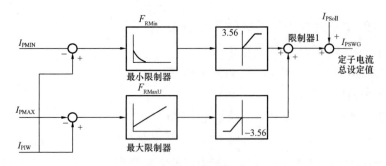

图 16-9　无延时励磁电流限制器框图

I_PIW—励磁电流实际值；I_PMIN—最小励磁电流限制；I_PMAX—最大励磁电流限制；限制器 1—限制器输出信号

（见调节器框图）；I_PSoll—电压调节器的输出信号；I_PSWG—自动模式下的励磁电流总的设定值

最小励磁电流限制器的 PI 调节器传递函数为：

$$F_{\mathrm{RMin}}(s) = K_{\mathrm{PMin}} + \frac{1}{sT_{\mathrm{IMin}}} \qquad (16\text{-}8)$$

式中　$F_{\mathrm{RMin}}(s)$——最小励磁电流限制器的传递函数；

　　　K_{PMin}——比例放大倍数；

　　　T_{IMin}——积分时间。

最大励磁电流限制器的 PI 调节器传递函数为：

$$F_{\mathrm{RMaxU}}(s) = K_{\mathrm{PMaxU}} + \frac{1}{sT_{\mathrm{IMaxU}}} \qquad (16\text{-}9)$$

式中　$F_{\mathrm{RMaxU}}(s)$——最大励磁电流限制器的传递函数；

　　　K_{PMaxU}——比例放大倍数；

　　　T_{IMaxU}——积分时间。

限制器的输出信号叠加在电压调节器的输出信号中。因此，限制器可直接影响励磁电流的调节。当励磁电流的实际值低于最小限制值 I_{PMIN} 时，限制器将启动，最小励磁电流限制器将增加励磁电流。当励磁电流的实际值高于最大限制值 I_{PMAX} 时，限制器将启动，最大励磁电流限制器将降低励磁电流。

（2）具有延时的最大励磁电流限制器。此限制器的输出电流具有反时限制特性，用以保证励磁电流在转子励磁绕组允许温度下运行。相应框图见图 16-10。

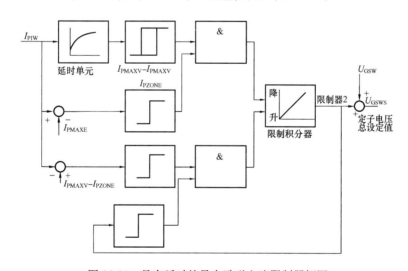

图 16-10　具有延时的最大励磁电流限制器框图

I_{PIW}—励磁电流实际值；I_{PMAXV}—励磁电流最大值；I_{PZONE}—滞区；限制器 2—限制器 2 的输出信号；
U_{GSW}—发电机电压设定值；U_{GSWS}—发电机电压总的设定值

励磁电流的实际值 I_{PIW} 通过延时单元送至一个比较器进行比较。

如果延时后的励磁电流实际值比最大允许值 I_{PMAXV} 大时，比较器启动，同时限制积分器开始负方向积分。积分器的输出将降低定子电压的设定值。

当励磁电流降至最大允许值 I_{PMAXV} 之下时，限制积分器将被解除，输出信号将维持不变。

当励磁电流值降至 $I_{PMAXV} \sim I_{PZONE}$ 时，限制积分器的控制输出信号向零复归，并将限制的作用降低。

延时单元的传递函数为：

$$F(s) = \frac{1}{1 + sT_{VIPB}}$$
(16-10)

比较器的响应时间 t_{an} 可由式（16-11）求得：

$$t_{an} = - T_{VIPB} \ln \frac{I_{P2} - I_{PMAXV}}{I_{P2} - I_{P1}}$$
(16-11)

式中　　T_{VIPB}——延时时间；

　　　　I_{P1}——过电流前的运行电流；

　　　　I_{P2}——过电流；

　　I_{PMAXV}——比较器的门槛限制。

图 16-11 示出了具有延时的最大励磁限制器的励磁电流响应特性。

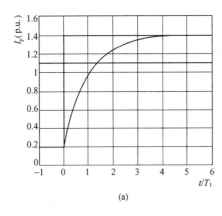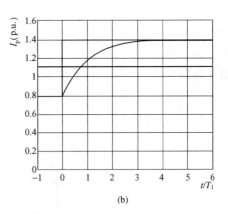

(a)　　　　　　　　　　　　　　　(b)

图 16-11　励磁电流的阶跃响应

（a）$t_{an}/T_1 = 1.3863$；（b）$t_{an}/T_1 = 0.6931$

对于图 16-11（a）：$I_{P1} = 0.2\text{p.u.}$，$I_{PMAXV} = 1.1\text{p.u.}$，$I_{P2} = 1.4\text{p.u.}$。

将数据代入式（6-11）求得：

$$\frac{t_{an}}{T_{VIPB}} = \ln \frac{1.4 - 1.1}{1.4 - 0.2} = 1.386$$

对于图 16-11（b）：$I_{P1} = 0.8\text{p.u.}$，$I_{PMAXV} = 1.1\text{p.u.}$，$I_{P2} = 1.4\text{p.u.}$。

$$\frac{t_{an}}{T_{VIPB}} = \ln \frac{1.4 - 1.1}{1.4 - 0.8} = 0.693$$

6. 定子电流限制器

此限制具有电流反时限延时特性，以保证定子电流在允许温度下运行。根据机组的工作状态（过励或欠励），对定子电流进行限制，并相应地对励磁电流进行增减，相应框图见图 16-12。

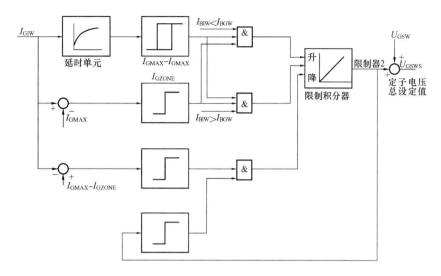

图 16-12　定子电流限制器框图

I_{GIW}—定子电流实际值；I_{GMAX}—定子电流最大值；I_{GZONE}—滞区；

限制器 2—限制器 2 的输出信号；I_{BIW}—定子电流输出；I_{BGW}—无功电流启动限值；

U_{GSW}—定子电压设定值；U_{GSWS}—定子电压的总设定值

定子电流的实际值 I_{GIW} 通过延时单元送至一个比较器进行比较。当延时后的定子电流实际值比最大允许值 I_{GMAXV} 大时，比较器启动，同时限制积分器收到一个启动信号。积分的方向取决于运行点（过励或欠励）。I_{BGWP}（正无功电流限值）和 I_{BGWN}（正无功电流限值）两个参数决定机组在功率因数为 1 运行时的滞区。在滞区范围内，定子电流限制将保持闭锁状态。当定子电流降至最大允许值 I_{GMAXV} 之下时，限制积分器解除，输出信号将维持不变。当定子电流值降至 $I_{GMAX} \sim I_{GZONE}$ 时，限制积分器的控制输出信号向零复归，并将限制的作用降低。

延时单元的传递函数为：

$$F(s) = \frac{1}{1 + sT_{VIGB}} \tag{16-12}$$

比较器的响应时间可由式（16-13）计算：

$$t_{an} = -T_{VIGB} \ln \frac{I_{G2} - I_{GMAX}}{I_{G2} - I_{G1}} \tag{16-13}$$

式中　T_{VIGB}——延时时间；

　　　I_{G1}——过电流前的运行电流；

　　　I_{G2}——过电流；

　　　I_{GMAX}——比较器的门槛限制。

7. 转子功率角限制器

功率角限制器用于限制欠励。当机组的功角超过其最大值并危及机组稳定运行时，功角限制器将无延时动作，相应框图见图 16-13。

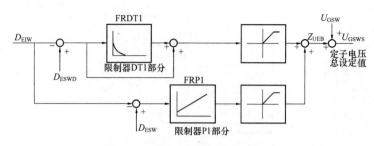

图 16-13　转子功率角限制器框图

D_{EIW}—功角的实际值；D_{ESWD}—功角微分限制；D_{ESW}—静态功角限制；Z_{UEB}—低励限制器的附加信号；

U_{GSW}—定子电压的设定值；U_{GSWS}—定子电压的总设定值

此限制控制器的传递函数为：

对于 PI 单元：

$$F_{RPI}(s) = K_{PUEB} + \frac{1}{sT_{IUEB}} \tag{16-14}$$

对于 DTI 单元：

$$F_{RDT1}(s) = \frac{sK_{DUEB}}{1 + sT_{DUEB}} \tag{16-15}$$

式中　K_{PUEB}——比例放大倍数；

$\qquad T_{IUEB}$——积分时间；

$\qquad K_{DUEB}$——微分放大倍数；

$\qquad T_{DUEB}$——微分阻尼系数。

控制量的等式为：

$$Z_{UEB}(s) = \left[\frac{D_{ESWD}}{s} - D_{EIW}(s)\right]\left[F_{RDT1}(s) + 1\right]$$

$$+ \left[\frac{D_{ESW}}{s} - D_{EIW}(s)\right]F_{RPI}(s) \tag{16-16}$$

低励限制器采用 PIDT1 进行调节。调节器的 DT1 分量用以对功角的急剧变化进行迅速干预，同时在 PI 单元取小放大倍数时起作用。通常在涉及同步电机的功角时，首先应明确谈及的是内功角或者是外功角，如图 16-14 所示。

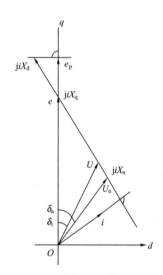

图 16-14　同步电机的功角
计算相量图

e—内电压；U—定子电压；U_n—系统电压；i—定子电流；δ_i—内功角；δ_a—外功角；X_d—电机纵轴同步电抗；X_q—电机横轴同步电抗；X_n—系统阻抗

内功角 δ_i 处于转子气隙电动势 e_p 方向（即转子横轴）和定子电压 U 之间。外功角 δ_a 处于 e_p 和系统电压 U_n 之间。外功角 δ_a 对机组的稳定运行具有重要的作用：

$$\delta_a = \arctan\left|\frac{P}{Q + \dfrac{U^2}{X_q}}\right| + \arctan\left|\frac{P}{Q - \dfrac{U^2}{X_n}}\right|$$

为计算 δ_a，$\dot{e}_p$ 用与 $\dot{i}$ 同相位的相量代替。

内电动势：

$$\dot{e}(t) = \dot{u}(t) + \mathrm{j}i(t)X_q \tag{16-17}$$

系统电压：

$$\dot{u}(t) = \dot{u}(t) - ji(t)X_{n} \tag{16-18}$$

8. 电压/频率限制器（附加的频率信号）

本限制器根据同步电机的频率决定定子电压的最大和最小值，或者是限制器可保持同步电机的定子电压与频率之比为一定值。另外，在电压调节过程中产生一个与频率相关的附加信号。这两个功能均可分别投入或切出。

电压/频率限制器框图如图 16-15 所示。

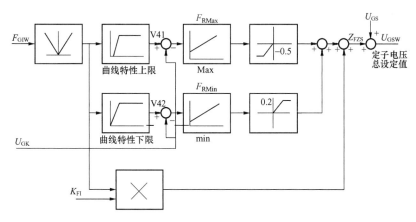

图 16-15　电压/频率限制器框图

F_{GIW}—定子电压频率；U_{GK}—定子电压实际值；Z_{FZS}—电压/频率限制器的附加信号；

U_{GSW}—定子电压设定值；K_{FI}—发电机运行在独立电网中时的频率部分放大倍数

调节定子电压最大和最小值的 PI 调节器传递函数为：

$$F_{RMin}(s) = F_{RMax}(s) = K_{PF} + \frac{1}{sT_{IF}} \tag{16-19}$$

式中　$F_{RMax}(s)$——最大定子电压限制器的传递函数；

　　　K_{PF}——比例放大器；

　　　$F_{RMin}(s)$——最小定子电压限制器的传递函数；

　　　T_{IF}——积分时间。

发电机的频率的实际值 F_{GIW} 被引入上、下限特性曲线环节进行比较，形成发电机定子电压允许运行的上限和下限，即发电机电压只能在此限制值之间运行。其输出经减法器，决定定子电压 U_{GK} 与可允许的极限间的差值，并将差值分别输出到两个 PI 调节器，以实现对电压/频率比值的最大和最小限制。

图 16-16 示出了电压/频率限制器的工作范围。

斜率和发电机电压的最大限制由参数 F_{GMNFG} 和 F_{GMNUG} 所决定。

在图 16-15 中所示的与频率相关的附加信号，其频

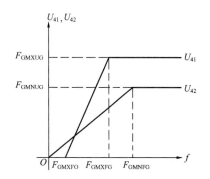

图 16-16　电压/频率限制器的工作范围

F_{GMXUG}、F_{GMNUG}—发电机电压上限及下限值；

F_{GMXFG}、F_{GMNFG}—发电机频率上限及下限值；

F_{GMXFO}—决定上限曲线的基点

率与发电机定子电压间成线性比例关系，此功能可运用在当发电机带电阻性负载并运行在独立电网的情况。当发电机电压与频率具有线性比例关系时，将更有利于调速器对转速的调节。

此外电压/频率上限、下限以及与频率相关的三个功能信号，即 U/f 限制器的附加信号，均输出综合到发电机电压整定值中。

9. 电力系统稳定器（PSS）

电力系统稳定器可提供用以阻尼转子功率振荡的附加信号。电力系统稳定器用有功的计算值产生辅助的信号，求出其微分，并将其分解成与发电机转子的角速度和角加速度成比例的分量。此两个分量可形成具有相位及幅值均可调整的附加信号，作用到电压调节器的设定点，此信号可对其正向和负向值进行限制（BEGR＋，BEGR－），以保持控制发电机的电压在允许的范围内波动。PSS 的传递函数如图 16-17 所示。

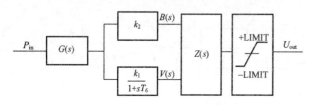

图 16-17 电力系统稳定器传递函数框图

稳定信号的各部分传递函数如下。

输入滤波器：$G(s) = \dfrac{1}{1+sT_1} \times \dfrac{1}{1+sT_2} \times \dfrac{sT_3}{1+sT_3} \times \dfrac{sT_4}{1+sT_4} \times \dfrac{sT_5}{1+sT_5}$

加速信号：$\qquad\qquad\qquad B(s) = G(s)k_2$

转速信号：$\qquad\qquad\qquad V(s) = G(s) \times \dfrac{k_1}{1+sT_6}$

$$T = T_2 = 0.02$$

$$T_3 = T_4 = T_5 = 4.22$$

$$T_6 = 2.15$$

式中　$T_1 \sim T_6$——滤波器时间常数；

$\qquad k_1$——速度信号放大倍数；

$\qquad k_2$——加速信号放大倍数。

综合的稳定器信号 $Z(s)$ 由转速和加速信号组成：

$$Z(s) = +a[B(s)(1-p) + V(s)(1-|p-1|)] \quad （当 p=0\sim2 时）$$

$$Z(s) = -a[B(s)(3-p) + V(s)(1-|p-3|)] \quad （当 p=2\sim4 时）$$

式中　a——放大倍数（AMPL），范围为 $0\sim15.9995$；

$\qquad p$——相位（PHASE），范围为 $0\sim4 = 0\sim360°$。

在电力系统稳定器中，两个可调参数 a 和 p 允许对相位和放大倍数分别进行整定，并附加在发电机电压的整定值中。

五、励磁调节器的附加功能

1. 限制保护功能

为了确保励磁装置和机组的安全运行，在励磁调节器的调节控制软件中，如前所述设有以下保护功能：最大励磁电流限制器用于限制输出最大允许励磁电流；励磁过电流限制器用于限制输出最大允许持续电流值；最小励磁电流限制器用于限制输出最小允许励磁电流；定子电流限制器用以限制发电电动机的最大允许定子电流；负载功角限制器用于防止发电机电压和电流之间的负载功角过大；电压/频率限制器用于防止发电机运行时电压/频率比值过大；电力系统稳定器用于阻尼系统的低频功率振荡；强励限制器用于当线路远方故障造成机端电压较大幅度降低时，励磁强励限制器动作，限制强励时励磁电压和电流倍数。

2. 励磁调节器的操作与切换功能

励磁调节器可进行远方/现地（remote/local）控制方式、自动/手动/试验（auto/manual/test）运行模式的选择。

若励磁选择在现地控制方式，则可实现通道 1 和通道 2 之间、自动和手动之间的无扰动切换操作，并可进行励磁装置的启停、增减负载、主备用风扇切换等控制。

3. 励磁调节器的调试自检功能

每个通道主处理板（MRB）均设有一个 RS232 通信口，利用 PC 机或手持调试终端（hand hold terminal）不仅可以对运行软件的一些参数或控制功能进行修改，还可以在机组试验运行时监视一些重要的运行数据和控制量。同时每个通道均具有一定的自检功能，对励磁的输入输出卡件、控制程序、励磁电源、晶闸管及其他主要励磁元件的工作状态进行实时监控及时发出报警或跳闸信号。

六、不同运行方式下的励磁调节

1. 天荒坪抽水蓄能机组设有发电、发电调相、水泵、水泵调相等工况

水泵工况采用静态变频装置（SFC）启动方式，并以背靠启动方式为备用。机组停机时设有电制动。因此，励磁系统除要具备一般常规励磁系统的功能外，还要满足机组水泵工况的同步启动、水泵工况运行和停机电制动的要求。

2. 水泵工况同步启动

在 SFC 或背靠启动过程中，励磁调节器运行手动励磁电动调节方式（AER）。当水泵启动条件具备时（SFC 或背靠启动方式已选定；励磁系统已为机组启动做好准备；机组转速低于 1%），可通过电站监控系统或励磁现地控制界面发出"励磁投入"命令使磁场断路器闭合。在启动过程的前 10s 内，励磁调节器按确定的设定值提供励磁电流。在随后的 20s 内，励磁电流将增加到确定的励磁电流，其后保持此励磁电流值直至机组转速升到 90%的额定转速，然后自动将调节器从手动励磁电流调节切换到自动励磁电压调节方式。

3. 水泵运行方式

抽水蓄能机组在电力系统中以水泵负载方式运行，水泵机组将成为电力系统的高值负载，为了减少线路无功损失，应使水泵机组尽可能保持在功率因数 $\cos\varphi\approx1$ 的状态下运行。天荒坪机组励磁系统设有功率因数调节器功能，将此机组设定在恒功率因数 $\cos\varphi\approx1$，则励磁系统将控制励磁电流，使机组在设定的恒功率因数 $\cos\varphi\approx1$ 状态下运行，从而减少电力系统因输送无功而造成的损失。

4. 停机电制动

由于励磁电源取自主变压器低压侧，在机组停机电制动过程中，尽管机组断路器处于断

开状态，励磁系统仍然能提供电制动所需的励磁电流。在电制动时，制动电流受控于转子电流。此时，励磁系统工作在手动励磁电流调节方式，制动电流的大小由励磁电流确定。当电制动具备投励磁条件时（如励磁系统无事故和停机命令；机组电制动信号已发出：机组转速大于1%，且小于95%；发电电动机断路器处于断开位置等），通过电站监控系统或励磁柜现地控制面板发出"励磁投入"命令，使机组短路开关和磁场断路器先闭和后，机组进入电制动状态。当机组转速于1%时，电制动过程结束。当机组停止转动时，励磁系统通过内部的发电机电流监测，可自动切除励磁电流。

综上所述，天荒坪蓄能机组励磁系统是一种集起励、SFC启动、背靠背启动、发电/电动运行、停机电制动等功能于一体的适用于抽水蓄能机组运行要求的多功能励磁系统，其功能明显不同于常规励磁系统。

5. SFC或背靠背运行方式

当机组控制系统选择SFC或背靠背启动机组水泵或水泵调相运行时，励磁起励后合磁场断路器，由励磁电流调节器控制输出励磁电流。随着机组转速的上升，励磁电流一直保持恒定，转速大于90%额定转速时，励磁系统自动切换至电压调节器控制方式。

6. 试验模式运行方式

励磁的试验运行模式用于检查励磁系统功率元件的特性、机组短路试验和发电机空载试验。励磁系统切至试验模式时，励磁运行在手动方式，手动设定的初始励磁电流值为零，通过励磁调节器面板上操作，可以对励磁系统的启停、励磁电流的增减等进行调节控制。

第四节　静止变频器 SFC 的工作原理

一、抽水蓄能机组静止变频器 SFC 的接线方式

可逆式抽水蓄能机组通常有五种稳态运行方式，包括发电、发电调相、水泵、水泵调相以及停机。

对于作为水泵电动机运行方式，必须由外部电源予以启动。通常多以静止变频器 SFC（static frequency converter）作为主要启动方式，并以同步对拖，即以一台作为拖动机组，另一台作为被拖动机组，背靠背（back to back）启动方式作为备用启动方案。

就实质而言，SFC控制系统是以转速调节器为基础的设备，SFC向水泵电动机施加以转矩，并依次获得期望的转速。

在本节内将重点讨论静止变频器 SFC 的工作原理及接线方式。

（1）根据静止变频器主回路供电方式的不同，可分为经过降压变压器供电的高—低—高型变频器和无降压变压器供电的高—高型变频器。

（2）根据整流器和逆变器线路之间的耦合方式的不同，可分为交—直—交型变频器和交—交型变频器。

（3）根据中间直流耦合组合方式不同，可分为电抗器耦合方式的电流型变频器和电容器

耦合方式的电压型变频器。

由于抽水蓄能机组在对静止变频器 SFC 的动态响应性能无特殊要求，因此，目前国内抽水蓄能电站中的静止变频器 SFC 的主回路较普遍采用由晶闸管、平波电抗器构成的交—直—交型电流源变频器。

对于高—低—高型静止变频器 SFC，在输入侧采用降低变压器，输出侧采用升压变压器，其目的是使变频器电压与电网和发电机定子侧电压相匹配。由于抽水蓄能电站的发电电动机容量较大，如考虑系统的变压器、电抗器配置和连续导线等费用，高—低—高型静止变频器 SFC 的投资是较大的。但考虑到目前电力电子元器件的制造水平和电压承受能力，采用高—低—高型静止变频器 SFC 接线方式仍是当前的主流。

为了抑制高—高型静止变频器 SFC 的谐波分量的影响，多在其输入侧采用隔变压器，或加装谐波滤波器组与变频器相连，输出侧不经升压变压器直接与发电电动机组定子侧相连接。与高—低—高型变压器相比，此方案设备的投资及运行维护成本较低，可靠性相对也较高。

应说明的是：通用变压器一般为 6 脉波整流器，产生的谐波分量较大。利用变压器二次绕组接线方式的不同，例如二次绕组分别采用星形和三角形的接法，使二次线绕组两组三相交流电源间相同相位差为 30°电角度，由此可将整流电路的脉波数由 6 脉波提高到 12 脉波，从而可减小低次谐波电流分量。

依此，在上述两种类型的静止变频器 SFC 主回路中，可分为 6 脉波和 12 脉波两种方案。在图 16-18 中示出了依不同功能划分的几种 SFC 典型接线方式。

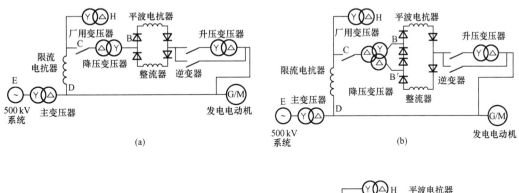

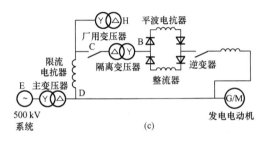 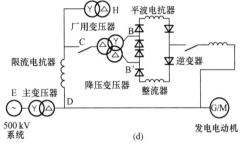

图 16-18　静止变频器 SFC 典型接线图

(a) 高—低—高型静止变频器 SFC 6 脉波方案；(b) 高—低—高型静止变频器 SFC 12 脉波方案；

(c) 高—高型静止变频器 SFC 6 脉波方案；(d) 高—高型静止变频器 SFC 12 脉波方案

二、静止变频器 SFC 的组成

现以天荒坪水电站 300MW 抽水蓄能机组所应用的 6 脉波高—低—高型静止变频器为例说明其系统功能。

天荒坪水电站有装机容量为 6 台 300MW 抽水蓄能机组，就单一电站而言，其总容量在国内是最大的。

静止变频器由法国 CEGELEC 公司供货，6 台机组共用 2 套 SFC。此变频器的主要优点是无级变速，启动平稳动态响应性能良好。

按交—直—交耦合方式组成的电流型静止变频器 SFC，其额定电压为 18kV，最大输入容量为 33MVA，额定输出功率为 22MW；电网侧输入电源额定电压为 $18 \times (1 \pm 10\%)$ kV，额定频率为 50Hz，额定电流为 120A；变频器输出电压为 $0 \sim 19.8$ kV，输出频率为 $0 \sim 52.5$ Hz，输出额定电流为 120A。设计启动加速时间为 210s，允许连续启动机组 8 次（含 2 次备用启动），由此确定变频器短时工作制为额定电流连续运行 30min，停止 30min。

下面按 SFC 的组成单元分别介绍其功能。

1. 功率单元

此单元中包括稳定和限制 SFC 输入电流的限流电抗器。SFC 输入及输出回路接有断路器，以便在 SFC 启动机组过程或并网后以及启动回路发生故障时切断回路电流。SFC 在启动过程中，接在电网和网桥之间的输入降压变压器将对启动过程中产生的大量高次谐波予以抑制起到谐波滤波器的作用，并改善 SFC 的运行功率因数以及电压和电流的波形。

在 SFC 线路中，接在电网侧的晶闸管桥称为整流桥或网桥（SRN）。其作用是将降压变压器二次绕组低电压整流为直流电压。

接在抽水蓄能机组侧的晶闸管桥的作用为将直流电流逆变为交流电流，此晶闸管桥称为逆变桥或机桥（SRM），接线如图 16-19 所示。

2. 控制和保护单元

控制单元主要包括测量单元、脉冲单元、可编程数字控制器 PNC、可编程逻辑控制器 PLC 等。其功能分述如下：

（1）测量单元用于测量 SFC 调节控制所需的各种变量，如机桥、网桥侧的电压、电流互感器提供的电压、电流信号以及转子位置传感器等变量信号。

（2）脉冲单元提供晶闸管触发脉冲以及光电控制的转换等功能。

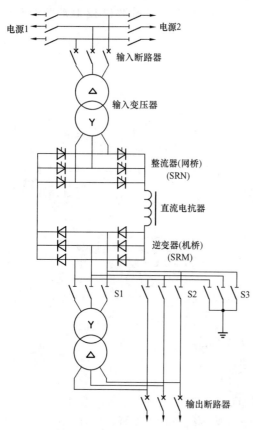

图 16-19　静止变频器 SFC 的组成

（3）可编程数字控制器 PNC 用于 SFC 的闭环调节和控制，通过对晶闸管控制角的调节可改变机组的电流、功率因数，以实现对机组转矩和转速的控制。

PNC 通过外处理单元（PU）对网桥 SRN 和机桥 SRM 进行控制和监视。PNC 通过光纤发出 6 个触发信号，每一桥臂接收 1 个触发信号，然后由触发卡将脉冲信号分配到每一个桥臂中，每桥臂有 18 个晶闸管元件。

（4）监视卡通过串行连接口向可编程控制器 PLC 发送各晶闸管元件状态信息，包括故障信号的发送。

（5）可编程控制器 PLC 用于监控 SFC 系统的输入、输出量及故障状态的处理。

PLC 的功能还包括对输入、输出断路器的分合以及辅助设备（冷却水泵、油泵、风机等）的处理，PLC 具有对 SFC 启动顺序处理的功能，并对频率参考值进行处理。

当选择开关为 Follow-up on 时，跟踪电网频率；当选择开关为 Follow-up off 时，由同期装置发出"增速"或"减速"命令对频率进行调节。

3. 静止变频器 SFC 的控制方式

现以天荒坪水电站为例，对其应用的 SFC 线路的控制流程作一简要的叙述。如前所述，在 SFC 线路中的全控桥有 2 种工作状态，即整流和逆变状态。全控桥的直流输出端可等效视为由一个电动势 EMF 或反电动势 CEMF 和一个二极管的串联回路所组成。二极管规定了直流电流的方向。直流电压 U_d 的大小和方向由闭环控制装置所决定。当 U_d 为正时，它是一个整流桥，由电网或电机输入的交流功率经整流后，以直流方式输出到直流负载回路。当 U_d 为负时，它是一个逆变器，将直流回路输入的直流功率经逆变后，以相应频率的交流功率的形式反馈到电网或电机侧。

众所周知，全控桥自动换向必须有一个合适的交流电压，当交流电压太低时，全控桥不能进行自动换相。在 SFC 启动过程中，电机转子中所加的励磁电流为恒定值，而被拖动机组的端电压与其转速成正比（U/F 为常数）。在启动开始时，机组处于静止状态，其端电压为零，晶闸管桥不能自行换相。为此，将 SFC 的启动过程分为两个阶段，即低速运行阶段（脉冲耦合工作方式）和高速运行阶段（同步运行方式），以不同的方式解决低电压换相及触发问题。

（1）低速启动阶段。为实现晶闸管桥在低电压低速启动条件下的换相，首先必须测量转子的位置和启动转矩的方向。转子位置的测量由感磁性机械位置传感器实现，而转矩方向的测量由 PNC 闭环控制装置实现。PNC 闭环控制原理如图 16-20 所示。

从机桥及网桥侧电流、电压互感器测得的电流、电压信号经过 I/U、U/U 转换器后转换为电压信号送入 PNC 的 SCN203 卡。SCN203 卡将这些电压信号转换成数字量分别送入 PNC 的 SCN824 卡（用于网桥控制）及 SCN825 卡（用于机桥控制）的中央处理单元中去，同时在开始拖动时，转子位置传感器将转子位置信号送入 SCN825 卡中，这些信号在 SCN824 卡和 SCN825 卡中经过内部软件计算后，由 SCB302 卡输出晶闸管的触发脉冲信号。输出的触发信号是电流信号，经过光电转换器 SCN954 卡和 SCN653 卡的转换后成为光信号，然后通过光纤送入触发卡 20AM/20AE 中，将触发信号送到脉冲单元。触发卡 20AM/209AE 由一个 220V AC（5V/15 VDC）提供其电源，每个桥臂 18 只晶闸管元件采用 1 个

20AM 卡和 2 个 20AE 卡，脉冲信号经过 20AM/20AF 卡，形成 19 个脉冲信号。其中，1 个脉冲信号送入 20RM/20RE 卡中，作为脉冲监视单元的同期信号，而另外 18 个脉冲信号送给 18 只晶闸管的 OEXA31 卡。每个 OEXA31 卡将输入的光触发信号转换成控制晶闸管的方波信号，OEXA31 卡在晶闸管正向偏压大于 45V 时产生一个 $15\mu s$ 的脉冲发送到晶闸管触发极，从而控制晶闸管的导通。而用 OEXA31 卡将向 20RM/20RE 卡发送一个脉冲反馈信号，以判断晶闸管或脉冲触发回路发送是否有故障，如是晶闸管或脉冲触发回路存在故障，那么 20RM/20RE 卡会将故障信息通知 20RS 卡，然后由 20RS 卡将信息传送给 PLC，并由 PLC 通过显示单元显示。

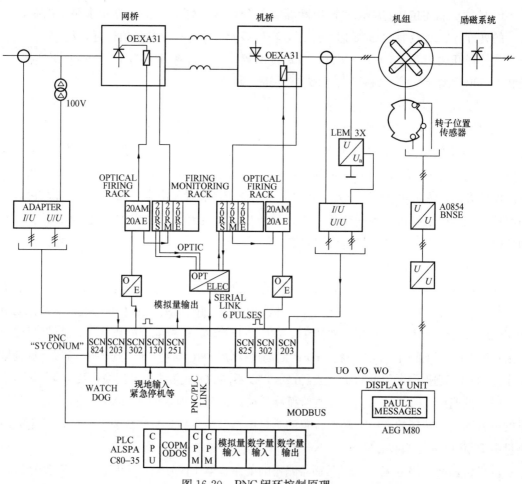

图 16-20　PNC 闭环控制原理

下面对机组在静止状态到低速阶段采用脉冲耦合方式触发晶闸管元件的启动过程作一简要的叙述。

当机组在静止状态时，利用装在转轴上的轴角传感器首先测量出转子的实际位置，其后再判定在定子三相绕组中两相绕组加入电流可获得最大启动转矩。轴角传感器的方法是在主机的轴上装设一个与大轴同步旋转的模拟转子磁极的齿盘，在支架上装有模拟三相定子绕组位置的三个传感器探头，三个电磁传感器按 120°电气角分布，R、S、T 三相定子绕组的磁极中心线与传感器感应的方波电压波形中心线相重合。转子每转过一个磁极位置传感器，接受一个幅值恒定脉宽为180°的方波电压。这些方波与转子磁场相位一致，方波经过处理后形成间隔为60°、脉宽为120°的6组触发脉冲，分别控制机桥 SRM 6 个桥臂晶闸管元件，导通后的元件电流将分别送往相应的定子三相绕组中的两相绕组中产生启动转矩。

变频器在机组获得恒定励磁电流并计算出转子初始位置后即解锁，并按其判定的逻辑首先给能产生最大正向加速转矩的两相定子绕组通入电流，此时换流网桥 SRN 工作处于恒电流的整流控制状态，对于机桥 SRM 控制角的选择，为了使水泵启动初期机组尽快建立端电压，在脉冲运行控制期间，机桥 SRM 采用恒定控制角方式，以保证在换相过程中不会出现失败的故障。水泵在初始的电磁转矩作用下从静止开始转动后，机组定子绕组上即会感应出与其转速相对应的三个交变电压，尽管此时电压的幅值很低，不足以提供 SRM 桥臂的换相电流，但仍可以作为 SRM 进行换相控制的相位的判据。为了使 SRM 桥臂在无换相电压支持的情况完成换相，采用了强制中断电流的方法，即：在判定需要进行桥臂组换相时刻，首先将整流桥 SRM 的触发角快速移至逆变状态（大于90°），利用整流桥 SRN 的直流输出电压的反向作用，快速消除直流连接电路的直流。当变频器回路电流被强制降到零值时，逆变桥 SRM 的所有的晶闸管也处于关断状态。在核实定子电流确已被中断后，触发脉冲即被传送到逆变桥 SRM 轮流到将要被触发的一组晶闸管元件，同时相应取消整流桥 SRM 全逆变功能的设定，向机桥提供换向电流。然后，网桥 SRN 重新恢复到恒电流控制的整流状态，而逆变桥 SRM 在机组建立励磁电流并由此计算出转子初始位置后也立即解锁，这样连续直流回路又产生直流电流。同时解锁的变频器按其判定逻辑首先向能产生最大正向加速转矩的两相定子绕组通入电流，因为在上述换相过程中，变频器的输出电流是断续的，其时间间隔一般控制在 5ms 左右，以保证机桥 SMR 可靠地完成换相。为此，这一过程随着水泵被启动机组的加速，SRM 的换相周期间隔时间也越来越短，当转速达到 10% 的额定速度，机组定子绕组的感应电势已具有提供 SRM 电流的能力时，换流桥 SRM 将会自动地从脉冲运行控制转换到机组电压自然换相控制。随着转子转速的增加，在定子 R、S、T 三相绕组上分别感应出不同相位的正弦变化规律的电压波形。此时，机组三相感应电势除作为逆变桥 SRM 判断自动换相相序的依据外，还为 SRM 各桥臂元件换相时提供换相电流。换相方式也由人工强制脉冲换相转变为以机组电压为换相条件的电压自然换相控制方式。

应强调的是，在低速阶段，每一个换相周期等于取消原回路电流的时间与非换换时间以及回路电流恢复时间之和。取消回路电流的时间至少需要 4ms，随着被拖动机组频率的增加，可用于取消和恢复回路电流的时间将越来越短，最终将无法继续强制换相方式。为此必须对脉冲耦合方式将的上限工作频率设定一限制值，一般此频率设定在 5Hz 左右。

（2）高速拖动阶段。当机组转速处于 $f>5Hz$ 的高速启动阶段时，由于被拖动水泵机组转速的上升，其端电压与频率成正比亦随之上升，由于机端电压的上升，机桥晶闸管输出交流电压亦随之提高，元件此时已进入可自然换相的工作状态，即退出换相的晶闸管元件电流会被自动截止。因此，这一阶段将不需要依靠转子位置传感器的信号进行触发，PNC 将根据转矩设定值和频率基准值，并通过测量机桥、网桥侧电压、电流对机桥、网桥的触发脉冲进行控制并调节 SFC 输出的启动电流，并将机组拖动到 49.5Hz（频率基准值）。此时通过 PLC 与监控信息交换，由机组同期装置根据需要发出要求"增速"或"减速"命令，最终使机组并网运行。

如上所述，为了使整个 SFC 在整个频率范围内能正常工作，要求脉冲耦合方式的工作频率上限应高于同步工作方式的工作频率下限。使两种工作方式能有效地切换与相接，此切换频率即为 SFC 两个工作阶段的切换频率，一般该频率应为 $2.5\sim8Hz$，对天荒坪电站此切换频率为 3.75Hz。

三、静止变频器 SFC 的启动程序

当 SFC 处于远方自动控制方式状态时，SFC 的启动程序可分为 5 个流程。

1. SFC 辅助设备启动过程

PSCS 向 SFC 发出 "SFC auxiliaries starting order" 的命令，SFC 将自动启动辅助设备，如输入变压器油泵、冷却单元去离子水泵、整流桥风机、逆变桥风机，并发出命令合上谐波滤波器开关。在辅助设备启动后，SFC 检测到输入变压器油流正常、去离子水流和导电率正常、网桥 SRN 和机桥 SRM 的空气温度正常，SFC 将发出 "SFC auxiliaries started" 的信号传送到 PSCS。

2. SFC 准备过程

在 "SFC auxiliaries started" 后，SFC 向 PSCS 发出 "Operation water flow for input transformer on" 和 "Operation water flow for input birdges on" 的命令，PSCS 打开 SFC 外部冷却水排水阀，确保 SFC 有外部冷却水流，然后 SFC 会自动合上输入断路器。当 SFC 输入断路器合闸后，SFC 会发出 "Input CB closed"、"SFC ready" 和 "SFC ready for on command" 的信号给 PSCS，此时，SFC 进入"备用"状态。如果此时 PSCS 未发出任何命令给 SFC，SFC 就会保持在"备用"状态运行，但结果 PSCS 发出 "SFC on command" 的命令给 SFC，那么 SFC 会自动合上输出断路器，当输出断路器合后，SFC 会发出 "Output CB closed" 信号给 PSCS。然后，PSCS 会向 SFC 发出 "Unit（1 to 6）selected" 的信号，SFC 会根据此信号来选择相应机组的转子位置传感器回路进行测量。

3. SFC 启动过程

在选定和接入相应机组的转子位置感器回路后，SFC 将给 PSCS 发出 "Excitation start" 的命令，PSCS 将使励磁系统向相应机组的转子绕组施加励磁。然后，PSCS 将向 SFC 发出 "Excitation ready" 的反馈信号。此时，SFC 解除脉冲闭锁，建立电流回路，发电/电动机开始启动且转速上升。励磁系统给发电/电动机提供一个恒定的励磁电流，定子电压与机组转速比较上升（即 U/F 调节）。当机组转速升到 495r/min（$f\geqslant49.5Hz$）时，SFC 将向 PSCS 发出 "SFC ready for synchronizing" 的信号，此时有两种可能性，即：

（1）频率跟踪选择器切至 "OFF"。

（2）频率跟踪选择器切至 "ON"。

如果频率跟踪选择器切至 "OFF"，SFC 将根据同期装置发出的 "Raise" 和 "Lower" 来调节机组的转速；如果频率跟踪选择器切至 "ON"，SFC 将其测得的电网频率作为频率基准值，并根据频率基准值来调节机组的转速。机组一旦满足同期条件，将会立即将发电机断路器闭合，并发出 "GCB closing order" 信号至 SFC，SFC 接收到 "GCB closing order" 的信号后，

立即将调节器闭锁以防止在电网、发电/电动机和 SFC 之间形成环路。当 SFC 的启动电流为零时，SFC 立即自动断开输出断路器。当 SFC 的输出断路器断开以后，SFC 将向 PSCS 发出"Output CB Opened"和"SFC regulation stopped"信号，此时 SFC 自动进入下一个流程。

4. SFC 备用过程

当上述流程后完成后 SFC 自动进入备用状态时，SFC 的输入断路器在合闸位置，滤波器开关在合闸或分闸位置，输入变压器油泵、冷却单元去离子水泵、整流桥风机及逆变桥风机均在运行状态。此时有两种可能性，即：

（1）启动另外一台机组。

（2）使 SFC 进入停止状态。

5. SFC 辅助设备停止过程

当 SFC 在备用状态时，PSCS 给 SFC 发出"SFC auxiliaries stopping order"的命令，SFC 收到上述命令后，立即断开输入断路器。在输入断路器断开以后，SFC 给 PSCS 发出信号。SFC 在收到"SFC auxiliaries stopping order"命令 5min 后，SFC 发出"Operation water flow for bridge off"和"Operation water flow for input transformer off"的命令，将输入变压器油泵、冷却单元去离子水泵、整流桥风机及逆变桥风机停止运行。当 SFC 辅助设备全部停机后，SFC 向 PSCS 发出"SFC auxiliaries stopped"的信号，SFC 将又可以备用。当 SFC 在现地控制方式状态时，SFC 的启动程序仍分为 5 个流程：

（1）STEP1。辅助设备启动，接入谐波滤波器、断路器、输入变压器油泵、冷却单元去离子水泵、整流桥风机及逆变桥风的启动。

（2）STEP2。输入断路器合闸命令。

（3）STEP3。ON command。

（4）STEP4。Unit selection。

（5）STEP5。Not used。

（6）STEP7。辅助设备停止命令。

当 SFC 在"MAINTENANCE"保持方式状态时，SFC 不能启动机组，只能在 GA03 盘柜启停输入变压器油泵、冷却单元去离子水泵 1 和 2、整流桥风机及逆变桥风机，用以检查冷却单元去离子水流量、水泵及风机工作条件是否正常。

四、静止变频器 SFC 电气轴的建立

SFC 系统仅在水泵工况或者水泵调相机工况启动时与机组发生联系，两种启动工况的初始基本相同，只是在机组同期并网后，工况有所不同。

电气轴是 SFC 系统与机组之间通过电气设备建立的一种电的联系，不同设备的控制可能由不同的系统来完成，但其运行流程是基本不变的。

下面以天荒坪水电站 No.4 号机组为例，说明接线电气轴的建立过程。No.4 机组电气轴的建立过程为：首先合 No.4 机换相隔离开关 PRD04→合启动母线联络隔离开关 SBI712→合 SFC1 输出隔离开关 OPI81→合 No.4 机组被拖动隔离开关 SBI41→合 SFC1 输出断路器 OCB81→合上励磁系统磁场断路器 FCB04。相应电气一次回路接线图见图 16-21。

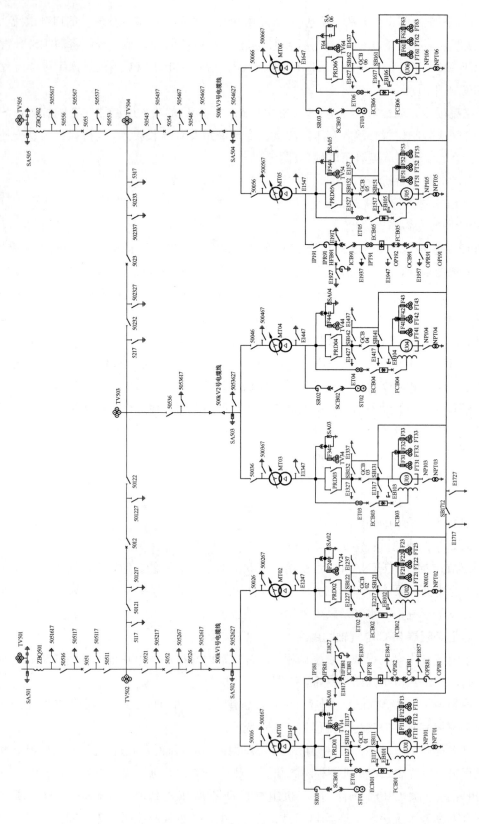

图16-21 天荒坪抽水蓄能水电站电气一次回路接线图

当上述电气轴建立后，SFC1 将解锁调节并建立电流，拖动机组开始转动。应说明的是启动母线联络隔离开关 SBI712 的投、切取决于机组启动对 SFC 的选择，如果上述 No.4 号机组的启动选择 SFC2，同 SBI712 将保持断开状态。

天荒坪水电站 6 台 300MW 抽水蓄能机组共用 2 套 SFC 变频启动器解除，机组同期结束，机组断路器 GCB04 合上→立即分 SFC01 输出断路器 OCB81→切 SFC1 输出隔离开关 OPI81→切 No.4 机组被拖动隔离开关 SBI41→拉开启动母线联络隔离开关 SBI712。

实际上，当发电机断路器 GCB 完成并网后，SFC 将立即闭锁调节功能，同时发令断开输出断路器 OCB，此时电气轴已经解除，但其他设备的状态需自动恢复，并完成启动其他机组的准备。

当机组按水泵调相机方式工作在启动过程中时，监控系统是 SFC 系统、励磁系统以及同期装置的共同界面，三者进行协调最终目的是实现机组的同期并网。

当机组选择 SFC 按同期调相工况启动时，机组将按监控的系统顺控逻辑，启动机组的辅助设备并发信号启动 SFC 的辅助设备，同时将励磁系统选择为 SFC 工作模式。接着在 SFC 和励磁系统的配合下，建立 SFC 启动的电气轴。当 SFC 系统确定机组的转子位置后，发出命令启动励磁系统。当命令（励磁电流建立）发出后，SFC 开始建立电流，启动机组并划分为低速和高速两个阶段直接将机组的转速启动到 49.5Hz。此时，励磁系统也会将机组的机端电压调节至 $95\%U_N$，监控将发出信号启动同期装置，同期装置将跟踪系统的频率和电压不断地向励磁系统和 SFC 发出进行电压和频率调节的命令。当同期装置检测到同期三要素满足规定的条件时，将发令合上机组出口断路器 GCB。并网结束后，建立的电气轴将按前面所述的顺序解除，SFC 系统也将停止调节而自动转到备用状态。同时，励磁系统将正常地工作在自动电压调节模式下，具体的顺序见图 16-22。

此外，应说明的是，SFC 在机组启动过程中实际上是相当于机组在发电启动过程中调速器的作用，对机组的转速进行调节，使其具备同期并列的条件。调速器系统在机组同期调相工作模式 SCP 启动时，会收到监控的指令而置于调相工作模式下，从而将调速器的开限设定到关闭位置，将机组的负载参考值设定到零。机组从 SCP 转到抽水过程中，当调速器检测到球阀开度大于 40% 时，调速器系统将置于抽水工作模式并打开导叶。

最后应指出的是，当机组采用同步对拖即背靠背启动方式时，电气一次主接线电气轴的建立过程是相同的。

五、天堂水电站抽水蓄能机组静止变频器 SFC 的启动系统[42]

天堂抽水蓄能水电装机总容量为 $2\times35MW$，抽水蓄能机组的主要启动方式采用变频启动 SFC 启动，背靠背启动作为备用启动方式。SFC 装置由匈牙利 GANX ANSALDO 公司提供，额定输出功率为 4MW，额定输入电压为 1300V，输出电压为 0～1450V，输出电流为 0～1380A，设计允许启动时间为 200s，实际设定启动时间为 128s，可连续启动 4 次。

1. 静止变频器 SFC 系统的组成

静止变频器 SFC 可提供从零到额定频率值的变频电源，同步地将机组拖动至同步。SFC 一般可分为他控变频和自控变频两种，他控变频是用独立的变频电路向被启动的水泵电动机

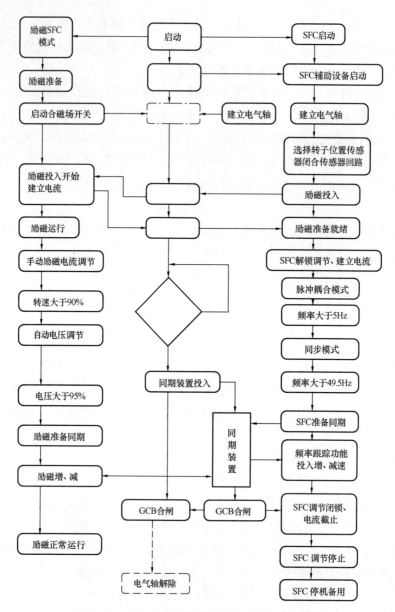

图 16-22　SFC 启动水泵或水泵调相机组的流程图

组供电，而自控变频则利用转子位置检测器来控制变频电路触发脉冲，天堂水电站采用前一种方式。SFC 系统主要由两个并联连接的 12 相脉波的整流—逆变（LSC-MSC）装置（SFC221）、两组电抗器、降压和升压变压器、旁路柜及相关 10kV 隔离开关等组成，其主回路接线见图 16-23。此线路为高—低—高型静止变频器。

SFC221 是 12 相脉波的变频器，包含 2 路并联连接的 6 脉波整流—逆变单元（LSC1-MSC1 和 LSC2-MSC2），每个桥臂均只有一只晶闸管。LSC1 和 LSC2 为三相电网侧整流桥（网桥），分别与主电源侧连接成三角形的三绕组降压变压器的二次绕阻连接。MSC1 和 MSC2 为三相机组侧逆变桥（机桥），MSC1 输出通过旁路柜 QBS 或 QDS 分别可与启动母线或升压变压器星形二次绕组连接，MSC2 输出直接与升压变压器按三角形连接的二次绕组连接。

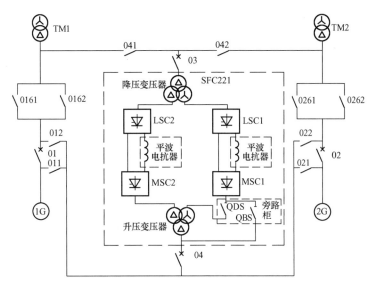

图 16-23　SFC 系统主回路接线图

升压、降压变压器的二次绕组分别连接成三角形和星形，两者的相量相位差30°。采用变压器的作用是使电网电压与发电电动机组电压相匹配，降低了 SFC 装置的输入和输出电压，并减少晶闸管元件串联数。此外，一、二次绕组均按三角形连接绕组，从而减少了整流器产生的谐波对供电电网和发电机的影响，并起到限制故障电流和隔离直流作用。

接在整流桥输出端的平波电抗器抑制了直流回路的脉波，从而改善了逆变器的工作条件，同时起到限制故障电流起始增长率的作用。

旁路隔离开关 QBS 保证向机组提供较大的初始启动电磁转矩。机组启动时，合 QBS，LSC1-MSC1 投入工作，其输出直接与发电电动机绕组相连，使机组得到较大的启动电流，当机组转速大于5Hz后，QBS 切除，QDS 接入，两组 LSC-MSC 同时投入工作。

2. 背靠背启动方式

背靠背启动是以本电站或邻近电站的一台机组（常规机组或蓄能机组）作为启动电源。启动前将启动机组与被启动机组通过电气轴连接在启动母线上，并分别加以适当的励磁。启动时，开启启动机组的导叶，其定子绕组端感应的低频电压经启动母线施加于被启动机组，并产生启动转矩，使被启动机组随启动机组同步旋转。随着导叶逐渐开启，转速的上升和启动机组端电压的增加以及当转速加速到约80％额定转速时，投入各自的励磁调节器，而后继续同步升到额定值后同期并网。

两台机组（作为发电机运行状态的启动机组和作为被启动机组的水泵电动机组）的励磁调节器均选择在手动恒励磁电流状态下运行，此值一般选择为空载励磁电流。

此外，根据启动母线设置的部位的不同，可构成不同的背靠背启动方式。启动母线位于主变压器低压侧的称为低压背靠背启动，位于高压侧的称为高压背靠背启动。根据启动母线连接方向的不同，背靠背启动方式又可分为：固定由一台机组作为启动机组启动其他几台机组的称为1对 n 背靠背启动；任一台机组可相互启动其余机组，又可能被其他任一台机组启动时，称为互称联靠背启动。背靠背启动方式的特点是：

（1）启动过程不从系统受电，对系统运行无任何影响。

（2）采用转轮室压水启动时，启动机组的容量仅为被启动机组容量的 15%～20%。只要启动机组的容量足够，可同时启动 2 台同类机组。

（3）邻近电站中的中小容量机组，只要满足启动条件（如容量、启动回路阻抗等），也可用作启动机组，从而扩大了背靠背启动的适用范围。

（4）机组启动前需先加励磁，为此要求励磁变压器接在发电机断路器外侧或由厂用电源供电。

（5）需设置启动母线及开关设备，电气接线和布置较复杂。

（6）采用互联背靠背启动方式可提高灵活性，但也将使操作及控制回路复杂化。

（7）要求机组相应保护装置能在 0～50Hz 范围内可靠动作。

（8）背靠背启动需要一台机组作发电机启动其余机组，故当全部机组均需进入抽水工况时，则需采用其他启动方式，例如 SFC 启动方式配合使用。

背靠背启动适用于各种容量机组的启动，既可用于转轮室压水启动，也可用于转轮不压水在水中启动。背靠背启动所需增加的附加费用一般要低于同轴小容量电机启动，当机组台数多时，背靠背启动的经济性更加优越。

背靠背启动现已广泛应用于国内抽水蓄能电站中，启动成功的关键在于启动机组导叶开启速度及导叶开度的选择，以及启动机组（发电机）和被启动机组（电动机）励磁电流的选择。

采用背靠背启动方式应选择流入被启动机组相应两相定子绕组电流的相位，选择的依据是此两相定子电流所产生的旋转磁场方向应与转子绕组恒定励磁电流产生的磁场方向，在电气度上成正交 90° 位置，以期得到最大的启动转矩。

六、电磁感应法对转子初始位置的识别[43]

电磁感应法是近年来 Alstom 公司推出的在抽水蓄能机组中利用电磁相位识别和测量转子初始位置的方法。其原理为首先由变频器设定并给出一个按阶跃函数变化的励磁电流值，此时尽管水泵机组处于静止状态，但是由于机组的励磁电流在随给定命令开始增长过程中是变化的，此变化的励磁电流会在定子三相绕组中感应出电压，显然三相感应电压的相位、幅值与转子的初始位置有关。采用电磁感应最强的两相线电压的幅值必须是最大值。

这样，如果首先在此两相中加入电流，必将使转子产生最大的正向加速转矩。利用上述物理概念，在机组低转速阶段采用脉冲控制方式期间中，设置了确定转子初始位置的计算程序。由此可根据在机组的励磁电流建立过程中检测到的三相定子电压计算出水泵机组启动前的转子初始位置，并从中判定出水泵启动时刻流入电流可产生最大正向加速转矩的两相定子绕组。这一测定转子初始位置的方法在琅琊山及张河湾等抽水蓄能水电站中已获得了应用。

与前述利用机械位置传感器测量转子初始位置的方法不同之处在于电磁感应法不需加装机械式传感器。

电磁感应法的基本原理如下：

机组在启动之初，转子处于静止状态，不能用定转子相对运动的机理来判断转子位置。但是在向转子励磁绕组施加励磁电流的瞬间，电机定子三相绕组中会感应出不同相位的电动势，利用这些电动势，可以推算出转子的位置。

施加励磁电流时，定子三相绕组中因互感产生的磁通可以用式（16-20）表示，有关定子、转子绕组磁通相量见图16-24。

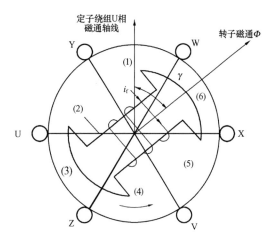

$$\left.\begin{aligned} \Phi_U &= Mi_f\cos\gamma \\ \Phi_V &= Mi_f\cos(\gamma+120°) \\ \Phi_W &= Mi_f\cos(\gamma-120°) \end{aligned}\right\} \quad (16\text{-}20)$$

图 16-24 同步电机的转子初始位置和 6 个扇区

式中 Φ_U、Φ_V、Φ_W——转子电流在定子三相绕组中产生的磁通；

M——定转子绕组之间的互感；

i_f——转子电流；

γ——转子轴线 U 相轴线的夹角。

转子电流可用式（16-21）表示：

$$i_f = \frac{u_f}{r_f}(1-\mathrm{e}^{-\frac{r_f}{L_f}t}) \tag{16-21}$$

式中 u_f——施加到转子绕组上的电压；

r_f、L_f——转子绕组的电阻和电感。

定子三相绕组中感应出的电动势可以用式（16-22）表示：

$$\left.\begin{aligned} e_U &= -\frac{\mathrm{d}\Phi_U}{\mathrm{d}t} = -\frac{\mathrm{d}}{\mathrm{d}t}(Mi_f\cos\gamma) = -M\frac{u_f}{r_f}\cos\gamma\frac{\mathrm{d}}{\mathrm{d}t}(1-\mathrm{e}^{-\frac{r_f}{L_f}t}) = -M\frac{u_f}{L_f}\cos\gamma\mathrm{e}^{-\frac{r_f}{L_f}t} \\ e_V &= -\frac{\mathrm{d}\Phi_V}{\mathrm{d}t} = -M\frac{u_f}{r_f}\cos(\gamma+120°)\mathrm{e}^{-\frac{r_f}{L_f}t} \\ e_W &= -\frac{\mathrm{d}\Phi_W}{\mathrm{d}t} = -M\frac{u_f}{r_f}\cos(\gamma-120°)\mathrm{e}^{-\frac{r_f}{L_f}t} \end{aligned}\right\} \quad (16\text{-}22)$$

定子三相绕组感应电动势的最大值出现在转子绕组施加电压的初瞬间，即 t 为 0 时，见式（16-23）：

$$\left.\begin{aligned} e_{U0} &= -M\frac{u_f}{L_f}\cos\gamma = -k\cos\gamma \\ e_{V0} &= -M\frac{u_f}{L_f}\cos(\gamma+120°) = -k\cos(\gamma+120°) \\ e_{W0} &= -M\frac{u_f}{L_f}\cos(\gamma-120°) = -k\cos(\gamma-120°) \end{aligned}\right\} \quad (16\text{-}23)$$

式中 e_{U0}、e_{V0}、e_{W0}——定子三相绕组感应电动势的最大值；

$$k\text{——系数，}k=\frac{Mu_f}{L_f}。$$

根据三角函数公式对式（16-23）进行求解，得：

$$\left.\begin{array}{l} \cos\gamma=-\dfrac{1}{k}e_{U0} \\[2mm] \sin\gamma=\dfrac{e_{V0}-e_{W0}}{\sqrt{3}k} \\[2mm] \tan\gamma=\dfrac{e_{W0}-e_{V0}}{e_{U0}} \\[2mm] \tan\gamma=\dfrac{u_{W0}-u_{V0}}{u_{U0}} \\[2mm] \gamma=\arctan\dfrac{u_{W0}-u_{V0}}{u_{U0}} \end{array}\right\} \tag{16-24}$$

在定子绕组空载的情况下，e_{U0}、e_{V0}、e_{W0} 与 u_U、u_V、u_W 相等，而后者是可以测得的，所以 γ 很容易求得，转子初始位置从而可以确定。采用 $\tan\gamma$ 推算 γ，可以避免电机参数的误差造成的影响。

转子的可能初始位置则有无限多个，但机桥可能的导通桥臂组合只有 6 种。所以，必须将转子的无限多个可能初始位置归并为 6 种，以适应对机桥的控制要求。

将电机定子内的空间划分为 6 个 60°的扇形区，每个扇形区的起始轴线均为定子绕组一相的磁场的轴线，转子轴线必然处于六个扇形区之一。

转子绕组施加电流的瞬间，转子处于不同位置时（见图 16-25 的 A 行），相应的 γ 值的范围如图 16-24 的 B 行所示。

七、静止变频器 SFC 的容量计算

静止变频器 SFC 在启动的过程中，拖动转矩 T_M 与阻力转矩 T_R 之间的关系可用式（16-25）予以描述：

$$T_M-T_R=J\frac{d\Omega}{dt} \tag{16-25}$$

式中　T_M——SFC 的拖动转矩，N·m；

$\quad\quad T_R$——机组的阻力转矩，为转速的函数，N·m；

$\quad\quad J$——机组转动部分的转动惯量，t·m²；

$\quad\quad \Omega$——机组的角速度，rad/s。

T_M 和 T_R 与转速的关系曲线见图 16-26。

J 与飞轮矩 GD^2 的关系为：

$$J=\frac{GD^2}{4g} \tag{16-26}$$

式中　GD^2——单位为 N·m²；

$\quad\quad g$——重力加速度，m/s²。

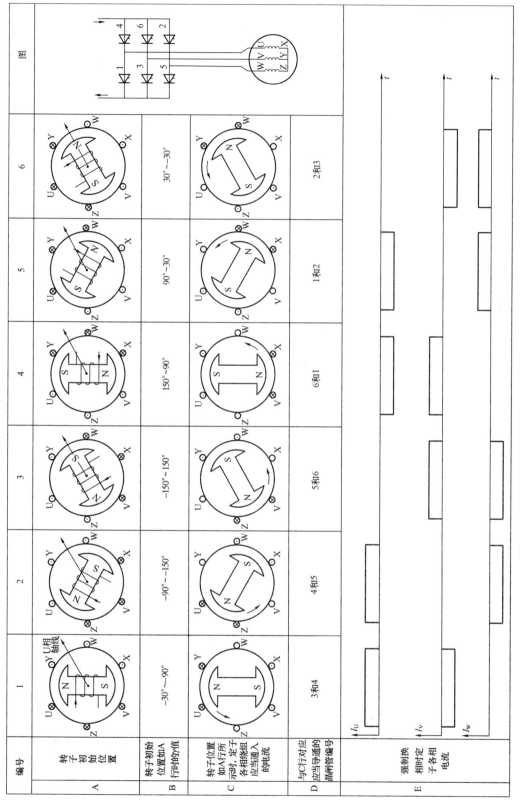

图16-25 转子初始位置的确定及强制换相时的各对应相电流

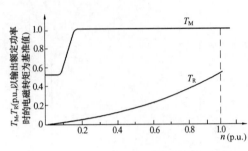

图 16-26　拖动转矩 T_M、阻力转矩 T_R 与
转速 n 的变化曲线

Ω 与每分钟转数 n 的关系为：

$$\Omega = \frac{2\pi n}{60} \qquad (16\text{-}27)$$

求解上述微分方程，得式（16-28）和式（16-29）：

$$\mathrm{d}t = \frac{1}{T_M - T_R} J \mathrm{d}\Omega \qquad (16\text{-}28)$$

$$t = \int_0^N \frac{1}{T_M - T_R} J \mathrm{d}\Omega = \int_0^N \frac{1}{\dfrac{P_{SFC} - P_R}{\Omega}} J \mathrm{d}\Omega$$

$$(16\text{-}29)$$

$$P_{SFC} = T_M \Omega$$

$$P_R = T_R \Omega$$

式中　P_{SFC}——SFC 的容量，W；

P_R——机组启动过程中与阻力转矩相当的功率损耗，W。

作为实例，功率损耗与转速的关系式见表 16-1。

表 16-1　　　　　　　　　　功率损耗与转速的关系式

功率损耗内容	功率损耗与转速的关系式
转轮在空气中的阻力损耗	$P_1 = an^3$
电机的空气阻力损耗	$P_2 = bn^3$
推力轴承摩擦损耗	$P_3 = cn^{1.5}$
导轴承摩擦损耗	$P_4 = dn^2$
电机空载铁损	$P_5 = en^2$
总损耗	$P_R = P_1 + P_2 + P_3 + P_4 + P_5$

可以看出，SFC 的容量取决于要求的机组加速时间、转动惯量和阻力转矩。为了减少 SFC 的容量，启动之前要利用压缩空气将转轮室的水排到尾水管中，使转轮与水脱离接触。

求解此方程，可以获得 P_{SFC}。P_R 是转速的函数，方程的求解需借助专门的程序。P_{SFC} 一般为机组容量（单位为 MW）的 $6\% \sim 10\%$。P_{SFC} 与加速时间存在类似于反比例关系，增大 P_{SFC} 可以缩短加速时间，但 P_{SFC} 增大到一定程度时，缩短加速时间的效果不再显著。所以，在电力系统对水泵启动时间没有过高要求的情况下，避免将 SFC 的容量选得太大。

八、静止变频器 SFC 与电源的连接方式

由于静止变频器在启动机组过程中会产生谐波分量影响到电网的供电质量，为此，在考虑 SFC 接入点时应考虑到对电网的影响。但是考虑到 SFC 为短时工作制，以及 SFC 连接处不是公用电网的特征，通常无必要按国际标准的规定苛求抽水蓄能水电站的谐波电流水平。常规的几种 SFC 接线方式如图 16-27 所示。

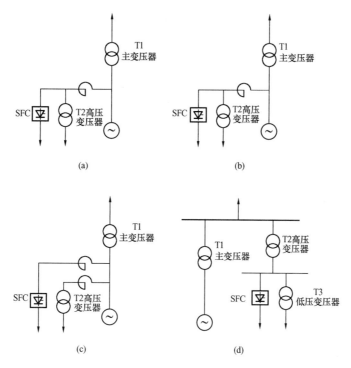

图 16-27　SFC 和厂用电变压器的几种接线方式

（a）经共用电抗器接入；（b）不经电抗器接入；（c）经电抗器接入；（d）经厂用高压变压器接入

第五节　静止变频器 SFC 电流和转速双闭环控制系统[44]

　　静止变频器 SFC 的电流和转速双闭环控制系统原理图如图 16-28 所示，变频器的控制功能应能完成使作为水泵运行的机组由静止状态启动到并网的全部过程控制。在图 16-28 中给出了变频器对应控制框图，它主要包括机组启动过程中的转速控制、机端电压控制和水泵并入电网过程的同期控制。

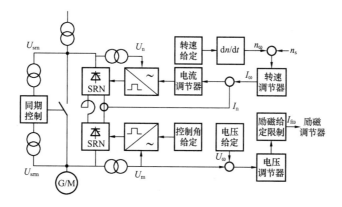

图 16-28　静止变频器 SFC 的电流和转速双闭环控制系统原理图

一、水泵电动机组变频启动过程中的转速控制

水泵机组启动过程中，处于逆变工作方式的换流桥 SRM（机桥）采用定角开环控制方式，并且为了防止逆变换相失败，控制角给定值一般选为 $140°\sim150°$ 电角度，这样对应的直流输出口电压 U_{d2} 将与机组的交流电压 U_{srm} 成正比。整流桥 SRN（网桥）为整流工作方式，它直接受控于电流和转速的双闭环调系统。水泵变频启动时，变频器预先优化设定一条转速上升曲线，然后由转速给定单元输出一个与电网频率相当的、对应于 50Hz 的转速基值，在 $\mathrm{d}n/\mathrm{d}t$ 环节（限制转速基值的上升速度）作用下，产生转速整定值 n_ω，并与机组实际转速 n_s 比较，其偏差量作为转速调节器（外闭环）和电流调节器（内闭环）的输入控制信号，最终调整整流桥 SRN 的控制角以控制变频器回路的运行电流，使机组快速跟踪转速指令的变化。n_ω 大于（或小于）n_s 时，变频器自动增加（或减小）提供给机组的电磁转矩；n_ω 与 n_s 相等时，变频器保持原有运行状态，即变频器提供的电磁转矩与机组的机械负载阻力转矩相等，机组维持一定的转速，此过程为变频器在启动水泵机组过程中的转速控制原理。

影响水泵变频启动过程中转速特性的主要因素是转速调节器及电流调节器的参数。因此，在启动水泵的调试中应均对这两种调节器的参数进行优化试验，以便使机组能够得到快速平稳的最佳启动控制特性。通常情况下，为了防止水泵在启动的加速过程中转速波动，处于内闭环控制的电流调节器的响应速度应快于外闭环控制的转速调节器。另外，适当选择水泵启动的速度（$\mathrm{d}n/\mathrm{d}t$），也可以有效地降低机组振动并提高启动成功率。

二、水泵电动机组变频启动过程中的机组电压控制

水泵启动过程中，机组的电压随转速成比例增加，即采用了恒励磁电流控制方式。机组实测电压 U_m 与变频器内设置的电压给定（机组转速的函数）值 U_ω 比较，偏差量进入电压调节器后产生励磁电流给定 $I_{f\omega}$，指令机组励磁调节系统作相应的控制。这样，变频器内的电压调节与机组励磁调节组合，构成了完整的机组端电压控制系统。机组端电压控制系统的特性不仅影响着水泵的启动过程，而且直接关系到机组同期并网控制的过程，因此，结合机端电压和励磁电流两个调节器之间的协调控制来选取两者各自的适宜调节参数也是非常重要的。

三、水泵电动机组的同期并网控制

同期并网是水泵变频启动过程中一个重要的控制步骤，它实现水泵从变频增速与电网同期运行的过渡，从而结束水泵变频启动的全部过程。变频器同期控制是在机组启动到接近电网的频率时投入，首先由同期测定系统根据机组电压 U_{srm} 和电网电压 U_{srn} 间的频率偏差及电压幅值偏差，指令同期调节系统作相应的调整，并将频率偏差信号取代水泵启动增速控制过程中采用的转速偏差信号，直接送入转速调节器，同时还将电网电压 U_{srn} 取代水泵启动增速控制过程中采用的电压给定，以作为水泵同期控制的机组电压调节器的给定值。此时，变频器的转速及机组的电压和频率偏差均满足同期的条件时，同期测定系统中的并列逻辑判定回路投入，并按照相位角相等的原则发出同期命令，变频器立即闭锁，将同期断路器闭合，变频器闭锁后直流电流衰减，此时 SFC 输出断路器断开，切断 SFC 输出回路，水泵的变频启动及并网过程即告结束。

第六节 变频启动电流谐波分量对电站及电力系统的影响[45]

随着电力系统中大容量火电机组及核电机组所占容量比例的日益增加，建设大型抽水蓄能电厂已成为解决电力系统的调峰、调频以及全网经济运行的最有效的措施之一。由于蓄能机组的频繁开、停，配置一种高效能和高可靠性的启动装置是十分必要的。静止变频装置SFC的运行可靠性高、耗能低、操作灵活，当前已成为大中型蓄能电站普遍采用的启动装置，目前在我国抽水蓄能机组中应用得较为普遍的是基于晶闸管元件构成的三相全控桥式线路，利用电网电压进行换相，并通过相位控制的方法获得所需要的频率及幅值可调的正弦电压输出波形。一个三相交流输入、单相直流输出的SFC电路可以看作是由两个三相整流电路反并联构成的线路，一个提供正向输出电流，只不过其触发控制角受到调制，因而其输出不是恒定的直流，而另一个提供反向输出电流，只不过其触发控制角受到调制，因而其输出不是恒定的直流，而是接近于正弦的电压。三组这样的电路按一定方式连接后向三相负载供电，从而构成了三相输出的SFC。

由于采用相位控制，SFC的输入端需要系统提供滞后的无功功率，这将使系统的输入功率因数降低。另外，出于输入电流受到输出波形的调制以及三相电路和磁路的不对称以及晶闸管控制角的误差，使得输入电流中不仅含有一般整流电路中的特征谐波（P脉动整流，其特征谐波为$K \cdot P \pm 1$，$K=1$，2，3，…），而且还可能含有其他频率的谐波，即非特征谐波。一般情况下，非特征谐波的数值较小，可不予以考虑。只有当非特征谐波产生谐振时，其数值才会增大并造成危害。谐振是一种不易预测的现象，往往要到调试时才能发现。但是选择合理的接线方式会有助于消除谐振的产生。

一、抽水蓄能水电站谐波的危害及特征

谐波的产生对电力系统是具有危害的，谐波电流可使设备产生附加的损耗以及引起绝缘性能的老化，电压谐波还会影响到电气设备动作的可靠性。为此制定了相关的标准对谐波数值做出了规定和限制，例如IEEE std 519对换流器谐波电流的限制推荐值见表16-2。

表16-2　　　　　　　　IEEE std 519对换流器谐波电流的限制推荐值

特征频率	5	7	11	13	17	19	23	25	谐波因子HP
6脉波推荐值 I_h/I_1（%）	17.5	11.0	4.5	2.9	1.5	1.0	0.9	0.8	1.39
12脉波推荐值 I_h/I_1（%）	2.6	1.6	4.5	2.9	0.2	0.1	0.9	0.8	0.71

注　h表示谐波次数，对于三相桥式换流器接线，$h=5$，7，11，13，…；I_h表示对应于h次谐波的谐波电流；I_1表示额定电流；HP表示谐波因子。

SFC的电源接入点通常是在主变压器低压侧（13.8～18kV），显然此接点处的谐波含量是最高的，畸变率也是最大的。但是，此接点不是公共电网，唯一可能连接在此点的电气设备是高压厂用电变压器。谐波会使变压器产生附加的发热。但是，发热是需要时间积累的，

SFC 的运行时间仅为 5min 左右，变频器在变压器中产生的谐波附加损耗和连续谐波产生的发热损耗相比要小得多。有的资料指出，当杂损比（即谐波引起的附加损耗与基本损耗之比）为 0.5 时，电力变压器的可用容量为额定值的 67%。因此，按最保守的估计，此时厂用电变压器的可用容量在一般情况下不会低于额定值的 70%。另外，厂用电变压器的容量选择都留有很大的余地，根据广蓄 1 期的试验结果，厂用电变压器的额定电流为 135A，而实测电流只有 16.5～37.5A，仅为额定值的 12%～28%。如果再考虑到干式变压器在 120% 的负载下尚可运行 1h，则可认为谐波对厂用电变压器的不利影响可忽略不计。

这样，实际上应该对谐波水平进行考虑的接点只有两外，包括公共连接点和水电站 400V 厂用电母线。

应予以说明的是，在进行工程在设计时，将 SFC 的连接点作为公共连接点（point of common coupling，PCC）是不适宜的。因为这样会不切实际地提高对谐波的限制标准。实际上，只有高压母线（220～500kV）才属于公用电网的范围。同时，根据广蓄 1 期的试验结果表明，高压母线的谐波水平总是远低于国家标准的规定值。

至于 400V 母线的谐波水平，国际的规定为电压总谐波畸变率 THD 不大于 5%，国外标准一般规定为 4%～6%。应注意到这是对连续谐波规定的限制，而对蓄能水电站作为短时谐波负载的情况现尚无专门规定，但据国标的编制者解释，国际是针对连续谐波制定的，短时谐波不受其限制。IEEE Std 519 中规定，对于短时（启动过程中或特殊情况下）谐波限制值可放宽到 50%。另根据一些工程计算结果表明，在最不利的情况下，400V 母线的电压畸变率 THD 也远小于 5%，为此即使不放宽限制，也低于国际规定的限制值。

二、谐波分量的简化计算法

在工程设计中需要了解和估算 SFC 所产生的谐波分量对蓄能水电站及其相关联系统的影响。

在图 16-29 中示出了 SFC 谐波分量计算时采用的等值系统。

现定义谐波因子 HF 为：

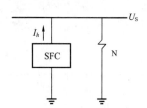

图 16-29　SFC 谐波分量
计算等值系统
U_s—等值电力系统网络；N—
等值负载系统；I_h—SFC 谐波
电流源所产生的谐波分量

$$HF = \frac{\sqrt{\sum(h^2 I_h^2)}}{I_1} \tag{16-30}$$

式中　h——谐波次数，根据 SFC 换流桥的接线方式而定，对于三相桥式 6 脉波线路，$h=5$，7，11，13，…；

　　　I_h——对应于 h 次谐波的谐波电流；

　　　I_1——SFC 的工频额定电源。

SFC 连接母线处的电压总畸变率为：

$$THD = \frac{\sqrt{\sum U_h^2}}{\dfrac{U_1}{\sqrt{3}}} \tag{16-31}$$

式中　U_h——h 次谐波电压；

　　　U_1——SFC 连接母线处的工频额定线电压。

$$U_h = I_h h X_S \tag{16-32}$$

式中　X_S——归算到 SFC 所连接母线系统侧的工频电抗。

将式（16-32）代入式（16-31）可得：

$$THD = \frac{\sqrt{\sum(h^2 I_h^2)}\, X_S}{\dfrac{U_1}{\sqrt{3}}} \tag{16-33}$$

将式（16-30）谐波因子定义式代入式（16-33）可求得：

$$THD = \frac{HF X_S}{\dfrac{U_1}{\sqrt{3}}} \tag{16-34}$$

或者：

$$THD = HF U_1 I_1 X_S \times \frac{\sqrt{3}}{U_1^2} = \frac{(\sqrt{3}\, U_1 I_1)\, HF}{\dfrac{U_1^2}{X_S}} \tag{16-35}$$

$$SSFC = \sqrt{3}\, U_1 I_1$$

$$SCC = \frac{U_1^2}{X_S}$$

式中　$SSFC$——SFC 额定容量，MVA；

SCC——SFC 所连接母线的短路容量，MVA。

由式（16-35）可估算出 SFC 所产生的电压畸变率，根据 GB/T 14549—1993《电能质量 公用电网谐波》规定：对于 35、66kV，公用电网允许的电压总畸变率为 3%；对于 10kV，公用电网允许的电压总畸变率为 4%；400V，公用电网允许的电压总畸变率为 5%。

应强调指出的是，如果利用上述估算方法求出的与 SFC 连接处的 THD 不超过国标规定的要求，处于公共连接点 PCC 处相应的 THD 必将小于谐波源处产生的 THD。

三、SFC 谐波工作状态的改善

通过上述各节对 SFC 工作状态的分析及谐波分量的估算可得出如下的结论：

（1）抽水蓄能水电站的 SFC 是一个短时间工作的变频启动装置，它所产生的谐波损耗也是短时的。由此谐波所产生的 THD 能够满足国家标准的要求是期望的，如果不能满足，则可以适当放宽要求，例如，参考国外标准，将限值增大。

（2）一般情况下，SFC 的接入点不是 PCC，不应将其作为谐波水平是否超标的判据点。为了进行初步估算，可以对此处的谐波进行简化计算（简化计算只适用于 SFC 接入点）。如果这判据一点的谐波值不超标，则其他连接点的谐波也不会超标。如果此时的谐波值超过了规定，则应进行详细的分析计算，例如利用计算机程序进行计算，以确定其他有关位置的谐波值是否符合标准要求。

（3）高压母线是实际的公共相关接点 PCC，此处的 THD 在绝大多数情况下不会超过国家标准的限制值。

（4）只要合理选择主接线，SFC 产生的谐波就不会对水电站用电的设备产生值得注意的有害影响。例如，应增大 SFC 接入点与厂用电之间的电气距离。SFC 的供电电源应直接从主变压器低压侧接入，而尽量不要从厂用电变压器二次侧接入。如果由于其他因素必须接在厂用电变压器二次侧，则应当进行详细的分析，必要时可采用 12 脉换流器或设置滤波系统以改善谐波工作状态。此外，如果有条件，应将 SFC 和高压厂用电变压器分接在不同组的主变压器低压侧。并尽量将厂用电接到不与 SFC 并联的厂用电变压器处。这样可大幅度地降低厂用电的谐波水平。

（5）采用 12 脉动整流器的 SFC 可以将 5 次和 7 次谐波消减到最低程度（理论上可以完全消除），根据 Alstom 提供的数据，12 脉波方案的价格和体积仅为 6 脉波方案的 1.05 倍。如果因接线方式的局限导致谐波超标，采用 12 脉波亦是可解决此问题的有效途径之一。

（6）绝大多数情况下，不必专为 SFC 增设滤波系统，成套滤波系统需额外的投资和增大厂房面积。此外，滤波器对工频来说是容性负荷的，它对电厂运行亦不利，有时还需设置关联电抗器进行补偿。滤波系统的长期投入会增加电厂的功率损耗，滤波系统的经常投切也有可能引起断路器的重燃，降低全厂运行的可靠性。

（7）为了阻断可能产生的零序性质的谐波及增大谐波源与其他各处的电气距离，SFC 应考虑设置输入变压器。

（8）谐振和非特征谐波的产生在一定程度上是难以预测的。按消除特征谐波的要求，设备的滤波器往往不能消除非特征谐波值。加大谐波源与负载间的电气距离有时会产生很好的效果。

（9）继电保护易于受到谐波干扰尤其是谐波谐振的影响而发生误动。应对用于抽水蓄能机组的继电保护设备提出抗谐波干扰的要求。

第七节　抽水蓄能机组 LCU 控制程序[46]

抽水蓄能机组主要的功能是担负系统负载的调峰和填谷任务，同时还具有调相以及事故提供后备负载的作用。

对抽水蓄能机组，电站的监控系统一般均采用分布式自动控制系统。

整个监控系统分为调度控制级、远方中控室控制级、现地中控室控制级和现地单元控制级 4 层，控制权限由高到低。调度控制级由省中调直接控制，通过光纤通道与中调相连，采用 AGC 控制方式；远方中控室控制级设在市、县，通过光纤通道与现地控制网络相连；现地单元控制级由光缆环网连接到各现地控制单元（LCU）构成。为便于阐述，现以天堂抽水蓄能电站 2×35MW 机组监控系统为例说明其控制流程。

1. 机组现地控制单元 LCU 的配置

天堂抽水蓄能机组 LCU 是一个完整的计算机监控系统，配置了双 CPU 中央处理器。其功能是负责本站与上位机和其他站的通信联系，以及本站的主要信息的处理，如逻辑控制及数值计算等。两个 CPU 之间还可实现在线监测，只要 CPU 之一出现故障，另一个 CPU 即可将机组运行引导到安全状态。

2. 机组 LCU 控制程序

天堂抽水蓄能电站运行工况复杂，机组 LUC 控制程序多将整个顺控流程分为几个转换暂态和运行稳态，如图 16-30 所示。其中转换暂态包括转换停止、发电空载、背靠背工况时拖动机和水泵调相等。运行稳态有停机稳态、发电稳态、发电调相、水泵运行和黑启动稳态等。

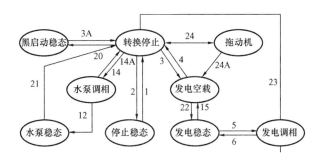

图 16-30　机组控制结构流程图

根据上述的转换暂态和运行稳态，定义了相应的转换序列（transition），如从停机稳态（stop）到转换停止（standstill）间的转换定义为 Transition，又将每个 Transition 分成若干 Step（步），每一步根据要求控制相应的具体设备。在执行每一步操作时，又根据现场设备实际动作情况和保障设备安全运行要求设定了单步操作时间。在操作时间内，相应设备没有达到运行要求时，控制程序将发出超时报警，并自动执行相应的停机序列流程。经过上述对控制程序逐步分解后，控制程序的结构十分明确。抽水蓄能机组主要运行工况为发电和水泵电动机运行方式。下面针对这两种工况下机组的控制流程及特点作一阐述。

3. 发电运行控制流程

当机组 LCU 控制程序接收到"发电令"后，控制程序首先判断机组启动条件是否满足，启动条件主要包括 220kV 系统相应的断路器或隔离开关、进水口闸门的状态、10kV 系统相关的隔离开关、机组自动化元件的状态等是否满足发电要求。当启动条件满足时，控制程序将按停机稳态 Stop→Transition 1→Transition 3→Transition 22 序列执行。下列操作，流程图见图 16-29。

STEP1-1（90s）：发电机冷却水打开；机械制动投入；空气围带退出，导叶锁定退出，发电机风机投入，轴承排油雾风机投入。括号内时间表示执行此步时的等待时间。

STEP3-1（10s）：调速器、励磁在发电方式；换相隔离开关，0162 或 0262 合，水导轴承低油位报警闭锁。

STEP3-2（180s）：机械制动退出；打开蝶阀至 100% 开度，蝶阀全开后，投入高压注油泵。

STEP3-3（45s）：打开调速器开限至启动位置；打开导叶，机组转速 >95%。

STEP3-4（30s）：投入励磁，高压注油泵退出；水导轴承低油位报警信号投入。

STEP22-1（210s）：机组转速＞98％，机端电压＞90％，启动同期，合 GCB。

STEP22-2（200s）：调速器开限至最大位置；导叶至设定开度，机组到达发电运行稳态，设定所需有功、无功负载。

4. 电动水泵控制流程

机组水泵工况有两种启动方式，即 SFC 启动方式和背靠背拖动方式，前者为正常启动方式，后者为备用启动方式。当机组启动条件满足后，如机组 LCU 控制程序收到"SFC"启动机组抽水的命令，控制程序将按停机稳态 Stop→Transition 1→Transition 14A→Transition 12 序列执行如下操作。

STEP1-1（90s）：发电机冷却水打开，机械制动投入；空气围带退出；导叶锁定退出，发电机风机投入；轴承排油雾风机投入，水机冷却水打开。

STEP14A-（10s）：调速器在水泵方式；SFC 启动装置自行检查。

STEP14A-2（10s）：换相隔离开关 0161 或 0261 合，拖动刀闸 011 或 021 合。

STEP14A-3（60s）：打开充气压水阀和充气压水补气阀；打开水旁通阀，打开气旁通阀。

STEP14A-4（20s）：充气压水阀关闭水位，关闭充气压水阀和充气水补气阀，机械制动退出，投高压注油泵；励磁在 SFC 方式。

STEP14A-5（200s）：SFC 启动，拖动机组转速＞95％。

STEP14A-6（30s）：高压注油泵退出。

STEP14A-7（110s）：待机组转速＞98％，机端电压＞90％，启动同期系统，合 GCB。

STEP14A-8（10s）：分 011 或 021SFC 方式退出；SFC 停止。

STEP12-1（10s）：关闭气旁通阀。

STEP12-2（220s）：关闭水旁通阀，导叶开度限制器至最大位置，打开蝶阀至 100％开度，关闭充气压水补气阀。

STEP12-3（60s）：打开顶盖排气阀。

STEP12-4（6s）：待压力建成，调速器启动，打开导叶；水泵水头优化方式投入；延时 90s，关闭顶盖排气阀。

STEP12-5（105s）：待顶盖排气阀关闭后，关闭水机冷却水，机组达水泵稳态。

第八节　抽水蓄能机组调相运行方式

如前所述，抽水蓄能机组在电网中承担调峰、调频、调机以及事故备用等作用。为此和发电方式比较，运行工况较为复杂。在本节中重点讨论一下机组在调相运行方式下的工况特殊性。

一、发电调相运行方式

发电调相启动过程包括由停机稳态到停机暂态，然后再由停机暂态转向发电调相时的启动及运行过程。与常规水电机组调相启动过程相似，首先启动机组冷却设备对机组进行冷却，然后打开球阀和导叶到一定开度使机组按发电方向旋转，在额定转速下，投励磁满足同期条件后，机组并网后，关闭球阀和导叶，打开压水阀，使水泵水轮机转轮在气体中转动。在压水过程中，要求水泵水轮机上下宫环、供水冷却、水环排水阀和蜗壳气旁通阀打开，以便使转轮在一定深度的水环密封下的气体中旋转。

二、抽水水泵调相运行方式

抽水调相也是机组抽水工况启动必须进行的过程，水泵机组作为调相启动方式可采用静止变频器（SFC）或背靠背启动方式。水泵调相启动过程中首先应在启动设备（拖动机或SFC）与被启动设备之间建立公共电气轴，并在电磁转矩的作用下拖动被启动机组旋转，为防止启动电流过大和降低启动设备容量在启动初期大于 15％ 额定转速时可直接在水中拖动，当机组转速大于 15％ 额定转速时，用压缩空气将转轮室的水位压低，使此时的拖动功率损耗相当于主机额定功率的 6％～8％，此时机组转轮基本在空气中旋转，被拖动机组并网后，机组进入抽水调相工况运行。

三、抽水调相启动方式与协调

机组抽水水泵调相运行时，除需要压水气系统在转轮室内形成一定深度的水环外，还对其他相关设备提出如下要求：

（1）抽水调相运行对静止变频器启动功率的要求。当前，国内大型抽水蓄能机组启动功率多采用在转轮室充气压水方式配合变频器的启动，如前所述，抽水工况及抽水调相启动时，如转轮在水中启动，其水阻转矩较大，对于中低比转速的混流可逆式机组，当导叶关闭转轮在水中启动的功率时，可能达到 40％～50％ 机组额定出力。如果转轮在空气中旋转启动，启动功率通常不超过额定功率的 6％～8％。对于额定功率为 336MW 的抽水机组，在调相运行启动工况下，如启动功率按额定功率的 6％ 计算，相应启动功率将为 $336MW \times 6\% = 20.16MW$。

（2）抽水调相启动及运行对励磁系统的功能要求。在抽水调相启动工况下，不论机组采用 SFC 或背靠背启动方式，在机组并网前，励磁调节器均在恒励磁电流 ECR 手动方式下运行。在同期并网过程中，由 AVR 自动通道接替手动通道，按自动电压工作方式调节励磁以改变机组的调相功率。

第九节　抽水蓄能机组的灭磁系统[47]

在大型抽水蓄能机组中所采用的灭磁系统主要有两种灭磁方式：由直流磁场断路器构成的直流磁场断路器灭磁系统和以接在励磁变压器二次侧的交流空气断路器构成的交流灭磁系统。

前一种接在直流侧的直流磁场断路器的灭磁方式在国内应用较为普遍。而后一种以交流空气断路器构成的交流灭磁系统，近年来在抽水蓄能机组中也有所应用，例如广州抽水蓄能水电站在Ⅱ期工程中，4×300MW 抽水蓄能机组采用了德国西门子公司 THYRIPOL 型自动励磁系统及由交流空气断路器、线性灭磁电阻和跨接器构成的交流灭磁系统。

在我国，对交流灭磁系统的研究起步较早，探讨得也较为深入，并取得了许多成果。例如在东北白山水电站 5×300MW 机组以及在葛洲坝 125MW 和 120MW 水轮发电机组灭磁系统中多数采用交流灭磁系统。

在本节中将以广蓄Ⅱ期工程抽水蓄能机组所采用的交流灭磁系统为例，对其性能作一简要的叙述。

一、交流灭磁系统的组成

交流灭磁系统原理图如图 16-31 所示。

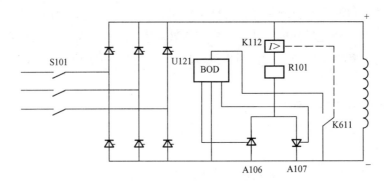

图 16-31　交流灭磁系统原理图

广州抽水蓄能水电站Ⅱ期工程机组励磁系统的主要参数如下：额定励磁电压为 255V；额定励磁电流为 2334A；顶值励磁电压为 638V；顶值励磁电流为 4668A；空载励磁电压为 101V；空载励磁电流为 1320A；励磁变电压为 18000V/510V；励磁变压器容量为 3×62kVA。

灭磁系统中的晶闸管跨接器由正向过电压保护元件 A107、反向过电压保护元件 A106、转折二极管 BOD 过电压监视器，以及晶闸管触发单元 U121、灭磁触头 K611、过电流报警继电器 K112 共同组成。此交流灭磁系统的灭磁程序为：灭磁时首先封锁晶闸管触发脉冲，然后断开交流磁场断路器 S101，开关分断的同时接通灭磁触头 K611，此时发电机通过线性灭磁电阻进行灭磁。若开关分断时所产生的过电压值达到限压二极管 BOD 的触发电压，则可使晶闸管跨接器导通接入灭磁电阻保护转子绕组的绝缘，不会被过电压所击穿。

二、交流灭磁系统的功能特征

1. 交流磁场断路器的应用特点

与普通交流开关比较，交流磁场断路器必须具有一定的开断直流能力。交流磁场断路器虽然装设在励磁变压器的二次交流侧，但由于开关分断同时切除晶闸管触发脉冲，所以使正处于导通状态的两相晶闸管呈继续续流状态。因此，交流开关的断流过程与在直流侧断流有相似之处，虽然交流电压存在零点，但电流在大电感作用下依然是恒定直流电流。

另外，在采用非线性电阻的灭磁系统中，要求适当提高交流磁场断路器的开断弧电压，以满足灭磁换流的要求。为此，必须对普通交流开关进行改造，如改变灭弧罩的结构设计，以适当提高开关的开断弧电压，使之更适合用于交流的灭磁系统中。

2. 晶闸管整流桥触发脉冲交流磁场断路器的配合

如前所述，在断开交流磁场断路器的同时，必须封锁晶闸管整流桥的全部触发脉冲。如果仅断开交流磁场断路器而不封锁晶闸管触发脉冲，根据对晶闸管整流桥触发的过程分析，得出的结论是：最终将导致同一相两个桥臂的晶闸管元件处于失控状态。此时励磁电流将经过失控导通两桥臂晶闸管元件与转子励磁绕组回路形成自然续流衰减状态，大大地延长了灭磁时间。

3. 交流开关和线性电阻跨接器组成的灭磁系统

由并联的正、反向晶闸管组成的跨接器与线性灭磁电阻串接后，并接在励磁组两端，这种集灭磁及过电压保护于一体的回路在国外通常称为 Crowbar 回路，在国内则称为跨接器。应说明的是：在封锁脉冲后，处于导通状态的励磁变压器二次绕组两相交流正弦电压，将被引入到直流励磁回路中，同时当此交流正弦电压处于负电压时，其极性与交流磁场断路器的断口电压是相加的，在一定程度上，特别是在非线性灭磁电阻灭磁情况下，减轻了对交流磁场断路器断口电压的要求。

灭磁系统构成如图 16-31 所示，其中包括：

（1）交流磁场断路器 S101。交流磁场断路器采用西门子公司生产的 3WN1671 加长灭弧棚型三相交流空气断路器，其主要参数如下：额定工作交流电压 690V；额定电流 2500A；额定短路开断能力 80kA（rms）；峰值短路合闸能力 176kA（rms）；合闸直流电压 220V；分闸操作直流电压 220V/48V；机械寿命为 100000 次分合；电气寿命为 1000 次额定电流开断；最小分、合时间间隔为 120ms。

（2）灭磁电阻 R101。兼作转子绕组过电压保护作用的磁场灭磁电阻 R101 为线性电阻，材料为铸铁，型号为 3PR3201-1B，单个电阻为 0.12Ω，由 2 个串联电阻组成，确保最严重灭磁情况下，承受的耗能容量不超过其工作能容量的 80%。

（3）过电压保护。转子磁场过电压包括由于开关操作产生的交流电源瞬态过电压、转子磁场回路开路过电压、发电机失步或相间短路引起的过电压。

过电压保护由正反向并联的晶闸管 A106、A107 及触发控制单元 121 组成，U121 由 BOD 和电阻等元件构成。过电压设定值为 1883V。当转子两端电压过电压达到设定值时，晶闸管 A106（或 A107）由 BOD 触发元件触发导通，由过电压产生的较大电流流过与 A016、A107 串联的 K112 继电器，此继电器启动辅助接触器 K611 闭合，将转子过电压值限制在较低的水平。

4. 交流灭磁系统特点

采用交流空气断路器 S101 作为灭磁断路器，并兼作晶闸管整流桥的过电压保护装置，交流开关与直流开关相比，选型较为方便。

（1）采用线性电阻 R101 配合辅助触头 K611 灭磁，灭磁时间虽较长，但操作简单可靠。

（2）采用正反向并联晶闸管元件 A160、A107 配合线电阻作为正、反向过电压保护，可限制转子绕组和晶闸管桥的过电压不超过其绝缘耐受水平。

（3）以晶闸管逆变方式配合交流灭磁断路器断开的正常灭磁和闭锁晶闸管桥脉冲引入交

流负半周电压的同时，跳交流灭磁断路器的事故状态的交流电压灭磁方式，有助于改善交流灭磁的功能及灭磁速度。

三、交流灭磁系统的操作时序

1. 正常停机灭磁方式

机组正常停机时采用逆变灭磁方式。此时晶闸管控制触发角 $\alpha = 150°$的转子绕组两端被拖加以随机端电压变化的反向的灭磁电压，使励磁电流随时间而衰减，这种情况下灭磁时间的长短主要取决于反向灭磁电压的大小。

应强调指出的是：在自励励磁系统中，由于灭磁时的反电压随机端电压而衰减，所以，和他励磁系统比较，此时的灭磁速度要慢些。

逆变灭磁开始 10s 后，将脉冲闭锁，同时交流磁场断路器 S101 断开辅助触点使 K611 闭合，磁场能量将通过灭磁电阻 R101 而消耗。具体灭磁过程的时序如图 16-32 所示。

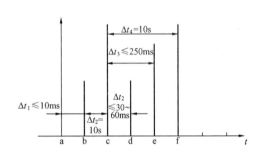

图 16-32　正常停机灭磁过程时序图

a—发出交流磁场断路器 S101 断开命令；b—逆变灭磁开始（时间设定为 10s）；c—逆变灭磁结束，交流磁场断路器 S101 断开，合 K611；d—交流磁场断路器 S101 已断开，反馈信号；e—K611 已合上，反馈信号；f—脉冲闭锁时间解除

2. 故障停机灭磁方式

当励磁系统收到外部故障跳闸命令，此时交流磁场断路器 S101 立即断开，其辅助触点使 K611 闭合，同时闭锁全部晶闸管元件触发脉冲，磁场能量被线性灭磁电阻 R101 吸收。与此同时，脉冲闭锁后引入了正弦单相交流电压，此电压在负半周可配合交流磁场断路器的断口电压进行灭磁。磁场电流按指数函数降低。若因某种意外导致 K611 不能正常闭合，此时将通过电压保护 BOD 元件导通来限制转子过电压值并进行灭磁。

故障停机灭磁时间 t 由下式决定：

$$t = \frac{TR_{\mathrm{f}}}{R_{\mathrm{c}} + R_{\mathrm{f}}}$$

式中　T——发电机 D 轴开路或短路时间常数，s；

R_{c}——灭磁电阻 R101；

R_{f}——转子绕组电阻。

第十节　抽水蓄能机组的电气制动[48]

由于抽水蓄能水电机组在电网中担负调峰及填谷作用，因此机组启动和停机频繁。以广州抽水蓄能水电站 300MW 机组为例，每年平均开、停机数在 1000 次以上，在停机时采用传统的机械制动方法将加速制动部件的损坏与消耗。

电制动停机是水轮发电机较为理想的制动方式。其最大优点是制动转矩大，可显著缩短停机时间，并且不会使发电机的端部被制动产生的粉屑污染，维护检修方便，无须定期观测机械制动系统闸瓦的损坏情况，能有效改善水轮发电机的运行条件并满足运行工况迅速转换的要求。对机组进行电气制动可有不同的实现方式，例如，利用短接定子绕组，以由短路电流产生的铜损提供机组制动转矩，将定子绕组反相序接入低压回路以及向定子绕组输入直流电流等制动方法。研究表明，将定子绕组短路产生的铜损制动是最为有效的制动方法。其操作流程是将发电机与电网解列，进行停机灭磁，关闭水轮机导水机构，机组开始自然减速。待机组转速降到50%时，接通发电机出口短路开关，将发电机定子三相绕组短接，同时由厂用电作为电制动交流电源，经整流后的直流供给发电机励磁绕组，通常此直流励磁电流等于使定子短路电流为额定值对应的电流。机组产生的电制动转矩、水轮机转轮在水中转动引起的水阻力矩、发电机通风损耗引起的风阻力矩，以及轴承摩擦损耗、铜损耗引起的阻转矩等构成机组总的阻力转矩相平衡，使机组以最短的时间停机。

当机组转速下速到10%额定转速以下时，投入机械制动直至停机。但是对于抽水蓄能机组，投入机械制动系统的转速有时选择为1%。

一般，对于处于旋转状态下的机组，其能量平衡方程式可写为：

$$\frac{1}{2}I\omega^2 = \frac{1}{2}I\omega_0^2 - \int \sum P \mathrm{d}t \tag{16-36}$$

式中　I——机组的惯性转矩；

　　　ω——机组角速度；

　　　ω_0——机组初始角速度；

　　　$\sum P$——各种损耗，包括机械损耗、铜损耗及铁损耗之和。

对式（16-36）两边进行微分，求得：

$$I\omega \frac{\mathrm{d}\omega}{\mathrm{d}t} = -\sum P \tag{16-37}$$

将 $I = \frac{GD^2}{4} \times 10^3$（kg·m²）代入式（16-37）可得：

$$\frac{GD^2}{4} \times 2\pi \frac{np}{60} \times \frac{2\pi p}{60} \times \frac{\mathrm{d}n}{\mathrm{d}t} = -\sum P \tag{16-38}$$

或写为：

$$GD^2 \times \left(\frac{2\pi}{60}\right)^2 \times p^2 n \times \frac{\mathrm{d}n}{\mathrm{d}t} = -\sum P \tag{16-39}$$

式中　GD^2——机组转动惯量，kg·m²×10³；

　　　n——机组转数；

　　　$\sum P$——定子绕组铜损、各轴承中的损耗、通风损耗以及水轮机转轮的损耗；

　　　p——极对数。

对式（16-39）进入积分，求得制动时间：

$$t = GD^2 \times \left(\frac{2\pi}{60}\right)^2 p^2 \int_0^{n_1} n \mathrm{d}n \tag{16-40}$$

利用式（16-40）和仿真计算程序确定水轮发电机的制动时间，计算中根据给定速度即可求出对应的各种阻力转矩，逐点求出停机全过程转速与时间的关系曲线。

根据研究表明，制动转矩为转速的函数。其近似关系见表16-3。

表 16-3 　　　　　　　　　　　　　　制动转矩和转速的关系

损耗种类	制动功率	制动转矩
水轮机转轮摩擦	$\propto n^3$	$\propto n^2$
发电机风摩损耗	$\propto n^3$	$\propto n^2$
轴承摩擦损耗	$\propto n^{1.5}$	$\propto n^{0.5}$
定子绕组铜损耗	常数	$\propto n^{-1}$
励磁绕组铜损耗	常数	$\propto n^{-1}$

由上述关系可以看出，在机组处于高转速时，水阻转矩和风阻转矩起主要作用，而在机组处于低转速时，定子绕组铜损耗起主要作用，其他的制动转矩随着转速下降而急剧下降，电磁功率与转速无关，电制动转矩随着转速下降而增大。因此，电制动是非常理想的制动方式。

第十一节　　抽水蓄能机组的轴电流保护[49]

现以天荒坪抽水蓄能水电厂为例，说明蓄能机组轴电流的保护。天荒坪抽水蓄能电厂属日调节纯抽水蓄能电厂。电厂安装有 6 台单机容量为 300MW 的可逆式机组，其中发电电动机为立轴悬式的同步电机，并由加拿大 GE 公司负责设计、制造及现场安装、调试。

自 1998 年 9 月首台机组投运以来，多次出现因轴电流保护动作，而引起机组开机失败。

天荒坪机组轴线长、分段多、转速高（$N_r=500r/min$）、定子高（$H=3.05m$），与常规水轮发电机组相比，机组正常运行时在转子两侧的大轴上所感应出的电势差也较大（运行工况、负载不同而略有差别）。如果在机组正常运行时出现绝缘层绝缘电阻下降或短路，则会形成较大的轴电流（如图 16-33 回路 2 所示）。一般地，若通过瓦面的轴电流密度超过 $0.2A \cdot cm^2$，就可能对轴瓦引起交蚀，油膜遭到破坏，轴瓦发热，甚至瓦面烧花，危及机组安全运行。为此，合理配置及装设可靠的轴电流保护装置、在机组的保护中显得尤为重要。

一、轴电流保护的配置

天荒坪发电电动机组上部布置有推力轴承和上导轴承，其中推力轴承油盘上盖板采用巴氏合金瓦面密封。为此，在推力瓦、推力油盘盖板及上导轴承三处相关位置布置了绝缘垫，以防轴电流构成回路。推力瓦的绝缘垫由两部分组成：一部分布置在推力头与镜板之间（两层，单层厚度为 1mm），另一部分布置在推力基础板与上机架之间（四层、单层厚度为 1.2mm）。推力油盘盖板的绝缘垫布置在推力油盘与其接合面处（两层，单层厚度为 1.2mm）。上导轴承的绝缘垫布置在上导轴瓦架与上机架支架之间（两层，单层厚度为 1.2mm）。其中在推力油盘盖板和上导轴承的两层绝缘垫之间各设有一个绝缘测试点，以便日常检查。为防止机组在正常运行时大轴所感应电动势的悬浮电位过高而对瓦面放电，在下导下方设置一大轴接地碳刷。为尽量减少轴电流真正发生时对瓦面的影响，在推力盖板上方设置一大轴绝缘碳刷。正常情况下，如果上述三个部位的任一绝缘垫遭到破坏，由于瓦面上的油膜阻抗远远大于大轴的绝缘碳刷阻抗（油膜阻抗额定转速时可达 50000Ω），大轴感应电势所产生的轴电流就会通过大轴、绝缘碳刷、保护继电器、瓦架、破坏的绝缘垫、支架、大地、大轴接地碳刷形成轴电流回路。这样，既保护了瓦面，又可发出报警，甚至停机。

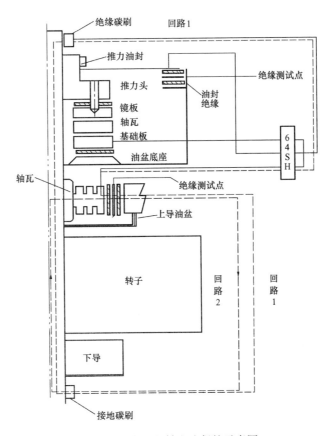

图 16-33　发电机轴电流保护示意图

注：回路 1、回路 2 均为上导轴电流动作回路。

天荒坪机组轴电流保护采用独立的电流继电器 64SH 为一集成电路型三相二级式过电流继电器，其一侧分别连接至推力轴承、推力盖板、上导轴承的绝缘部分，另一侧三相短接后作为一公用端连接到大轴的绝缘碳刷上。与通常所采用大轴电流互感器 TA 的轴电流保护方式相比，其最大优点是可以避免因电流互感器 TA 二次侧输出受外界电磁或负荷电流变化干扰。当轴电流保护继电器 64SH 检测到电流大于保护设定值且经过一定延时后作用于报警、跳机。

轴电流保护Ⅰ段设定值为 $I=0.06A$，$t=2s$；轴电流保护Ⅱ段设定值为 $I=0.1A$，$t=1s$。

二、问题及其处理

1. 上导瓦背与油冷却器上盖板因金属物搭牢导致轴电流保护动作（见图 16-34）

机组检修后调试时，多次发生因上导轴电流保护动作而跳机。其主要原因是：外方在设计上导轴承时，为了提高上导瓦有更好的润滑效果，在瓦与瓦之间设有一垫条，并用螺杆对其进行固定。若在回装时使用工具或方法不当，紧螺杆时很容易掉入极小部分铁屑。而上导油冷却器上盖板与上导瓦背间的间隙四周不可能绝对均匀，掉入上导油盘的铁屑极易搭接在轴瓦与油冷却器上盖板之间，而引起上导瓦接地导致轴电流保护动作。对于此类事故，一般可利用可逆式机组双向旋转的特性，反方向旋转以使短接在上导瓦背与油冷却器上盖板间的铁屑脱落。在检修过程中，要求用磁铁吸出上导油盘内的铁屑。对于瓦背与上导油

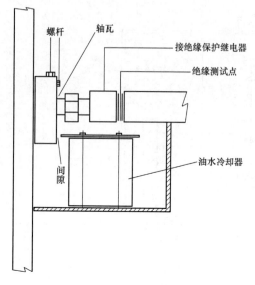

图 16-34　上导轴承轴电流改造示意图

冷却器上盖板间隙偏小的机组，在上导油冷却器上盖板内圆周作了打磨（单边约磨去 2mm），以增加轴瓦与油盆之间的间隙。

2. 润滑油中杂质导致推力轴承上层绝缘下降

推力轴承上部依次设了一道油润滑的巴氏合金瓦面的机械密封、一只绝缘碳刷，机械密封的瓦面、绝缘碳刷均与大轴直接接触。机组正常运行时，碳刷所产生的碳粉会沿着大轴与推力上盖板间的间隙进入到推力油盘，与巴氏合金瓦面所产生的金属粉末一道参与了推力油盘内的油循环，部分含有导电杂质的油流会经推力头与镜板之间的四个定位销钉孔，进入到推力头与镜板间的绝缘垫。经长时间运行，销钉孔的四周就出现了碳粉或巴氏合金粉，从而造成推力轴承的上层绝缘下降。

为防止推力轴承的上层绝缘垫下降以及预防推力瓦因润滑油内的杂质而烧坏，采取下列措施：

（1）巴氏合金瓦面的机械密封所产生的巴氏合金粉末与其和大轴预紧力密切相关，经试验，在不影响巴氏合金瓦面的机械密封正常工作的条件下，适当地下调其预紧力为原设计值的 3/4。

（2）因原设计无任何在线过滤装置，随着时间的推移，推力轴承润滑油受污染也日趋加剧。因此，在推力油盆上安装一个在线过滤器。

（3）由于大轴绝缘碳刷与推力油盆上盖板过近（约为 120mm），产生的大量碳粉极易落入推力油盆，机组检修时，对其进行了上移，以尽量偏离推力油上盖板（约为 750mm），并在推力上盖板上方加装了一个防尘圈。

3. 绝缘测量区内设备接地

在检修中，若绝缘测试点导线绝缘破损，用万用表测量其对地阻值也许是绝缘正常的，但用 500V 绝缘电阻表测量时则为零，故一般都要求在测量绝缘垫绝缘阻值时必须用 500V 绝缘电阻表进行。

第十二节　抽水蓄能机组 PSS 的应用特征[50]

现以广州抽水蓄能电厂机组为例，说明电力系统稳定器在抽水蓄能机组中的应用特征。

广州蓄能水电厂总装机容量为 $8 \times 300MW$，目前是世界最大容量的抽水蓄能电站。抽水蓄能机组在广东电力系统中起着重要的作用。①调峰作用。抽水蓄能电站能够利用系统低谷时段的冗余电量，使抽水蓄能机组作水泵电动机运行，将下水库中的水抽到上水库，在系统高峰时发电。②事故备用。抽水蓄能电站启动灵活迅速，从启动到满负荷只需1～2min，由抽水运行转换到发电工况仅需3～4min，适合作为电力系统的事故备用电源。③调频作用。抽水蓄能电站能够适应负载急剧变化，调频性能好，可以作为灵活可靠的调频电源。④调相作用。抽水蓄能电站站址一般距负载中心较近，控制方便，可以作为调相机使用，能够承担电力系统调相任务。因此，研究抽水蓄能机组中 PSS 参数设计与动稳定分析对提高电网的稳定水平具有极其重要的意义。

广州抽水蓄能电站 B 厂 300MW 机组的励磁系统和 PSS 结构方框图，如图 16-35 所示。

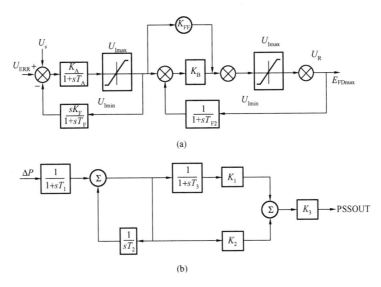

图 16-35　广州抽水蓄能电站 B 厂 300MW 机组的励磁系统和电力系统稳定器 PSS 框图

（a）励磁系统传递函数框图；（b）PSS 传递函数框图

图 16-35（a）中，$K_A = 400$，$T_A = 3ms$，$K_F = 4000$，$T_F = 3ms$，$T_{F2} = 100s$，$U_{AMAX} = 5.853$，$U_{AMIN} = 0$，$U_{Rmax} = -4.679$，$E_{FDmax} = 5.853$。

$$W(s) = \frac{1}{1 + sT_1} \times \frac{sT_2}{1 + sT_2} \times \left(\frac{K_1}{1 + sT_3} + K_2 \right) \times K_3$$

其中，$T_1 = 20ms$，$T_2 = 1500ms$，$T_3 = 20ms$，$K_1 = 0$，$K_2 = -0.750$，$K_3 = 1$。

PSS 通常都是针对发电工况设计的，在设计工况下，它可以有效地抑制低频振荡。抽水蓄能电机的动态稳定性关于有功功率具有对称性，因此，采用可辨别功率方向的 PSS，按照发电工况设计的功率方向 PSS，在抽水工况时同样可以有效地抑制低频振荡，能够保证抽水蓄能电机在抽水工况下也具有与发电工况一致的动态稳定性能。

抽水蓄能电机在发电工况与抽水工况下，PSS 的补偿相位应该相差180°，这样才能保证在两种工况下 PSS 都能为机电模式提供正阻尼。采用功率方向 PSS 是自动实现这种功能的方案之一，在常规 PSS 上增加功率方向环节即构成功率方向性的 PSS。此点是在抽水蓄能机组中应用 PSS 时的主要特征。

1000MW 容量级汽轮发电机组励磁系统的性能特征

第一节 马来西亚 Manjung4 火电厂汽轮发电机组励磁系统简介

在本章中将以法国 Alstom 公司为马来西亚 Manjung4 火电厂 1270MVA 汽轮发电机组供货的静态自励励磁系统作为实例，论述 1000MW 容量级汽轮发电机组励磁系统的性能特征。

马来西亚 Manjung4 火电厂 1270MVA 汽轮发电机组静态自励励磁系统原理图如图 17-1 所示。

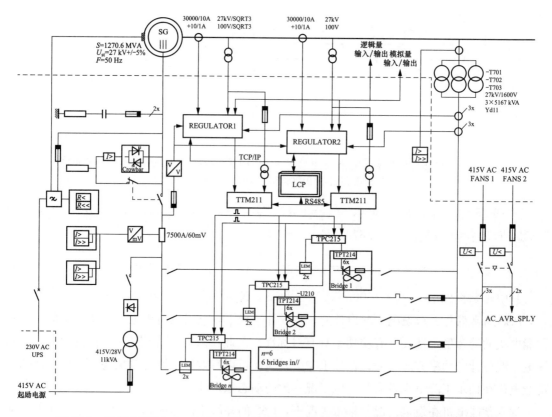

图 17-1 马来西亚 Manjung4 火电厂 1270MVA 汽轮发电机组静态自励励磁系统原理图

LCP—本地控制显示屏（Local Control Panel）；TTM—整流桥脉冲发生模块（Thyristor Trigger Module）；

TPC—晶闸管脉冲控制和均流模块（Thyristor Pulse Controller）；LEM—电流传感器（Current transducer）；

TPT—晶闸管脉冲放大模块（Thyristor Pulse Transformer）

在此励磁系统中，Alstom 采用了最新一代的 CONTROGEN 型励磁调节器，励磁调系统标准配置设计为两套完全独立的全冗余双自动通道，每个通道有一套独立的自动电压调节通道，其中每一自动电压调节通道 AVR 中包括有手动电流调节 FCR 功能。

此外，每一通道均配备有独立的供电电源和晶闸管触发装置。当任一通道发生故障时可以切换到另一备用通道，高速智能的通道跟踪技术可以在主、备装置之间实现平滑无忧切换。这种集成了 FCR 的自动调节器全冗余结构保证了发电机安全运行的可靠性。功率整流桥在设计上可确保连续提供 110% 的额定励磁电流值以及所需的强励电流值。

在设计上每个通道最多可提供 8 个带有独立脉冲放大与隔离回路的功率整流柜并联运行，且每个功率整流柜都有信号检测功能，一旦检测到故障信号，该路功率整流柜将被自动锁闭。

AVR 与功率整流柜之间通过双以太网通信进行控制。脉冲发生器安装于功率整流柜中，可有效减少柜间硬接线与干扰源，确保设备可靠性。此外，在监控功能方面系统中还具有硬件故障检测、通信故障检测、脉冲监控以及传导监控。

冗余的模块化设计可以在机组运行的工况下更换控制卡件，并重新对智能模块及控制器进行软件下载与恢复。

在通信功能方面，CONTROGEN 型励磁调节器具有多种可供选择的通信方式，例如可利用 Modbus 总线 TCP 通信协议实现与 DCS 和现场控制单元之间的通信，具有 EPL 总线接口可实现两套调节器之间的通信以及 CPU 卡配有两个串口可支持串行读写和 Modbus 通信协议等。

在 Manjung4 励磁系统中，在功率整流柜方面，Alstom 采用了具有 30 余年运行经验的 REDEX-300 系列整流柜，共 6 柜并联运行，励磁系统最大连续输出电流可达 6721A。在风机设计方面，REDEX-300 系列整流柜可采用双风机双电源风冷冷却系统。

第二节　汽轮发电机组及励磁系统主要参数[51]

一、发电机组主要参数

发电机组主要参数见表 17-1～表 17-7。

表 17-1　　　　　　　　　　发 电 机 组 主 要 参 数

参数	符号	数值	单位
IEC 60034			
温升等级		B	
额定视在功率	S_N	1270.6	MVA
额定有功功率	P_N	1080.0	MW
发电机额定电压（+5.0%/−5.0%）	U_N	27000	V
额定相电流	I_N	27170	A

参数	符号	数值	单位
额定功率因数	$\cos\phi_N$	0.85	p. u.
额定频率（+3.0%/−5.0%）	f_N	50	Hz
额定转速	n_N	3000	r/min
氢气入口温度	T_{cg}	45	℃
氢压	P_{H2}	5.0	bar
氢气纯度		98.0	%
定子绕组冷却水进水温度	T_{cw}	48.0	℃
发电机额定空载电压励磁电流值	I_{fo}	1843	A
发电机额定空载电压励磁电压值	U_{fo}	211	V
发电机额定输出励磁电流值	I_{fN}	6110	A
发电机额定输出励磁电压值	U_{fN}	763	V
强励电压倍数		2	p. u.
顶值电压		1526	V
强励时间		10	s
短路比	SCR	0.426	p. u.
当一个冷却器退出时发电机输出容量		80.0	%

表 17-2　　　　　　　　　　发电机组电抗与电阻值

参数	符号	数值	单位
额定阻抗	Z_N	0.547	Ω
纵轴同步电抗（非饱和值）	x_d	2.49	p. u.
纵轴暂态电抗（非饱和值）	x_d'	0.321	p. u.
纵轴次暂态电抗（非饱和值）	x_d''	0.246	p. u.
纵轴暂态电抗（饱和值）	x_{dv}'	0.305	p. u.
纵轴次暂态电抗（非饱和值）	x_{dv}''	0.214	p. u.
横轴同步电抗（非饱和值）	x_q	2.439	p. u.
横轴暂态电抗（非饱和值）	x_q'	0.512	p. u.
横轴次暂态电抗（非饱和值）	x_q''	0.256	p. u.
负序电抗（非饱和值）	x_2	0.247	p. u.
零序电抗（非饱和值）	x_0	0.103	p. u.
负序电抗（饱和值）	x_{2v}	0.212	p. u.
零序电抗（饱和值）	x_{ov}	0.089	p. u.
保梯电抗	x_P	0.396	p. u.
定子漏抗	x_Q	0.216	p. u.
正序电阻	r_1	0.0031	p. u.
负序电阻（95℃）	r_2	0.0188	p. u.
零序电阻（95℃）	r_o	0.00203	p. u.
定子相电阻（95℃）	R_a	1.167	mΩ
转子绕组电阻（95℃）	R_f	0.1188	Ω

表 17-3　　　　　　　　　　　　**发电机时间常数（非饱和值）**

参数	符号	数值	单位
定子开路纵轴暂态时间常数（95℃）	T'_{do}	6.01	s
定子短路纵轴暂态时间常数（95℃）	T'_{d}	0.77	s
定子开路纵轴次暂态时间常数（95℃）	T'_{do}	0.022	s
定子短路纵轴次暂态时间常数（95℃）	T''_{d}	0.017	s
定子开路横轴暂态时间常数（95℃）	T'_{qo}	0.81	s
定子短路横轴暂态时间常数（95℃）	T'_{q}	0.17	s
定子开路横轴次暂态时间常数（95℃）	T''_{q}	0.034	s
定子短路横轴次暂态时间常数（95℃）	T''_{q}	0.017	s
定子短路电枢绕组时间常数（95℃）	T_{a}	0.39	s

表 17-4　　　　　　　　　　　　**发电机相关电气参数**

参数	符号	数值	单位
三相定子绕组电容（三相对地）	C	0.982	μF
连续不平衡负载（最大值）	$I_{2\infty}$	0.052	p.u.
故障短时不平衡负载（最大值）	$I_2^2 t$	5.0	p.u.·s
饱和系数（根据 IEEE 100）		1.06	p.u.
当在额定负载，$\cos\varphi=0.85$ 突然甩负载，无 AVR 作用时电压上升率		46.3	%
当在额定负载，$\cos\varphi=1$ 突然甩负载，无 AVR 作用时电压上升率		36.7	%
三相短路峰值电流	I_{p3}	323	kA
三相稳态短路电流（有效值）	I_{k3}	38399	A

表 17-5　　　　　　　　　　　　**发电机组转矩与惯量**

参数	符号	数值	单位
额定转矩	M_N	3438	kN·m
失步转矩	M_{kipp}	5935	kN·m
最大两相短路转矩	M_{k2}	24587	kN·m
转动惯量（发电机＋励磁机）	J	17138	kgm²
惯性系数（发电机＋励磁机）	H	0.666	s

表 17-6　　　　　　　　　　　　**发电机组本体临界转速**

参数	数值	单位
1 阶临界转速（计算值）	575	r/min
2 阶临界转速（计算值）	1500	r/min
3 阶临界转速（计算值）	3930	r/min
过速试验转速（2min）	3600	r/min

表 17-7 发电机组额定负载损耗

参数	符号	数值	单位
铁损	P_{Fe}	945	kW
定子同损（95℃）	P_{cu1}	2585	kW
杂散损耗	P_{sup}	1387	kW
转子铜损	P_{cu2}	4463	kW
励磁损耗	P_{exc}	138	kW
风阻损耗	P_{ven}	1570	kW
轴承损耗	P_{lag}	960	kW
总损耗	P_{tot}	12048	kW

二、励磁系统主要参数

1. 发电机组数据

发电机额定功率：1080MW；

发电机额定电压：27kV；

发电机额定电压范围：$+/-5\%$；

额定功率因数：0.85；

额定电流：27169.7A；

额定频率：50Hz；

额定频率变化范围：$+3\%/-5\%$；

额定转速：3000r/min；

发电机电抗：

$x_d = 2.492$p. u. ，

$x_d' = 0.323$p. u. ，

$x_d'' = 0.246$p. u. ；

发电机时间常数：

$T_{do}' = 6.011$s，

$T_d' = 0.775$s，

$T_a = 0.39$s。

2. 励磁系统数据

发电机励磁绕组电阻：0.1188Ω（95℃）；

气隙线电流：$I_{fg} = 1700$A；

发电机空载额定励磁电压：$U_{fo} = 211$V；

发电机空载额定励磁电流：$I_{fo} = 1843$A；

发电机额定负载励磁电压：$U_{fN} = 762.8$V（75℃）；

发电机额定负载励磁电流：$I_{fN} = 6109.6$A；

发电机110％额定负载和110％额定电压时：

最大励磁电压 $U_{fd} = 839.08$V，

最大励磁电流 $I_{fd}=6720.56\mathrm{A}$；

2 倍额定顶值强励电压，允许强励时间：10s；

2 倍额定顶值强励电流，允许强励时间：10s；

励磁柜体内最大环境温度：40℃；

励磁变压器最大环境温度：45℃；

最大湿度：80%～100%。

根据 IEC 60034-16-1—2011 的规定，励磁系统允许的连续运行励磁电流至少应等于发电机在 1080MW 负载下以及发电机电压为 27kV＋5%额定值时相应的最大连续励磁电流值：

$$I_{EN} = I_{fd} = 6720.56\mathrm{A}$$

另根据 IEC 60034-16-1 的规定，励磁系统允许连续运行励磁电压至少应等于当励磁系统输出规定连续运行电流时相应的励磁系统输出电压值：

$$U_{EN} = U_{fd} = 839.08\mathrm{A}$$

当发电机端电压为 80%额定电压时，励磁系统可输出 2 倍额定强励电压值，允许时间为 10s，取励磁设备顶值强励电压值为：

$$U_c = 2U_{fN} = 2 \times 762.8 = 1525.6(\mathrm{V})$$

励磁系统顶值电流为 $2I_{fN}$，允许强励时间 10s。允许强励次数为每小时 4 次，强励后返回原输出电流值，也有可能因励磁设备某些元件温度过高而跳闸。励磁系统顶值电流：

$$I_c = 2I_{fN} = 2 \times 6109.6 = 12219.2(\mathrm{A})$$

第三节　励磁系统主要部件参数计算[52]

一、励磁变压器

根据 IEC 60146-1-1 和 IEC 60146-1-2 及 IEC 60146-1-3 的规定进行参数计算。

1. 励磁变压器输出电流

长期输出电流：

$$I_{tN} = \sqrt{\frac{2}{3}} \times I_{EN} = 5483.97(\mathrm{A})$$

短期输出电流：

$$I_{tNs} = \sqrt{\frac{2}{3}} \times I_p = 9970.8(\mathrm{A})$$

式中　I_p——强励电流，取值为 2 倍的额定励磁电流。

短期过负载输出电流为 $I_{tNs}=9970.8\mathrm{A}$，允许时间 10s（每小时限 4 次以下）。

2. 励磁变压器输出电压

当发电机端电压为 80%额定值，晶闸管最小控制角为 10°时，励磁变压器二次侧的线电压有效值：

$$U_{rms} = \frac{\pi}{3\sqrt{2}} \times \frac{U_p/0.8}{\cos 10°} = 1433(V)$$

式中　U_p——强励电压，取值为 2 倍的额定励磁电压。

励磁变压器输出容量：

$$S_i = \sqrt{3} \times U_{rms} \times I_{tN} = 13610(kVA)$$

整流器换相电压降：

$$U_x = \frac{3}{\pi} \times x_r \times \frac{U_{rms}^2}{S_i} \times I_p = 141(V)$$

式中　x_r——励磁变压器短路阻抗，取值为 8%。

晶闸管及励磁回路电缆电压降：

$$U_f = 2U_{t0} + 0.05U_{rms} = 73(V)$$

式中　U_{t0}——晶闸管正向电压降，取 0.94V。

系数 0.05 系考虑电缆回路的电压降占总输出电压的百分比，由此求得励磁变压器总输出电压：

$$U_{tN} = U_{rms} + \frac{\pi}{3\sqrt{2}}(U_f + U_x) = 1591(V)$$

当发电机端电压下降到 80% 额定值时仍可提供 2 倍顶值强励电压值，相应励磁变压器二次电压值 U_{2N} 应为：

$$U_{2N} \geqslant U_{tN} = 1591(V)$$

取 $U_{2N} = 1600V$。

3. 励磁变压器容量

连续容量为：

$$S_{tN} = \sqrt{3}U_{2N}I_{tN} = \sqrt{3} \times 1600 \times 5483.97 = 15197(kVA)$$

取 $S_{tN} = 15500kVA$，当发电机端电压下降到 80% 额定值，相应短时容量为：

$$S_{ts} = \sqrt{3}U_{2N}I_{tNs} = \sqrt{3} \times 1600 \times 9970.8 = 27631(kVA)$$

取 $S_{ts} = 28000kVA$。

4. 励磁变压器设计值

环境温度按励磁变压器柜体内部温度考虑。

励磁变压器设计容量：$S_{tN} = 15500kVA$。

励磁变压器二次额定输出电压：$U_{2N} = 1600V$。

励磁变压器一次额定电压：27kV。

允许 10s 过负载容量：28000kVA（强励动作每小时允许 4 次）。

额定频率：50Hz，（+3/−5）%。

安装海拔：0~1000m。

二、直流磁场断路器

1. 磁场断路器额定工作电压

正常运行状态下，发电机最大励磁电压为：

$$U_{EN} = 839.08V$$

取磁场断路器分断电压 $U_{BN} = 1000V$。

$$U_{BN} > U_{EN}$$

强励运行状态下：

$$U_{EP} = 2U_{fN} = 2 \times 762.8 = 1525.6(V)$$

强励时磁场断路器的工作电压为：

$$U_{BP} = 1.5U_{EP} = 1.5 \times 1525.6 = 2288.4(V)$$

取 $U_{BP} = 2250V$。

2. 磁场断路器主触头额定电流

$$I_{BN} \geqslant I_{EN}$$
$$I_{EN} = I_{fd} = 6720.56A$$
$$I_{BN} \geqslant 6720.56A$$

设计值取 $I_{BN} = 8500A$。

3. 直流磁场断路器设计值

假定强行励磁发生概率为每小时动作 4 次，每次时间间隔为 15min（900s），强励后磁场电流恢复到最大连续励磁电流值。

依此求得磁场断路器在 1h 内流过主触头电流的有效值 I_{rms} 为：

$$I_{rms} = \sqrt{\frac{890I_{EN}^2 + 10I_{EC}^2}{900}}$$
$$= \sqrt{\frac{890 \times 6720.56^2 + 10 \times 12219.2^2}{900}} = 6806(A)$$

式中　I_{EN}——最大连续励磁电流值；

I_{EC}——顶值强励电流值，$I_{EC} = 2I_{fN} = 12219.2A$。

磁场断路器的绝缘电压为 6250V。

依上述数据，选用法国雷诺公司生产的 CEX 系列模块化接触器作为磁场断路器应用，型号为 CEX 068500 3.1。

三、磁场放电电阻

磁场放电电阻用以限制当磁场断路器分断时在励磁回路中引起的过电压。磁场断路器分断时所产生的最小弧电压应大于上述磁场过电压。

磁场断路器分断的最大励磁电流为强励顶值电流：

$$I_{EC} = 12219.2A$$

磁场断路器最大分断电压为：

$$U_{BP} = 2250V$$

根据 IEC 60034—1 规定，当 $U_{fN} > 500V$ 时，发电机励磁绕组的工频试验电压为：

$$U_{text} = 2U_{fN} + 4000 = 2 \times 762.8 + 4000 = 5600(V)$$

如将灭磁时在灭磁电阻上所产生的残压 U_{max} 限制在 1500V，则流过灭磁电阻的电阻值为：

$$R_{\mathrm{d}} \leqslant \frac{U_{\max}}{I_{\mathrm{EC}}} = \frac{1500}{12219.2} = 0.123(\Omega)$$

取灭磁电阻值为：

$$R_{\mathrm{d}} = 0.123\Omega$$

当发电机突然三相短路时，取冗余系数为1.2，磁场绕组中存储的能量为：

$$W_{\mathrm{F}} = \frac{1}{2} \times 1.2 \times T_{\mathrm{d}}' \times R_{\mathrm{f}} \times I_{\mathrm{EP}}^2 = \frac{1}{2} \times 1.2 \times 0.77 \times 0.1188 \times 12219.2^2 = 8194.9(\mathrm{kJ})$$

取 $W_{\mathrm{F}}=8400\mathrm{kJ}$。

四、跨接器

跨接器触发电压应低于发电机励磁绕组耐压试验电压值的75%，当 $U_{\mathrm{fN}} > 500\mathrm{V}$ 时，此试验电压应为：

$$U_{\mathrm{t}} = 2U_{\mathrm{fN}} + 4000 = 2 \times 762.8 + 4000 = 5600(\mathrm{V})$$

为此，跨接器触发电压应为：

$$U_{\mathrm{th}} < 0.75 \times 5600 = 4200(\mathrm{V})$$

另一条件是，跨接器触发电压应低于相应晶闸管反向重复峰值电压，即 $U_{\mathrm{th}} < U_{\mathrm{RRM}} = 6500\mathrm{V}$。

此外，跨接器触发电压应高于直流侧的最大尖峰过电压值：

$$U_{\mathrm{th}} > 1600 \times 1.3 \times 1.414 = 2910(\mathrm{V})$$

依上述各条件，取 BOD 的触发电压为 3200V。

当跨接器接通时，流过晶闸管的电流应大于强励顶值电流值。

五、起励回路

依据发电机起动程序，由起励回路向发电机励磁回路提供起励电流。

1. 起励励磁数据

额定起励电流取为发电机空载励磁电流的15%，则起励电流应为：

$$I_{\mathrm{et}} = 0.15I_{\mathrm{f0}} = 0.15 \times 1843 = 276(\mathrm{A})$$

则额定起励电流为：

$$I_{\mathrm{etN}} = 280\mathrm{A}$$

已知励磁绕组电阻 $R_{\mathrm{f}}=0.1188\Omega$（95℃），则额定起励电压为：

$$U_{\mathrm{etN}} = I_{\mathrm{et}}R_{\mathrm{f}} = 280 \times 0.1188 = 33.26(\mathrm{V})$$

取 $U_{\mathrm{etN}}=33\mathrm{V}$。

2. 交流起励方式、起励变压器计算

起励变压器输出电流为：

$$I_{\mathrm{ttN}} = \sqrt{\frac{2}{3}} \times I_{\mathrm{etN}} = 228.5\mathrm{A}$$

起励变压器二次侧交流输出电压有效值为：

$$U_{rms} = \frac{\pi}{3\sqrt{2}} \times U_{etN} = 24.4V$$

起励变压器输出功率为：

$$S_{et} = \sqrt{3} \times U_{rms} \times I_{ttN} = 9.66kVA$$

变压器阻抗电压降为：

$$U_x = \frac{3}{\pi} \times x_r \times \frac{U_{rms}^2}{S_{et}} \times I_{ttN} = 1.14V$$

式中　x_r——变压器短路阻抗，取值为 8.5%。

变压器外部连接线路电压降（二极管、电缆等）为：

$$U_f = 2U_{t0} + 0.05U_{rms} = 3.22V$$

式中　U_{t0}——二极管正向电压降，取为 1V。

系数 0.05 系考虑电缆回路的电压降占总输出电压的百分比。

起励变压器总输出电压为：

$$U_{ttn} = U_{rms} + \frac{\pi}{3\sqrt{2}} \times (U_f + U_x) = 27.6V$$

起励变压器视在容量为：

$$S_{ttN} = \sqrt{3} \times U_{ttN} \times I_{ttN} = \sqrt{3} \times 27.6 \times 228.5 = 11(kVA)$$

起励变压器一次输入额定电压：415V。

额定最大输入电压：$1.1 \times 415 = 456.5V$。

额定频率：50Hz，（+3/−5）%。

海拔：<1000m。

六、电流互感器

1. 励磁变压器一次侧电流互感器

电流互感器用于过电流和短路保护，与额定励磁电流对应的交流电流值为：

$$I_{tN} = \sqrt{\frac{2}{3}} \times I_{EN} = 5438.97A$$

与上述电流对应的励磁变压器电流互感器一次侧电流值为：

$$1.2 \times 5483.97/(27000/1600) = 390(A)$$

选择电流互感器一次侧电流为 400A，规格为 400A/1A、5P20、15VA（P121 耗电 0.025VA）。

2. 励磁变压器二次侧电流互感器

电流互感器应能读出强励顶值励磁电流的数值 12220A，折算到交流侧为 1000A。

选择电流互感器的规格为：10000A/1A，0.5 级，30VA（PMF175，耗电 15W）。

七、励磁系统参数及配置

励磁系统参数及配置见表 17-8。

表 17-8   励磁系统参数及配置

序号	说明	单位	设计值
	励磁变压器		
	型式		干式
	绝缘方式		环氧浇注
	额定容量	kVA	3×5167
	供货商		中国
	额定电压： 一次侧 二次侧	 kV kV	 27 1.6
	频率	Hz	50
	相数		3
	接线		Yd11
	接地方式		直接接地
	绝缘等级		F
	绝缘承受耐压	kV	35
	全波冲击电压耐压试验： 一次侧 二次侧	 kV kV	 170 20
	50H工频耐压试验： 一次侧 二次侧	 kV kV	 70 10
1	冷却方式		AN/AF
	损耗： 铜损 铁损	 kW kW	 3×15.17 3×8.38
	附加损耗	kW	3×5.31
	总损耗	kW	3×28.86
	效率	%	99.4
	保护等级		IP23
	电压调节	%	0.3752（单相）
	短路阻抗	%	10
	零序阻抗	%	/
	一次侧绕组电阻	Ω	0.0448（单相）
	激磁电流	A	0.7
	噪声水平（AN）	dB	60
	过载能力（AN）	kVA	AN=1.1
	变压器温度信号	报警、跳闸 （设定值：现场测试）	
	变压器允许最高温升	K	100
	外型尺寸（长×深×高）	mm	7650×4410×3200
	运输尺寸（长×深×高）	mm	10393×7154×3530
	质量	t	16.8（单相）

续表

序号	说明	单位	设计值
2	整流柜		
	型式		三相全控晶闸管整流桥
	晶闸管元件：额定电流 反向电压	A V	2220 6500
	额定输出电压	V	762.8
	额定输出电流	A	6109.6
	冷却方式		AF
	每臂元件串联数		1
	每臂元件并联数		1
	整流柜噪声	dB	＜80
	平均风机无故障时间	h	30000
	整流柜数		6
	均流系数		0.9
3	磁场断路器		
	额定电压	V	1500
	额定电流	A	8500
	主触头分断电流（有效值），$L/R=2\text{ms}$	kA	80
	直流控制电压	V	110
	最大熄弧电压	V	2250
	供货商		LENOIR
	型号		CEX 068500 3.1
4	AVR 特性		
	自动调节电压范围	%	30～110
	手动调节电压范围	%	20～110
	静差率	%	＜±0.5
	暂态分辨率	ms	5
	每次记录长度	s	＜300
	记录总长度	s	300
	响应时间	s	0.1
	控制周期	ms	5
	采样方式		AC
	相位余度	(°)	40
	增益余度	dB	6
	控制规律		PI＋PSS
	制造厂		ALSTOM
5	起励回路参数		
	起励交流电压	V（AC）	415
	起励交流电流	A（AC）	13.5
	起励容量	kVA	11
6	转子过电压保护		
	过电压保护线性电阻容量	MJ	8.4
	过电压保护动作电压值	V	≤3200
7	转子绝缘对地测试装置		MiCOM P342＋MiCOM P391

第四节　自动调节励磁系统方框图[53]

对于马来西亚 Manjung4 火电厂 1270.6MVA 发电机组静态自励励磁系统，采用 Alstom Controgen 型最新一代自动调节励磁系统，在其自动调节励磁系统方框中，标幺值的基值取为：

（1）对于发电机的有功和无功功率基值，参考发电机的额定视在功率 S_N，S_N＝1270.6MVA。

（2）发电机定子电压的基值取发电机额定定子电压 U_N，U_N＝27000V。

（3）发电机励磁电流的基值，取当发电机空载额定电压时在气隙线上对应的励磁电流值。

（4）发电机励磁电压的基值，取当发电机励磁绕组温度为 100℃（0.121Ω）时与对应励磁电流所求得的励磁电压值，为 209.57V（根据 IEEE 421.1）。

1. AVR 参考电压方框图

AVR 参考电压方框图如图 17-2 所示。此单元的输入量包括调差、无功或功率因数调节、参考电压输入、频率以及磁通量限制等。

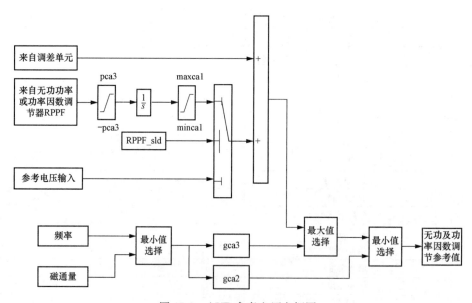

图 17-2　AVR 参考电压方框图

当选择 RPPF 无功或功率因数调节方式时，RPPF_sld＝1，RPPF 调节器的输出将接至参考电压的综合点并取代电压偏差量，典型的 AVR 参考电压见表 17-9。

表 17-9　　　　　　　　　　　　　　AVR 参考电压典型参数值

参数	数值	单位	说明	范围
Pca3 磁通量限制	0.0033	p.u./s	限制器参数斜率	[0，1]
f_{rmax}	1.8	p.u.	最大频率限制	[0，1.8]

续表

参数	数值	单位	说明	范围
gca2	1.06	p. u.	最大 U/F 限制	[0, 1.5]
gca3	0	p. u.	最小 U/F 限制	[0, 1]

2. AVR 参考电压限制

AVR 参考电压限制方框图如图 17-3 所示，典型参数见表 17-10。

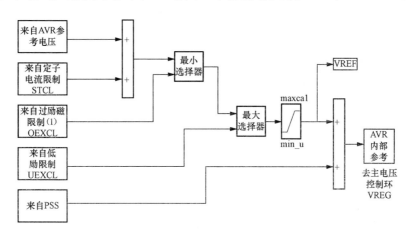

图 17-3 AVR 参考电压限制方框图

表 17-10   AVR 参考电压限制典型参数值

参数	数值	单位	说明	范围
maxca1	1.05	p. u.	最大电压参考	[1.05, 1.1]
min _ u	0.95	p. u.	最小电压参考	[0.9, 0.95]

3. 静态励磁系统电压控制主环——VREG

电压控制主环方框图如图 17-4 所示，典型参数见表 17-11。

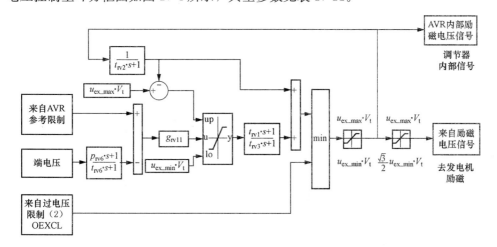

图 17-4 电压控制主环方框图

表 17-11 电压调节器典型参数值

参数	数值	单位	说明	范围
g_{rv11}	40	p. u.	主环比例增益	[1.05，1.1]
t_{rv2}	4	s	积分时间常数	[0.9，0.95]
t_{rv1}	1	s	超前/滞后滤波器分子时间常数	
t_{rv3}	1	s	超前/滞后滤波器分母时间常数	
p_{rv6}	1	s	电压反馈分子时间常数	
t_{rv6}	1	s	电压反馈分母时间常数	
u_{ex_max}	7.28	p. u.	正向顶值电压（当发电机为额定电压时）	
u_{ex_min}	7.28	p. u.	负向顶值电压（当发电机为额定电压时）	

4. 低励磁限制——UEXCL

低励磁限制方框图如图 17-5 所示，典型参数见表 17-12。

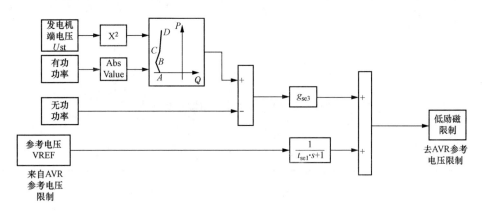

图 17-5　低励磁限制方框图

表 17-12 低励磁限制典型参数值

参数	数值	单位	说明	范围
g_{se3}	0.25	p. u.	增益	[0，0.5]
t_{se1}	0.5	s	积分时间常数	[0.5，5]
var_A	−0.28	p. u.	A 点：发电机额定电压无功功率	
pwr_A	0	p. u.	A 点：有功功率	
var_B	−0.28	p. u.	B 点：发电机额定电压无功功率	
pwr_B	0.25	p. u.	B 点：有功功率	
var_C	−0.28	p. u.	C 点：发电机额定电压无功功率	
pwr_C	0.5	p. u.	C 点：有功功率	
var_D	−0.28	p. u.	D 点：发电机额定电压无功功率	
pwr_D	0.85	p. u.	D 点：有功功率	

5. 静态励磁系统过电压限制——OEXCL

过电压限制方框图如图 17-6 所示，典型参数见表 17-13。

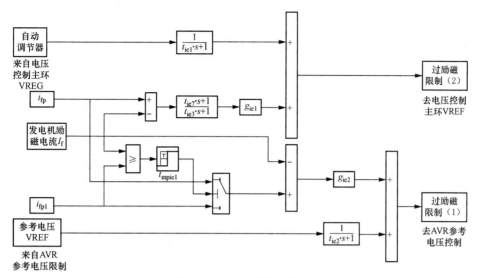

图 17-6 过电压限制方框图

表 17-13 　　　　　　　　　　　　　　　　过电压限制方框图典型参数值

参数	数值	单位	说明	范围
顶值限制				
i_{fp}	7.05	p.u.	顶值限制设定点	[1, 10]
g_{ie1}	4	p.u.	顶值环路增益	[0.1, 2]
t_{ie1}	1	s	顶值环路积分时间常数	[0.1, 5]
t_{ie7}	1	s	超前相位滤波器分子时间常数	[0.05, 3]
t_{ie3}	1	s	超前相位滤波器分母时间常数	
热容量限制				
i_{fp1}	3.88	p.u.	热容量限制设定点	
g_{ie2}	0.155	p.u.	热容量限制增益	[0.1, 10]
t_{ie2}	1	s	热容量限制时间常数	[0.1, 2]
t_{mpie1}	10	s	顶值限制设定延时（含复位）	[5, 30]

6. PSS 双信号输入

PSS 双信号输入方框图如图 17-7 所示，典型参数见表 17-14。

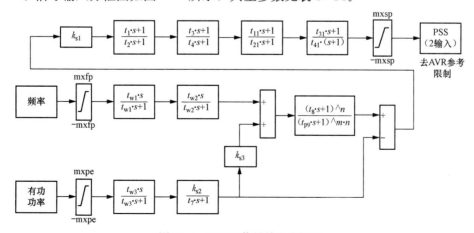

图 17-7 PSS 双信号输入方框图

表 17-14   PSS 双信号输入典型参数值

参数	数值	单位	说明	范围
k_{s3}	1	p. u.	机械通道增益	[0 or 1]
t_{w1}	3	s	速度通道隔置时间常数	[1, 10]
t_{w2}	3	s	速度通道隔置时间常数	[1, 30]
t_{w3}	3	s	功率通道隔置时间常数	[1, 10]
k_{s2}	0.426	p. u.	功率通道增益	[0, 1]
t_7	3	s	相位超前/滞后滤波器高频增益（时间常数）	[1, 30]
t_8	0.6	s	斜坡跟踪滤波器分子时间常数	[0, 2]
t_9	0.15	s	斜坡跟踪滤波器分母时间常数	[0.1, 0.5]
m	4		斜坡跟踪滤波器参数	[1, 5]
n	1		斜坡跟踪滤波器参数	[1, 4]
k_{s1}	6 *	p. u.	PSS增益	[1, 150]
t_1	0.390	s	超前/滞后相位滤波器分子时间常数（1）	[0, 10]
t_2	0.065	s	超前/滞后相位滤波器分母时间常数（1）	[0.015, 3]
t_3	0.156	s	超前/滞后相位滤波器分子时间常数（2）	[0, 10]
t_4	0.026	s	超前/滞后相位滤波器分母时间常数（2）	[0.015, 3]
t_{11}	1	s	超前/滞后相位滤波器分子时间常数（3）	[0, 10]
t_{21}	1	s	超前/滞后相位滤波器分母时间常数（3）	[0.015, 3]
t_{31}	1	s	超前/滞后相位滤波器分子时间常数（4）	[0, 10]
t_{41}	1	s	超前/滞后相位滤波器分母时间常数（4）	[0.015, 3]
mxfp	0.1	p. u.	频率偏差输入限制	[0, 0.2]
mxpe	1.5	p. u.	有功功率输入限制	[0, 2]
mxsp	0.05	p. u.	输出限制	[0, 0.1]

* 依据现场试验和稳定性研究确定。

7. 定子电流限制——STCL

定子电流限制方框图如图 17-8 所示，典型参数见表 17-15。

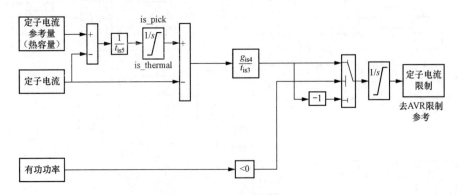

图 17-8   定子电流限制方框图

表 17-15　　　　　　　　　　　　**定子电流限制典型参数值**

参数	数值	单位	说明	范围
g_{is4}	1	p. u.	增益	[0.1, 10]
t_{is3}	5	s	积分时间常数	[1, 200]
t_{is5}	10	s	定子电流反时限校正时间常数	[5, 50]
is _ pick	1.16	p. u.	定子电流允许最大门限值（反时限）	[1, 2]
is _ thermal	1.06	p. u.	定子电流参考值	[1, 1.5]

8. 无功功率、功率因数调节器——RPPF

无功功率、功率因数调节器方框图如图 17-9 所示，典型参数见表 17-16。

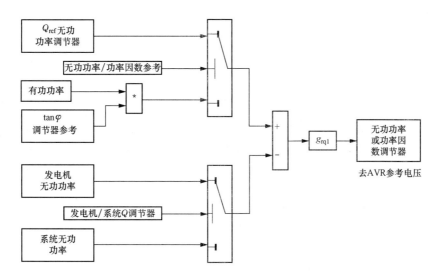

图 17-9　无功功率、功率因数调节器方框图

表 17-16　　　　　　　　　　**无功功率、功率因数调节器典型参数值**

参数	数值	单位	说明	范围
g_{rq1}	0.1	p. u.	对于发电机运行方式比例增益	[0.01, 1]

9. 调差单元

调差单元方框图如图 17-10 所示，典型参数见表 17-17。

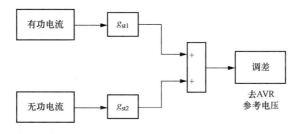

图 17-10　调差单元方框图

表 17-17　　　　　　　　　　　　　　调差单元典型参数值

参数	数值	单位	说明	范围
g_{st1}	0	p. u.	有功补偿增益	[0, 0.2]
g_{st2}	0	p. u.	无功补偿增益	[−0.2, 0.2]

10. 电压源静态自励励磁系统——ST7B

电压源静态自励励磁系统——ST7B 方框图如图 17-11 所示，典型参数见表 17-18。

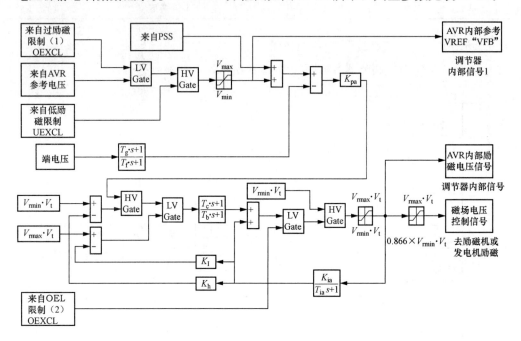

图 17-11　电压源静态励磁系统——ST7B 方框图

表 17-18　　　　　　　　电压源静态励磁系统——ST7B 典型参数值

参数	数值	单位	说明
K_{pa}	$=g_{rv11}$	p. u.	电压调节器比例增益
K_{ip}	$=1$	p. u.	积分增益
T_{ia}	$=t_{rv2}$	s	电压调节器积分时间常数
T_c	$=t_{rv1}$	s	超前/滞后滤波器分子时间常数
T_b	$=t_{rv3}$	s	超前/滞后滤波器分母时间常数
T_g	$=p_{rv6}$	s	电压反馈分子时间常数
T_1	$=t_{rv6}$	s	电压反馈分母时间常数
V_{max}	$=maxca1$	p. u.	积分参考电压正向限制
V_{min}	$=minca1$	p. u.	积分参考电压反向限制
K_I	1		内部正向限值验证条件
K_h	0		内部反向限值验证条件
V_{rmax}	$=u_{ex\_max}$	p. u.	发电机额定电压正向顶值电压
V_{rmin}	$=-u_{ex\_max}$	p. u.	发电机额定电压反向顶值电压

1000MW 容量级核电汽轮发电机组励磁系统的性能特征

在本章中将重点介绍福清核电站和三门核电站汽轮发电机组励磁系统的性能特征。

第一节　福清核电站汽轮发电机组无刷励磁系统的性能特征[54]

一、基本参数

在福清核电站汽轮发电机组无刷励磁系统中有关参数的基值按下列定义选取。

（1）发电机有功和无功功率的基值，按发电机额定视在功率为 1278MVA 计算。

（2）发电机定子额定电压基值为 24kV。

（3）发电机励磁电流基值：当发电机电压为空载额定电压值时所需的励磁电流值，其值为 2189A。

（4）发电机励磁电压基值：当发电机励磁电流为标幺基值，流过发电机励磁绕组，当温度为 100℃时，绕组电阻为 0.08127Ω，按 IEEEstd.421.1 规定为 175V。

（5）励磁机励磁电流基值：当使发电机产生空载额定电压时，励磁机所需励磁电流值为 59.94A。

（6）励磁机励磁电压基值：当励磁机励磁绕组流过励磁电流等于标幺基值，励磁绕组温度为 100℃时的绕组电阻为 1.0822Ω，按 IEEEstd.421.1 规定为 53.06V。

1. 发电机组参数

发电机组参数如表 18-1 所示。

表 18-1　　　　　　　　发电机组参数（发电机型号 TA-1100-78）

参数	符号	额定值	单位	备注
额定容量	S_N	1278	MVA	
额定功率	P_N	1150	MW	
额定定子线电压	U_N	24	kV	
额定定子电流	I_N	30739	A	
额定频率	f_N	50	Hz	
功率因数	P_F	0.9	N/A	

参数	符号	额定值	单位	备注
发电机空载励磁电流	I_{f0}	2189	A	
发电机空载励磁电压	U_{f0}	169（84℃）	V	
发电机额定励磁电流	I_{fN}	5795	A	
发电机额定励磁电压	U_{fN}	461	V	
定子短路纵轴暂态时间常数	T_d	1.83	s	
定子开路纵轴暂态时间常数	T'_{do}	9.33	s	
纵轴同步电抗	X_d	195.5	%	
纵轴暂态电抗（饱和值）	X'_d	35.4	%	

2. 励磁机组参数

励磁机组参数如表18-2所示。

表 18-2 　　　　　 **励磁机组参数（励磁机型号 TKJ167-45）**

参数	符号	额定值	单位	备注
励磁机励磁绕组电阻 21℃	R_{fex}	0.8270	Ω	
励磁机励磁绕组电阻 95℃	R_{fex}	1.066	Ω	
励磁机励磁绕组电阻 120℃	R_{fex}	1.147	Ω	
开路暂态时间常数	T'_{do}	0.426	s	
励磁机负载时间常数	T_e	0.17	s	
发电机空载额定	发电机励磁电压 U_{f0}	169V	发电机励磁电流 I_{f0}	2189A
	励磁机励磁电压 U_{fexo}	53.8V	励磁机空载励磁电流 I_{fexo}	46.9A
发电机额定	发电机励磁电压 U_{fN}	461V	发电机励磁电流 I_{fN}	5795A
	励磁机励磁电压 U_{fexN}	129.9V	励磁机励磁电流 I_{fexN}	113.2A

注　经实测发电机空载额定工况下励磁机励磁电压 $U_{fexo}=39.9V$，励磁电流 $I_{fexo}=39.9A$，发电机额定负载工况下励磁机励磁电压 $U_{fexN}=87.7V$，励磁电流 $I_{fexN}=84.7A$。

3. 励磁变压器参数

励磁变压器参数如表18-3所示。

表 18-3 　　　　　 **励磁变压器参数（励磁变压器型号 TAT/R/36）**

名　称	参　数	单　位
额定功率	54	kVA
强行励磁功率	88	kVA/10s/每 15min1 次
二次额定电压	300	V
一次额定电压	24	kV
额定频率	50	Hz
阻抗电压	6	%

名　　称	参　　数	单　　位
海拔	<1000	m
整流线路	6 相全控整流桥	

二、励磁系统功能概述

采用 M310＋堆型的福清核电站，其 1150MW 汽轮发电机组励磁系统采用由接于发电机机端励磁变压器供电的无刷励磁系统，相应的励磁系统单线接线图如图 18-1 所示。

1. 自动励磁调节器

汽轮发电机采用了 Alstom 公司 P320 V2 型励磁调节器。此励磁调节器采用全冗余双自动通道形式配置。在正常工况下，自动通道带 100％负载运行，另一通道备用。

P320 为 Alstom 开发的电站控制系统，可以涵盖电厂的 DCS 功能、汽轮机调速、发电机励磁，以及监测、同期等功能。在国内的 CPR1000 堆型核电站，仅配置了汽轮机的 P320TGC（Turbine-Generator-control）和发电机的 P320AVR。其中的 P320AVR 是一个三通道励磁控制系统。两个自动/手动调节器，分别控制一个整流桥；第三通道只有手动调节器，可以同时控制两个桥。正常运行情况下，一个自动调节器带一个整流桥，另一个整流桥无输出。当两个自动通道均退出运行，第三通道同时控制两个整流桥。因额定输出电流约为 100A，因此可使整流桥冷备用；此外每组整流桥交直流侧均装有刀闸。调节器的调节功能与常规项目基本功能相同，具有电力系统稳定器 PSS、转子电流限制、V/Hz 限制、无功/有功补偿、低励限制等。

2. 对外通信网络

对外通信网络仍采用了 TGC 和 AVR 的一体化设计，其通信网络相对较复杂。其中，F8000 是 Worldfip 现场总线，在 AVR 和 TGC 及 TGC 各控制器之间交换运行数据。S8000 是以太网，与工程师站和外部 DCS 交换信息。Office 网络也是以太网，用以程序调试期间连接工程师站的客户机，不影响运行。在实际工作中，一体化的通信设计，调试工作牵涉不同专业的人员，协调不便，为此 Alstom 公司在福清等核电站以后的项目中取消了一体化通信设计结构，由 DCS 直接与 AVR 通信，TGC 和 AVR 不发生横向联系。

3. 励磁系统监测与保护

在中国国内的 CPR1000 堆型核电站汽轮发电机组励磁系统中，配置有如下一些励磁系统监测与保护装置。

（1）发电机转子接地保护。此装置在发电机转轴励端处设有一组检测用滑环和碳刷装置，三个滑环分别接至发电机励磁绕组的正、负端以及转轴铁芯端对发电机转子绕组进行接地检测。由于此组碳刷及滑环安装在无刷励磁机电枢筒的内部，从维护方便以及延长测量装置使用寿命角度考虑，此装置未采用连续工作方式，而选用短时工作制，每日自动接入碳刷检测一次，历时 10s。相应信号输出到位于励磁调节柜中的接地检测继电器。此外，还备有手动接地检测按钮，允许运行人员随时进行检测。

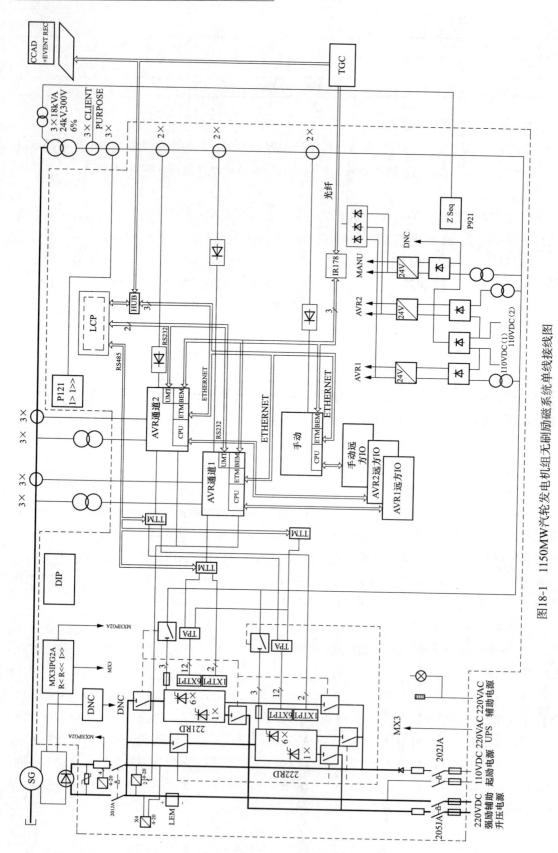

图18-1　1150MW汽轮发电机组无刷励磁系统单线接线图

采用叠加交流电压式原理设计的接地检测装置注入 40V 工频交流电压，并在测量回路中串接一个 3.3kΩ 电阻，设计测量电阻低于 4kΩ 报警，低于 2kΩ 跳机。由于该发电机型采用无刷励磁方式，转子没有集电环，为装设转子接地保护装置，于转子尾端单独设计一个小的滑环轴引出转子电压，装置结构原理示意图如图 18-2 所示。

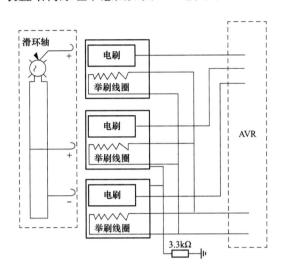

图 18-2　转子接地保护装置结构原理示意图

转子接地检测用滑环和刷架的结构图，如图 18-3 所示。

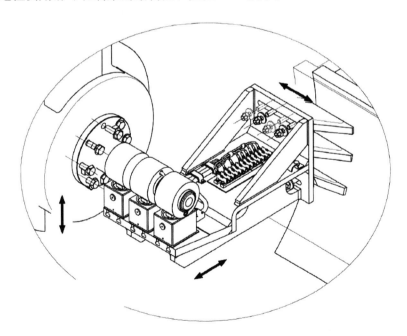

图 18-3　转子接地检测用滑环和刷架的结构图

监测方式设计为周期性监测，采用独立提刷装置（电磁铁）定期提起电刷并在电刷与滑环轴之间引入叠加交流电压，提刷装置采用直流 125V 电源供电，完成一次测量后即退出，下一个周期再次自动提刷投入，一般测量周期设置为每 24h 测量监测一次。此设计的优点是可以减小滑环和电刷长期高速旋转摩擦而造成的磨损，增长使用寿命，但间隔周期不能设置太长，以免当机组发生接地故障时不能及时监测。该保护装置也可以人工手动发出提刷测量信号，在机组运行时，若遇发电机组运行参数异常，应及时手动提刷监测转子绕组是否发生接地故障。

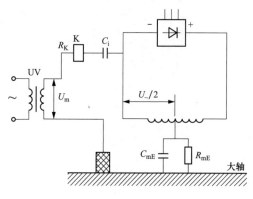

图 18-4   叠加交流电压保护原理图

叠加交流电压保护原理如图 18-4 所示，图中 C_{mE} 为励磁绕组对地电容；R_{mE} 为励磁绕组对地电阻；$U_\sim$ 为励磁绕组整定交流分量；C_i 为隔直电容，其作用是使励磁电压产生的直流电流不会流经交流电源回路。K 为继电器，其阻抗为 R_K。UV 为电压变换器，主要作用为将交流电源和转子回路隔开，并将交流电压降低到保护装置所需要的电压值。

正常运行的情况下，不考虑电刷与轴的接触电阻时，流过继电器的电流为：

$$I_- = \frac{U_m + \frac{1}{2}U_\sim}{R_x - jX_{ci} - j\dfrac{R_{mE}X_{mE}}{R_{mE} - jX_{mE}}}$$

式中 $-j\dfrac{R_{mE}X_{mE}}{R_{mE} - jX_{mE}}$ 为 C_{mE} 的容抗和 R_{mE} 并联后的阻抗。当励磁绕组对地绝缘降低时，流过继电器的电流将增大，达到保护整定值时保护动作。

（2）励磁交流过电流保护。励磁交流过电流保护继电器用于监测励磁电流。当励磁电流超过参考值门槛时，一级故障会引起调节器切换至备用调节器，如果持续检测到故障的存在，则会发出跳闸指令。对于晶闸管输出端发生直接短路故障，二级故障设定用来保护励磁变压器。当励磁电流超过参考值门槛时，则会立即发出跳闸指令。

（3）励磁变压器过电流保护。在传统自励励磁系统中，通常励磁变压器的过流保护多在其高、低压绕组侧分别加装电流互感器 TA，用于差动、速断、过电流等保护。对于福清核电站机组无刷励磁系统，由于在额定运行状态下励磁变压器高压侧绕组的电流值小于 1A，无合适电流互感器可选，为此对励磁变压器的一次侧的过电流保护，改用监测中性点对地零序过电压的保护方式。

（4）旋转二极管非导通监测保护。旋转二极管非导通监测装置的组成方式为：在无刷励磁机的定子侧固定励磁绕组处，对准旋转电枢的出线线棒，通过 3 只霍尔效应传感器，采集线棒中的通流情况。3 只传感器的输出信号接到外设的 DNC 二极管非导通检测装置，检测结果输送到 AVR 相关回路并发出相应的报警或者跳闸信号，旋转二极管非导通监测保护回路见图 18-5 所示。

（5）轴电流监测保护。轴电流保护用以防止过大的轴电流对大轴和轴瓦造成腐蚀损坏与烧伤。此外，可以通过保护探测装置的旁路支路对轴电流进行保护和闭锁。

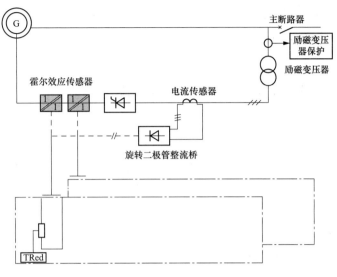

图 18-5　旋转二极管非导通监测保护回路

TRed—非导通监测电阻

（6）辅助升压式强励方式。所谓辅助升压式强励方式是在原有自励励磁回路功率晶闸管整流桥侧并联另一支路晶闸管整流桥，在规定发电机端电压条件下，强励作用由正常晶闸管整流桥供给，当发电机端电压下降到较低值时，例如为 $U_{min}=0.7\text{p. u.}$ 或以下，此时由厂用电直流电源系统供电的升压晶闸管整流桥被触发，供给设定的强励电压值，同时由励磁变压器供电的原晶闸管整流桥主回路将被闭锁。辅助升压式强励方式接线图如图 18-6 所示。

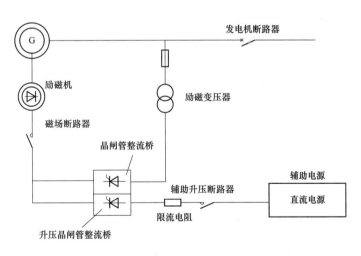

图 18-6　辅助升压式强励方式接线图

发电机并网后，升压强励辅助回路中的断路器合闸。当机端电压下降到设定的 U_{min} 以下时，升压晶闸管元件被触发，升压强励回路导通。其后随发电机电压的上升，升压强励支路断路器分断，机端电压恢复到正常值后，升压支路断路器再次投入，为下一次强励升压提供条件。一旦升压强励作用中止，考虑到发电机转子热容量的影响，依据设定冷却时间的不同，再次强励作用将被启动或限制。福清核电站核电机组在每小时内允许强行励磁 4 次，每次冷却时间间隔为 15min，强励作用时间为 10s。

<h2>第二节　无刷励磁机的结构特征[55]</h2>

一、主要参数

TKJ167-45 型同轴无刷励磁机结构分为两个主要部分：静止部件和旋转部件。主要参数如下：

额定容量	4000kVA；	额定磁场电压	93V；
额定电压	454V；	额定磁场电流	158A；
额定电流	5863A；	电枢绕组槽数	117 槽；
磁极对数	11；	电枢绕组相数	39 相。

二、结构特点

TKJ167-45 型悬挂式无刷励磁机，简化的励磁系统接线图如图 18-7 所示。

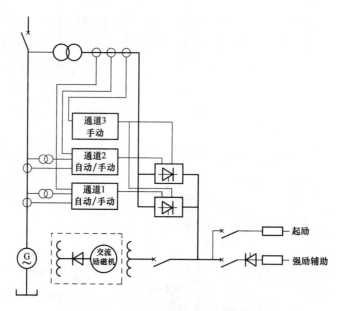

图 18-7　简化的无刷励磁系统接线图

应说明的是：从机械结构方面而言，虽然在机组励磁系统中采用了无刷结构的主励磁机，但是电气方面，由于主励磁机的励磁功率取自接在发电机机端的励磁变压器，为此从励磁系统电气定义取向，此励磁系统应属于自励励磁系统。

TKJ167-45 型悬挂式励磁机是 Alstom 公司专利技术，目前已通过技术转让，在国内东方电机厂已经可为宁德、方家山、红沿河、福清核电机组等生产悬挂式无刷励磁机组。TKJ167-45 型悬挂式励磁机结构如图 18-8 所示。[56]

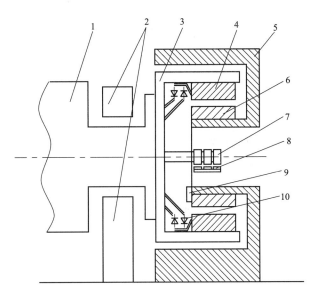

图 18-8 TKJ167-45 型悬挂式励磁机结构图

1—发电机转子；2—轴承；3—电枢筒；4—电枢绕组；5—机座；

6—磁极绕组；7—滑环；8—电刷及刷架；9—霍尔探头；10—整流元件

TKJ167-45 型无刷励磁机的结构特点为：

（1）采用单端悬挂式旋转电枢筒。在励磁机的旋转电枢筒上装有旋转电枢及旋转整流环。电枢筒的底部悬挂固定在发电机转轴的励端尾部，无需再附加转动的支承轴承。此外，励磁机电枢绕组和二极管直接固定在旋转电枢筒的内侧，此结构的优点是可将筒内电枢绕组和整流环整流元件直接连接，简化了无刷励磁机的机械结构并提高了机组运行的可靠性。

（2）励磁机励磁绕组固定在静止的基座上，由自动励磁调节器供给无刷励磁机所需的励磁电流。

（3）励磁机采用 39 相多相电枢绕组，励磁机磁极对数为 11，使得多相励磁机电枢的输出交流电压波形的纹波较小，在整流功率转换和降低纹波系数方面，远优于一般的三相桥式或六相星形整流线路，相应简化的原理接线图如图 18-9 所示。无刷励磁机电枢绕组由 39 相

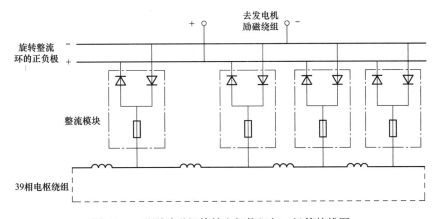

图 18-9 无刷励磁机旋转电枢绕组与二极管接线图

绕组串联连接构成一个多角形闭合回路，各相引出线经快速熔断器与两个二极管连接，形成39相桥式全波整流线路。

三、旋转二极管整流器

旋转二极管整流器与快速熔断器组合单元结构图如图18-10所示。现对有关结构说明如下：

（1）散热器底座为铝制材料，其横向表面散热沟槽和两个散热孔可以使散热器底座充分冷却。散热器底座通过安装座安装在励磁机电枢筒内。散热器底座上表面加工成不同梯度以确保与熔断器和与二极管的接触和固定。

（2）每相绕组引出线装有一个熔断器和两个二极管。用涂有胶液的圆柱头螺钉拧入熔断器底部固定孔内，将熔断器固定在散热器底座上。接于旋转整流环的两个并联二极管的极性见图18-10。

旋转二极管整流器与交流电枢绕组的连接如图18-11所示。

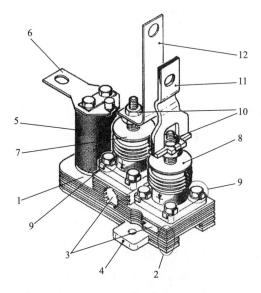

图18-10　旋转二极管整流器与快速熔断器
组合单元结构图

1—散热器底座；2—散热沟槽；3—散热孔；4—安装座；5—熔断器；6—电连接片；7—阳极二极管；8—阴极二极管；9—二极管固定螺栓；10—二极管连接片固定螺栓；11—铜连接片；12—铜连接片

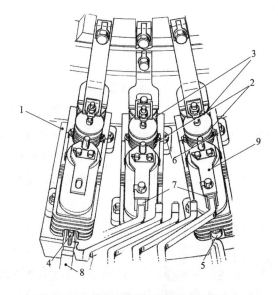

图18-11　旋转二极管整流器与交流电枢
绕组的连接

1—绝缘弧板；2—阳极二极管；3—阴极二极管；4—固定螺栓；5—绝缘盖；6—自锁螺母；7—相端接头；8—定位筋；9—熔断器连接片

第三节　多相无刷励磁机工作状态分析[57,58,59]

一、概述

对用于大型汽轮发电机无刷励磁系统的旋转二极管的整流电路，目前应用比较广泛地有两种接线方式，三相桥式和多相桥式整流电路。

对于三相桥式整流电路，由无刷励磁机旋转电枢供电的交流电压具有正弦波电压波形，接线简单能量变换比系数高。

对于多相桥式整流电路，由旋转电枢供电的交流电压具有梯形电压波形，可显著减小整流电压纹波系数并进一步提高无刷励磁机容量的利用率。此外，在多相电枢绕组供电的整流线路中，各支路电枢绕组可直接与单独支路的旋转二极管整流器直接连接，不存在多支路二极管并联回路中电流分配不均匀问题。

二、奇数相二极管整流回路工作状态分析

对于福清核电站无刷励磁机采用 39 相桥式二极管整流回路如图 18-12 所示。电枢绕组由 39 相绕组串联连接后构成一多角形闭合回路。

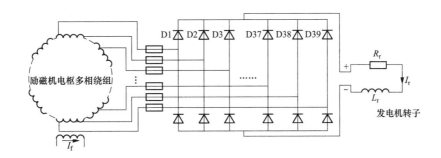

图 18-12　39 相无刷励磁机桥式二极管整流回路

对于 39 相无刷励磁机，在正常工作状况下，每相正负导通角均为 $\phi = \dfrac{2\pi}{78} = \dfrac{\pi}{39}$，由于电枢绕组为电感性负载，随着绕组中电流的增大，两换相绕组之间的换相时间以及其换相角亦将随之增加，依据换相角 γ 值的不同，可将换相状态分为下列三种工作状态：

（1）当 $0 \leqslant \gamma \leqslant \dfrac{\pi}{39}$，由于 $\gamma \leqslant \dfrac{\pi}{39}$（对应于三相桥式整流电路 $\gamma \leqslant \dfrac{\pi}{3}$），此时属于第 Ⅰ 种换相状态或 2～3 元件换相状态，正常时有 2 个整流元件交替导通，换相时有 3 个整流元件工作。

（2）当 $\gamma = \dfrac{\pi}{39}$，此时属于第 Ⅱ 种换相状态，即在任一时刻均有 3 个整流元件同时导通，换相角 γ 与导通角 ϕ 相等。随着电流的增加，各相绕组进入换相时刻已随之有所变化。在第 Ⅱ 种换相状态中，当 γ 角达到 $\dfrac{\pi}{39}$ 最大值后不再变化，并保持常数，但是，在此换相过程中将开始呈现强制滞后控制角 α，其值由 0 增大到 $\dfrac{\pi}{2 \times 39}$。为此，对于工作在第 Ⅱ 种换相状态的 39 相整流电路，由于换相过程中存在强制滞后控制角 α'，对二极管工作状态的在线检测实施增加了复杂性。

（3）$\dfrac{\pi}{39} \leqslant \gamma \leqslant \dfrac{2\pi}{39}$，此时属于第 Ⅲ 种工作状态，即在任一时刻元件将以 3—4 方式工作，即以 3 个元件和 4 个元件交替同时导通方式工作。应说明的是，第 Ⅲ 种运行方式是非正常的，只有在整流器严重过负载，交流侧供电电压大幅下降以及直流侧短路时才会过渡到这种工作状态。

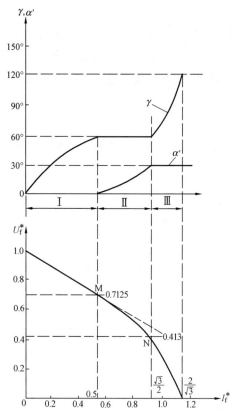

图 18-13　整流器在不同工作状态下换相角 γ 与强制滞后角 α 的关系曲线

第Ⅲ种换相工作状态具有一个明显的工作特性是整流线路存在固有的强制滞后控制角 $\alpha = \dfrac{\pi}{39}$，当线路设定工作控制角 $\alpha_P \leqslant \dfrac{\pi}{39}$ 时，设定控制角不起作用，整流线路的工作状态由线路固有的强制滞后控制角 α 所决定。只有当工作控制角 $\alpha_P > \dfrac{\pi}{39}$ 时，整流线路的工作状态始由设定控制角 α_P 所决定。整流器在不同工作状态下，换相角 γ 与强制滞后角 α 的关系曲线如图 18-13 所示。

三、双层分数槽变节距波绕组的连接方式

福清核电站 39 相无刷励磁机组的固定励磁磁极绕组（内侧）和旋转交流电枢绕组（外侧）示意图分别如图 18-14 所示，励磁机磁极对数 $P = 11$。

电枢绕组为 117 槽双层分数槽变节距波绕组结构，沿逆时针方向，线棒从下层至上层为长节距，隔 6 槽距 $y_1 = 6$，线棒从上层至下层为短节距，隔 5 槽距 $y_2 = 5$。空间槽距角：

$$\alpha = \frac{360°}{Z} = \frac{360°}{117} \approx 3.077°$$

式中　Z——槽数。

槽距电角度：

$$\alpha_1 = P\alpha = \frac{P360°}{117} = \frac{11}{117} \times 360° \approx 33.846°$$

式中　P——极对数。

极距：

$$\tau = \frac{Z}{2P} = \frac{117}{22} \approx 5.318 （槽）$$

每极每相槽数：

$$q = \frac{Z}{2Pm} = \frac{117}{22 \times 39} = \frac{3}{22} （槽）$$

式中　m——相数。

电枢绕组输出交流频率：

$$f = \frac{nP}{60} = \frac{1500 \times 11}{60} = 275 （Hz）$$

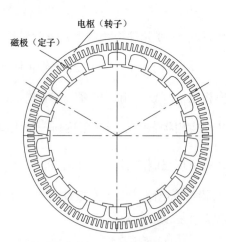

图 18-14　39 相无刷励磁机、励磁和电枢绕组示意图

四、39 相引出线电动势相角的确定

由于电枢绕组采用三角形波形绕组结构，整个电枢形成一个大的闭环接线，有明显的相绕组的概念。三角形波绕组的相位由线棒连接点抽头的位置确定，39 相励磁机从电枢槽中 117 个线棒连接点每隔 3 个进行抽头，共形成 39 个抽头，39 条出线，所以相邻两抽头引线之间相位差为 $3\alpha_1 = \dfrac{3P360°}{117} = \dfrac{3 \times 11}{117} \times 360° = 101.538°$。可定义任一抽头为第 1 相出线，相角为零，则沿其转向的下一抽头相角为 $-\dfrac{3 \times 11}{117} \times 360°$，再下一个抽头相角为 $-\dfrac{6 \times 11}{117} \times 360°\cdots$。

依次推出各抽头相角为：

$$\varphi_i = \frac{11\,(i-1)}{39} \times 360°$$

其中 i 为相编号，范围从 1～39。

根据上述分析可得到如下结论：

（1）在不存在并联支路的情况下，39 条抽头出线即为 39 相绕组引出线。

（2）电枢绕组 39 条出线及 78 个旋转二极管构成 39 相全波桥式整流回路，且 39 相出线产生幅值相等、相位对称的电动势，电动势相位分别是 0，$-\dfrac{1}{39} \times 360°$，$-\dfrac{2}{39} \times 360°$，…，$-\dfrac{38}{39} \times 360°$。

（3）结构上相邻的两出线在相位上并不相邻，即结构相邻并非相位相邻。由此可得到电枢绕组 39 相合成电动势星形图，如图 18-15 所示。

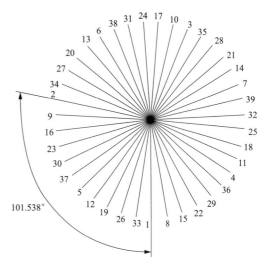

图 18-15　电枢绕组 39 相合成电动势星形图

五、单匝绕组电动势相角的确定

如前所述，基于结构上的对称性，可取任一相引出点作为参考点。现以第 117 槽线组作为第 1 相绕组的起始参考点，第 1 相绕组由 117 槽下层线棒开始，经过 111 槽上层线棒至 106 槽下层线棒，再连接到 100 槽上层线棒，95 槽下层线棒至 89 槽上层线棒构成第 1 相绕组。由图 18-16 所示单相波绕组展开图可看出，每相由 3 匝绕组串联组成。

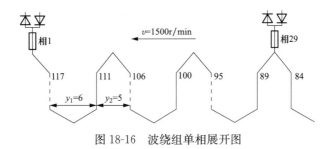

图 18-16　波绕组单相展开图

六、单匝绕组电动势相位分析

根据图 18-14 励磁机电枢绕组槽电动势星形图可知，因各槽线棒感应电动势幅值相同，空间上相邻槽线棒感应电动势相位相差一个槽距电角度 $\dfrac{11}{117}\times360°=33.846°$。

假定取第 117 槽线棒引出线为零相位参考点，第 111 槽滞后第 117 槽 6 槽，故 111 槽相位为 $\dfrac{11\times6}{117}\times360°$，现定义 e_{117}、e_{111} 分别为第 117 槽和第 111 槽电动势相量分别为 e_{117} 和 e_{111}。

设 e_{k1} 为单匝绕组合成电动势，e_{111} 相位滞后 e_{117} 电角度 $b=\dfrac{11\times6}{117}\times360°=203.076°$，依据相量分析得出：$e_{k1}=e_{117}-e_{111}$，可得出单匝合成电动势 e_{k1} 与 e_{117} 的相位关系如图 18-17 所示，e_{k1} 相位滞后 e_{117} 电角度为 a，$a=\dfrac{180°-(360°-b)}{2}=\dfrac{3.75}{117}\times360°=11.5°$。

七、相电动势相位

由图 18-16 可知，电枢绕组每相由 3 匝绕组构成，定义 e_{k2}、e_{k3} 分别为相 1 绕组的第 2、3 匝绕组合成电动势，e_{y1} 为相 1 合成电动势。第 2 匝绕组（106～100 槽）在空间上滞后第 1 匝绕组（117～111 槽）11 槽，故单匝绕组合成电动势 e_{k2} 相位滞后 e_{k1} 电角度为：

$$c=\frac{11\times11}{117}\times360°=\frac{121}{117}\times360°=\frac{4}{117}\times360°=12.3°$$

同理，e_{k3} 滞后 e_{k2} 角度也是 c。e_{y1} 由 e_{k1}、e_{k2}、e_{k3} 叠加，相量图如图 18-18 所示。

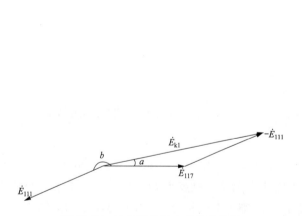

图 18-17　波绕组单匝电动势相量图

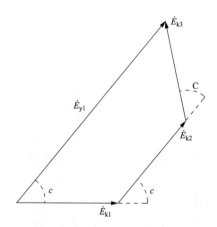

图 18-18　电枢绕组相电动势相量图

e_{k1}、e_{k2}、e_{k3} 幅值相等，由图 18-18 可知，e_{y1} 与 e_{k1} 夹角亦为 c，因此 e_{y1} 相位滞后 e_{k1} 电角度 $c=12.3°$。由前述可得出：电枢绕组相 1 电动势相位比其首槽 117 槽电动势相位滞后角度为：

$$\theta=a+c=\frac{121}{117}\times360°=11.5°+12.3°=23.8°$$

八、电枢绕组相电动势相图

电枢绕组每相由三匝线圈组成，每匝线圈槽距为 11，故两相绕组之间的槽距为 $11\times3=$

33 槽，两相绕组相位差为：

$$\delta=\frac{11\times3\times11}{117}\times360°=36.9°$$

九、39 相绕组合成总电动势相量图

39 相多角形绕组合成总电动势相量图如图 18-19 所示。

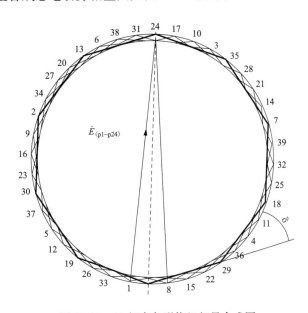

图 18-19　39 相多角形绕组相量合成图

第四节　福清核电站励磁系统参数计算

1. 强行励磁参数

根据强行励磁数据（见表 18-2），无刷励磁机在强励状态的顶值励磁电流选为：

$$I_{fcxc}=2.076\times I_{fexN}=2.076\times113.2=235\ (A)$$

强励时励磁机励磁电流限制值采用 $I_{fexc}=207.4A$。

晶闸管变流器额定输出电流设计值取：

$$I_{fexd}=1.1\times I_{fexN}=1.1\times113.2=124.52\ (A)$$

经整流后励磁变压器的二次侧输出的额定直流电流取：

$$I_{fexd}=1.1\times I_{fexN}=124.52\ (A)$$

在强励状态时，励磁机励磁绕组的输入电压为：

$$U_{fexc}=2.0785\times U_{fexN}=2.0785\times129.9=270\ (V)$$

在强励状态时，励磁机励磁绕组的顶值电压限制值取 $U_{fexl}=237.9V$。

2. 励磁变压器

（1）励磁变压器二次额定电压的确定。在强励状态下，当发电机端电压下降到 0.8p.u.

值时，由整流外特性表达式得出：

$$U_{fc} = 1.35 U_{20} \cos \alpha - \Delta U$$

式中　U_{20}——励磁变压器二次侧空载电压；

　　　α——强励时晶闸管整流桥的最小控制角，取值 $\alpha = 10°$；

　　　U_{fc}——强励时，励磁机励磁绕组的顶值电压限制值，取 $U_{fc} = U_{fexl} = 237.9V$；

　　　ΔU——整流桥输出顶值电流为 207.4A 条件下，最大整流桥电压降，取 $\Delta U = 35V$。

求得：

$$U_{20} \geqslant \frac{237.9 + 35}{1.35 \times \cos 10° \times 0.8} \approx 257.5 \ (V)$$

取 $U_{20} = 300V$。

（2）励磁变压器容量计算。在额定情况下晶闸管整流桥的额定输出电流为：

$$I_{fexd} = 1.1 \times I_{fexN} = 116.6 \ (A)$$

则在额定二次电压情况下的单项励磁变压器额定容量为：

$$S_{ntr} = \sqrt{2} \times 116.6 \times 300 \approx 49.5 \ (kVA)$$

取 $S_{ntr} = 3 \times 17.7 = 53.1 kVA$。

在强行励磁状态下，晶闸管整流桥输出的经限制后的强励电流 $I_{fexc} = 207.4A$，则在强励状态下励磁变压器的强励功率为：

$$S_{ctr} = \sqrt{2} \times 207.4 \times 300 \approx 88 \ (kVA)$$

应说明的是在励磁系统元件计算中，应考虑到一小时内励磁系统允许间断进行 4 次强行励磁，每次强励时间间隔为 15min，每次强励时间为 10s 的要求，并依此短时过载条件考虑其他元件的过载容量计算。

单相励磁变压器的计算技术规范结果如表 18-4 所示。

表 18-4　　　　　　　　　　　　单相励磁变压器技术规范

技术项目	技术数值	单　位
额定容量	54	kVA
短时过载容量	88	kVA/10s/每 15min 1 次
额定空载二次线电压	300	V
额定一次线电压	24+10%	kV
额定频率	50±5%	Hz
阻抗电压	0.06	
海拔	<1000	m
全控整流桥	三相全控桥式整流回路	

3. 晶闸管整流桥

（1）额定电流。整流桥的额定电流按励磁机的 1.1 倍额定励磁电流考虑，已知 $I_{fexn} = 113.2A$，则：

$$1.1 I_{fexn} = 124.52 \ (A)$$

（2）反向重复峰值电压 U_{RRM}。晶闸管的反向重复峰值电压额定值应大于励磁变压器二次侧额定线电压峰值的 2.75 倍，依此得出：

$$U_{RRM} \geqslant 2.75 \times U_{20} \times \sqrt{2}$$

$$U_{RRM} \geqslant 2.75 \times 300 \times \sqrt{2} \approx 1166.6 \text{（V）}$$

取 $U_{RRM} = 1200V$。

选用 SKT100 Semikron 型号晶闸管元件，其相应参数如表 18-5 所示。

表 18-5   **SKT100 Semikron 晶闸管参数**

参数项目	参数数值
晶闸管型号	SKT100 Semikron
最大反向重复电压（V）	1200
晶闸管平均电流（A）	100
晶闸管浪涌电流（kA）	2
元件承受 I_t^2 能力（kA² · s）	20000
晶闸管动态电阻斜率（mΩ）	2.4
晶闸管正向电压降（V）	1
晶闸管结点对散热器的热阻（K/W）	0.31+0.08K/W 在 120℃条件下
晶闸管结点对散热器的暂态热阻（K/W）	0.31+0.08K/W 在 120℃条件下
结温（℃）	130
散热器	P1/200 Semikron
散热器对环境的热阻（K/W）	0.6
散热器对环境的暂态热阻（K/W）	0.05
冷却方式	自然风冷

有关晶闸管整流桥热计算基本公式如表 18-6 所示。

表 18-6   **晶闸管整流桥热计算基本公式**

计算量	公式
晶闸管损耗	$P_{OL} = V_{to} \times \dfrac{I_F}{3} + rt \times \dfrac{I_F^2}{3}$
结温上升 动态热阻	$\Delta T_1 = \displaystyle\sum_{q=1}^{Q} (P_q - P_{q-1}) Z_{th}(t = t_Q - t_{q-1})$ $Z_{th}'(t = t_Q - t_{q-1})$
励磁机励磁电压	$V_{fex} = RF(@100℃) \times I_{fex}$
晶闸管结温	$T_J = T_A + [Rth(j-h) + Rth(h-a)] \times P_{OL}$
散热器温度	$T_S = T_A + Rth(h-a) \times P_{OL}$

在进行整流桥热计算时，采用以下基本假定：

1）假定整流部环境温度为 45℃。

2）晶闸管进风冷却风温为 45℃。

3）计算公式满足 IEC 60747-6：2000 Semiconductor devices-Part6：Thyristors 要求。

晶闸管整流桥的技术规范为：

1）三相 6 脉冲整流桥。

2）元件反向重复峰值电压为 1200V。

3）冷却方式：自然风冷。

4）过电压保护 R-C 阻尼器。

（3）晶闸管温升计算。依据图 18-20 所示的 SKT100 晶闸管暂态热阻曲线，进行热损耗及温升计算。

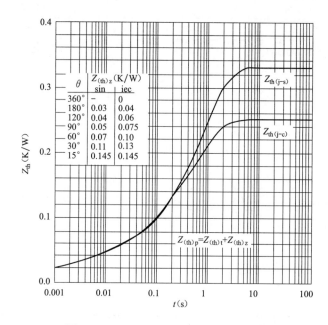

图 18-20　SKT100 晶闸管暂态热阻曲线

在表 18-7 中示出了在不同工作条件下，SKT100 晶闸管的温升计算结果。

表 18-7　　　　　　　在不同的工作条件下，SKT100 晶闸管的温升计算结果

计算项目	额定	可长期持续运行电流	强励
励磁机励磁电流（A）	113.2	116.6	207.4
整流桥数	1	1	1
负载时间（s）	长期	长期	10
励磁机励磁绕组电阻（Ω）	1.147	1.147	1.147
励磁机励磁电压（V）	129.9	133.7	237.9
环境温度（℃）	40	40	40
晶闸管损耗（W）	47.9	49.75	103.5
晶闸管结温度（℃）	—	—	—
散热器温度（℃）	—	—	—

（4）晶闸管整流桥电压降计算。

整流桥产生电压降的因素有：

1）由于励磁变压器漏抗引起的换相电压降。

2）励磁变压器的阻抗压降。

3）晶闸管元件的正向电压降。

在不同负载条件下，晶闸管整流桥的电压降计算结果如表 18-8 所示。

表 18-8 不同工作状态下晶闸管整流桥电压降值

计算项目	额定	可长期持续运行电流	强励
空载时变压器二次电压（V）	300	300	300×0.8
变压器额定功率（kVA）	54	54	54
阻抗电压（p.u.）	0.06	0.06	0.06
晶闸管正向电压降 U_{to}（V）	1.50	1.50	1.50
晶闸管斜率电阻值（$\mu\Omega$）	200	200	200
励磁机励磁电流（A）	113.2	116.6	207.4
电抗电压降（V）	7.5	8	22.5
电阻电压降（V）	3.5	4	10.5
晶闸管电压降（V）	1.2	1.2	1.2
总压降（V）	12.2	13.2	35

（5）晶闸管熔断器计算。在晶闸管三相交流侧输入端，每相中串联接入一只熔断器，为此流过熔断器的交流额定电流有效值为：

$$I_{fus.\,rms.\,N} = \frac{I_{fexN} \times 1.1}{n \times k} \sqrt{\frac{2}{3}}$$

式中　k——电流容量冗余系数，k 取 0.8；

　　　n——并联整流桥数，n 取 1。

由此求得：

$$I_{fus.\,rms.\,N} = \frac{113.2 \times 1.1}{1 \times 0.8} \sqrt{\frac{2}{3}} = 127.0877 \text{（A）}$$

选择熔断器的额定电流为 200A。

在强行励磁状态下：

$$I_{fus.\,rms.\,c} = \frac{I_{fexc} \times 1.1}{1 \times 0.8} = \frac{207.4 \times 1.1}{1 \times 0.8} = 285.175 \text{（A）}$$

熔断器瞬间电流容量应在流过 285A 条件下历时 10s，熔断器的技术规范如表 18-9 所示。

表 18-9 熔断器技术规范

熔断器型号	6.9URD30TTF0200/FERRAZ
额定电流有效值（A）	200
最大工作电压（V）	690
瞬时 10s 电流容量有效值（A）	546
热容量 I^2t（$kA^2 \cdot s$）	3

熔断器热容量 I^2t 校核准则：熔断器热容量应小于晶闸管热容量，并应有一定裕度。

$$\alpha \cdot (I^2t)_T \leqslant (I^2t)_F$$

式中　　$(I^2t)_F$——晶闸管热容量；

　　　　$(I^2t)_T$——熔断器热容量；

　　　　α——冗余系数，$1.5 < \alpha < 2$，取 $\alpha = 1.5$。

已知　$(I^2t)_F = 20\text{kA}^2 \cdot \text{s}$，130℃；

　　　$(I^2t)_T = 3\text{kA}^2 \cdot \text{s}$，290V。

依此，$1.5 \times 3 < 20$，所以强行励磁时，熔断器允许通流时间为 200s，大于强行励磁时间 10s，满足要求。

4. 其他保护

（1）晶闸管整流桥温度监测，采用 3 只温度开关。

（2）交流励磁机励磁绕机对地绝缘电阻监测，设定值见表 18-10。

表 18-10　　　　　　　　　　　交流励磁机励磁绕组对地绝缘电阻监测

监测项目	单位	设定值
第一级励磁绕组对地绝缘电阻（报警）	Ω	4000
延时	s	5
第二级励磁绕组对地绝缘电阻（跳闸）	Ω	2000
延时	s	0

（3）交流励磁机励磁绕组在辅助强行励磁过电流时，监测设定值为 126A/10s。绝缘电阻和过电流监测采用 MX31PG2A 监测装置。

（4）交流励磁机励磁绕组过电流保护采用 P121 装置，设定值见表 18-11。

表 18-11　　　　　　　　　　　　P121 过电流保护装置

监测项目	单位	设定值
第一级过流，达定值显示报警	A	126.838
延时	s	0.5
第二级过流，达定值跳闸	A	128.676
延时	s	11
二级跳闸	A	238.97
延时	s	1

5. 起励回路

当发电机为空载额定电压工作状态，对应的交流励磁机励磁电压 $U_{fex0} = 53.8\text{V}$，励磁电流 $I_{fex0} = 46.9\text{A}$。

起励电源由厂用电 220V 直流电源供给，提供的初始起励电流约为对应的交流励磁机空载励磁电流 $I_{fex0} = 46.9\text{A}$ 的 $20\% \sim 30\%$，励磁系统可自动建立电压。

另外考虑到起励时厂用直流电压下降到 80% 额定值，依此可求得起励回路附加电阻为 $0.8 \times 220/(53.8/46.9 + R) = 46.9 \times 0.2$，求得 $R = 17.616\Omega$。

6. 灭磁回路

（1）灭磁电阻残压值。采用碳化硅 SIC 非线性灭磁电阻，在交流励磁机励磁绕组侧进行灭磁，对于最严重灭磁条件下，灭磁电阻的残压值应满足以下要求：

灭磁时在非线性电阻上呈现的残压应小于 0.75 倍转子励磁绕组出厂试验电压值。当 $U_{\mathrm{fexN}}=129.9\mathrm{V}$，此时转子试验电压为 1500V，为此非线性灭磁时产生的残压为：

$$U_{\mathrm{NR}} \leqslant 0.7 \times 1500 = 1050 \ (\mathrm{V})$$

取 $U_{\mathrm{NR}}=1000\mathrm{V}$。

（2）灭磁电阻容量。按发电机强行励磁状态确定灭磁电阻的容量，存储在励磁绕组中的磁场能量表达式为：

$$W = \frac{1}{2} \times 1.8 \times T'_{\mathrm{do}} \times R_{\mathrm{fex.120°}} \times I^2_{\mathrm{fexc}}$$

$$= \frac{1}{2} \times 1.8 \times 0.426 \times 1.147 \times 207.4^2$$

$$= 18.9 \ (\mathrm{kJ})$$

选用灭磁电阻的技术规范如表 18-12 所示。

表 18-12　　　　　　　　　　　　灭磁电阻技术规范

技术参数项目	单位	技术规范及参数数值
灭磁电阻型号		C21/330V LANGLADE & PICARD
灭磁残压值	V	1500
灭磁电流最大值	A	90
灭磁容量	kJ	90
对地试验电压	kV	1.1～3
环境温度	℃	50

7. 磁场断路器

选用法国 LENOIR ELEC OEX57B 磁场断路器：

（1）磁场断路器额定电压 $U_{\mathrm{sN}}=500\mathrm{V}$，大于励磁机励磁绕组额定励磁电压 $U_{\mathrm{fexN}}=129.9\mathrm{V}$。

在强行励磁状态下，励磁机励磁绕组电压限定值为 $U_{\mathrm{fexcl}}=270\mathrm{V}$，小于磁场断路器额定电压 $U_{\mathrm{sN}}=500\mathrm{V}$，满足要求。

（2）磁场断路器额定电流 $I_{\mathrm{sN}}=250\mathrm{A}$，考虑冗余量取：

$$I'_{\mathrm{sN}} = \frac{I_{\mathrm{sN}}}{1.08} = \frac{250}{1.08} = 231.4 > I_{\mathrm{fexd}} = 211 \ (\mathrm{A})$$

（3）当无刷励磁机励磁绕组两端发生直接短路事故时，流过晶闸管整流桥的短路电流为：

$$I_{\mathrm{sc}} = \frac{1.1 \times 100e^3}{0.06 \times 340 \times \sqrt{3}} \times \frac{\sqrt{3}}{2} = 2.696 \ (\mathrm{kA})$$

当磁场断路器工作电压为 1000V，可分断的短路电流为 5kA，大于 2.696kA，短时分断电流为 10kA（1s）大于 2.696kA，满足要求。

（4）灭磁动断触头电流容量为 6kA，大于 $I_{fexc} = 207.4$A，满足要求。

灭磁回路的原理接线图如图 18-21 所示。

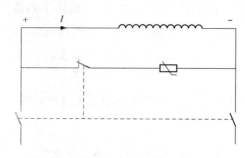

图 18-21　灭磁回路原理接线图

第五节　三门核电站汽轮发电机组静态自励励磁系统[60]

一、概述

三门核电站 1407MVA 半速汽轮发电机组是世界上首座采用非能动反应堆 AP-1000 的核电机组，1407MVA 汽轮发电机组励磁系统采用 ABB Unitrol-6800 静态自励励磁系统。

二、基本参数

1. 发电机组参数

三门核电站 1407MVA 汽轮发电机组基本参数如表 18-13 所示。

表 18-13　　　　　　　　　　三门核电站发电机组基本参数

参数名称	符号	数值	单位
额定视在功率	S_N	1407000.0	kVA
额定定子电压	U_N	24000.0	V
额定频率	f_N	50.0	Hz
额定功率因数	p. f.	0.900	
额定励磁电流	I_{fN}	9265.0	A
额定励磁电压	U_{fN}	510.0	V
转子试验电压	U_{test}	5100.0	V
磁场电阻	R_{fN}	0.0548	Ω
直轴同步电抗	X_d	1.8300	p. u.
纵轴暂态电抗（非饱和值）	X_d'	0.4340	p. u.
纵轴次暂态电抗（非饱和值）	X_d''	0.3480	p. u.
横轴同步电抗（非饱和值）	X_q	1.7900	p. u.

参数名称	符号	数值	单位
纵轴短路瞬变时间常数	T_{d}'	1.8100	s
纵轴短路超瞬变时间常数	T_{d}''	0.0150	s
纵轴开路瞬变时间常数	T_{d0}'	8.7100	s
电枢绕组短路时间常数	T_{a}	0.1800	s

2. 励磁系统额定输出值

励磁系统额定输出值见表 18-14。

表 18-14　　　　　　　　　三门核电站励磁系统额定输出值

参数名称	符号	数值	单位
系统额定连续输出直流电流	I_{eN}	10191.5	A
系统额定连续输出直流电压	U_{eN}	560.8	V
强励顶值电流	I_{p}	18530.0	A
强励允许时间	t_{p}	20.00	S
强励顶值电压	U_{pL}	1021.0	V
强励状态下的电压跌落系数	kU_{min}	0.70	
环境温度	T_{amb}	45	℃
海拔	H	1000	m

3. 励磁变压器参数

励磁变压器由发电机端电压供电，励磁变压器参数见表 18-15。

表 18-15　　　　　　　　　三门核电站励磁变压器参数

参数名称	数值	单位
额定视在功率	3×6500	kVA
高压侧额定电压	24000	V
低压侧额定电压（空载）	1324	V
低压侧额定电流	8503	A
额定频率	50	Hz
短路电抗	0.08	p. u.
短路电阻	0.01	p. u.

4. 晶闸管整流器参数

三门核电站励磁系统的晶闸管整流器的技术规范见表 18-16。

表 18-16　　　　　　　　　三门核电站晶闸管整流器技术参数

参数名称	数值	单位
最高环境温度	45	℃
最大海拔高度	1000	m
整流桥型号	UNL 143xy0Vab2cd	

参数名称	数值	单位

以下为配置 4 英寸晶闸管，防护等级 IP31，1＋1 冗余双风机（以 1 个风机完成正常运行）及 N—1 冗余的整流桥具体配置

参数名称	数值	单位
用于在线检修的 5 极刀闸	未采用	
最小并联整流桥数量	6	
总并联整流桥数量	7	
均流系数	0.95	
柜体出风口冷却风温	65	℃
晶闸管型号	5STP 34Q 5200	
晶闸管反向电压	5200	V
最小晶闸管反向电压	5149	V
晶闸管反向电压安全系数（最小/实际）	2.75/2.78	
快熔型号	170M7255	
在强行励磁电流条件下正向负载顶值电压	1549.2	V
在额定励磁电流条件下反向顶值电压	－1389.4	V
强励顶值电流	18530.0	A
强励允许时间	20.00	s
发生强励时的结温	109.4	℃
无限制条件下强励顶值电流	26630.3	A
正常负荷下系统连续输出电流	10191.5	A
正常负荷下每个晶闸管导通时的输出电流	1788.0	A
正常负荷下每个晶闸管的 di/dt	5.1	A/μs
正常负荷下的结温	95.6	℃
最大允许结温	125	℃
预加负荷时整流桥损耗（6 台整流桥＋7 套过压保护装置）	70.358	kW

当在自励磁系统输出发电机额定励磁电流 I_{fN}＝10191.5A，晶闸管控制角 α＝67.7 电角度条件下，晶闸管输出端发生直接短路：

参数名称	数值	单位
峰值电流	53.9	kA
峰值电流持续时间	2.5	ms
总计实际 I^2t	9.5	MA²·s
总计熔断器 I^2t 限制值	180.7	MA²·s
流过短路电流总计时间	5.85	ms

5. 直流侧短路电流计算

各种直流侧短路情况下的计算参数见表 18-17。

表 18-17   直流侧短路计算参数

参数名称	数值	单位
发电机集电环处短路		
峰值电流	155.0	kA
峰值电流持续时间	5.5	ms
总计实际 I^2t	139.5	MA²·s
总计熔断器 I^2t 限制值	20.5	MA²·s

续表

参数名称	数值	单位
发电机集电环处短路		
流过短路电流总计时间	11.48	ms
晶闸管整流器输出侧短路		
峰值电流	160.6	kA
峰值电流持续时间	5.5	ms
总计实际 I^2t	149.5	MA^2·s
总计熔断器 I^2t 限制值	20.5	MA^2·s
流过短路电流总计时间	11.46	ms

当在自励励磁系统输出发电机额定励磁电流 $I_{fN}=10191.5$A，晶闸管控制角 $\alpha=67.7$ 电角度条件下，晶闸管输出端发生直接短路：

峰值电流	53.9	kA
峰值电流持续时间	2.5	ms
总计实际 I^2t	9.5	mA^2·s
总计熔断器 I^2t 限制值	180.7	mA^2·s
流过短路电流总计时间	5.85	ms

6. 灭磁过电压保护

灭磁过电压保护相关参数见表 18-18。

表 18-18　　　　　　　　灭磁过电压保护相关参数

参数名称	数值	单位
磁场断路器		
磁场断路器型号（置于整流桥直流侧）	2×GERAPID 8007 2×2	
弧压	2800.0	V
额定电流	12800.0	A
在对晶闸管发出封脉冲条件下的最大断流能力	150000.0	A
灭磁电阻		
灭磁电阻组件并联数	5	
组件型号	HIER 464797	
每套组件中串联电阻数	4	
总电阻组件数	20	
总能容	20000.0	kW·s
空载误强励状态下灭磁计算		
所需灭磁电阻容量	19102.0	kW·s
当发电机定子端三相短路时的灭磁计算		
总灭磁时间	0.74	s
该灭磁情况下所需灭磁电阻能容	12868.7	kW·s
晶闸管实际 I^2t（0.2s）值	39.4	MA^2·s
跨接器		
晶闸管型号	HUEL 412328	
晶闸管最小反向阻断电压	3945	V
转折二极管动作电压	3000	V

三、励磁系统功能描述

1. 励磁系统概述

三门核电站 1407MVA 汽轮发电机组采用由接于发电机端的励磁变压器供电的静态自励励磁系统，相应的方框图如图 18-22 所示。

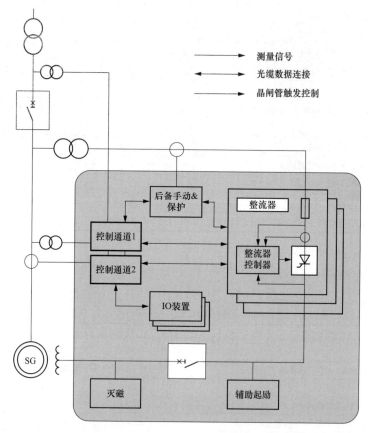

图 18-22 三门核电站汽轮发电机组 Unitrol 6800 励磁系统方框图

对于三门核电站励磁项目 Unitrol 6000 系列励磁系统的设计技术规范系统型号代码为 Unitrol TS6-O/U571-S12800，各代号的意义为：

　T——三重通道，两通道＋独立后备手动通道；

　S——整流柜按 $N-1$ 标准配置；

　6——Unitrol 6000 系列励磁系统；

－O/——无附加功能；

　U5——ABB UNL 14300 系列晶闸管整流装置；

　7——整流桥并联支路数；

　1——整流桥每支臂串联晶闸管个数；

　S——直流磁场断路器、单极分断；

12800——磁场断路器额定电流。

Unitrol 6800 励磁系统单线接线图如图 18-23 所示。

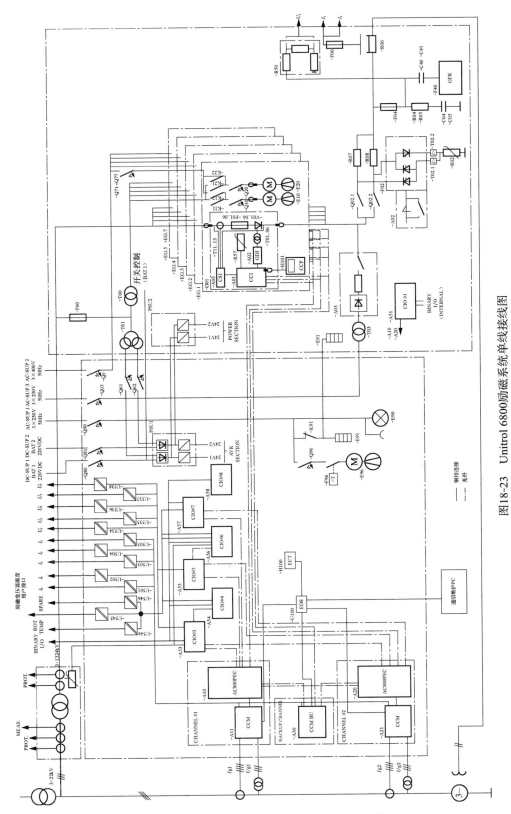

图18-23　Unitrol 6800励磁系统单线接线图

CCI—晶闸管整流器控制接口；CIO—输入/输出组合装置；EDS—以太网装置开关；CCM—通信控制测量装置；CSI—晶闸管信号接口；GDI—触发器接口；
CCMBU—CCM备用通道；GFR—接地故障继电器；ECT—励磁控制端子；CCP—晶闸管整流器控制柜；PSU—功率供电单元

2. 励磁系统控制功能

（1）硬件配置。对于 Unitorl 6800 励磁系统，其硬件配置如图 18-24 所示。

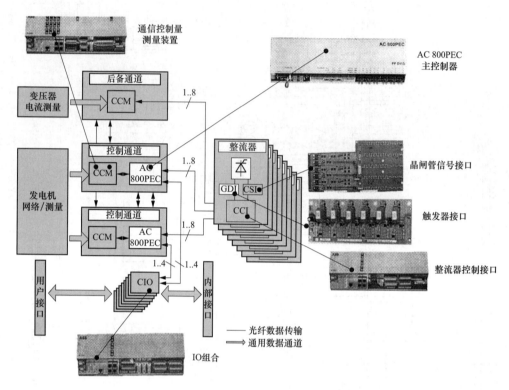

图 18-24　Unitrol 6800 励磁系统硬件配置图

注：未标注符号意义同图 18-23 中相应符号意义。

在 Unitrol 6800 系统中采用了 AC800PEC 高速处理器，其特点为：

1）可快速实现模拟量和数字量 I/O 接口的转换，典型循环周期为 $400\mu s$。

2）由同一控制器可快速实现对闭环，以及常规过程的逻辑控制。

3）快速模数转换。AC 800PEC 可完全集成在 ABB Control^{IT} 软件环境中，并在 ABB 不同产品中实现无缝连接。

（2）调节器基本功能。

1）励磁系统由三通道组成，其中两套等同的 AVR（自动电压调节器，Automatic Voltage Regulator）自动通道提供 100% 的自动冗余、另一套后备的手动通道 FCR（磁场电流调节器，Field Current Regulator）提供 100% 的手动冗余度，正常运行时三个通道只有一套处于运行状态。

2）在 AVR 自动运行情况下可提供所有的控制、限制监测和保护功能、手动控制 BFCR 系作用自动 AVR 的后备，主要用于系统调试和维护。

3）一旦正常运行中的一套 AVR_1 自动通道发生故障时，如故障继续将按下列程序进行通道切换 $AVR_1 \rightarrow AVR_2 \rightarrow FCR_2 \rightarrow FCR_1 \rightarrow BFCR \rightarrow$ 跳闸，相应逻辑切除。

双通道 AVR、FCR 自动励磁调节器原理方框图如图 18-25 所示。

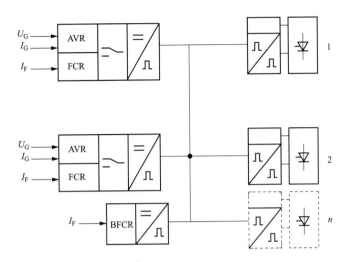

图 18-25　励磁调节器通道冗余原理方框图

AVR—自动电压调节器；FCR—磁场电流调节器；BFCR—后备励磁电流调节器

当两个自动通道故障时，将由 BFCR 提供后备手动磁场电流调节通道。此通道还包括 1 个反时限过电流保护，信号取自励磁变压器一次侧或二次侧电流互感器。

4）闭环控制功能。此功能包括：具有 PID 滤波器的自动电压调节器、具有 PI 滤波器的手动自动励磁电流调节器，以及最大、最小励磁电流限制器、P/Q 和 V/Hz 限制器等。

根据用户要求可提供标准的 PSS 2A/2B 以及 PSS 4B 等电力系统稳定器。

图 18-26 示出了发电机实时功率运行特性曲线图，依此曲线可确定相应的限定特性区。

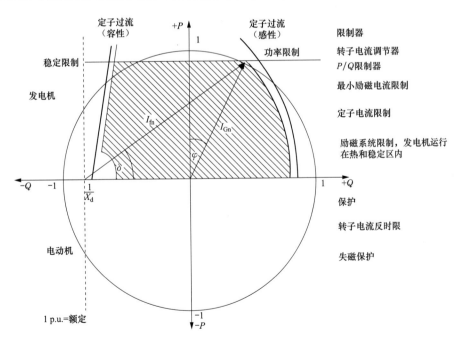

图 18-26　发电机实行功率运行特性曲线图

5）控制通道与整流器之间的通信。励磁调节器各控制通道之间以及与功率整流器接口

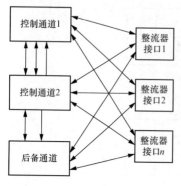

图 18-27　控制通道之间以及与
整流柜接口之间的通信链接

之间的光纤数据通信链接如图 18-27 所示。全方位的通信链接可满足于各种工况下实现逻辑程序的需要。

（3）功率整流柜。用于 Unitrol-6800，静态自励励磁系统（SEI）的 UNL14300 系统功率整流柜，其晶闸管元件采用 ABB Semiconductors、4in 高反向电压和大电流可控晶闸管器件，对于功率整流柜，每柜 1 桥，每桥臂 1 只晶闸管元件。

晶闸管整流器可实现在四象限内运行，并可经整流电源进行续流以及在全开放方式下运行。晶闸管额定参数为 4200V/4275A，单柜长期最大输出电流可达 3994A。晶闸管 du/dt 高达 $2kV/\mu s$，可有效防止误导通事故和导通瞬间局部过热而引起击穿情况。

对于 UNL14300 整流柜其基本功能为：

1）功率整流柜为 1＋1 冗余方式（双桥互备），或者为 $N-1$ 冗余（$N-m \leqslant 2$，$m=1$）。

2）晶闸管采用 120°脉冲列触发信号，典型脉冲列频率为 62.5kHz，前沿陡度 1.25A/μs，首脉冲触发电流峰值超过 3A，实现强触发要求。导通时可迅速使晶闸管载流子扩散到整个硅片，以限制导通瞬间引起的局部过热，脉冲变压器最高耐压达 7.5kV。

3）与晶闸管元件串联的快速熔断器遮断能力高，可有效切断故障时回路中产生的冲击短路电流。熔断中熔断特性与晶闸管安秒特性配合良好，能在最大限度范围内保护晶闸管元件。

4）整流柜采用接在直流输出侧的阻断式 $R-C$ 缓冲器。

5）晶闸管散热器安装在冷却风道中、当拆除风道前挡板后，可在柜前就地安全的直接更换损坏元件。

6）功率柜冷却系统采用冗余配置、设有两组风机 1 组运行，另一组备用。在运行时如运行风机故障，备用风机将自行启动。另外每台风机均由厂用电和励磁变压器电源双路电源供电。

7）整流柜可采用 IP20-IP54 防护等级。

8）整流柜采用智能动态均流装置，均流系数达 0.95 以上，通过控制板 CCI 可对整流柜的通风、温度、每臂导通情况进行在线检测、监视和控制，适时作出判断并发出报警、检测故障信号，均通过高速光纤传输到励磁调节器进行综合处理。

UNL14300 功率整流柜的外形图见图 18-28。UNL14300 功率整流柜的典型数据如下：

1）输入电压 720～1500VAC；

2）输出电流 2600～4900ADC；

3）双冗余冷却风机；

4）整流柜工作状态快速诊断；

5）模块化设计，易于并联连接，系统电流达 10000A 以上。

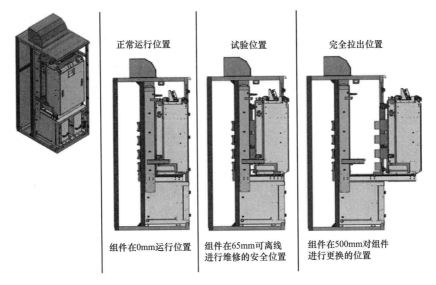

正常运行位置　　　　试验位置　　　　完全拉出位置

组件在0mm运行位置　　组件在65mm可离线　　组件在500mm对组件
　　　　　　　　　　进行维修的安全位置　　进行更换的位置

图 18-28　抽屉式 UNL14300 功率整流柜示意图

此外，由于 UNL14300 整流柜采用了抽屉式结构，借助于摇杆可将整流柜单元拉出 65mm 安全位置进行在线检修，移出 500mm 位置时取出维修，可在不采用与极隔离刀闸的条件下进行在线检修功能。

（4）励磁变压器。励磁变压器基本性能特征：

1）环氧浇注单相干式变压器；

2）两级 PT-100 型绕组测温装置；

3）HV 和 LV 高、低压绕组间设有静电接地屏蔽；

4）HV 高压绕组每相设有 3 个电流互感器 500/1A、50VA；

5）LV 低压绕组每相设有 2 个电流互感器 10000A/1A、50VA；

6）HV 侧高压绕组与上部进入的平板铜母排连接技术规范；

7）额定视在功率为 $3×6500kVA$；

8）额定一次电压为 24kV；

9）空载二次额定电压 1324V；

10）额定频率为 50Hz；

11）短路阻抗 8%；

12）冲击耐压试验标准符合 IEC60 726；

13）AN 冷却标准符合 IEC60 726；

14）绕组温计（LV/HV）：B 级；

15）绝缘等级（LV/HV）：F 级；

16）绕组接线（Yd11）（HV/LV）。

（5）灭磁及过电压保护。三门核电站灭磁及过电压保护系统，由于发电机组强行励磁电流 I_p 高达 18530ADC，为此在设备选择上具有许多特殊性。

1）磁场断路器。三门核电汽轮发电机组发电机额定励磁电流 $I_{fN}=9265\text{ADC}$，目前，世界上可作为磁场断路器应用的快速直流断路器，仅有 GE 公司生产的 GERAPID 一种直流断路器可供选用，但是此系列产品最大额定电流为 8000A。为此 ABB 在三门核电站灭磁系统项目中采用了两台直流断路器并联应用的方案，即采用 $2\times\text{GERAPID}\ 8007\ 2\times2$，直流断路器额定电流 12800A，弧压 2000V，最大断流容量 150000A。

2）灭磁及过电压保护。灭磁及过电压保护回路如图 18-29 所示。其中，V_1、V_2 晶闸管作为正、反向过电压保护，V_2 及 V_3 晶闸管作为灭磁支路应用，转折二极管 BOD 依据整定电压设定值的不同，可相应的限制发电机正向转子过电压保护动作值。灭磁电阻采用英国 M&I Metrosil 系列 Sic 非线性灭磁电阻。

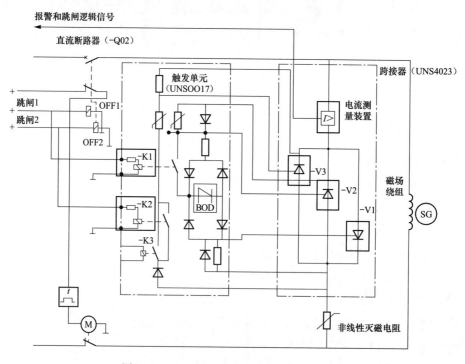

图 18-29　crowbar 灭磁及过电压保护接线图

整个组件组成为：首先由 5 组组件并联后为一总并联组件，再将等同 4 组总并联组件串联连接后构成总灭磁电阻，电阻总容量为 20MJ。当发电机端发生三相短路事故，灭磁时相应的发电机励磁电流和励磁电压仿真示波图如图 18-30 所示，在图 18-31 中示出了灭磁电阻阻件外形图。

（6）起励回路。对于采用静态自励励磁系统的发电机组，在建立初始电压时通常需要外部附加以较小的初始励磁电流。

由起励回路建立发电机电压的程序为：

1）合发电机磁场断路器；

2）发投励磁指令；

3）如发电机电压未上升合起励回路接触器；

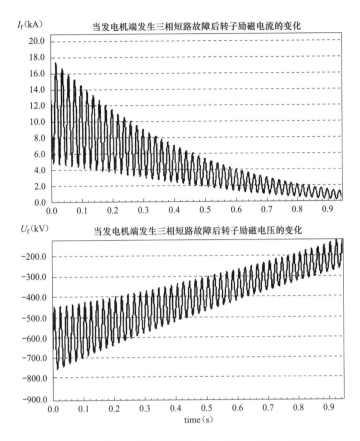

图 18-30　发电机灭磁时转子励磁电流和电压仿真示波图

图 18-31　灭磁电阻阻件外形图

　4）发电机开始升压；

　5）触发发电机功率整流器中晶闸管导通；

　6）跳起励接触器，退出起励回路；

　7）软起励控制软件功能使发电机端电压平稳达到额定值。

　相应起励建压过程见图 18-32 所示。

　（7）轴电流防护。对于大型汽轮发电机组，目前多采用静态自励系统，由于在励磁电压中含有较高频率的谐波分量，通过励磁绕组对地电容等因素的影响，在转轴上所感应的过高悬浮电动势。有可能通过轴承油膜形成轴电流而使轴承轴瓦面引起放电，形成电蚀损坏。通常为防止轴电流的危害，多采用接地碳刷等旁路措施予以防护，相应的发电机轴电流保护原理示意图如图 18-33 所示。一旦有较高的悬浮高频轴电压产生，可通过接地碳刷回路予以旁路。

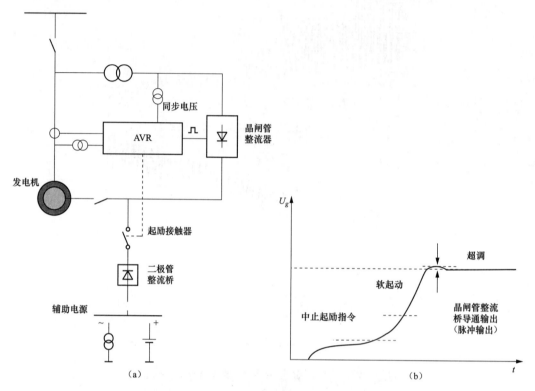

图 18-32　发电机起励回路

（a）起励回路；（b）发电机电压建立

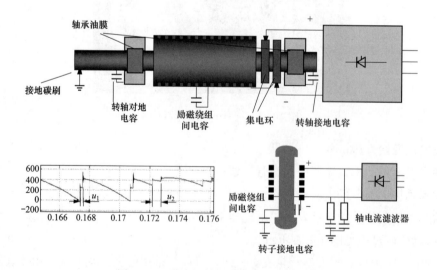

图 18-33　发电机轴电流保护原理示意图

参 考 文 献

[1] 卢强，梅生伟，孙元章. 电力系统非线性控制. 2版. 北京：清华大学出版社，2008.

[2] 田中裕幸，花田俊一郎，植木芳照. 多変数フィードバック形デジタル制御システム. 日本富士时报，1990，63（3）.

[3] 大型同步发电机组 NR-PSS 原理及工程实现. 2008 年中国水电学会电力系统自动化专委会，发电机励磁系统学科组 2008 年年会暨学术交流会. 广州，2008.

[4] 道上勉，鬼冢长德，北村哲. 电压安定性を上する新しい发电机励磁制御方式（PSVR）の开发、适用. 电气学会论文集 B 部 110 卷 11 号. 日本，1990.

[5] 周德贵. 同步发电机运行技术与实践. 2版. 北京：中国电力出版社，2004.

[6] 李基成. 现代同步发电机整流器励磁系统. 北京：水利电力出版社，1987.

[7] П. С. Жданов. Устойчивость электрических систем. Москова. Энергоиздат，1948.

[8] В. А. Веников. Переходные электромеханические процессы в электрических системах. Москова：Высшая школа，1985.

[9] 刘增煌. 同步发电机励磁控制的任务及其设计思想比较. 中国电机工程学会励磁分委会 1998 年度励磁学术讨论会. 北京，1998.

[10] 同期机励磁系の仕样と特性. 日本电气学会技术报告Ⅱ部第 536 号，1995.

[11] 浙江大学发电教研组. 直流输电. 北京：水利电力出版社，1985.

[12] И. А. Глебов. Системы возбуждения синхронных генераторов с управляемыми преобразователями. Л. Изт. АН СССР，1960.

[13] И. А. Глебов. идр. Гидрогенераторыы. Москова. Энергоиздат，1982.

[14] 黄耀群，李兴源. 同步电机现代励磁系统及其控制. 成都：成都科技大学出版社，1998.

[15] Ю. А. Морозова. Параметры и харак теристики вентильных систем возбуждения мощных синхронных генераторов. М. Энергия，1976.

[16] Г. Н. Бурухин. идр. Исследование процессов при форосировке возбуждением синхронного генератора с бесщеточной возбуждения. Электричество，1973. (6).

[17] 高景德，张麟征. 电机过渡过程的基本理论及分析方法. 北京：科学出版社，1986.

[18] 李基成. 大亚湾核电站 900MW 无刷励磁系统培训教材（应用篇）. 深圳：大亚湾核电站培训中心，1999.

[19] 同期机のブラシレス励磁机に关する调查研究. 日本电气学会技术报告第 652 号，1997.

[20] 陈学庸. 机端励磁变压器保护方式的讨论. 电气设计技术，1997（1）.

[21] A Meyer etal. shaft Voltages in Turbosets Recent Development of A new Grounding Desing to improve the Reliability of Bearings. CIGRE 11-10，1988.

[22] R. Candelori. Shaft voltage in large Turbogenerators with static Excitation. CIGRE 11-04. 1988.

[23] Dr. Hans-Joachim Herrmann，高迪军. 基于导纳测量方法的发电机失磁保护——极为贴近发电机的运行极限图//本书编委会. 第一届水力发电技术国际会议论文集：第 1 卷. 北京：中国电力出版社，2006.

［24］ 陈遗志，刘国华，仲旻，等. 水电机组电气制动的设计及应用. 中国水力发电工程学会电力系统自动化专委会. 发电机励磁系统学科组 2008 年年会及学术交流会. 广州，2008.

［25］ 崔健华，等. 数字式励磁装置讲义. 天津：河北工业大学，2000.

［26］ 李基成. 现代静止式自励励磁系统用励磁变压器的规范特征. 水电厂自动化，1988 (5).

［27］ 张宏. HTC 树脂绝缘励磁变压器的设计及分析. 中国电机工程学会励磁分委会. 2001 年度励磁学术讨论会. 北京，2001.

［28］ GEAFOL. Cast-Resin Transfomers 50 to 2500 kVA Planning Guidelines. Germany：1985.

［29］ 谢天舒，卢嘉宇. 三峡工程励磁变压器的设计. 机电工程技术，2002 (2).

［30］ 王波，张敬，周宇，等. 基于回路热管散热器的大功率整流装置研究. 本书编委会. 第一届水力发电技术国际会议论文集：第 2 卷. 北京：中国电力出版社，2006.

［31］ 王伟，石磊，马齐，等. 影响并列运行晶闸管励磁整流桥均流的因素. 本书编委会. 第一届水力发电技术国际会议论文集：第一卷. 北京：中国电力出版社，2006.

［32］ 章俊，陈小明，胡先洪. 励磁阻极过电压保护装置及其在三峡电厂的应用，水电站机电技术，2007 (6).

［33］ 合肥凯立控制公司. 白山电厂 NO4 机交流尖峰电压吸收装置试验报告. 合肥，2006.

［34］ 何长平. 静止励磁系统中晶闸管损坏原因分析与判断. 水力发电，2005 (9).

［35］ 张德平. 线性电阻分级灭磁系统. 北京：北京水电规划设计总院，1988.

［36］ 李自淳. 交流灭磁探讨. 大电机技术，2006 (6).

［37］ О. Б. Брон. Автоматы гашееия поля. М. Госэнерго издат. 1961.

［38］ 李基成. Metrosil sic 非线性电阻的性能特征. 水电厂自动化，2008 (1).

［39］ 洪允云. 天荒坪蓄能机组励磁系统主回路方案选择及设备简介. 水电厂自动化，1998 (2).

［40］ 金根明. 天荒坪抽水蓄能机组励磁系统的运行. 水电站机电技术，2002 (2).

［41］ VA TCH HYDRO. THYNE6 静态励磁系统. 北京，2006.

［42］ 杨洪涛. 天堂抽水蓄能电厂变频启动系统分析. 水电厂自动水，2004 (2).

［43］ CONVERTEAM. LANGYASHAN Static Frequency Coverter Trainig Course. Paris，2006.

［44］ 吕宏水. 大型抽水蓄能电站自动控制系统研究专题报告. 南京：国网南京自动化研究院，2006.

［45］ 姜树德，蒋峰. 琅琊山抽水蓄能电站的谐波分析. 水电厂自动化信息网第八届全网大会交流资料. 北京，2002.

［46］ 杨洪涛，刘胜. 天堂抽水蓄能电厂机组 LCU 控制程序. 水电厂自动化，2004 (2).

［47］ 张明华，曾广移，刘明波. 交流灭磁技术在大型抽水蓄能机组中的应用. 电力系统稳定及同步发电机励磁系统学术交流会论文集. 北京，2002.

［48］ 林重雄，山本润二. 最近の水电发电所制御装置. 三菱电机技报，1975，149 (9).

［49］ 曾辉，张亚武. 天荒坪电厂机组轴电流保护改进. 水电站机电技术，2002 (2).

［50］ 张明华，曾广移. 抽水蓄能机组 PSS 参数设计与现场试验. 水电站机电技术，2007，30 (3).

［51］ Mj4 Generator technical data. Alsom/power，2011.

［52］ Mj4 Sommaire/Table of contents. Alstom/power，2011.

［53］ Controgen Transfer diagram static excitation Mj4. Alstom/power，2012.

［54］ Generator technical data of Fu-qing nuclear power plant. Alstom/power，2012.

［55］ Exciter TKJ 167-45 O&M Manual Alstom/Power，2012.

［56］ 张李军，易吉伟. P320AVR 与 TKJ 励磁机组在国内核电机组中的应用. 东方电机厂，2012.

［57］ 袁金，刘国强，陈晓义，李响. 霍尔元件用于无刷励磁机旋转二极管故障在线监测. 电机技术，2013 年第 1 期，22-27.

［58］ 贾小川，陈世坤. 奇数项无刷直流发电机的换相过程. ［J］西安交通大学学报，1995. 12，18-22.

［59］ Michael Liwschitz-Garik，Dr-Ing，Assisted by Clyde C. Whipple，E. E. ELECTRIC MACHINERY，Volume A-C Machines，Second Printing，1946.

［60］ Sanmen NPP，UNITROL 6000. ABB，2016.

索　引